跟我动手学

西门子S7-300/400 PLC

吕增芳　薛　君　主　编

杨国生　皇甫勇兵　副主编

赵江稳　杨淑媛　参　编

中国电力出版社
CHINA ELECTRIC POWER PRESS

内 容 提 要

全书共分七章，主要内容包括：PLC 系统认知、S7-300/400 硬件结构及 STEP7 的使用、S7-300/400 指令系统、S7-300/400 指令系统、S7-300/400 PLC 的综合应用、S7-300/400 的 PROFIBUS 网络通信的组态与编程、S7-300/400 的 PROFINET 网络通信的组态与编程、TIA PORTALV11 在 S7-300/400 和 HMI 中的应用。本书以项目为导向，以一步一步动手操作作为引导，通过具体的设计、编程、组态过程使读者建立起过程设计概念，掌握设计思路和调试方法，通俗易懂，具有很强的实用性。

本书既可作为大中专院校自动化、机电一体化等专业的教学用书，也可作为工业自动化技术人员的入门读物及相关企业培训教材。

图书在版编目（CIP）数据

跟我动手学西门子 S7-300/400 PLC/吕增芳，薛君主编. —北京：中国电力出版社，2016.2
ISBN 978-7-5123-8748-5

Ⅰ.①跟…　Ⅱ.①吕…　②薛…　Ⅲ.①plc 技术
Ⅳ.①TM571.6

中国版本图书馆 CIP 数据核字（2016）第 022455 号

中国电力出版社出版、发行
（北京市东城区北京站西街 19 号　100005　http://www.cepp.sgcc.com.cn）
北京市同江印刷厂印刷
各地新华书店经售

*

2016 年 2 月第一版　2016 年 2 月北京第一次印刷
787 毫米×1092 毫米　16 开本　25.25 印张　617 千字
印数 0001—3000 册　定价 58.00 元

敬 告 读 者

前　言

S7-300/400 系列 PLC 是西门子全集成自动化系统中的控制核心，也是国内应用最广、市场占有率最大的 PLC。很多初学者感觉入门较难，不容易上手，本书以培养学生的西门子 S7-300/400 应用能力为主线，以西门子 PLC 的硬件和软件产品为平台，以项目为导向，以一步一步动手操作为引导，通过具体的设计、编程、组态过程使学生建立起过程设计概念，掌握设计思路和调试方法。

全书共分七章。第一章为 PLC 系统认知，介绍了可编程控制器的基本概念及工作原理。第二章为 S7-300/400 的硬件结构及 STEP 7 的使用，介绍了 S7-300/400 的基本硬件模块和 STEP 7 编程软件的安装和简单使用方法。第三章为 S7-300/400 指令系统，通过几个针对性的训练项目，介绍了利用基本指令进行简单项目设计的实现方法。第四章为 S7-300/400 PLC 的综合应用，通过运料小车控制系统、刀具控制系统两个项目的综合设计与开发，介绍了典型控制系统的设计开发方法。第五章为 S7-300/400 的 PROFIBUS 网络通信的组态与编程，介绍了通信的基本概念及 S7-300/400 与 ET200 的组态与编程、S7-300/400 DP 主站与智能从站的组态与编程、S7-300/400 与变频器 MM440 的 DP 通信的组态与编程。第六章为 S7-300/400 的 PROFINET 网络通信的组态与编程，介绍了 S7-300 与 S7-300 智能从站的组态与编程及 S7-300 和变频器 G120 的组态与编程。第七章为 TIA PORTAL V11 在 S7-300/400 和 HMI 中的应用，通过霓虹灯控制系统，报警控制系统，运料小车自动往返控制系统，PLC、HMI 和 G120 实现变频调速 4 个项目，介绍了 TIA PORTAL V11 在 S7-300/400 和 HMI 中的应用。每一个项目都有具体的编程组态截图，给出了相应的参考程序，所给程序均已调试通过，便于读者对照学习。为了适应各类专业人员的不同需求，各章之间相互配合又自成体系，便于使用。

本书中的第一章和第四章由吕增芳编写，第二章由杨淑媛、薛君编写，第三章由杨国生编写，第五章、第六章和第七章由薛君编写。全书由吕增芳和薛君共同统稿。在编写本书的过程中得到了廖常初老师以及西门子技术人员吕智等的大力支持与指导，全书部分参考程序由任文兴验证，赵江稳为推动本书的出版做了许多工作，另外，王刚、敖马泽、武晓敏、李慧龙、赵宇廷、赵鑫、霍垚光、曹俊奇、李月全、宋彦平、段瑞云、瞿卫超、任文兴、任霞霞、武红霞、宋彦平、刘建安、任晓慧、郭雄斐、段锦峰、韩少栋、鲍晓龙参与了本书资料的搜集与整理工作。在此一并表示感谢。

在本书的编写过程中，作者参阅和引用了西门子 PLC 及变频器软硬件手册，同时还参考了许多专家学者的著作，在此，向其作者表示诚挚谢意。

由于编者水平有限，书中难免会有不足之处，希望各位同行、专家多提宝贵意见。

编　者

目　录

第一章

PLC 系 统 认 知

第一节 PLC 的 基 本 概 念

一、可编程控制器（PLC）的由来

早期的工业生产所广泛使用的电气自动控制系统是继电器—接触器控制系统。它具有结构简单、价格低廉、容易操作和对维护技术要求不高的优点，特别适用于工作模式固定、控制要求比较简单的场合。随着工业生产的迅速发展，继电接触控制系统的缺点变得日益突出。由于其线路复杂，因此系统的可靠性难以提高且检查和修复相当困难。

1968 年，美国通用汽车公司（GM）为适应汽车工业激烈的竞争，满足汽车型号不断更新的要求，向制造商公开招标，寻求一种取代传统继电器—接触器控制系统的新的控制装置，通用汽车公司对新型控制器提出以下十大要求。

（1）编程简单，可在现场修改程序。

（2）维护方便，采用插件式结构。

（3）可靠性高于继电接触控制系统。

（4）体积小于继电接触控制系统。

（5）成本可与继电器控制柜竞争。

（6）可将数据直接输入计算机。

（7）输入是 115V 交流电压（美国标准系列电压值）。

（8）输出为 115V 交流电压、2A 以上电流，能直接驱动电磁阀、交流接触器、小功率电机等。

（9）通用性强，能扩展。

（10）能存储程序，存储器容量至少能扩展到 4KB。

根据上述要求，美国数字设备公司（DEC）在 1969 年首先研制出第一台可编程控制器 PDP-14，在汽车装配线上使用，取得了成功。接着，美国 MODICON 公司也开发出了可编程控制器 084。1971 年日本从美国引进了这项新技术，很快研制出日本第一台可编程控制器 DSC-18。1973 年西欧国家也研制出他们的第一台可编程控制器。我国从 1974 年开始研制，1977 年开始工业推广应用。

早期的可编程控制器是为了取代继电器控制线路，其功能基本上限于开关量逻辑控制，仅有逻辑运算、定时、计数等顺序控制功能，一般被称为可编程逻辑控制器（Programmable

Logic Controller，简称 PLC）。这种 PLC 主要由分立元件和中小规模集成电路组成，在硬件设计上特别注重适用于工业现场恶劣环境的应用，但编程需要由受过专门训练的人员来完成，这是第一代可编程控制器。

现代的 PLC 不仅能实现开关量的顺序逻辑的控制，而且具有数字运算、数据处理、运动控制、模拟量控制，以及远程 I/O、网络通信和图像显示等功能，已成为实现生产自动化、管理自动化的重要支柱。

著名的 PLC 制造厂商有：美国 Rockwell 自动化公司所属的 A-B（Allen-Bradley）公司、GE 公司，德国的西门子（SIEMENS）公司和法国的施耐德（SCHNEIDER）自动化公司，日本的欧姆龙（OMRON）和三菱公司等。

二、可编程控制器的定义

1987 年，国际电工委员会 IEC（International Electrical Committee）颁布了可编程序控制器最新的定义。

可编程控制器是一种能够直接应用于专门为在工业环境下应用而设计的数字运算操作的电子装置。它采用可以编制程序的存储器，用来在其内部存储执行逻辑运算、顺序运算、计时、计数和算术运算等操作的指令，并能通过数字式或模拟式的输入和输出，控制各类的机械或生产过程。可编程控制器及其有关的外围设备都应按照易于与工业控制系统形成一个整体，易于扩展其功能的原则而设计。

可见，PLC 的定义实际是根据 PLC 的硬件和软件技术的进展而发展的。这些发展不仅改进了 PLC 的设计，也改变了控制系统的设计理念。这些改变，包括硬件和软件的。

1. PLC 的硬件进展

（1）采用新的先进微处理器和电子技术达到快速的扫描时间。

（2）小型的、低成本的 PLC，可以代替 4～10 个继电器，现在获得更大的发展动力。

（3）高密度的 I/O 系统，以低成本提供了节省空间的接口。

（4）基于微处理器的智能 I/O 接口扩展了分布式控制能力，典型的接口如 PID、网络、CAN 总线、现场总线、ASC Ⅱ 通信、定位、主机通信模块、语言模块（如 BASIC，PASCAL）等。

（5）包括输入输出模块和端子的结构设计改进，使端子更加集成。

（6）特殊接口允许某些器件可以直接接到控制器上，如热电偶、热电阻、应力测量、快速响应脉冲等。

（7）外部设备改进了操作员界面技术，系统文档功能成为 PLC 的标准功能。

2. PLC 的软件进展

与硬件的发展相似，PLC 的软件也取得了巨大的进展，大大强化了 PLC 的功能。

（1）PLC 引入了面向对象的编程工具，并且根据国际电工委员会的 IEC 61131-3 的标准形成了多种语言。

（2）小型 PLC 也提供了强大的编程指令，并且因此延伸了应用领域。

（3）高级语言，如 BASIC，C 在某些控制器模块中已经可以实现，在与外部通信和处理数据时提供了更大的编程灵活性。

（4）在梯形图逻辑中可以实现高级的功能块指令，可以使用户用简单的编程方法实现复杂的软件功能。

（5）诊断和错误检测功能从简单的系统控制器的故障诊断扩大到对所控制的机器和设备的过程和设备诊断。

（6）浮点算术可以进行控制应用中计量、平衡和统计等所牵涉的复杂计算。

（7）数据处理指令得到简化和改进，可以进行涉及大量数据存储、跟踪和存取的复杂控制以及数据采集和处理功能。

三、可编程控制器的分类及特点

（一）分类

1. 按组成结构形式分类

（1）一体化整体式 PLC。一体化整体式 PLC 是典型的小型 PLC，其中没有任何分离和可移动的部件，处理器和 I/O 组装在一起，I/O 端子可以使用，但不能改变。其优点是价格便宜，缺点是灵活性差，对于有些模块，任何部分出现故障，都只能换掉整个单元。

（2）模块式结构化 PLC。模块式结构化 PLC 的主要硬件部分被分别制成模块，然后由用户根据需要将所选用的模块插入 PLC 机架上的槽内，构成一个 PLC 系统。

2. 按 I/O 点数及内存容量分类

（1）小型 PLC。小型 PLC 的 I/O 点数一般在 128 点以下，特点是体积小、结构紧凑，整个硬件融为一体，主要功能是执行逻辑运算、计时、计数、算术运算、数据处理和传送、通信联网以及各种应用指令。

（2）中型 PLC。中型 PLC 的 I/O 点数一般在 256～1024 点之间，特点是采用模块化结构，主要功能是能连接各种特殊功能模块。其通信联网功能更强、指令系统更丰富、内存容量更大、扫描速度更快。

（3）大型 PLC。大型 PLC 的 I/O 点数一般在 1024 点以上，特点是采用模块化结构、采用三 CPU 构成表决式系统，使机器的可靠性更高，软、硬件功能极强。它具有极强的自诊断功能、通信联网功能，具有各种通信联网的模块，可以构成三级通信网，实现工厂生产管理自动化。

3. 按输出形式分类

（1）继电器输出。图 1-1 为继电器输出型，适用于低频大功率直流或交流负荷。

（2）晶体管输出。图 1-2 和图 1-3 为晶体管输出型，适用于高频小功率直流负荷。

（3）晶闸管输出。图 1-4 为晶闸管输出型，适用于高速大功率交流负荷。

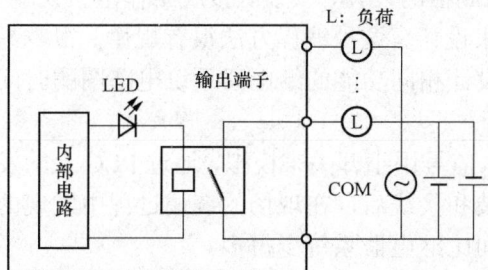

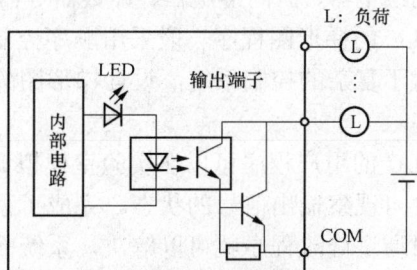

图 1-1　继电器输出型　　　　　　图 1-2　晶体管输出型（NPN 集电极开路）

3

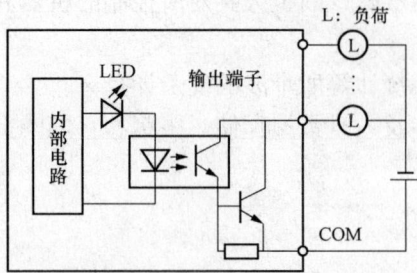

图 1-3　晶体管输出型（PNP 集电极开路）

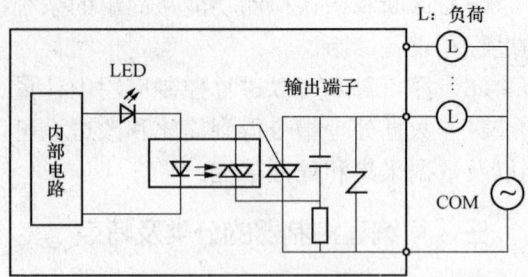

图 1-4　晶闸管输出型

（二）特点

（1）使用方便，编程简单。采用简明的梯形图、逻辑图或语句表等编程语言，无须计算机知识，因此系统开发周期短，现场调试容易。另外，可在线修改程序，改变控制方案而不拆动硬件。

（2）功能强，性价比高。一台小型 PLC 内有成百上千个可供用户使用的编程元件，功能强大，可以实现非常复杂的控制功能。它与相同功能的继电器系统相比，具有很高的性价比。PLC 可以通过通信联网，实现分散控制，集中管理。

（3）硬件配套齐全，用户使用方便，适应性强。PLC 产品已经实现标准化、系列化、模块化，配备有品种齐全的各种硬件装置供用户选用，用户能灵活方便地进行系统配置，组成不同功能、不同规模的系统。PLC 的安装接线也很方便，一般用接线端子连接外部接线。PLC 有较强的带负荷能力，可以直接驱动一般的电磁阀和小型交流接触器。

硬件配置确定后，可以通过修改用户程序，方便快速地适应工艺条件的变化。

（4）可靠性高，抗干扰能力强。传统的继电器控制系统使用了大量的中间继电器、时间继电器，由于触点接触不良，容易出现故障。PLC 用软件代替大量的中间继电器和时间继电器，仅剩下与输入和输出有关的少量硬件元件，接线可减少到继电器控制系统的 1/10～1/100，因触点接触不良造成的故障大为减少。

PLC 采取了一系列硬件和软件抗干扰措施，具有很强的抗干扰能力，平均无故障时间达到数万小时以上，可以直接用于有强烈干扰的工业生产现场，PLC 已被广大用户公认为最可靠的工业控制设备之一。

（5）系统的设计、安装、调试工作量小。PLC 用软件功能取代了继电器控制系统中大量的中间继电器、时间继电器、计数器等器件，使控制柜的设计、安装、接线工作量大大减小。

PLC 的梯形图程序一般采用顺序控制设计法来设计。这种编程方法很有规律，很容易掌握。对于复杂的控制系统，设计梯形图的时间比设计相同功能的继电器系统电路图的时间要少得多。

PLC 的用户程序可以在实验室模拟调试，输入信号用小开关来模拟，通过 PLC 上的发光二极管可观察输出信号的状态。完成了系统的安装和接线后，在现场的统调过程中发现的问题一般通过修改程序就可以解决，系统的调试时间比继电器系统少得多。

（6）维修工作量小，维修方便。PLC 的故障率很低，且有完善的自诊断和显示功能。PLC 或外部的输入装置和执行机构发生故障时，可以根据 PLC 上的发光二极管或编程器提供的信息迅速地查明故障的原因，用更换模块的方法可以迅速地排除故障。

四、可编程控制器与各类控制系统的比较

1. PLC 与继电器控制系统的比较

传统的继电器控制系统是针对一定的生产机械、固定的生产工艺而设计，采用硬接线方式安装而成，只能完成既定的逻辑控制、定时和计数等功能，即只能进行开关量的控制，一旦改变生产工艺过程，继电器控制系统必须重新配线，因此适应性很差，且体积庞大，安装、维修均不方便。由于 PLC 应用了微电子技术和计算机技术，各种控制功能是通过软件来实现的，只要改变程序，就可适应生产工艺改变的要求，因此适应性强。

2. PLC 与单片机控制系统的比较

单片机控制系统仅适用于较简单的自动化项目。硬件上主要受 CPU、内存容量及 I/O 接口的限制；软件上主要受限于与 CPU 类型有关的编程语言。现代 PLC 的核心就是单片微处理器。虽然用单片机作控制部件在成本方面具有优势，但是从单片机到工业控制装置之间毕竟有一个硬件开发和软件开发的过程。虽然 PLC 也有必不可少的软件开发过程，但两者所用的语言差别很大，单片机主要使用汇编语言开发软件，所用的语言复杂且易出错，开发周期长。而 PLC 采用专用的指令系统来编程，简便易学，现场就可以开发调试。与单片机相比，PLC 的输入输出端更接近现场设备，不需添加太多的中间部件，这样就节省了用户时间和总的投资。一般说来单片机或单片机系统的应用只是为某个特定的产品服务的，与 PLC 相比，单片机控制系统的通用性、兼容性和扩展性都相当差。

3. PLC 与计算机控制系统的比较

PLC 是专为工业控制所设计的，而微型计算机是为科学计算、数据处理等而设计的。尽管两者在技术上都采用了计算机技术，但由于使用对象和环境的不同，PLC 比微机系统具有面向工业控制、抗干扰能力强、适应工程现场的温度、湿度环境等优势。此外，PLC 使用面向工业控制的专用语言而使编程及修改方便，并具有较完善的监控功能。而微机系统则不具备上述特点，一般对运行环境要求苛刻，使用高级语言编程，要求使用者具有相当水平的计算机硬件和软件知识。而人们在应用 PLC 时，不必进行计算机方面的专门培训，就能进行操作及编程。

4. PLC 与传统的集散型控制系统的比较

PLC 是由继电器逻辑控制系统发展而来的。而传统的集散控制系统 DCS（Distributed Control System）是由回路仪表控制系统发展起来的分布式控制系统，它在模拟量处理，回路调节等方面有一定的优势。PLC 随着微电子技术、计算机技术和通信技术的发展，无论在功能上、速度上、智能化模块以及联网通信上，都有很大的提高，并开始与小型计算机联成网络，构成了以 PLC 为重要部件的分布式控制系统。随着网络通信功能的不断增强，PLC 与 PLC 及计算机的互联，可以形成大规模的控制系统，现在各类 DCS 也面临着高端 PLC 的威胁。由于 PLC 的技术不断发展，DCS 过去所独有的一些复杂控制功能现在 PLC 基本上全部具备，且 PLC 具有操作简单的优势，最重要的一点，就是 PLC 的价格和成本是 DCS 系统所无法比拟的。

五、PLC 控制系统的类型

1. PLC 构成的单机系统

PLC 构成的单机系统的被控对象是单一的机器生产或生产流水线，其控制器是由单台 PLC 构成的，一般不需要与其他 PLC 或计算机进行通信。但是，设计者还要考虑将来有无联

网的需要，如果有的话，应当选用具有通信功能的 PLC，如图 1-5 所示。

2. PLC 构成的集中控制系统

如图 1-6 所示，由 PLC 构成的集中控制系统的被控对象通常是由数台机器或数条流水线构成，该系统的控制单元由单台 PLC 构成，每个被控对象与 PLC 指定的 I/O 相连。由于采用一台 PLC 控制，因此，各被控对象之间的数据、状态不需要另外的通信线路。但是一旦 PLC 出现故障，整个系统将停止工作。对于大型的集中控制系统，通常采用冗余系统克服上述缺点。

3. PLC 构成的分布式控制系统

PLC 构成的分布式控制系统的被控对象通常比较多，分布在一个较大的区域内，相互之间比较远，而且，被控对象之间经常交换数据和信息。这种系统的控制器采用若干个相互之间具有通信功能的 PLC 构成。系统的上位机可以采用 PLC，也可以采用工控机，如图 1-7 所示。PLC 作为一种控制设备，用它单独构成一个控制系统是有局限性的，主要是无法进行复杂运算，无法显示各种实时图形和保存大量历史数据，也不能显示汉字和打印汉字报表，没有良好的界面。这些不足，我们选用上位机来弥补。上位机完成监测数据的存贮、处理与输出，以图形或表格形式对现场进行动态模拟显示、分析限值或报警信息，驱动打印机实时打印各种图表。

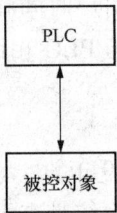

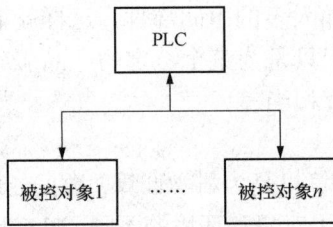

图 1-5　单机系统　　　　图 1-6　集中控制系统　　　　图 1-7　分布式控制系统

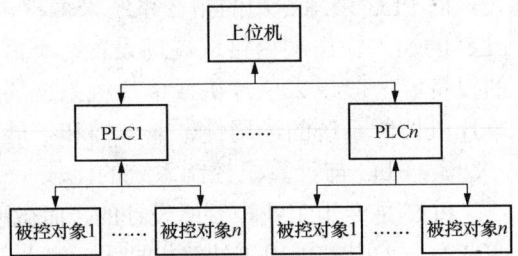

六、可编程控制器的应用

目前，PLC 在国内外已广泛应用于钢铁、石油、化工、电力、建材、机械制造、汽车、轻纺、交通运输、环保及文化娱乐等各个行业，使用情况大致可归纳为如下几类。

1. 开关量的逻辑控制

开关量的逻辑控制是 PLC 最基本、最广泛的应用领域，它取代了传统的继电器电路，实现逻辑控制、顺序控制，既可用于单台设备的控制，也可用于多机群控及自动化流水线。如注塑机、印刷机、订书机械、组合机床、磨床、包装生产线、电镀流水线等。

2. 模拟量控制

在工业生产过程当中，有许多连续变化的量，如温度、压力、流量、液位和速度等都是模拟量。为了使可编程控制器处理模拟量，必须实现模拟量（Analog）和数字量（Digital）之间的 A/D 转换及 D/A 转换。PLC 厂家都生产配套的 A/D 和 D/A 转换模块，使可编程控制器用于模拟量控制。

3. 运动控制

PLC 可以用于圆周运动或直线运动的控制。从控制机构配置来说，早期直接用于控制开关量的 I/O 模块连接位置传感器和执行机构，现在一般使用专用的运动控制模块代替。如可驱动步进电机或伺服电机的单轴或多轴位置控制模块。世界上各主要PLC厂家的产品几乎都有运动控制功能，被广泛用于各种机械、机床、机器人、电梯等领域。

4. 过程控制

过程控制是指对温度、压力、流量等模拟量的闭环控制。作为工业控制计算机，PLC能编制各种各样的控制算法程序，完成闭环控制。PID调节是一般闭环控制系统中用得较多的调节方法。大中型PLC都有PID模块，目前许多小型PLC也具有此功能模块。PID处理一般是运行专用的PID子程序。过程控制在冶金、化工、热处理、锅炉控制等领域有非常广泛的应用。

5. 数据处理

现代PLC具有数学运算（含矩阵运算、函数运算、逻辑运算）、数据传送、数据转换、排序、查表、位操作等功能，可以完成数据的采集、分析及处理。这些数据可以与存储在存储器中的参考值比较，完成一定的控制操作，也可以利用通信功能传送到别的智能装置，或将它们打印制表。数据处理一般用于大型控制系统，如无人控制的柔性制造系统；也可用于过程控制系统，如造纸、冶金、食品工业中的一些大型控制系统。

6. 通信及联网

PLC通信含PLC间的通信及PLC与其他智能设备间的通信。随着计算机控制的发展，工厂自动化网络发展得很快，各PLC厂商都十分重视PLC的通信功能，纷纷推出各自的网络系统。新近生产的PLC都具有通信接口，通信非常方便。

七、可编程控制器的发展趋势

（1）向微型化、专业化的方向发展。
（2）向大型化、高速度、高性能方向发展。
（3）编程语言日趋标准。
（4）与其他工业控制产品更加融合。

1）PLC与PC的融合。个人计算机的价格便宜，有很强的数据运算、处理和分析能力。目前个人计算机主要用作可编程控制器的编程器、操作站或人/机接口终端。

2）PLC与DCS的融合。DCS（Distributed Control System）指的是集散控制系统，又被称作分布式控制系统，主要用于石油、化工、电力、造纸等流程工业的过程控制。它是用计算机技术对生产过程进行集中监视、操作、管理和分散控制的一种新型控制装置，是由计算机技术、信号处理技术、测量控制技术、通信网络技术和人机接口技术竞相发展、互相渗透而产生的，既不同于分散的仪表控制技术，又不同于集中式计算机控制系统，而是吸收了两者的优点，并在它们的基础上发展起来的一门技术。

可编程控制器擅长于开关量逻辑控制，DCS擅长于模拟量回路控制，二者相结合，则可以优势互补。

3）PLC与CNC的融合。计算机数控（Computerized Numerical Control，CNC）已受到来自可编程控制器的挑战，可编程控制器已被用于控制各种金属切削机床、金属成形机械、装配机械、机器人、电梯和其他需要位置控制和进度控制的领域。

（5）与现场总线相结合。现场总线（Field Bus）是连接智能现场设备和自动化系统的数字式、双向传输、多分支结构的通信网络，它是当前工业自动化的热点之一。现场总线以开放的、独立的、全数字化的双向多变量通信代替0～10mA或4～20mA现场电动仪表信号。现场总线

I/O 集检测、数据处理、通信为一体，可以代替变送器、调节器、记录仪等模拟仪表，它接线简单，只需一根电缆，从主机开始，沿数据链从一个现场总线 I/O 连接到下一个现场总线 I/O。

现场总线控制系统将 DCS 的控制站功能分散给现场控制设备，仅靠现场总线设备即可以实现自动控制的基本功能。

可编程控制器与现场总线相结合，可以组成价格便宜、功能强大的分布式控制系统。

（6）通信联网能力增强。可编程控制器的通信联网功能使可编程控制器与个人计算机之间以及与其他智能控制设备之间可以交换数字信息，形成一个统一的整体，实现分散控制和集中管理。可编程控制器通过双绞线、同轴电缆或光纤联网，信息可以传送到几十千米远的地方。可编程控制器网络大多是各厂家专用的，但是它们可以通过主机，与遵循标准通信协议的大网络联网。

第二节　PLC 的组成与基本结构

一、PLC 的基本组成

PLC 结构框图如图 1-8 所示，主要由中央处理单元、输入接口、输出接口、通信接口等部分组成，其中 CPU 是 PLC 的核心，I/O 部件是连接现场设备与 CPU 之间的接口电路，通信接口用于与编程器和上位机连接。对于整体式 PLC，所有部件都装在同一机壳内；对于模块式 PLC，各功能部件独立封装，被称为模块或模板，各模块通过总线连接，安装在机架或导轨上。不同厂商生产的不同系列产品在每个机架上可插放的模块数是不同的，一般为 3～10 块。可扩展的机架数也不同，一般为 2～8 个。基本机架与扩展机架之间的距离不宜太长，一般不超过 10m。

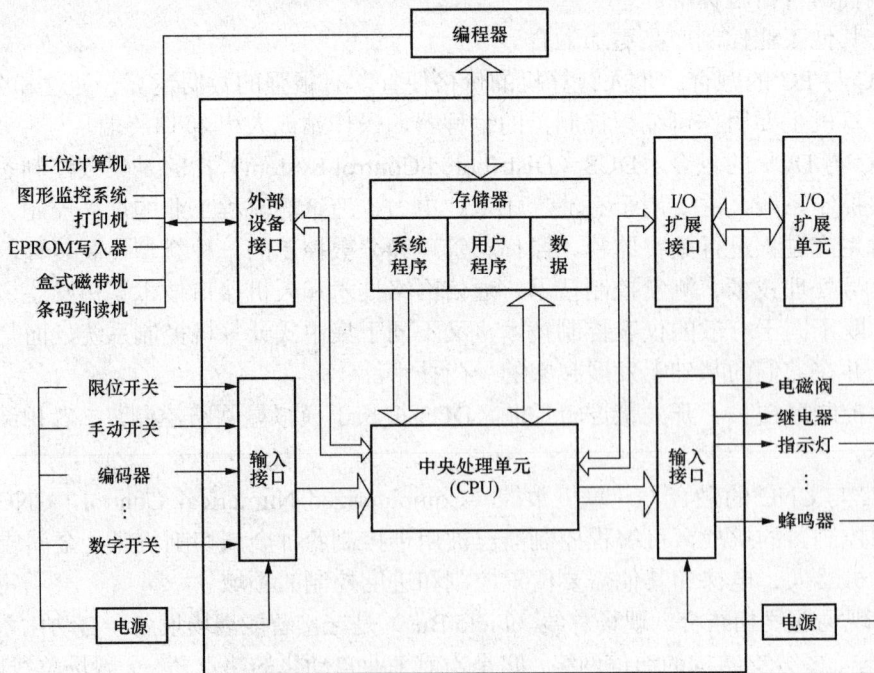

图 1-8　PLC 结构框图

二、PLC 各组成部分

1. 中央处理单元（CPU）

CPU 通过输入装置读入外设的状态，由用户程序去处理，并根据处理结果通过输出装置去控制外设。一般的中型可编程控制器多为双微处理器系统，一个是字处理器，它是主处理器，由它处理字节操作指令，控制系统总线，内部计数器，内部定时器，监视扫描时间，统一管理编程接口，同时协调位处理器及输入输出。另一个为位处理器，也被称为布尔处理器，它是从处理器，它的主要作用是处理位操作指令和在机器操作系统的管理下实现 PLC 编程语言向机器语言的转换。

CPU 处理速度是指 PLC 执行 1000 条基本指令所花费的时间。

2. 存储器

存储器主要被用于存放系统程序，用户程序及工作数据。

PLC 所用的存储器基本上由 PROM，EPROM，EEPROM 及 RAM 等组成。

3. 输入/输出部件

输入/输出部件又被称为 I/O 模块。PLC 通过 I/O 接口可以检测被控对象或被控生产过程的各种参数，以这些现场数据作为 PLC 被控对象进行控制的信息依据。同时 PLC 又通过 I/O 接口将处理结果输送给被控设备或工业生产过程，以实现控制。

4. 编程装置和编程软件

PLC 是以顺序执行存储器中的程序来完成其控制功能的。

5. 电源部件

PLC 的电源在整个系统中起着十分重要的作用。如果没有一个良好的、可靠的电源系统是无法正常工作的，因此 PLC 的制造商对电源的设计和制造也十分重视。一般交流电压波动在＋10%（＋15%）范围内，可以不采取其他措施而将 PLC 直接连接到交流电网上去。

第三节　PLC 的基本工作原理

一、PLC 的循环扫描工作过程

1. PLC 的循环扫描

PLC 的 CPU 是采用分时操作的原理，每一时刻执行一个操作，随着时间的延伸一个动作接一个动作顺序地进行，这种分时操作进程被称为 CPU 对程序的扫描。PLC 的用户程序由若干条指令组成，指令在存储器中按序号顺序排列。CPU 从第一条指令开始，顺序逐条地执行用户程序，直到用户程序结束，然后返回第一条指令开始新一轮的扫描。

2. PLC 的工作过程

当 PLC 投入运行后，其工作过程一般分为 3 个阶段，即输入采样、用户程序执行和输出刷新。完成上述 3 个阶段被称作一个扫描周期。如图 1-9 所示，在整个运行期间，PLC 的 CPU 以一定的扫描速度重复执行上述 3 个阶段。

（1）输入采样阶段。在输入采样阶段，PLC 以扫描方式依次地读入所有输入状态和数据，并将它们存入 I/O 映象区中的相应单元内。输入采样结束后，转入用户程序执行和输出刷新阶段。在这两个阶段中，即使输入状态和数据发生变化，I/O 映象区中的相应单元的状态和数据也不会改变。因此，如果输入的是脉冲信号，则该脉冲信号的宽度必须大于一个扫描周期，才能保证在任何情况下，该输入均能被读入。

（2）用户程序执行阶段。在用户程序执行阶段，PLC 总是按由上而下的顺序依次扫描用户程序（梯形图）。在扫描每一条梯形图时，又总是先扫描梯形图左边的由各触点构成的控制线路，并按先左后右、先上后下的顺序对由触点构成的控制线路进行逻辑运算，然后根据逻辑运算的结果，刷新该逻辑线圈在系统 RAM 存储区中对应位的状态；或者刷新该输出线圈在 I/O 映象区中对应位的状态；或者确定是否要执行该梯形图所规定的特殊功能指令。

因此，在用户程序的执行过程中，只有输入点在 I/O 映象区内的状态和数据不会发生变化，而其他输出点和软设备在 I/O 映象区或系统 RAM 存储区内的状态和数据都有可能发生变化，而且排在上面的梯形图，其程序执行结果会对排在下面的凡是用到这些线圈或数据的梯形图起作用；相反，排在下面的梯形图，其被刷新的逻辑线圈的状态或数据只能到下一个扫描周期才能对排在其上面的程序起作用。

（3）输出刷新阶段。当扫描用户程序结束后，PLC 就进入输出刷新阶段。在此期间，CPU 按照 I/O 映象区内对应的状态和数据刷新所有的输出锁存电路，再经输出电路驱动相应的外设。这时，才是 PLC 的真正输出。

同样的若干条梯形图，其排列次序不同，执行的结果也不同。另外，采用扫描用户程序的运行结果与继电器控制装置的硬逻辑并行运行的结果有所区别。当然，如果扫描周期所占用的时间对整个运行来说可以忽略，那么二者之间就没有什么区别了。

一般来说，PLC 的扫描周期包括自诊断、通信等，如图 1-9 所示，即一个扫描周期等于自诊断、通信、输入采样、用户程序执行、输出刷新等所有时间的总和。

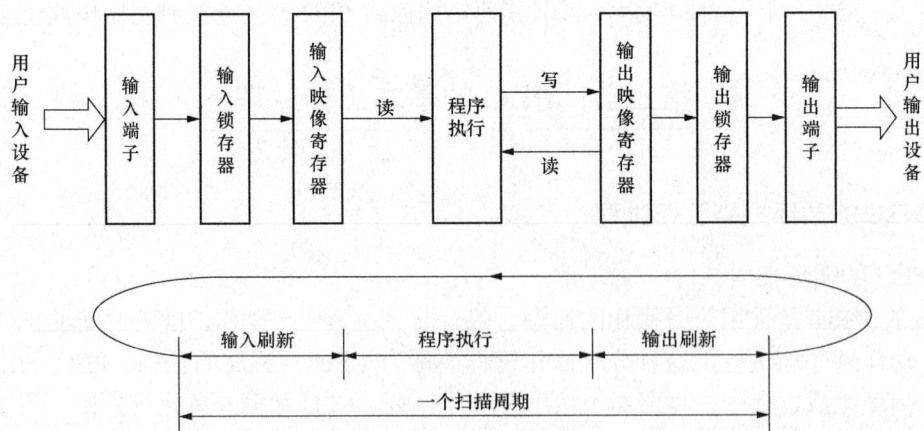

图 1-9　PLC 的扫描工作过程

二、PLC 的 I/O 滞后现象

造成 I/O 响应滞后的原因包括以下 3 种。

（1）扫描方式。

（2）电路惯性。

电路惯性是指输入滤波时间常数和输出继电器触点的机械滞后。

（3）与程序设计安排有关。

第四节　PLC的干扰因素

一、空间电磁干扰

空间的辐射电磁场（EMI）主要是由电力网络、电气设备的暂态过程、雷电、无线电广播、电视、雷达、高频感应加热设备等产生的，通常被称为电磁干扰，其分布极为复杂。若PLC系统被置于所射频场内，就会受到电磁干扰。其对PLC的影响主要通过两条路径：一是直接对PLC内部的辐射，由电路感应产生干扰；二是对PLC通信内网络的辐射，由通信线路的感应引入干扰。电磁干扰与现场设备布置及设备所产生的电磁场大小，特别是频率有关，一般通过设置屏蔽电缆和PLC局部屏蔽及高压泄放元件进行保护。

二、系统外引线干扰

系统外引线干扰主要通过电源和信号线引入，通常被称为传导干扰。这种干扰在我国工业现场较严重。传导干扰主要包括以下3种。

（1）来自电源的干扰。PLC系统的正常供电电源均由电网供电。由于电网覆盖范围广，它将受到所有的空间电磁干扰而在线路上感应电压和电流。尤其是电网内部的变化，如开关操作浪涌、大型电力设备启停、交直流传动装置引起的谐波、电网短路暂态冲击等，都通过输电线路传到电源原边。PLC电源通常采用隔离电源，但其机构及制造工艺因素使其隔离性并不理想。实际上，由于分布参数特别是分布电容的存在，绝对隔离是不可能的。

（2）来自信号线引入的干扰。与PLC控制系统连接的各类信号传输线，除了传输有效的各类信息之外，总会有外部干扰信号侵入。

此干扰主要包括两种方式：一是通过变送器供电电源或共用信号仪表的供电电源串入的电网干扰，这往往被忽视；二是信号线受空间电磁辐射感应的干扰，即信号线上的外部感应干扰，这是很严重的。由信号引入干扰会引起I/O信号工作异常和测量精度大大降低，严重时将引起元器件损伤。对于隔离性能差的系统，还将导致信号间互相干扰，引起共地系统总线回流，造成逻辑数据变化、误动和死机。PLC控制系统因信号引入干扰造成I/O模件损坏的数量相当多，由此引起系统故障的情况也很多。

（3）来自接地系统混乱时的干扰。接地是提高电子设备电磁兼容性（EMC）的有效手段之一。正确的接地，既能抑制电磁干扰的影响，又能抑制设备向外发出干扰；而错误的接地，反而会引入严重的干扰信号，使PLC系统无法正常工作。

PLC控制系统的地线包括系统地、屏蔽地、交流地和保护地等。接地系统混乱对PLC系统的干扰主要是使各个接地点电位分布不均，不同接地点间存在地电位差，引起地环路电流，从而影响系统的正常工作。例如电缆屏蔽层必须一点接地，如果电缆屏蔽层两端A、B都接地，就存在地电位差，有电流流过屏蔽层，当发生异常状态如雷击时，地线电流将更大。

此外，屏蔽层、接地线和大地有可能构成闭合环路，在变化磁场的作用下，屏蔽层内就会出现感应电流，通过屏蔽层与芯线之间的耦合，干扰信号回路。若系统地与其他接地处理混乱，所产生的地环流就可能在地线上产生不等电位分布，影响 PLC 内逻辑电路和模拟电路的正常工作。PLC 工作的逻辑电压干扰容限较低，逻辑地电位的分布干扰容易影响 PLC 的逻辑运算和数据存贮，造成数据混乱、程序跑飞或死机。模拟地电位的分布将导致测量精度下降，引起对信号测控的严重失真和误动作。

三、系统内部干扰

系统内部干扰主要由系统内部元器件及电路间的相互电磁辐射产生，如逻辑电路相互辐射及其对模拟电路的影响，模拟地与逻辑地的相互影响及元器件间的相互不匹配使用等。这都属于 PLC 制造厂对系统内部进行电磁兼容设计的内容，比较复杂，作为应用部门是无法改变的，可不必过多考虑，但要选择具有较多应用实绩或经过考验的系统。

第二章

S7-300/400 硬件结构及 STEP 7 的使用

第一节 SIMATIC 自动控制系统简介

一、SIMATIC 自动化控制系统的组成

SIMATIC 是 "Siemens Automatic"（西门子自动化）的缩写，SIMATIC 自动化系统由一系列部件组合而成，PLC 是其中的核心设备。

1. SIMATIC PLC

（1）S7 系列。S7 系列是传统意义上的 PLC 产品，其中的 S7-200 是针对低性能要求的紧凑的微型 PLC，其编程软件为 STEP7-Micro/WIN。S7-1200 是西门子新一代的小型 PLC，其编程软件为 TIA Portal Vxx（STEP7 Profession Vxx）。S7-300 是针对中等性能要求的模块式中小型 PLC，编程软件为 STEP 7（V5.2～V5.5），最多可以扩展到 32 个模块。S7-400 是用于高性能要求的模块式大型 PLC，编程软件为 STEP 7（V5.2～V5.5）和 PCS7，可以扩展到 300 多个模块。S7-200/1200/300/400 可以接入多种通信网络。

S7 系列 PLC 实物图如图 2-1 所示。

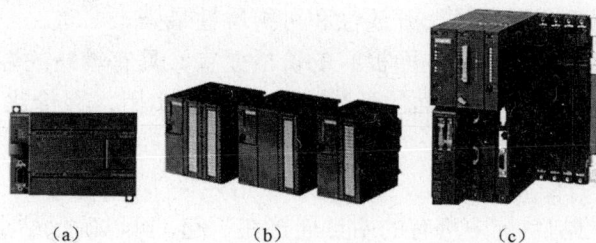

（a）　　　　　（b）　　　　　（c）

图 2-1　S7 系列 PLC 实物图

（a）S7-200；（b）S7-300；（c）S7-400

（2）M7 系列。SIMATIC M7-300/400 PLC 采用与 S7-300/400 相同的结构，具有 AT 兼容计算机的功能，可以用 C、C++或 CFC（连续功能图）这些高级语言来对 M7 编程。M7 适合于需要处理的数据量大，对数据管理、显示和实时性有较高要求的系统使用。

（3）C7 系列。SIMATIC C7 由紧凑型 CPU S7-31xC、OP（操作员面板）、I/O、通信和过程监控系统组成，结构紧凑，将面向用户的组态/编程、数据管理与通信集成为一体，具有很

高的性价比。由于高度集成，节约了大约 30%的安装空间。

C7 具有 WinCC flexible 组态过程显示、信息文本匹配等操作员面板的功能。

（4）WinAC。WinAC 在 PC（个人计算机）上实现了 PLC 的功能，突破了传统 PLC 开放性差、硬件昂贵，开发周期长，升级困难等束缚，可以实现控制、数据处理、通信、人机界面等功能。WinAC 有基本型（软件 PLC）、实时型和插槽型 3 种类型。WinAC 具有良好的开放性和灵活性，可以方便地集成第三方的软件和硬件，例如运动控制卡、快速 I/O 卡或控制算法等。

2. SIMATIC DP 分布式 I/O

DP 是现场总线 PROFIBUS-DP 的简称，ET200 分布式 I/O 可以安装在远离 PLC 的地方，可以通过 PROFIBUS-DP 总线系统实现 PLC 与分布式 I/O 之间的通信。分布式 I/O 可以减少大量的 I/O 接线。集成了 DP 接口的 CPU 或 CP（通信处理器）可以作为 DP 网络中的主站。

3. PROFINET IO 系统中的分布式 I/O

PROFINET IO 系统由 IO 控制器和 IO 设备组成，它们通过工业以太网互联。集成有 PROFINET 接口的 CPU（例如 317-2PN/DP）和通信处理器（例如 CP343-1）可以做 PROFINET IO 控制器，IO 控制器与它的 IO 设备之间进行循环数据交换。IE/PE 连接器可用于将工业以太网、PROFIBUS 子网和 PROFINETBUS 子网连接在一起。IO 控制器可以通过链接器来访问 DP 从站。

4. SIMATIC HMI

HMI 是人机界面（Human-Machine Interface）的缩写，用于实现操作和监控、显示事件信息和故障信息、配方、数据记录等功能。

SIMATIC HMI 的品种非常丰富，下面是各类 HMI 产品的主要特点。

（1）按钮面板的可靠性高，适用于恶劣的工作环境。

（2）微型面板主要是针对 S7-300 PLC 设计，操作简单、品种丰富。

（3）移动面板可以在不同地点灵活应用。

（4）触摸屏和操作员面板是人机界面的主导产品，坚固可靠、结构紧凑，品种丰富。

（5）多功能面板属于高端产品，开放性和可扩展性最强。

（6）精简系列面板（又称为基本面板）的价格便宜，具有较高的性价比。

（7）精彩系列面板提供人机界面的标准功能，经济实用，性价比高。采用高分辨率的 16:9 液晶宽屏显示。

5. SIMATIC NET

SIMATIC NET 将控制系统中所有的站点连接在一起，可以确保站点之间的可靠通信。符合通信标准的非 SIMATIC 设备也可以集成到 SIMATIC NET 中。

6. 标准的工具 STEP 7

SIMATIC 的标准工具 STEP 7 可用于对所有的 SIMATIC 部件（包括 PLKC、远程 I/O、HMI、驱动装置和通信网络等）进行硬件组态和通信连接组态、参数设置和编程。STEP 7 还有测试、启动、维护、文件建档和诊断等功能。STEP 7 中的 SIMATIC Manager（管理器）用于管理自动化数据和软件工具。它将自动化项目中的所有数据都保存在一个项目文件夹中。

STEP 7 编程软件可以对硬件和网络实现组态，具有简单、直观、便于修改等特点。该软件提供了在线和离线编程的功能，可以对 PLC 在线上载或下载。利用 STEP 7 可以方便地创建一个自动化解决方案。

二、全集成自动化

传统的自动化系统大多以单元设备为核心，进行检测盒控制，但是生产设备之间容易形成"自动化孤岛"，缺乏信息资源的共享和生产过程的统一管理，已经无法满足现代工业生产的要求。为了提高企业的市场竞争力，实现最佳经济效益的目标，必须将自动化控制、制造执行系统（Manufacturing Execute System，MES）和企业资源规划系统（Enterprise Resource Planning，ERP）三者完美地整合在一起。

西门子的全集成自动化（Totally Integrated Automation，TIA）不仅通过现场总线技术实现了系统自身与现场设备的纵向集成，同时也实现了系统与系统之间的横向联系，使通信覆盖整个企业，确保了现场实时数据的及时、精确和统一。通过全集成自动化，可以实现从输入物流到输出物流整个生产过程的统一协同自动化，实现完整的生产现场自动化。

全集成自动化集高度的集成统一性和开放性于一身，标准化的网络体系结构，统一的编程组态环境和高度一致的数据集成，使 TIA 为企业实现了横向和纵向信息集成。

从最初的规划和设计，工程与实施，到安装与调试，运行与维护，以至于系统的升级改造，TIA 使企业在整个生命周期中获得最高的生产力和产品质量，并显著降低项目成本。此外，TIA 还能缩短产品上市和系统投入运行的时间，从而全面增强企业的核心竞争力。

全集成自动化具有以下 3 个典型的特征。

1．统一的组态的编程

STEP 7 是全集成自动化的基础，在 STEP 7 中，用项目来管理一个自动化系统的硬件和软件。STEP 7 用 SIMATIC 管理器对项目进行集中管理，可以方便地浏览 SIMATIC S7、M7、C7 和 WinAC 的数据，实现将 STEP 7 各种功能所需要的 SIMATIC 软件工具都集成在 STEP 7 中。STEP 7 使系统具有统一的组态和编程方式，统一的数据管理和数据通信方式。可以用 SIMATIC 管理器来调用编程、组态等工程工具。

2．统一的数据管理

以 STEP 7 为操作平台，所有软件组件都访问同一数据库，这种统一的数据库管理机制，不仅可以减少系统开发的费用，还可以减小出错的概率，提高系统诊断的效率，每款软件可以通过全局变量共享一个统一的符号表，在一个项目中，只需在一点对变量进行输入和修改。这不仅减少了系统集成的工作量，而且可以避免出现错误，在工作系统中定义的参数，可以通过网络，向下传输到现场传感器、执行器或驱动器。

3．统一的通信

全集成自动化采用统一的集成通信技术，使用国际通行的开放的通信标准，例如工业以太网、PROFINET、PROFIBUS、AS-i 等。TIA 支持基于互联网的全球信息流动，用户可以通过传统的浏览器访问控制信息。这样可以确保生产控制过程中采集的实时数据及时、准确、可靠、无间隙地与 MES 保持通信。

借助于西门子全集成自动化系统，所有的自动化结构（指导现场的各个部件）都是清晰和透明的。因为相似的组态和编程工具，以及共享数据的一致性，使得其对错误的定位和修正非常容易。这样，用户能快速完成过程的优化、扩张和调整，将生产中断的可能性降到最小。

第二节　S7-300 系列 PLC 模块

一、S7-300PLC 的系统结构

S7-300 PLC 是模块化的组合结构，根据应用对象的不同，可选用不同型号和不同数量的模块，包括电源模块（PS）、CPU、信号模块（SM）、功能模块（FM）、接口模块（IM）和通信处理器（CP），并可以将这些模块安装在同一机架（导轨）或多个机架上。

S7-300 PLC 模块化组成结构如图 2-2 所示。

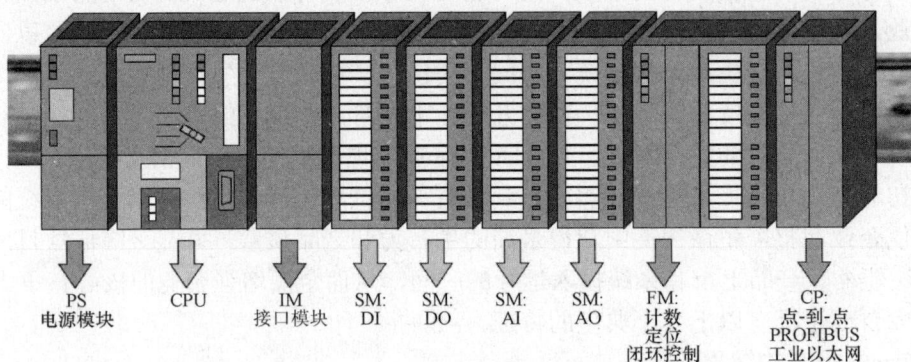

PS	CPU	IM	SM:	SM:	SM:	SM:	FM:	CP:
电源模块		接口模块	DI	DO	AI	AO	计数定位闭环控制	点-到-点PROFIBUS工业以太网

图 2-2　S7-300PLC 模块化组成结构

导轨是一种专用的金属机架，只需将模块勾在 DIN 标准的安装轨道上，然后用螺栓锁紧就可以了。有多种不同长度规格的导轨供用户选择。电源模块总是安装在机架最左边，CPU 模块紧靠电源模块。如果有接口模块，则在 CPU 模块的右侧。

S7-300PLC 用背板总线将除电源模块之外的各个模块连接起来。背板总线集成在模块上，除了电源模块，其他模块之间通过 U 型总线连接器相连，后者插在各模块的背后。安装时先将总线连接器插在 CPU 模块上，并将后者固定在导轨上，然后依次安装各个模块，如图 2-3 所示。

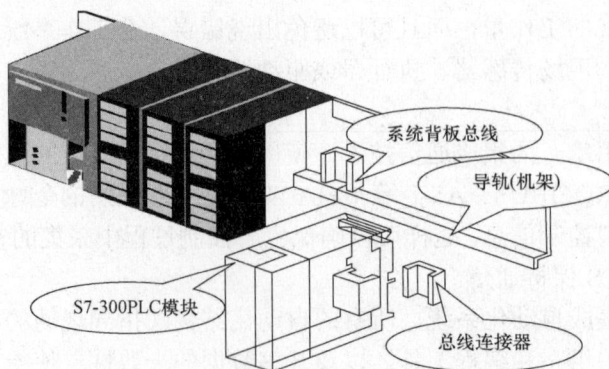

图 2-3　总线连接器结构示意图

总线连接器的实物图与安装实物图如图 2-4 所示。

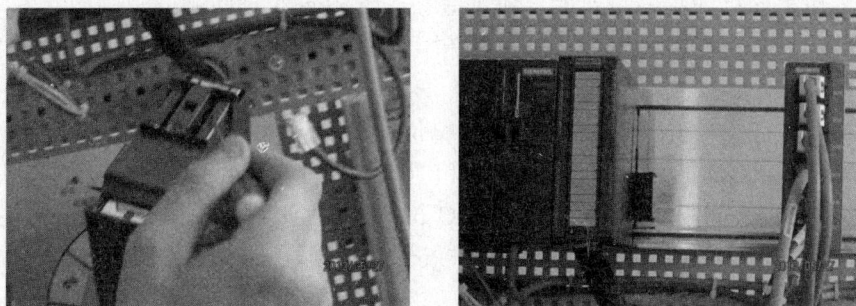

图 2-4　总线连接器的实物图与安装实物图

外部接线接在信号模块和功能模块的前连接器的端子上，前连接器用插接的方式安装在模块前门后面的凹槽中，前连接器与模块是分开订货的。S7-300PLC 的电源模块通过电源连接器或导线与 CPU 模块连接，为 CPU 模块和其他模块提供 DC24V 电源。

更换模块时只需松开安装螺钉，拔下已经接线的前连接器即可。

每个机架最多只能安装 8 个信号模块、功能模块或通信处理器模块，组态时系统自动分配模块的地址。如果这些模块的数量超过 8 块，则可以增加扩展机架。低端 CPU 没有扩展功能，其中带 CPU 的叫作中央机架。

除了带 CPU 的中央机架（CR），最多可以增加 3 个扩展机架（ER），每个机架的 4～11 号槽可以插 8 个信号模块（SM）、功能模块（FM）和通信处理器（CP）。

机架的安装形式有水平安装和垂直安装两种，如图 2-5 所示，一般情况采用水平安装形式。

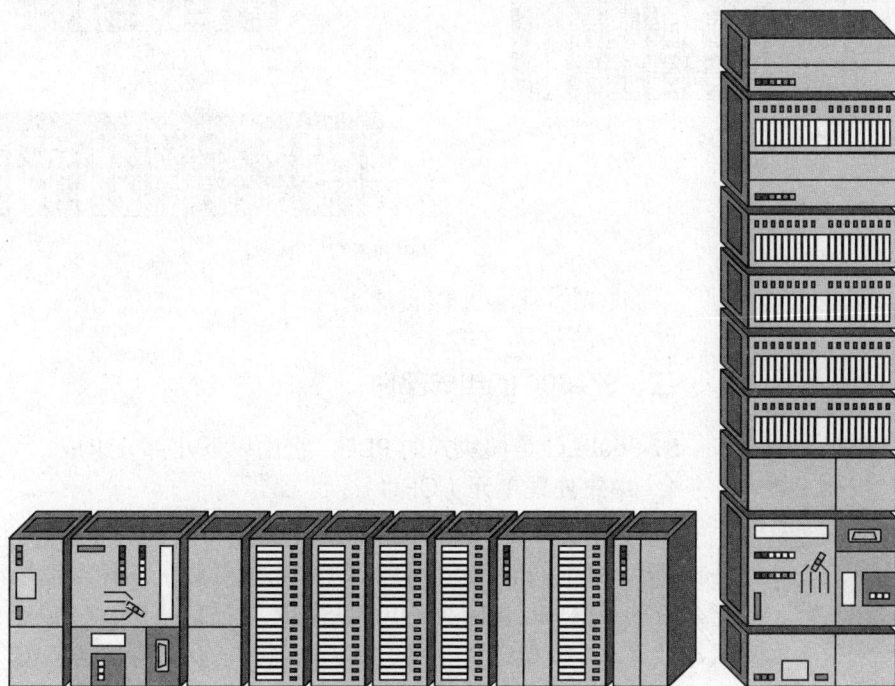

图 2-5　机架的安装形式示意图

因为模块是用总线连接器连接的，而不是像其他模块式 PLC 那样，用焊在背板上的总线插座来安装模块，所以槽号是相对的，机架导轨上并不存在物理槽位。例如在不需要扩展机架时，中央机架上没有接口模块，CPU 模块和 4 号槽的模块是挨在一起的。此时 3 号槽位仍然被实际上并不存在的接口模块占用。

如果没有扩展机架，则接口模块占用 3 号槽位，负责中央机架与扩展机架之间的数据通信。

每个机架上安装的信号模块、功能模块和通信处理器除了不能超过 8 块外，还受到背板总线 DC 5V 供电电流的限制。0 号机架的 DC 5V 电源由接口模块 IM361 提供。各类模块消耗的电流可以查 S7-300 模块手册。如果只扩展一个机架，则可以用 IM365 进行扩展，如图 2-6 为多机架组态示意图。

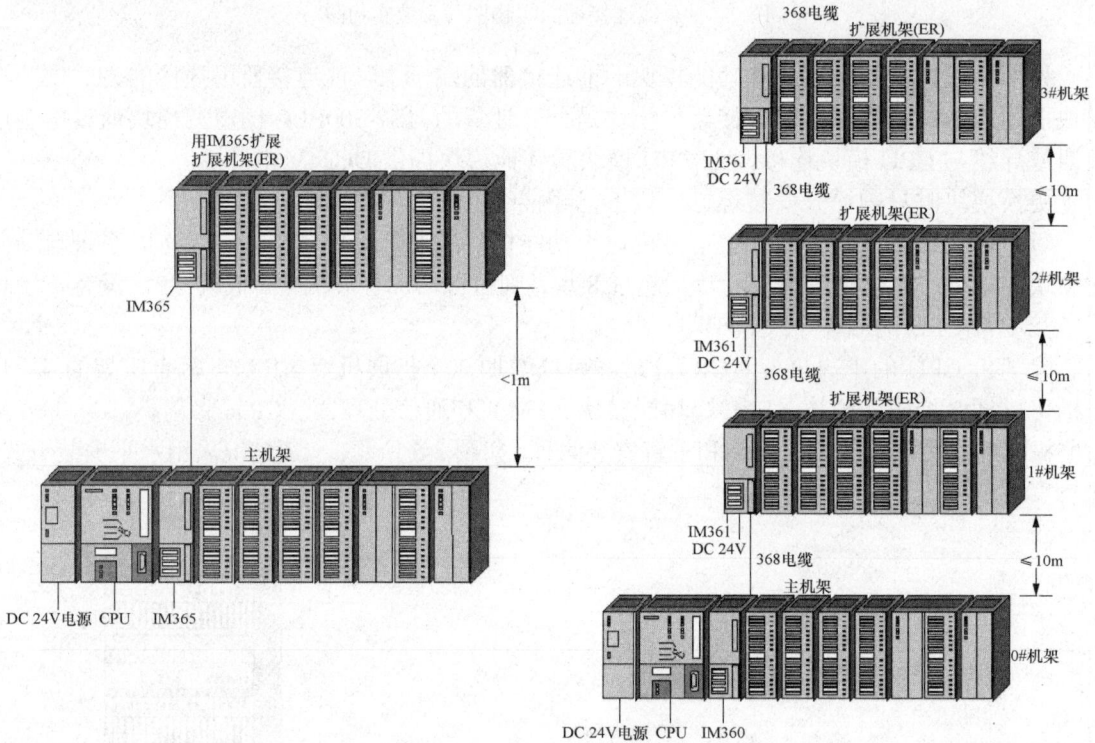

图 2-6　多机架组态示意图

二、S7-300 的组成部件

S7-300PLC 是模块式的 PLC，它由以下几部分组成。

1. 中央处理单元（CPU）

CPU 用于存储和处理用户程序，控制集中式 I/O 和分布式 I/O。各种 CPU 有不同的性能，有的 CPU 集成有数字量和模拟量输出/输入点，有的 CPU 集成有 PROFIBUS-DP 等通信接口。CPU 前面板上有状态故障灯、模拟选择开关、24V 电源端子盒微存储卡插槽，如图 2-7 为 CPU 实物图。

图 2-7　CPU 实物图

2. 电源模块（PS）

电源模块用于将 AC 220V 的电源转换为 DC 24V 电源，供 CPU 模块和 I/O 模块使用。电源模块的额定输出电流有 2A、5A 和 10A，过负载时模块上的 LED 闪烁。

PS307 是 S7-300 PLC 专配的 DC 24V 电源。PS307 系列模块有 2A、5A 和 10A，如图 2-8 所示。

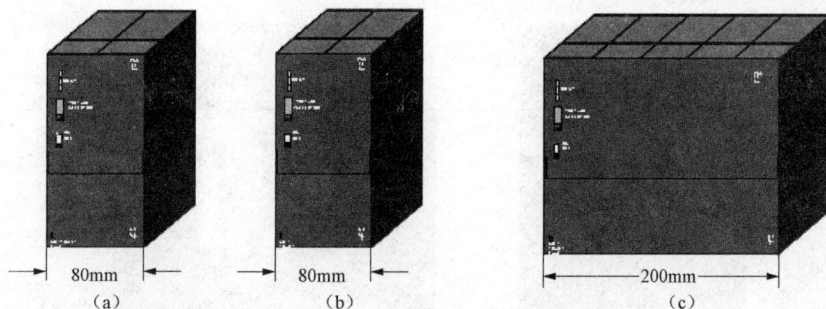

| 80mm | 80mm | 200mm |
| (a) | (b) | (c) |

图 2-8　PS307 标准电源模块的外形图
（a）PS307 2A；（b）PS307 5A；（c）PS307 10A

3. 信号模块（SM）

信号模块是数字量输入/输出模块（简称为 DI/DO）和模拟量输入/输出模块（简称为 AI/AO）的总称，它们使不同的过程信号与 PLC 内部的信号电平匹配。模拟量输入模块可以输入直流电流、电压、热电阻、热电偶等多种不同类型和不同量程的模拟量信号。每个模块上有一个背板总线连接器，现场的过程信号连接到前连接器的端子上，SM 实物图如图 2-9 所示。

4. 功能模块（FM）

功能模块是智能的信号处理模块，它们不占用 CPU 的资源，直接对来自现场设备的信号进行控制和处理，并将信息传送给 CPU。它们负责处理那些 CPU 通常无法快速完成的任务，以及对实时性和存储容量要求很高的控制任务，例如高速计数、定位和闭环控制等。功能模块包括计数器模块、电子凸轮控制模块、用于快速进给/慢速驱动的双通道定位模块、高速布尔处理器模块、闭环控制模块、温度控制器模块、称重模块、超声波位置编码器模块等。

5. 通信处理器（CP）

通信处理器用于 PLC 之间、PLC 与计算机和其他智能设备之间的通信，可以将 PLC 接入 PROFIBUS-DP、AS-i 和工业以太网，或用于实现点对点通信。通信处理器可以减轻 CPU 处理通信的负担，并减少用户对通信的编程工作，如图 2-10 所示。

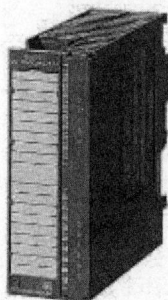

图 2-9　SM 实物图

图 2-10　通信处理器

6. 接口模块（IM）

接口模块用于多机架配置时连接主机架和扩展机架。在 S7-300PLC 中接口模块主要有 IM360、IM361 及 IM365 3 种。

（1）IM360、IM361。IM360 用于发送数据，IM361 用于接收数据，IM360 和 IM361 的最长距离为 10m，如图 2-11 所示。

图 2-11　IM360（左）和 IM361（右）的外形图

IM360、IM361 是用于多机架的接口模块（最多可扩展至 4 层机架），如图 2-12 所示。

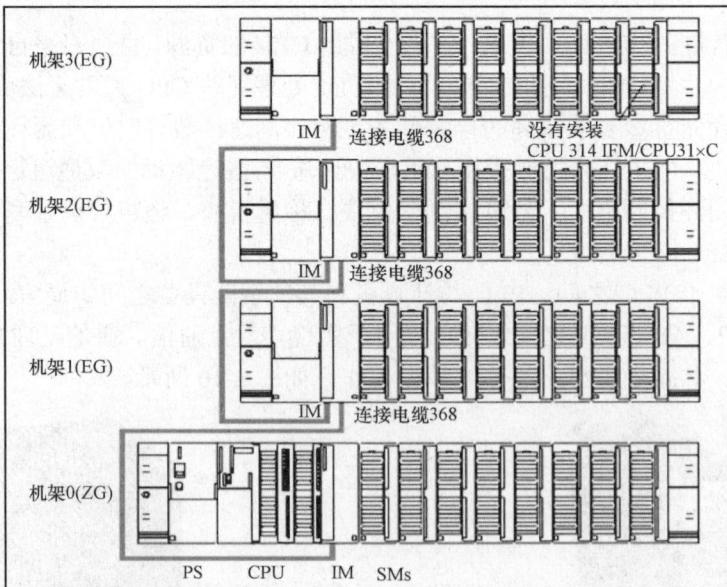

图 2-12　多机架 S7-300 PLC 的连接

（2）IM365。如果只扩展两个机架，可选用比较经济的 IM365 接口模块对（不需要辅助电源，在扩展机架上不能使用 CP 模块），这一对接口模块由 1m 长的连接电缆相互固定连接，如图 2-13 所示。

7. 导轨（RACK）

铝制导轨用于固定和安装 S7-300PLC 上述的各种模块。

三、CPU 模块元件

S7-300PLC 有多种不同型号的 CPU，分别适用于不同等级的控制要求。有的 CPU 模块集成了数字量 I/O，如图 2-14 所示。

（a）　　　　　　　　　（b）

图 2-13　IM365 的外形图　　　　　图 2-14　S7-300PLC 的 CPU 模块的实物图
　　　　　　　　　　　　　　　　（a）CPU315-2DP；（b）CPU319-3PN/DP

1. CPU 模块元件

CPU 内的元件封装在一个牢固而紧凑的塑料机壳内，面板上有状态和错误指示 LED、模式选择开关和通信接口。微存储卡（MMC）插槽可以插入多达数兆字节的 FEPROM 微存储卡，用于掉电后程序和数据的保存。有的 CPU 只有一个 MPI 接口，CPU 各部分组件位置示意图如图 2-15 所示。

下面就各个灯的状态依次说明。

（1）状态与故障显示 LED。下图 2-16 为某一型号 CPU 的状态与故障显示 LED 图，状态与故障显示 LED 会因 CPU 型号的不同而不同。

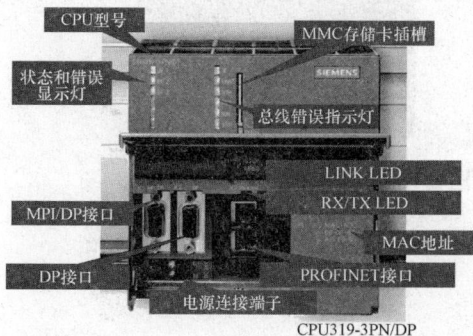

图 2-15　CPU 各部分组件位置示意图　　　图 2-16　某一型号 CPU 的状态与故障显示 LED 图

CPU 模块面板上的各 LED（发光二极管）的意义如下所述。

1）SF（系统错误/故障，红色）：CPU 硬件错误时亮。

2）BF（总线错误，红色）：通信接口或总线有硬件故障或软件故障时亮。集成有多个通信接口的 CPU 就有多个总线错误 LED（BF1、BF2、和 BF3）。

3）DC5V（+5V 电源，绿色）：CPU 和 S7-300 总线的 5V 电源正常时亮。

4）FRCE（强制，黄色）：至少有一个 I/O 点被强制时亮，正常运行时应取消全部强制。

5）RUN（运行模式，绿色）：CPU 处于 RUN 模式时亮；启动期间以 2Hz 的频率闪动；HOLD（保持）状态时以 0.5Hz 的频率闪烁。

6）STOP（停止模式，黄色）：CPU 处于 STOP、HOLD 状态或重新启动时常亮；请求存储器复位时以 0.5Hz 的频率闪烁，正在执行存储器复位时以 2Hz 的频率闪烁。

7）CPU 31x-2PN/DP 和 CPU 319-3PN/DP 的 LINK LED 亮表示 PROFINET 接口的连接处于激活状态，RX/TX LED 亮表示 PROFINET 接口正在接收/发送数据。

（2）CPU 的操作模式。CPU 各个位置代表的含义如下所述。

1）STOP（停机）模式：模式选择开关在 STOP 位置时，PLC 通电后自动进入 STOP 模式，在该模式下不执行用户程序，但可以接收全局数据和检查系统。

2）RUN（运行）模式：执行用户程序，刷新输入和输出，处理中断和故障信息服务。

3）HOLD 模式：在启动和 RUN 模式下执行程序时遇到调试用的断点，用户程序的执行被挂起（暂停），定时器被冻结。

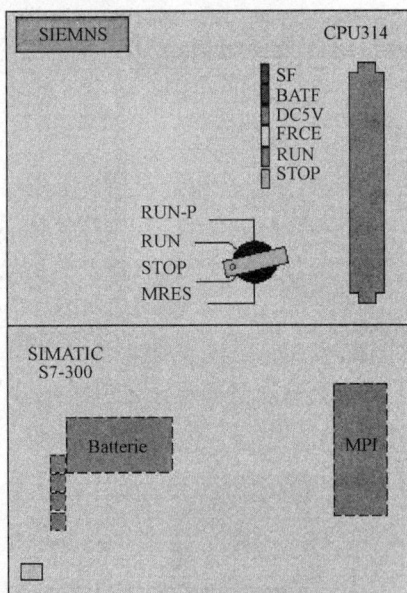

4）STARTUP（启动）模式：可以用模式选择开关或 STEP 7 启动 CPU。如果模式选择开关在 RUN 或 RUN-P 位置，则在通电时自动进入启动模式。

5）老式的 CPU 使用钥匙开关来选择操作模式，它还有一种 RUN-P 模式，允许在运行时读出和修改程序。仿真软件 PLCSIM 的仿真 CPU 也有 RUN-P 模式，某些监控功能只能在 RUN-P 模式下进行，图 2-17 为有 RUN-P 模式的 CPU 示意图。

（3）模式选择开关。图 2-18 为 CPU 操作模式开关的实物图。

图 2-17　有 RUN-P 模式的 CPU 示意图　　　　图 2-18　CPU 操作模式开关的实物图

CPU 的模式选择开关各位置的意义如下所述。

1）RUN（运行）位置：CPU 执行用户程序。

2）STOP（停止）位置：CPU 不执行用户程序。

3）MRES（复位存储器）：MRES 位置不能保持。在这个位置松手时开关将自动返回 STOP

位置。将模式选择开关从 STOP 位置扳到 MRES 位置，可以复位存储器，使 CPU 回到初始状态，工作存储器和 S7-400 的 RAM 装载存储器中的用户程序和地址区被清除，全部存储器、定时器、计数器和数据块均被复位为零，包括有保持功能的数据。CPU 检测硬件，初始化硬件和系统程序的参数，系统参数、CPU 和模块的参数被恢复为默认的设置，MPI（多口接点）的参数被保留。CPU 在复位后将 MMC（微存储卡）里面的用户程序和系统参数复制到工作存储区。

复位存储器时按下述顺序操作：PLC 通电后将模式选择开关从 STOP 位置扳到 MRES 位置，STOP LED 熄灭 1s，亮 1s，再熄灭 1s 后保持亮。松动开关，使它回到 STOP 位置。3s 内再扳到 MRES 位置，STOP LED 以 2Hz 的频率至少闪烁 3s，表示正在执行复位，最后 STOP LED 一直亮，复位结束后松开模式选择开关。

（4）通信接口。所有的 CPU 模块都有一个 MPI（多点接口）通信接口，有的 CPU 模块还有 DP 接口或点对点接口，型号中带 PN 的 CPU 模块有一个 PROFINET 工业以太网接口。

MPI 接口被用于与其他西门子 PLC、PG/PC（编程器或个人计算机）、OP（操作员面板）通过 MPI 网络的通信。

PROFIBUS-DP 可被用于与其他的西门子 PLC、PG/PC、OP 以及其他 DP 主站和从站的通信。

图 2-19 为通信接口示意图，图中一共有一个 MPI/DP 接口、一个 DP 接口和两个 PN 接口。

其中 MPI/DP 接口即可以接 MPI 总线，也可以接 DP 总线。

（5）电源接线端子。电源模块上的 L+ 和 M 端子分别是 DC 24V 输出电压的正极和负极。需用专门的电源连接器或导线分别连接电源模块和 CPU 模块的 L+ 和 M 端子。

图 2-19　通信接口示意图

（6）CPU 模块的集成 I/O。CPU 31×C 模块是集成式的 CPU，也叫紧凑型的 CPU，其上有集成的 I/O，如表 2-1 所示。

表 2-1　　　　　　　　　　　　　　集成式 CPU 的型号及性能参数

CPU	312C	313C	313C-2P_tP	313C-2DP	314C-2P_tP	314C-2DP
集成式 RAM	16KB	32KB	32KB	32KB	48KB	48KB
装载存储器 MMC 卡	最大 4MB	最大 4MB	最大 4MB	最大 4MB	最大 4MB	最大 4MB
最小位操作时间 最小浮点数加法时间	0.2～0.4μs 30μs	0.1～0.2μs 15μs	0.1～0.2μs 15μs	0.1～0.2μs 15μs	0.1～0.2μs 15μs	0.1～0.2μs 15μs
集成 DI/DO 集成 AI/AO	10/6	24/16 4+1/2	16/16	16/16	24/16 4+1/2	24/16 4+1/2
FB 最大块数 FC 最大块数 DB 最大块数	64 64 63（DB0 保留）	128 128 127（DB0 保留）	128 128 127（DB0 保留）	128 128 127（DB0 保留）	128 128 127（DB0 保留）	128 128 127（DB0 保留）
位存储器	1024B	2048B	2048B	2048B	2048B	2048B
定时器/计数器	128/128	256/256	256/256	256/256	256/256	256/256

CPU	312C	313C	313C-2P$_t$P	313C-2DP	314C-2P$_t$P	314C-2DP
全部 I/O 地址区 I/O 过程映像 最大数字量 I/O 总数	1024B/1024B 128B/128B 256/256	1024B/1024B 128B/128B 992/992	1024B/1024B 128B/128B 992/992	1024B/1024B 128B/128B 992/992	1024B/1024B 128B/128B 992/992	1024B/1024B 128B/128B 992/992
最大模拟量 I/O 总数	64/32	248/124	248/124	248/124	248/124	248/124
模块总数	8	31	31	31	31	31

2. CPU 的存储器

PLC 的操作系统使 PLC 具有基本的智能，能够完成 PLC 设计者规定的各种工作。用户程序由用户设计，它使PLC能完成用户要求的特定功能。用户程序存储器的容量以字节（Byte，简称 B）为单位。

（1）PLC 使用的物理存储器。它主要包括以下几种存储器。

1）随机存储器（RAM）。

CPU 可以读出 RAM 中的数据，也可以将数据写入 RAM，因此 RAM 又被称为读/写存储器。它是易失性的存储器，电源中断后，存储的信息将会丢失。

RAM 的工作速度快，价格便宜，改写方便。在关断 PLC 的外部电源后，可以用锂电池来保存 RAM 中存储的用户程序和数据。需要更换锂电池时，由 PLC 发出信号，通知用户。

2）只读存储器（ROM）。

ROM 的内容只能读出，不能写入。它是非易失性的，电源关断后，仍能保存存储的内容，ROM 一般用来存放 PLC 的操作系统。

3）快闪存储器和 EEPROM。

快闪存储器（Flash EPROM）简称 FEPROM，可电擦除可编程的只读存储器简被称为 EEPROM。它们是非易失性的，可以用编程装置对它们编程，兼有 ROM 的非易失性和 RAM 的随机存取特点，但是将信息写入它们所需的时间比 RAM 长得多。它们被用来存放用户程序和断电时需要保存的重要数据。

（2）微存储卡。基于 FEPROM 的微存储卡简称 MMC，用于在断电时保存用户程序和某些数据。

MMC 可用作 S7、C7 和 ET 200S 的 CPU 的装载存储器，程序和数据下载后保存在 MMC 内。如果 CPU 未插 MMC，则不能下载 STEP 7 的程序和数据。应当注意，不能带电插拔 MMC，否则会丢失程序和损坏 MMC。西门子的 PLC 必须使用西门子专用的 MMC，不能使用数码产品使用的通用型 MMC。

不能用 CPU 的模式选择开关的操作来删除下载到 MMC 的系统数据和程序。为了完成上述操作，需要首先建立好 PLC 与计算机之间的通信连接，单击 SIMATIC 管理器工具栏上的在线按钮，打开在线视图，选中块文件夹中需要删除的块，按计算机键盘上的 Delete（删除）键，删除它们。不能删除 CPU 中集成的 SFB 和 SFC 块。

如果忘记了密码，只能用西门子的专用编程器上的读卡槽或西门子带 USB 接口的读卡器，执行 SIMATIC 管理器的"文件"→"S7 存储卡"→"删除"命令，删除 MMC 上的程序、数据和密码，这样 MMC 就可以作为一个未加密的空卡使用了。

（3）CPU 的存储区。CPU 的存储区由装载存储器、工作存储器和系统存储器组成。工作存储器类似于计算机的内存条，装载存储器类似计算机的硬盘。

1）装载存储器。CPU 的装载存储器用于保存不包含符号地址和注释的逻辑块、数据块和系统数据（硬件组态、连接和模块的参数等）。下载程序时，用户程序（逻辑块和数据块）被下载到装载存储器，符号表和注释被保存在编程设备中。在 PLC 通电时，CPU 把装载存储器中的可执行部分复制到工作存储器，符号表和注释被保存在编程设备中。在 CPU 断电时，需要保存的数据被自动保存在装载存储器中。

S7-300 用 MMC 作装载存储器。现在生产的 S7-300 CPU 没有集成的装载存储器，必须插入 MMC，才能下载和运行用户程序。CPU 与 MMC 是分开订货的。

S7-400 的 CPU 有集成的装载存储器（带后备电池的 RAM），也可以用 FEPROM 存储卡或 RAM 存储卡来扩展装载存储器。

2）工作存储器。工作存储器是集成在 CPU 中的高速存取的 RAM 存储器，用于存储 CPU 运行时的用户程序和数据，例如组织块、功能块、功能和数据块。为了保证程序执行的快速性和不过多占用工作存储器，只有与程序执行有关的块被装入工作存储器。用模式选择开关复位 CPU 的存储器时，RAM 中的程序被清除，FEPROM 中的程序不会被清除。

3）系统存储器。系统存储器是 CPU 为用户程序提供的存储器组件，用于存放用户程序中的操作数据，例如过程映像输入、过程映像输出、位存储器、定时器和计数器、块堆栈、中断堆栈和诊断缓冲区等。系统存储器还包括临时存储器（局部数据堆栈），在逻辑块被调用时用来储存临时变量。在执行逻辑块时它的临时变量才有效，执行完成后可能被覆盖。

3. CPU 模块的分类及应用场合

S7-300 的 CPU 模块分为紧凑型、标准型、技术功能型和故障安全型等。

（1）紧凑型 CPU。S7-300PLC 有 6 种紧凑型 CPU，它们均有集成的数字量输入/输出（DI/DO），部分有集成的模拟量输入/输出（AI/AO）。它们还有集成的高速计数、频率测量、脉冲输出、闭环控制和定位等技术功能，脉冲调制频率最高为 2.5kHz。I/O 地址区为 1024B/1024B，I/O 过程映象区为 128B/128B，如图 2-20 所示。

CPU312C：有软件实时时钟，其余的均有硬件实时时钟。CPU 模块的第一个通信接口是内置的 RS-485 接口，没有隔离，默认的传输速率为 187.5Kbit/s。该接口有 MPI 的 PG/OP 通信功能和全局数据（GD）通信功能。

图 2-20 紧凑型 CPU

1）CPU 313C-2DP：带有集成的数字量的输入和输出，以及 PROFIBUS DP 主/从接口，并具有与过程相关的功能，可以完成具有特殊功能的任务，可以连接标准 I/O 设备。CPU 运行时需要微存储卡 MMC。

2）CPU 314C-2PtP：带有集成的数字量和模拟量 I/O 及一个 RS422/485 串口，并具有与过程相关的功能，能够满足对处理能力和响应时间要求较高的场合。CPU 运行时需要微存储卡 MMC。

3）CPU 314C-2DP：带有集成的数字量和模拟量的输入和输出，以及 PROFIBUS DP 主/

从接口，并具有与过程相关的功能，可以完成具有特殊功能的任务，可以连接单独的 I/O 设备。CPU 运行时需要微存储卡 MMC。

（2）标准型 CPU。型号中带有 PN 的 CPU 具有集成的工业以太网接口，可以在 PROFINET 网络上实现基于组件的自动化（CBA），组成分布式智能系统。它们可以作为 PROFINET 代理，或者作 PROFINET I/O 控制器，用于在 PROFINET 上运行分布式 I/O。

1）CPU 313：具有扩展程序存储区的低成本 CPU，比较适用于需要高速处理的小型设备。

2）CPU 314：可以进行高速处理以及中等规模的 I/O 配置，适用于安装中等规模的程序以及中等指令执行速度的程序。

3）CPU 315：具有中到大容量程序存储器，比较适用于大规模的 I/O 配置。

4）CPU 315-2DP：具有中到大容量程序存储器和 PROFIBUS DP 主/从接口，比较适用于大规模的 I/O 配置或建立分布式 I/O 系统。

5）CPU 316-2DP：具有大容量程序存储器和 PROFIBUS DP 主/从接口，可进行大规模的 I/O 配置，比较适用于具有分布式或集中式 I/O 配置的工厂应用。

6）CPU315-2DP 和 CPU315-2PN/DP 的参数基本相同，CPU317-2DP 和 CPU317-2PN/DP 的参数基本相同，它们的区别在于第 2 个通信接口是 DP 接口还是 PROFINET（PN）通信接口。

7）CPU319-3PN/DP 具有智能技术/运行控制功能，是 S7-300 系列中性能最好的 CPU，它集成了一个 MPI/DP 接口和一个 PROFINET 接口，具有 PROFIBUS 接口的时钟同步功能，可以连接 256 个 I/O 设备。

CPU312 具有软件实时钟，其余的均有硬件实时钟。它们有 8 个时钟存储器位，有一个运行小时计数器，有实时时钟同步功能。

（3）技术功能型 CPU。技术功能型 CPU 适用于对 PLC 性能以及运动控制具有较高要求的设备。除了准确的单轴定位功能以外，还具有复杂的同步控制功能，例如与虚拟或实际的主轴耦合、减速器同步、电子凸轮控制和印刷标记修正点等。它们可以用于 3 轴到 8 轴控制，采用 S7Technology V2.0 和 2.0 以及 HWRelease02 最多为 32 轴。

技术功能型 CPU 有两个集成的 PROFIBUS 接口的驱动系统。该接口通过 PROFIdrive 行规 V3 认证，其等时性可实现高速生产过程的高质量控制系统。因此特别适合管理快速以及对时间要求苛刻的过程控制。除了驱动系统以外，在特定的条件下，DP 从站可以在 DRIVE 上运行。

技术功能型 CPU 还有本机集成的 4 点数字量和 8 点数字量输出，适用于工艺功能，例如输入 BERO 接近开关的信号或进行凸轮控制。

技术功能型 CPU 采用标准的编程语言编程，无需专用的运动控制系统语言。可选软件包 S7-Technology 提供符合 PLCopen 标准的功能块（FB），对运动控制进行组态和编程。由于这些标准功能块直接集成在固件中，占用的 CPU 工作储存器很少，可以方便调用 STEP 7 的运动控制库中的这些功能块。除了通常的 SMATIC 诊断功能外，S7-Technology 还提供一个控制面板和试试跟踪功能，可以显著地减少调试和优化的时间。

CPU 315T-2DP 和 CPU 317T-2DP 分别具有标准型 CPU 315-2DP 和 CPU317-2DP 的全部功能。CPU317-2DP 执行每条二进制指令的时间约为 100ns，每条浮点数指令的执行时间约为 2s。对于双字指令和 32 位定点数运算具有极高的处理速度。

CPU 317T-2DP：除具有 CPU 317-2DP 的全部功能外，还增加了智能技术/运动控制功能，能够满足系列化机床、特殊机床以及车间应用的多任务自动化系统，特别适用于同步运动序列（如与虚拟/实际主设备的耦合、减速器同步、凸轮盘或印刷点修正等）；增加了本机I/O，可实现快速技术功能（如凸轮切换、参考点探测等）；增加了PROFBUS DP（DRIVE）接口，可用来实现驱动部件的等时连接。与集中式I/O和分布式I/O一起，可用作生产线上的中央控制器；在PROFIBUS DP上，可实现基于组件的自动化分布式智能系统。

技术功能型CPU如图2-21所示。

（4）故障安全型CPU。故障安全型CPU被用于组成故障安全型自动化系统，以满足安全运行的需要，如图2-22所示。

图2-21　技术功能型CPU

图2-22　故障安全型CPU

CPU315F-2DP和317F-2PN/DP有一个PROFINET接口和一个DP接口。CPU315F-2PN/DP和CPU317F-2PN/DP有一个PROFINET接口和一个MPI/DP接口。

1）CPU 315F：基于SIMATIC CPU S7-300C，集成有PROFIBUS DP主/从接口，可以组态为一个故障安全型系统，满足安全运行的需要。使用带有PROFIBUS协议的PROFIBUS DP，可实现与安全相关的通信；利用ET200M和ET200S可以与故障安全的数字量模块连接；可以在自动化系统中运行与安全无关的标准模块。CPU运行时需要微存储卡MMC。

2）CPU 315F-2DP：基于SIMATIC CPU 315-2DP，集成有一个MPI接口、一个DP/MPI接口，可以组态为一个故障安全型自动化系统，满足安全运行的需要。使用带有PROFIsafe协议的PROFIBUS DP可实现与安全无关的通信；可以与故障安全型ET200S PROFIsafe I/O模块进行分布式连接；可以与故障安全型ET200M I/O模块进行集中式和分布式连接；标准模块的集中式和分布式使用，可满足与故障安全无关的应用。CPU运行时需要微存储卡MMC。

3）CPU 317F-2DP：具有大容量程序存储器、一个PROFIBUS DP主/从接口、一个DP主/从MPI接口，两个接口可用于集成故障安全模块，可以组态为一个故障安全型自动化系统，可满足安全运行的需要。可以与故障安全型ET200M I/O模块进行集中式和分布式连接；与故障安全型ET200S PROFIsafe I/O模块可进行分布式连接；标准模块的集中式和分布式使用，可满足与故障安全无关的应用。CPU运行时需要微存储卡MMC。

（5）SIPLUS户外型CPU。SIPLUS CPU包括SIPLUS紧凑型CPU、SIPLUS标准型CPU和SIPLUS故障安全型CPU，如图2-23所示。这些模块的可运行环境温度为−25～+70℃，

图2-23　SIPLUS故障安全型CPU

允许短时间的冷凝。它们适用于特殊的环境，例如空气中含有氯和硫的场合。除了 SIPLUS CPU 模块外，SIPLUS 还有配套的 SIPLUS 数字量 I/O 模块。

1）CPU 312 IFM：具有紧凑式结构的户外型产品。内部带有集成的数字量 I/O，具有特殊功能和特殊功能的特殊输入。比较适用于恶劣环境下的小系统。

2）CPU 314 IFM：具有紧凑式结构的户外型产品。内部带有集成的数字量 I/O，并具有扩展的特殊功能，具有特殊功能和特殊功能的特殊输入。比较适用于恶劣环境下且对响应时间和特殊功能有较高要求的系统。

3）CPU 314（户外型）：具有高速处理时间和中等规模 I/O 配置的 CPU。比较适用于恶劣环境下，要求中等规模的程序量和中等规模的指令执行时间的系统。

四、电源模块

1. 电源模块种类及技术要求

PS307 电源模块将 AC 120/230V 电压转换为 DC 24V 电压，为 S7-300、传感器和执行器供电。额定输出电流分别为 2A、5A 和 10A。电源模块被安装在 DIN 导轨上的插槽 1，紧靠在 CPU 或扩展机架的 IM361 的左侧，用电源连接器连接到 CPU 或 IM361 上，如图 2-24 所示。

图 2-24　PS307 5A 外观实物图及电源连接器端子实物图

PS307 10A 电源模块的输入和输出之间有可靠的隔离，输出 DC 24V 正常电压时，绿色 LED 亮；过负荷时 LED 闪烁；输出电流大于 13A 时，电压跌落，跌落后自动恢复。输出短路时输出电压消失，短路消失后电压自动恢复。

电源模块除了给 CPU 模块供电外，还给输入/输出模块提供 DC 24V 电源。

电源模块的 L1、N 端子接 AC 220V 电源，接地端子和 M 端子一般用短接片短接后接地，机架的导轨也应接地，图 2-25 为 PS307 10A 模块端子接线图。

2. 电源模块的选用

S7-300 模块使用的电源由 S7-300 背板总线提供，S 输入输出模块还需由外部负荷电源供电。在组建 S7-300 应用系统时，考虑每块模块的电流耗量和功率损耗是非常必要的。表 2-3 列出了在 120/230V AC 负荷电源下，各模块的电流耗量和功率损耗。

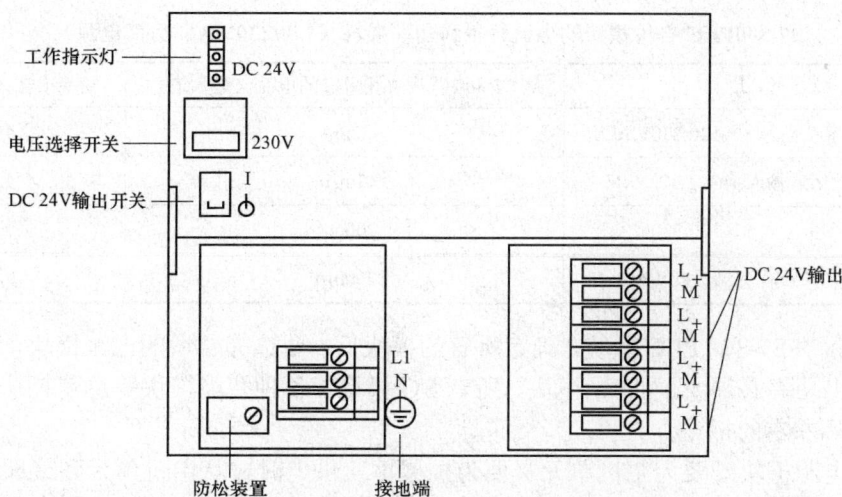

图 2-25　PS307 10A 模块端子接线图

表 2-2 列出了在 24V 直流负荷电源下，S7-300PLC 各种模块的电流耗量、功率损耗以及从 24V 负载电源吸取的电流。

表 2-2　　S7-300PLC 各种模块的电流耗量、功率损耗以及从 24V 负荷电源吸取的电流

模　　块	从 S7-300 背板总线吸取的电流（最大值）	从 24V 负荷电源吸取的电流（不带负荷运行）	功率损耗（正常运行）
CPU 312 IFM	0.8A	0.8A	9W
CPU 313	1.2A	1A	8W
CPU 314	1.2A	1A	8W
接口模块 IM 360	350mA	—	2W
接口模块 IM 361	0.8A	0.5A	5W
接口模块 IM 365	1.2A	—	0.5W
数字量输入模块 SM 321 16×24V DC	25mA	1mA	3.5W
仿真模块 SM374 16×I/O	80mA		0.35W
继电器输出模块 SM 322 8×24V DC/0.5A	40mA	75mA	2.2W
数字量输出模块 SM 322 16×24V DC/0.5A	70mA	100mA	4.9W
数字量输出模块 SM 322 8×24V DC/2A	40mA	55mA	6.8W
模拟量输入模块 SM 331 8×12 位	60mA	200mA	1.3W
模拟量输入模块 SM 331 2×12 位	60mA	200mA	1.3W
模拟量输出模块 SM 332 4×12 位	60mA	240mA	3W
模拟量输出模块 SM 332 2×12 位	60mA	240mA	3W
模拟量 I/O 模块 SM 334 4 入/2 出×8 位	40mA	100mA	2.6W

表 2-3 列出了 S7-300PLC 模块的电流耗量和功率损耗。

表 2-3　　　　S7-300PLC 各种模块的电流耗量和功率损耗（120/230V AC 负荷电源）

模　　　块	从 S7-300 背板总线吸取的电流（最大值）	功率损耗（正常运行）
SM 321，数字量输入 8×120/230V AC	22mA	4.8W
SM 321，数字量输入 16×120V AC	3mA	4.0W
SM 322，数字量输入 8×120/230V AC	200mA	9.0W
SM 322，数字量输入 8×120V AC	200mA	9.0W

　　一个实际的 S7-300 PLC 系统，确定所有的模块后，要选择合适的电源模块，所选定的电源模块的输出功率必须大于 CPU 模块、所有 I/O 模块、各种智能模块等总消耗功率之和，并且要留有 30%左右的裕量。

　　当同一电源模块既要为主机单元又要为扩展单元供电时，从主机单元到最远一个扩展单元的线路压降必须小于 0.25V。

　　【例】一个 S7-300 PLC 系统由下面的模块组成。

　　（1）1 块中央处理单元 CPU 314。

　　（2）2 块数字量输入模块 SM321，16×24V。

　　（3）1 块继电器输出模块 SM322，8×230V AC。

　　（4）1 块数字量输出模块 SM322，16×24V DC。

　　（5）1 块模拟量输入模块 SM331，8×12 位。

　　（6）2 块模拟量输出模块 SM332，4×12 位。

　　试问：选择什么样的电源模块比较合理？

　　答：（1）各模块从 S7-300 背板总线吸取的电流＝2×25＋40＋70＋60＋2×60＝340（mA）。

　　（2）各模块从 24V 负荷电源吸取的电流＝1000＋2×1＋75＋100＋200＋2×240＝1857（mA）。

　　（3）各模块的功率损耗＝8＋2×3.5＋2.2＋4.9＋1.3＋2×3＝29.4（W）。

　　由上面的计算可知，信号模块从 S7-300 背板总线吸取的总电流是 340mA，没有超过 CPU 314 提供的 1.2A 电流。各模块从 24V 电源吸取的总电流约为 1.857A，虽没有超过 2A，但考虑到电源应留有一定裕量，所以电源模块应选 PS307 5A。上述计算没有考虑接输出执行机构或其他负荷时的电流消耗，设计中不应忽略这一点。PS307 5A 的功率损耗为 18W，所以该 S7-300 结构总的功率损耗是 18＋29.4＝47.4W。该功率不应超过机柜所能散发的最大功率，在确定机柜的大小时要确保这一点。

第三节　　S7-400 系列 PLC 的基本模块

一、S7-400 的基本结构与特点

1. S7-400 的基本结构

S7-400 是具有中高档性能的 PLC，采用模块化无风扇设计，适用于对可靠性要求极高的

大型复杂的控制系统，图 2-26 为 S7-400 的实物图及安装图。

图 2-26　S7-400 的实物图及安装图

S7-400 采用大模块结构，大多数模块的尺寸为 25mm（宽）×290mm（高）×210mm（深）。S7-400 由机架（RACK）、电源模块（PS）、中央处理单元（CPU）、数字量输入/输出（DI/DO）模块、模拟量输入/输出（AI/AO）模块、通信处理器（CP）、功能模块（FM）和接口模块（IM）组成。DI/DO 模块和 AI/AO 模块统称为信号模块（SM），图 2-27 为 S7-400 的模块结构示意图。

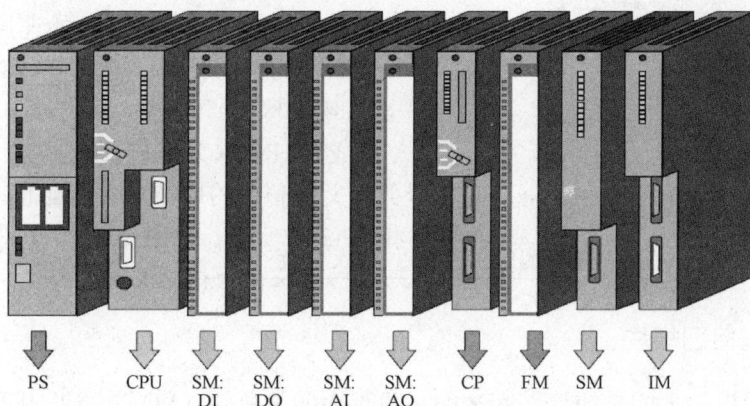

图 2-27　S7-400 的模块结构示意图

机架是用来固定模块、提供模块工作电压和实现局部接地的，并通过信号总线将不同模块连接在一起。S7-400 的模块插座被焊在机架的总线连接板上，模块插在模块插座上，有不同机架供用户选用。如果一个机架容纳不下所有的模块，可以增设一个或数个扩展机架，各机架之间用接口模块和通信电缆交换信息。

S7-400 提供多级别的 CPU 模块和种类齐全的通用功能模块，使用户可根据需要组成不同的专用系统。S7-400 采用模块化设计，性能范围广的不同模块可以灵活组合，扩展十分方便。中央机架（或称中央控制器，CC）必须配置 CPU 模块和一个电源模块，可以安装除用于接收的 IM（接口模块）之外的所有 S7-400 模块。如有扩展机架，中央机架和扩展机架都需要安装接口模块。

扩展机架（或称扩展单元，EU）可以安装除 CPU、发送 IM、IM463-2 适配器之外的所有的 S7-400 模块。但是电源模块不能与 IM461-1（接收 IM）一起使用。

电源模块应安装在机架最左边（第 1 槽），有冗余功能模块的电源模块是一个例外。中央机架最多只能插入 6 块发送型的接口模块，每个模块有两个接口，每个接口可连接 4 个扩展机架，最多能连接 21 个扩展机架。

扩展机架中的接口模块只能安装在最右边的槽（第 18 槽或第 9 槽）。通信处理器 CP 只能安装在编号不大于 6 的扩展机架上。

2. S7-400 的特点

（1）运行速度高。CPU417-4 执行一条位操作指令、字操作指令或定点运算指令只需要 18ns。

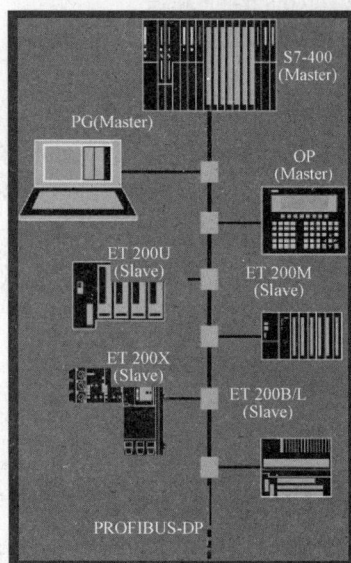

图 2-28　S7-400 与 ET200 的连接示意图

（2）存储容量大。例如 CPU417-4 集成的工作存储器为 30MB，可以扩展 64MB 的装载存储器（EPROM 和 RAM）。

（3）I/O 扩展功能强。可以扩展 21 个机架，CPU417-4 最多可以扩展 262 144 点数字量 I/O 和 16 384 模拟量 I/O。

（4）有极强的通信能力。有的 CPU 集成了多种通信接口，容易实现分布式结构和冗余控制系统。用 ET200 分布式 I/O 可以实现远程扩展，适用于分布范围很广的系统，图 2-28 为 S7-400 与 ET200 的连接示意图。

（5）诊断能力强。最新的故障和中断保存在 FIFO（先入先出）缓冲区中。

（6）集成有 HMI（人机接口）服务。用户只需要为 HMI 服务定义源和目的地址，系统会自动地传送信息。S7-400 和 S7-300 一样，都用 STEP 7 编程软件编程，编程语言与编程方法完全相同。

二、机架与接口模块

S7-400 是用机架上的总线连接起来的。机架上的 P 总线（I/O 总线）用于 I/O 信号的高速交换，和对信号模块数据的高速访问。C 总线（通信总线，或称 K 总线）与 CPU 的 MPI 接口连接，具有通信总线接口的 FM 和 CP 通过 C 总线进行通信，这样可以通过 CPU 编程设备接口进行编程。C 和 K 分别是英语单词 Communication 和德语单词 Kommunikation（通信）的缩写。两种总线分开后，控制和通信分别有各自的数据通道，通信任务不会影响控制的快速性。

1. 通用机架 UR1/UR2

UR1（18 槽）和 UR2（9 槽）有 P 总线和 K 总线，可以用作中央机架和扩展机架。它们用作中央机架时，可以安装接收 IM 外的所有 S7-400 模块，图 2-29 为 S7-400 通用机架 UR1/UR2 结构示意图。

电源模块可能占用 1～3 个槽，首先将电源模块安装在机架最左边的槽，然后依次安装 CPU 模块和 I/O 模块。并不要求将模块紧密排列，允许模块之间有间隙。各模块插槽通过背板总线（包括并行 I/O 总线和串行总线）相互连接。

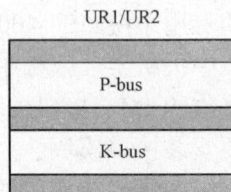

图 2-29　S7-400 通用机架 UR1/UR2 结构示意图

2. 中央机架 CR2/CR3

CR2 是 18 槽的中央机架，P 总线分为两个本地总线段，分别有 10 个插槽和 8 个插槽。两个总线段都可以对 K 总线进行访问。CR2 需要一个电源模块和两个 CPU 模块，每个 CPU 有它自己的 I/O 模块，它们能相互操作和并行运行。CPU 之间通过通信总线交换数据。

CR3 是 4 槽的中央机架，有 I/O 总线和通信总线。S7-400 通用机架 CR2/CR3 结构示意图如图 2-30 所示。

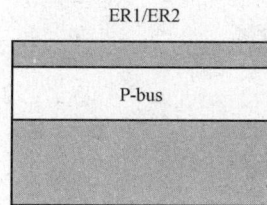

3. 扩展机架 ER1 和 ER2

ER1 和 ER2 是扩展机架，分别有 18 槽和 9 槽，只有 I/O 总线，未提供中短线，可以使用电源模块、接收 IM 模块和信号模块。但是电源模块不能与 IM461-1（接收 IM）一起使用，如图 2-31 所示。

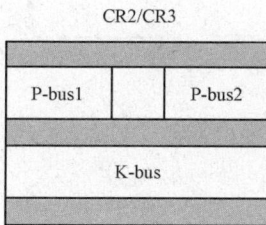

图 2-30　S7-400 通用机架 CR2/CR3 结构示意图　　图 2-31　S7-400 扩展机架 ER1/ER2 结构示意图

4. UR2–H 机架

UR2-H 机架用于在一个机架上配置一个完整的 S7-400 冗余系统，也可以用于两个具有电气隔离的独立运行的 S7-400 CPU，每个均有自己的 I/O。UR2-H 需要两个电源模块和两个冗余 CPU 模块。

IM460-× 被用作中央机架的 UR1、UR2 和 CR2 的发送接口模块；IM460-× 也可被用作扩展机架的 UR1/UR2 和 ER1、ER2 的接收接口模块。接口模块 IM460-1 给扩展机架提供 5V 电源，每个接口最大 5A。本地/远程连接方式对各个接口模块和接线要求及特点如表 2-4 所示。

表 2-4　　　　　　　　　　本地/远程连接方式对各个接口模块和接线要求及特点

	本　地　连　接		远　程　连　接	
发送 IM 模块	IM460-0	IM460-1	IM460-3	IM460-4
接收 IM 模块	IM461-0	IM461-1	IM461-3	IM461-4
每条链路扩展机架 ER 的最大连接数	4	1	4	4
最远连接距离	3m	1.5m	102.25m	605m
配 5V 电源传输	需要	不需要	需要	需要
最大传输电流	—	5A	—	—
通信总线传输	有	无	有	无

用 IM460-1 和 IM461-1 进行局部连接时，通过接口模块将 5V 电源传送出去，因此插在 ER 中的 IM460-1 和 IM461-1 模块一定不能再自带电源（P23）。由于 IM460-1 上两个接口的每一个接口传送的电源电流最大为 5A，所以每个通过 IM460-1/IM461-1 连接的 ER 的最大功

耗为 5V×5A。

IM467 和 IM467FO 将 S7-400 作为主站接入 DP 网络,可以将多达 14 条 DP 线连接到 S7-400,IM460FO 集成了光纤接口。它们提供 PROFIBUS-DP 通信服务和 PG/OP 通信服务,以及 PROFIBUS-DP 的编程和组态功能,图 2-32 为 S7-400 的机架扩展特性。

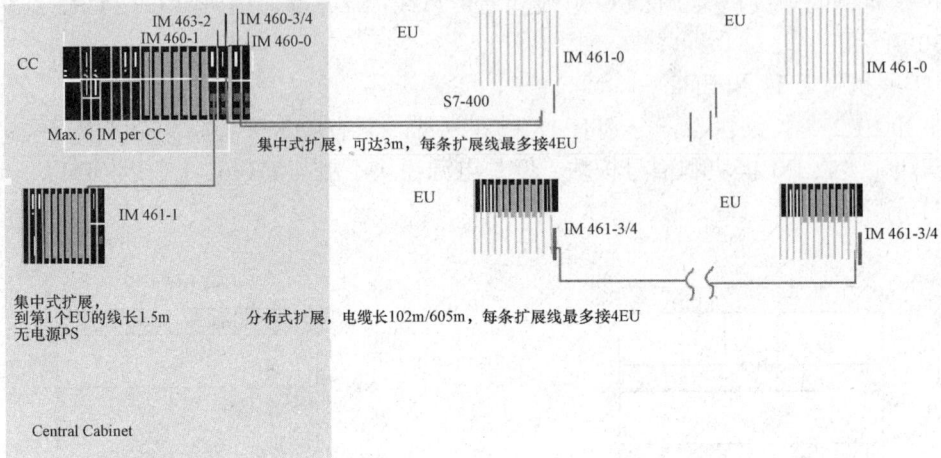

图 2-32　S7-400 的机架扩展特性

三、CPU 模块与电源模块

S7-400 有 7 种不同型号的 CPU,分别适用于不同等级的控制要求。不同型号的 CPU 面板上的元件不完全相同。

CPU 内的元件被封装在 1 个牢固而紧凑的塑料机壳内,面板上有状态和故障显示 LED、模式选择开关和通信接口。存储卡槽可插入多达数十兆字节的存储卡。

图 2-33 为 CPU 面板指示示意图。

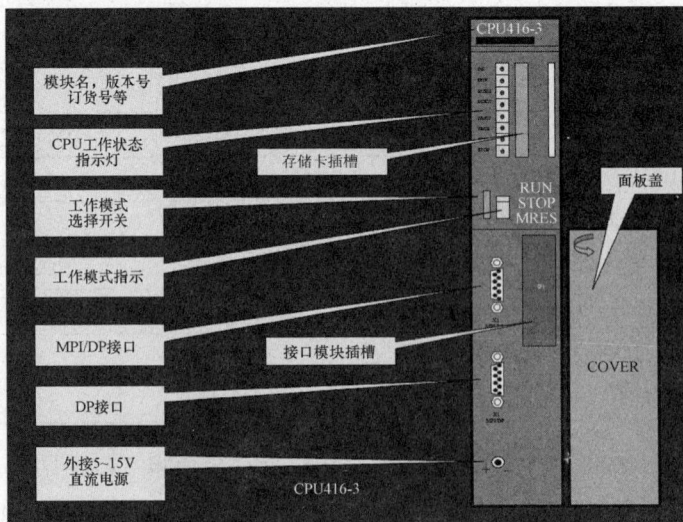

图 2-33　CPU 面板指示示意图

不同的 CPU 面板上的元件排布示意图，如图 2-34 所示。

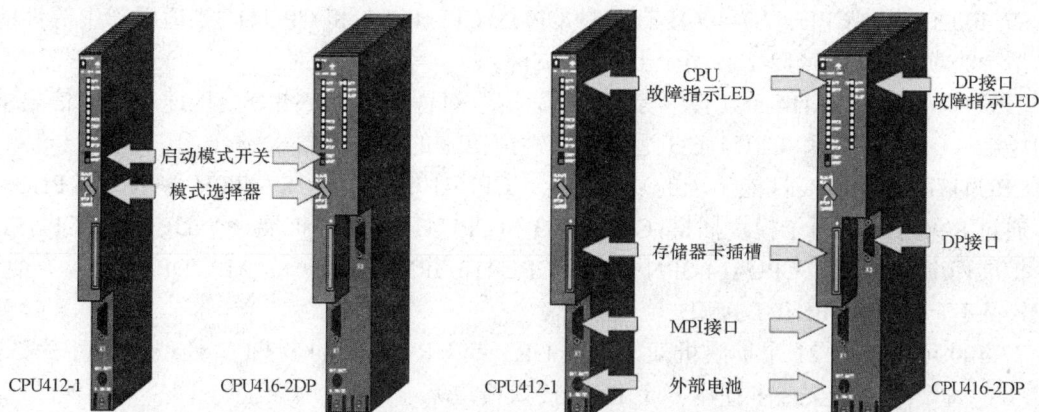

图 2-34　不同的 CPU 面板上的元件排布示意图

S7-400 CPU 模块面板上的模式选择开关的外形和使用方法与 S7-300 的完全相同。开关位置的意义与 S7-300 相同。

1. 存储卡

在 CPU 模块的存储卡槽内插入 FEPROM 或 RAM 存储卡，可以增加装载存储器的容量，如图 2-35 所示。

（1）RAM 卡。用 RAM 卡可以扩展 CPU 装载存储器的容量。电池或"EXT BATT"插口插入的外部备用电源为 RAM 存储卡提供后备电源。如果想在 RUN 模式下编辑程序，应使用 RAM 卡。

（2）FEPROM 卡。在没有后备电池的情况下，其内容也不会丢失。如果想用存储卡永久性存储用户程序，则应使用 FEPROM 卡。

执行存储器复位操作后，在 SIMATIC 管理执行"PLC"菜单的命令，可以将用户程序下载到存储卡中。

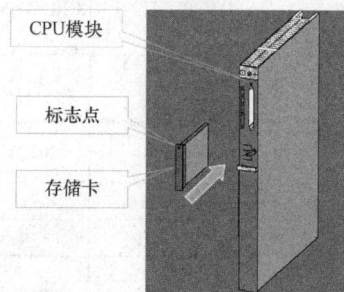

图 2-35　存储卡示意图

2. 后备电源

可以根据模块类型，在 S7-400 的电源模块中安装一块或两块备用电池，通过背板总线备份 CPU 和可编程模块中的参数设置以及 RAM 中的存储器内容。

通过 CPU 面板上的"EXT BATT"（外接电源）插孔，提供 DC5～15V 的电压，可以实现通用的备份功能。在更换电源模块时，如果想保存存储在 RAM 中的用户程序和数据，需要将外部电源接到"EXT BATT"插孔。接入外部电源时应确保极性正确。

3. CPU 的通信接口

CPU 模块上有集成的 MPI/DP 接口，有的有 PROFIBUS-DP 接口。MPI 可以连接计算机、操作员面板和其他 S7-300/400 控制器。也可将 MPI 接口组态为 PROFIBUS-DP 的主站接口，最多可以连接 32 个 DP 从站。PROFIBUS-DP 接口可以连接分布式 I/O、PG/OP（编程器/操作面板）和其他 DP 从站。

可以将 H-SYNC 模块插入 CPU414-3H 和 CPU414-4H 接口模块插槽中。

4．CPU 模块的分类

S7-400 有 7 种 CPU，S7-400H 有 2 种 CPU。CPU412-1 和 CPU412-2 适用于中等性能的经济型中小项目。CPU412-1 有两个 DP 接口。

CPU414-2 和 CPU414-3 具有中等性能，适用于对程序规模、指令处理速度及通信要求较高的场合。CPU416-2 和 CPU416-3 适用于高性能范围的各种高要求场合。

CPU417-4 适用于高性能要求的复杂场合，CPU417H 适用于 S7-400H 容错控制 PLC。

通过 IF964DP 接口子模块插槽，CPU414-3 和 CPU416-3 可以扩展一个 DP 接口，CPU517-4 可以扩展两个 DP 接口 CPU414-3PN/DP 和 CPU416-3PN/DP 有一个 MPI/DP 接口、一个 DP 接口，还有一个 PROFINET 接口。

S7-400 可以扩展 21 个扩展机架。使用 UR1 或 UR2 机架的多 CPU 处理最多可多安装 4 个 CPU。每个中央机架最多使用 6 个 IM（接口模块）。

5．S7-400CPU 模块的技术规范

S7-400 的 CPU 通过 IM467 接口模块可以扩展 4 个 DP 主站，通过 CP443-5Extended 可以扩展 10 个 DP 主站。通过 PN 模式的 CP443-1EX41，中央机架最多可以扩展 4 个 PN 控制器。过程映像最多可以分为 15 个区。CPU414-3PN/DP 与 CPU414-3 的参数基本上相同，前者有一个 MPI/DP 接口，一个 DP 接口，还有一个 PROFINET 接口。CPU416-3PN/DP 与 CPU416-3 的参数基本上相同，CPU416-3PN/DP 与 CPU414-3PN/DP 的通信接口相同。

各种 CPU 的性能指标如表 2-5 所示。

表 2-5 　　　　　　　　　　　　　　　**各种 CPU 的性能指标**

性能指标＼CPU	CPU 412-1	CPU 412-2	CPU 414-2	CPU 414-3	CPU416-2	CPU 416-3	CPU 417-4
程序/数据存储器	2×48KB	2×72KB	2×128KB	2×384KB	2×0.8MB	2×1.6MB	2×2MB*
指令	16KB	24KB	42KB	128KB	265KB	530KB	660KB
DI/DO	8KB		16KB	32KB	32KB	64KB	128KB
AI/AO	512B		1KB	2KB	4KB		8KB
指令执行时间	0.2μs		0.1μs		0.08μs		0.1μs
位存储区	4K		8K		16K		16K
定时器/计数器	256/256		256/256		512/512		512/512
通信接口	MPI/DP、PROFIBUS DP		MPI/DP、PROFIBUSDP、IFM、SS		MPI/DP、PROFIBUSDP		PROFIBUSDP、2 IFM SS

＊ 可扩展为每个 10MB。

6．电源模块

PLC 供电由 UPS（不间断电源）提供（PS405、PS407 等）。S7-400 电源模块通过背板总线向 S7-400 系统的模块供电。电源模块将网侧电压转换为 5V 和 24V 直流工作电压。电源模块 PS405、PS407 等的输出电流为 4A、10A 和 20A。传感器执行器需要的负荷电压需单独提供。

S7-400 的电源模块通过背板总线向各模块提供 DC 50V 和 DC 24V 电源，有输出电流额

定值为 4A、10A 和 20A 的模块。PS405 的输入为直流电压，PS407 的输入为直流电压或交流电压，S7-400 有带冗余功能的电源模块。如果没有使用传送 5V 电源的接口模块，则每个扩展机架都需要一块电源模块。

电源模块外观图如图 2-36 所示。

（1）LED 指示灯。电源模块上的各 LED 指示灯的功能如下所述。

1）LED "INIF"：内部故障。

2）LED "BAF"：电池故障，背板总线上的电池电压过低。

3）LED "BATT1F" 和 "BATT2F"：电池 1 或电池 2 接反、电压不足或电池不存在。

4）LED "DC 5V" 和 "DC 24V"：相应的直流电源电压正常时亮。

（2）开关。电源模块上的开关的功能如下所述。

1）FMR 开关：用于故障解除后确认和复位故障信息。

2）ON/OFF 保持开关：通过控制电路把输出的 DC 24V/5V 电压切断，LED 熄灭。在进线电压没有切断时，电源处于待机模式。

（3）更换电源的方法。

1）断开电源模板的电源。

2）取出电源模板。

3）将新电源模板安装到机架槽位 1。

4）至少等待 1 分钟，然后再接通电源。

图 2-36　电源模块外观图

第四节　ET 200 的基本模块

西门子的 ET 200 是基于现场总线 PROFIBUS-DP 或 PROFINET 的分布式 I/O，可以与经过认证的非西门子公司生产的 PROFIBUS-DP 主站协同运行。在组态时，STEP 7 自动分配标准的 DP 从站的输入/输出地址。就像访问主站主机架上的 I/O 模块一样，DP 主站的 CPU 通过 DP 从站的地址直接访问它们，因此使用标准 DP 从站不会增加编程的工作量。

1. ET 200S

SIMATIC ET 200S 是一款防护等级为 IP20，具有丰富的信号模块，同时支持电机启动器、变频器、PROFIBUS 和 PROFINET 网络的分布式 IO 系统。ET 200S 得到了烟草、汽车、钢铁和各 OEM 厂商广泛的认可和应用。

ET 200S 是按位模块化产品，充分利用了系统资源。IO 站点占用的空间小，每个站最多可以使用 63 个 I/O 模块，或 20 个电动机起动器和变频器。此外，ET 200S 拥有丰富的诊断功能，包括断线、短路和通道级的诊断功能；支持丰富的数字量、模拟量、功能模块，对于 Modbus RTU 通信功能，无须增加任何选件即可完成，极大地节省了成本；支持预留模块或可选配置功能。ET 200S（见图 2-37）配有 I/O 模块、电动机起动器和变频器。

2. ET 200M

如图 2-38 所示，ET 200M 是一款高度模块化的分布式 I/O 系统，防护等级为 IP20。它使用 S7-300 可编程控制器的信号模块、功能模块和通信模块进行扩展。由于模块种类众多，ET

200M 尤其适用于高密度且复杂的自动化任务，而且适宜与冗余系统一起使用。

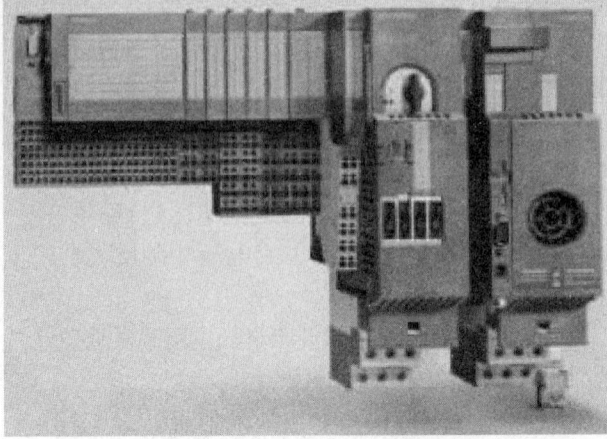

图 2-37　ET 200S 的外观图

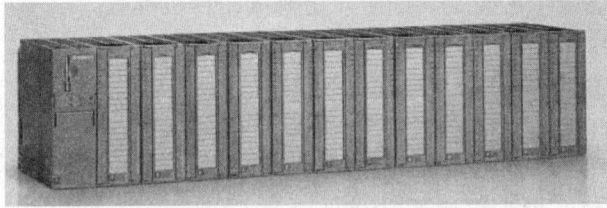

图 2-38　ET 200M 外观图

ET 200M 最多可以扩展 8 个模块，用接口模块 IM153 来实现与主站的通信，具有与 S7-400H 系统相连的冗余接口模块和故障安全型 I/O 模块。ET 200M 具有可以带电热插拔的模块，可在运行中修改组态。ET 200M 普通站点配置如图 2-39 所示。

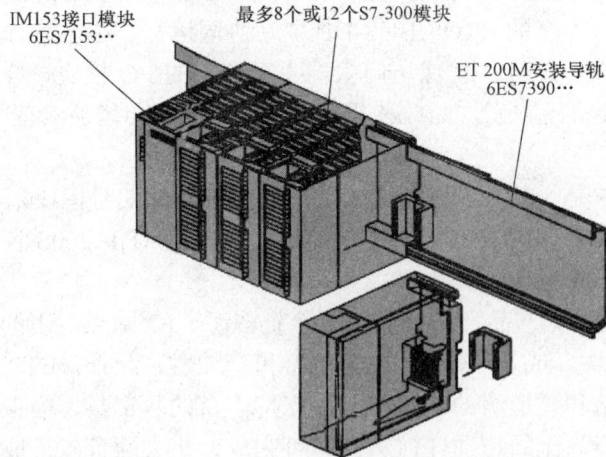

图 2-39　ET 200M 普通站点的配置

3.　ET 200pro

ET 200pro（见图 2-40）是一种全新的模块化 I/O 系统，防护等级高达 IP67，是专门针对环境恶劣、安装控制柜困难的应用而设计的。ET 200pro 支持 PROFIBUS 和 PROFINET 现场总线，可以连接模拟量、数字量、变频器、电机启动器、RFID 及气动单元等模块，而且集成有故障安全型技术，目前在汽车、钢铁、电力、物流等行业拥有广泛的应用前景。

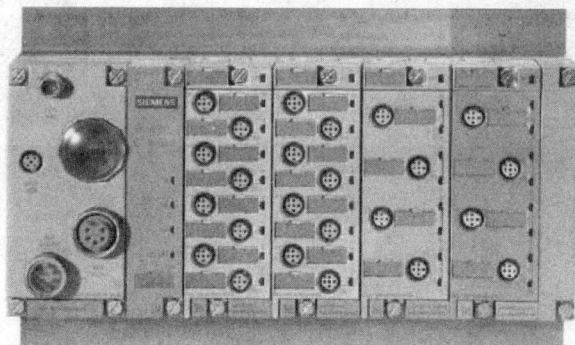

图 2-40　ET 200pro 的外观图

ET 200pro 支持所有模块的带电热插拔功能，且具有丰富的诊断功能和极高的抗震性能。

4. ET 200eco

ET 200eco（见图 2-41）是一款高防护，无控制柜设计和经济型的分布式 IO 系统，同时支持 PROFIBUS-DP 和 PROFINET 工业现场总线，在安装空间有限或应用环境比较恶劣的场合具有广泛的应用前景。

一个完整的 ET 200eco PROFIBUS 站点由一个 ET 200eco 基本模块及一个 ECOFAST 或 M12，7/8"连接模块构成，如图 2-42（a）所示；ET 200eco PROFINET 站点为一个整体，无须选择连接模块，如图 2-42（b）所示。

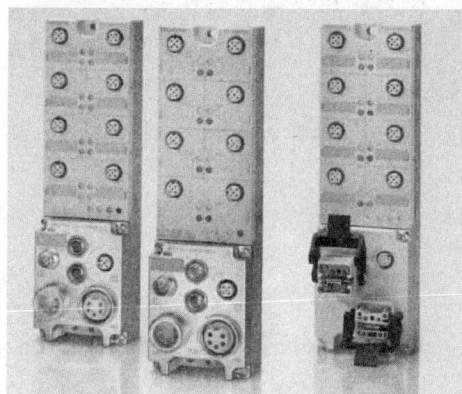

图 2-41　ET 200eco 外观图

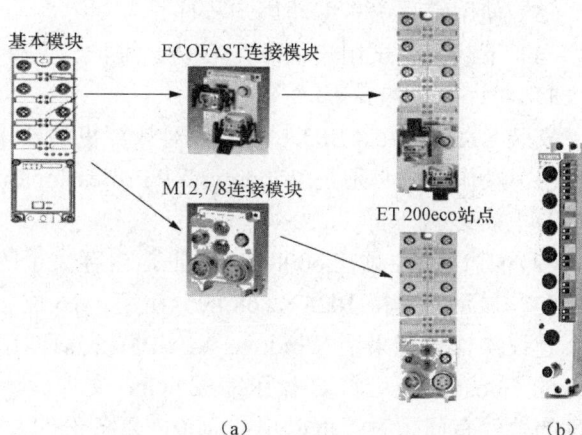

图 2-42　ET 200eco 系统架构示意图
（a）PROFIBUS 站点；（b）PROFINET 站点

5. ET 200iSP

ET 200iSP 是模块化的、本质安全的分布式 I/O 系统，适用于易燃易爆区域，最高可安装于危险 1 区。它可以连接来自最高危险区 0 区的本质安全的传感器或执行器的信号。除了电源模块和 PROFIBUS-DP 总线接口模块，ET 200iSP 还可扩展多种电子模块，包括数字量、模拟量、RTD 和 TC 等模块，每站最多可以插入 32 块不同的电子模块，图 2-43 为 200isp 的外观图。

图 2-43 ET 200iSP 的外观图

第五节 STEP 7 软件的安装与使用

一、STEP 7 软件的安装

一般将 STEP 7 称为编程软件，西门子称之为标准工具。实际上 STEP 7 的功能已经远远地超出了编程软件的范畴。STEP 7 可用于对整个控制系统（包括 PLC、远程 I/O、HMI、驱动装置和通信网络等）进行组态、编程和监控。

STEP 7 具有以下功能。

（1）组态硬件，即在机架中放置模块，为模块分配地址和设置模块的参数。

（2）组态通信连接，定义通信伙伴和连接特性。

（3）使用编程语言编写用户程序。

（4）下载和调试用户程序，启动、维护、文件建档、运行和故障诊断等功能。

1. 对计算机的要求

安装 STEP 7 V5.4 SP3.1 中文版对计算机的要求如下所述。

（1）操作系统必须是 Windows XP Professional（专业版），不能在 Windows XP Home（家用版）上安装。

（2）CPU 的主频在 600MHz 以上，内存大于等于 512MB，推荐 1GB 及以上。

（3）显示器支持 1024×768 的分辨率，16 位彩色。

建议操作系统采用 Windows XP SP3，它对西门子各主要软件的支持较好，采用某些版本附带的 Ghost 功能可将 C 盘压缩成*.Gho 文件后，保存在别的磁盘分区。操作系统或安装在 C 盘的软件有问题时，可以用 Ghost 恢复备份的 C 盘。

STEP 7 V5.5_CN 版本可以在 Win7 32 位系统中正确安装，STEP 7 V5.5 SP1 可以安装在 Win7 64 位系统下，它解决了与 Win7 64 位系统兼容的问题。

STEP 7 V5.4 SP3.1 的安装在很多书中已经提到，在此不再赘述。

2. STEP7 V5.5incl.SP1 的安装过程

（1）下载完成后解压，双击目录下的 Setup.exe，可能会出现对话框，单击确定后重启电脑。再次双击 Setup.exe 后开始安装。

安装出现了如图 2-44 所示的对话框。

若有如图 2-44 所示的信息提示对话框，说明安装文件夹已放在中文路径的文件夹中，西门子不识别中文路径。将安装文件放到英文下的文件夹里即可（就是将文件夹的名称改成英文）。解决上述问题后继续安装。

（2）本次安装把安装文件放到硬盘的根目录下。再次单击 Setup.exe，开始安装，出现如图 2-45 所示的 STEP 7 安装界面。

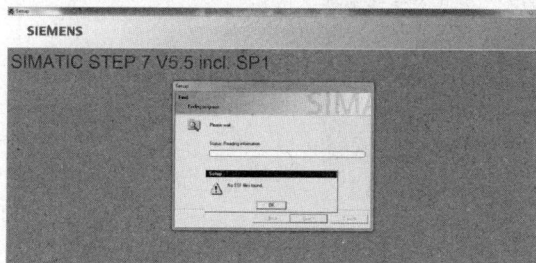

图 2-44 "No SSF files found" 信息提示对话框

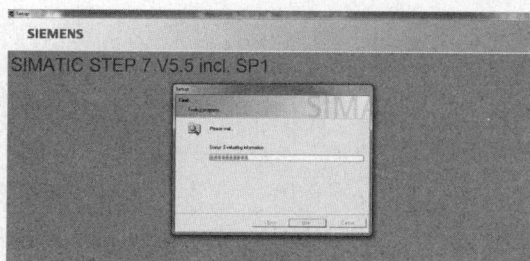

图 2-45 STEP 7 安装界面

（3）当图 2-45 中的 "Next" 按钮变为可单击状态时，单击 "Next" 按钮，出现如图 2-46 所示的界面。

（4）继续单击 "Next" 按钮，出现如图 2-47 所示的待安装组件选择示意图。

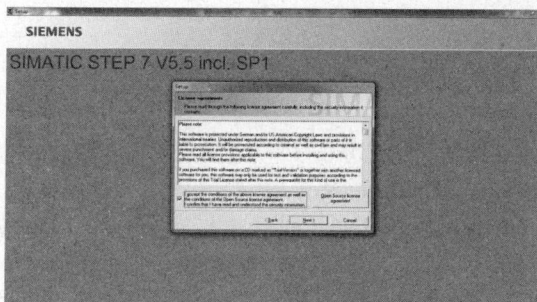

图 2-46 同意安装协议问询对话框及选择示意图

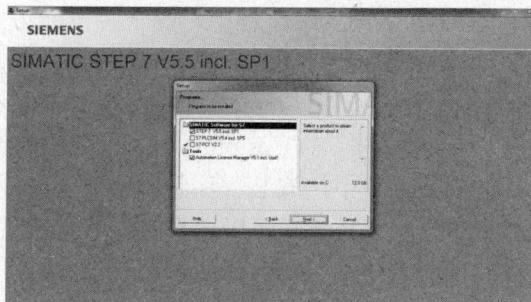

图 2-47 待安装组件选择示意图

在图 2-48 中选中复选框后面的文字将会在右栏中出现针对该软件用途的解释。
其他组件的解释如图 2-49 所示。

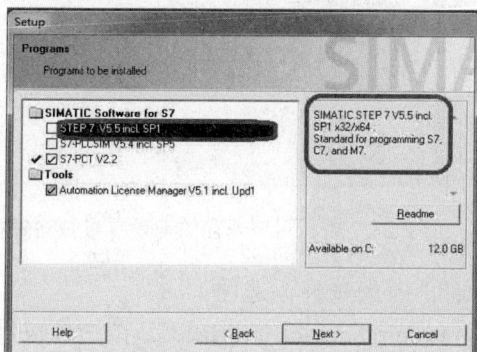

图 2-48 安装组件功能注释查看示意图

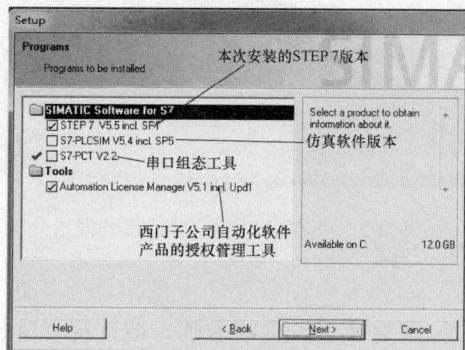

图 2-49 安装组件功能说明示意图

（5）全选，单击"Next"按钮，再单击"Next"按钮，出现如图 2-50 所示的安装进度框。这里要说明的是如果没有选择"ST-PLCSIM…"项，PLCSIM 可以单独装。

安装进度框中将会显示当前的安装进度和安装组件名称。

在每次安装软件时，都会弹出安装对话框，如图 2-51 所示。

图 2-50　安装进度示意图　　　　　　　　　　　　图 2-51　安装问询对话框

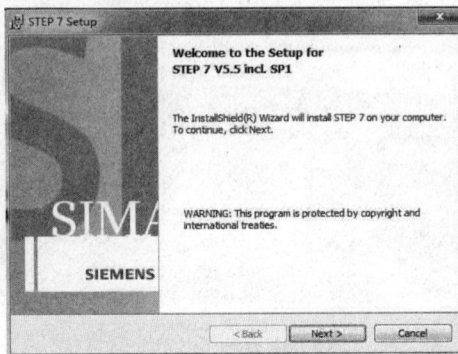

（6）一直单击"Next"按钮，即可完成安装。图 2-52 为正在安装 STEP 7 软件的安装进程示意图。

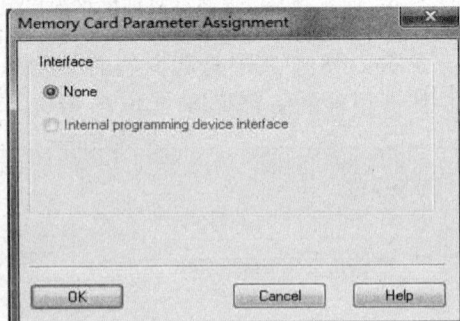

在 STEP 7 的安装过程中，有 3 种安装方式可选。

1）典型安装（Typical）：安装所有语言、所有应用程序、项目示例和文档。

2）最小安装（Minimal）：只安装一种语言和 STEP 7 程序，不安装项目示例和文档。

3）自定义安装（Custom）：用户可选择希望安装的程序、语言、项目示例和文档。

在安装过程中，安装程序将检查硬盘上有无授权（License Key）。如果没有发现授权，会提示用户安装授权。可以选择在安装程序的过程中就安装授权，或者稍后再执行安装授权程序。在前一种情况中，应插入授权软盘。

（7）安装结束后，会出现一个对话框，提示用户为存储卡设置参数，如图 2-53 所示。

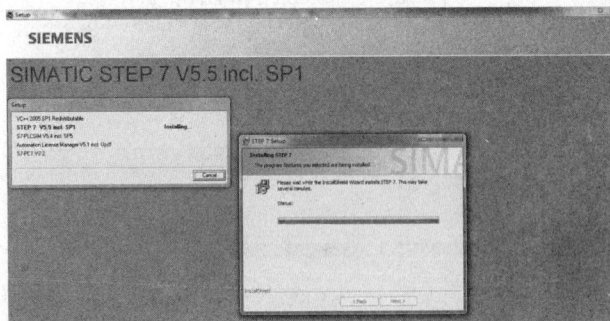

图 2-52　STEP 7 软件的安装进程示意图　　　　图 2-53　提示用户为存储卡设置参数对话框

1）如果用户没有存储卡读卡器，则选择"None"，一般选择该选项。

2）如果使用内置读卡器，请选择"Internal programming device interface"。该选项仅针对 SIEMENS PLC 专用编程器 PG，对于 PC 来说是不可选的。

在安装完成之后，用户可通过 STEP 7 程序组或控制面板中的 Memory Card Parameter

Assignment（存储卡参数赋值），修改这些设置参数。

单击"OK"按钮后，重启电脑即可完成安装。

3. 安装 STEP 7 的注意事项

（1）可以用安装光盘直接安装 STEP 7 和 PLCSIM，也可以将光盘中的软件复制到硬盘再安装，但是保存它们的文件夹的层次不能太多，各级文件夹的名称不能使用中文，否则在安装时会出现"ssf 文件错误"的信息。

（2）如果在安装时出现"Please restart Windows before installing new programs"（安装新程序之前，请重新启动 Windows），或其他类似的信息，即使重新启动计算机后再安装软件，还是会出现上述信息。这是因为安全卫士这类的软件的原因，Windows 操作系统已经注册了一个或多个写保护文件，以防止被删除或重命名。解决的方法如下所述。

执行 Windows 的菜单命令"开始"→"运行"，在出现的"运行"对话框中输入"regedit"，打开注册表编辑器。选中注册表左边的文件夹"HKET_LOCAL_MACHINE\System\CurrentControlSet\Control"中的"Session Mananger"，删除右边窗口中的条目"PendingFileRename Operationgs……"，不用重新启动计算机，就可以安装软件了。

（3）注意西门子自动化软件的安装顺序。必须先安装 STEP 7，再安装上位机组态软件 WinCC 和人机界面的组态软件 WinCC flexible。

二、对 STEP 7 软件的初步认识

STEP 7 标准软件包有以下版本。

（1）STEP 7 Micro/DOS 和 STEP 7 Micro/Win。用于 SIMATIC S7-200 上的简化版单机应用程序。

（2）STEP 7，用于 SIMATIC S7-300 PLC/S7-400 PLC、SIMATIC M7-300/M7-400 以及 SIMATIC C7。

1. 使用标准

STEP 7 是一种用于对 SIMATIC 可编程逻辑控制器进行组态和编程的标准软件包。集成在 STEP 7 中的 SIMATIC 编程语言符合 EN 61131-1 标准，该标准软件包符合面向图形和对象的 Windows 操作原则，在 Windows 2000 专业版以及 Windows XP 和 Windows Server 2003 操作系统中运行。

2. 标准软件包的功能

标准软件支持自动任务创建过程的各个阶段：建立和管理项目，对硬件和通信作组态和参数赋值，管理符号，创建程序，下载程序到可编程控制器，测试自动化系统及诊断设备故障。

3. 用 STEP 7 生成新项目

生成一个新项目的方法有如下两种。

（1）用新建项目向导创建项目。

双击桌面上的 STEP 7 图标，打开 SIMATIC Manager（SIMATIC 管理器）。如果没有安装许可证密钥，则在第一次打开 STEP 7 时，选中"STEP 7-Basis"，"激活"按钮上字符的颜色变为黑色，单击它将激活期限为 14 天的试用许可证密钥。

打开 STEP 7 后，将会出现"STEP 7 向导：'新建项目'"对话框，单击"取消"按钮，将会打开上次退出 STEP 7 时打开的所有项目。

单击"下一步>"按钮，在下一个对话框中可以设置选择 CPU 模块的型号，以及 CPU 在 MPI 网络中的站地址（默认值为 2）。CPU 列表框的下面是所选 CPU 的基本特性。单击"预览"按钮，可以打开或关闭该按钮下面的项目预览窗口。

单击"下一步>"按钮，在下一对话框中选择需要生成的组织块 OB，默认的是只生成主程序 OB1。默认的程序语言为语句表（STL），可以用单选框将它修改为梯形图（LAD）。

单击"下一步>"按钮，可以在"项目名称"文本框中修改默认的项目名称。项目的名称最多允许 8 个字符，每个中文占 2 个字符。单击"完成"按钮，开始创建项目。

在 SIMATIC 管理器中执行菜单命令"文件"→"'新建项目'向导"，也可以打开新建项目向导对话框。新建项目向导的缺点是同一型号的 CPU 只能选用一种订货号。

（2）直接创建项目。

在 SIMATIC 管理器中执行菜单命令"文件"→"新建"，在出现的"新建项目"对话框中，可以创建一个用户项目、库或多重化项目。多重化项目包括多个站，可以由多人编程，最后合并为一个项目。

在"命名"文本框中输入新项目的名称，"存储位置（路径）"文本框中是默认的保存新项目的文件夹。单击"浏览"按钮，可以修改保存新项目的文件夹。单击"确定"按钮后返回 SIMATIC 管理器，生成一个空的新项目。

用鼠标右键单击管理器中新项目的图标，在出现的快捷菜单中执行相应的命令，插入一个新的 S7-300/400 站。选中生成的站，双击右边窗口中的"硬件"图标，在硬件组态工具 HW Config 中，双击 S7-400 的机架（Rack）或者 S7-300 的导轨（Rail），生成一个机架。将 CPU 模块、电源模块和型号模块插入机架。如果是用新建项目向导，那么机架（或导轨）和 CPU 是向导自动生成的。

4. 项目的分层结构

项目是以分层结构保存对象数据的文件夹的，包含了自动控制系统中的所有数据。图 2-54 的左侧是项目的树形结构窗口。第一层为项目，第二层为站，站是组态硬件的起点。站的下面是 CPU，"S7 Program"文件夹是编写程序的起点，所有的用户程序均存放在该文件夹中。

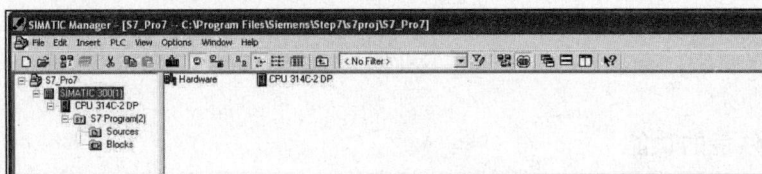

图 2-54　项目窗口

用鼠标单击项目结构中的某一层的对象，管理器右边的窗口将显示所选文件夹内的对象。双击其中的某个对象，可以打开和编辑该对象。

项目包含站和网络对象，站包含硬件、CPU 和 CP（通信处理器），CPU 包含 S7 程序和连接，S7 程序包含源文件、块和符号表。生成程序时将自动生成一个空的符号表。项目刚生成时，"块"文件夹中只有主程序 OB1，其他块对象是用户生成的。

块对象包含逻辑块（OB、FB、FC、SFB 和 SFC）、数据块（DB）、用户定义的数据类型（UDT）、系统数据和调试程序用的变量表（VAT）。系统数据被用来保存和下载系统硬件组态和网络组态的信息。

单击最上层的项目图标后，执行菜单命令"插入"→"站点"。可以插入新的站。也可以用鼠标右键单击项目的图标，执行弹出的快捷菜单中的命令，插入一个新的站。可以用类似的方法插入 S7 程序和逻辑块等。用户程序中的块需要用相应的编辑器来编辑，双击某个块将自动打开对应的编辑器。

5. STEP 7 中的应用程序（工具）

标准 STEP 7 软件包提供了一系列应用程序，打开后界面上方是 SIMATIC Manager 的标识，即 SIMATIC 管理器，如图 2-55 所示。

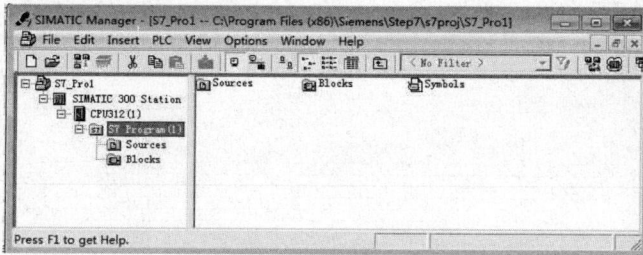

图 2-55　SIMATIC 管理器

SIMATIC 管理器（SIMATIC Manager）可以集成管理一个自动化项目的所有数据，可以分布式地读/写各个项目的用户数据。其他的工具都可以在 SIMATIC 管理器中启动。

SIMATIC 管理器具有如下功能。

（1）Hardware：硬件组态。可以为自动化项目的硬件进行组态和参数配置。可以对机架上的硬件进行配置，设置其参数及属性。

硬件组态的任务就是在 STEP 7 中生成一个与实际的硬件系统完全相同的系统，例如生成网络和网络中的各个站；生成 PLC 的机架，在机架中插入模块，以及设置各站点或模块的参数，即给参数赋值。

硬件组态确定了 PLC 输入/输出变量的地址，为用户设计程序打下了基础。

单击 SIMATIC 管理器左边的站对象，双击右边窗口的"硬件"图标，打开硬件组态工具 HW Config，如图 2-56 所示。

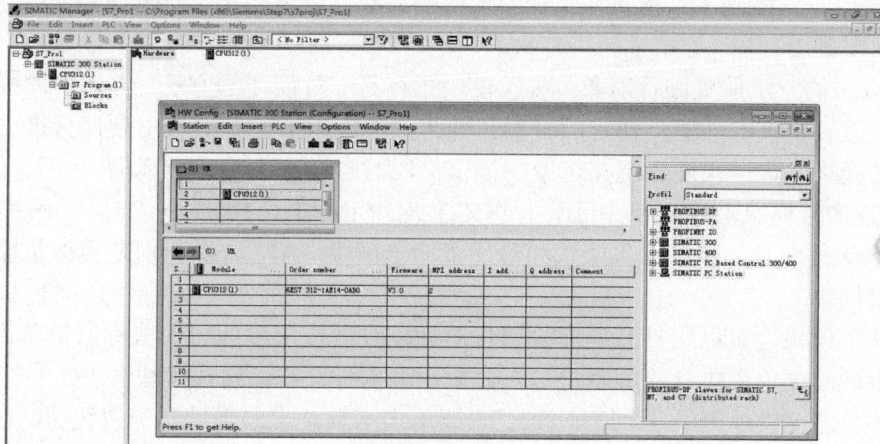

图 2-56　硬件组态窗口

　　刚打开 HW Config，硬件组态窗口中的左上方只有"新建项目"向导自动生成的机架，和 2 号槽中的 CPU 模块。右边是硬件目录窗口，可以用工具栏上的目录按钮打开或关闭它。单击硬件目录中的某个硬件对象，硬件目录下面的小窗口是它的订货号和简要的信息。

　　如图 2-57 所示，单击项目栏右边窗口中"SIMATIC 300"文件夹左边的"＋"，展开文件夹，其中的 CP 是通信处理器，FM 是功能模块，IM 是接口模块，PS 是电源模块，RACK 是机架，SM 是信号模块，单击某文件夹左边的"－"，将收起该文件夹。

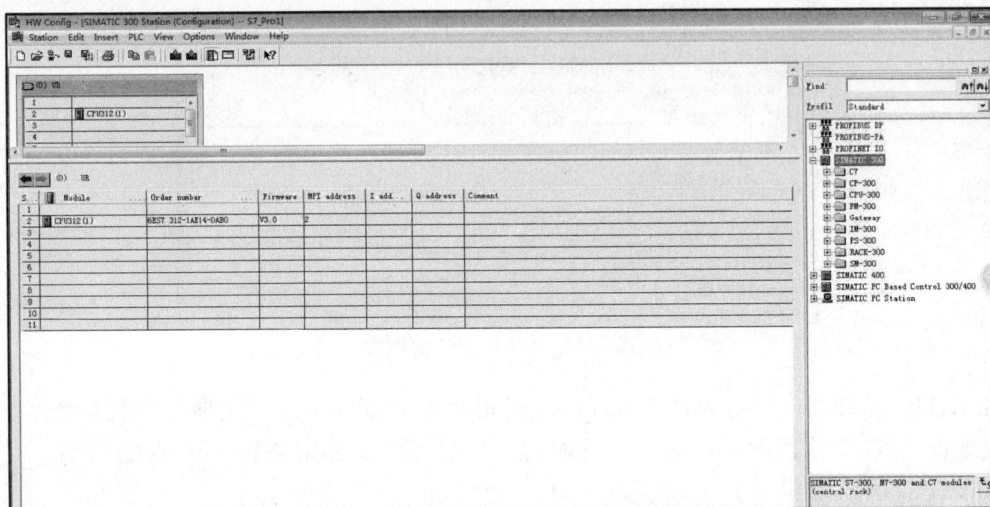

图 2-57　硬件组态窗口

　　组态时用组态表来表示机架或导轨，可以用鼠标将右边硬件目录窗口中的模块放置到组态表的某一行，就好像将真正的模块插入机架的某个槽位一样。

　　1）用"拖放"的方法放置硬件对象。展开硬件目录中的文件夹"SIMATIC"→"PS-300"，单击其中的电源模块"PS 307 5A"，该模块被选中，其背景变为深色。此时硬件组态窗口中的机架允许放置该模块的 1 号槽变为绿色，其他插槽为灰色。用鼠标左键按住不放，移动鼠标，将选中的模块"拖"到机架的 1 号槽。光标没有移动到允许放置该模块的插槽时，其形状为"禁止放置"。拖到 1 号槽时，光标的形状变为允许放置状态。此时松开鼠标左键，电源模块将被放置到 1 号槽。

　　2）用双击的方法放置硬件对象。放置模块还有另一种简便的方法，首先用鼠标左键单击机架中需要放置模块的插槽，使它的背景色变为深色。用鼠标左键双击硬件目录中允许放置在该插槽的模块，该模块便出现在选中的插槽，同时自动选中下一个插槽。

　　3）放置信号模块。打开硬件目录中的文件夹"SIMATIC 300"→"SM"→"-300"，其中的 DI、DO 分别是数字量输入模块和数字量输出模块，AI、AO 分别是模拟量输入模块和模拟量输出模块。

　　双击某个模块，可以用打开的模块属性对话框设置模块参数。用鼠标右键单击某一 I/O 模块，在出现的菜单中执行"编辑符号"命令，可以打开和编辑该模块各 I/O 的符号表。

　　执行菜单命令"视图"→"地址总览"，或单击工具栏上的地址总览按钮 □，在"地址总览"对话框中将会列出各个 I/O 模块所在的机架号（R）和插槽号（S），以及模块的起始字节地址和结束字节地址。

组态结束后，单击工具栏上的 按钮（编译并保存），编译成功后，在 SIMATIC 管理器右边显示块的窗口中，可以看到保存硬件组态信息和网络组态信息的"系统数据"。可以在 SIMATIC 管理器中将它们下载到 CPU，也可以在 HW Config 中将硬件组态信息下载到 CPU。

S7-300 的电源模块必须放在 1 号槽，2 号槽是 CPU 模块，3 号槽是接口模块，4～11 号槽放置其他模块。如果只有一个机架，则 3 号槽空着，但是实际的 CPU 模块和 4 号槽的模块紧挨着。

（2）网络组态（NetPro）。网络组态被用于组态通信网络连线，包括网络连接参数的设置和网络中各个通信设备的参数设置，选择系统集成的通信或功能块，可以轻松实现数据的传送。

打开网络组态窗口，如图 2-58 所示。

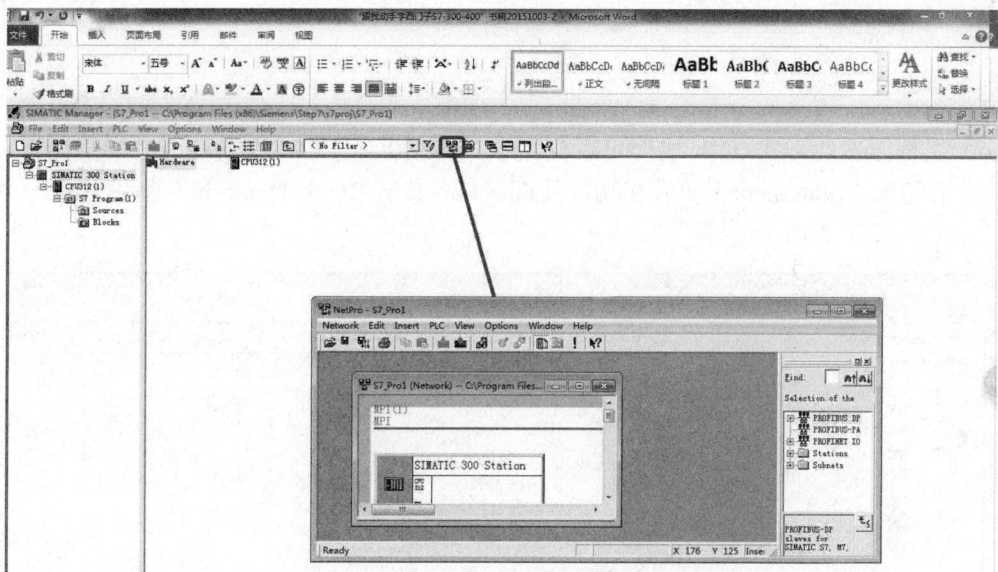

图 2-58　网络组态查看示意图

（3）Symbols Editor，符号编辑器。使用 Symbol Editor（符号编辑器），可以管理所有的共享符号。生成的符号表可供其他所有工具使用，每一个符号属性的任何变化都能自动被其他工具识别。它具有以下功能：为过程信号、位存储和块设定符号名和注释；分类功能；从/向其他的 Windows 程序导入/导出。

（4）硬件诊断。硬件诊断可以提供可编程控制器的状态概况，概况中可显示符号，指示每个模块是否正常。图 2-59 为硬件诊断菜单。

（5）程序结构配置。双击图 2-60 中的 Blocks，单击右键，可以插入其他的 OB、FB、FC 等。

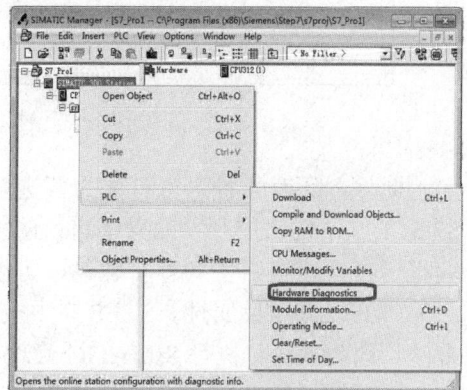

图 2-59　硬件诊断菜单

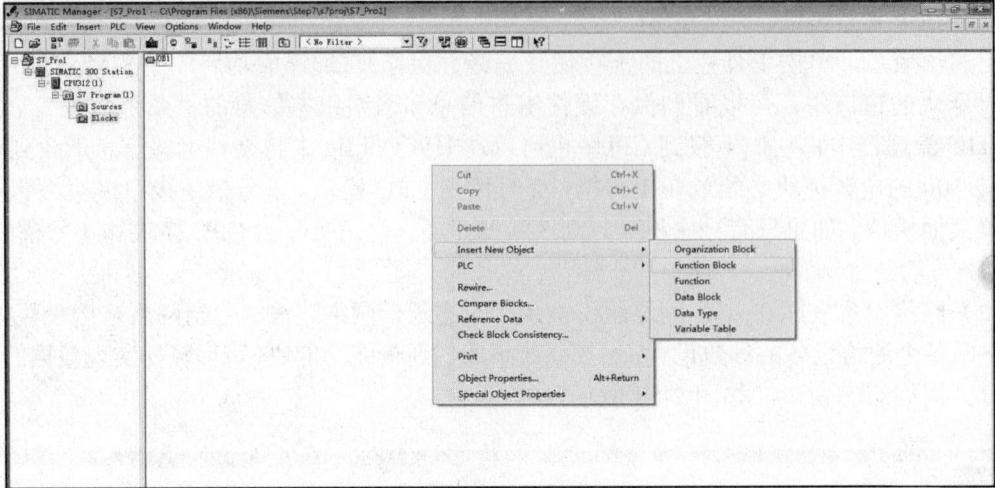

图 2-60　插入 FB 块示意图

（6）编程语言。双击 OB 块即可看到用于 S7-300/400PLC 的编程语言梯形图（Ladder Logic）、语句表（Statement List）和功能块图（Function Block Diagram）都集成在一个标准的软件包中，如图 2-61 所示。

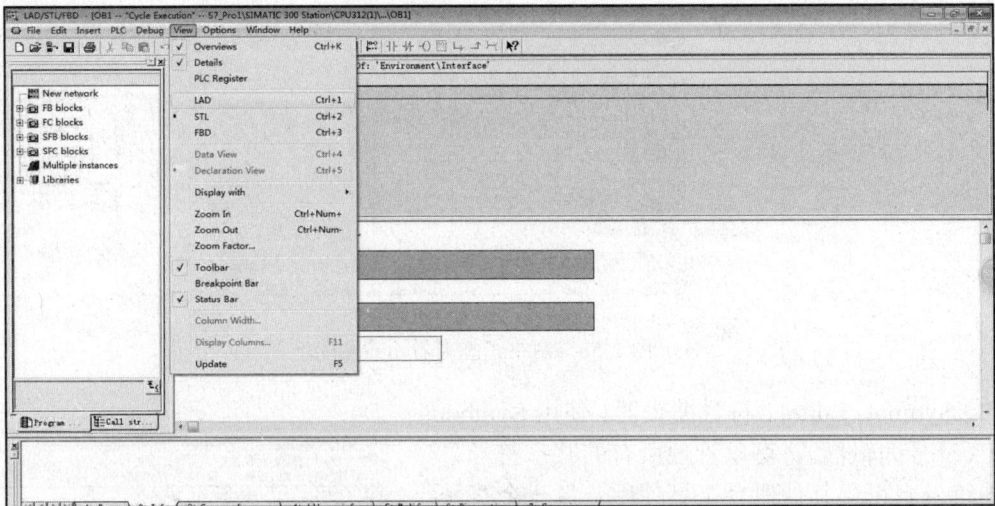

图 2-61　集成语言包菜单

此外，还有 4 种语言可作为可选软件包使用，分别是 S7 CFC（连续功能图）编程语言、S7 SCL（结构化控制）编程语言、S7 Graph（顺序控制）编程语言和 S7 Hi Graph（状态图）编程语言。这些语言均有安装包，可以根据需要进行安装。

（7）设置项目属性。STEP 7 中文版可以使用中文和英语（默认的是中文），可以用以下方法修改为英语：执行 SIMATIC 管理器中的菜单命令"Options"（选项）→"Customize"（自定义），如图 2-62 所示。选中出现的"Customize"对话框中的"Language"（语言）选项卡中的"english"选项。单击"OK"按钮，将自动退出 STEP 7，如图 2-63 所示。重新打开它后，项目语言（包括帮助文件）即变为英语。

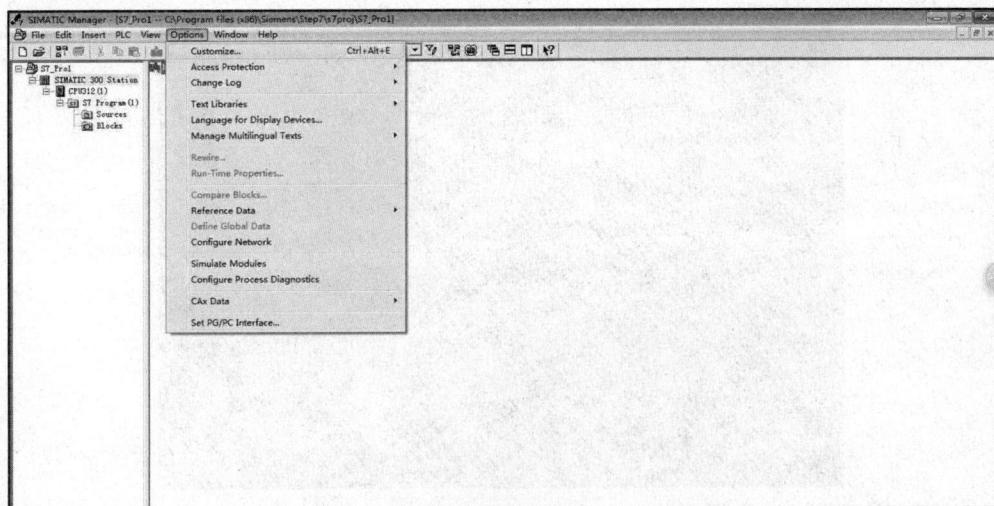

图 2-62　设置语言菜单示意图

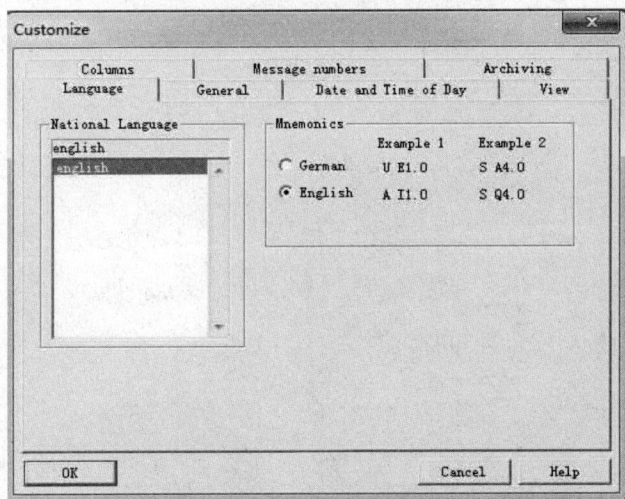

图 2-63　语言设置对话框

可以用该选项卡的单选框选择使用德语或英语的助记符。

在"General"（常规）选项卡中，可以修改保存项目和库的文件夹。如果保存项目的文件夹的名称中有中文，则不能使用"新建项目"向导。

建议项目不要保存在 C 盘，因为用 Ghost 恢复 C 盘时，将会丢失 C 盘中原有的所有文件。

三、使用 STEP 7 编程实现刀具正反转控制任务

图 2-64 为这次项目所用的 S7-300。

S7-300 是一个模块化的 PLC，包含了 PS307 5A（307-1EA01-0AA0）、CPU315F-2PN/DP（315-2FJ14-0ABO）、DIxDOxDC24V（323-1BL00-0AA0）、AI4/AO2x8BIT（334-0CE01-0AA0）4 个模块。下面用 STEP 7 软件对其进行硬件组态。

控制器与被控对象的连接实物图如图 2-65 所示。

图 2-64　S7-300 控制器

图 2-65　控制器与被控对象的连接实物图

S7-300 设备的连接框图如图 2-66 所示。

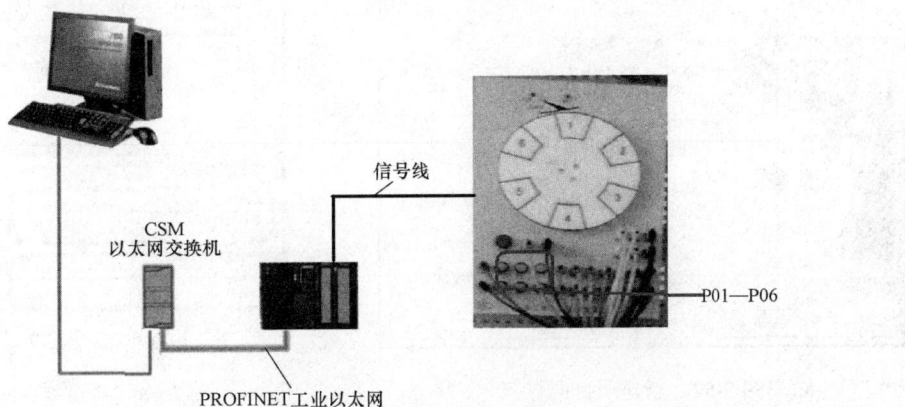

图 2-66　S7-300 设备的连接框图

如图 2-66 所示，刀盘由刀盘中央安放电机带动旋转，在此项目中，要完成 PLC 对刀盘旋转方向的切换控制，这里所用的控制器 S7-300 是带有 PN 接口的，与计算机的连接也是通过 PROFINET 工业以太网连接到同一交换机上，也就是说 PC 机程序的下载是通过 PROFINET 以太网进行的。

控制要求是按下 P01，刀具开始正转，按下 P02，刀具反转运行，按下 P03，刀具停止运行。

此外，表 2-6 给出了实现控制任务的 I/O 分配表。

表 2-6 　　　　　　　　　　　　　I/O 分 配 表

I/O 定 义 表			
DI		DO	
I0.6	P01	Q0.1	刀具库正转
I0.7	P02	Q0.2	刀具库反转

下面给出了新建项目、硬件组态、编程、调试的具体步骤。

1. 新建项目

（1）运行 STEP 7。双击桌面快捷方式图标![icon]，运行 STEP 7，弹出新建项目向导，如图 2-67 所示。

（2）单击图 2-67 中的"取消"按钮，在项目管理器中执行"文件/新建…"菜单命令新建一个项目。

（3）在弹出的新建项目对话框中给项目命名并设置其保存路径，图 2-68 为新建项目对话框。

（4）单击"OK"（确定）后出现如图 2-69 所示的 STEP 7 的管理界面。

（5）在项目中建立站点。建立站点有以下两种方法。

1）右击项目管理器中的项目名称，在弹出的右键菜单中执行"插入新对象""××站点"命令。本项目先插入一个 S7-300 站点，如图 2-70 所示。

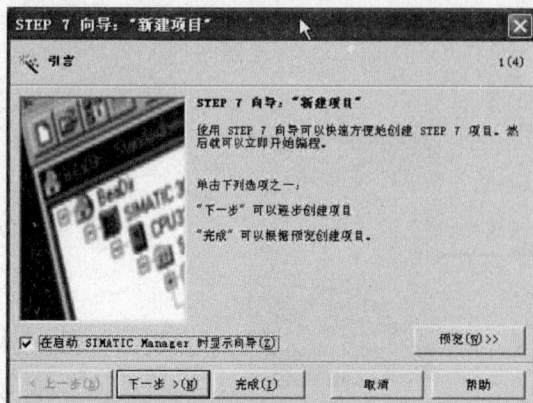

图 2-67　新建项目向导

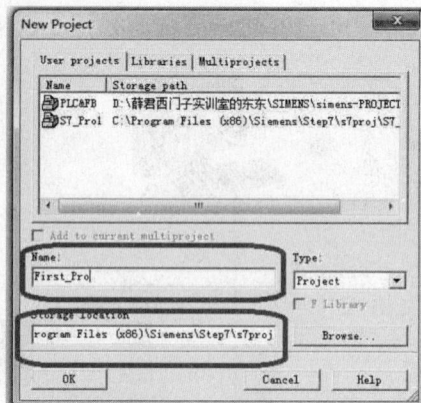

图 2-68　新建项目对话框

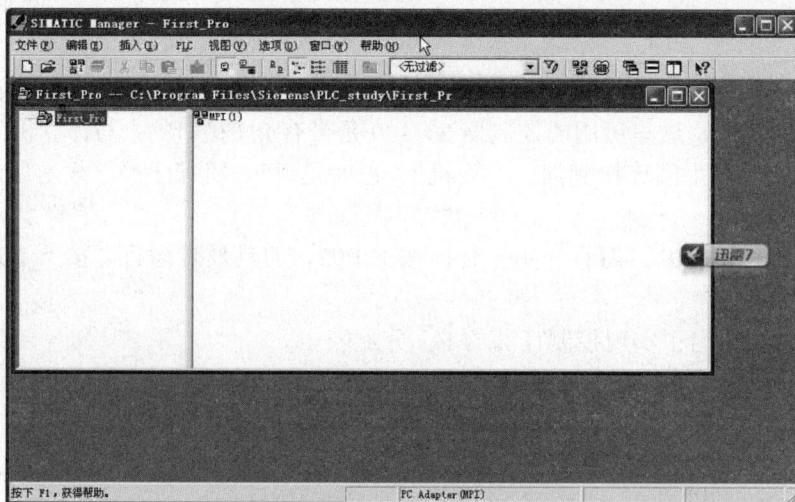

图 2-69　STEP 7 的管理界面

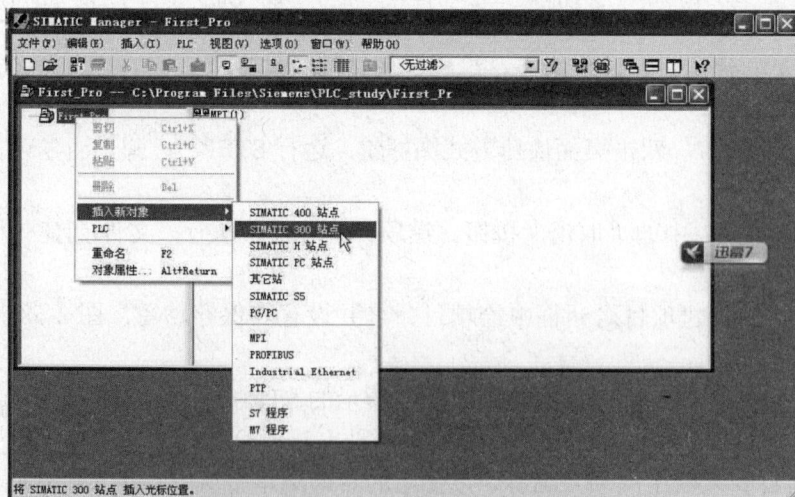

图 2-70　运用右键快捷菜单插入 SIMATIC 300 站点示意图

2）在管理器界面菜单栏中执行"插入"→"站点"→……，如图 2-71 所示，选择一个站点即可。

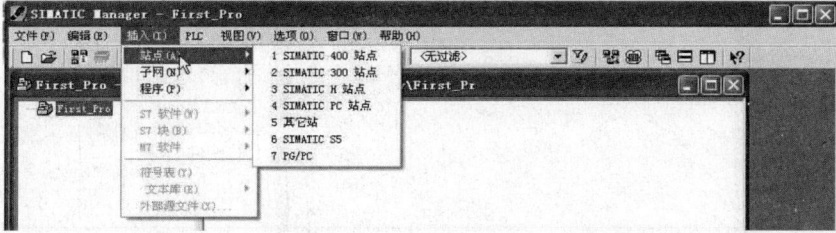

图 2-71　运用菜单命令插入 SIMATIC 300 站点示意图

执行菜单命令后，即生成一个 S7-300 的站点，如图 2-72 所示。

图 2-72　生成一个 SIMATIC 300 站点示意图

可以将这个站点重新命名为"刀具正反转"，如图 2-73 所示。

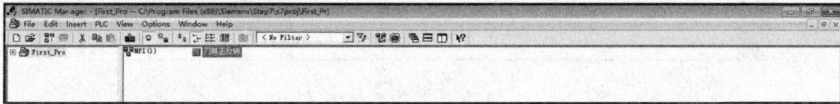

图 2-73　SIMATIC 300 站点命名为"刀具正反转"

2. 硬件组态

（1）对新站点进行硬件组态。单击左侧的项目树"刀具正反转"→"Hardware"（硬件组态），如图 2-74 所示。

图 2-74　硬件组态窗口

双击打开 Hardware，进入硬件组态界面，如图 2-75 所示。

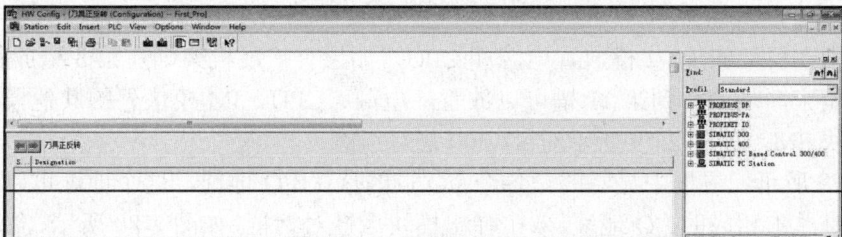

图 2-75　硬件组态窗口

53

硬件组态窗口各区域详细信息如图 2-76 所示。

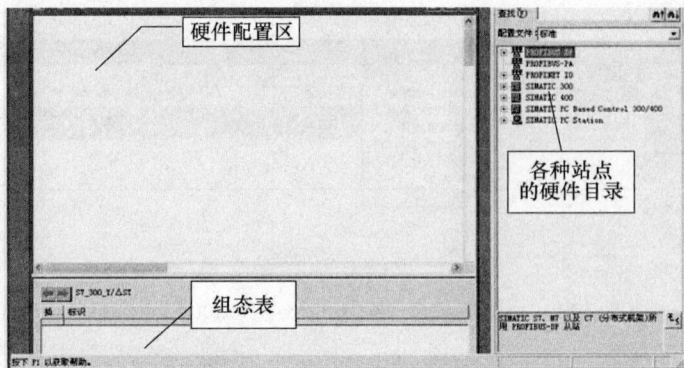

图 2-76　硬件组态窗口各区域详细信息

（2）打开 SIMATIC 300 站点的硬件目录，如图 2-77 中方框内所示。

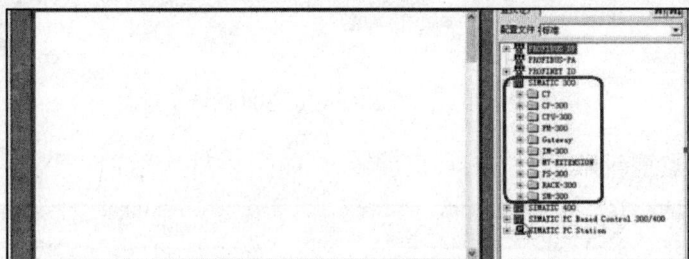

图 2-77　硬件组态窗口的组件窗口

（3）先放置机架。在右边项目树中单击"RACK-300"→"Rail"，在硬件组态窗口中放入机架，如图 2-78 所示。

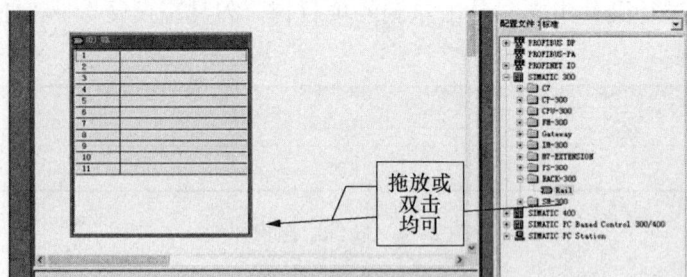

图 2-78　放置机架示意图

（4）分别在机架的 1、2 槽放置电源和 CPU，如果有扩展机架则在第 3 槽放置 IM 模块，否则第 3 槽留空，从第 4 到第 11 槽可以放置除电源、CPU、IM 模块外的其他模块，本项目放置信号模块 SM。如图 2-79 所示对 S7-300 进行组态。

如图 2-79 所示，方框中显示的是各个 I/O 点的默认 I/O 地址，这个地址可以进行修改，修改的方法是单击相应的 I/O 地址，双击弹出模块属性对话框，如图 2-80 所示，激活"Adrress"（地址）选项卡，禁用"System default"（系统默认），地址值从灰色变为高亮状态，这样输入想要设置的地址值，单击"OK"按钮就可以修改地址了，如果地址值有重复，则会出现如图 2-80 所示的对话框，提示地址值的起始值的大小。

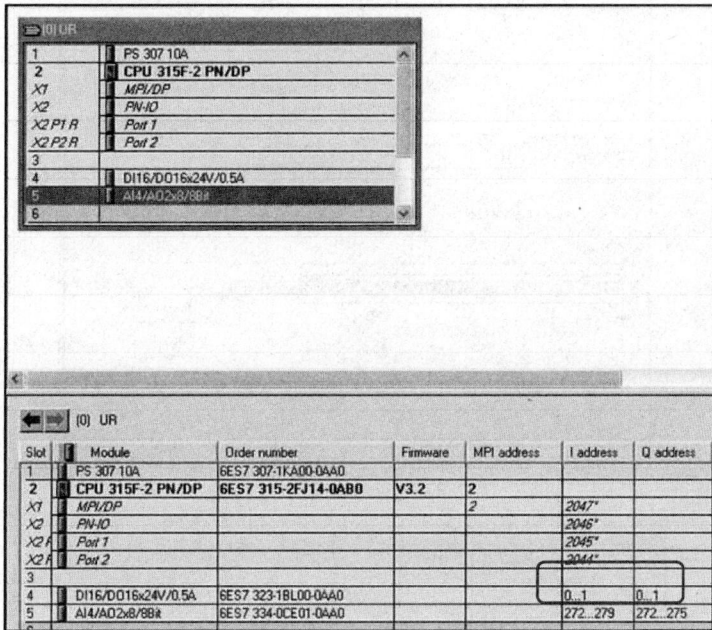

图 2-79　硬件组态完成后的窗口

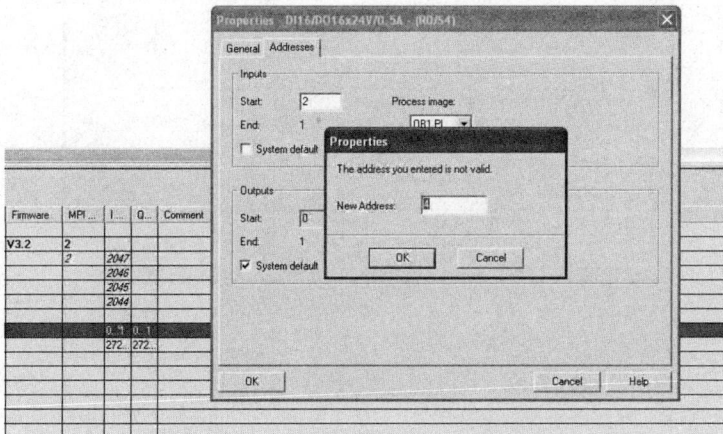

图 2-80　地址修改示意图

3. 网络设置

（1）双击图 2-79 中的 CPU 的 PN/IO 接口，按图 2-81 所示修改属性，修改好后单击"OK"按钮。

（2）单击 ，如果组态不对，编译就不成功。当编译成功后，单击 ，先对硬件组态下载。下载时，在出现的对话框中单击"View"，搜索在线的 PLC，由于不清楚 IP 地址，我们可以通过图 2-82 所示的 PLC 的 MAC 地址确定其是否是你所要下载的 PLC。单击"OK"按钮，进行下载。

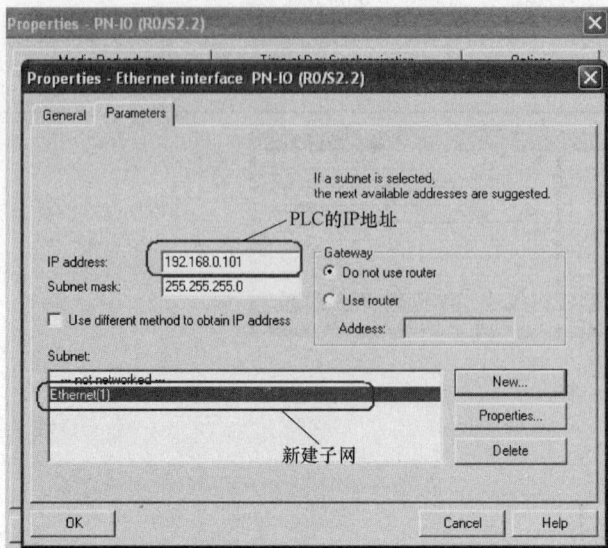

图 2-81　网络设置示意图

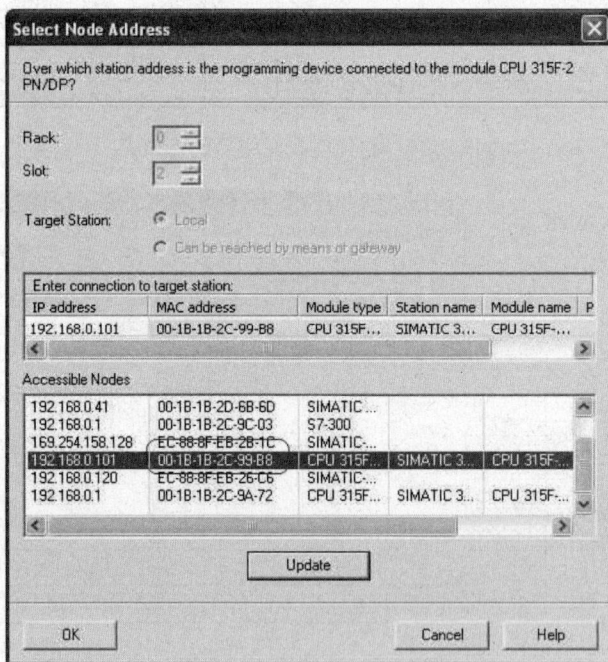

图 2-82　查看下载目标 PLC MAC 地址示意图

（3）如果下载提示连接不到设备，则说明设置的 PG/PC 接口不对，可以通过在主界面（退出硬件组态界面）的菜单栏中执行"Options"→"Set PG/PC interface"命令进行设置。

4. 编程

（1）编辑符号表。如图 2-83 所示，在左侧项目树中单击"SIMATIC 300"→"CPU 315F-2PN/DP"→"S7 Program"（S7 程序）→"Symbols"（符号表），双击"Symbols"，进入符号表编辑对话框，按图 2-84 所示编辑符号表。

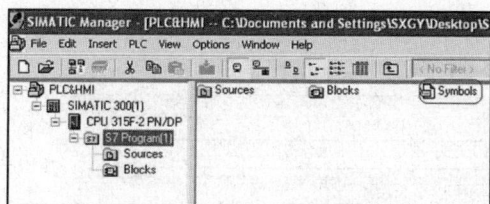

图 2-83　符号表位置示意图

S7 Program(2) (Symbols) -- First_Pro\刀具正反转\CPU 315F-2 PN/DP

	Stat	Symbol	Address		Data typ
1		P01	I	0.6	BOOL
2		P02	I	0.7	BOOL
3		P03	I	1.0	BOOL
4		刀具正转	Q	0.1	BOOL
5		刀具反转	Q	0.2	BOOL
6					

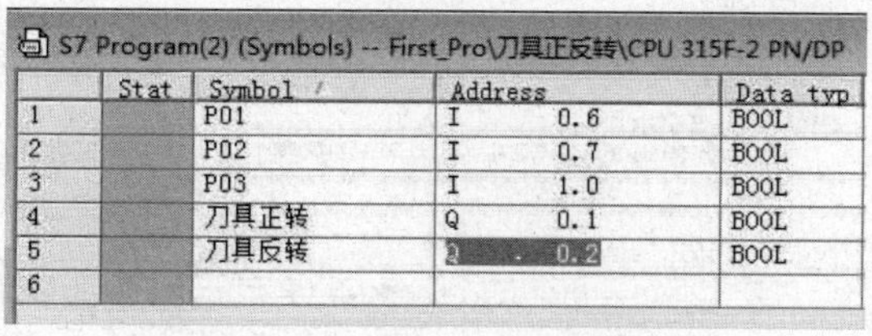

图 2-84　符号表定义变量示意图

（2）编辑程序。如图 2-85 所示，在左侧项目树中单击“SIMATIC 300”→“CPU314C-2DP”→“S7 Program”（S7 程序）→“Blocks”，在右侧窗口中双击 OB1，进入程序编辑界面，如图 2-86 所示。

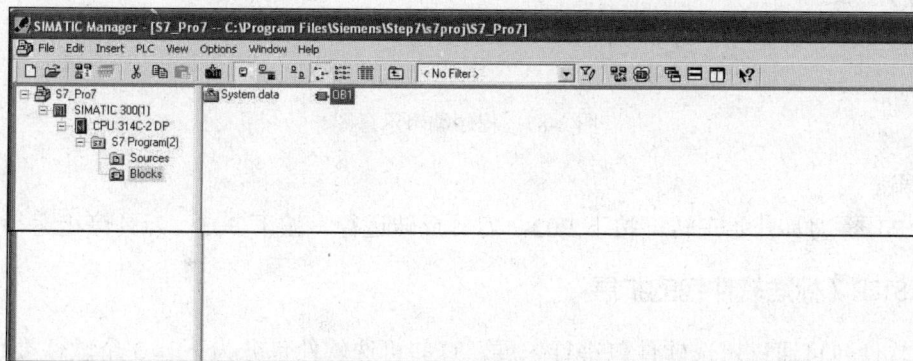

图 2-85　OB1 位置示意图

将 OB1 的编程语言设置为梯形图编程语言（LAD），如图 2-86 所示。

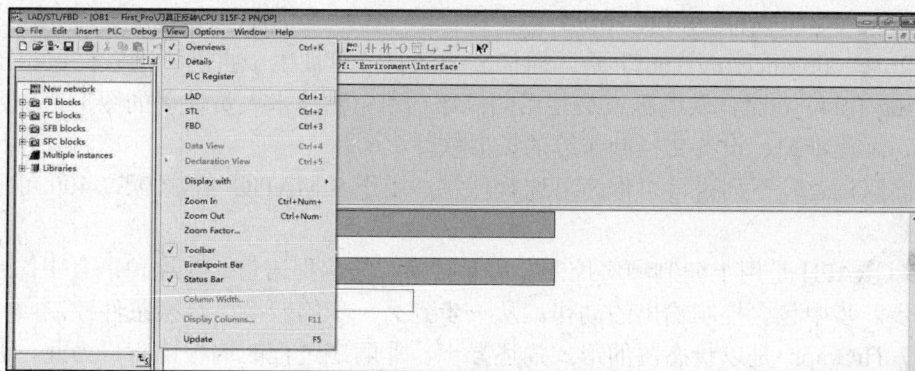

图 2-86　LAD 语言设定示意图

1）打开 OB1 组织块，按图 2-87 所示编程。

2）保存，并单击 SIMATIC 300 站点。

5. 程序的下载

运用硬件组态下载方法进行项目的下载，在此过程中要观察你所要下载的目的 PLC 是否处于“STOP”状态（橘黄色的灯），下载后又变为“RUN”状态（绿色的指示灯），从而也能核实程序是否下载到目的 PLC 中。

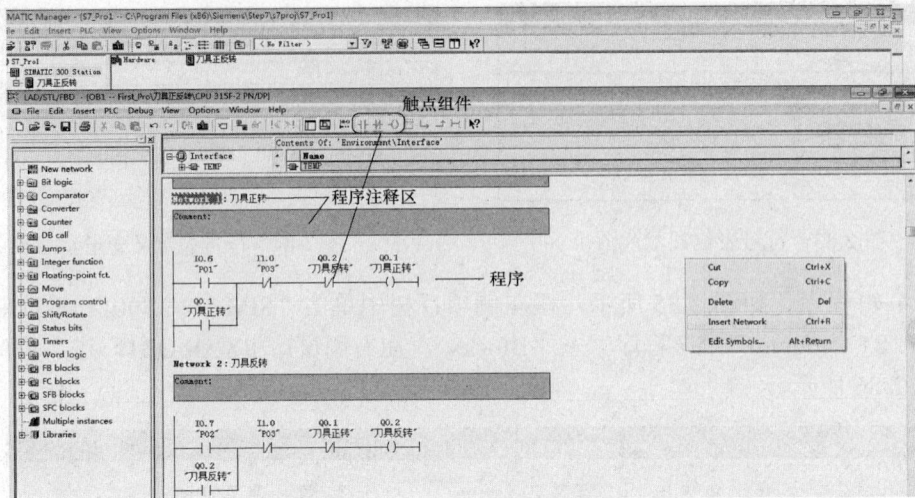

图 2-87　程序编辑示意图

6. 调试

按下 P01，刀具开始正转，按下 P02，刀具反转运行，按下 P03，刀具停止运行。

四、STEP 7 标准软件包的扩展

标准软件包可通过可选软件包进行扩展，这些可选软件包分为下列 3 个软件类别。

（1）工程工具（Engineering Tool）：这些工具是较高层次的编程语言和面向工艺的软件。

（2）运行版软件（Run-Time Software）：用于生产过程而无须框架的运行版软件。

（3）人机接口（Human Machine Interface，HMI）：是特别用于操作员控制和监视的软件。

1. 工程工具（Engineering Tool）

工程工具（Engineering Tool）是面向任务的工具，可被用于扩展标准软件包。工程工具（Engineering Tool）包括：供编程人员使用的高级语言，供技术人员使用的图形语言，用于诊断、模拟、远程维护、设备文档制作等的扩展软件。

（1）高级语言。下列语言可作为可选软件包，用于 SIMATIC S7-300/S7-400 可编程控制器的编程。

1）S7 GRAPH 是用于编制顺序控制（步和转换）的编程语言。在这种语言中，过程顺序被分割为步。步中包含控制输出的动作。从一步到另一步的转换由转换条件控制。

2）S7 HiGraph 是以状态图的形式描述异步、非顺序过程的编程语言。为此，系统要被分解为几个功能单元，每个单元呈现不同的状态。各功能单元可通过在图形之间交换报文来同步。

3）S7 SCL 是符合 EN 61131-3（IEC 1131-3）标准的高级文本语言。它包含的语言结构与编程语言 Pascal 和 C 相类似。所以 S7 SCL 特别适合于习惯使用高级编程语言的人使用。例如，S7 SCL 可以用于编程复杂或经常重复使用的功能。

（2）图形语言。CFC 是用于 S7 和 M7 的编程语言，以图形方式连接已有的功能。这些功能涵盖了从简单的逻辑操作到复杂的闭环和开环控制等极为广泛的功能范围。大量的此种类型的功能在库中以块的形式提供。编程时需将这些块复制到图表中并用线连接。

（3）扩展软件。主要包括以下几种。

1）Borland C++（只用于 M7）包含 Borland 开发环境。

2）DOCPRO，可以将用 STEP 7 生成的全部组态数据构造为接线手册。使得组态数据的管理更为容易，并且可以为按照指定标准的打印准备好信息。

3）HARDPRO 是 S7-300 硬件组态系统，它支持用户对复杂的自动化任务的大范围的组态。

4）M7-ProC/C++（只用于 M7），允许将编程语言 C 和 C++的 Borland 开发环境集成到 STEP 7 的开发环境中。

5）可以使用 S7 PLCSIM（只用于 S7）模拟将 S7 可编程控制器连接到编程器或 PC，以便进行测试。

6）使用 S7 PDIAG（只用于 S7），可以标准化组态 SIMATIC S7-300/S7-400 过程诊断。使用过程诊断，可以检测可编程控制器之外的故障和故障状态。

7）使用 TeleService，就可以使用编程器或 PC，通过电话网对 S7 和 M7 可编程控制器作远程在线编程和服务。

2．运行版软件（Run-Time Software）

运行版软件包括可以由用户程序调用的预编程的解决方案。运行版软件直接集成在自动化解决方案中。它包括以下部分。

（1）SIMATIC S7 控制器，例如，标准模板，以及模糊控制。

（2）用于连接可编程控制器和 Windows 应用程序的工具。

（3）SIMATIC M7 的一个实时操作系统。

3．人机接口（Human Machine Interface，HMI）

人机接口（HMI）是专门用于 SIMATIC 中操作员控制和监视的软件。它主要包括以下几种。

（1）开放的过程监视系统 SIMATIC WinCC，是一个基本的操作员接口系统，它包括所有重要的操作员控制和监视功能，这些功能可以用于任何工业系统和使用任何工艺。

（2）SIMATIC ProTool 和 SIMATIC ProTool/Lite 是用于组态 SIMATIC 操作员面板（OP）和 SIMATIC C7 紧凑型设备的现代工具。

（3）ProAgent 通过建立有关故障原因和位置的信息可实现对系统和设备的有目的快速过程诊断。

第六节　PLCSIM 的使用

一、PLCSIM 的安装和初步认识

PLCSIM 可以在本章第五节中所讲的图 2-47 中选择安装，也可以单独安装。单独安装的方法如下所述。

重新启动计算机后，双击文件夹中的文件"Setup.exe"，开始安装仿真软件 PLCSIM。在"Choose Setup Language"（选择安装语言）对话框中，采用默认的设置，安装语言为英语，

单击"OK"按钮确认。完成各对话框中的设置后，单击"Next"（下一步）按钮确认。

在"Readme File"对话框，可以选择是否阅读说明文件。在"License Agreement"（许可证协议）对话框中，应选中"I accept…"（我接受许可证协议的条款）。"Customer Information"对话框给出了用户的信息，可采用默认的设置。"Destination Folder"对话框用于设置安装软件的文件夹，建议采用默认的 C 盘的文件夹。单击"Change"按钮，可以改变文件夹的设置。单击"Ready to Install the Program"（准备好安装软件）对话框中的"Install"（结束）按钮，结束安装过程。

安装完成后，单击图标，打开 STEP 7 软件，安装 PLCSIM 后，SIMATIC 管理器工具栏上的按钮由灰色变为深色（可单击）。

S7-PLCSIM 是功能强大、使用方便的仿真软件。可以用它代替 PLC 硬件来调试用户程序。

如图 2-88 所示，打开 S7-PLCSIM 后，自动建立了 STEP 7 与仿真 CPU 的 MPI 连接（即 PG/PC 接口的连接方式）。

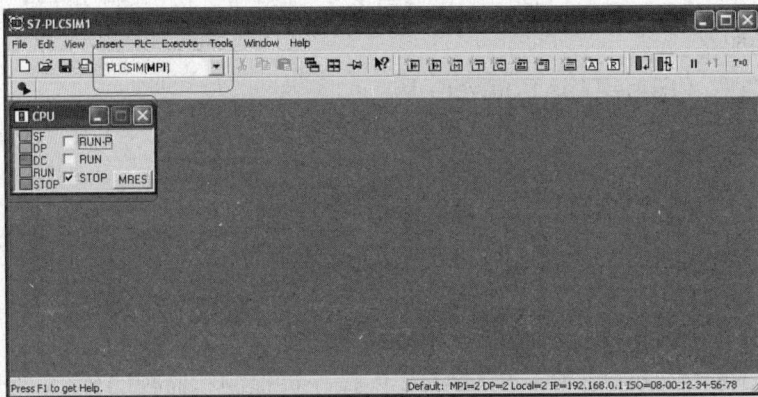

图 2-88　PLCSIM 窗口

刚打开 PLCSIM 时，界面中只有图 2-88 中最左边被称为 CPU 视图对象的小方框。单击它上面的"STOP"、"RUN"或"RUN-P"选择框，可以令仿真 PLC 处于相应的运行模式。单击"MRES"按钮，可以清除仿真 PLC 中已下载的程序。

可以用鼠标调节 S7-PLCSIM 窗口的位置和大小。还可以执行菜单命令"View"→"Status Bar"，关闭或打开下面的状态栏。

二、下载用户程序和组态信息

单击 S7-PLCSIM 工具栏上的"Insert Input Variable"（插入输入变量按钮图标）和"Insert Output Variable"（插入输出变量按钮图标）按钮，生成 IB0 和 QB0 视图对象。可以将视图对象中的 QB0 改为任意一个想要监控的输出变量如 QB10（见图 2-89），按"回车"键后更改才生效。

下载之前，应打开 PLCSIM。打开 PLCSIM，就像打开实际的 PLC 一样，选中 SIMATIC 管理器左边窗口中的 SIMATIC 300 站点，单击工具栏中的下载按钮，将整个硬件组态和 OB1 程序都下载到 PLCSIM 中，另外，由于 PLCSIM 识别不出硬件组态的问题，只下载 OB1 数据也可。

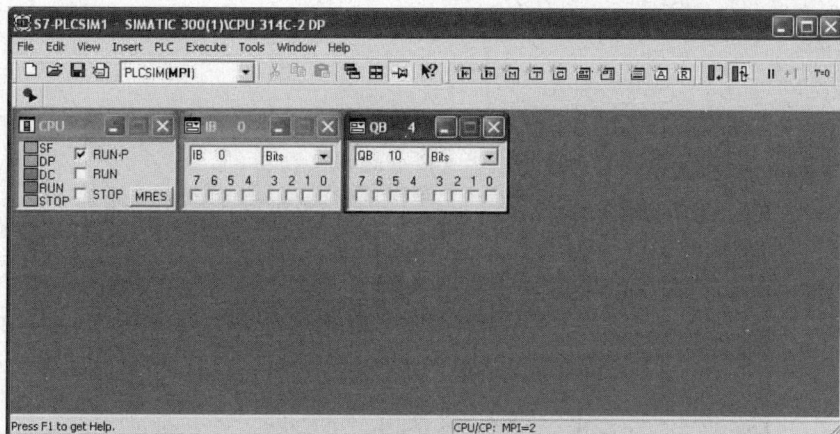

图 2-89　IB0 和 QB10 监控窗口

下载系统数据时出现"Block 'OBI' already exists.Do you want to overwrite it？"（OB1 已存在，是否要覆盖）对话框时，单击"Yes"按钮确认，如图 2-90 所示。

不能在 RUN 模式下载，但是可以在 RUN-P 模式下载。在 RUN-P 模式下载系统数据时，将会出现"模块将被设为 STOP 模式？"的对话框，即 CPU 处于停止状态。下载结束后，出现"是否现在就要启动该模块？"的对话框，如图 2-91 所示。单击"Yes"按钮确认。

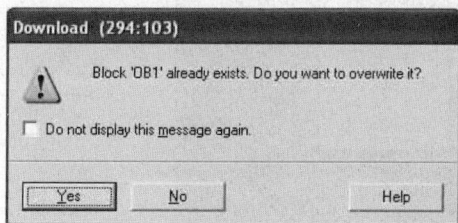

图 2-90　下载问询是否覆盖 OB1 对话框

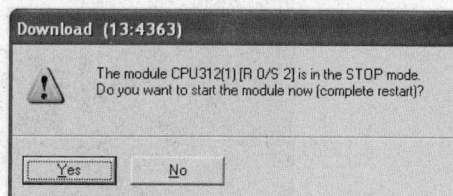

图 2-91　重启 CPU 提示对话框

三、用 PLCSIM 的视图对象调试程序

单击 CPU 视图对象中的选择框，将 CPU 切换到 RUN 或 RUN-P 模式。这两种模式都要执行用户程序，但是在 RUN-P 模式可以下载修改后的程序和系统数据。

用户程序（OB1）如图 2-92 所示。

根据梯形图电路，按下面的步骤调试用户程序。

（1）单击视图对象 IB0 最右边的选择框，选择框中出现"√"，I0.0 变为"1"状态，模拟按下正转按钮。梯形图中的 I0.0 的动合触点闭合、动断触点断开。由于 OB1 中程序的作用，Q10.0（电

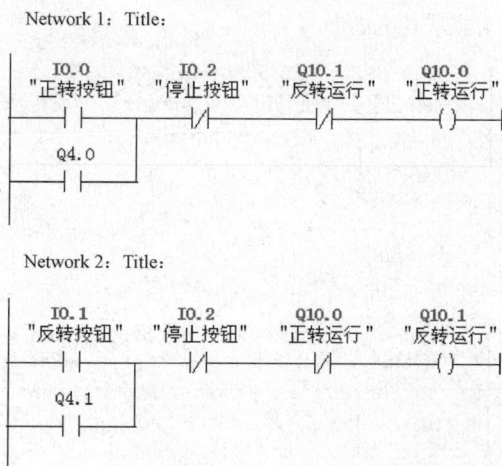

图 2-92　OB1 程序的梯形图

61

动机正转）变为"1"状态，梯形图中绕组通电，视图对象 QB10 最右边 Q10.0 对应的选择框中出现"√"（见图 2-93）。

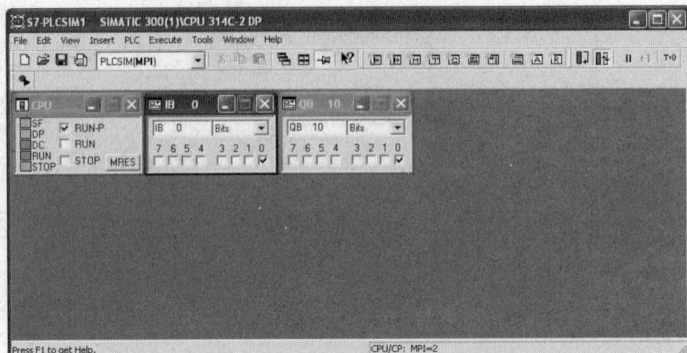

图 2-93　I0.0 导通时 Q10.0 的输出结果查看示意图

如图 2-94 所示，单击 PLCSIM 上的"Insert Vertical Bit"（插入垂直排列的位）图标，输入 QB10，也可以监控 Q10.0 和 Q10.1 的状态。

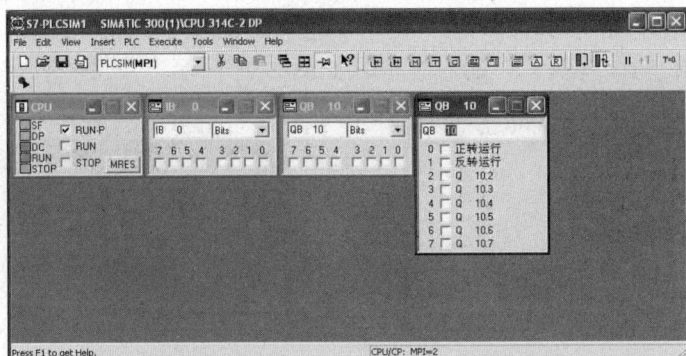

图 2-94　QB10 垂直窗口查看示意图

Network 1: Title:

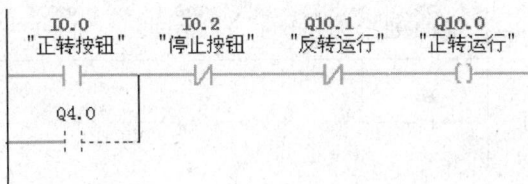

Network 2: Title:

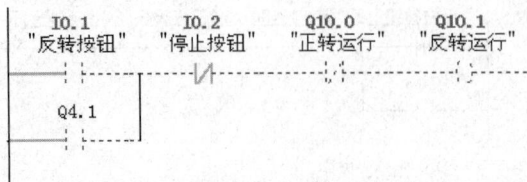

图 2-95　监视程序运行过程示意图

如图 2-94 所示，垂直变量表中的中文注释与符号表中定义的变量的名称是相对应的。

返回到 OB1 界面，单击按钮，打开在线监控功能，可以看到程序运行结果如图 2-95 所示。

如图 2-95 所示，从梯形图左侧垂直的"电源"线开始的水平线均为绿色，表示有电流从"电源"线流出。有电流流过的方框指令、绕组、"导线"和处于闭合状态的触点均用绿色表示。用蓝色虚线表示没有电流流过和触点、绕组断开。如果选中"Network2"（程序段 2），只能监控程序段 2 和它之后的程序段，不能监控程序段 1。

再次单击 I0.0 对应的选择框，选择框中的"√"消失，I0.0 变为"0"状态，模拟放开启动按钮。梯形图中 I0.0 的动合触点断开，动断触点闭合。将按钮对应的位（例如 I0.0）设置为"1"后，注意一定要马上将它设置为"0"，否则后续的操作可能会出现异常情况。

（2）同步骤（1）中的操作，在电动机运行时用鼠标模拟按下和放开停止按钮 I0.2，观察当时处于"1"状态的 Q10.0 或 Q10.1 是否变为"0"状态。

（3）同步骤（1）中的操作，单击选中 I0.1 对应的选择框并再次单击取消选中 I0.1 对应的选择框，模拟按下和放开反转启动按钮的操作。由于用户程序的作用，Q10.0 变为"0"状态，Q10.1 变为"1"状态，电动机变为反转运行。

通过对程序的调试也可以看出，图 2-96 的程序只能实现电动机"正-停-反"的正反转切换控制，而没有实现正反转的直接切换，如若要修改程序，则将其修改为图 2-96 所示即可，这样就可以实现电动机的正反转直接切换控制。

如果仅对某个块进行了单独修改，则可以只下载部分块。在管理器窗口中，选中左边窗口的"Blocks"文件夹，单击右边窗口中的某个块或系统数据，被选中的块的背景色变为深蓝色。双击打开 PLCSIM，单击工具栏中的下载按钮 ，只下载选中的对象，如图 2-97 所示。

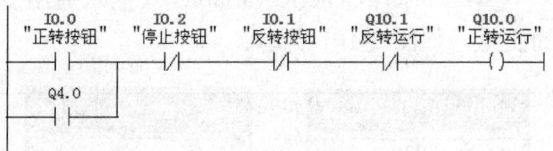

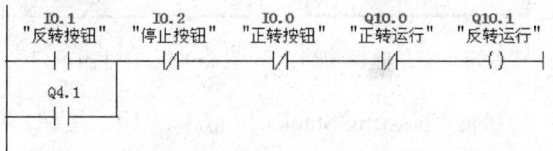

图 2-96　实现电动机的正反转直接切换控制

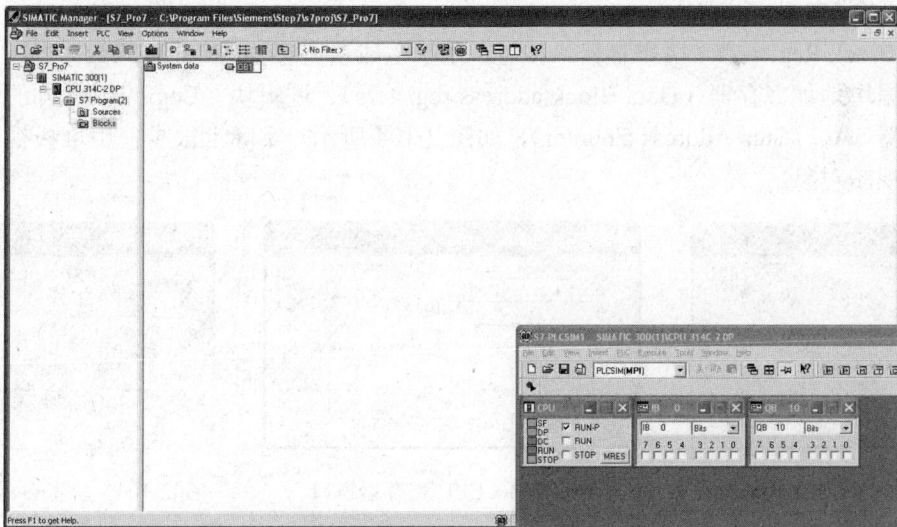

图 2-97　OB1 单独下载示意图

四、PLCSIM 工具栏上的其他按钮的说明

除了对 I/O 进行仿真和验证之外，还可以对定时器等进行实施监控和设置。具体说明如下所述。

回："Insert Bit Memory"（插入位存储器变量）按钮，用于设置和观察 M 存储器的每一位的变化状态，窗口如图 2-98 所示。

回："Insert Timer"（插入定时器）按钮，用于观察和设置定时器的时间值，并在窗口的右方可以观察到时间基准值的大小，如图 2-99 所示。

图中 T=0 是"重启定时器"（Reset Timers）按钮，在工具栏上出现了同样的按钮。

回："Insert Counter"（插入计数器）按钮，用于观察计数器的当前值，同时可以选择计数值的显示方式（Binary：二进制，Hex：16 进制，BCD：BCD 码，S7Format：S7 格式），如图 2-100 所示。

回："Insert Generic Variable"（插入通用变量）按钮，用于显示任意一个想观察或者设置的变量，如图 2-101 所示。

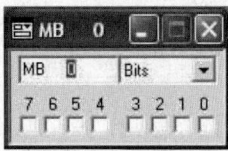

图 2-98　位存储器窗口　　图 2-99　定时器窗口　　图 2-100　计数器窗口　　图 2-101　通用变量窗口

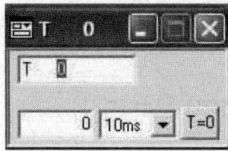

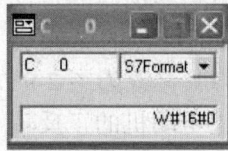

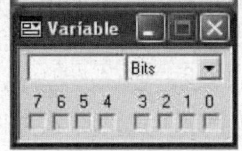

回："Nesting Stacks"（嵌套堆栈）按钮，生成累加器与状态字（ACCUs & Status Word）视图对象。可以监控累加器（Accumulators）、地址寄存器（Address Registers）和状态字（Status Word），如图 2-102 所示。

回："CPU Accumulators"（CPU 寄存器）按钮，用于观察 CPU 寄存器的状态及状态字的状态，如图 2-103 所示。

回："Block Register"（块寄存器）按钮，用于生成块寄存器（Block Regs）视图对象，可以监控数据块地址寄存器（Data Block address registers）、逻辑块（Logic Block）的编号和步地址计数器 SAC（Step Address Counter），如图 2-104 所示。实际上很少使用堆栈视图对象和块寄存器视图对象。

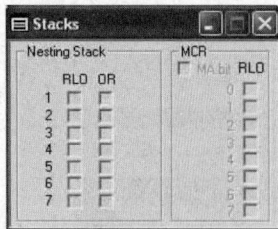

图 2-102　嵌套堆栈对话框　　　　图 2-103　CPU 寄存器窗口　　　　图 2-104　块寄存器窗口

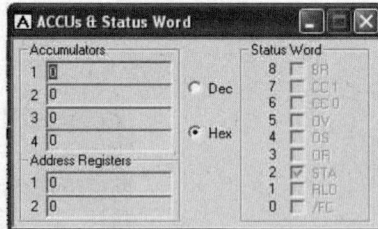

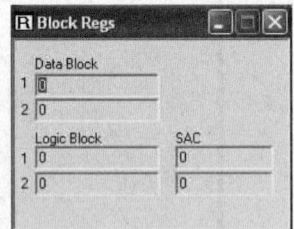

回："Single Scan"（单次扫描）按钮，用于设置 CPU 的扫描方式为单次扫描。

回："Continuous"（连续扫描）按钮，用于设置 CPU 的扫描方式为连续扫描。

回："Pause"（运行中的程序暂停）按钮，单击后各个寄存器的状态变为高亮状态。

五、关闭 PLCSIM

关闭 PLCSIM 时，如果出现一个对话框，提示"Do you wish to save the current program in a *.plc file？"（你想将当前的程序保存到文件*.plc 吗），一般单击"NO"按钮，即不保存。

第七节　用 WinCC flexible 完成人机界面 HMI 的组态

一、人机界面（HMI）的概述

人机界面（Human Machine Interface）又称为人机接口，简称为 HMI。人机界面（HMI）可以承担下列任务。

（1）过程可视化。在人机界面上动态显示过程数据（即 PLC 采集的现场数据）。

（2）操作员对过程的控制。操作员通过图形界面来控制过程。如操作员可以用触摸屏画面上的输入域来修改系统的参数，或者用画面上的按钮来启动电动机等。

（3）显示报警。当过程处于临界状态时会自动触发报警，如当变量超出设定值时。

（4）记录功能。顺序记录过程值和报警信息，以便用户检索以前的生产数据。

（5）输出过程值和报警记录。如可以在某一轮班结束时打印输出生产报表。

（6）过程和设备的参数管理。将过程和设备的参数存储在配方中，可以一次性将这些参数从人机界面下载到 PLC，以便改变产品的种类。

二、SIMATIC 面板（HMI）设备简介

多年来，SIMATIC 操作面板在各种行业的不同应用中证明了它们卓越的性能，同时在不断的创新中丰富着自身的功能。

图 2-105 所示为 SIMATIC 操作面板在工业中的应用。

通过 SIMATIC HMI，我们提供全方位的操作和监视解决方案。您可以更好地掌控生产过程，使设备和工厂在最佳状态下运行。

不管是哪个行业和应用，SIMATIC 操作面板都能实现人与设备之间的完美结合。SIMATIC 操作面板的坚固、紧凑和多样化的

图 2-105　SIMATIC 操作面板在工业中的应用

特性，使其在任何时候都可集成于不同设备和自动化系统中。

SIMATIC 操作面板是可以在全球使用的理想产品。运行时可以在最多 5 种语言之间进行切换，同时支持亚洲和俄语字符。

创新的组态和可视化软件 SIMATIC WinCC flexible 可以简单完成多语言切换。另外，SIMATIC 操作面板可以连接至第三方的控制器上。

产品类型包括从按键面板到移动面板，从普通的面板到支持 PROFINET 的多功能面板。SIMATIC 操作面板是全集成自动化（TIA）的一部分，在全世界被广泛地应用于自动化系统中。由于 TIA 集成的独一无二的技术，您可以大量减少组态时间，从而降低工程总费用。请充分信任 SIMATIC 操作面板！它能够提供最佳的解决方案，高效地控制复杂的生产过程，提

高设备效率。

（一）SIMATIC 操作面板的特点

1. 十分坚固，可满足工厂级应用

SIMATIC 操作面板的前端防护等级为 IP65/NEMA 4，高 EMC 和高抗震性，使 SIMATIC 操作面板非常适合于恶劣工业环境下的机器设备。其在诸多领域/应用中的广泛认可即证明这一点，图 2-106 所示是 SIMATIC 操作面板在冶炼行业中的应用。

图 2-106　SIMATIC 操作面板在冶炼行业中的应用

2. 可选的操作模式

SIMATIC 操作面板采用键盘或触摸面板的形式。有些操作面板甚至同时提供了这两种操作方式。

所有内容在高清晰的显示屏上一览无余，所有 SIMATIC 操作面板都具有大屏幕、高亮度和高对比度的显示屏，从而极大地优化了操作员的控制和监视。基于文本或像素图形、彩色或单色，3～19in 显示屏以及现在的 4in 宽屏样式的显示屏一应俱全。各种应用案例已表明，其背光灯使用寿命极长。

3. 通用型的接口

连接控制器和 I/O 设备的各种连接选项在标准情况下，SIMATIC 操作面板通过 PROFIBUS 进行通信。PROFINET/以太网日益展现出其重要性。许多 SIMATIC 操作面板已为此做好了准备。通过附加接口（如 USB）还可与打印机等其他设备相连。

（二）SIMATIC 面板设备

现将 SIMATIC 面板设备作如下一一介绍。

1. 文本显示器

文本显示器与 S7-200 配套连接，有 TD200、TD200C 和 TD400C 等，现分别介绍。

（1）TD200。TD200 具有牢固的塑料壳，前面板为 IP65 防护等级。27mm 的安装深度，无须附件即可安装在箱内或面板内，可用作手持设备。背光 LCD 液晶显示，即使在逆光情况下也能看清。人体工学设计的输入键位于可编程的功能键上部。TD200 中文版内置国标汉字库，及连接电缆的接口。如果 TD200 与 S7-200 系列之间距离超过 2.5m，需接额外电源。这时应用 PROFIBUS 总线电缆连接。

TD200 具有下列功能。

1）文本信息的显示：用选择项确认方法可显示最多 80 条信息，每条信息最多可包含 4 个变量。

2）5 种系统语言。

3）可设置实时时钟。

4）提供强制 I/O 点诊断功能。

5）提供密码保护功能。

6）过程参数可显示和修改，参数在显示器中显示并可用输入键进行修改，例如，进行温度设定或速度改变。

7）可编程的 8 个功能键可以替代普通的控制按钮，作为控制键。这样可以节省 8 个输入点。

8）可选择通信的速率。

9）输入和输出的设置：8 个可编程功能键的每一个都分配了一个存储器位。例如，这些功能键可在系统启动、测试时进行设置和诊断。又例如，可以不用其他的操作设备即可实现对电动机的控制。

10）可选择显示信息的刷新时间。

11）TD200 用 STEP 7-Micro/WIN 软件进行编程。无须其他的参数赋值软件。在 S7-200 系列的 CPU 中保留了一个专用区域，用于与 TD200 交换数据。TD200 可直接通过这些数据区访问 CPU 的必要功能。

图 2-107 为 TD200 的外形图。

（2）TD200C。TD200C 如图 2-108 所示，它具有标准 TD200 的基本操作功能，另外还增加了一些新的功能。TD200C 为用户提供了非常灵活的键盘布局和面板设计功能。用 S7-200 的编程软件 STEP 7-Micro/WIN 来组态。

（3）TD400C。TD400C 如图 2-109 所示，是新一代文本显示器，完全支持西门子 S7-200 PLC，4 行中文文本显示，与 S7-200 PLC 通过 PPI 高速通信，速率可达到 187.5KBit/s，用 STEP 7-Micro/WIN4.0 SP4 中文版组态，HMI 程序存储于 PLC，无须单独下载，便于维护。

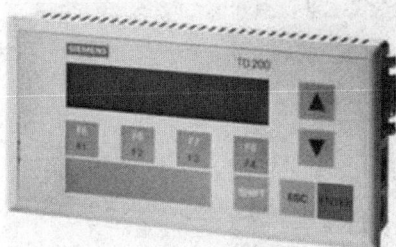

图 2-107　TD200 的外形图　　　　图 2-108　TD200C 的外形图　　　　图 2-109　TD400C 的外形图

2. 微型面板

如图 2-110 所示，TP070、TP 170micro、TP 177micro 和 K-TP 178micro 都是专门用于 S7-200 的 5.7in 的 STN-LCD，4 种蓝色色调，有 CCFL 背光，320×240 像素，通信接口均为 RS-485。支持的图形对象有位图、图标或背景图片，有软件实时时钟，可以使用的动态对象为棒图。

(a)

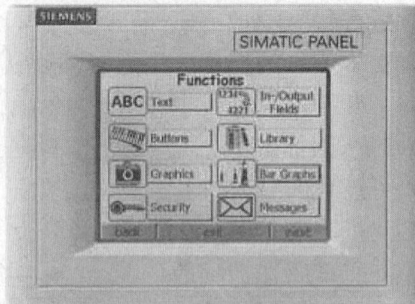

(b)

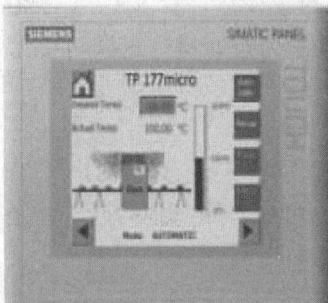

(c)

(d)

图 2-110 4 种微型面板的外形图

(a) TP070；(b) TP 170micro；(c) TP177micro；(d) K-TP178micro

3. 触摸屏

（1）TP 170A。TP 170A 是用于 S7 系列 PLC 的简单任务的经济型触摸屏，采用 5.7in 蓝色 STN-LCD，4 级灰度，支持位图、图标和背景图形对象，可使用的动态对象为棒图，具有 1 个 RS-232 接口和 1 个 RS-422/485 接口，如图 2-111 所示。

图 2-111 TP170A 的外形图

（2）TP 170B。TP 170B 采用 5.7in、蓝色或 16 色 STN-LCD，有 2 个 RS-232 接口、1 个 RS-422/485 接口和 1 个 CF 卡插槽，支持位图、图标、背景图形和矢量图形对象，可使用的动态对象有图表、柱形图和隐藏按钮，有配方功能，如图 2-112 和图 2-113 所示。

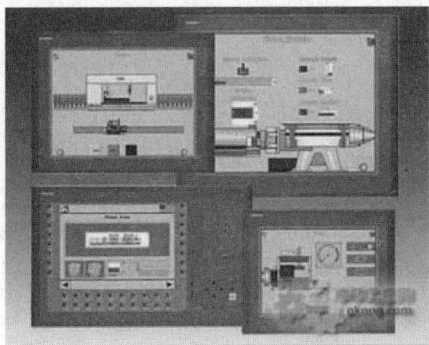

图 2-112　TP 170B 的外形图

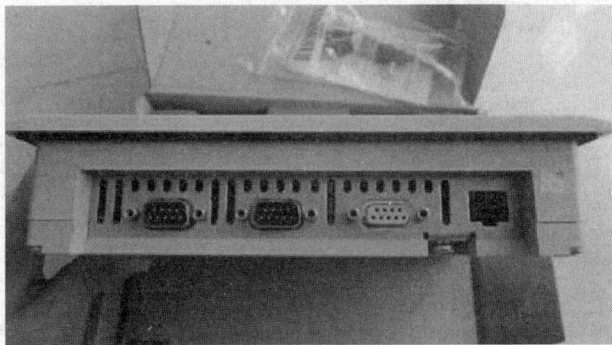

图 2-113　TP 170B 的接口外形图

（3）TP 177 系列。TP 177 系列触摸面板和操作面板已经被证实完全适用于小型应用的操作员控制和监视。该设备的性能还可进行扩展。高端设备装配有一个非易失性消息缓冲区，同时彩色设备还拥有一个 PROFINET/以太网接口。TP177 系列面板适用 SIPLUS 模块，以及极端的环境条件。例如，可用于腐蚀性凝露环境。

1）SIMATIC TP 177A 是以低廉的价格实现的操作员控制和监视触摸式面板。TP 177A 由于其卓越的性价比而表现突出。由于其具有直观的触摸操作，使得图形操作面板易于使用，即使是在低预算的小项目中也是如此。其外形如图 2-114 所示。

2）SIMATIC TP 177B 和 OP 177B 十分直观且高度创新具有 4 级蓝色或 256 色 STN 显示屏。OP 177B 附带坚固的薄膜键盘，专门设计用于必须使用机械按键的应用场合，这些功能键还可根据需要组态为系统键。OP 177B 的另一特点是还具有一个触摸显示屏。TP 177B 和 OP 177B 的外形图如图 2-115 所示。

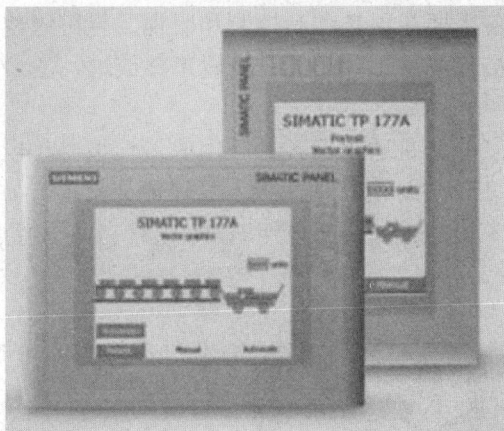

图 2-114　TP 177A 的外形图

图 2-115　SIMATIC TP 177B 和 OP 177B 外形图

带有 4″宽屏显示屏的 TP 177B 是一款新产品。其特点是具有紧凑的安装尺寸，尽管如此其可视化表面还比市场上的同类产品大 1/3 左右。

（4）TP270 采用 5.7in 或 10.4in 256 色 STN 触摸屏，通过改进的显示技术，提高了亮度。可以通过 CF 卡、MPI 和可选的以太网接口备份或恢复。可以远程下载/上传组态和硬件升级。有 2 个 RS-232 接口、1 个 RS-422/485 接口和 1 个 CF 卡插槽，可以通过 USB、RS-232 串口

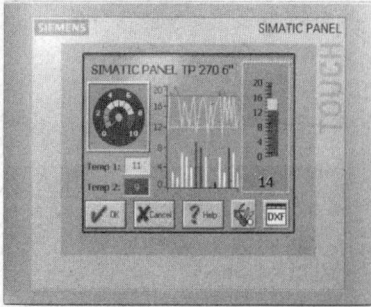

图 2-116　TP270 的外形图

和以太网接口驱动打印机，如图 2-116 所示。

4．操作员面板

OP 170B 基于 Windows CE 操作系统，采用 320×240 像素，5.7in 的蓝色 STN-LCD，有 24 个功能键，其中 18 个带 LED。有 2 个 RS-232 接口、1 个 RS-422/485 接口和 1 个 CF 卡插槽，可以连接其他品牌的 PLC。它支持位图、图标、背景图形和矢量图形对象，动态对象有图表、柱形图和隐藏按钮，具有配方功能。图 2-117 还展示了另外两种操作员面板。

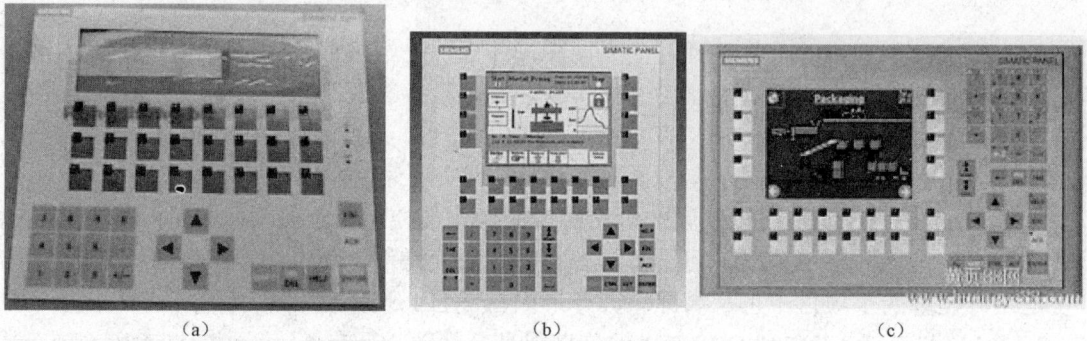

（a）　　　　　　　（b）　　　　　　　（c）

图 2-117　3 种操作员面板的外形图

（a）OP17；（b）OP170B；（c）OP177B

5．移动面板

无论是在哪种行业或应用中，只要机器和设备需要在现场移动控制和监视，就可以使用移动面板，因为它具备下列主要优势：机器操作员或调试工程师能在查看工件或过程的最佳角度处进行工作。

如图 2-118 所示，移动面板 177（左）或 277（右）是适用于各种应用的最佳型号，也可使用 PROFINET/以太网连接结构紧凑和符合人体工学设计的移动面板，既轻便又紧凑，易于操作。它有不同的把握位置，可供惯用右手和惯用左手的人长时间方便地操作。它有如下特点。

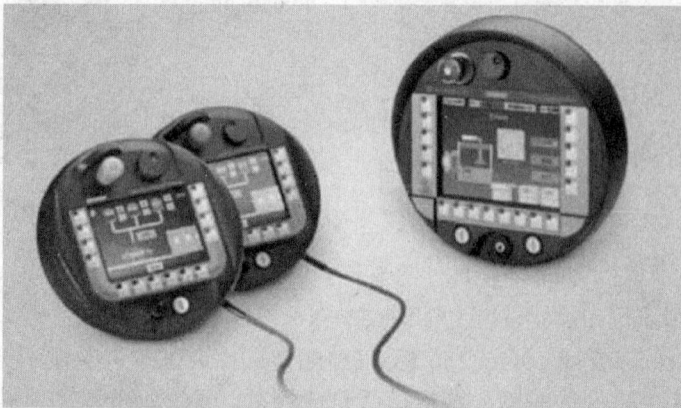

图 2-118　移动面板 177（左）和 277（右）的外形图

（1）可应用在工业环境中的坚固设计。由于采用了双层结构和圆形外壳，因此 SIMATIC 移动面板抗震性极强。例如，从超过 1 米高的地方掉下来也不会损坏。为"STOP"（停止）按键特别增加了"防护圈"用以保护，从而在最大限度上降低了安全功能的误触发概率和设备掉落导致的损坏风险。SIMATIC 移动面板完全防尘、防水（防护等级为 IP65）。接线盒和电缆也满足各项目对坚固性的高要求。

（2）成熟的安全概念。SIMATIC 移动面板在任意一点机器或工厂移动基础上提供了安全功能。它具有两个确认按钮，可以在紧急情况下确保人员和机器的安全（安全开关）。"确认"按钮集成在后把手处。带"STOP"（停止）按键的设备模型可通过接线盒与机器或工厂的紧急停止电路相连。

"STOP"按键以这种方式提供了紧急停止按键功能，并采用灰色外观，以避免与传统紧急停止设备混淆。根据安全规章（EN 60204-1），"STOP"和"确认"按键采用双电路设计。这表明可以将连接到机器上的某个点使用"基本"接线盒将带"STOP"按键的 SIMATIC 移动面板连接到设备上的这个点。设备断开将导致紧急停止电路的断路，由此触发紧急停止。

在机器或设备的各个操作站之间进行可变连接时，如果使用带"STOP"（停止）按键和 Plus 接线盒的移动面板，就需要建立组态，这样移动面板便可以用在不同的连接点上。在连接了移动面板时，设备就连接到了紧急停止电路。

无论移动面板是否处于连接状态，紧急停止电路都保持闭合。如果在操作期间断开移动面板，Plus 接线盒中的紧急停止电路将自动闭合，这就避免了触发急停电路。Plus 接线盒也适用于 SIPLUS 组件，以及极端的环境条件，例如，可用于腐蚀性凝露环境，图 2-119 为 PROFIBUS 上的以移动面板 177 为例的不同操作站之间的可变连接图。

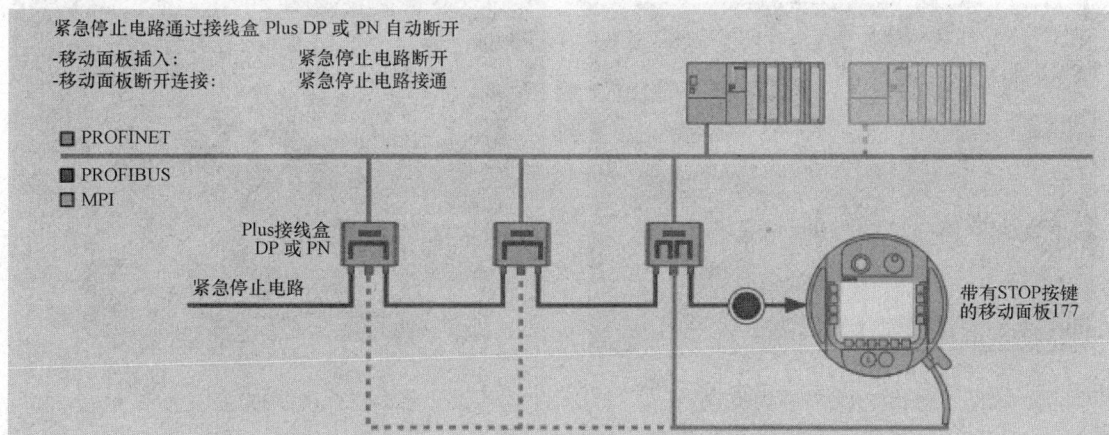

图 2-119　PROFIBUS 上的以移动面板 177 为例的不同操作站之间的可变连接图

6. 多功能面板

多功能面板（Multi Panel，MP）是性能最高的人机界面，高性能、具有开放性和可扩展性是其突出特点。它采用 Windows CE V3.0 操作系统，用 WinCC flexible 组态，用于高标准的复杂机器的可视化，可以使用 256 色矢量图形显示功能、图形库和动画。它具有过程值和信息归档功能、曲线图功能和在线语言选择功能。MP370 的外形如图 2-120 所示。

MP 系列多功能面板有两个 RS-232 接口、RS-422/485 接口、USB 接口和 RJ45 以太网接口，RS-485 接口可以使用 MPI、PROFIBUS-DP 协议，还可以通过各种通信接口传送组态。而距离较长时可以用调制解调器、SIMATIC TeleService 或 Internet，通过 WinCC flexible 的 Sm@rtService 进行传输。此外它还有 PC 卡插槽和 CF 卡插槽。

现在有坚固的 USB 集线器作为新型多功能面板的附件，其防护等级为 IP65，前后共有 4 个接口。此集线器支持快速连接 I/O 设备，例如 USB 记忆棒和打印机，无须打开控制柜门或为此中断设备操作。

MP 177，MP 277，M 377 如图 2-121～图 2-123 所示。

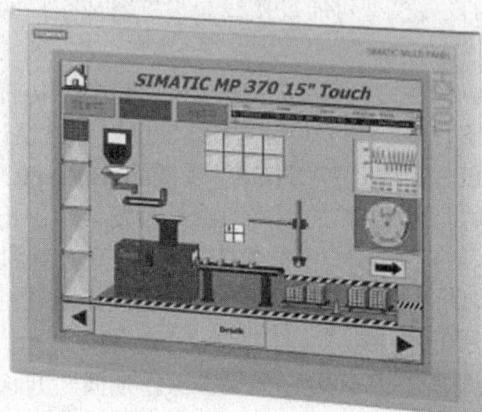

图 2-120　MP 370 外形图

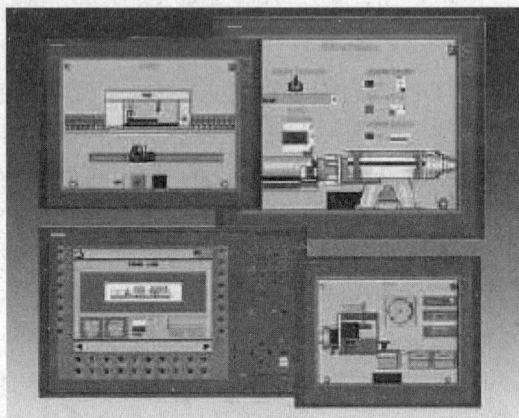

图 2-121　MP 177 的外形图

图 2-122　MP 277 的外形图

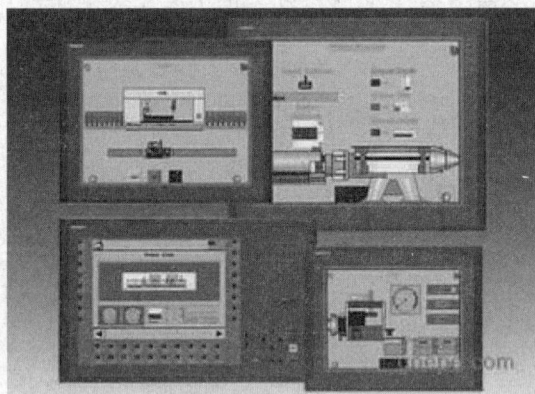

图 2-123　MP 377 的外形图

7. 精简系列面板

精简系列面板具有以下特点。

（1）高集成度。一个产品系列，满足不同应用。全新 SIMATIC 精简系列面板具有独特的 SIMATIC HMI 工业设计特点，标配触摸屏，操作直观。全图形显示，表达清楚明了，开创了可视化操作的新篇章。除了可以在 4in、6in 和 10in 操作屏上进行触摸操作之外，上述面板还带有具备触摸反馈的可编程按键。若应用要求更大显示尺寸，还有 15in 触摸屏以供选择。全新精简系列面板通信接口的标准配置为 PROFINET/以太网通信接口或 PROFIBUS 通信接口。

（2）无可匹敌。组态效率最大化。与所有的 SIMATIC 操作面板相同，整个组态过程利用

SIMATIC WinCC flexible 来完成。这款创新的工程组态软件确保了最高的组态效率。它可以扩展到所有的 HMI 应用，适用于不同性能层次。

（3）另一个优点在于，当需求变更时，由于集成的 WinCC flexible 软件具有可扩展性，您可以快速方便地切换至另一个性能等级的设备，或切换至其他的显示尺寸，图 2-124 为精简系列面板的产品分类图。

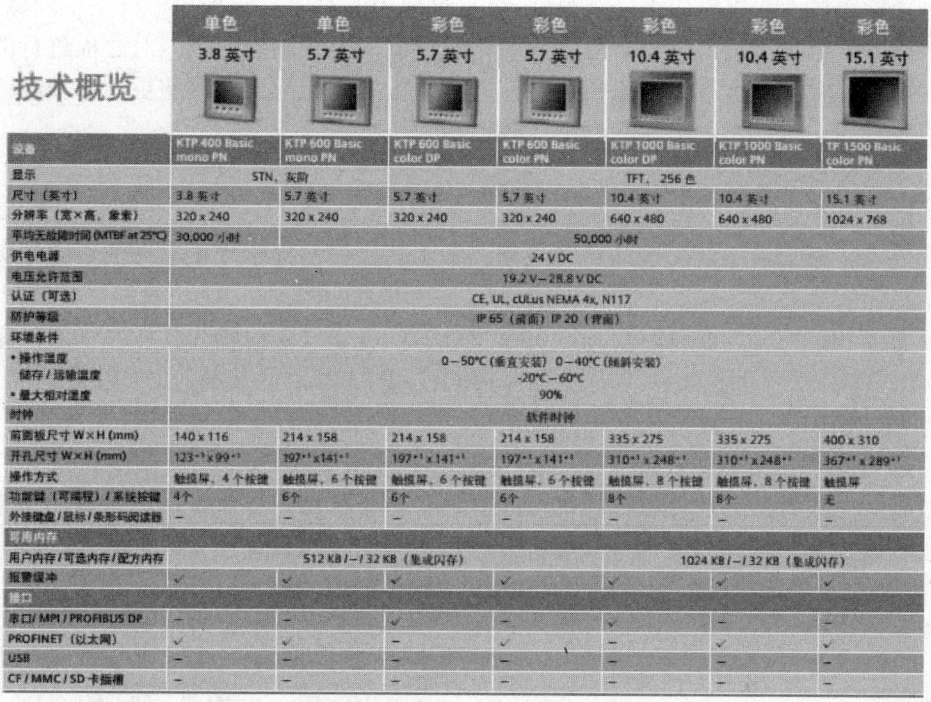

技术概览	单色	单色	彩色	彩色	彩色	彩色	彩色
	3.8 英寸	5.7 英寸	5.7 英寸	5.7 英寸	10.4 英寸	10.4 英寸	15.1 英寸
设备	KTP 400 Basic mono PN	KTP 600 Basic mono PN	KTP 600 Basic color DP	KTP 600 Basic color PN	KTP 1000 Basic color DP	KTP 1000 Basic color PN	TP 1500 Basic color PN
显示	STN，灰阶		TFT，256 色				
尺寸（英寸）	3.8 英寸	5.7 英寸	5.7 英寸	5.7 英寸	10.4 英寸	10.4 英寸	15.1 英寸
分辨率（宽×高，象素）	320 x 240	320 x 240	320 x 240	320 x 240	640 x 480	640 x 480	1024 x 768
平均无故障时间 (MTBF at 25℃)	30,000 小时	50,000 小时					
供电电源	24 V DC						
电压允许范围	19.2 V－28.8 V DC						
认证（可选）	CE, UL, cULus NEMA 4x, N117						
防护等级	IP 65（前面）IP 20（背面）						
环境条件							
• 操作温度 储存 / 运输温度 • 最大相对湿度	0－50℃（垂直安装）0－40℃（倾斜安装） -20℃－60℃ 90%						
时钟	软件时钟						
前面板尺寸 W×H (mm)	140 x 116	214 x 158	214 x 158	214 x 158	335 x 275	335 x 275	400 x 310
开孔尺寸 W×H (mm)	123^{+1} x 99^{+1}	197^{+1} x 141^{+1}	197^{+1} x 141^{+1}	197^{+1} x 141^{+1}	310^{+1} x 248^{+1}	310^{+1} x 248^{+1}	367^{+1} x 289^{+1}
操作方式	触摸屏，4 个按键	触摸屏，6 个按键	触摸屏，6 个按键	触摸屏，6 个按键	触摸屏，8 个按键	触摸屏，8 个按键	触摸屏
功能键（可编程）/ 系统按键	4个	6个	6个	6个	8个	8个	无
外接键盘 / 鼠标 / 条形码阅读器	–	–	–	–	–	–	–
可用内存							
用户内存 / 可选内存 / 配方内存	512 KB / – / 32 KB（集成闪存）				1024 KB / – / 32 KB（集成闪存）		
报警缓冲	✓	✓	✓	✓	✓	✓	✓
接口							
串口/ MPI / PROFIBUS DP	–	–	✓	–	✓	–	–
PROFINET（以太网）	✓	✓	–	✓	–	✓	✓
USB	–	–	–	–	–	–	–
CF / MMC / SD 卡插槽	–	–	–	–	–	–	–

图 2-124　精简系列面板的产品分类图

（三）人机界面（HMI）的应用步骤

人机界面的应用主要包括以下 4 个步骤。

（1）对监控画面组态。

（2）人机界面的通信功能。

（3）编译和下载项目文件。

（4）运行阶段。

三、HMI 组态软件——WinCC flexible 简介

以前，西门子的人机界面使用 ProTool 组态，SIMATIC WinCC flexible 是在被广泛认可的 ProTool 组态软件上发展起来的，并且与 ProTool 保持了一致性。ProTool 适用于单用户系统，WinCC flexible 可以满足各种需求，从单用户、多用户到基于网络的工厂自动化控制与监视。大多数 SIMATIC HMI 产品可以用 ProTool 或 WinCC flexible 组态，某些新的 HMI 产品只能用 WinCC flexible 组态。我们可以非常方便地将 ProTool 组态的项目移植到 WinCC flexible 中。

1. WinCC flexible 的功能

WinCC flexible 工程组态软件可对所有 SIMATIC 操作面板乃至基于 PC 的可视化工作站

进行集成组态。

WinCC flexible 确保了最高的组态效率：带有现成对象的库、可重用面板、智能工具，以及多语言项目下的自动文本翻译。根据价格和性能的不同，提供多种版本的 WinCC flexible。各版本相互依赖，经过精心设计可满足各类操作面板。较大的软件包中通常还包含用于组态小软件包的选项。现有项目也可轻松重复使用。

通过功能块技术将组态成本降至最低。可重复使用的对象以结构化形式集中存储在库中。WinCC flexible 包含大量可升级、可动态变化的对象，用于创建面板。对面板进行的任何更改仅需在一个集中位置执行即可。随后在使用该面板的任何地方，这些更改都会起作用。这样不仅节省时间，而且还可确保数据的一致性。

WinCC flexible 主要：

（1）高效的智能组态。基于表格的编辑器简化了对相似对象类型（如变量、文本或报警）的生成和处理。对于诸如定义运动路径或创建基本的操作员提示等更复杂的组态任务，可通过图形组态的方式简单实现。

（2）支持 PROFINET IO 操作。通过 PROFINET IO 实现实时操作的 177 和 277 系列的新型 SIMATIC HMI 操作面板现在也支持实时 PROFINET IO。因此某些对时间要求严格的应用，除了通过 PROFIBUS-DP 直接来实现，现在也可以基于工业以太网来实现。

（3）可实现单个和多个 HMI 的控制，如图 2-125 和图 2-126 所示。

通过过程总线直接与控制器连接的 HMI 设备称为单用户系统。单用户系统通常用于生产，但也可以配置为操作和监视独立的部分过程或系统区域，如图 2-125 所示。

多台 HMI 设备通过过程总线（例如 PROFIBUS 或以太网）连接至一台或多台控制器。例如，在生产线中配置此类系统以从多个点操作设备，如图 2-126 所示。

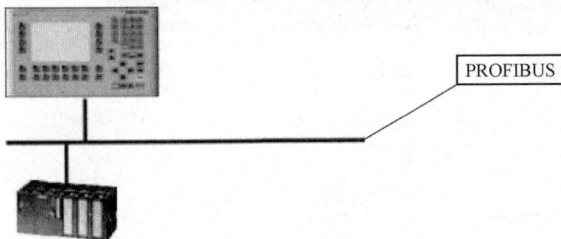

图 2-125　单台 HMI 设备的控制示意图　　　图 2-126　用于多台 HMI 设备的控制器示意图

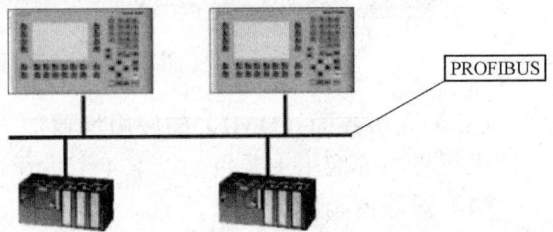

HMI 系统通过以太网连接至 PC。上位 PC 机承担集中功能，例如配方管理。必要的配方数据记录由次级 HMI 系统提供，如图 2-127 所示。

移动单元主要应用于大型生产设备、长生产线或传输装置技术，也可应用于需要对过程进行直接显示的系统。要操作的机械设备配备了多个接口，例如，可以连接 Mobile Panel 170。因此，操作员或维修人员可以直接在现场进行工作，以便进行精确的装配和定位，例如在启动阶段。进行维修时，移动单元可以保证较短的停机时间，如图 2-128 所示。

分布式 HMI 可以从多台同步的操作站启用对设备的操作。所有的操作站将显示相同的过程画面。操作授权被智能化传送。

如图 2-129 所示，只有一台 HMI 设备包含组态数据并用作服务器，可以从其他操作设备上控制服务器。所有的 HMI 设备显示相同的画面。

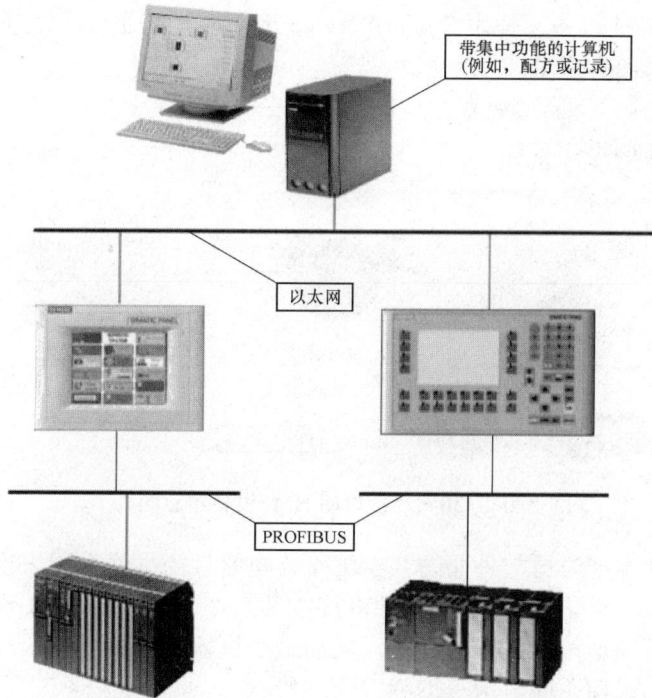

图 2-127 具有集中功能的 HMI 系统

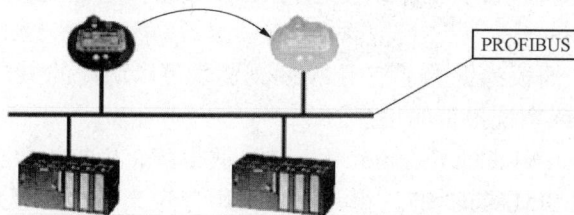

图 2-128 支持移动单元的 HMI 系统

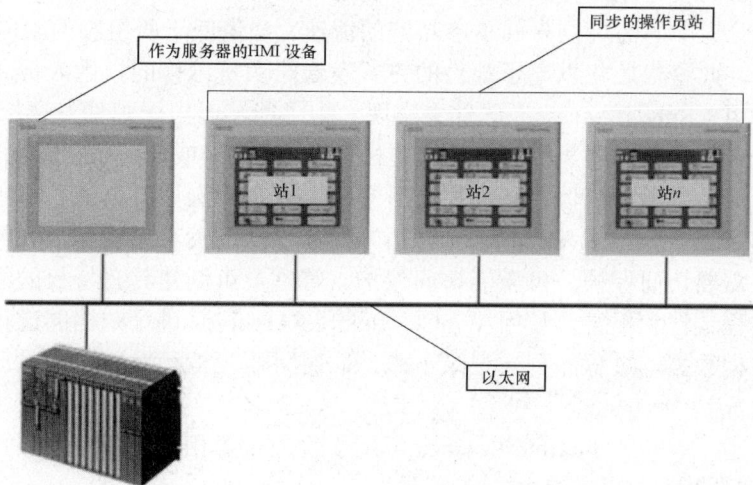

图 2-129 分布式 HMI 控制

（4）远程访问 HMI 设备。使用 Sm@rtService 选件，可以通过网络（Internet、LAN）从工作站连接至 HMI 设备，如图 2-130 所示。

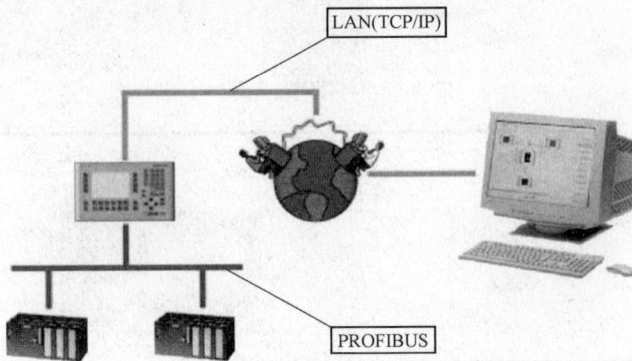

图 2-130　远程访问 HMI 设备示意图

实例：一家中型生产公司与外面的某一维修公司签订了维修合同。当需要维修时，负责维修的技术人员可以远程访问 HMI 设备并直接在其工作站上显示 HMI 设备的用户界面。通过这种方式，可以更快地传送更新的项目，从而减少机器的停机时间。

通过网络进行的远程访问可用于下列应用环境。

1）远程操作和监控。可以通过自己的工作站操作 HMI 设备并对其运行过程进行监控。

2）远程管理。可以将项目从工作站传送到 HMI 设备。通过这种方式，可以从中心点更新项目。

3）远程诊断。每个面板都提供了使用 Web 浏览器可以访问的 HTML 页面，其中包含了有关所安装软件的版本或系统报警的信息。

（5）自动报警发送。WinCC flexible 可生成离散报警、模拟报警信号以及通过 Alarm_S 消息号报警过程（利用 SIMATIC S7）得到消息。用户定义的报警级别可用于定义确认功能和报警级别的可视化，也可以把报警信息传送。在生产实际中，机器因故障而停止运行将会造成损失。报警及时传送到维修人员处有助于将意外的停工时间降至最少。

实例：供给管道中的污染物降低了冷却液的流速。当值低于所组态的限制值时，HMI 设备显示一则警告。此警告还将以电子邮件的方式发送给负责维修的技术人员。

方法是需要用"Sm@rtAccess"选件来实现。为了能够以电子邮件发送报警，HMI 系统必须可以访问电子邮件服务器。电子邮件客户机通过 Intranet 或 Internet 发送报警。自动报警发送功能可以确保适时地将机器状态通知给所有有关人员（例如值班工长和销售经理）。

（6）记录和报表。WinCC flexible 允许由时间和事件触发对记录和报表的输出。可自由选择布局。如果需要访问保护，可激活访问保护。管理员可创建具有特权的组件。

（7）记录过程数据和报警。使用 WinCC flexible/Archives 进行归档的过程值和报警可用于记录和评估过程数据。过程序列被记录下来，同时可监视运行性能和产品质量，并记录反复出现的故障情况。

（8）配方管理。WinCC flexible/Recipes 可用于管理包含相关设备或产品数据的配方。

2. WinCC flexible 的操作界面

WinCC flexible 的操作界面如图 2-131 所示。

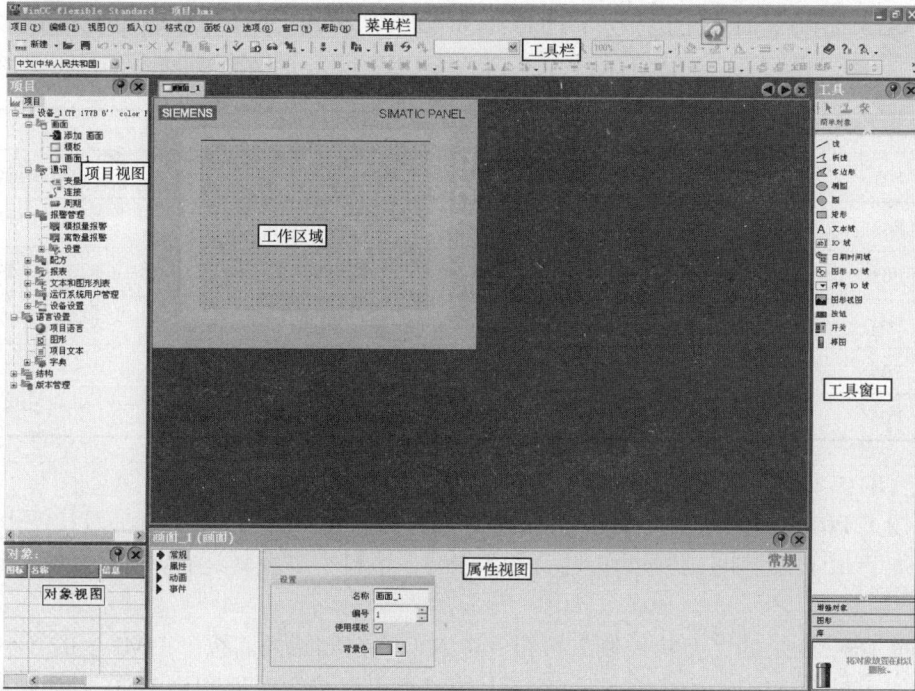

图 2-131　WinCC flexible 的操作界面

四、HMI 组态实训项目——实现刀具和运料小车的正反转、多屏幕控制

1. 控制任务

图 2-132 所示为 HMI 组态实训装置的实物图。

与 HMI 组态实训装置所对应的接线框图如图 2-133 所示。

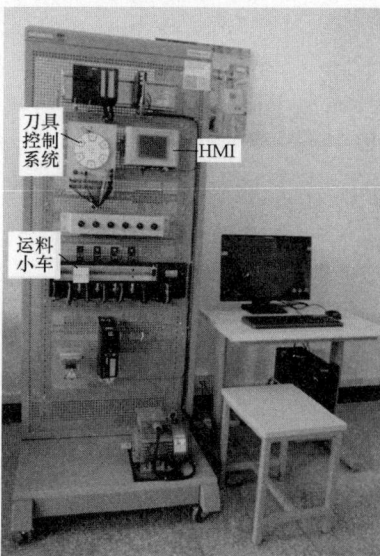

图 2-132　HMI 组态实训装置的实物图

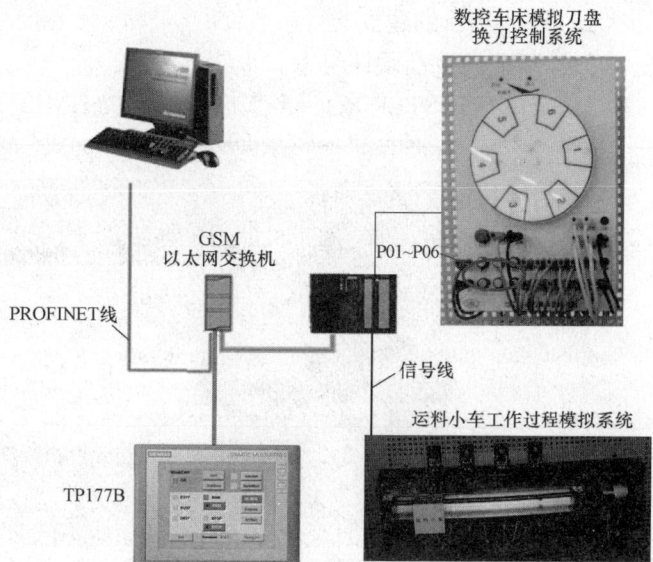

图 2-133　HMI 组态实训装置所对应的接线框图

如图 2-133 所示，HMI 的型号为 TP177B 6"color PN/DP，I/O 分配表如表 2-6 所示。

表 2-6   I/O 分 配 表

DI		DO	
P01	I0.6	Q0.1	刀具库正转
P02	I0.7	Q0.2	刀具库反转
P03	I1.0	Q1.1	运料小车正转
P04	I1.1	Q1.2	运料小车反转
P05	I1.2		
P06	I1.3		

控制要求如下所述。

（1）按下 P01，刀具开始正转，按下 P02，刀具反转运行，按下 P03，刀具停止运行。

（2）按下 P04，运料小车开始正转，按下 P05，运料小车反转运行，按下 P06，运料小车停止运行。

（3）按下 HMI 上的"刀具控制"按钮，进入刀具控制画面。按下 HMI 上的"小车控制"按钮，进入运料小车控制画面。按下 HMI 上的"退出"按钮，返回到 HMI 启动画面。

（4）进入刀具控制画面。按下 HMI 上的"刀具正转"按钮，刀具开始正转。按下 HMI 上的"刀具反转"按钮，刀具开始反转。按下 HMI 上的"停止"按钮，刀具停止运行。按下 HMI 上的"返回"按钮，返回到主画面。

（5）进入小车控制画面。按下 HMI 上的"左行"按钮，运料小车开始正转，右边区域显示正转运行状态 1 和 LEFT。按下 HMI 上的"右行"按钮，运料小车开始反转，右边区域显示反转运行状态 2 和 RIGHT。按下 HMI 上的"停止"按钮，运料小车停止运行，右边区域显示反转运行状态 0 和 STOP。按下 HMI 上的"返回"按钮，返回到主画面。

2. PLC 项目的建立

（1）新建项目及硬件组态。

1）双击打开 STEP 7，新建工程"PLC&HMI2"，如图 2-134～图 2-136 所示。

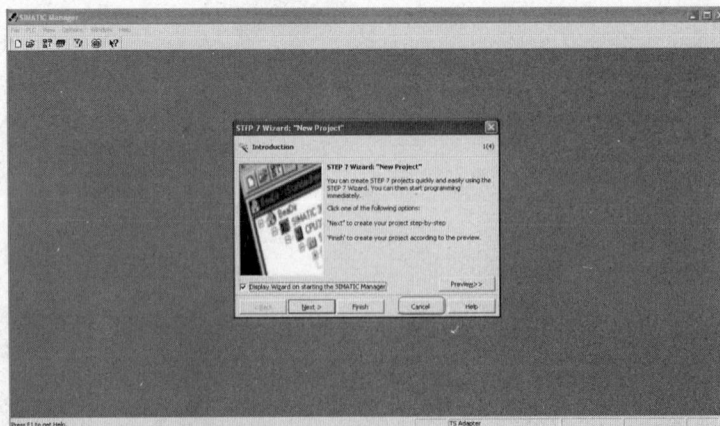

图 2-134   STEP 7 启动界面

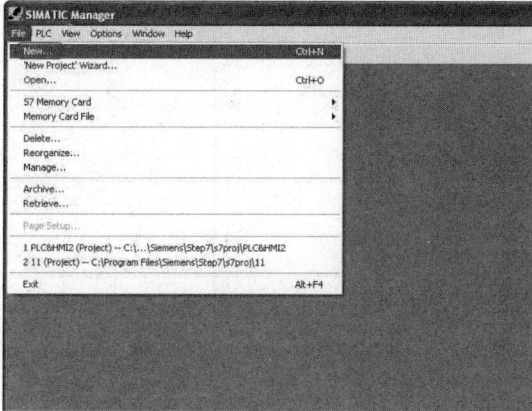

图 2-135　新建项目菜单

图 2-136　项目名称与存储路径的设置

2）插入 SIMATIC 300 站点，对 S7-300 进行硬件组态（Hardware）如图 2-137～图 2-139 所示。

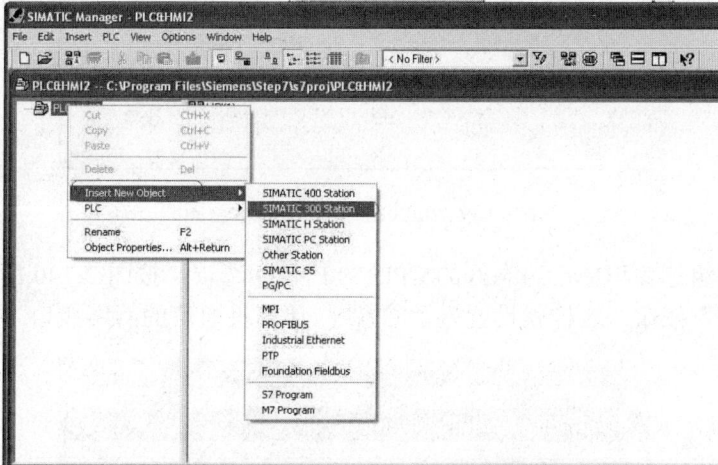

图 2-137　插入 SIMATIC 300 站点示意图

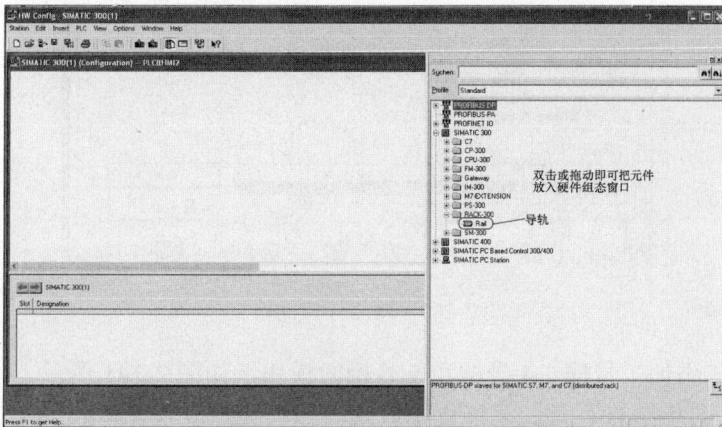

图 2-138　在硬件组态画面插入导轨示意图

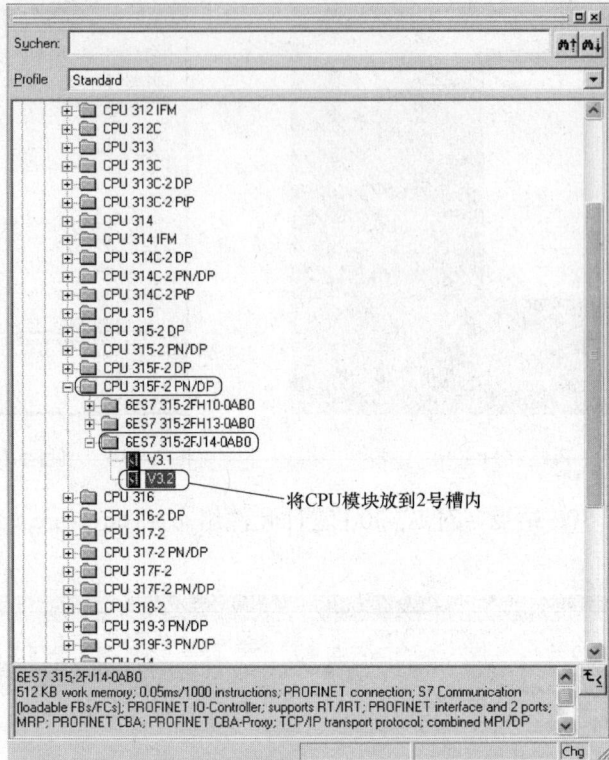

图 2-139　硬件组态 CPU 的示意图

3）双击硬件组态窗口中已组态好的 CPU 的 PN/IO 选项，按图 2-140 所示修改属性，修改好后单击"OK"按钮。这样就设置好了 CPU 与计算机通信的网络接口。

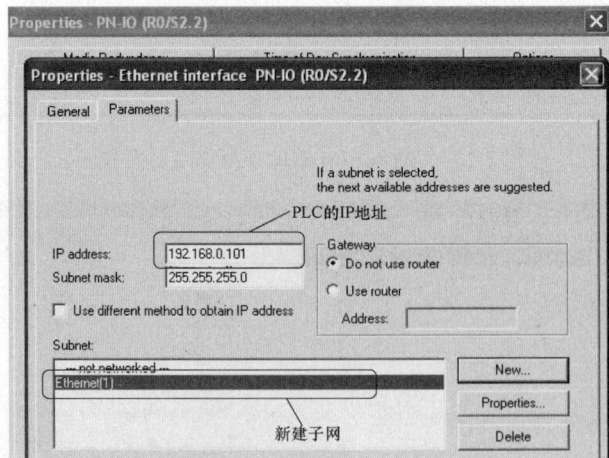

图 2-140　网络接口的设置

用同样的方法添加 1 号槽、4 号槽和 5 号槽的模块，如图 2-141 所示。

4）单击 ，如果组态不对，编译就不成功。当编译成功后，单击 ，先对硬件组态下载。下载时，将出现下载对话框，单击"View"按钮，搜索在线的 PLC，由于 IP 地址可能没有设置，因此，我们可以通过图 2-142 所示的 PLC 的 MAC 地址确定你所要下载的 PLC。单击"OK"按钮，进行下载。

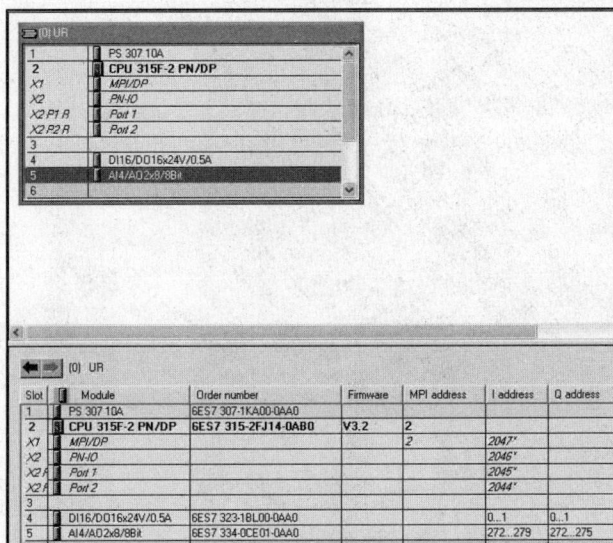

图 2-141　完成的硬件组态示意图

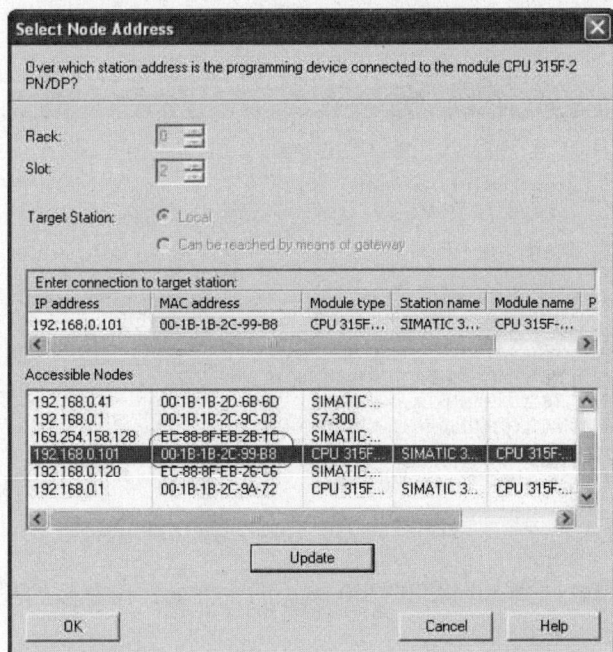

图 2-142　按照 PLC MAC 地址进行下载的示意图

MAC 地址的查看方法是：打开 CPU 的前端盖，如图 2-143 所示，即可查看到该 CPU 的 MAC 地址，每一个 PLC 有唯一的 MAC 地址与之对应。

如果下载提示连接不到设备，说明下载所用的接口即（PG/PC 接口）设置不对，可以通过主界面（退出硬件组态画面）的执行菜单命令"Option"→"Set PG/PC Interface"进行设置,如图 2-143 所示。

图 2-143　CPU MAC 地址的查看方式示意图

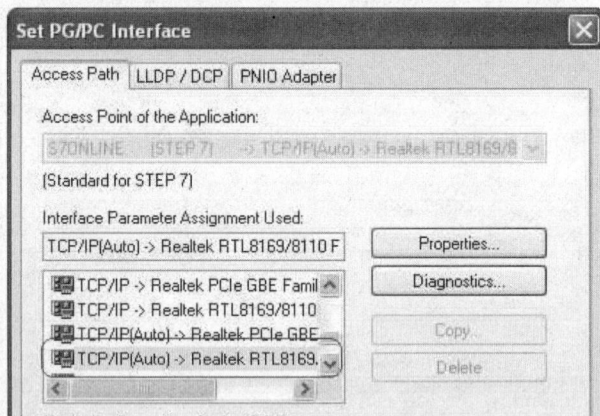

图 2-144　PG/PC 接口设置对话框

（2）定义 PLC 变量。回到 SIMATIC 300 站点的主界面,在左侧的项目树中选中 Symbols 如图 2-145 所示,进行变量编辑。

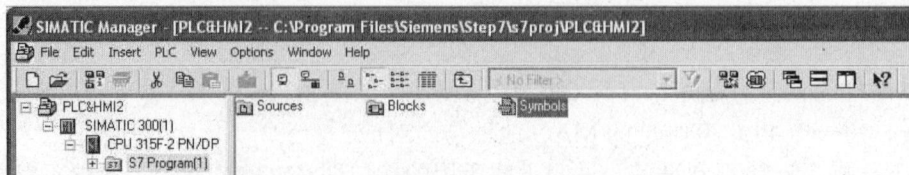

图 2-145　符号表选项示意图

本节所用的变量如图 2-146 所示，单击保存。

	Status	Symbol	Address		Data type	Comment
1		DJFZ-HMI	M	0.2	BOOL	
2		DJFZ-P02	I	0.7	BOOL	
3		DJFZYX	Q	0.2	BOOL	
4		DJTZ-HMI	M	0.3	BOOL	
5		DJTZ-P03	I	1.0	BOOL	
6		DJZZ-HMI	M	0.1	BOOL	
7		DJZZ-P01	I	0.6	BOOL	
8		DJZZYX	Q	0.1	BOOL	
9		XCFZ-HMI	M	1.2	BOOL	
10		XCFZ-P05	I	1.2	BOOL	
11		XCFZYX	Q	1.2	BOOL	
12		XCTZ-HMI	M	1.3	BOOL	
13		XCTZ-P06	I	1.3	BOOL	
14		XCYX	MW	100	INT	
15		XCZZ-HMI	M	1.1	BOOL	
16		XCZZ-P04	I	1.1	BOOL	
17		XCZZYX	Q	1.1	BOOL	
18						
19						

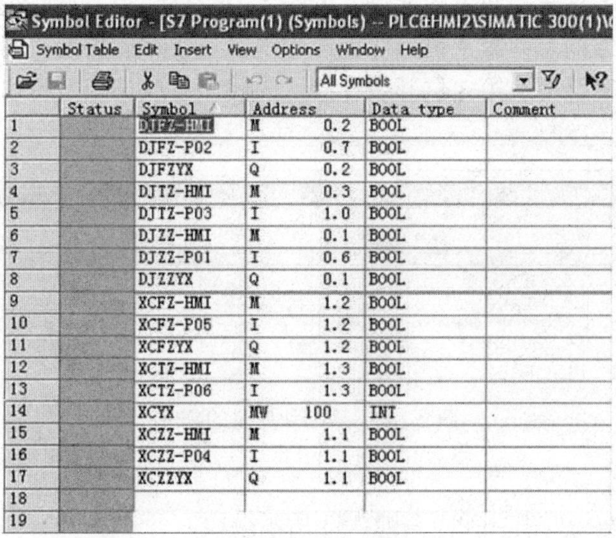

图 2-146　定义的变量

图 2-146 中的“DJFZ”是刀具反转拼音的首字母，右边两栏分别是定义的地址和类型。其中 M×. ×指 HMI 设备所要用到的变量，在名称中以“-HMI”标示。

（3）定义数据库。因为在控制要求中提到要显示运料小车的运行状态“LEFT”、“RIGHT”和“STOP”。这些字母属于字符串变量（即复杂变量），在符号表中无法定义，因此需要建立数据库，以方便上述字符串变量的定义。

建立数据库的方法如图 2-147 所示。方法是进入 OB1 块所在的窗口，右击执行“Insert New Object”（插入新对象）→“Data Block”（数据块）。

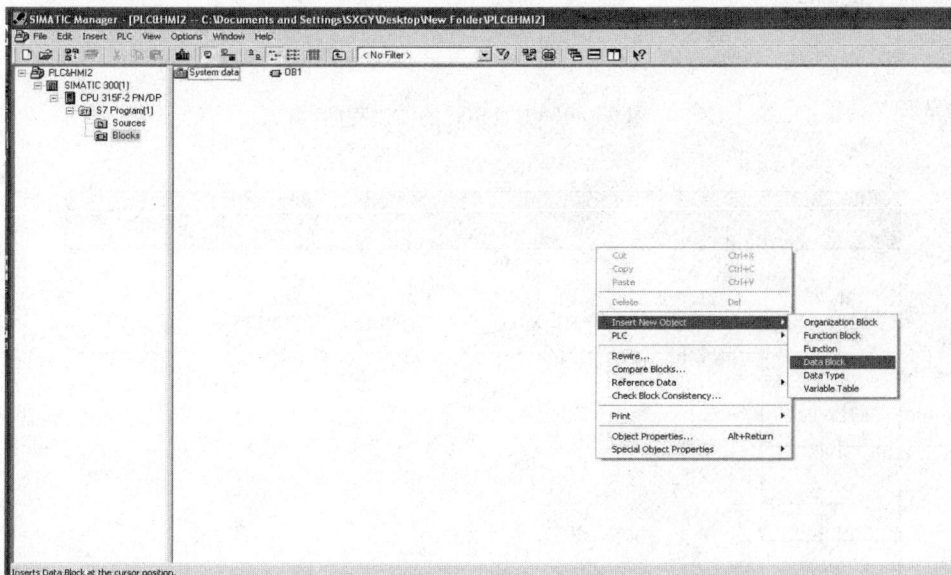

图 2-147　插入数据块示意图

数据块变量的定义如图 2-148 所示。该变量是 STRING 类型，字符串长度为默认值 254。需要说明的是此次任务显示的数据长度最长的为 "RIGHT"，只有 5 个字符。而数据库中字符串类型的字符存储结构为：第 1 位存储字符串中最长字符的长度，第 2 位存储字符串当前的有效字符的个数，字符串从第 3 位开始存储，因此，可以把该字符串定义为长度大于 7 的任意一个长度即可。

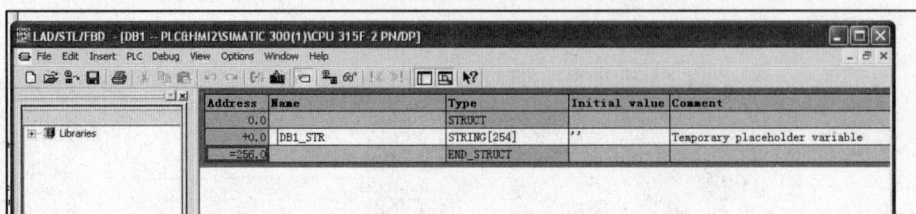

图 2-148　数据块变量的定义

（4）编程及下载。

打开 OB1 组织块，按图 2-149～图 2-153 所示编程。

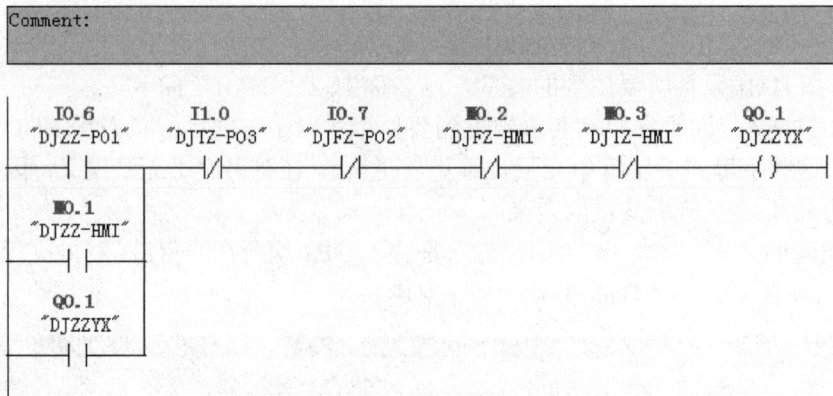

图 2-149　刀具正转的控制程序

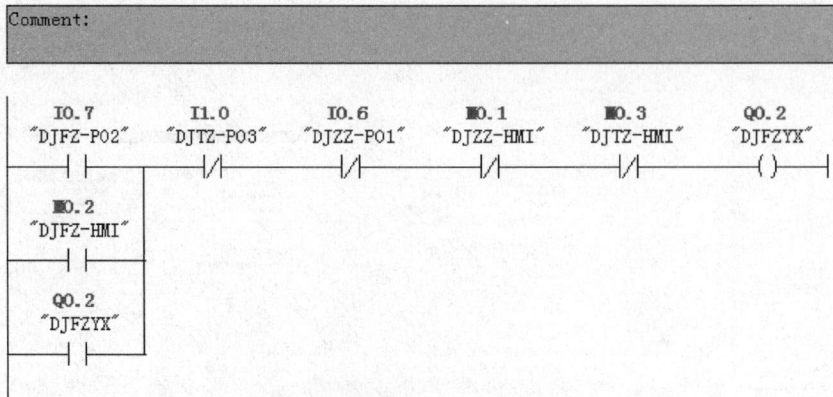

图 2-150　刀具反转的控制程序

Network 3:小车正转

Comment:

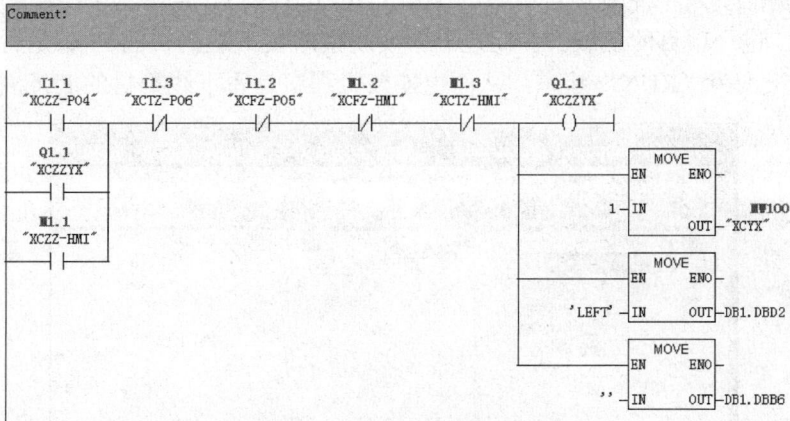

图 2-151　小车正转的控制程序

Network 4:小车反转

Comment:

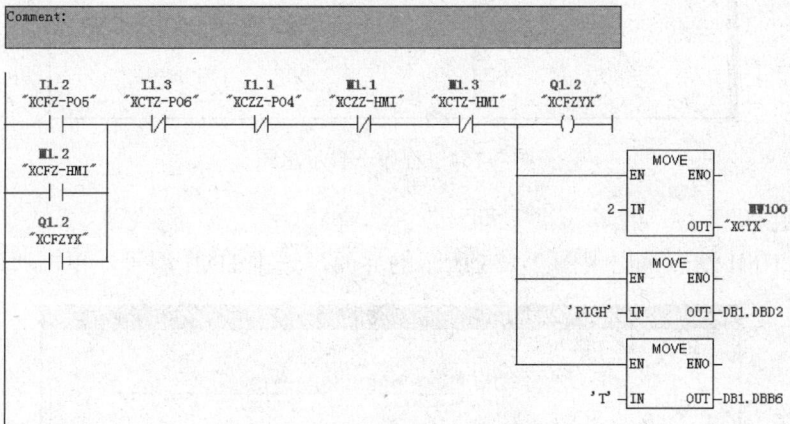

图 2-152　小车反转的控制程序

Network 5:Title:

Comment:

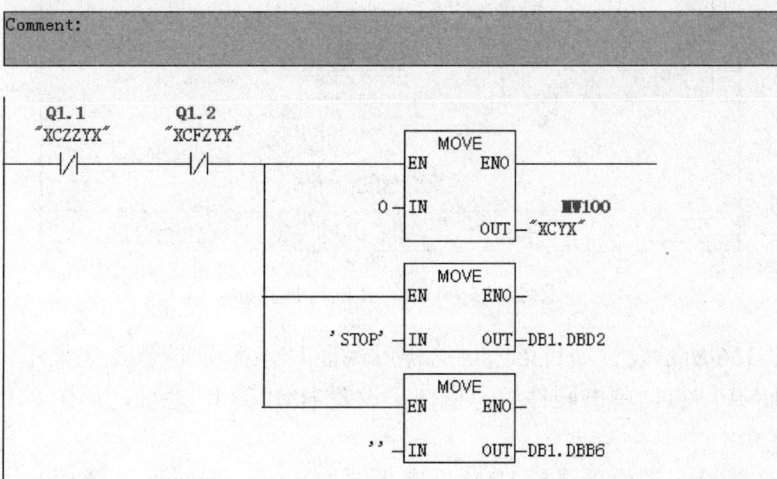

图 2-153　梯形图

程序编译好后，选中左侧项目树中的 SIMATIC 300 站点，单击菜单栏中的下载按钮，如图 2-154 所示，进行项目的下载（在此过程中要观察所要下载的目的 PLC 是否处于"STOP"状态，下载后又变为"RUN"状态，从而也能核实程序是否下载到目的 PLC 中）。

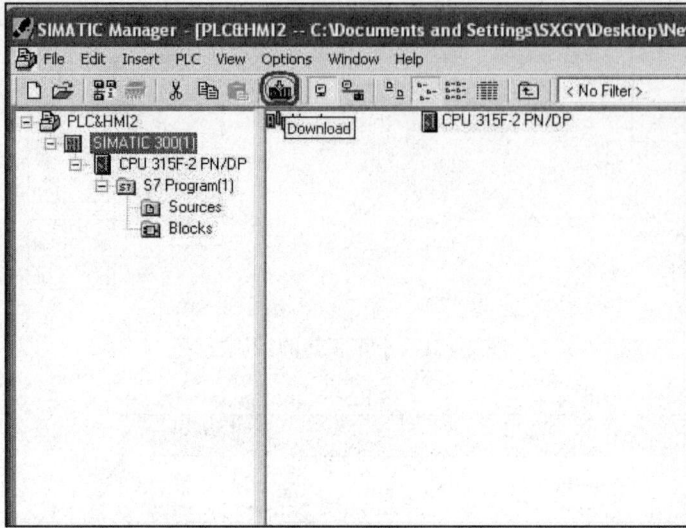

图 2-154　程序下载示意图

3．HMI 组态

（1）插入 HMI 站点，出现图 2-155 所示的界面，选中 HMI 型号，单击"OK"按钮。

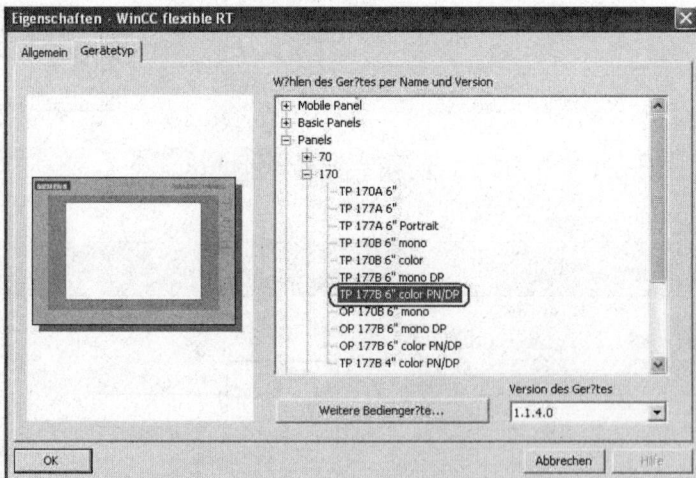

图 2-155　TP 177B 的选择界面

（2）按图 2-156 所示设置项目语言，这样可保证 HMI 画面能够正确显示中文字符。

（3）双击 HMI 站点，单击硬件组态窗口，设置 HMI 的 IP 地址，如图 2-157 所示，设置好后单击█。

（4）建立连接。单击左边项目树 HMI 站点下的"Communication"（通信）→"Connections"（连接），设置 HMI 与 PLC 的连接，如图 2-158 所示，单击保存按钮。

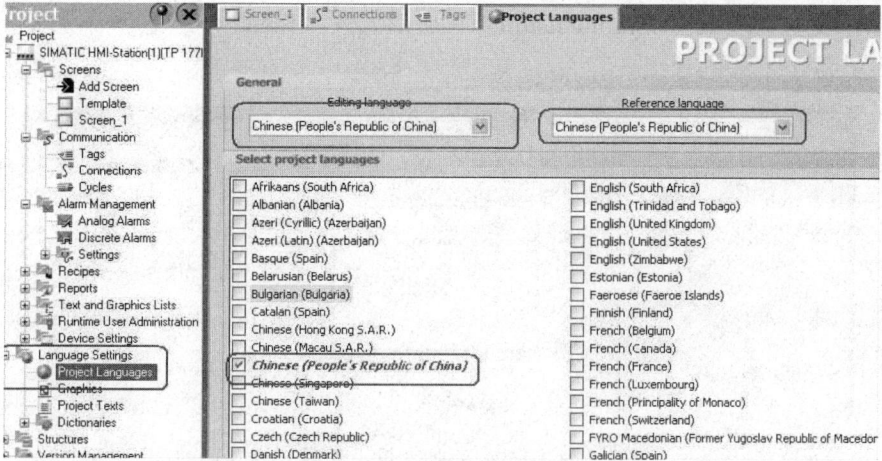

图 2-156 项目语言的设置示意图

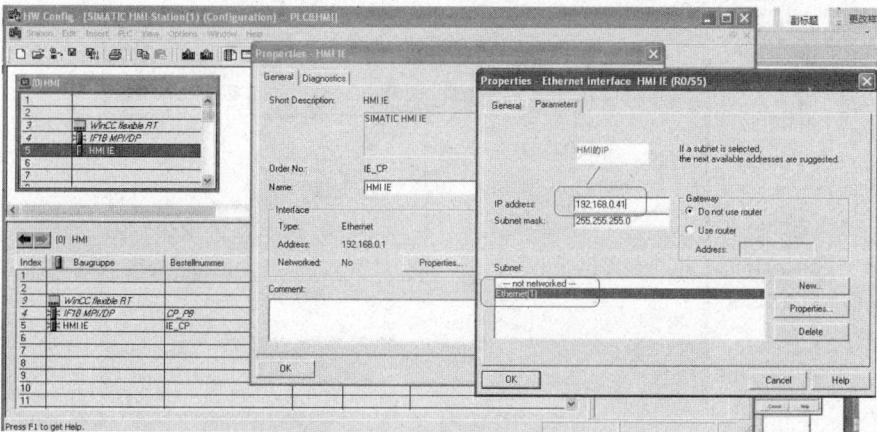

图 2-157 IP 设置对话框

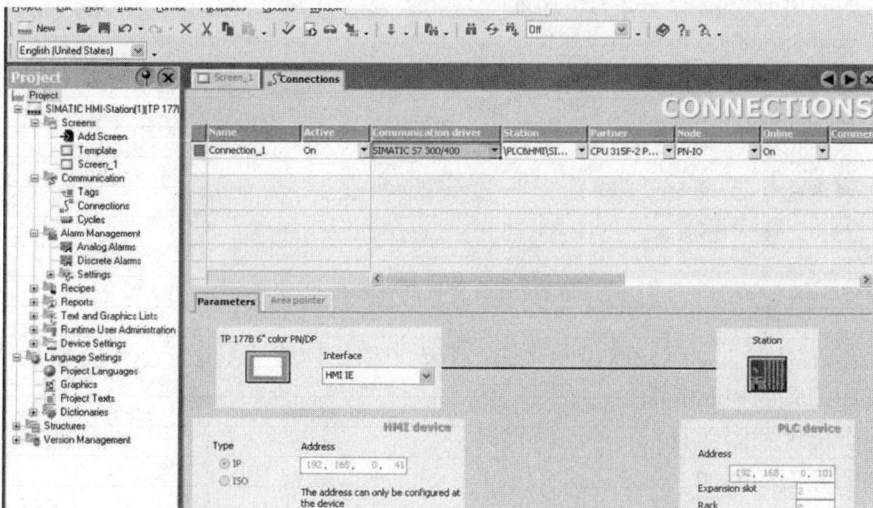

图 2-158 建立连接示意图

（5）添加变量。双击"Communication"（通信）→"Tags"（变量），添加变量的方法如图 2-159 和图 2-160 所示。

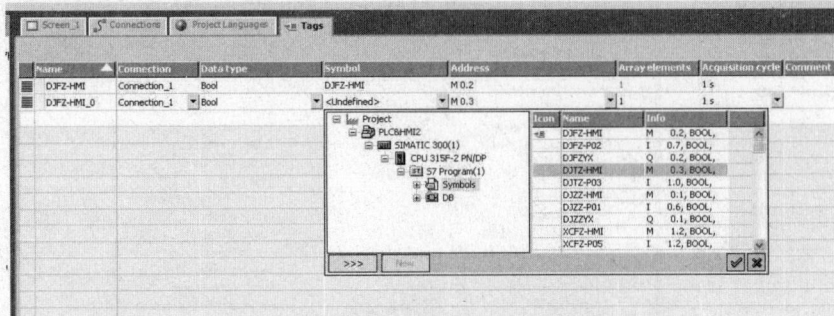

图 2-159　添加变量示意图

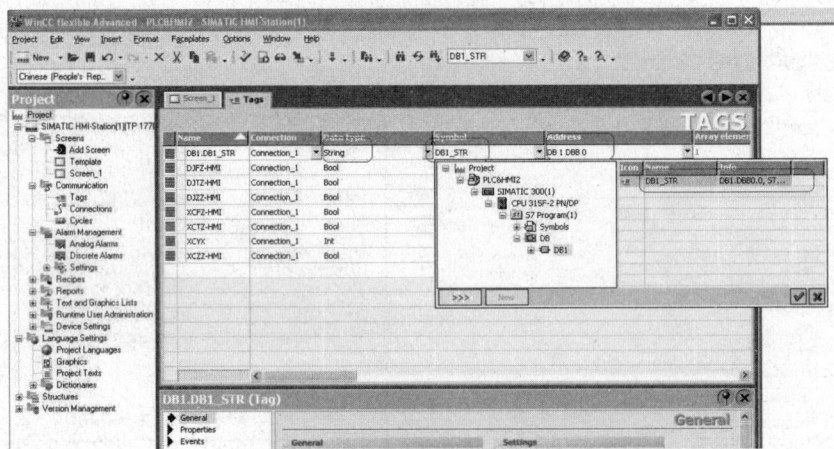

图 2-160　添加字符串变量示意图

最后添加的所有变量如图 2-161 所示。

Name	Connection	Data type	Symbol	Address
DB1.DB1_STR	Connection_1	String	DB1_STR	DB 1 DBB 0
DJFZ-HMI	Connection_1	Bool	DJFZ-HMI	M 0.2
DJTZ-HMI	Connection_1	Bool	DJTZ-HMI	M 0.3
DJZZ-HMI	Connection_1	Bool	DJZZ-HMI	M 0.1
XCFZ-HMI	Connection_1	Bool	XCFZ-HMI	M 1.2
XCTZ-HMI	Connection_1	Bool	XCTZ-HMI	M 1.3
XCYX	Connection_1	Int	XCYX	MW 100
XCZZ-HMI	Connection_1	Bool	XCZZ-HMI	M 1.1

图 2-161　变量的详细信息

（6）组态 HMI 画面。首先双击两次图 2-162 中项目树的"Add Screen"，添加两个画面分别作为小车和刀具的控制界面。

添加完会出现和图 2-163 一样的项目树。

（7）画面元素的添加。

1）单击左边项目树的"Screens"→"Screen_1"，拖动右侧组件中的按钮组件，添加按钮，并将其命名为"刀具控制"，如图 2-164 所示。

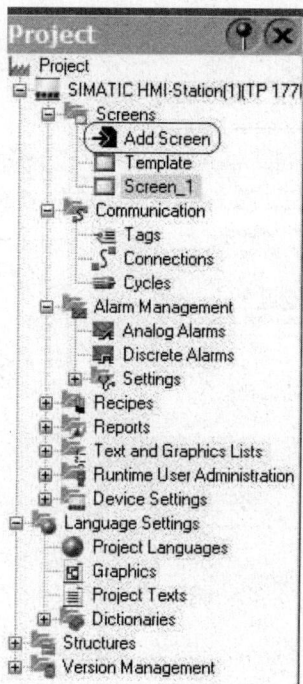

图 2-162　添加画面前的项目树

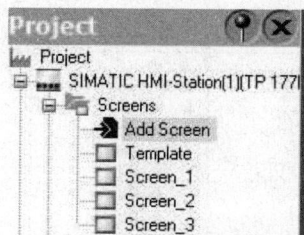

图 2-163　添加完画面后的项目树

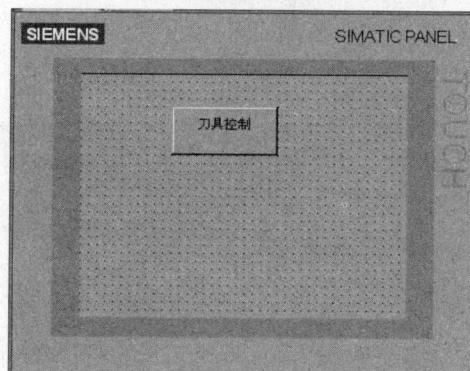

图 2-164　添加了"刀具控制"按钮的画面

也可以右击按钮，执行"Properties"（属性）→"General"（常规）命令，添加名称，如图 2-165 所示。

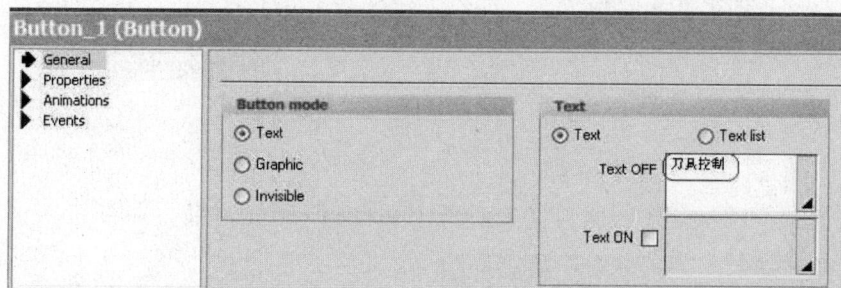

图 2-165　在按钮属性对话框中修改按钮名称示意图

2）添加按钮的动作时间，单击"Properties"（属性）→"Events"（事件），设置按钮的动作属性。

项目要求单击"刀具控制"按钮时进入刀具控制画面。因此，如果要设置切换画面，则可以设置按钮的"Click"（单击属性），选择"ActivateScreen"（激活画面），然后选择好要跳转的目标画面，具体操作如图 2-166 和图 2-167 所示。

3）同理，添加"小车控制"按钮，单击"Properties"（属性）→"Events"（事件）→"Click"（单击属性）设置"小车控制"按钮的属性，如图 2-168 所示。

4）同理，添加"退出"按钮，如图 2-169 所示，单击"Properties"（属性）→"Events"（事件）→"Click"（单击属性）按图 2-170 所示设置属性。

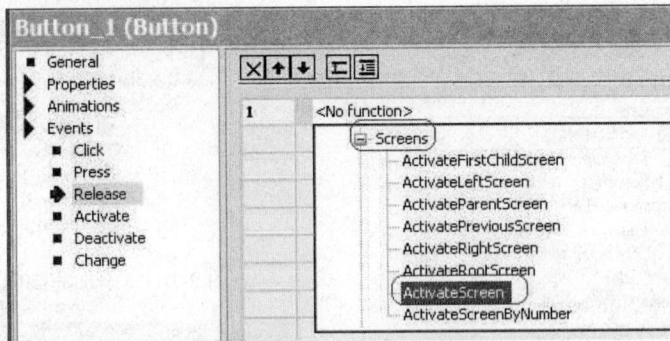

图 2-166　跳转画面函数的选择对话框

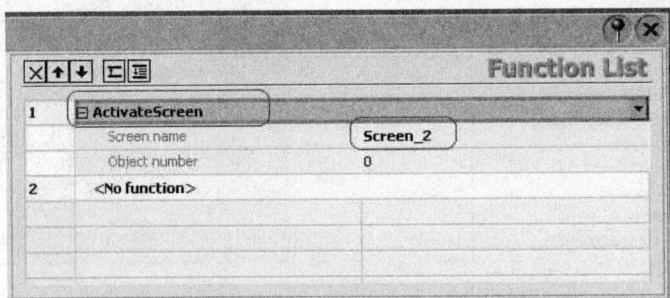

图 2-167　跳转画面的选择对话框

图 2-168　"小车控制"按钮画面的选择对话框

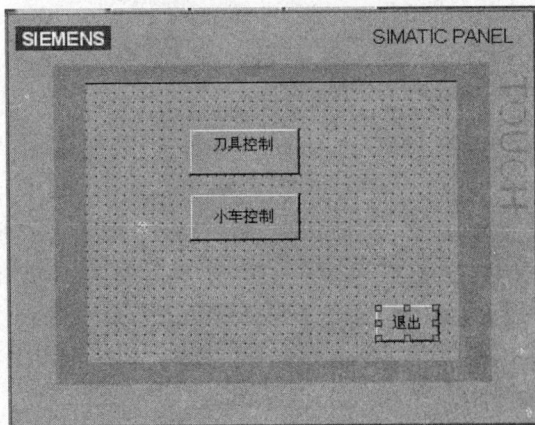

图 2-169　"退出"按钮添加示意图

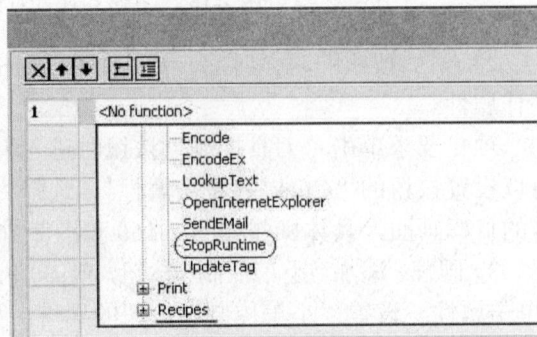

图 2-170　"退出"按钮的属性添加示意图

5）在屏幕下方插入 A TextField ，写上"欢迎使用！"4 个字，如图 2-171 所示。

如果想让"欢迎使用"这几个字是闪烁的话，则需参照图 2-172 设置。

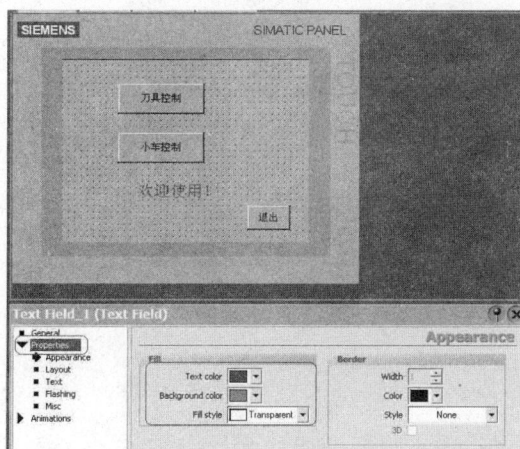

图 2-171　"欢迎使用"文字的属性界面　　图 2-172　"欢迎使用"文字闪烁效果的设置示意图

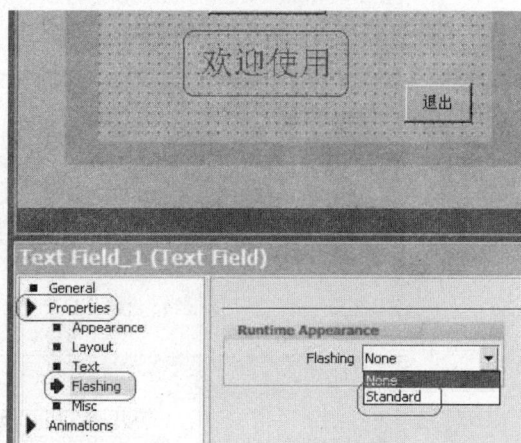

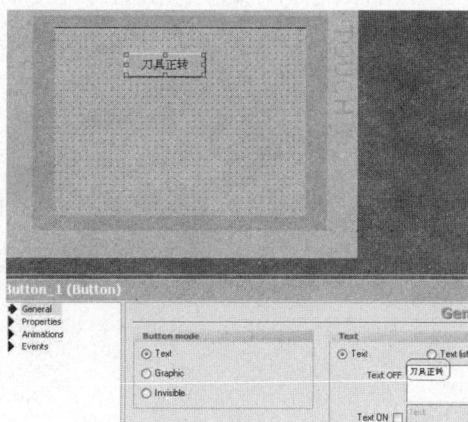

如果想让"欢迎使用"这几个字是大小变化的话，则需参照图 2-173 设置。

6）开始编辑 Screen_2（画面二），单击左边项目树的"Screens"→"Screen_2"，添加按钮，并将其命名为"刀具正转"，单击按钮，按图 2-174 所示设置名称。

图 2-173　"欢迎使用"文字大小、　　　　　图 2-174　Screen-2 中"刀具正转"
　　　　　样式的设置示意图　　　　　　　　　　　　　按钮的添加示意图

选中按钮，右击执行"Properties"（属性）命令，单击图 2-175、图 2-176 所示的"Events"选项，设置按钮的动作属性。

需要说明的是，对于模拟一个按钮一一来说，按下（Press）时，按钮呈闭合状态，即为"1"状态，松开（Release）时，按钮呈断开状态，即为"0"状态。因此，在设置按钮属性时，可以将按钮按下（Press）时，设置为"1"，即添加"SetBit"（置位位）函数，而松开（Release）时，添加"ResetBit"（复位位）函数。设置完动作属性，还要有相应的变量与之相关联。这样，在触摸屏上操作 HMI 时，才可以有变量响应按钮的动作。

设置"刀具正转"按钮 Press（按下）的动作属性，如图 2-174 和图 2-175 所示。

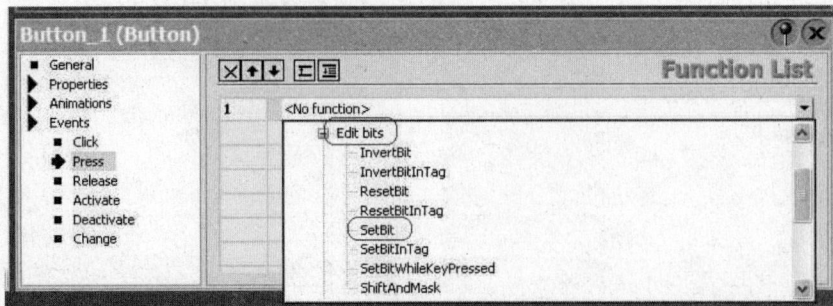

图 2-175　给"刀具正转"按钮的 Press 动作添加"SetBit"（置位位）函数示意图

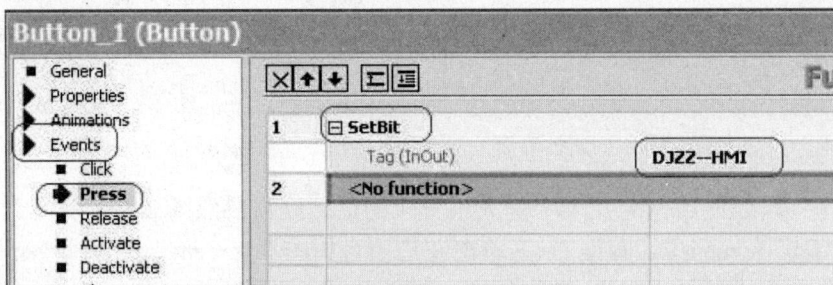

图 2-176　给"刀具正转"按钮的 Press 动作添加"SetBit"（置位位）变量 DJZZ—HMI 示意图

同理，设置按钮的 Release（松开）属性，如图 2-177 所示。

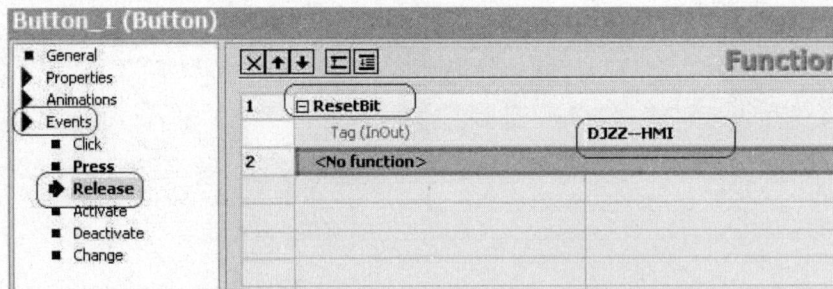

图 2-177　"刀具正转"按钮 Release 动作的"ResetBit"（复位位）函数及变量的添加示意图

如图 2-175～图 2-177 所示，无论是"SetBit"（置位位）函数还是"ResetBit"（复位位）函数，所对应的变量为同一个变量，即设置的是同一个变量的两种状态。

设置好的变量与 PLC 的变量是相连接的，并且与之相对应的变量要放置到 PLC 的程序中，这样，这个变量才"活"起来了，才能够成为真正指挥动作的"按钮"。

7）同理，添加"刀具反转"按钮。设置"刀具反转"按钮 Press（按下）和 Release（松开）的动作属性，如图 2-178 和图 2-179 所示。

8）同理，添加"停止"按钮，设置"停止"按钮 Press"按下"和 Release"松开"的动作属性，如图 2-180 和图 2-181 所示。

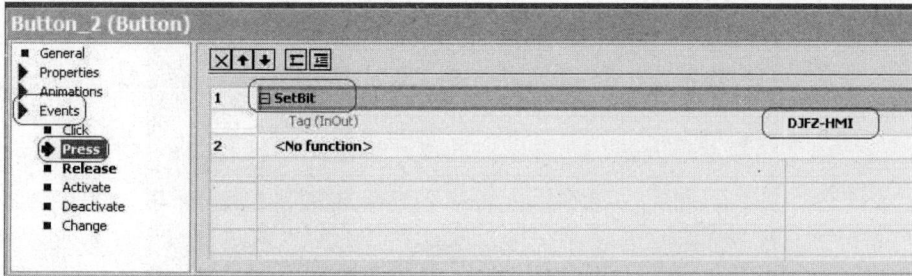

图 2-178　"刀具反转"按钮 Press 动作的"SetBit"（置位位）函数及变量的添加示意图

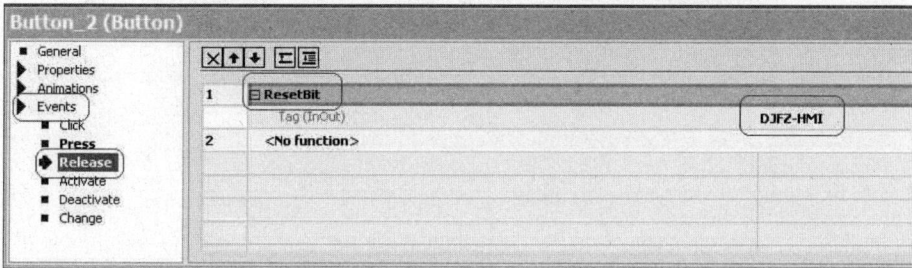

图 2-179　"刀具反转"按钮的 Release 动作添加"ResetBit"（复位位）函数及变量示意图

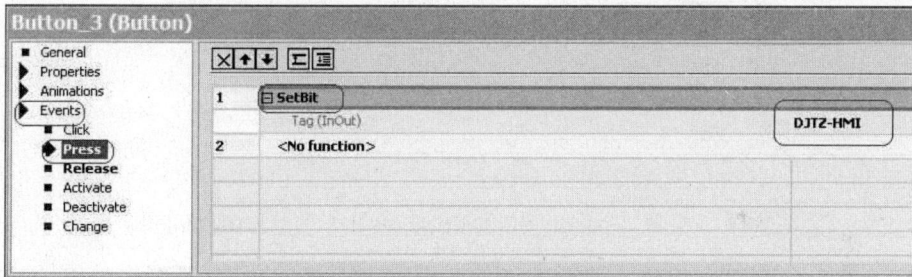

图 2-180　"停止"按钮 Press 动作的"SetBit"（置位位）函数及变量的添加示意图

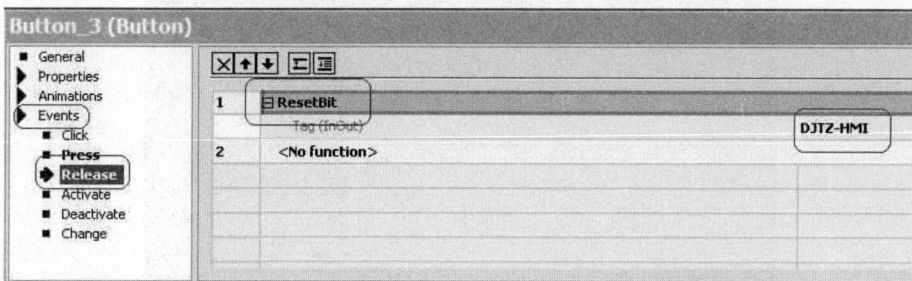

图 2-181　"停止"按钮 Release 动作的"ResetBit"（复位位）函数及变量的添加示意图

9）同理，添加"返回"按钮，并设置其属性，如图 2-182 所示，给它设置了按钮上显示的图标样式。

设置"返回"按钮的 Click（单击）的动作函数，如图 2-183 所示。

10）开始编辑 Screen_3（画面三），单击左边项目树的"Screens"→"Screen_3"，添加按钮，单击按钮，如图 2-184～图 2-186 所示设置。

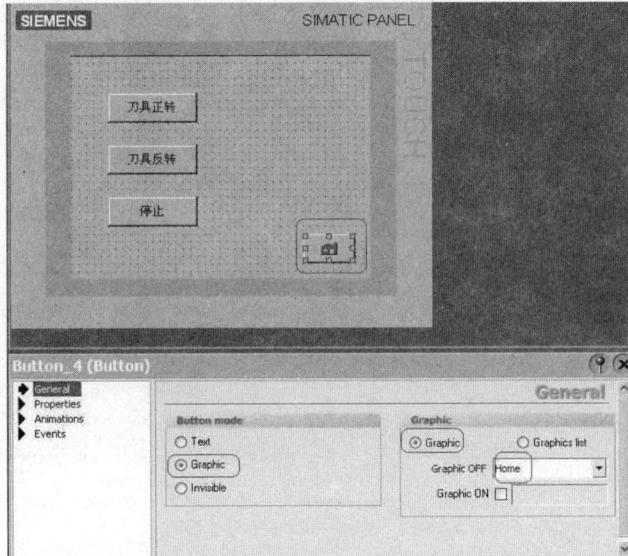

图 2-182 "返回"按钮上显示图标的设置示意图

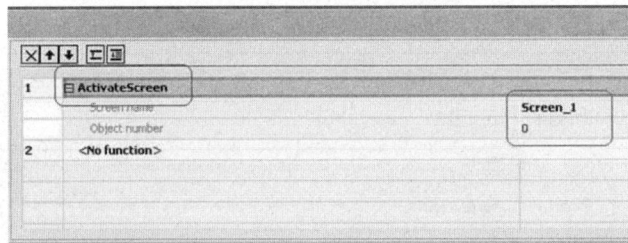

图 2-183 设置"返回"按钮的 Click（单击）的动作函数示意图

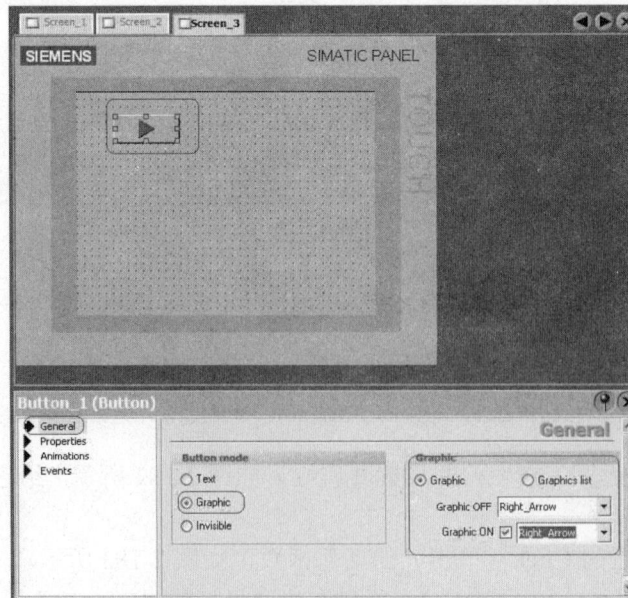

图 2-184 "右行"按钮属性的设置示意图

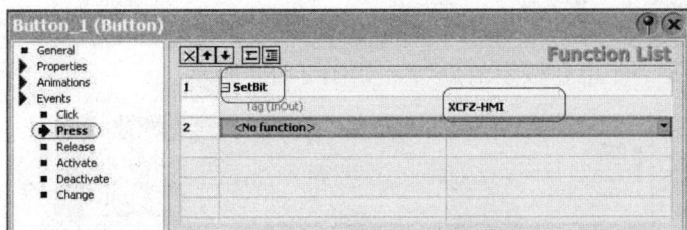

图 2-185　"右行"按钮 Press 动作的"SetBit"（置位位）函数及变量的添加示意图

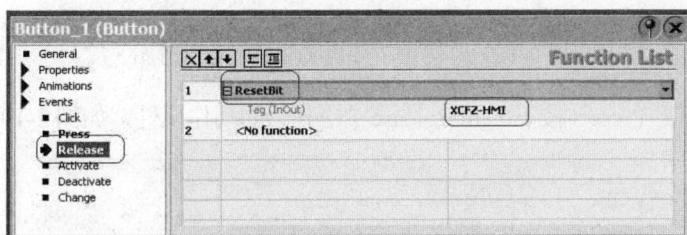

图 2-186　"右行"按钮 Release 动作的"ResetBit"（复位位）函数及变量的添加示意图

11）添加"左行"按钮，单击按钮，如图 2-187 所示设置。

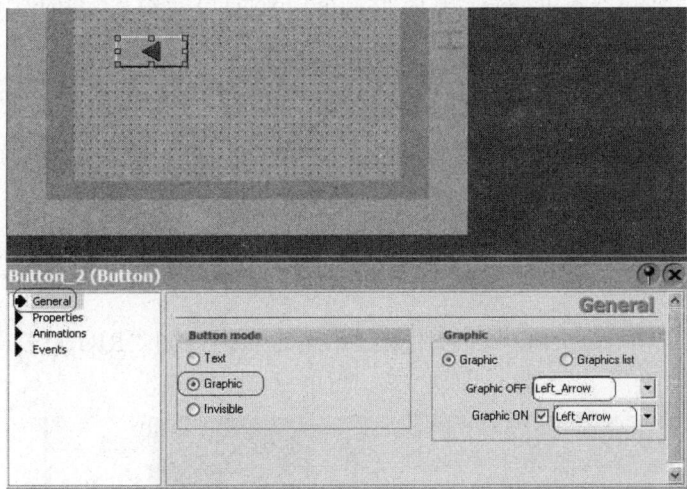

图 2-187　"左行"按钮属性的设置示意图

设置 Press（按下）的动作属性，如图 2-188 所示。

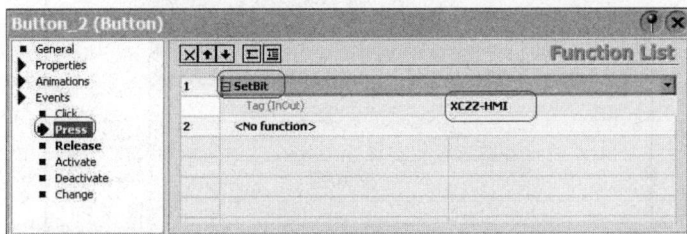

图 2-188　"左行"按钮 Pres 动作的"SetBit"（置位位）函数及变量的添加示意图

使用同样的方法，设置 Release（松开）的动作属性，变量仍为 XCZZ-HMI。

12）同理，设置"停止"按钮的属性，如图 2-189 所示。

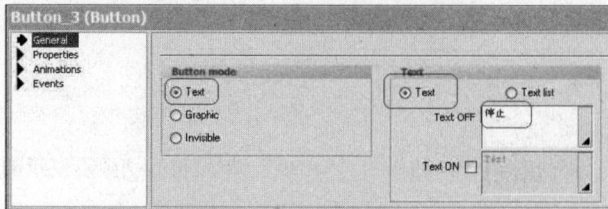

图 2-189　"停止"按钮属性的设置示意图

设置"停止按钮"Press（按下）和 Release（松开）的动作属性，如图 2-190 和图 2-191 所示。

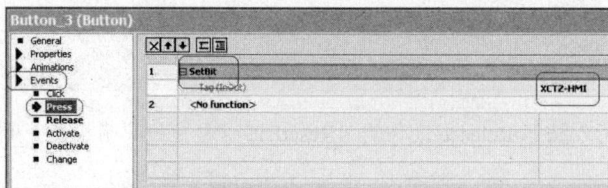

图 2-190　"停止"按钮 Press 动作的"SetBit"（置位位）函数及变量的添加示意图

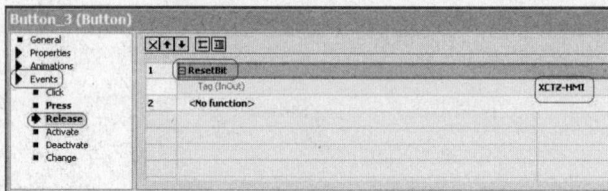

图 2-191　"停止"按钮 Release 动作的"ResetBit"（复位位）函数及变量的添加示意图

13）插入一个 IO Field（I/O 域），用来显示运行状态，如"RIGHT"等。编辑其属性，如图 2-192 所示。

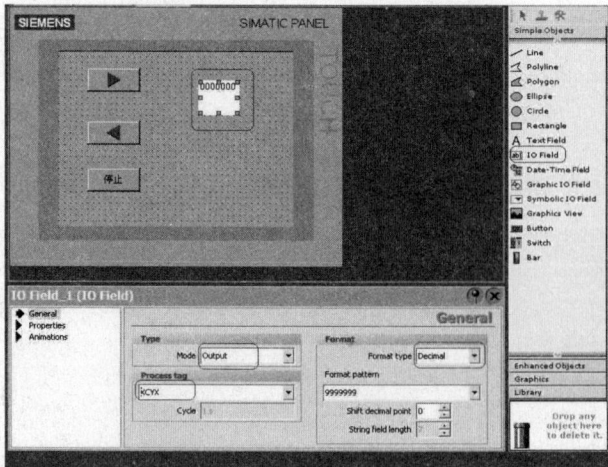

图 2-192　I/O 域设置属性对话框

14）同理，再插入一个 IO Field，并编辑其属性，如图 2-192 所示。

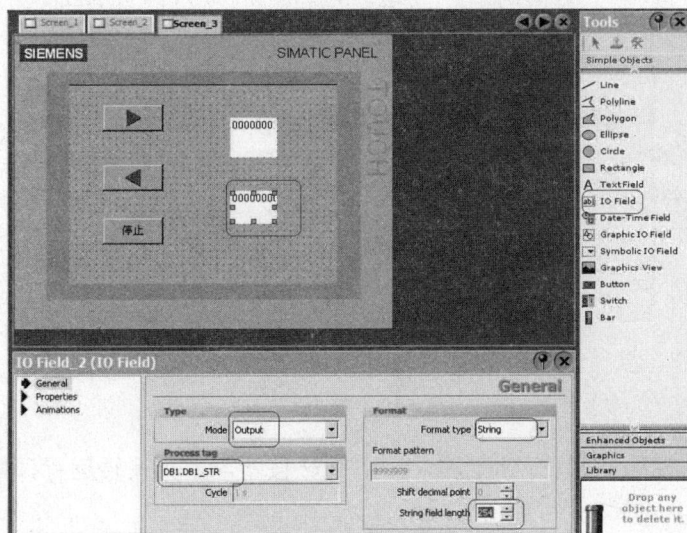

图 2-193　I/O 域设置属性对话框

因为本文中要求显示的字符串为"RIGHT\LEFT\STOP"，字符串长度不超过 7，所以可以设置字符串长度（String Field Length）为 7，即图 2-193 中默认的 254 的长度可以改成 7。

15）最后添加"返回"按钮，添加"ActivateScreen"回到主画面。

4. HMI 下载

保存项目，单击下载按钮 ，出现图 2-194 所示的对话框，输入 HMI 的 IP 地址，单击"Transfer"按钮，进行下载（此时，HMI 必须在 Run 或 Transfer 状态下）。

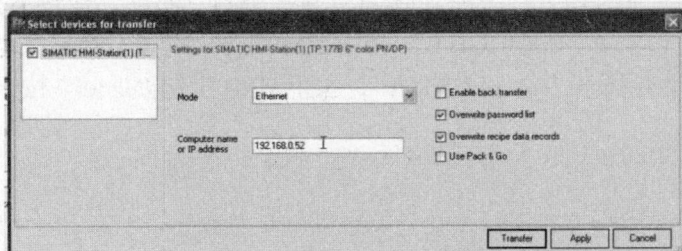

图 2-194　输入 IP 地址对话框

下载过程出现如图 2-195 所示的对话框，提示是否覆盖现有数据，单"Yes"按钮即可。

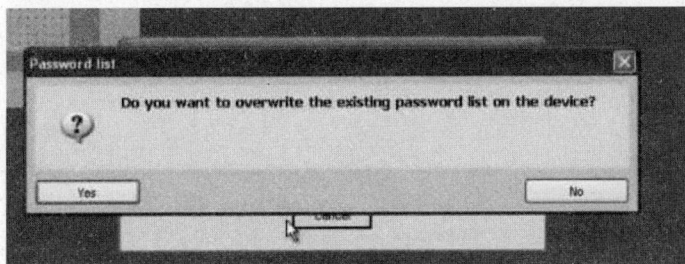

图 2-195　提问是否覆盖现有的数据列表对话框

当出现如图 2-196 所示的对话框时，即表明程序正在下载。

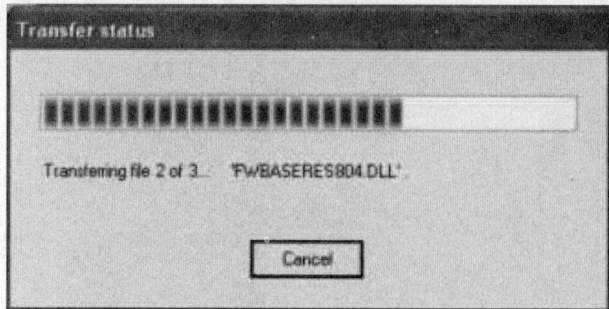

图 2-196 下载进程对话框

5. 调试

（1）按下 P01 按钮，刀具开始正转，按下 P02 按钮，刀具反转运行，按下 P03 按钮，刀具停止运行。

（2）按下 P04 按钮，运料小车开始正转，按下 P05 按钮，运料小车反转运行，按下 P06 按钮，运料小车停止运行。

（3）按下 HMI 上的"刀具控制"按钮，进入刀具控制画面。按下 HMI 上的"小车控制"按钮，进入运料小车控制画面。按下 HMI 上的"退出"按钮，返回到 HMI 启动画面。

（4）进入刀具控制画面。按下 HMI 上的"刀具正转"按钮，刀具开始正转。按下 HMI 上的"刀具反转"按钮，刀具开始反转。按下 HMI 上的"停止"按钮，刀具停止运行。按下 HMI 上的"返回"按钮，返回到主画面。

（5）进入小车控制画面。按下 HMI 上的"左行"按钮，运料小车开始正转，右边区域显示正转运行状态"1"和"LEFT"。按下 HMI 上的"右行"按钮，运料小车开始反转，右边区域显示反转运行状态"2"和"RIGHT"。按下 HMI 上的"停止"按钮，运料小车停止运行，右边区域显示反转运行状态"0"和"STOP"。按下 HMI 上的"返回"按钮，返回到主画面。

第三章

S7-300/400 指令系统

第一节　S7-300/400 指令系统概述

一、STEP 7 的编程语言

（一）STEP 7 的编程语言的种类

STEP 7 标准版配置了 3 种基本的编程语言：梯形图（LAD）、功能块图（FBD）和语句表（STL）。STEP 7 专业版的编程语言包括 S7-Graph（顺序功能图语言）、S7-SCL（结构化控制语言）、S7 HiGraph（状态图）和 CFC（连续功能图），这 4 种编程语言对于标准版是可选的。

1. 梯形图（LAD）

梯形图是从继电器接触器控制电路图演变而来的图形语言。它是借助类似于继电器的动合触点，动断触点，绕组以及串、并联等术语和符号，根据控制要求连接而成的表示 PLC 输入和输出之间逻辑关系的图形，直观易懂。

梯形图中常用─┤├─、─┤/├─图形符号分别表示 PLC 编程元件的动断和动合触点，用─( )─表示它们的绕组。梯形图中编程元件的种类用图形符号及标注的字母或数字加以区别，如 I0.0、Q1.2。触点和绕组等组成的独立电路被称为网络，用编程软件生成的梯形图程序有网络编号，允许以网络为单位给梯形图加注释。

梯形图的设计应注意以下 3 点。

（1）梯形图按从左到右、自上而下的顺序排列。每一逻辑行（或称梯级）起始于左母线，然后是触点的串、并连接，最后是绕组。与电流的方向一致。

（2）梯形图中每个梯级流过的不是物理电流，而是"概念电流"，从左向右流动，其两端没有电源。这个"概念电流"只是用来形象地描述用户程序执行中应满足绕组接通的条件。

（3）输入寄存器用于接收外部输入信号，而不能由 PLC 内部其他继电器的触点来驱动。因此，梯形图中只出现输入寄存器的触点，而不出现其绕组。输出寄存器则输出程序执行结果给外部输出设备，当梯形图中的输出寄存器绕组通电时，就有信号输出，但不是直接驱动输出设备，而要通过输出接口的继电器、晶体管或晶闸管才能实现。输出寄存器的触点也可供内部编程使用。

2. 语句表（STL）

语句表是一种用指令助记符来编辑 PLC 程序的语言，它类似于计算机的汇编语言，是一种文本编程语言，但比汇编语言易懂易学，由若干条指令组成的程序就是指令语句表。一条指令语句是由步序、指令语和作用器件编号 3 部分组成。

语句表能节省用户输入时间和存储区，可以在每条指令的后面加上注释，便于复杂程序的阅读和理解。在设计通信、数学运算等高级英语程序时建议使用语句表。

3. 功能块图（FBD）

功能块图（FBD）使用类似于布尔代数的图形逻辑符号来表示控制逻辑。功能块图用类似于与门、或门的方框来表示逻辑运算关系，方框的左侧为逻辑运算的输入变量，右侧为输出变量，输入、输出端的小圆圈表示"非"运算，方框被"导线"连接在一起，信号自左向右流动。它的优点是一些复杂的功能是用指令框来表示的，有数字电路基础的人很容易掌握。

图 3-1 所示为 PLC 实现三相鼠笼电动机"启、保、停"控制的 3 种编程语言的表示方法。

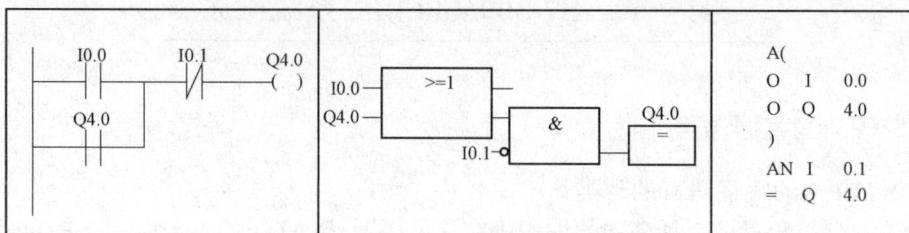

图 3-1　梯形图、功能块图和语句表的表示方法

4. 顺序功能图（SFC）

STEP 7 中的 S7-Graph 顺序控制图形编程语言是一种基于其他编程语言之上的图形语言，用来编制顺序控制程序。在这种语言中，工艺过程被划分为若干个顺序出现的步，步包含控制输出的动作，从一步到另一步的转换由转换条件控制。S7-Graph 表达复杂的顺序控制过程非常清晰，用于编程及故障诊断更为有效，它特别适合于生产制造过程。

5. 结构化控制语言（SCL）

STEP 7 的 S7-SCL（结构化控制语言）是符合 IEC 61131-3 标准的高级文本语言。它的语言结构与计算机语言 Pascal 和 C 相似。与梯形图相比，它能实现复杂的数学运算，编写的程序非常简洁和紧凑，适合于习惯使用高级编程语言的人使用。SCL 适用于复杂的计算任务和最优化算法，或管理大量的数据等。

6. S7-HiGraph 编程语言

图形编程语言 S7-HiGraph 是用状态图（State Graphs）来描述异步、非顺序的过程。系统被分解为若干个功能单元，每个单元呈现不同的状态，各功能单元的同步信息可以在图形之间交换。需要为不同状态之间的切换定义转换条件，用类似于语句表的语言描述指定状态的动作和状态之间的转换条件。

7. CFC 编程语言

CFC（Continuous Function Chart）连续功能图，用图形方式连接程序库中以块的形式提供的各种功能，包括从简单的逻辑操作到复杂的闭环和开环控制。编程时将这些块复制到图中并用线连起来即可。不需要用户掌握详细的编程知识以及 PLC 的专门知识，只要具有行业所必需的工艺技术方面的知识，就可以用 CFC 来编程。

（二）编程语言的相互转换与选用

组织块 OB、功能块 FB、功能 FC、系统功能块 SFB 和系统功能 SFC 统称为逻辑块。在

STEP 7 编程软件中，如果逻辑块没有错误，并且被正确地划分为程序段，则梯形图、功能块图和语句表可以相互转换。用语句表编写的程序不一定能转换为梯形图，不能转换的程序段仍然保留语句表的形式，但是并不一定表示该程序段有错误。

梯形图与继电器电路图的表达方式极为相似，适合于熟悉继电器电路的用户使用。语句表程序较难阅读，其中的逻辑关系很难一眼看出，语句表可供习惯于汇编语言编程的用户使用，在运行时间和要求的存储空间方面最优。在设计和阅读复杂的触点电路和程序时最好使用梯形图。功能块图适合于熟悉数字电路的用户使用。S7-SCL 编程语言适合于熟悉高级编程语言（例如 Pascal 或 C 语言）的用户使用。

S7-Graph、HiGraph 和 CFC 可供有技术背景，但是没有 PLC 编程经验的用户使用。S7-Graph 对于顺序控制过程的编程非常方便，HiGraph 适用于异步非顺序过程的编程，CFC 适用于连续过程控制的编程。

二、STEP 7-300/400 的 CPU 存储区

（一）数制

1. 二进制数

二进制数的一位（bit）只能取 0 和 1 这两个不同的值，可以用它们来表示开关量（或称数字量）的两种不同的状态，例如触点的断开和接通，绕组的通电和断电等。如果该位为 1，则表示梯形图中对应的位编程元件为"1"状态，或称该编程原件"ON"（接通）；如果该位为 0，则表示对应的编程元件的绕组和触点的状态与上述的相反，此时称该编程原件为"0"状态，或称该编程原件"OFF"（断开）。

计算机和 PLC 多用二进制数来表示数字，二进制数遵循逢 2 进 1 的运算规则，从右往左的第 n 位（最低位第 0 位）的权值为 2^n。例如：

十进制常数　$1234 = 1 \times 10^3 + 2 \times 10^2 + 3 \times 10^1 + 4 \times 10^0$

二进制常数　$2\#1101 = 1 \times 2^3 + 1 \times 2^2 + 0 \times 2^1 + 1 \times 2^0 = 13$

2. 十六进制数

多位二进制数的书写和阅读很不方便。为了解决这一问题，可以用十六进制数来取代二进制数。十六进制数遵循逢 16 进 1 的运算法则，从右往左第 n 位的权值为 16^n（最低位的 n 为 0）。十六进制数中的每个数字对应于 4 位二进制数。十六进制数的 16 个数字是 0～9 和 A～F（对应于十进制数 10～15）。例如：

$$16\#567A = 5 \times 16^3 + 6 \times 16^2 + 7 \times 16^1 + A \times 16^0 = 22\,138$$

3. BCD 码

BCD 码是二进制的十进制数的英语单词缩写，用 4 位二进制数表示一位十进制数（见表 3-1）。4 位二进制数共有 16 种组合，有 6 种（1010～1111）没有在 BCD 码中使用。BCD 码每位的数值范围为 $2\#0000 \sim 2\#1001$，对应于十进制数 0～9。

表 3-1　　　　　　　　　　　　不同进制的数的表示方法

十进制数	十六进制数	二进制数	BCD 码	十进制数	十六进制数	二进制数	BCD 码
0	0	00000	0000 0000	2	2	00010	0000 0010
1	1	00001	0000 0001	3	3	00011	0000 0011

十进制数	十六进制数	二进制数	BCD 码	十进制数	十六进制数	二进制数	BCD 码
4	4	00100	0000 0100	11	B	01011	0001 0001
5	5	00101	0000 0101	12	C	01100	0001 0010
6	6	00110	0000 0110	13	D	01101	0001 0011
7	7	00111	0000 0111	14	E	01110	0001 0100
8	8	01000	0000 1000	15	F	01111	0001 0101
9	9	01001	0000 1001	16	10	10000	0001 0110
10	A	01010	0001 0000	17	11	10001	0001 0111

BCD 码的最高 4 位二进制数用来表示符号，负数的最高位为 1，正数为 0，其余 3 位可以取 1 或 0，一般取 1。16 位 BCD 码字的范围为 $-999 \sim +999$。32 位 BCD 码：$-999\ 9999 \sim +999\ 9999$。BCD 码各位之间的关系是逢十进一，例如，图 3-2 中的 BCD 码为 16#F825（-825），图 3-3 是 7 位 BCD 码的格式。

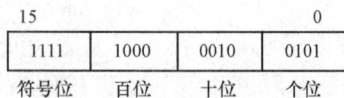

图 3-2　3 位 BCD 码的格式

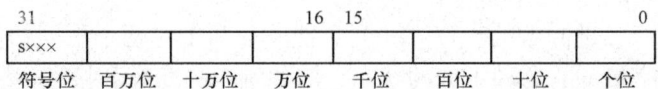

图 3-3　7 位 BCD 码的格式

（二）数据类型

数据是程序处理和控制的对象，在程序运行过程中，数据是通过变量来存储和传递的。变量具有两个要素：名称和数据类型。对程序块或者数据块中的变量声明时，都要包括这两个要素。

数据的类型决定了数据的属性，例如数据长度、取值范围等。STEP 7 中的数据可以分为三大类：基本数据类型，复杂数据类型，参数数据类型。

1. 基本数据类型

基本数据类型共包含 12 种，每一个数据类型都具备关键字、固定的数据长度（不超过 32 位）、取值范围和常数表达格式等属性。以 16 位有符号整数为例，该类型的关键字是 INT，数据长度是 16 位，取值范围是 $-32\ 768 \sim +32\ 767$。

表 3-2 列出了 12 种基本数据类型的关键字、长度、取值范围和类型说明。

表 3-2　　　　　　　　　　　　　STEP 7 基本数据类型

关键字	长度/位	取值范围/常数格式示例	说　　明
BOOL	1	TRUE 或 FALSE 1 或 0	二进制
BYTE	8	B#16#00～B#16#FF	单字节
WORD	16	二进制表达：2#0～2#1111_1111_1111_1111 十六进制表达：W#16#0000～W#16#FFFF 无符号十进制表达：B#（0，0）～B#（255，255） BCD（二进制编码十进制数）表达：C#000～C#999	字（双字节）

关键字	长度/位	取值范围/常数格式示例	说　明
DWORD	32	二进制表达：2#0～2#1111_1111_1111_1111_1111_1111_1111_1111 十六进制表达：DW#16#0000_0000～DW#16#FFFF_FFFF 无符号十进制表达：B#（0，0，0，0）～B#（255，255，255，255）	双字（四字节）
CHAR	8	"A"、"b" 等	ASCII 字符
INT	16	−32 768～＋32 767	十进制有符号整数
DINT	32	L#−2 147 483 648～L#＋2 147 483 647	十进制有符号整数
REAL	32	−3.402 823e＋38～−1.175 495e−38，0，＋1.175 495e−38～ ＋3.402 823e＋38	IEEE 浮点数
S5TIME	16	S5T#0H 0M 0S 10MS～S5T#2H46M30S0MS	SIMATIC 时间格式，默认分辨率 10ms
TIME	32	T#−24D 20H 31M 23S 648MS～T#＋24D 20H 31M 23S 648MS	IEC 时间格式（带符号），分辨率为 1ms
DATE	16	D#1990_1_1～D#2168_12_31	IEC 日期格式，分辨率为 1 天
TIME_OF_DAY	32	TOD#0：0：0.0～TOD#23：59：59.999	24 小时时间格式，分辨率为 1ms

下面分别介绍 STEP 7 的基本数据类型。

（1）位。位（Bit）数据的数据类型为 BOOL（布尔）型，在 STEP 7 中 BOOL 变量的值 1 和 0，分别用英语单词 TRUE（真）和 FALSE（假）来表示。

位存储单元的地址由字节地址和位地址组成，例如 I3.2 中的区域标示符 "I" 表示输入（Input），字节地址为 3，位地址为 2（见图 3-4）。这种存取方式被称为 "字节.位" 寻址方式。

（2）字节。一个字节（Byte）由 8 个位数据组成，例如字节 MB100（B 是 Byte 的缩写），它由 M100.0～M100.7 这 8 位组成（见图 3-5）。其中的第 0 位为最低位，第 7 位为最高位。

（3）字和双字。相邻的两个字节组成一个字（Word），相邻的两个字组成一个双字（Double Word）。字和双字都是无符号数，它们用十六进制数来表示。MW100 是由 MB100 和 MW101 组成的一个字（见图 3-6），MW100 中的 M 为区域标示符，W 表示字。双字 MD100 由 MB100～MB103（或 MW100 和 MW102）组成（见图 3-7），MD100 中的 D 表示双字。字的取值范围为 W#16#0000～W#16#FFFF，双字的取值范围为 DW#16#0000_0000～DW#16#FFFF_FFFF。需要注意下列问题。

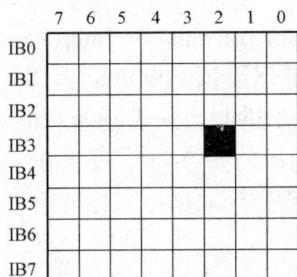

图 3-4　位数据的存放

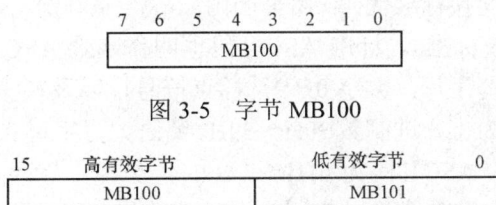

图 3-5　字节 MB100

图 3-6　字 MW100

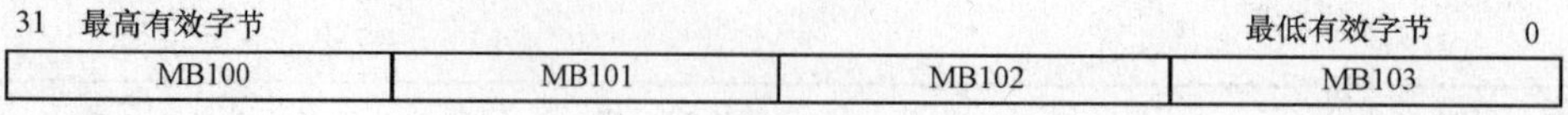

31	最高有效字节		最低有效字节	0
MB100	MB101	MB102	MB103	

图 3-7 双字 MD100

1）以组成字 MW100 和双字 MD100 的编号作为 MW100 和 MD100 的编号。

2）组成 MW100 和 MD100 的编号最小的字节 MB100 为 MW100 和 MD100 的最高位字节，编号最大的字节为字和双字的最低位字节。

3）数据类型字节、字和双字都是无符号数，它们的数值用十六进制数表示。

（4）16 位整数和 32 位双整数。16 位整数（INT，Integer）和 32 位双整数（DINT，Double Integer）是有符号数，它们用二进制数补码表示，其最高位为符号位，最高位为 0 时为正数，为 1 时为负数。正数的补码就是它本身，将一个二进制正整数的各位取反（作"非"运算）后加 1 得到绝对值与它相同的负数的补码。将负数的补码的各位取反后加 1，得到它的绝对值对应的正数。整数的取值范围为 $-32\,768\sim37\,267$，双整数的取值范围为 $-2\,147\,483\,648\sim2\,147\,483\,647$。

（5）32 位浮点数。实数（REAL）又称浮点数，可以表示为 $1.m\times2^E$，尾数中的 m 和指数 E 均为二进制数，E 可能是正数，也可能是负数。ANSI/IEEE754-1985 标准格式的 32 位实数的格式为 $1.m\times2^e$，式中指数 $e=E+127(1\leq e\leq254)$ 为 8 位正整数。

ANSI/IEEE 标准浮点数的格式如图 3-8 所示，共占用一个双字（32 位）。最高位（第 31 位）为浮点数的符号位，最高位为 0 时为正数，为 1 时为负数；8 位指数占第 23～30 位；因为规定尾数的整数部分总是为 1，只保留了尾数的小数部分 m（第 0～22 位）。浮点数的范围为 $\pm1.175\,495\times10^{-38}\sim\pm3.402\,823\times10^{38}$。

图 3-8 浮点数的格式

浮点数的优点是用很小的存储空间（4B）可以表示非常大和非常小的数。PLC 输入和输出的数值大多是整数，例如模拟量输入值和模拟量输出值，用浮点数来处理这些数据需要进行整数和浮点数之间的相互转化，浮点数的运算速度比整数的运算速度慢一些。

在 STEP 7 中，一般并不使用二进制格式或十六进制格式表示的浮点数，例如在 STEP 7 中，50 是整数，而 50.0 为浮点数。

（6）ASCⅡ码字符。ASCⅡ（American Standard Code for Information Interchange，美国信息交换标准代码）由美国国家标准局制定，它已被国际标准化组织（ISO）定为国际标准（ISO 646 标准）。标准 ASCⅡ码也叫作基础 ASCⅡ码，用 7 位二进制数来表示所有的英语大写、小写字母，数字 0～9，标点符号，以及在美式英语中使用的特殊字符。数字 0～9 的 ASCⅡ码为十六进制数 30H～39H，英语大写字母 A～Z 的 ASCⅡ码为 41H～5AH，英语小写字母 a～z 的 ASCⅡ码为 61H～7AH。

（7）常数的表示方法。常数值可以是字节、字或双字，CPU 以二进制方式存储常数。在 STEP 7 中，常数也可以用十进制、十六进制、ASCⅡ码或浮点数等格式来输入或显示。

B#16#、W#16#、DW#16#分别用来表示十六进制字节、字和双字常数。

2#用来表示二进制常数，例如 2#1011_1011。

L#用来表示 32 位双整数常数，例如 L#＋8

2. 复杂数据类型

复杂数据类型是一类由其他数据类型组合而成的，或者长度超过 32 位的数据类型。STEP 7 中的复杂数据类型有以下 5 种。

（1）日期时间。日期和时间（DATA_AND_TIME）用 8 个字节的 BCD 码来存储。第 0～5 个字节分别存储年、月、日、时、分和秒，毫秒存储在字节 6 和字节 7 的高 4 位，星期存放在字节 7 的低 4 位。取值范围从 DT#1990-1-1-0：0：0.0～DT#2089-12-31-23：59：59.999。例如 2006 年 3 月 18 日 12 点 30 分 25.321 秒可以表示为 DT#06-3-18-12：30：25.321。

（2）字符串。字符串（STRING）的最大长度为 256 字节，由最多 254 个字符（CHAR）和 2B 头部（存储字符串长度信息）组成。字符串的默认长度为 254。其常数表达形式为由两个单引号包括的字符串，例如，'STEP 7-300'。用户在定义 String 类型变量的时候也可以限定它的最大长度，例如，String［9］，则该变量最多只能包含 9 个字符。通过定义字符串的长度可以减少它占用的存储空间。

（3）数组。数组（ARRAY）是由相同类型的数据组成。数组的维数最大可以到 6 维；数组中的元素可以是基本数据类型或者复杂数据类型中的任一数据类型（Array 类型除外，即数组类型不可以嵌套）；数组中每一维的下标取值范围是－32 768～32 767，但是下标的下限必须小于上限，例如 1..2、－5～－1 都是合法的下标定义。定义一个数组时，需要指明数组的元素类型、维数和每一维的下标范围，例如：Array［1..3，1..5，1..6］Int 定义了一个元素为整数型，大小为 3×5×6 的三维数组。可以用变量名加上下标来引用数组中的某一个元素，例如 a［1，2，3］。

（4）结构。结构（STRUCT）是由不同数据类型组成的复合型数据，通常用来定义一组相关的数据。例如电动机的一组数据可以按如下方式定义：Motor：STRUCT，Speed：INT，Current：REAL，END_STRUCT。

（5）用户定义数据类型。用户定义数据类型（UDT）也是不同数据类型组成的复合型数据，与 Struct 不同的是，UDT 是一个模板，可以用来定义其他变量。它在 STEP 7 中也是以块的形式存储的，被称为 UDT 块（UDT1～UDT65535）。在 S7 程序的 Blocks 目录下单击鼠标右键，在弹出的快捷菜单中执行"Insert New Object"→"Data Type"命令就可以新建一个 UDT 块。定义了一个 UDT 块之后就可以将一个变量声明变成 UDT 类型的了。

3. 参数数据类型

参数数据类型是一适用于 FC 或者 FB 的参数的数据类型。参数数据类型主要包括以下几种。

（1）Timer，Counter：定时器和计数器类型。

（2）BLOCK_FB，BLOCK_FC，BLOCK_DB，BLOCK_SDB：块类型。

（3）Pointer：6 字节指针类型，传递 DB 块号和数据地址。

（4）ANY：10 字节指针类型，传递 DB 块号、数据地址、数据数量以及数据类型。

使用这些参数类型，可以把定时器、计数器、程序块、数据块，甚至不确定类型和长度的数据通过参数传递给 FC 和 FB。参数类型为程序提供了很高的灵活性，可以实现更通用的控制功能。

（三）系统存储器

1. 过程映像输入/输出（I/Q）

在执行用户程序时，CPU 并不直接访问 I/Q 模块中的输入地址区和输出地址区，而是访问 CPU 内部的过程映像区（I/Q 区，见表 3-3）。在每次扫描循环开始时，CPU 读取输入模块的外部输入电路的状态，并将它们存入过程映像输入表（Process Image Input，PII）。

表 3-3 系 统 存 储 区

存 储 区	说 明	存 储 区	说 明
输入过程映像（I）	每次循环扫描，将输入状态复制到输入过程映像表	外设输出（PQ）	用户直接访问输出模块
输出过程映像（Q）	每次循环扫描，将输出过程映像表的内容写入输出模块	外设输入（PI）	用户直接访问输入模块
位存储器（M）	保存程序处理的中间结果	共享数据块（DB）	所有逻辑块可以使用的共享数据
定时器（T）	定时器的存储区	背景数据块（DIB）	提供给 FB（功能块）的背景数据
计数器（C）	计数器的存储区	局部数据（L）	在处理逻辑块过程中的临时数据

在扫描循环中，用户程序计算输出值，并将它们存入过程映像输出表。在下一循环扫描开始时，将过程映像输出表的内容写在输出模块。

对存储器的"读写""访问""存取"这 3 个词的意思基本上相同。

I 区和 Q 区均可以按位、字节、字和双字来访问，例如 I0.0、IB0、IW0 和 ID0。

与直接访问输入模块相比，访问过程映像输入表可以保证在整个扫描循环周期内，过程映像输入的状态始终一致。即使在本次循环的程序执行过程中，接在输入模块的外部电路的状态发生了变化，过程映象输入表的各信号的状态仍然保持不变，直到下一个循环被刷新。由于过程映像表保存在 CPU 的系统存储器中，访问速度比直接访问信号模块快得多。

过程映象输入位在用户程序中的标识符为 I，它是 PLC 接收外部输入信号的窗口。数字量输入端可以外接动合触电或动断触点，也可以接多个触点组成的串、并联电路。PLC 将外部电路的通/断状态读入并存储在过程映像输入位中，外部输入电路接通时，对应的过程映像输入位为"1"状态（ON）；反之为"0"状态（OFF）。在梯形图中，可以多次使用过程映像输入位的动合触点和动断触点。

过程映像输出位在用户程序中的标识符为 Q，扫描循环周期开始，CPU 将过程映像输出位的数据传送送给数字量输出模块，再由后者驱动外部负荷。如果梯形图中 Q0.0 的绕组"通电"，继电器型输出模块对应的硬件继电器的动合触点闭合，使接在 Q0.0 对应的输出端子的外部负荷通电工作。输出模块的每一个硬件继电器仅有一对动合触点，但是在梯形图中，每一个输出位的动合触点和动断触点都可以多次使用。某些 CPU 的过程映像区的大小可以在组态时设置。

S7-300/400 的过程映像分区与中断功能配合，可以显著地减少 PLC 的输入、输出响应时间。过程映像区分为 OB1（主程序）过程映像（OB1-PI）和过程映像分区（PIP）。每次扫描循环刷新一次 OB1 过程映像。S7-400CPU 最多可以使用 15 个过程映像分区。

下面举例说明过程映像分区的使用方法。在硬件组态时，将某些 I/O 模块分配给过程映像分区 PIP2，再将 PIP2 分配给时间中断组织块 OB10，这些 I/O 模块就被分配给了 OB1。用 STEP 7 制定的过程映像分区中的 I/O 地址不再属于 OB1 过程映像输入/输出表。

在调用 OB10 时，CPU 读入被组态为属于过程映像分区 PIP2 的输入模块的输入值，OB10 被执行完后，输出值被立即写至被组态为属于 PIP2 的输出模块。

用户程序可以调用 SFC26"UPDAT_PI"来刷新整个或部分过程映像输入表，调用 SFC27 "UPDAT_PO"来刷新整个或部分过程映像输出表。

2．外设 I/O 区（PI/PQ）

外设输入（PI）和外设输出（PQ）区允许直接访问本地的和分布式的输入模块和输出模块。PI/PQ 区与 I/Q 区的关系如下所述。

（1）访问 PI/PQ 区时，直接读写输入/输出模块，而 I/Q 区是输入/输出信号在 CPU 的存储区中的"映像"。使用外设地址可以实现用户程序与 I/Q 模块之间的快速数据传送，因此被称为"立即读"和"立即写"。PI/PQ 区采用批量读/写的方式，因此有较大的滞后。

（2）I/Q 区可以按位，字节，字和双字访问，PI/PQ 不能按位访问。

（3）I/Q 区的地址范围比 PI/PQ 区的小，如果地址超出了 I/Q 区允许的范围，必须使用 PI/PQ 区来访问。

（4）I/Q 区与 PI/PQ 区地址均从 0 号字节开始，因此 I/Q 区的地址编号也可以用于 PI/PQ 区，例如用 MOVE 指令将 QB1 传送到 PQB1，可以实现"立即写"操作。

（5）只能读取外设输出的值，不能改写它。只能改写外设输出，不能读取它。下面两条指令违背了上述规定，因此是错误的。

```
L        PQB       0
T        PIB       0
```

（6）访问 I/Q 区的指令比访问 PI/PQ 区的指令的执行时间短得多。例如 CPU317-2DP 的指令"L IB0"和"L PIB0"的执行时间分别为 0.05μs 和 15μs。

3．内部存储器标志位（M）存储器区

内部存储器标志位用来保存控制逻辑的中间操作状态或其他控制信息，不同类型的 S7-300 的存储器标志位从 128B 到 8KB。

4．定时器（T）存储器区

定时器相当于继电器系统的时间继电器。给定时器分配的字用于存储时间基准和剩余时间值（0～999）。剩余时间值可以用二进制或 BCD 码方式读取。

5．计数器（C）存储器区

计数器用来累计其计数脉冲的个数，给计数器分配的字用于存储计数的当前值（0～999）。计数值可以用二进制或 BCD 码方式读取。

6．数据块（DB）与背景数据块（DI）

DB 为数据块，DBX，DBB，DBW 和 DBD 分别是数据块中的数据位，数据字节，数据字和数据双字。DI 为背景数据块，DIX，DIB，DIW 和 DID 分别是背景数据块中的数据位，数据字节，数据字和数据双字。

7．局部数据区（L）

各逻辑块都有它的局部数据区，局部变量在逻辑块的变量声明表中生成，只能在它被创建的块中使用，每个组织块用 20B 的临时局部数据来存储它的启动信息，局部数据用于传送块参数和保存来自梯形图程序的中间逻辑运算结果。

CPU 按组织块的优先级划分局部数据区，S7-300 同一优先级的组织块及其有关的块共用256B 的临时局部数据区。S7-400 每个优先级的局部数据区要大得多，可达几十 KB，可以用STEP 7 改变其大小。

全局变量包括 I，Q，M，T，C，PI，PQ 和共享数据块 DB，可以在所有的逻辑块（OB，FC，FB，SFC 和 SFB）中使用全局变量。

（四）CPU 中的寄存器

1. 累加器（ACCUx）

32 位累加器是用于处理字节，字或双字的寄存器，是执行语句表指令的关键部件。S7-300 有两个累加器（ACCU1 和 ACCU2），S7-400 有 4 个累加器（ACCU1～ACCU4）。几乎所有语句表的操作都是在累加器中进行的。因此需要用输入指令把操作数据输入累加器，在累加器中进行运算和数据处理后，用传送指令将 ACCU1 中的运算结果传送到某个存储单元。处理 8 位或 16 位数据时，数据存放在累加器的低 8 位或低 16 位（称为右对齐）。

2. 地址寄存器

2 个 32 位的地址寄存器 AR1 和 AR2 作为地址指针，用于地址寄存器间接寻址。

3. 数据块寄存器

32 位数据块寄存器 DB 和 DI 的高 16 位分别用来保存打开的共享数据块和背景数据块的编号，低 16 位用来保存打开的数据块的字节长度。

4. 状态字

状态字是一个 16 位的寄存器，实际只使用了其中的 9 位（见图 3-9），状态字用于储存CPU 执行指令后的状态或结果，以及出现的错误。

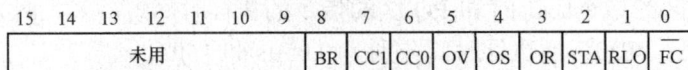

15	14	13	12	11	10	9	8	7	6	5	4	3	2	1	0
未用							BR	CC1	CC0	OV	OS	OR	STA	RLO	$\overline{FC}$

图 3-9 状态字的结构

用户程序一般并不直接使用状态字，但是状态字中的某些位用于决定某些指令是否执行和以什么样的方式执行。例如后面将要介绍的语句表中的跳转指令以及梯形图中的状态位触点指令均和状态字有关，用位逻辑指令和字逻辑指令可以访问和检测状态字。

（1）首次检测位。状态字的第 0 位为首次检测位（$\overline{FC}$），该位的状态为 0，表示一个梯形逻辑串的开始，或指令为逻辑串（即电路块）的第一条指令。在逻辑串指令过程中该位为"1"，输出指令或与 RLO 有关的跳转指令将该位清零，表示一个逻辑串的结束（见图 3-10 和图 3-11）。

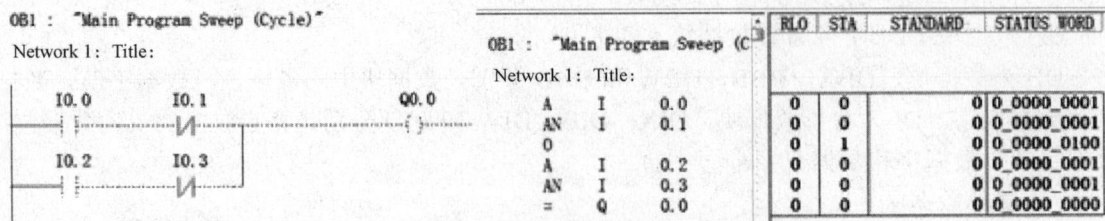

图 3-10 I0.0＝0 程序状态监视示意图

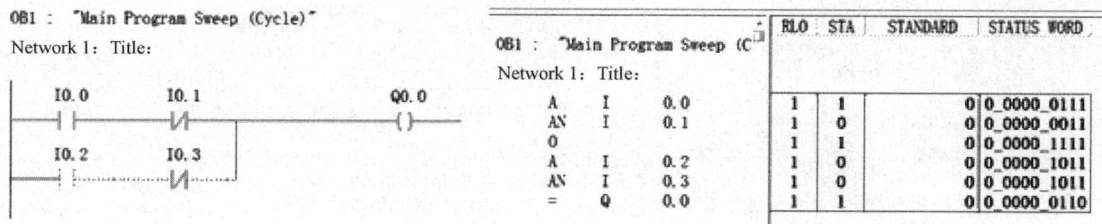

图 3-11　I0.0＝1 程序状态监视示意图

（2）逻辑运算结果。状态字的第一位 RLO 为逻辑运算结果（Result of Logic Operation）。该位用来储存执行逻辑指令或比较指令的结果。RLO 的状态为"1"时，表示有电流流到梯形图中的运算点处；为"0"则表示没有电流流到该点。

（3）状态位。状态字的第 2 位为状态位（STA），执行位逻辑指令时，STA 与指令中的位变量的值一致。可以通过状态位了解逻辑指令的位状态。

（4）或位。状态字的第 3 位为或位（OR），在先逻辑"与"后逻辑"或"（即串联电路的并联）的逻辑运算中，OR 位暂存逻辑"与"（串联）的运算结果，以便进行后面的逻辑"或"运算（并联）。输出指令将 OR 位复位，编程时并不直接使用 OR 位。

图 3-10 中的梯形图对应的逻辑代数表达式为 $I0.0 * \overline{I0.1} + I0.2 * \overline{I0.3} = Q0.0$，其中的"*"号表示逻辑"与"，"＋"号表示逻辑"或"，$\overline{I0.1}$ 和 $\overline{I0.3}$ 上面的水平线表示"非"运算，等号表示将逻辑运算结果赋值给 Q0.0。图 3-10 和图 3-11 左边是梯形图，右边是对应的语句表指令和执行指令后的程序状态监控结果。语句表指令中的 A 和 AN 分别表示串联的动合触点和动断触点，O 表示两条串联电路的并联，等号表示赋值。

可以看出，在执行完第 2 条指令和最后一条指令之后，状态字的最低位（首次检测位 $\overline{FC}$ 位为"0"，执行其他指令后，$\overline{FC}$ 位为"1"，即在执行完上面的串联电路的"与"运算和开始执行下一个梯形逻辑程序段时，$\overline{FC}$ 位为 0。

从梯形图可以看出，状态位 STA 反映了各指令中 BOOL 变量的值，例如，在图 3-10 中的第 1 条指令的 STA 为"0"表示 I0.0 为"0"状态，梯形图中 I0.0 的动合触点断开。在图 3-11 中 I0.0 动合触点接通，可以看到对应的 STA 位和 RLO 位的状态随之而变。还可以看到梯形图中输出绕组前的 RLO 被保存到 OR 位。

（5）溢出位。状态字的第 5 位为溢出位（OV），如果算数运算或逻辑运算指令执行时出错（例如溢出，非法操作和不规范的格式），则溢出位被置"1"。如果后面影响该位的指令的执行没有错误，则该位被清零。

（6）溢出状态保持位。状态字的第 4 位 OS 被称为溢出存储位。第 5 位 OV 位被置"1"时 OS 位也被置"1"，OV 位被后面的指令清零时 OS 位依然保持不变，所以它保存了 OV 位，用于指明前面的指令执行过程中是否产生过错误。只有 JOS（OS 为"1"时跳转）指令，块调用指令和块结束指令才能复位 OS 位。

图 3-12 中的程序，前 2 条指令是使用 L 指令将 10 000 和 30 000 分别装入累加器 2 和累加器 1 中，第 3 条指令是使用"＋I"指令，将累加器 1 和累加器 2 的整数相加并存至累加器 1 中，累加器 1 中的运算结果为 40000。由于超出了 16 位有符号整数的范围（大于 32 767），因此产生了溢出，状态字的第 4 位和第 5 位为"1"状态。

OB1 : "Main Program Sweep

Network 1 : Title:

		RLO	STA	STANDARD	ACCU 2	STATUS WORD
L	10000	0	1	10000	0	0_0000_0100
L	30000	0	1	30000	10000	0_0000_0100
+I		0	1	40000	0	0_0111_0100

图 3-12 程序状态监视示意图

（7）条件码 1 和条件码 0。状态字的第 7 位和第 6 位被称为条件码 1（CC1）和条件码 0（CC0）。这两位可综合表示在累加器 1 中执行的数学运算或逻辑运算指令的结果与 0 的大小关系、比较指令的执行结果（见表 3-4 和表 3-5），移位和循环位指令的位状态用 CC1 保存。用户程序一般不直接使用条件码。

表 3-4　　　　　　　　　　　**数学运算后的 CC1 和 CC0**

CC1	CC0	数学运算无溢出	整数数学运算有溢出	浮点数数学运算有溢出
0	0	结果＝0	整数相加时产生负范围溢出	正数、负数绝对值过小
0	1	结果<0	乘时负范围溢出；加、减、取负时正溢出	负范围溢出
1	0	结果>0	乘、除时正范围溢出；加、减时负范围溢出	正范围溢出
1	1	—	在除时除数为 0	非法操作

表 3-5　　　　**执行比较、移位和循环移位、字逻辑指令后的 CC1 和 CC0**

CC1	CC0	比　较　指　令	移位和循环指令	字逻辑指令
0	0	累加器 2＝累加器 1	移位＝0	结果＝0
0	1	累加器 2<累加器 1	—	—
1	0	累加器 2>累加器 1	—	结果≠0
1	1	不规范（只用于浮点数比较）	移位＝1	—

执行完图 3-12 中的加法指令"+I"后，CC1 和 CC0 分别为 0 和 1，表示运算结果为负。

（8）二进制结果位。状态字的第 8 位为二进制结果位（BR 位）。它将字处理程序与位处理联系起来，在一段既有位操作又有字操作的程序中，用于表示字操作结果是否正确（异常）。将 BR 位加入程序后，无论字操作结果如何，都不会造成二进制逻辑链中断。在 LAD 的方块指令中，BR 位与 ENO 有对应关系，用于表明方块指令是否被正确执行，如果执行出现了错误，则 BR 位为"0"，ENO 也为"0"；如果功能被正确执行，则 BR 位为"1"，ENO 也为"1"。在用户编写的 FB 和 FC 程序中，必须对 BR 位进行管理，当功能块正确运行后使 BR 位为"1"，否则使其为"0"。使用 STL 指令、SAVE 或 LAD 指令，可将 RLO 存入 BR 中，从而达到管理 BR 位的目的。当 FB 或 FC 执行无错误时，使 RLO 为"1"并存入 BR，否则，在 BR 中存入"0"。

三、STEP 7 编程与调试

（一）符号表

1.　用符号编辑器创建符号表

局部符号的名称是在程序块的变量声明区中定义的，全局符号则是通过符号表来定义的。

符号表的创建和修改由符号编辑器实现。

对于一个新项目，在 S7 程序目录下单击鼠标右键，在弹出的快捷菜单中执行"Insert New Object"→"Symbol Table"命令新建一个符号表。在"示例项目"的"S7-Program"目录下可以看到已经存在一个符号表"Symbols"（见图 3-13）。

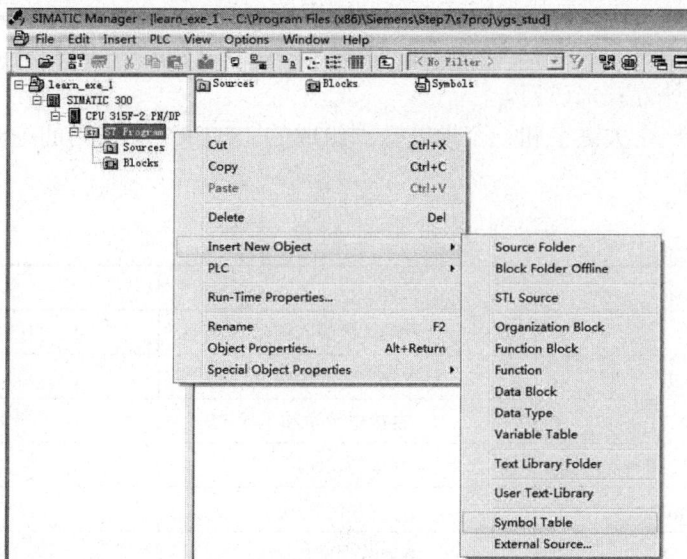

图 3-13　插入项目符号表示意图

双击"Symbols"图标，在符号编辑器中打开符号表。打开后的界面如图 3-14 所示。

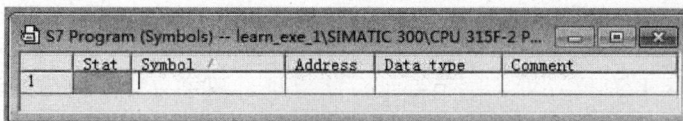

图 3-14　符号编辑器界面

符号表包含全局符号的名称、绝对地址、类型和注释，如图 3-15 所示。将鼠标移到符号表的最后一个空白行，可以向表中添加新的符号定义；将鼠标移到表格左边的标号处，选中一行，单击"Delete"键即可删除一个符号。STEP 7 是一个集成的环境，因此在符号编辑器中对符号表所做的修改可以自动被程序编辑器识别。

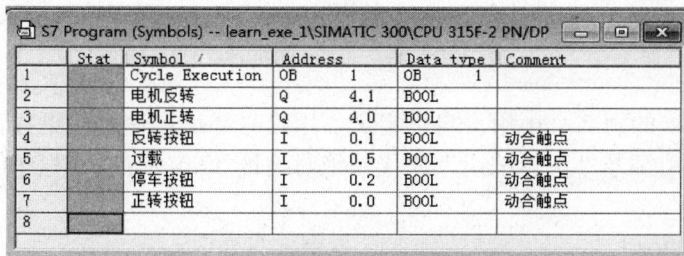

图 3-15　符号编辑器中的符号表

用符号取代绝对地址编程，可以增强程序的可读性、简化程序的调试和维护。在开始项目编程之前，首先花一些时间规划好所用到的绝对地址，并创建一个符号表，这样可以为后面的编程和维护工作节省很多的时间。

2. 绝对地址和符号地址

要访问一个变量，必须要找到它在存储空间中的位置，这个过程就是寻址（Addressing）。在 STEP 7 中，I/O 信号、位存储变量、定时器、计时器、程序块、数据块等都可以通过绝对地址和符号地址两种方式来访问。

绝对地址是由一个关键字和一个地址数据组成的。STEP 7 中常用的绝对地址的关键字如表 3-6 所列。

表 3-6 绝 对 地 址 的 关 键 字

关 键 字	说 明	举 例
I/IB/IW/ID	过程映像区输入信号	I124.0、IB125
Q/QB/QW/QD	过程映像区输出信号	Q2.3、QB124
PIB/PIW/PID	直接外设输入	PIW256
PQB/PQW/PQD	直接外设输出	PQD4
M/MB/MW/MD	位存储区	M5.0、MB4
L/LB/LW/LD	本地数据堆栈区	L2.1、LB3
T	定时器	T1
C	计数器	C2
FC/FB/SFC/SFB	程序块	FB1、SFC67
DB	数据块	DB10

其中 I、Q、M、L 有位寻址、字节寻址、字寻址、双字寻址 4 种方式。PI 类型和 PQ 类型有字节寻址、字寻址、双字寻址 3 种方式。图 3-16 显示了对同一块存储区域用上述几种不同方式寻址的区别。需要注意的是，在 MW100 中，MB100 是高字节，MB101 是低字节；在 MD100 中，MB100 是高字节，MB103 是低字节。

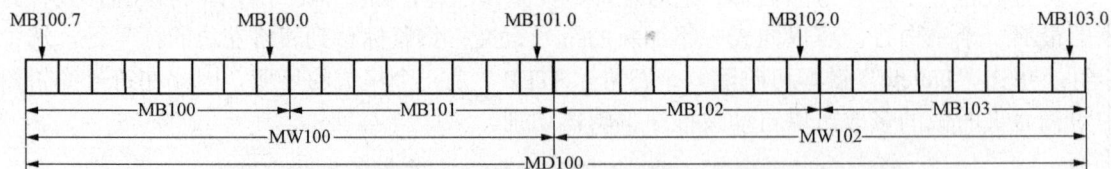

图 3-16 位寻址、字节寻址、字寻址和双字寻址之间的关系

符号是绝对地址的别名，由用户自己定义，用符号寻址可使程序更容易阅读和理解，调试更加方便。例如用符号"正转按钮"来代替绝对地址 I0.0，可以让程序的阅读和编制更直观方便。

3. 过滤器（Filter）

在符号表中，执行菜单命令"View"→"Filter"命令打开过滤器对话框（见图 3-17 和图 3-18），可以有选择地只显示部分符号。

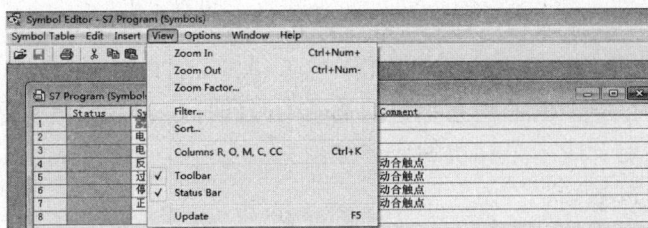

图 3-17　打开过滤器对话框示意图

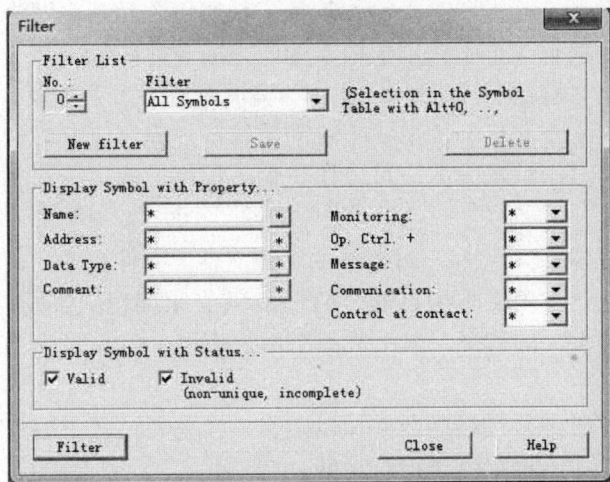

图 3-18　符号表的过滤器对话框

可根据属性过滤符号，有以下几种方式。

（1）按符号名称、地址、数据类型和注释进行过滤。例如在"地址"属性中，"I*"表示只显示所有的输入，"I*.*"表示只显示所有的输入位，"I2.*"表示只显示 IB2 中的位等。

（2）选择根据监视、操作员监控、消息、通信、在接触点上控制这些属性，来对符号地址进行过滤，执行下拉菜单中的命令"*"、"是"或"否"，选择显示所有的符号、显示符合条件的符号或显示不符合条件的符号。

（3）用复选框"Valid"（有效）和"Invalid"（无效）来选择只显示有效的符号或无效的符号（不是唯一的、不完整的符号）。

只有满足条件的数据才出现在过滤后的符号表中，几种过滤条件可以结合起来同时使用。

4. 导入与导出的符号表

执行菜单命令"符号表"→"导出"，可以导出符号表，或导出选择的若干行符号，将它们导入文本文件，用文本编辑器进行编辑。执行菜单命令"符号表"→"导入"。可以将其他应用程序生成的符号表导入当前打开的符号表。

用同样的方法，可以导入和导出某些其他编辑器的内容。

（二）程序编辑器

1. 逻辑块的组成

逻辑块包括 OB、功能块 FB、功能 FC、系统功能块 SFB 和系统功能 SF。逻辑块由变量声明表、程序指令和属性组成。在变量声明表中，用户可以设置局部变量的各种参数，例如变量的名称、数据类型、地址和注释等。在程序指令部分，用户编写能被 PLC 执行的指令代码。可以用梯形图（LAD）、功能块图（FBD）或语句表（STL）等编程语言来编写程序指令。

块属性中有块的信息，例如由系统自动输入的时间标记和存放块的路径。此外用户可以输入块的名称、符号名、版本号和块的作者等。

2．选择输入程序的方式

根据生成程序时选用的编程语言，可以用增量输入模式或源代码（文本）模式输入程序。

（1）增量编辑器。增量编辑器适用于梯形图、功能块图、语句表和 S7-Graph 等语言，这种编程模式适合于初学者。编辑器对于输入的每一行或每个元素立即进行语句检查，发现的错误用红色字符显示。只有改正了指出的错误才能完成当前的输入。

（2）源代码（文本）编辑器。源代码（文本）编辑器适用于语句表、S7-SCL、S7-HiGraph 编程语言，用源文件（文本文件）的形式生成和编辑用户程序，再将该文件编译成各种块。这种编辑方式又被称为自由编辑方式，可以快速输入程序，适用于水平较高的程序员使用。源文件用的很少。

源文件存放在项目的"S7 程序"对象下的"源文件"文件夹中，一个源文件可以包含一个块或多个块的程序代码。用文本编辑器、STL 和 SCL 来编程，生成 OB、FB、FC、DB 及 UDT（用户定义程序类型）的代码，或生成整个用户程序。CPU 的所有程序（所有的块）可以包含在一个文本文件中。

在文件中使用的符号必须在编译之前加以定义，在编译过程中编译器将报告错误。只有将源文件编译成块后，才能执行语法检查功能。

右击管理器中的"源文件"图标，执行快捷菜单命令"插入新对象"，可以生成一个新的 STL 源文件，或插入用其他文本编辑器创建的外部源文件。

（3）将已经生成的块转换成源文件。打开某个块，执行菜单命令"文件"→"生成源文件"。在出现的"新建"对话框中，可以输入源文件的名称，改变保存源文件的文件夹。单击"确定"按钮，在出现的"生成源文件"对话框中选择要转换为源文件的块。单击"确定"按钮后，选择的块被自动转换为一个源文件。

（4）将源文件编译为块。右击要编译的源文件，在出现的快捷菜单中的执行"编译"命令，可以将源文件转换为块，并保存在块文件夹中。如果源文件使用了符号地址，则应保证这些符号地址已经在符号表中定义了。

3．选择编程语言

可以执行"视图"菜单中的命令选择 3 种基本编程语言：梯形图（LAD）、语句表（STL）和功能块（FBD）。程序没有错误时，可以切换这 3 种语言。STL 编写的某个程序段不能切换为 LAD 和 FBD 时，仍然用语句表表示。此外还有 4 种作为可选软件包的编程语言：S7-SCL（结构化控制语言）、S7-Graph（顺序功能图）、S7-HiGraph（状态图）和 CFC（连续功能图）。

4．生成逻辑块

在 SIMATIC 管理器中执行菜单命令"插入"→"S7 块"，生成逻辑块。双击某个块，可打开程序编辑器。

5．网络

程序被划分为若干个网络（Network），STEP 7 的中文版将网络翻译位"程序段"。在梯形图中，每块独立电路就是一个程序段。如果在一个程序段放置一个以上的独立电路，则在编译时将会出错。执行菜单命令"插入"→"程序段"，或双击工具栏上的按钮，可以在用鼠标选中的当前程序段下面生成一个新的程序段。可以用剪贴板在块内部和块之间复制和粘贴程序段，按住"Ctrl"键，用鼠标可以同时选中多个需要同时复制的程序段。

6. 显示方式的设置

执行"视图"菜单中的"放大"和"缩小"命令，可以任意比例放大、缩小程序，使用"缩放设置"可以任意设置显示比例。

执行菜单命令"视图"→"显示方式"→"符号表达式"，菜单中该命令的左边的符号"√"消失，梯形图中的符号地址变为绝对地址。再次执行该命令，该命令左边出现"√"，又显示符号地址。执行菜单命令"视图"→"显示方式"→"符号信息"，菜单中该命令的左边出现符号"√"，在符号地址的上面出现绝对地址和符号表中的注释。再次执行该命令，该命令左边的"√"消失，只显示符号地址。

可以通过执行菜单命令"视图"→"显示方式"→"符号选择"来切换在输入地址时，是否自动显示已定义的符号列表。该命令的左边出现"√"时，表示已经激活了该功能。

7. 程序编辑器的设置

进入程序编辑器后，执行菜单命令"选项"→"自定义"打开自定义对话框，下面介绍一些常用的设置。

（1）在"常规"选项卡的"字体"区单击"选择"按钮，可以设置编辑器使用的字体和字符的大小。

（2）在"LAD/FDB"（梯形图/功能块图）选项卡中可以设置地址域宽度（即触点或绕组所占的字符数）、使用二维或三维图形、线条的宽度和颜色等。

（3）在"STL"（语句表）选项卡中可以设置程序状态监控时默认的显示内容。

（4）在"块"选项卡中可以选择生成功能模块时，是否同时生成的参考数据、功能块有无多重背景功能，还可以选择生成块时使用的编程语言。

（5）在"视图"选项卡的"块打开后的查看"区，可设置块被打开时的显示方式，例如是否显示符号信息、符号地址、块和程序段的注释等，以及创建块的语言等选项。

（三）项目管理

1. 重新组织项目

删除或重装块之后，将出现块与块之间的"间隙"，减少了可以使用的存储区。在 SIMATIC 管理器中执行菜单命令"文件"→"重新组织"，在出现的"重新组织"对话框中，选中用户项目、库、实例项目或多重项目选项卡中需要重新组织的若干个对象，减少项目/库数据所需要的存储空间。

2. 压缩项目

执行菜单命令"文件"→"归档"，在出现的"归档"对话框中，选中需要压缩的项目，单击"浏览"按钮，可以设置保存生成的压缩文件的文件夹。单击"确定"按钮后，选中的对象被压缩为"*.zip"文件。

3. 项目解压

执行菜单命令"文件"→"恢复"，可以将归档的压缩文件解压。

块比较功能可以对不同项目或同一项目、离线或在线的两个或所有的块进行比较。

在 SIMATIC 管理器中执行菜单命令"选项"→"比较块",在打开的"比较块"对话框中,可用单选框选择。

(1)"在线/离线",比较计算机与 CPU 中的同一个块。

(2)"路径 1/路径 2",分别单击两条路径的"选择"按钮,在打开的"选择"对话框选中某个项目所有的块或一个块后,单击"比较"按钮进行比较。比较所有的块时选中"包含 SDB",可比较两个项目的系统数据。比较结果在"比较块-结果"对话框中显示。

4. 复制其他项目中的块

可以用剪贴板或拖放的方法在同一个项目的两个站之间,或同时打开的两个项目之间,复制和粘贴部分块或所有的块,甚至可以复制整个站点。如果复制的块与原有的块的编号重复,则可在出现的对话框中选择覆盖原有的块或对复制的块重新命名。如果要复制的块调用了别的块,则应同时复制被调用的块,否则将会产生错误。

5. 重新布线

使用重新布线功能,可以在已编译的块或整个用户程序中更改地址。可以对 I、Q、M、T、C、FC 和 FB 重新布线。在 SIMATIC 管理器中选中单个的块或若干个块,或"块"文件夹,执行菜单命令"选项"→"重新布线",在出现的对话框中分行输入要替换的所有的旧地址和新地址,如图 3-19 所示。指定旧地址为 IW0,新地址为 IW4,点击"OK"按钮后,可将旧地址 I0.0～I1.7 分别替换为新地址 I4.0～I5.7。

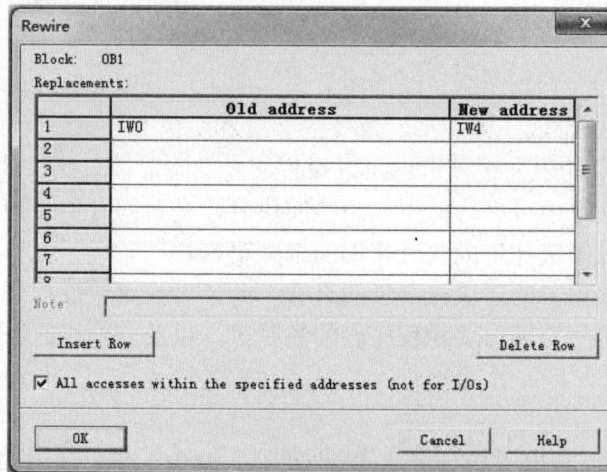

图 3-19　重新布线对话框

(四)用变量表监控程序

使用程序状态功能,可以在梯形图、功能块图或语句表程序编辑器中形象直观地监视程序的执行情况,找出程序设计中存在的问题,或运行时出现故障的原因。但是程序状态功能只能在屏幕上显示一小块程序,往往不能同时显示与某一功能有关的全部变量。

变量表可以有效地解决上述问题。使用变量表可以用一个画面同时监视和修改用户感兴趣的全部变量。一个项目可以生成多个变量表,以满足不同的调试要求。变量表可以监控和改写的变量包括过程映像输入/输出、位存储器、定时器、数据块内的存储单元和外设输入/外设输出。

1．变量表的功能

（1）监视变量，显示用户程序或 CPU 中每个变量的当前值。

（2）修改变量，将固定值赋给用户程序或 CPU 的变量。

（3）对外设输出赋值，允许在停机状态下将固定值赋给 CPU 的每一个输出 Q 点。

（4）强制变量，给某个变量赋予一个固定值，用户程序的执行不会影响被强制的变量值。

（5）定义变量被监视或赋予新值的触发点和触发条件。

2．变量表的生成

在 SIMATIC 管理器中执行菜单命令"插入"→"S7 块"→"变量表"，生成新的变量表。双击打开生成的变量表。

3．在变量表中输入变量

在第一行的"Address"（地址）列输入 IB0（见图 3-20），默认的显示格式为 HEX（十六进制）。可以在变量表的"Display format"（显示格式）列，直接输入 BIN（二进制），也可以用右击该列，在弹出的快捷菜单中执行所需要的显示格式命令。

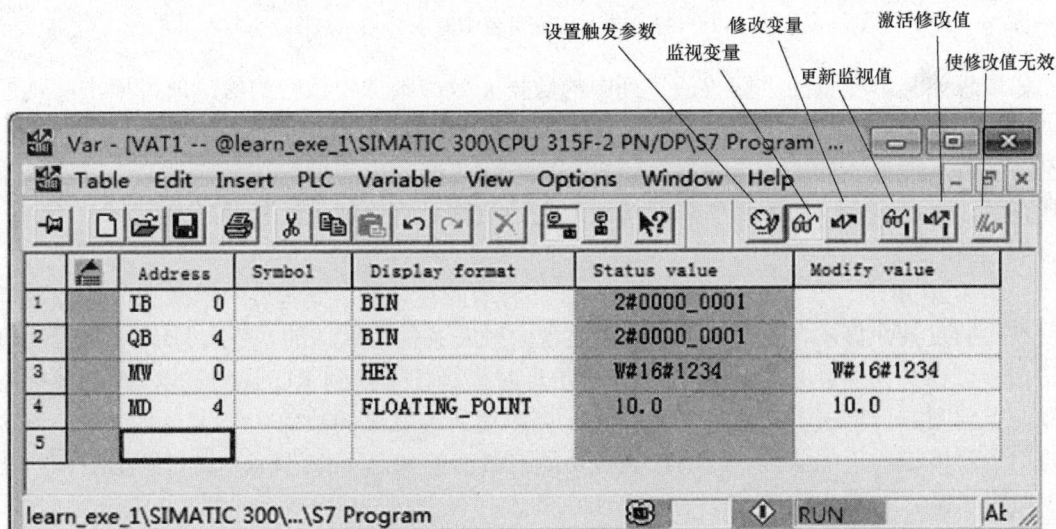

图 3-20　在变量表中输入变量示意图

用同样的方法输入图中其他需要监控的变量，例如，双字 MD4 的显示格式为浮点数。在变量表的"symbol"（符号）列输入在符号表定义过的符号，在地址列将会自动出现该符号的地址。在"Address"（地址）列输入地址，如果该地址已在符号表中定义了符号，则符号列将会自动出现它的符号。可以有选择的复制符号表中的某些地址，然后将它们粘贴到变量表。

图 3-20 的变量表用二进制格式显示 QB4，可以同时显示和分别修改 Q4.0～Q4.7 这 8 点过程映像输出位。使用这一方法，可以用字节、字或双字来监视和修改 8 位、16 位和 32 位变量。

在变量表中输入变量时，每一行输入结束时都会自动进行语法检查，不正确的输入被标为红色。如果把光标放在红色的行上，可以从状态栏读到错误的原因，按"F1"键可以得到纠正错误的信息。执行"view"（视图）菜单最上面的 9 条命令，可以打开或关闭变量表中对应的列，如图 3-21 所示。

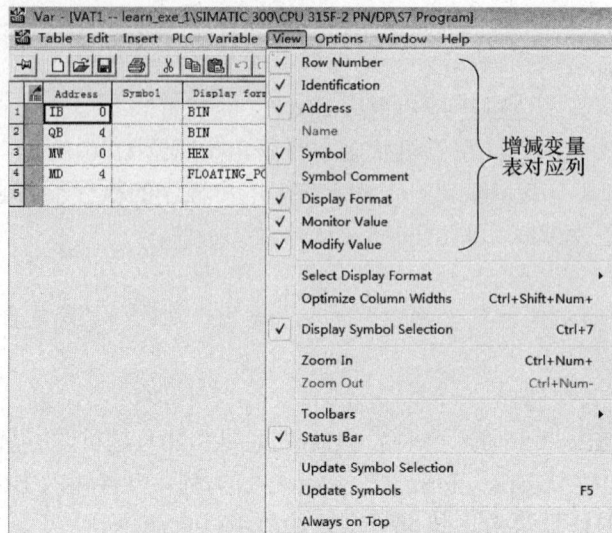

图 3-21 打开或关闭变量表中对应的列示意图

如果想使某个变量的"修改值"列中的数据无效，则选中该行的修改值，单击工具栏上的"使修改值无效"按钮，在变量的修改值或强制值左边将会自动加上注释符号"//"，表示它已经无效，变为注释了。再次执行该操作或删除"修改值"列的注释符号，可以使修改值重新有效。也可以在"修改值"列的修改值左边用键盘直接加上注释符号"//"。

4. 监视变量

如图 3-20 所示，单击工具栏上的按钮，启动监视功能。变量表中的状态值将按设置的触发点和触发条件显示在变量表中。如果监视的触发条件为默认的"每次循环"，则再次单击按钮，可以关闭监视功能。用 PLCSIM 仿真时，最好切换到 RUN-P 模式，否则某些监控功能会受到限制。单击工具栏上的按钮，可以对所选变量的数值作一次立即更新，该功能主要用于停机模式下的监控。如果在监视功能被激活的状态下按"Esc"键，则不经询问就会退出监视状态。

5. 修改变量

首先在要修改的变量的"修改数值"列输入新的变量值，单击工具栏上的"激活修改值"按钮，修改值将被立即导入 CPU。输入 BOOL 变量的修改值 0 或 1 后按"Enter"键，它们将自动变为"FALSE"（"0"状态）或"TRUE"（"1"状态）。

在程序运行时如果修改变量值出错，则可能导致人身或财产的损害。在执行修改功能前，应确认不会有危险情况出现。

在 STOP 模式修改变量时，因为没有执行用户程序，所以各变量的状态是独立的，不会互相影响。可以任意地将 I、Q、M 这些数字量设置为"1"状态或"0"状态，并且有保持功能，相当于对它们置位和复位。STOP 模式的这种变量修改功能常被用来测试数字量输出点的硬件功能是否正常，例如将某个输出点置位后，观察相应的执行机构是否动作。

在 RUN 模式修改变量时，各变量同时又受到用户程序的控制。假设用户程序运行的结果使某数字量输出点 Q 为 SIMATIC_TIME，可以按"S5T#"格式输入时间值。也可以只输入数字，例如输入"2345"按"回车"键，将显示"S5T#23S-400MS"，因为时间值只保留 3

位有效数字,所以将个位的 5 取整为 0。计数器的当前值的修改与定时器类似,例如输入"123",将显示"C#123"。输入值的上限为 C#999。

6. 定义变量表的触发方式

执行菜单命令"变量"→"触发器",在打开的对话框中可以设置监视触发点和监视的触发条件。触发点可以选择扫描循环开始、扫描循环时间结束和从 RUN 切换到 STOP。触发条件可以选择触发一次或每个循环触发。如果设置为触发一次,则单击一次变量表中的监视变量或修改变量的按钮,执行一次相应的操作。

7. 变量表应用举例

打开 PLCSIM,选中 SIMATIC 管理器左边窗口中的"块",将用户程序和系统数据下载到仿真 PLC,将仿真 PLC 切换到 RUN-P 模式。双击打开图 3-20 中的变量表,单击工具栏上的"监视变量"按钮,启动监视功能。"状态值"列显示的是 PLC 中的变量值。

将第 1 行和第 2 行的显示格式修改为二进制(BIN),在第 3 行的"修改数值"列输入字常数"W#16#1234",在第 4 行的"修改数值"列输入浮点数"10.0"。单击工具栏上的"激活修改数值"按钮,"修改数值"被写入 PLC,并在"状态值"列显示出 PLC 当前的运行状态。

如果仿真 PLC 在 RUN 模式下运行,则将"修改数值"列的值写入 PLC 时,将会出现"(DOA1)功能在当前保护级别中不被允许"的对话框,必须将仿真 PLC 切换到 RUN-P 或 STOP 模式,才能修改 PLC 中的数据。

8. 强制变量

强制用来给用户程序中的变量赋一个固定的值,这个值不会因为用户程序的执行而改变。被强制的变量只能读取,不能用写访问来改变其强制值。强制功能被用于用户程序的调试,例如用来模拟输入信号的变化。仿真软件 PLCSIM 不能对强制操作仿真,强制操作只能用于硬件 CPU。

强制操作在"强制数值"窗口中进行,执行变量表中的菜单命令"变量"→"显示强制值"打开该在线窗口。被强制的变化量和它们的强制值都显示在该窗口中。

在强制数值窗口中输入要强制的变量的地址和要强制的数值后,执行菜单命令"变量"→"强制",表中输入要强制的所有变量都被强制,强制操作一般用于系统的调试。有变量被强制时,CPU 模块的"FRCE"灯亮,以提醒操作人员及时解除强制,否则将会影响用户程序的正常运行。

使用"强制"功能时,不正确的操作可能会危及人员的生命或健康,造成设备或整个工厂的损失。关闭强制数值窗口、关闭 PLC 的电源都不能解除强制操作。强制作业只能用菜单命令"变量"→"停止强制"来删除或终止,CPU 模块上的"FRCE"灯熄灭。

(五)数据传送指令与程序状态监控

1. 装入指令与传送指令

装入(Load,L)指令和传送(Transfer,T)指令用于在存储区之间或存储区与过程输入、过程输出之间交换数据。装入指令指将源操作数(字节、字或双字)装入累加器 1,在此之前,累加器 1 原有的数据将被自动移入累加器 2。数据长度小于 32 位时,被装入的数据放在累加器的低端,其余的高位字节填 0。

传送指令将累加器 1 的内容写入目的存储区,累加器 1 的内容不变。被复制的数据字节数取决于目的地址的数据长度。数据从累加器 1 传送到外设输出区 PQ 的同时,也被传送到相应的过程映像输出区（Q 区）。表 3-7 是部分装入指令与传送指令。

表 3-7 装入指令与传送指令

指　　令	意　　义
L<地址>	装入指令，将数据装入累加器 1，累加器 1 中原有的数据被移入累加器 2
T<地址>	传送指令，将累加器 1 的内容写入目的存储区，累加器 1 中原有的数据不变
L STW	将状态字装入累加器 1
T STW	将累加器 1 中的内容传送到状态字

L、T 指令的执行与状态位无关，也不会影响到状态位。S7-300 不能用 L STW 指令装入状态字中的 FC、STA、和 OR 位。

2. 语句表程序状态监控

生成一个项目，打开 OB1，执行菜单命令"视图"→"STL"，切换到语句表方式，输入图 3-22 左边的语句表程序。其中的指令"+I"指将累加器 1 和累加器中的 16 位整数相加，结果存储在累加器 1 中。打开 PLCSIM，生成 MW2、MW4 和 MW6 的视图对象。将 OB1 下载到仿真 PLC 中，将仿真 PLC 切换到 RUN-P 模式。分别将 300 和 500 输入 MW2 和 MW4 的视图对象中。

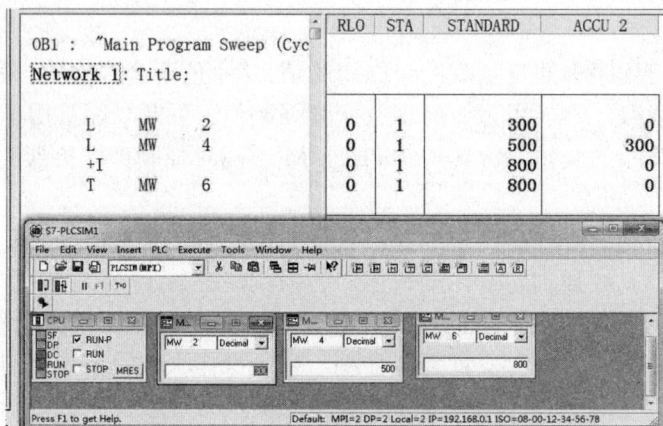

图 3-22　语句表程序状态监控示意图

打开 OB1，单击工具栏上的按钮，启动程序状态监控功能，图 3-22 程序区右边窗口显示指令执行的监控信息，被称为状态域。图中的 RLO 和 STA 是状态字中的两位。STANDARD 是累加器 1，默认的显示方式为十六进制数。刚开始启动监控时没有 ACCU 2（累加器）列。

右击 STANDARD 所在的表头（见图 3-22），执行快捷菜单中的"表达式"→"十进制"命令，改用十进制数显示累加器 1 的值。在快捷菜单中，累加器 1 被称为"默认状态"。

执行快捷菜单中的"显示"→"累加器 2"命令，添加累加器 2（ACUU 2）列。

右击 STA 列，执行快捷菜单中的"隐藏"命令，使该列消失。

从图 3-22 可以看出，执行第一条 L 指令后，MW2 中的 300 被装入累加器 1，执行第二条指令后，累加器中的 300 被传送到累加器 2，MW4 中的 500 被装入累加器 1。执行"+I"指令后，累加器 1 和累加器 2 的低位字中的数据相加，运算结果 800 在累加器 1 中，累加器

2 被清零。执行 T 指令后，累加器 1 中的 800 被传送到 MW6，累加器中的数据保持不变。

在程序编辑器中执行菜单命令"选项"→"自定义"，打开"自定义"对话框的 STL 选项卡，可以设置默认的监视内容。

3. 梯形图的传送指令

梯形图的传送指令只有一条 MOVE 指令（见图 3-23），它直接将源数据 IN 传送到目的地址 OUT，不需经过累加器转移。输入变量和输出变量可以是 8 位、16 位或 32 位的基本数据类型。同一条指令的输入变量和输出变量的数据类型可以不相同。如果将 MW10 的数据传送到 MB6，且 MW10 中的数据超过 255 位，则只是将 MW10 的低位字节（MB11）中的数据传送到 MB6，应避免出现这种状情况。

4. 梯形图程序状态的显示

梯形图（LAD）和功能块（FBD）用较粗较浅的连续线来表示状态满足，即有"电流"流过，见图 3-23 中较粗较浅的连续线；用蓝色点状细线表示状态不满足，没有"电流"流过；用黑色连续线表示状态未知。

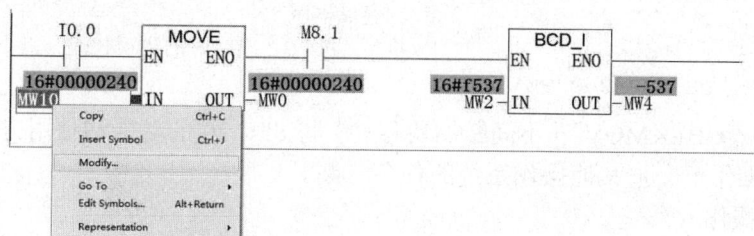

图 3-23　梯形图程序状态修改数据值示意图

进入程序状态之前，梯形图中的线和元件因为状态未知，全部为黑色。启动程序状态监控后，从梯形图左侧垂直的"电源"线开始的连线均为绿色，表示有"电流"从"电源"线流出。有"电流"流过的方框指令、绕组、连接线和处于闭合状态的触点均用绿色表示。

如果有电流流入指令框的使能输入端 EN，则该指令被执行。如果指令框的使能输出端 ENO 接有后续元件，有"电流"从它的 ENO 端流到与它相连的元件，则该指令框位绿色。如果 ENO 端未接后续元件，则该指令框和 ENO 输出线均为黑色。

如果 CALL 指令成功地调用了逻辑块，则 CALL 绕组为绿色。如果跳转条件满足，跳转被执行，则跳转绕组为黑色。被跳过的程序段的指令没有被执行，这些程序段的梯形图为黑色。

梯形图中加粗的字体显示的参数值是当前值，细体字显示的参数值来自以前的循环，即该程序区在当前扫描循环中未被处理。

用鼠标右击图 3-23 中显示的数据，执行快捷菜单命令"表达式"，可以将默认的十六进制显示方式改为十进制。BCD_I 指令采用默认的"自动"显示方式，输入变量 IN 和输出变量 OUT 的显示格式分别为十六进制和十进制。

首先选中图 3-23 中的 MW10，然后右击它，执行快捷菜单命令"修改"，可以在出现的对话框中修改 MW10 的值。选中图中的 M8.1，然后右击它，执行快捷菜单中的命令"修改为 0"和"修改为 1"修改它的值。也可以用上述的方法修改语句表程序状态中的变量值。

5. 用于数据区传送的系统功能

（1）使用 SFC 20 "BLKMOV"（块移动），可将源存储区的内容复制到目标存储区。源区域与目标区域不能交叉。

输入程序时，将程序编辑器左边窗口的文件夹"\库\Standard Library\System Function Blocks"中的 SFC20"拖放"到右边窗口的程序段中，将会自动生成调用 SFC 20 的 CALL 指令，"：＝"号之前是 SFC 的形式参数（形参），在"：＝"号的后面输入各形参的实际参数（实参），"//"号的右边是对该行指令的注释。

```
CALL "BLKMOV"                    //调用 SFC 20
 SRCBLK:=P#M 54.0 BYTE 20        //源存储器区，MB54 开始的 20 个字节
 RET_VAL:=MW12                   //执行 SFC 20 出错时的错误代码
 DSTBLK:=P#DB2.DBX0.0 BYTE 20    //目标存储区，DB2.DBB0 开始的 20 个字节
```

（2）使用 SFC 21"FILL"，可以将源数据区的数据填充到目标数据区。假设 MB20 和 MB21 的值为 7 和 5，执行下面的程序后 DB 2 的 DBB30～DBB34 的值分别为 7、5、7、5、7。源区域与目标区域不能交叉。

```
CALL  "FILL"                     //调用 SFC 21
BVAL:=P#M20.0 BYTE 2             //源存储器区
RET_VAL:=MW12                    //执行 SFC 21 出错时的错误代码
BLK:=P#DB2. DB X30.0 BYTE 5      //目标存储器
```

（3）SFC 81"UBLKMOV"（不间断的块移动）与 SFC 20 的功能和使用方法基本上相同，SFC 81 的复制操作不会被其他操作系统的任务打断。

（六）在线操作

打开 STEP 7 的 SIMATIC 管理器时，建立的是离线窗口，看到的是计算机硬盘上的项目信息。"块"文件夹包含硬件组态时产生的系统数据和用户生成的块。被用户程序调用的 SFB 和 SFC 将自动地出现在"块"文件夹中。

1. 建立在线连接

下面的操作需要在编程设备和 PLC 之间建立在线连接：下载 S7 用户程序或块、从 PLC 上传程序到计算机；测试用户程序；比较在线和离线的块；显示和改变 CPU 的操作模式；为 CPU 设置时间和日期；显示模块信息和硬件诊断。

为了建立在线连接，必须用通信硬件（例如 MPI/USB 适配器或 CP 5611）和电缆连接计算机和 PLC，然后通过在线（ONLINE）的项目窗口或"可访问的节点"窗口访问 PLC。

如果用 PLCSIM 仿真，打开 PLCSIM 后，STEP 7 和仿真 PLC 之间的连接被自动建立。

（1）通过在线的项目窗口建立在线连接。如果在 step 7 的项目中有已经组态的 PLC，可以选择以下方法。

单击 SIMATIC 管理器工具栏上的在线按钮，打开在线窗口（见图 3-24）。该窗口最上面的标题栏出现蓝色背景的长条，表示在线。如果选中管理器左边窗口中的"块"，右边的窗口将会出现 CPU 集成的大量的系统功能块 SFB、系统功能 SFC，以及已经下载到 CPU 的系统数据和用户编写的块。SFB 和 SFC 在 CPU 的操作系统中，无须下载，也不能用编程软件删除。在线窗口显示的是通过通信得到的 PLC 中的块，而离线窗口显示的是计算机中的块。

打开在线窗口后，可以单击管理器工具栏上的按钮和按钮，或者执行"窗口"菜单中的命令来切换在线窗口和离线窗口。单击右上角的按钮，关闭在线窗口后，离线窗口仍然存在。打开在线窗口后，执行菜单命令"窗口"→"排列"→"水平"，将会同时显示在线

窗口和离线窗口。可以用拖放的方法，将离线窗口中的块拖到在线窗口的块工作区（下载块），也可以将在线窗口中的块拖到离线窗口的块工作区（上传块）。

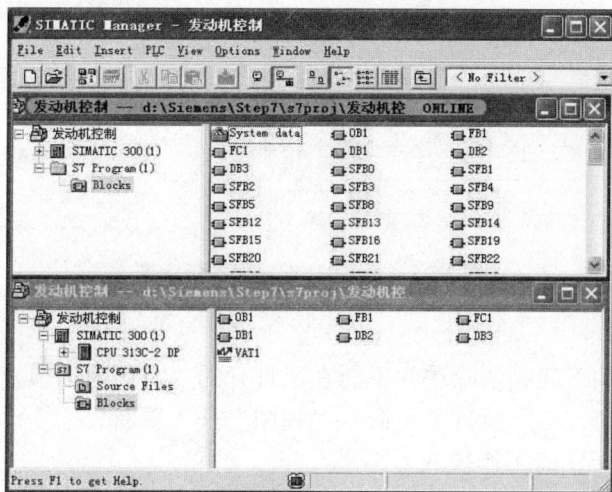

图 3-24　SIMATIC Manager 的在线/离线视图

如果 PLC 与 STEP 7 中的程序和组态数据是一致的，则在线窗口显示的是 PLC 与 STEP 7 中的数据的组合，例如在线打开 S7 块，将显示来自 CPU 的块的指令代码部分，以及来自编程计算机数据库的注释和符号。

用 CPU 的模块选择开关不能删除下载到 MMC 的系统数据和程序。为了完成上述操作，应首先建立好 PLC 与计算机之间的通信连接，单击 SIMATIC 管理器工具栏上的在线按钮 🖥️，打开在线视图，选中块文件夹中需要删除的块，按计算机的"Delete"键删除它们。

（2）通过"可访问的节点"窗口建立在线连接。单击 SIMATIC 管理器工具栏上的 🖳 按钮，打开"可访问的节点"窗口，用"可访问的节点"对象显示网络中所有可访问的可编程模块。如果编程设备中没有关于 PLC 的项目数据，则可以选择这种方式。那些不能用 STEP 7 编程的站（例如编程设备或操作面板）也能显示出来。

如果没有通过项目结构，而是直接打开连接的 CPU 中的块，则显示的程序没有符号和注释，因为在下载时没有下载符号和注释。

2. 访问 PLC 的口令保护

使用口令保护可以保护 CPU 的用户程序和数据，未经授权不能改变它们（即有写保护），还可以用"口令保护"来保护用户程序的编程专利，对在线功能的保护可以防止可能对控制过程的人为干扰。保护级别和口令可以在 CPU 属性对话框的"保护"选项卡中设置（见图 3-25），需要事先将它们下载到 CPU 模块。

设置了口令后，执行在线功能时，将会显示出"输入口令"对话框。如输入的口令正确，就可以访问该模块，此时可以与被保护的模块建立在线连接，并执行属于指定的保护级别的在线功能。执行 SIMATIC 管理器的菜单命令"PLC"→"访问权限"→"设置"，在出现的"输入口令"对话框输入口令，以后进行在线访问操作时，将不再询问。输入的口令将一直有效，直到 SIMATIC 管理器被关闭。可通过执行菜单"PLC"→"访问权限"中的命令来取消口令。

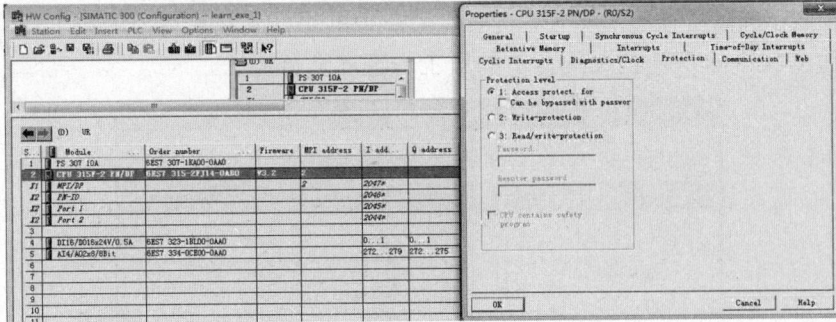

图 3-25　对 CPU 设置保护示意图

3．更新窗口内容

用户的操作（例如下载或删除块）不会在已打开的"可访问的节点"窗口中自动刷新。要更新一个打开的窗口，必须执行菜单命令"视图"→"更新"。

4．显示与改变 CPU 的工作模式

进入在线状态后，选中 SIMATIC 管理器左边的树形结构中的某个站，然后执行菜单命令"PLC"→"诊断/设置"→"工作模式"，打开的"工作模式"对话框显示当前和上一次的工作模式，以及 CPU 模块当前的模式选择状态。可以用对话框中的启动按钮和停止按钮改变 CPU 的工作模式。

5．显示与设置时间和日期

显示与设置时间和日期的操作条件与显示和改变工作模式的相同，执行菜单命令"PLC"→"诊断/设置"→"设置时钟"，在打开的对话框中，"PG/PC 时间"和"模块时间"分别是编程设备/计算机和 CPU 模块中当前的日期和时间。

如果启用复选框"来自 PG/PC"，则 CPU 将接收 PG/PC 的时间和日期。反之，可以在"日期"和"时间"栏中输入新的值，单击"应用"按钮确认。

6．压缩用户存储器（RAM）

删除或重装块之后，用户存储器（装载存储器和工作存储器）内将出现块与块之间的"间隙"，减少了可用的存储区。用压缩功能，可以将现有的块在用户存储器中无间隙地重新排列，同时产生一个连续的存储区间。

在 STOP 模式下压缩存储器才能去掉所有的间隙。在 RUN-P 模式时，因为当前正在处理的块被打开而不能在存储器中移动。RUN 模式有写保护功能，不能执行压缩功能。

有以下两种压缩用户存储器的方法。

（1）在下载程序时，如果没有足够的存储空间，则会出现一个对话框报告这个错误。可以单击对话框中的"压缩"按钮压缩存储器。

（2）进入在线状态后，打开 HW Config 窗口，双击 CPU 模块，打开 CPU 模块的"模块信息"对话框，单击"存储器"选项卡中的"压缩"按钮。

7．下载用户程序和系统数据

将用户程序和系统数据下载到硬件 PLC 之前，计算机与 CPU 之间必须建立起连接，保证 STEP 7 可以访问 PLC，CPU 应处于允许下载的 STOP 或 RUN-P 模式。

若果在 RUN-P 模式下载程序，则可能会出现块与块之间的时间冲突或不一致性，运行时

CPU 会进入 STOP 模式，因此建议在 STOP 模式下载。

在保存块或下载块时，STEP 7 首先进行语法检查。错误种类、出错的原因和错误在程序中的位置都显示在对话框中，在下载或保存块之前应改正这些错误。如果没有发现语法错误，则块将被编译成机器码并保存或下载。建议在下载块之前，首先保存块。

下载用户程序之前应清除 CPU 中原有的用户程序。可以用在线窗口删除下载到 CPU 中的原有逻辑块和数据块。不能删除固化在 CPU 中的系统功能 SFC 和系统功能块 SFB。

单击工具栏上的下载按钮 ，可以在 SIMATIC 管理器中下载所有的块、选中的部分块或整个站，也可以在程序编辑器中下载当前打开的块，或者在硬件组态、网络组态视图中下载组态数据。

实训项目 1　位逻辑指令的应用

位逻辑指令使用 1 和 0 两个数字，用于 BOOL（布尔）变量（二进制位）的逻辑运算。将 1 和 0 两个数字称为二进制数字或位。在触点和绕组中，1 表示激活状态，0 表示未激活状态。见表 3-8 和表 3-9。

表 3-8　　　　　　　　　　　　　　　常用的位逻辑梯形图指令

指　　令	描　　述	指　　令	描　　述
—┤├—	动合触点（地址）	—(N)—	RLO 下降沿检测触点
—┤/├—	动断触点（地址）	—(P)—	RLO 上升沿检测触点
—( )—	输出绕组	NEG　Q —M_BIT	NEG，地址下降沿检测
—│NOT│—	能流取反	POS　Q —M_BIT	POS，地址上升沿检测
—(#)—	中间输出	RS　Q —R —S	RS 置位优先型 RS 触发器
—(S)—	置位绕组	SR　Q —S —R	SR 复位优先型 SR 触发器
—(R)—	复位绕组		

表 3-9　　　　　　　　　　　　　　　常用的位逻辑语句表指令

指令	描　　述	指令	描　　述
A	AND，逻辑"与"，电路或动合触点串联	A（	逻辑"与"加左括号
AN	AND NOT，逻辑"与非"，动断触点串联	AN（	逻辑"与非"加左括号
O	OR，逻辑"或"，电路或动合触点并联	O（	逻辑"或"加左括号
ON	OR NOT，逻辑"或非"，动断触点并联	ON（	逻辑"或非"加左括号
X	XOR，逻辑"异或"	X（	逻辑"异或"加左括号
XN	XOR NOT，逻辑"异或非"	XN（	逻辑"异或非"加左括号

续表

指令	描 述	指令	描 述
）	右括号	SET	将 RLO 设置为"1"
＝	赋值，对应于梯形图中的绕组	CLR	将 RLO 复位为"0"
R	RESET，复位指定的位或定时器、计数器	SAVE	将状态字中的 RLO 保存到 BR 位
S	SET，置位指定的位或设置计数器的预置值	FN	下降沿检测
NOT	将 RLO 取反	FP	上升沿检测

位逻辑指令对 1 和 0 信号状态加以解释，并按照布尔逻辑组合它们。这些组合会产生由 1 或 0 组成的结果，被称作"逻辑运算结果"（Result of Logic Operation，RLO）。

1. 常用的位逻辑指令

（1）触点与绕组指令。

1）动合触点、动断触点、输出绕组。在语句表中，用 A（AND，"与"）指令来表示动合触点或电路的串联。用 O（OR，或）指令来表示动合触点或电路的并联。触点指令中变量的数据类型为 BOOL 型，变量为"1"状态时，动合触点闭合，动断触点断开。

在语句表中，用 AN（AND NOT，"与非"）指令来表示串联的动断触点，用 ON（OR NOT，"或非"）指令来表示并联的动断触点，触点符号中间的"/"表示动断。动断触点对应的地址位为"0"状态时，该触点闭合。

在语句表中，赋值指令"＝"将逻辑运算结果 RLO 写入地址位，赋值指令与输出绕组相对应。驱动绕组的触点电路接通时，有"能流"流过线圈，RLO 为"1"，对应的地址位为"1"状态；反之则 RLO 为"0"，对应的地址位为"0"状态。绕组应放在程序段的最右边。

动合触点、动断触点、输出绕组梯形图符号：—| |—、—| / |—和—( )—。

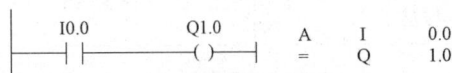

【例】 如图 3-26 所示，当触点 I0.0 接通，其右端 RLO 为"1"，有"能流"流出至 Q1.0，则 Q1.0 的绕组通电。而当 I0.0 断开时，其右端 RLO 为"0"，该触点没有"能流"流出，Q1.0 的绕组断电。逻辑运算表达式可表示为 Q1.0＝I1.0。

```
      I0.0        Q1.0          A    I    0.0
   ——| |—————————( )—          =    Q    1.0
```

图 3-26 触点与绕组串联的梯形图和语句表程序

【例】 图 3-27 中的电路逻辑运算表达式为 $(I0.0 * \overline{I0.1} + I0.2) * \overline{I0.3} = Q4.4$，图的右边是用 STEP 7 转换得到的对应的语句表。从这个例子可以看出逻辑运算表达式与语句表程序之间的关系。

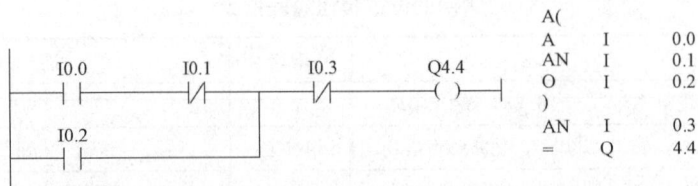

```
      I0.0      I0.1       I0.3       Q4.4        A(
   ——| |———————| / |———————| |————————( )—        A    I    0.0
                                                  AN   I    0.1
                                                  O    I    0.2
      I0.2                                         )
   ——| |——                                        AN   I    0.3
                                                  =    Q    4.4
```

图 3-27 触点与绕组能流取反的梯形图和语句表程序

2）能流取反触点。能流取反触点的中间标有"NOT"，用来将它左边电路的逻辑运算结果（RLO）取反，运算结果若为"1"则变为"0"，若为"0"则变为"1"。

符号：─┤NOT├─。

【例】　图 3-28 中的电路逻辑运算表达式为 $\overline{(I0.0+I0.1)}$＝Q4.0，图的右边是用 STEP 7 转换得到的对应的语句表。

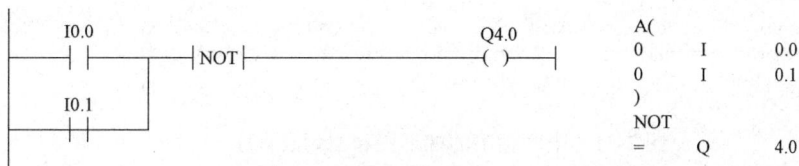

```
        I0.0                         Q4.0         A(
        ─┤├─────────┤NOT├────────( )──           0      I      0.0
        I0.1                                      0      I      0.1
        ─┤├─                                      )
                                                  NOT
                                                  =      Q      4.0
```

图 3-28　能流取反的梯形图和语句表程序

3）电路块的串联和并联。触点的串并联指令只能将单个触电与其他触点电路串并联。要想将图 3-29 中的两条串联电路并联，需要在两个串联电路块对应的指令之间使用没有地址的逻辑或指令。图 3-29 的逻辑运算对应的逻辑表达式为 M1.3＊$\overline{M4.5}$＋M1.3＊I2.6＝Q5.2，表达式中的上划线表示取反（"非"运算），对应于动断触电。逻辑运算的规则是先"与"后"或"。

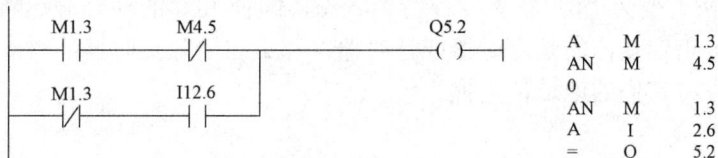

```
        M1.3      M4.5                   Q5.2         A     M     1.3
        ─┤├───────┤/├──────────────( )──              AN    M     4.5
        M1.3      I12.6                               0
        ─┤├───────┤├─                                 AN    M     1.3
                                                      A     I     2.6
                                                      =     Q     5.2
```

图 3-29　电路块的并联

图 3-30 中程序的逻辑表达式为 $(I0.3+\overline{I2.4})\ast(\overline{I5.4}+I3.5)$＝Q5.0，因为该电路要求先作"或"运算，后作"与"运算，所以用括号将"或"运算括起来，括号中的运算是优先处理的。在左括号之前使用 A 指令，就像对单独的触点使用 A 指令一样。

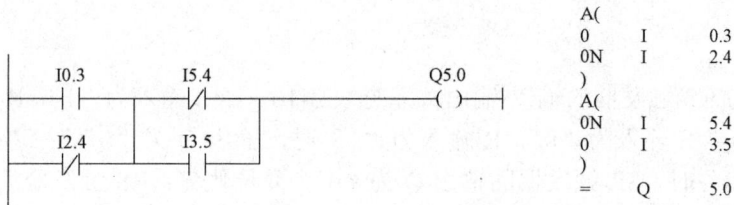

```
                                                      A(
                                                      0      I      0.3
                                                      0N     I      2.4
        I0.3      I5.4                   Q5.0          )
        ─┤├───────┤/├──────────────( )──              A(
        I2.4      I3.5                                 0N     I      5.4
        ─┤/├──────┤├─                                  0      I      3.5
                                                       )
                                                       =      Q      5.0
```

图 3-30　电路块的串联

电路块用括号括起来后，在括号之前可以使用 A、AN、O、ON、X 和 XN 指令。

4）中间输出。

符号：─(#)─。

中间标有"#"号的中间输出绕组是一种中间分配单元，用该元件指定的地址来保存它左边电路的逻辑运算（RLO），它与其他触点串联（见图 3-31），并不影响能流的流动。中间输出只能放在梯形图的中间，不能接在左侧的垂直线"电源线"上，也不能放在最右端电路结束的位置。图 3-31 的右边是程序段 1 对应的语句表程序。

当接通 I0.0 和 I0.1 的触点组成的串联电路时，中间输出绕组通电。因为它对应的 M1.2

变为"1"状态，程序 2 中 M1.2 的动合触点闭合。断开 I0.0 和 I0.1 的触点组成的串联电路，中间输出绕组断电，M1.2 的动合触点断开。

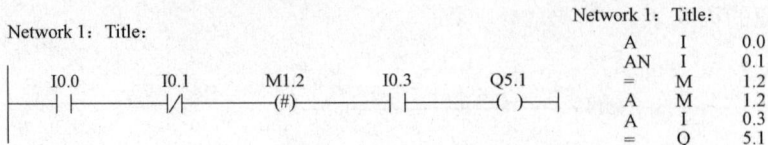

Network 1：Title:

| I0.0 | I0.1 | M1.2 | I0.3 | Q5.1 |

```
Network 1：Title:
A    I    0.0
AN   I    0.1
=    M    1.2
A    M    1.2
A    I    0.3
=    Q    5.1
```

图 3-31　中间输出的梯形图和语句表程序

5）置位/复位绕组。

符号：—(S)、—(R)。

S（Set，置位）指令将指定的地址置位（变为"1"状态并保持）。图 3-32 中 I0.0 的动合触点闭合时，Q4.0 变为"1"状态并保持该状态，即使 I0.0 的动合触点断开，Q4.0 仍然保持"1"状态。

R（Reset，置位）指令将指定的地址复位（变为"0"状态并保持）。图 3-32 中 I0.0 的动合触点闭合时，Q4.1 变为"0"状态并保持该状态，即使 I0.0 的动合触点断开，它仍然保持"0"状态。如果被指定复位的是定时器或计时器，那么将清除定时器的时间剩余值或计数器的计数当前值，并将它们的地址位复位。

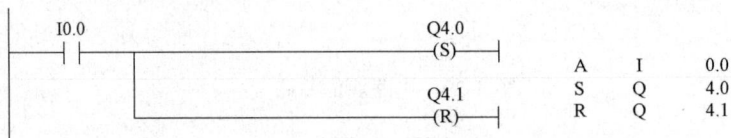

```
I0.0              Q4.0
 | |             —(S)—          A    I    0.0
                  Q4.1          S    Q    4.0
                 —(R)—          R    Q    4.1
```

图 3-32　置位/复位的梯形图和语句表程序

（2）SR 触发器/RS 触发器。

符号：SR 触发器（S Q R）、RS 触发器（R Q S）。

SR 触发器与 RS 触发器的输入/输出关系见表 3-10，当 S 输入为"1"，R 输入为"0"时，输出 Q 为"1"；当 S 输入为"0"，R 输入为"1"时，输出 Q 为"0"。二者的区别在于当 S 和 R 输入均为"1"时，SR 触发器的输出 Q 为"0"，复位优先；RS 触发器的输出 Q 为"1"，置位优先（见表 3-10）。RS 触发器/SR 触发器的梯形图和语句表程序如图 3-33 所示。

表 3-10　　　　　　　　　　　　　输 入 输 出 关 系 表

SR 触发器			RS 触发器		
S	R	Q	S	R	Q
0	0	不变	0	0	不变
0	1	0	0	1	0
1	0	1	1	0	1
1	1	0	1	1	1

Network 1：Title：

```
         M0.0
          SR
I0.0   ┌─────────┐
──┤├───┤S      Q├────
       │         │
I0.1 ──┤R        │
       └─────────┘
```

Network 1：Title：
```
A    I    0.0
S    M    0.0
A    I    0.1
R    M    0.0
NOP  0
```

Network 2：Title：

```
         M0.1
          SR
I0.2   ┌─────────┐
──┤├───┤S      Q├────
       │         │
I0.3 ──┤R        │
       └─────────┘
```

Network 2：Title：
```
A    I    0.2
S    M    0.1
A    I    0.3
R    M    0.1
NOP  0
```

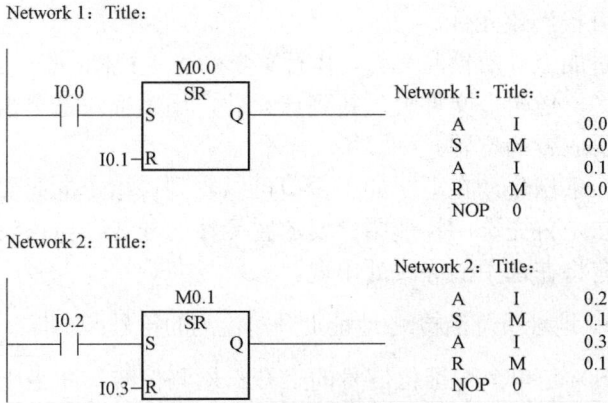

图 3-33　RS 触发器/SR 触发器的梯形图和语句表程序

（3）RLO 边沿检测指令。

RLO 下边沿检测/RLO 上边沿检测的符号：—(N)—、—(P)—。

在图 3-34 梯形图中，当 I0.0 触点由断开变为闭合时，中间标有"P"的 M0.0 上升沿检测元件，检测到一次正跳变（即波形的上升沿），"能流"在一个扫描周期内流过该检测元件，M0.0 的绕组仅在这一个扫描周期内"通电"。

I0.1 触点由闭合变为断开时，中间标有"N"的检测元件 M0.1，检测到一次负跳变（即波形的下降沿），"能流"只在一个扫描周期内流过此检测元件，M0.1 的绕组仅在这一个扫描周期内"通电"。

图 3-34（c）是有关信号的时序图，高电平表示"1"状态，低电平表示 0 状态。M0.0 和 M0.1 的脉冲宽度只有一个扫描循环周期。

因为脉冲宽度太窄，并且 PLC 与计算机之间的数据传送是周期性的，用程序状态监控功能不一定能看到流过 M0.0 和 M0.1 的绕组和触点的"能流"的快速闪动。

图 3-34（b）是对应的语句表程序，语句表中正/负跳变指令的助记符分别是 FP（Positive RLO Edge，RLO 的上升沿）和 FN（Negative RLO Edge，RLO 的下降沿）。

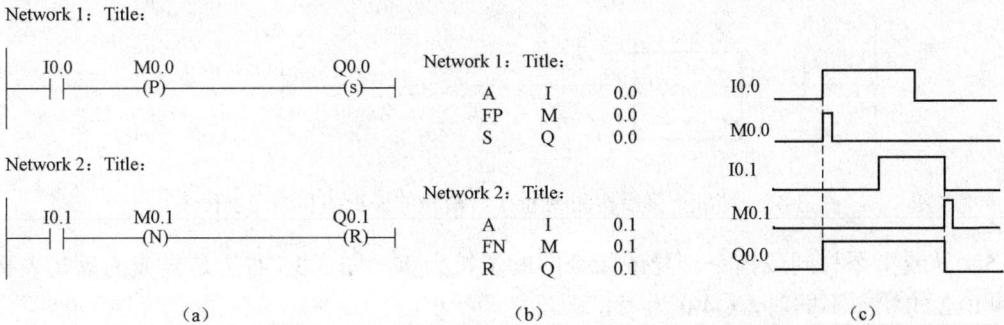

Network 1：Title：

```
I0.0    M0.0              Q0.0
──┤├─────(P)──────────────(s)──

Network 1：Title：
A    I    0.0
FP   M    0.0
S    Q    0.0
```

Network 2：Title：

```
I0.1    M0.1              Q0.1
──┤├─────(N)──────────────(R)──

Network 2：Title：
A    I    0.1
FN   M    0.1
R    Q    0.1
```

（a）　　　　　　　　（b）　　　　　　　　（c）

图 3-34　边沿检测的梯形图、语句表程序和时序图
（a）梯形图；（b）语句表；（c）时序图

为了在梯形图中添加动合触点、动断触点和绕组之外的元件，例如图 3-34 中的上升沿检测元件，单击工具栏上的 ▣ 按钮，在输入框中输入"P"，或者向下拉动滚动条中的滑块，双

击指令列表中的"P",即可找到该元件。

也可以用另一种方法添加上升沿检测元件,执行菜单命令"视图"→"总览",显示出指令列表窗口。打开其中的"位逻辑"文件夹,找到该元件,用鼠标左键单击并按住此图标,将它"拖"到梯形图中需要放置的位置。

选中指令列表中的某一条指令,在下面的小窗口可以看到该指令的简要说明。

放置元件的另一种方法是首先选中梯形图中要放置元件的导线,当该段导线变粗时双击指令列表中的原件图标,它将在选中的导线处出现。

（4）地址边沿检测指令。地址下降沿检测/地址上升沿检测的符号:

地址上升沿检测（POS）是单个地址位信号的上升沿检测信号,相当于一个动合触点。如果图 3-35 中的 I0.0 接通且 I1.2 由"0"状态变为"1"状态（即 I1.2 的上升沿）,则 POS指令等效于动合触点闭合,其 Q 输出端在一个扫描循环周期内有"能流"输出,Q0.0 接通变为"1"状态。

图 3-35 中的 M10.0 为边沿存储位,用来存储上一次扫描循环时 I0.2 的状态。图 3-35 的右边是梯形图对应的语句表程序,其中的 BLD 100 是空操作指令,它是在梯形图切换到语句表时自动生成的,它并不执行什么操作,但是与梯形图的显示有关。

地址下降沿检测（NEG）是单个地址位信号的下降沿检测指令,相当于一个动合触点。如果图 3-35 中的 I0.1 接通且 I0.3 由"1"状态变为"0"状态（即输入信号 I0.3 的下降沿）,NEG 指令等效于动合触点闭合,Q 输出端在一个扫描循环周期内有"能流"输出,Q0.1 接通变为"1"状态。M10.1 为边沿存储位。

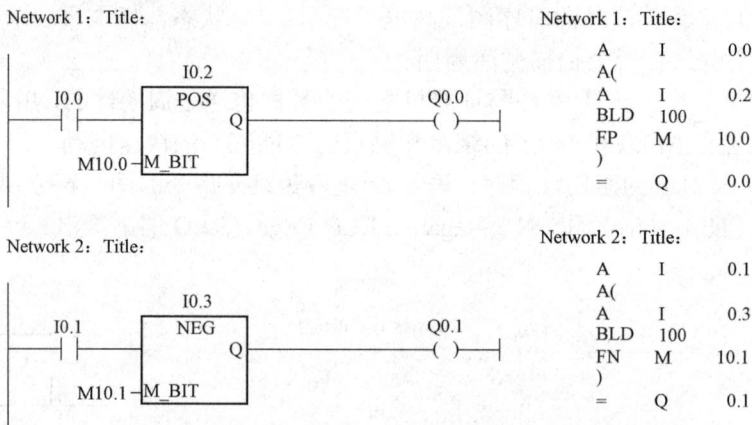

图 3-35　地址下降沿检测/地址上升沿检的梯形图和语句表程序

（5）异或指令与同或指令。异或指令的助记符为 X,图 3-36 右边是异或的语句表指令。I0.0 和 I0.2 的状态不同时,Q4.0 为"1",反之为"0"。

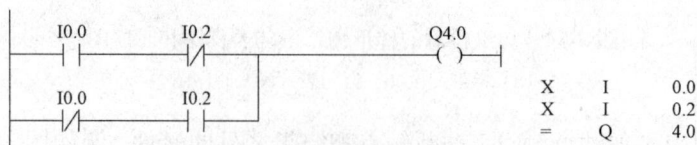

图 3-36　异或指令

同或指令的助记符为 XN，图 3-37 右边是同或的语句表指令。I0.0 和 I0.2 的状态相同时，Q4.1 为 "1"，反之为 "0"。实际上很少使用异或指令和同或指令。

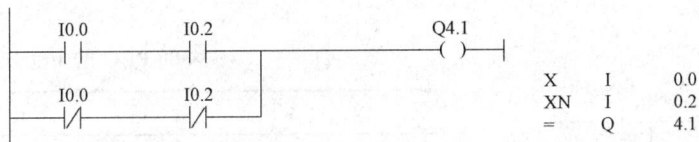

```
                            X    I    0.0
                            XN   I    0.2
                            =    Q    4.1
```

图 3-37　同或指令

（6）将 RLO 保存在 BR 位。SAVE 指令将 RLO 保存到状态字的 BR 位，在下一个程序段中，BR 位的状态将参加 "与" 逻辑运算。在退出逻辑块之前通过使用 SAVE 指令，使 BR 位对应的使能输出 ENO 被设置为 RLO 位的值，可以用于块的错误检测。

（7）SET 与 CLR。SET 与 CLR（Clear）指令无条件地将 RLO（逻辑运算结果）置位或复位，紧接在它们后面的赋值指令中的地址将变为 "1" 状态或 "0" 状态。在初始化组织块 OB100 中，可以用下面的程序将位变量初始化。

```
SET                        //将 RLO 置位
=M      0.2                //M0.2 被初始化为 "1" 状态
CLR                        //将 RLO 复位
=Q      4.7                //Q4.7 被初始化为 "0" 状态
```

2. 位逻辑指令应用举例

【例】电动机单向旋转控制。

答： 采用继电器—接触器控制电路实现电动机单向旋转，电路原理图如图 3-38 所示，既可实现电动机连续运转又可实现点动控制的电路。其中 SB1 为连续运转启动按钮，SB2 为点动选择开关，利用 SB2 的动断触点来断开自保电路实现点动运行，SB0 为停止按钮。

当按下连续运转启动按钮 SB1 时，接触器 KM "得电" 并自保，电动机单向旋转。当按下停止按钮 SB0 时，电动机停止运行。当需要点动运行时，断开点动选择开关 SB2，断开自保电路，通过 SB1 按钮实现点动运行。

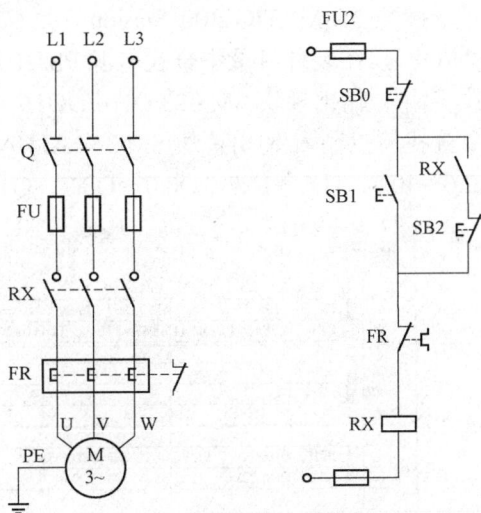

图 3-38　电动机单向旋转控制电路的原理图

由热继电器 FR 可实现电动机的过负荷保护，当电动机出现长期过负荷时，串联在电动机的定子电路中的发热元件使双金属片受热弯曲，串接在控制电路中的动断触点 FR 断开，接触器 KM 失电，电动机断开电源，实现过负荷保护。

（1）硬件配置。采用 S7-300 PLC 实现对电动机单向旋转的控制，主电路不变，控制电路 PLC 的电源选 PS 307 10A 并将其插入 1 号槽；CPU 选 CPU 315F-2PN/DP 并将其插入 2 号槽；数字输入/输出模块选 SM 323 DI16/DO16×DC24V/0.5A 并将其插入 4 号槽；模拟输入/输出模块选 SM 334 AI4/AO2×8/8Bit 并将其插入 5 号槽。电动机单向旋转控制 PLC 的 I/O 接线图如图 3-39 所示，S7-300 PLC I/O 分配表如表 3-11 所示。图 3-39 中 SB0 为电动机连续运行停止按钮，SB1 为连续运行启动按钮，SB2 为点动选择开关，FR 为过负荷保护热继电器动断触点。

图 3-39　电动机单向旋转 PLC 的 I/O 接线图

表 3-11　　　　　　S7-300 PLC 的 I/O 分配表

输入设备	输入地址	输出设备	输出地址
停止按钮 SB0	I0.0	主接触器 KM	Q4.0
启动按钮 SB1	I0.1		
点动选择开关 SB2	I0.2		
热继电器触点 FR	I0.3		

启动"SIMATIC Manager"，在"File"菜单中执行"Wizard New Project"命令，弹出"Wizard New Project"对话框，单击"Next"，在新的对话框中选择"CPU 315F-2 PN/DP"，并继续单击"Next"，在下一个对话框中选择组织块"OB1"，并选择梯形逻辑图 LAD 编程语言，单击"Next"确认你的设置。在接下来的对话框中的"Project Name"（项目名）区域中将项目命名为"电动机单向旋转"，单击"Finish"生成一个名为"电动机单向旋转"的新项目，并创建了一个"OB1"组织块。

打开"SIMATIC 300 Station"并双击"Hardware"，打开的窗口中将显示"CPU 315F-2 PN/DP"，在硬件目录中查找电源 PS 307 10A 并将电源模块插入 1 号槽。在硬件目录中查找数字输入/输出模块 SM 323 DI16/DO16×DC24V/0.5A，并将该模块插入 4 号槽。在硬件目录中查找模拟输入/输出模块 SM 334 AI4/AO2×8/8Bit，将它插入 5 号槽，输入输出默认地址为 I0.0～I0.7、I1.0～I1.7、Q0.0～Q0.7、Q1.0～Q1.7，如图 3-40 所示。

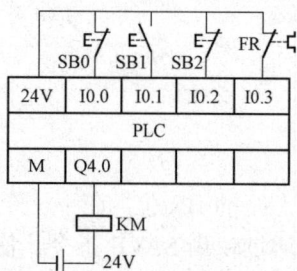

图 3-40　硬件配置

也可更改其地址，双击数字输入/输出模块"SM 323 DI16/DO16×DC24V/0.5A"，打开"Properties"窗口如图 3-41 所示，激活地址选项卡，将输出开始地址设为"4"，即可将 PLC 的输出地址调整为 Q4.0～Q4.7、Q5.0～Q5.7。

最终硬件配置如图 3-42 所示，硬件组态完成后保存并关闭该窗口。

（2）程序设计。打开"Blocks"并双击组织块"OB1"，利用梯形图编程语言编写电动机单向旋转控制程序，程序图如图 3-43 所示。

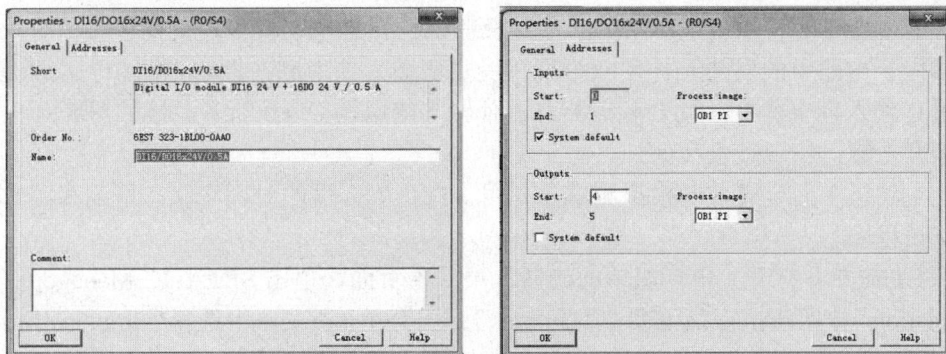

图 3-41　调整输出地址

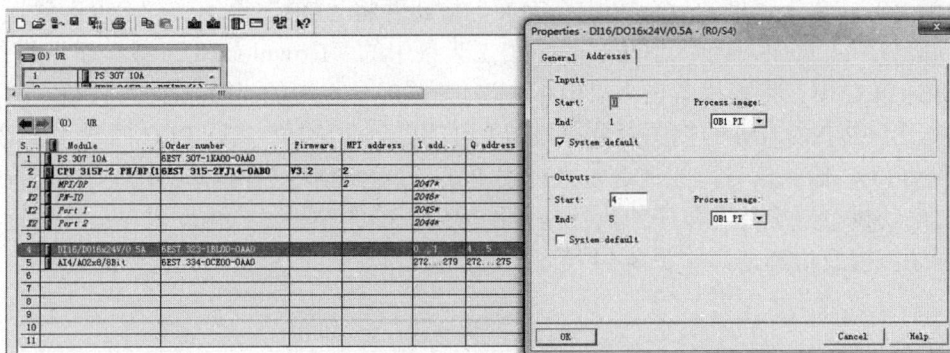

图 3-42　最终硬件配置

Netwrok 1：电动机单向旋转和点动控制

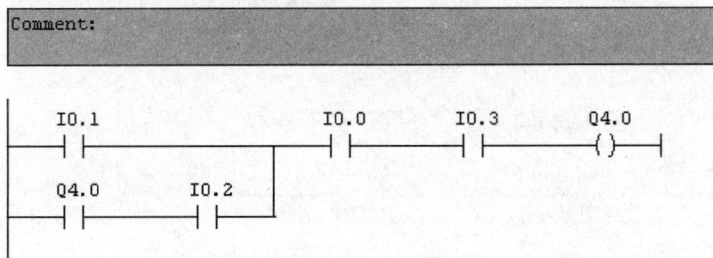

图 3-43　电动机单向旋转的控制程序梯形图

在图 3-39 中，当按下连续运行启动按钮 SB1 时，图 3-43 PLC 输入继电器 I0.1 的动合触点闭合，接通输出继电器 Q4.0 绕组并自锁，KM 接触器得电吸合，电动机单向启动并连续稳定运行。

当按下连续运行停止按钮 SB0 时，输入继电器 I0.0 的动合触点断开，断开输出继电器 Q4.0，接触器 KM 失电，电动机停止运行。

当需要点动运行时，闭合点动选择开关 SB2，输入继电器 I0.2 的动合触点断开，断开自保电路，通过 SB1 按钮实现点动运行控制。

电动机连续运行停止按钮 SB0 和热继电器动断触点 FR 在正常情况下原始状态为闭合，输入继电器 I 0.0 和 I 0.3 的动合触点为闭合状态，电动机可连续或点动运行。

由热继电器 FR 可实现电动机的长期过负荷保护。当电动机出现长期过负荷时，串联在电动机的定子电路中的发热元件使双金属片受热弯曲，使串联在控制电路中的动断触点 FR 断开，PLC 输入继电器 I0.3 动合触点断开，使输出继电器 Q 4.0 断开。接触器 KM 失电，使电动机断开电源，实现过负荷保护。

（3）电动机单向旋转控制模拟测试。利用 STEP 7 提供的对程序状态检测和跟踪调试的功能来测试程序。

进入 STEP 7 并打开"电动机单向旋转"项目主页面，单击 SIMATIC Manager 工具栏中的"Simulation"按钮或执行菜单命令"Options"弹出菜单，在菜单中选择"Simulate Modules"，打开 S7-PLCSIM 仿真测试窗口，窗口中自动出现 CPU 视图对象，在 CPU 视图对象中单击"STOP"的选择框，令仿真 PLC 处于"STOP"模式，单击"Insert Input Variable"按钮并将"IB"设为"0"。单击"Insert Output Variable"按钮并将"QB"设为"4"，保存并返回"电动机单向旋转"主页面，选中"OB1"，单击工具条中的"Download"下载按钮，将"OB1"下载到仿真 PLC 中，将模拟器设为"RUN-P"，单击工具栏中的"Monitor"按钮，进入监视程序状态。用 S7-PLCSIM 的视图对象来模拟"电动机单向旋转"实际 PLC 的输入/输出信号，用它来产生 PLC 输入信号，或通过它来观察 PLC 的输出信号和内部元件的变化情况，检查下载的"电动机单向旋转"程序的执行是否能得到正确的结果。当电动机单向连续运行时，梯形图程序监视及仿真窗口如图 3-44 所示。

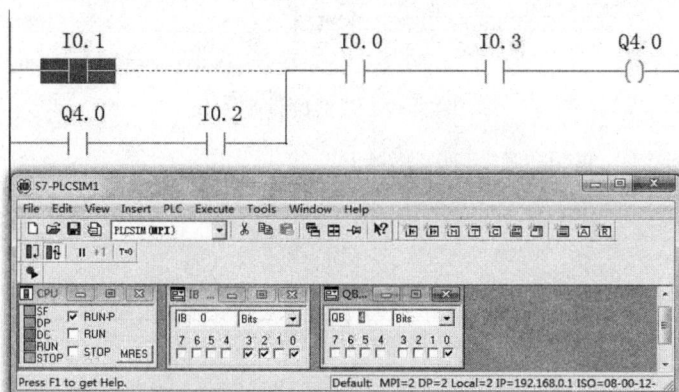

图 3-44 梯形图程序状态监视及仿真窗口

【例】电动机正反转控制。

答：生产机械的运动部件往往要求实现正反两个方向的运行，这就要求电动机既能正向运行也能反向运行。图 3-45 为电动机正反转控制电路图，在图中 SB1 为电动机停止按钮，SB2 为电动机正转运行按钮，SB3 为电动机反转运行按钮。

按下正转按钮 SB2，接触器 KM1 绕组通电吸合，辅助触点闭合自保，主触点闭合，电动机启动正向旋转。

按下停止按钮 SB1，接触器 KM1 绕组失电，主触点断开，电动机停止运行。

按下反转按钮 SB3，接触器 KM2 绕组通电吸合，辅助触点闭合自保，主触点闭合，电动机起动反向旋转。

按下停止按钮 SB1，接触器 KM2 绕组失电，主触点断开，电动机停止运行。

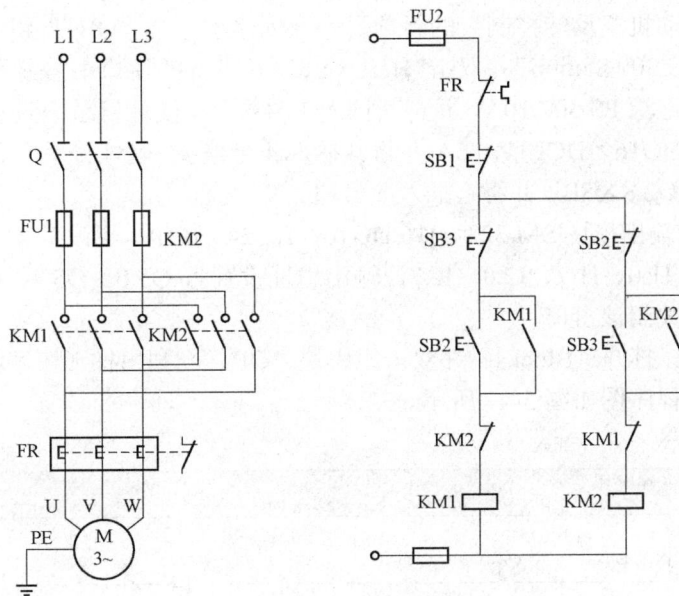

图 3-45　电动机正反转的控制电路图

由于控制电路中增设了正向和反向启动按钮 SB2 和 SB3 的动断触点作互锁，构成了具有电气和按钮互锁的控制电路。该电路既可实现正转—停止—反转操作，又可实现正转变反转或反转变正转的直接切换操作。

（1）硬件配置。主电路不变，控制电路采用西门子 S7-300 PLC 实现对电动机正反转运行控制。PLC 的电源选 PS 307 10A 并将其插入 1 号槽；CPU 选 CPU 315F-2PN/DP 并将其插入 2 号槽；数字输入/输出模块选 SM 323 DI16/DO16×DC24V/0.5A 并将其插入 4 号槽；模拟输入/输出模块选 SM 334 AI4/AO2×8/8Bit 并将其插入 5 号槽。电动机正反转运行控制的 PLC I/O 接线图如图 3-46 所示，S7-300 PLC 的 I/O 分配表如表 3-12 所示。

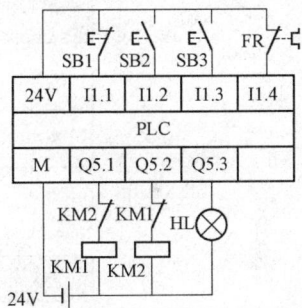

图 3-46　实现电动机正反转控制的 PLC I/O 接线图

表 3-12　　　　　　　　　　S7-300 PLC 的 I/O 分配表

输　入　设　备	输　入　地　址	输　出　设　备	输　出　地　址
停止按钮 SB1	I1.1	正转接触器 KM1	Q5.1
正转按钮 SB2	I1.2	反转接触器 KM2	Q5.2
反转按钮 SB3	I1.3	过负荷指示灯 HL	Q5.3
热继电器触点 FR	I1.4		

启动"SIMATIC Manager"，在"File"菜单中执行"Wizard New Project"命令，弹出"Wizard New Project"对话框，单击"Next"，在对话框中选择"CPU 315"并继续单击"Next"，在下一个对话框中选择组织块"OB1"，同时选择梯形逻辑图 LAD 编程语言，单击"Next"，在下一个对话框中的"Project Name"区域中，将项目命名为"电动机正反转控制"，单击"Finish"

135

生成一个名为"电动机正反转控制"的新项目，并创建了一个"OB1"组织块。

打开"SIMATIC 300 Station"并双击"Hardware"，在打开的窗口中将显示"315F-2PN/DP"，在硬件目录中查找电源 PS 307 10A，并将其插入 1 号槽。在硬件目录中查找数字输入/输出模块选 SM 323 DI16/DO16×DC24V/0.5A 并将其插入 4 号槽；在硬件目录中查找模拟输入/输出模块 SM 334 AI4/AO2×8/8Bit 并将它插入 5 号槽。

双击数字输入/输出模块 SM 323 DI16/DO16×DC24V/0.5A，更改其输入/输出地址，将输入地址范围设置为 I1.0～I1.7、I2.0～I2.7，输出地址设置为 Q5.0～Q5.7、Q6.0～Q6.7。硬件组态完成后保存并关闭该窗口。

（2）程序设计。打开"Blocks"并双击组织块"OB1"，利用梯形图编程语言编写电动机正反转控制程序，程序图如图 3-47 所示。

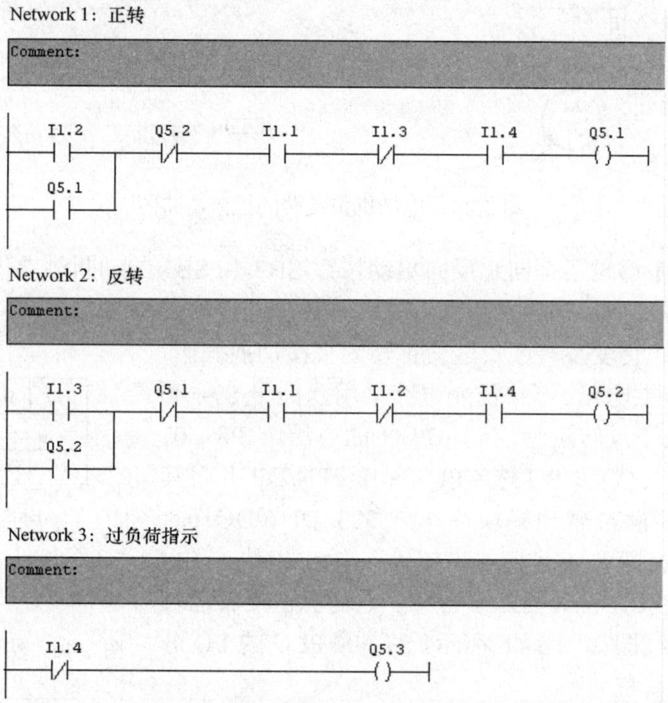

图 3-47　电动机正反转控制梯形图程序

在图 3-46 中，SB1 为电动机的停止按钮，SB2 为电动机正转的运行按钮，SB3 为电动机反转的运行按钮。

按下正转启动按钮 SB2，PLC 输入继电器 I1.2 的动合触点闭合，接通输出继电器 Q5.1 绕组并自保。接触器 KM1 得电吸合，电动机正向启动并稳定运行。

若需要电动机停止时，按下停止按钮 SB1，PLC 输入继电器 I1.1 的动合触点断开，断开 PLC 输出继电器 Q5.1 绕组，电动机停止运行。

若要让电动机反转可直接按下反转按钮 SB3，PLC 输入继电器 I1.3 的动合触点断开，同时动合触点闭合，前者使输出继电器 Q5.1 断开，接触器 KM1 失电，后者使输出继电器 Q5.2 绕组接通，接触器 KM2 得电，其主触点闭合，电动机直接由正转变为反向启动并反向稳定运行。

热继电器 FR 对电动机进行过负荷保护，指示灯 HL 为过负荷故障指示灯，当电动机长期过负荷时，热继电器 FR 动作，其动断触点断开，PLC 输入继电器 I1.4 动合触点断开，使输出继电器 Q5.1（或 Q5.2）断开，接触器 KM1（或 KM2）失电，电动机断开电源停止运行，实现过负荷保护，同时 I1.4 动断触点闭合，PLC 输出继电器 Q5.3 接通，过负荷指示灯 HL 亮，进行过负荷指示。

（3）电动机正反转模拟测试。用 S7-PLCSIM 仿真软件对程序进行模拟测试。

打开 STEP 7，单击"SIMATIC Manager"工具栏中的"Simulation"按钮或执行菜单命令"Options"弹出菜单，在菜单中选择"Simulate Modules"，打开 S7-PLCSIM 仿真测试窗口，窗口中自动出现 CPU 视图对象，在 CPU 视图对象中单击"STOP"的选择框，令仿真 PLC 处于"STOP"模式，单击"Insert Input Variable"按钮并设"IB"为"1"。单击"Insert Output Variable"按钮并设"QB"为"5"，保存并返回"电动机正反转控制"主页面，同时选中"OB1"，单击工具栏中的"Download"下载按钮，将"OB1"下载到仿真 PLC 中，将模拟器设为"RUN"或"RUN-P"，单击"OB1"块中工具栏中的"Monitor"按钮，进入监视程序状态。用 S7-PLCSIM 的视图对象来模拟"电动机正反转控制"实际的输入/输出信号，用它来产生 PLC 输入信号，或通过它来观察 PLC 的输出信号和内部元件的变化情况，检查下载的"电动机正反转控制"程序的执行是否能得到正确的结果。当电动机正向连续运行时，梯形图程序状态监视和 S7-PLCSIM 仿真窗口如图 3-48 所示。

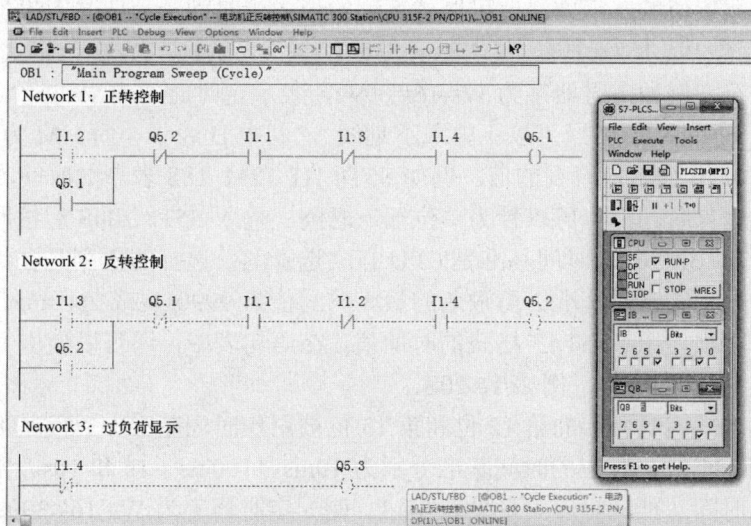

图 3-48　梯形图程序状态监视及仿真窗口

实训项目 2　定时器与计数器指令的应用

（一）定时器指令

定时器可以提供等待时间或监控，定时器还可产生一定宽度的脉冲，也可测量时间。定时器相当于继电器电路中的时间继电器，S5 是西门子 PLC 老产品的系列号，S5 定时器是 S5 系列 PLC 的定时器，在梯形图中用指令框（Box）的形式来表示。此外每一种 S5 定时器都有功能相同的用绕组形式表示的定时器。S7-300/400 的定时器分为脉冲定时器（SP）、扩展脉冲定时器（SE）、接通延时定时器（SD）、保持型接通延时定时器（SS）和断开延时定时器（SF）。

1. 定时器的组成

S7 PLC 为定时器保留了一片存储区域。每个定时器有一个 16 位的字和一个二进制位，定时器的字用来存放它的剩余时间值，定时器触点的状态由它的位的状态来决定。用定时器地址（T 和定时器号，例如 T6）来访问它的时间值和定时器位，带位操作数的指令访问定时器，带字操作数的指令访问时间值。S7-300 的定时器个数（128～2048 个）与 CPU 的型号有关，S7-400 的 CPU 有 2048 个定时器。

2. 定时器字的表示方法

S7 定时器的定时时间由时基和定时值两部分组成，定时时间等于时基与定时值的乘积。当定时器运行时，定时值不断减 1，直至减到 0，减到 0 表示定时时间到。定时时间到后会引起定时器触点的动作。

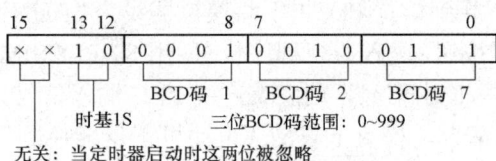

用户使用的定时器字由 3 位 BCD 码时间值（0～999）和时间基准组成（见图 3-49），时间值以指定的时间基准为单位。在 CPU 内部，时间值以二进制格式存放。定时器的第 0 到第 11 位存放二进制格式的定时值，第 12，13 位存放二进制格式的时基。

图 3-49　定时器字

（1）定时器预置值的表示方法。可以按下列的形式将时间预置值装入累加器的低位字。

1）十六进制数 W# 16# wxyz，其中的 w 是时间基准，xyz 是 BCD 码格式的时间值，"#"号必须是英语字符。例如定时器字为 W# 16# 3999，表示定时时间为 9990 秒。

2）S5T#aH_bM_cS_dMS（可以不输入下划线），其中 H 表示小时，M 为分钟，S 为秒，MS 为毫秒，a、b、c 是用户设置的值。例如 S5T# 1H_12M_18S 表示的时间为 1h12min18s。可以按上述格式输入时间，也可以秒为单位输入时间。输入 S5T# 200S 后按回车键，显示的时间值将变为 S5T# 3M20S。时间基准是 CPU 自动选择的，选择的原则是在满足定时范围要求的条件下选择最小的时间基准。可输入的最大时间值为 9990s，或 2H_46M_30S。

在梯形图中必须使用 "S5T#" 格式的时间值，在语句表中，还可以使用 IEC 格式的时间值，即在时间值的前面加 T#，例如 T# 20S。

（2）时间基准。定时器字的第 12 位和第 13 位被用作时间基准，时间基准代码为二进制数 00、01、10 和 11 时，对应的时间基准分别为 10ms、100ms、1s 和 10s。实际的定时时间等于时间值乘以时间基准，对应关系见表 3-13。例如定时器字为 W# 16# 3999 时，时间基准为 10，定时时间可计算为 999×10s＝9990s。时间基准反映了定时器的分辨率：时间基准越小，分辨率越高，可定时的时间越短，时间基准越大，分辨率越低，可定时的时间越长。

表 3-13　　　　　　　　　　　　　时 基 与 定 时 范 围

时　　　基	时基的二进制代码	分　辨　率	定　时　范　围
10ms	00	10ms	10ms～9s_990ms
100ms	01	100ms	100ms～1m_39s_900ms
1s	10	1s	1s～16m_39s
10s	11	10s	10s～2h_46m_30s

3．定时器的启动与运行

PLC 中的定时器相当于时间继电器。在使用时间继电器时，要为其设置定时时间，当时间继电器的绕组通电后，时间继电器被启动。若定时时间到，继电器的触点动作。当时间继电器的绕组断电时，也将引起其触点的动作。该触点可以在控制线路中，控制其他继电器。

4．定时器的梯形图方块指令

常用的定时器的梯形图方块指令如图 3-50 所示。定时器端脚说明见表 3-14。

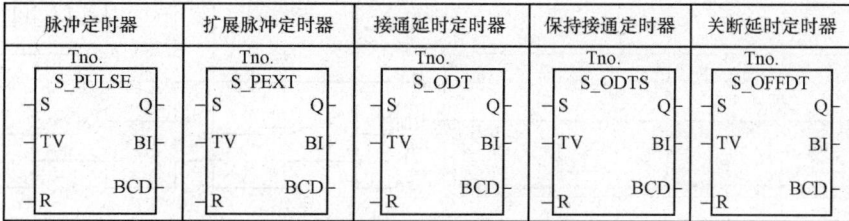

图 3-50　定时器的梯形图方块指令

表 3-14　　　　　　　　　　　　　　　**定 时 器 端 脚 说 明**

参　　　数	数 据 类 型	存 储 区	说　　　明
No.	TIMER	T	定时器标识号，与 CPU 有关
S	BOOL	I，Q，M，D，L	启动输入
TV	S5TIME	I，Q，M，D，L	设置定时时间（S5TIME 格式）
R	BOOL	I，Q，M，D，L	复位输入
Q	BOOL	I，Q，M，D，L	定时器状态输出
BI	WORD	I，Q，M，D，L	剩余时间输出（二进制格式）
BCD	WORD	I，Q，M，D，L	剩余时间输出（BCD 码格式）

（1）脉冲定时器（Pulse Timer）。

1）梯形图的脉冲定时器。脉冲定时器类似于数字电路中上升沿触发的单稳态电路。图 3-51 中的指令是 S5 脉冲定时器（Pulse S5 Timer），S 为脉冲定时器的设置输入端，TV 为预置值输入端，R 为复位输入端；Q 为定时器位输出端，BI 端输出不带时间基准的十六进制格式剩余时间值，BCD 端输出 BCD 格式的剩余时间值。BI 和 BCD 输出端可以不给指定地址。S、R、Q 为 BOOL（位）变量，BI 和 BCD 为 WORD（字）变量，TV 为 S5TIME 变量。各变量均可以使用 I、Q、M、L 和 D 存储区。各种 S5 定时器的输入、输出参数的意义相同。

如图 3-50 所示，单击 PLCSIM 窗口中 I0.0 对应的选择框，方框内出现"√"，I0.0 变为"1"状态。I0.0 的动合触闭合，梯形图中的触点、方框和 Q4.0 的绕组均变为绿色，表示 T0 正在输出脉冲。T0 被启动后，从预置值 S5T#10S 开始，每经过一个时间基准，它的剩余时间值减 1，直到减为 0，定时时间到，Q4.0 的绕组断电。在定时期间，BI 端输出十六进制的剩余时间值，BCD 段输出 S5T#格式的剩余时间。

图 3-51 中的时序图用下降的斜坡表示定时时间剩余时间值的递减，图中的 t 是定时器的预置值。

可以通过定时器的时序图和仿真实验来理解定时器的功能。由图 3-51（b）可知，脉冲定时器从输入信号 I0.0 的上升沿开始，输出一个脉冲信号。如果输入脉冲的宽度大于等于时间预置值（见图 3-51b 中 I0.0 的波形 A），通过 Q4.0 输出的脉冲宽度等于时间预置值。如果输入脉冲的宽度小于时间预置值（见 I0.0 的波形 B），输出脉冲的宽度等于输入脉冲的宽度。

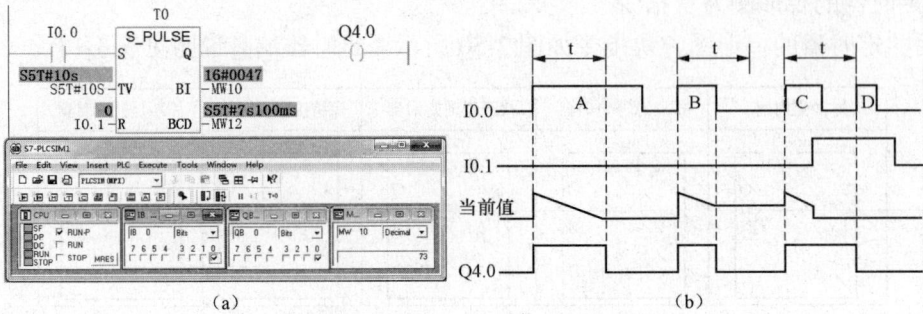

图 3-51　脉冲定时器梯形图程序及监视示意图和时序图

（a）梯形图和监视示意图；（b）时序图

从时序图可以看出，复位信号总是优先的，与其他输入信号的状态无关。复位信号 I0.1 使定时器的剩余时间值变为 0，输出位变为"0"状态。在复位信号有效期间，即使有输入信号出现（见 I0.0 的波形 D），也不能输出脉冲。

在做仿真实验时，可以根据时序图，改变 T0 的输入信号、I0.0 的脉冲宽度和复位信号 I0.1 的出现时机，观察剩余时间值和 Q4.0 的变化情况是否符合定时器的时序图。

选中指令列表或程序中的某条指令，按键盘上的"F1"键，将会出现该指令的在线帮助，在线帮助给出了指令的输入/输出参数的数据类型，允许使用的存储区和参数意义。此外还给出了对指令的描述、定时器的时序图、指令的执行对状态字的影响，以及指令应用的实例。

2）绕组指令的脉冲定时器。图 3-52 中的脉冲定时器绕组电路与图 3-51 中的 S5 脉冲定时器的功能、输入/输出位地址和时序图相同，仿真的步骤也完全相同。当 I0.0 的动合触点由断开变为接通时，T0 开始定时，其动合触点闭合。定时时间到时，T0 的动合触点断开，在定时期间，如果 I0.0 变为"0"状态，或者复位输入 I0.1 变为"1"状态时，T0 的动合触点都将断开，定时器的剩余时间值被清零。

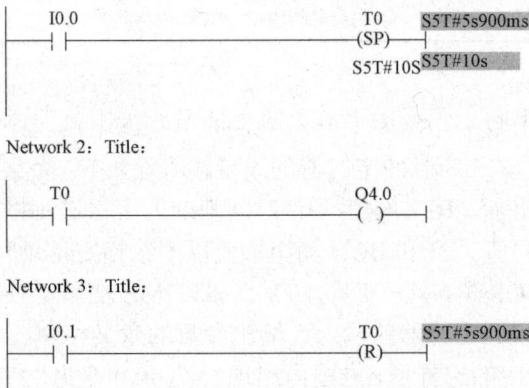

图 3-52　脉冲定时器绕组指令程序及监视示意图

（2）扩展的脉冲定时器（Extended Pulse Timer）。扩展的脉冲定时器在输入波形宽度小于时间设定值时，也能输出指定宽度的波形，图 3-53（a）中 I0.2 的动合触点由断开变为接通时，定时器 T1 开始定时，在定时期间，Q 为输出"1"状。

定时时间到，Q 输出变为"0"状态。在定时期间，即使 I0.2 变为"0"状态，仍然继续定时［见图 3-53（b）中 I0.2 的波形 B 和 C］。定时期间如果 I0.2 又由"0"变为"1"［见图

3-53（b）中 I0.2 的波形 C]，定时器重新被启动，从设定值开始定时，复位输入 I0.3 为"1"时，T1 被复位，其动合触点断开，剩余时间值变为 0。

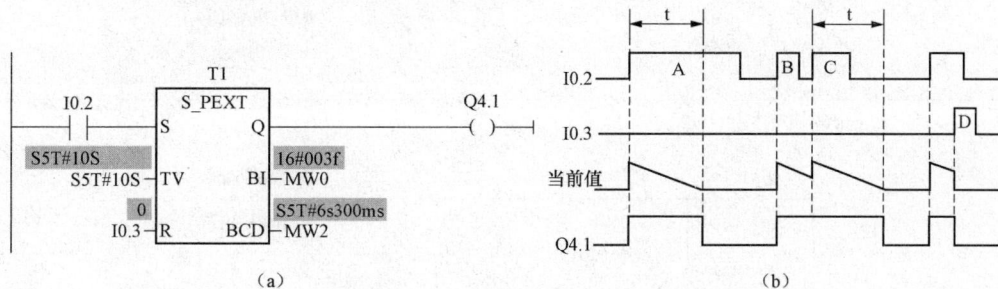

图 3-53 扩展脉冲定时器梯形图程序及监视示意图和时序图

（a）梯形图及监视示意图；（b）时序图

（3）接通延时定时器（On-Delay Timer）。接通延时定时器是使用最多的定时器。图 3-54（a）中 I0.4 的动合触点由断开变为接通时，定时器 T2 开始定时。

如果 I0.4 持续为"1"状态 [见图 3-54（b）中 I0.4 的波形 A]，定时时间到时，Q4.2 的绕组通电，I0.4 变为"0"状态时，Q4.2 绕组断电。

在定时期间，如果 I0.4 变为"0"状态 [见图 3-54（b）中 I0.4 的波形 C]，则 T2 的剩余时间保持不变。绕组重新通电时，又从预置值开始定时。不管定时时间是否已到，只要复位输入 I0.5 为"1"，定时器都要被复位。复位使 T2 的动合触点断开，剩余时间值被清零。

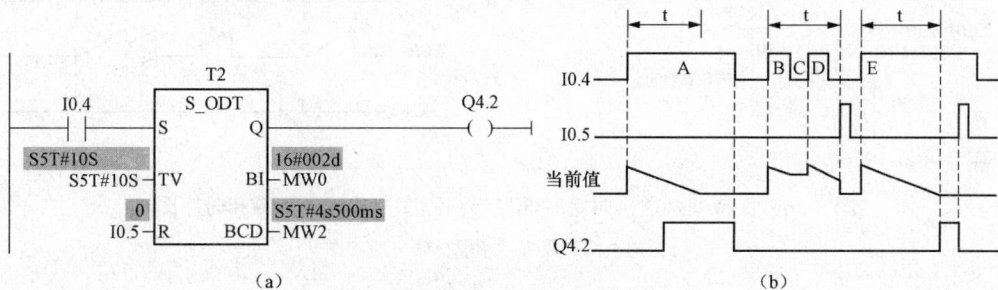

图 3-54 接通延时定时器梯形图程序及监视图和时序图

（a）梯形图和监视示意图；（b）时序图

【例】用接通延时定时器设计周期和占空比可调的振荡电路。

答： 图 3-55 中 I0.0 的动合触点接通后，T1 的绕组通电，并开始定时，2s 后定时时间到，T1 的动合触点闭合，使 Q0.0 变为"1"状态，同时 T2 开始定时。3s 后 T2 的定时时间到，它的动断触点断开，使 T1 的绕组断电，T1 的动合触点断开，使 Q0.0 和 T2 的绕组断电。

下一个扫描周期因 T2 的动合触点接通，T1 又从预置值开始定时，以后 Q0.0 的绕组将这样周期性地断电和通电，直到 I0.0 变为"0"状态。Q0.0 绕组通电和断电的时间分别等于 T2 和 T1 的预置值。T1 和 T2 通过它们的触点分别控制对方的绕组，形成了振荡电路。

CPU 的时钟存储器字节的各位是脉冲周期为 0.1~0.2s 的时钟脉冲，它们输出高低电平时间相等的方波信号，可以用它们的触点来控制需要闪烁的指示。

Network 1: Title:

```
  I0.0        T2              T1      S5T#0ms
--| |--------|/|------------(SD)
                                      S5T#2S
```

Network 2: Title:

```
  T1                          T2      S5T#1s760ms
--| |-----+---------------(SD)
          |                           S5T#3S
          |
          |                   Q0.0
          +------------------( )
```

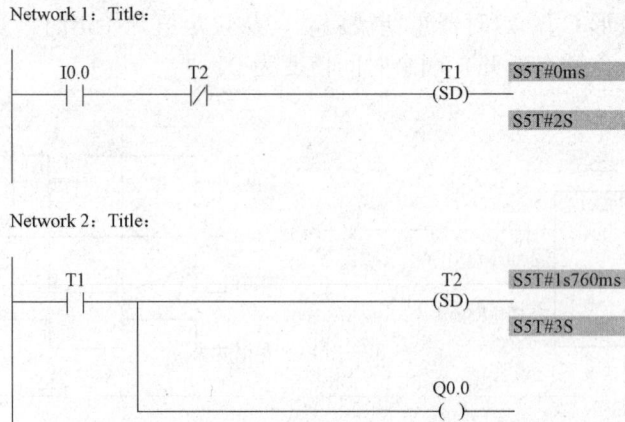

图 3-55　占空比可调的振荡电路梯形图

（4）保持型接通延时定时器（Retentive On-Delay Timer）。保持型接通延时定时器的输入脉冲宽度小于定时时间设定值，也能定时。图 3-56（a）中 I0.6 的动合触点由断开变为接通时（RLO 的上升沿），T3 开始定时［见图 3-56（b）］。定时期间即使 I0.6 的动合触点断开。仍然继续定时。定时时间到时，Q4.3 的绕组通电。

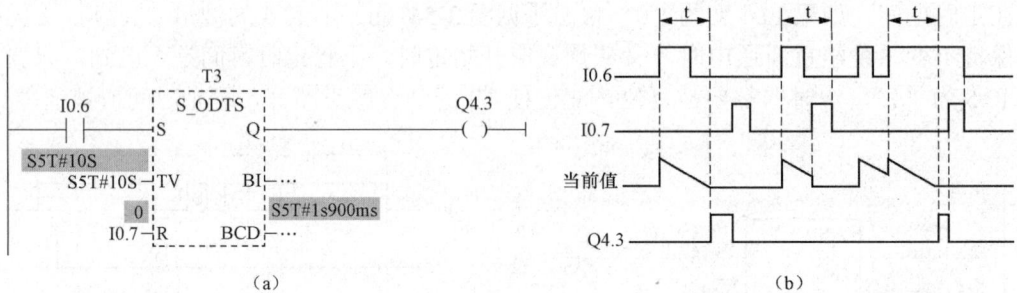

```
                T3
  I0.6        S_ODTS              Q4.3
--| |-------S        Q----------( )
  S5T#10S
  S5T#10S---TV      BI---...
       0---                       S5T#1s900ms
  I0.7---R         BCD---...
```

```
        t       t       t
I0.6  ___|‾|_____|‾|___|‾|___
I0.7  _____|‾|_____
当前值
Q4.3
```

| (a) | (b) |

图 3-56　保持型接通延时定时器梯形图程序及监视示意图和时序图

（a）梯形图和监视示意图；（b）时序图

只有复位输入 I0.7 为"1"状态，才能使 T3 复位，复位后其剩余时间值和定时器位变为"0"状态。在定时期间，如果 I0.6 的动合触点断开后又变为接通，定时器将被重新启动，从设置的预置值重新开始定时。

（5）断开延时定时器（Off-Delay Timer）。图 3-57（a）中，当 I1.0 的动合触点由断开变为接通时，T4 的输出 Q 变为"1"状态。在 I1.0 的下降沿，定时器开始定时，定时时间到时，T4 时间值变为 0，其输出 Q 变为"0"状态，如图 3-57（b）所示。

某些主设备在运行时需要用风扇冷却。停机后风扇应延时一段时间才能断电，可以用断开延时定时器来方便地实现这一功能，即用反应主设备运行的信号来控制断开延时定时器的绕组，用后者的输出 Q 来控制风扇。

正在定时的时候，如果 I1.0 的动合触点由断开变为接通，定时器的时间值保持不变，停止定时。如果 I1.0 的动合触点重新断开，则定时器从预置值开始重新启动定时。复位输入 I1.1 为"1"状态时，定时器被复位，剩余时间值被清零，Q4.4 的绕组断电。

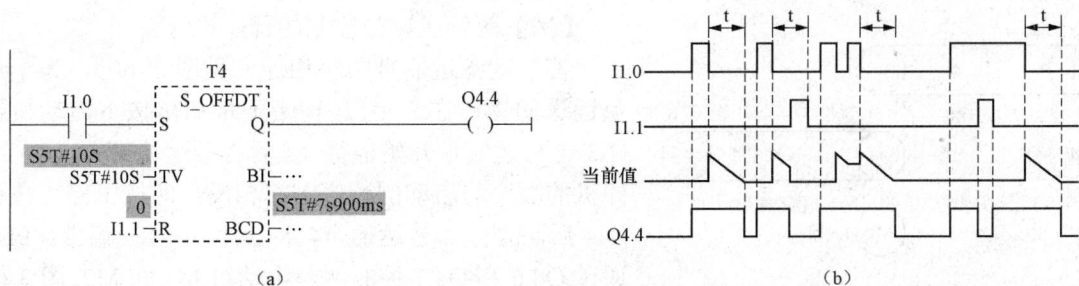

图 3-57　断开延时定时器梯形图程序及监视示意图和时序图

（a）梯形图和监视示意图；（b）时序图

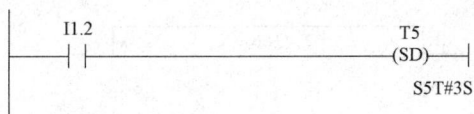

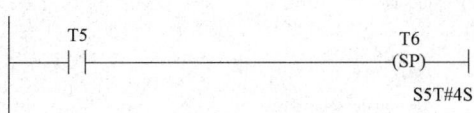

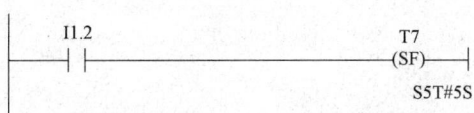

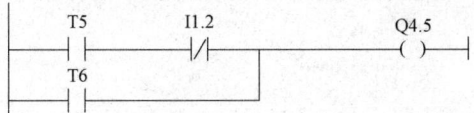

图 3-58　卫生间冲水控制电路梯形图

（6）IEC 定时器。IEC 定时器集成在 CPU 的操作系统中，SFB3 "TP" 是脉冲定时器，SFB4 "TON" 是接通延时定时器，SFB5 "TOF" 是断开延时计时器。它们的最大定时时间长达 24 天以上，IEC 定时器计数器的个数没有限制，其使用方法可以查看 STEP 7 的在线帮助。

【例】　用 3 种定时器设计卫生间冲水控制电路。

S7-300/400 的定时器种类较多。巧妙地应用各种定时器，可以简化电路，方便地实现较为复杂的控制功能。图 3-58 为卫生间冲水控制电路的梯形图。图 3-59 是卫生间冲水信号的时序图。I1.2 是光电开关，检测使用者的信号，用 Q4.5 控制冲水电磁阀。

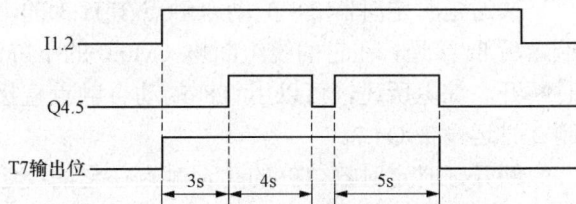

图 3-59　卫生间冲水信号的时序图

从 I1.2 的上升沿开始，有人开始使用，接通延时定时器 T5 延时 3s，3s 后 T5 的动合触点接通。使脉冲定时器 T6 的绕组通电，T6 的动合触点输出一个 4s 的脉冲。从 I1.2 的上升沿开始，断开延时定时器 T7 的动合触点接通。使用者离开时，I1.2 的下降沿出现，断开延时定时器开始定时，5s 后 T7 的动合触点断开。

由时序图可知，控制冲水电磁阀的 Q4.5 输出的高电平脉冲波由两块组成。4s 的脉冲波形由脉冲定时器 T6 的动合触点提供。T7 输出位的波形减去 I1.2 的波形得到宽度为 5s 的脉冲波形，可以用 T7 的动合触点与 I1.2 的动断触点组成的串联电路来实现上述要求。两块脉冲波形叠加用并联电路来实现。

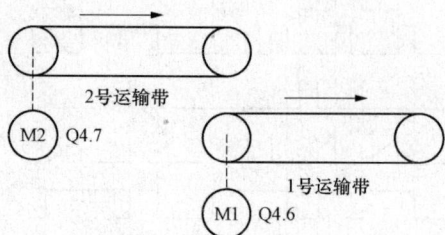

2号运输带

M2　Q4.7

1号运输带

M1　Q4.6

图 3-60　运输带控制示意图

【例】两条运输带控制的程序设计。

答：两条运输带顺序相连（见图 3-60），为了避免运送的物料在 1 号运输带上堆积。按下启动按钮 I1.3，1 号运输带开始运行，8s 后 2 号运输带自动启动，停机的顺序与启动的顺序刚好相反，即按了停止按钮 I1.4 后，先停 2 号运输带，8s 后停 1 号运输带。PLC 通过 Q4.6 和 Q4.7 控制两台电动机 M1 和 M2。图 3-61 是运输带 PLC 的外部接线和波形时序图。

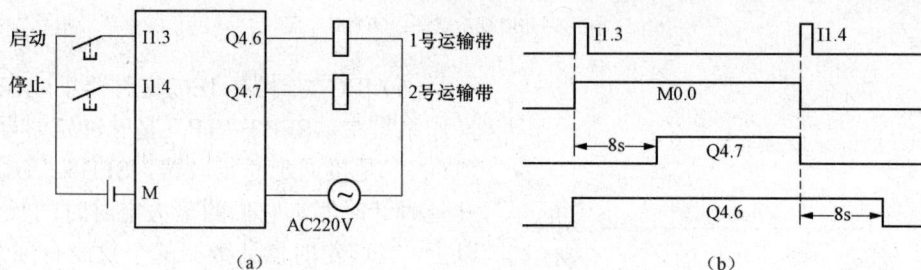

启动　I1.3　Q4.6　　1号运输带
停止　I1.4　Q4.7　　2号运输带
M
AC220V
（a）

（b）

图 3-61　运输带 PLC 的外部接线图和波形时序图
（a）外部接线图；（b）时序图

用新建项目向导生成一个项目。CPU 可以采用相应的型号。

梯形图程序如图 3-62 所示，程序中设置了一个用启动按钮和停止按钮控制的辅助原件 M0.0，用它的动合触点控制延时定时器 T8 和断开延时定时器 T9 的绕组。

接通延时定时器 T8 的动合触点在 I1.3 的上升沿之后 8s 接通，在它的绕组断电（M0.0 的下降沿）时断开。综上所述，可以用 T8 的动合触点直接控制 2 号运输带 Q4.7。

断开延时定时器 T9 的动合触点在它的绕组通电时接通，在它结束 8s 延时后断开，因此可以用 T9 的动合触点直接控制 1 号运输带 Q4.6。

【例】用继电器—接触器实现电动机 Y-D 降压启动控制。

答：图 3-63 为用 3 个接触器和一个时间继电器控制电动机 Y-D 启动的控制电路（Y 连结表示星型连结，D 连结表示三角型连结）。图中 SB1 为停止钮，SB2 为启动按钮。合上电源 Q，按下启动按钮 SB2，KM1、KT、KM3 绕组同时通电并自保，电动机做 Y 连结，接入三相电源进行降压启动。当电

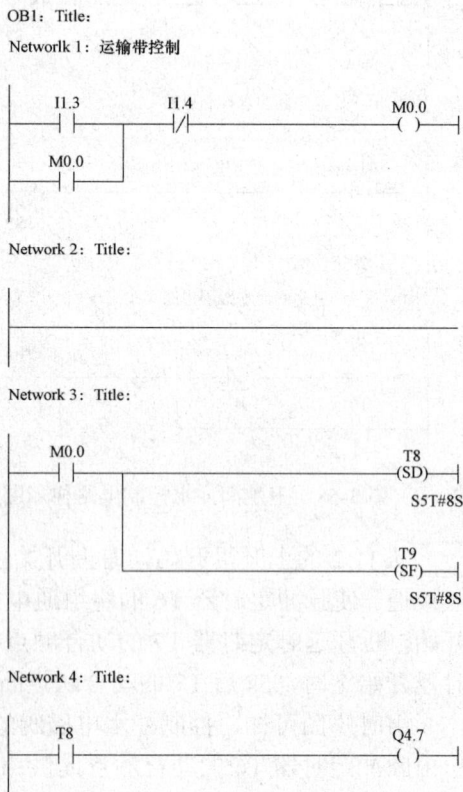

OB1: Title:

Networlk 1: 运输带控制

Network 2: Title:

Network 3: Title:

Network 4: Title:

图 3-62　梯形程序图

144

动机转速接近额定转速时，通电延时型时间继电器 KT 动作，其延时断开动断触点断开，延时闭合动合触点闭合，前者使 KM3 绕组断电，后者使 KM2 绕组通电吸合，电动机由 Y 连结改为 D 连结，进入正常运行状态。同时 KM2 的动断触点断开，使 KT 绕组断电释放，并实现 KM2 与 KM3 的电气互锁。

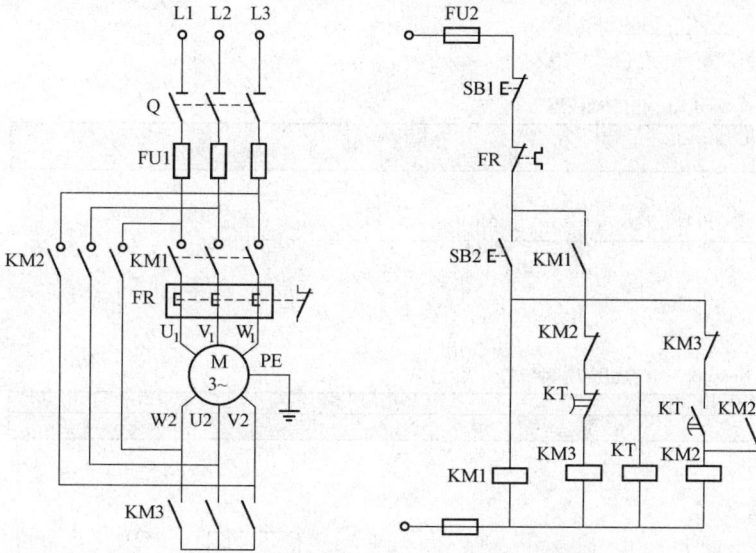

图 3-63　电动机 Y-D 降压启动控制电路

采用 S7-300 PLC 实现对电动机的 Y-D 降压启动控制，主电路保持不变，根据电动机 Y-D 降压启动控制的要求，PLC 的 I/O 配置及其接线如图 3-64 所示。

在图 3-64 中电动机的停止由 I0.0 决定，电动机的启动控制由 I0.1 决定，过负荷保护由 I0.2 决定，电动机的 Y-D 变换降压启动、正常运行和停止由 Q4.0、Q4.1、Q4.2 决定，过负荷指示由 Q4.3 决定。

用梯形图设计的电动机 Y-D 降压启动控制梯形图程序如图 3-65 所示。

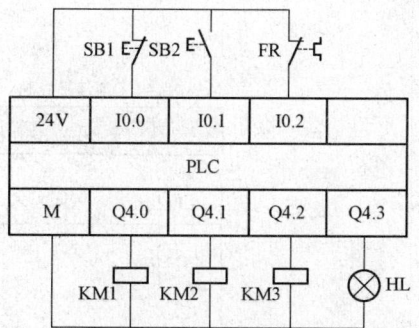

图 3-64　I/O 配置及接线图

在梯形图中 Network 1 的功能是对电动机运行进行编程，Network 2、Network 3 和 Network 4 的功能是对电动机 Y-D 降压启动进行编程，Network 5 的功能是对电动机过负荷指示进行编程。

在图 3-64 和图 3-65 中，当按下启动按钮 SB2 时，PLC 输入继电器 I0.1 接通，其动合触点闭合，使输出继电器 Q4.0、Q4.2 和定时器 T1 同时接通并自锁，接触器 KM1、KM3 同时通电，电动机做 Y 连结，接入三相电源进行降压起动，定时器 T1 开始定时。

当电动机转速接近额定转速时，接通延时定时器 T1 使其 "Q" 端输出逻辑值 "1"，位存储器 M0.0 接通，其动断触点断开，动合触点闭合，使输出继电器 Q4.2 断开，Q4.1 接通，前者使 KM3 绕组断电，后者使 KM2 绕组通电吸合，电动机由 Y 连结改为 D 连结，进入正常运行状态，同时 Q4.1 的动断触点断开，使定时器 T1 断开。输出继电器 Q4.1 和 Q4.2 在电气上实现互锁，保证了 KM2 与 KM3 不能同时 "得电"。

Network 1：电动机运行控制
Comment：

```
   I0.1      I0.0      I0.2       Q4.0
───┤├──────┤├───────┤├────────( )───
   Q4.0
───┤├──
```

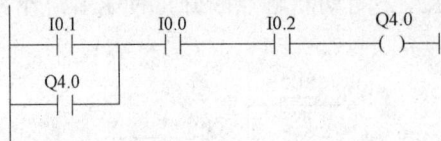

Network 2：Y型启动控制
Comment：

```
   I0.1    Q4.1    M0.0    I0.0    I0.2      Q4.2
───┤├─────┤/├─────┤/├────┤├─────┤├───────( )───
   Q4.0
───┤├──
```

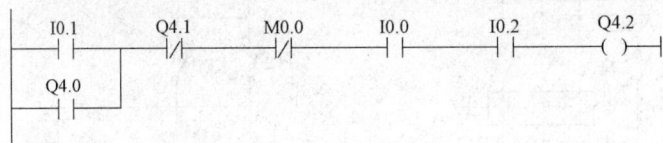

Network 3：Y-D切换时间控制
Comment：

```
                                        T1
                                      S_ODT
   I0.1    Q4.1    I0.0    I0.2     ┌──S    Q──┐   M0.0
───┤├─────┤/├─────┤/├────┤├────────┤         ├──( )───
   Q4.0                     S5T#5S─┤TV   BI├─…
───┤├──                      Q4.1─┤R   BCD├─…
```

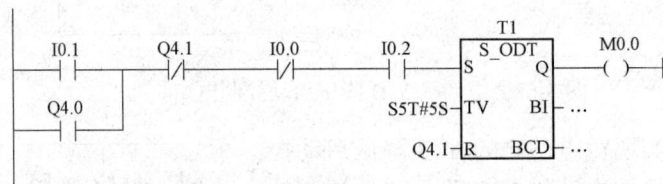

Network 4：D型运行控制
Comment：

```
   I0.1    Q4.2    M0.0    I0.0    I0.2      Q4.1
───┤├─────┤/├──┬──┤/├────┤├─────┤├───────( )───
   Q4.0       │   Q4.1
───┤├──       └──┤├──
```

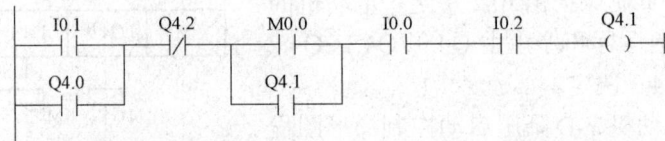

Network 5：过负荷指示
Comment：

```
   I0.2                              Q4.3
───┤/├─────────────────────────────( )───
```

图 3-65　电动机 Y-D 降压启动控制梯形图程序

　　当按下停止按钮 SB1 时，输入继电器 I0.0 断开，其动合触点断开，Q4.0 和 Q4.1 断开，使 KM1 和 KM2 断电，电动机停止运行。

　　当电动机过负荷时，热继电器 FR 动作，输入继电器 I0.2 断开，其动断触点闭合，动合触点断开，Q4.3 接通，过负荷指示灯 HL 亮，同时 Q4.0 和 Q4.1 断开，使 KM1 和 KM2 断电，电动机停止运行，实现过负荷保护。

【例】电动机定子串电阻降压启动控制。

答： 三相笼型感应电动机采用全压启动，控制电路简单。如果电动机容量较大或为了减小启动时对机械设备的冲击，则应采用降压启动。三相笼型感应电动机降压启动一般有 4 种方法：定子串电阻或电抗器降压启动，Y-D 降压启动，延边三角形降压启动。

三相笼型感应电动机定子绕组串电阻启动，使绕组电压降低，从而减小启动电流。当电动机转速接近额定转速时，将串接电阻短接，使电动机在额定电压下运行。图 3-66 为电动机定子串电阻降压启动控制电路。

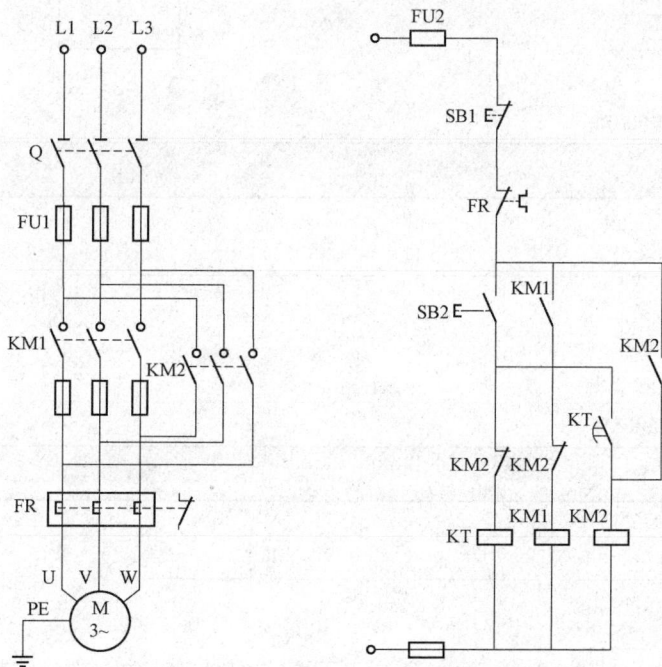

图 3-66 定子串电阻降压启动控制电路

图 3-66 中 KM1 为启动接触器，KM2 为运行接触器，KT 为时间继电器，FR 为热继电器。当闭合电源开关 Q，按下启动按钮 SB2 时，KM1、KT 绕组同时"得电"并自锁，此时电动机定子串电阻 R 降压启动。当电动机转速接近额定转速时，时间继电器 KT 动作，其延时闭合动合触点，KM2 绕组通电并自锁，其动断触点断开，使 KM1、KT 绕组断电释放，KM2 的主触点短接电阻 R，电动机经 KM2 主触点在全压下进入正常运行状态。

采用 S7-300 PLC 实现对电动机的定子串电阻降压启动控制，主电路保持不变，控制电路采用 PLC 进行控制，PLC 的 I/O 配置及接线图如图 3-67 所示。

在图 3-67 中，电动机停止由 PLC 输入继电器 I0.1 决定，启动由输入继电器 I0.2 决定，电动机过负荷保护由 I0.3 决定，电动机的启动、稳定运行和停止分别由 Q5.1、Q5.2 决定，过负荷指示由 Q5.3 决定。

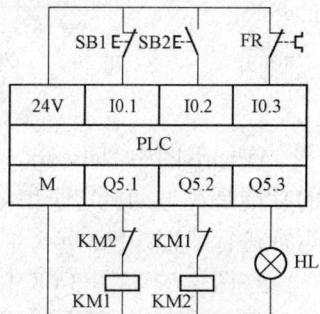

图 3-67 定子串电阻降压启动 PLC 的 I/O 配置及接线图

电动机定子串电阻降压启动控制梯形图程序如图 3-68 所示。

Network 1: 降压启动延时控制

Comment:

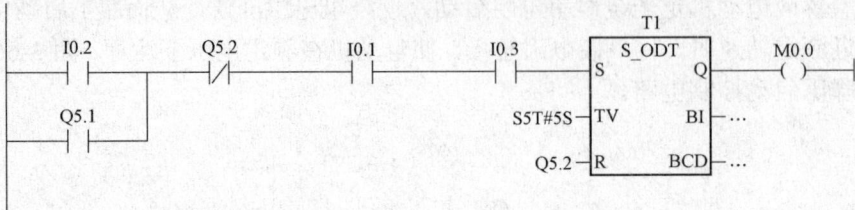

Network 2: 降压启动

Comment:

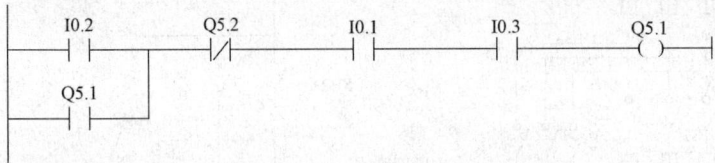

Network 3: 稳定运行

Comment:

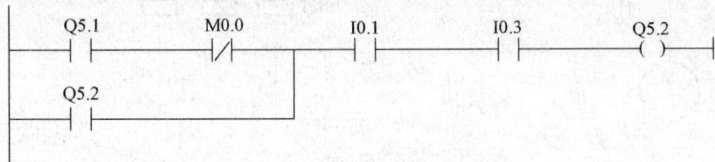

Network 4: 过负荷指示

Comment:

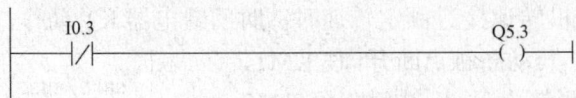

图 3-68　定子串电阻降压启动控制梯形图程序

在梯形图中 Network 1 的功能是对电动机定子串电阻启动时间控制进行编程，Network 2 的功能是对电动机定子串电阻控制进行编程，Network 3 的功能是对电动机切除电阻进入稳定运行进行编程，Network 4 的功能是对电动机过负荷指示进行编程。

在图 3-67 和图 3-68 中，当按下启动按钮 SB2 时，PLC 输入继电器 I0.2 接通，接通延时定时器 T1 和输出继电器 Q5.1 并自锁，启动接触器 KM1 "得电"，电动机定子串电阻 R 降压启动，T1 开始定时，当电动机转速接近额定转速时，接通延时定时器 T1 的 "Q" 端输出逻辑值 "1"，位存储器 M0.0 接通，使输出继电器 Q5.2 接通并自锁，运行接触器 KM2 "得电"，同时断开 T1 和 Q5.1，使启动接触器 KM1"失电"，KM2 的主触点短接电阻 R，电动机经 KM2 主触点在全压下进入正常运行状态。

当按下停止按钮 SB1 时，输入继电器 I0.1 断开，Q5.2 断开，KM2"失电"，电动机停止运行。

当电动机过负荷时，热继电器 FR 的动断触点断开，输入继电器 I0.3 断电，输出继电器 Q5.2 断开，使电动机停止运行，同时输出继电器 Q5.3 接通，过负荷指示灯 HL 亮。

（二）计数器指令

1. 计数器的存储区

计数器是一种由位和字组成的复合单元，在 CPU 的存储器中留出了计数器区域，该区域用于存储计数器的计数值。S7-300/400 的每个计数器有一个 16 位字和一个二进制位，计数器的字用来存放它的当前计数值。计数器触点的状态由它的位的状态来决定，用计数器地址（C 和计数器号，如 C12）来访问当前的计数值和计数器位，带位操作数的指令访问计数器位，带字操作数的指令访问当前计数值。

S7-300 的计数器个数（128～2048 个）与 CPU 的型号有关，S7-400 有 2048 个计数器。

2. 当前计数值

计数器的第 0 到第 11 位存放 BCD 码格式的计数值，三位 BCD 码表示的范围是 0～999。第 12～15 位没有用途。计数值的范围为 0～999，图 3-69 中的计数器字的当前计数值为 BCD 码 127。

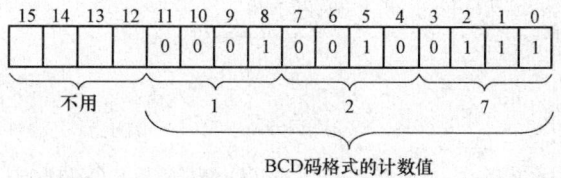

3. 加计数器梯形图指令（Up Counter）

图 3-69　计数器字

S_CU，CU 为加计数脉冲输入端，S 为计数器的设置输入端，PV 为预置值输入端，R 为复位，Q 为计数器位输出端，CV 端输出十六进制格式的当前计数值，CV_BCD 端输出当前计数值的 BCD 码。

计数器的 CU、S、R、Q 为 BOOL（位）变量，PV、CV、CV_BCD 为 WORD（字）变量。各变量均可以使用 I、Q、M、L、D 存储区，PV 还可以使用计数器常数 C#。

在加计数脉冲输入信号 I0.0 接通时，即 CU 输入信号端的上升沿，使得计数值加 1。复位输入信号 R 为"1"时，计数器被复位，当前计数值被重新设置为 PV 值，输出 Q 变为"0"状态。如图 3-70 所示，当前计数值大于"0"时，计数器位为"1"状态，当前计数值为"0"时，输出 Q 为"0"状态。

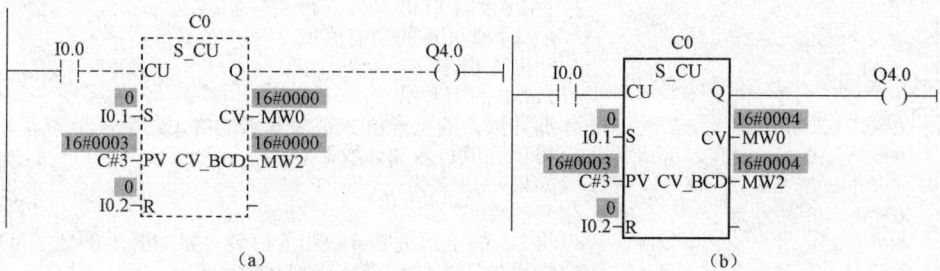

图 3-70　加计数器梯形图指令

（a）加计数器脉冲为"0"时；（b）加计数器脉冲为"4"时

用设置输入 S 设置计数器时，如果加计数输入信号 CU 为"1"状态，即使 CU 没有变化，下一个扫描周期也会加计数。

4. 减计数器梯形图指令（Down Counter）

S_CD 是减计数器梯形图指令。CD 为减计数脉冲输入端，S 为计数器的设置输入端，PV 为预置值输入端，R 为复位端，Q 为计数器位输出端，CV 端输出十六进制格式的当前计数值，CV_BCD 端输出当前计数值的 BCD 码。

与加计数器相同，CD、S、R、Q 为 BOOL（位）变量，PV、CV、CV_BCD 为 WORD（字）变量。各变量均可以使用 I、Q、M、L、D 存储区，PV 还可以使用计数器常数 C#。

如图 3-71 所示，先将 I0.4 接通，设置输入信号 S 为"1"，将计数值"5"赋值给计数器，在减计数脉冲输入信号 I0.3 接通时，即 CD 端输入一个上升沿，如果计数值大于"0"计数值减 1。复位输入信号 R 为"1"时，计数器被复位，当前计数值被清零，输出 Q 变为"0"状态。

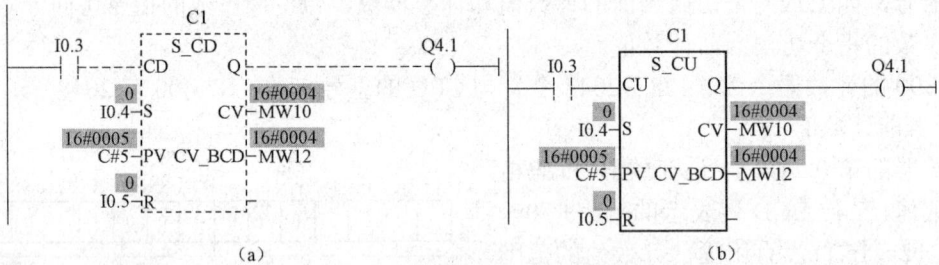

图 3-71　减计数器梯形图指令

（a）减计数器 S 为"1"时；（b）减计数器脉冲为"4"时

当前计数值大于"0"时，计数器位为"1"状态，当前计数值为"0"时，输出 Q 为"0"状态。

用设置输入 S 设置计数器时，如果减计数输入信号 CD 为"1"状态，即使 CD 没有变化，下一个扫描周期也会减计数。

计数器一般用来在计算预置值制定的脉冲个数后，进行某种操作，为了实现这一要求，最简单的方法是首先将预置值送入减计数器。计数值减为 0，其动断触点闭合，用它来完成要做的工作。如果使用加计数器，则需要增加一条比较指令，用来判断计数值是否等于预置值。

5. 语句表中的加减计数程序

（1）下面是加计数器语句表程序。

```
A    I    0.0        //I0.0 的上升沿
CU   C    0          //加计数器 C0 的当前值加 1
BLD  101             //空操作指令
A    I    0.1        //I0.1 的上升沿
L    C#3             //加计数器的预置值 3 被装入累加器 1 的低字节中
S    C    0          //将预置值装入加计数器 C0
A    I    0.2        //如果/I0.2 为 1
R    C    0          //复位 C0
L    C    0          //将 C0 的十六进制计数当前值装入累加器 1 的低字节中
T    MW   0          //将累加器 1 的内容传送到 MW0
LC   C    0          //将 C0 的 BCD 码计数当前值装入累加器 1 的低字节中
T    MW   2          //将累加器 1 的内容传送到 MW2
```

```
A    C    0              //如果 C0 的当前值非 0
=    Q    4.0            //Q4.0 为"1"状态
```

（2）下面是减计数器语句表程序。

```
A    I    0.3            //I0.3 的上升沿
CD   C    1              //减计数器 C1 的当前值减 1
LD   101                //空操作指令
A    I    0.4            //I0.4 的上升沿
L    C#3                //减计数器的预置值 3 被装入累加器 1 的低字节中
S    C    1              //将预置值装入加计数器 C1
A    I    0.5            //如果/I0.5 为 1
R    C    1              //复位 C1
L    C    1              //将 C1 的十六进制计数当前值装入累加器 1 的低字节中
T    MW   10            //将累加器 1 的内容传送到 MW10
LC   C    1              //将 C1 的 BCD 码计数当前值装入累加器 1 的低字节中
T    MW   12            //将累加器 1 的内容传送到 MW12
A    C    1              //如果 C1 的当前值非 0
=    Q    4.1            //Q4.1 为"1"状态
```

6. 加计数器绕组指令

图 3-72 是用计数器绕组指令设计的加计数器。"设置计数值"绕组 SC（Set　Counter Value）用来设置计数值，图中 I1.2 的动合触点由断开变为接通时，预置值"3"被送入 C3 的加计数器字。

图中标有 CU 的绕组为加计数器绕组，标有 CD 的绕组为减计数器绕组，在 I1.3 的上升沿，如果当前计数值小于 999，计数值加 1，复位输入 I1.4 为 1 时。计数器被复位，计数器位和计数值被清零。

7. 加减计数器（S_CUD）

如图 3-73 所示，在设置输入 S 的上升沿，PV 指定的预置值被送入加减计数器，复位输入 R 为"1"状态时，计数器被复位，计数器的位输出 Q 被复位，计数值被清零。在加计数输入信号 CU 的上升沿，如果计数值小于 999，则计数器加 1。在减计数输入信号 CD 的上升沿，如果计数值大于 0，则计数值减 1。如果两个计数输入均为上升沿，则两条指令均被执行，计数值保持不变。计数值大于 0 时，输出信号 Q 为"1"状态，计数值为 0 时，Q 为"0"状态。

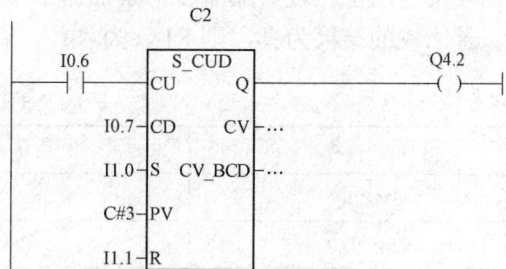

Network 1：装入计数值

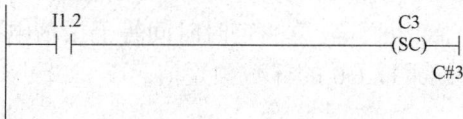

Network 2：加计数器绕组

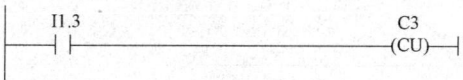

Network 3：Title：

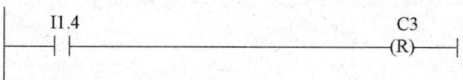

Network 4：Title：

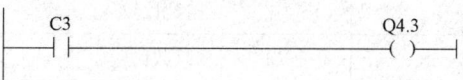

图 3-72　计数器绕组指令

图 3-73　加减计数器程序

如果在设置计数器时（在 S 信号的上升沿）CU 或 CD 的输入为 1，则即使它们没有变化，下一个扫描周期也会计数。

8. IEC 计数器

IEC 计数器集成在 CPU 的操作系统中，SFB0 CTU 是加计数器，SFB1 CTD 是减计数器，SFB2 CTUD 时加减计数器，具体的使用方法见 STEP 7 的在线帮助。

Network 1：Title:

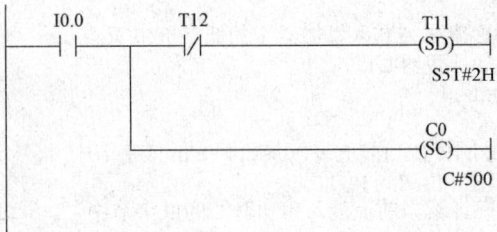

Network 2：Title:

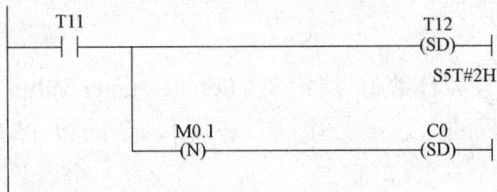

Network 3：Title:

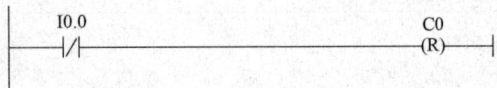

Network 4：Title:

图 3-74　扩展定时器的定时范围梯形图

【例】用计数器扩展定时器的定时范围。

答： S7-300/400 的定时器最大定时时间为 9990s，IEC 定时器（SFB3～SFB5）的时间预置值的数据类型为 32 位的 TIME，单位为 ms，最大定时时间达 T#24D_20H_31M_23S_67MS。

如果需要更长时间的定时时间，那么可以使用图 3-74 所示电路。I0.0 为"0"状态时，计数器 C0 被复位。I0.0 变为"1"状态时，其动合触点接通，使 T11 和 T12 组成的振荡电路（见例题 3-3）开始工作，计数器的预置值"500"被送入计数器 C0；I0.0 的动断触点断开，C0 被解除复位。

振荡电路的振荡周期为 T11 和 T12 的预置值之和，图中的振荡电路相当于周期为 4h 的时钟脉冲发生器，每隔 4h，当 T12 的定时时间到，T11 的动合触点由接通变为断开，其脉冲的下降沿通过减计数绕组 CD 使 C0 的计数值减 1。计满 500 个数后，C0 的当前值减为 0，它的动断触点闭合，使 Q0.0 的绕组通电。总的定时时间等于振荡电路的振荡周期乘以 C0 的计数预置值。

实训项目 3　数据处理指令的应用

（一）数据处理指令

1. 比较指令

比较指令用于比较累加器 2 与累加器 1 中的数据大小。比较时应确保两个数的数据类型相同。若比较的结果为真，则 RLO 为"1"，否则为"0"。比较指令的逻辑关系见表 3-15。

表 3-15　　　　　　　　　　比较指令的逻辑关系

梯形图符号	语句表指令	描　　述
CMP?I	?I	整数比较
CMP?D	?D	双整数比较
CMP?R	?R	实数（浮点数）比较

指令助记符号的 I、D、R 分别表示用来比较的整数、双整数和浮点数。表 3-12 中的"？"可以取＝、◇、＞、＜、＞＝和＜＝。被比较数据类型为 I、Q、M、L、D 或常数。

【例】方波发生器。

答： 梯形图中的方框比较指令相当于一个动合触点，可以与其他触点串联或并联。比较指令框的使能输入和使能输出均为 BOOL 变量，可以取 I、Q、M、L 和 D 或常数。在使能输入信号为"1"时，比较 IN1 和 IN2 输入的两个操作数。如果被比较的两个数满足指令的条件，比较结果为"T"，等效触点闭合，如图 3-75 所示。

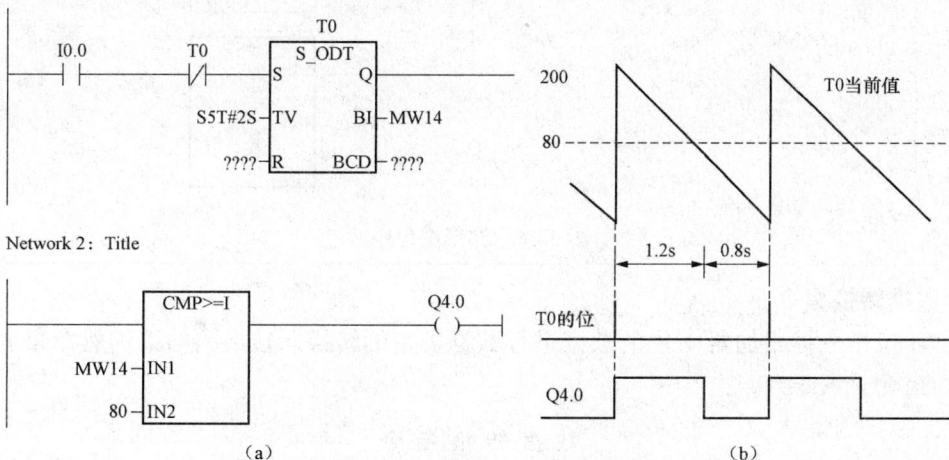

图 3-75 方波发生器梯形图程序和时序图
(a) 梯形图；(b) 时序图

图 3-75 (a) 中的 T0 是接通延时定时器，I0.0 的动合触点接通时，T0 开始定时，其剩余时间值从预置时间值 2s 开始递减。减至 0 时，T0 的 Q 输出变为"1"状态，它的动断触点断开，使它的 Q 输出变为"0"状态，T0 的动断触点闭合，又从预置时间值开始定时。

T0 的十六进制剩余时间（单位为 10ms）被写入 MW14 后，与常数 80 比较。剩余时间大于等于 80（800ms）时，比较指令等效的触点闭合，Q4.0 的绕组通电，通电的时间为 1.2s [见图 3-75 (b)]。剩余时间小于 80 时，比较指令等效的触点断开，Q4.0 的绕组断电 0.8s。

语句表中的比较指令用于比较累加器 1 与累加器 2 中的数据大小，被比较的两个数的数据类型应该相同。如果满足比较的条件，则 RLO 为"1"，否则为"0"。状态字的 CC0 和 CC1 位用来表示两个数的大于、小于和等于关系。下面是图 3-75 (b) 中的程序段对应的语句表程序。

```
L       MW   14        //MW14 中的整数装入累加器 1
L       80             //累加器 1 中数据自动装入累加器 2，80 装入累加器 1
>=I                    //比较累加器 1 和累加器 2 的值
=Q      4.0            //如果 MW14＞＝80，则 Q4.0 为"1"状态
```

【例】试用"计数器"、"比较器"指令设计。要求按钮 I0.0 闭合 10 次之后，输出 Q4.0；按钮 I0.0 闭合 20 次之后，输出 Q4.1；按钮 I0.0 闭合 30 次之后，计数器及所有输出自动复位。手动复位按钮为 I0.1。梯形图程序如图 3-76 所示。

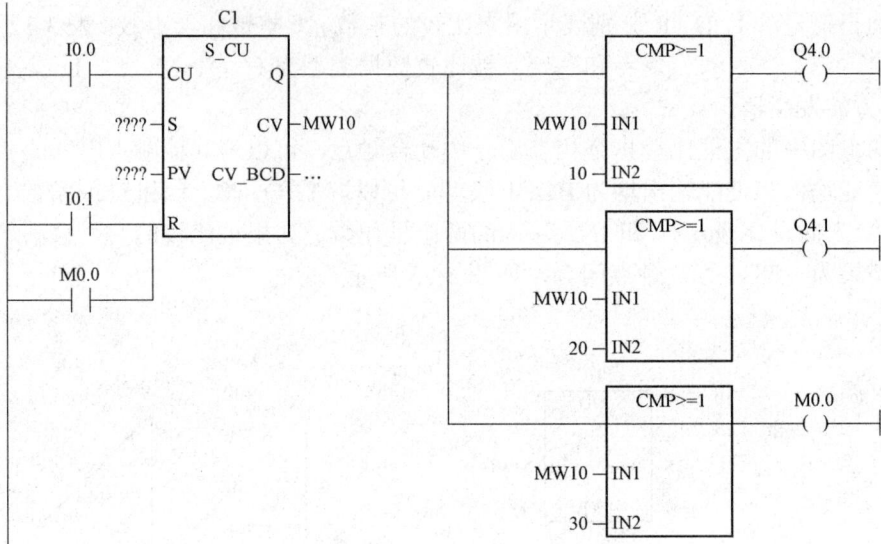

图 3-76　梯形图程序

2. 数据转换指令

数据转换指令将累加器 1 中的数据进行数据类型的转换，转换的结果仍然在累加器 1。数据转换指令见表 3-16。

表 3-16　　　　　　　　　　　数 据 转 换 指 令

语 句 表	梯 形 图	描　　　　　　述
BTI	BCD_I	将累加器 1 低字的 3 位 BCD 码转换成整数
ITB	I_BCD	将累加器 1 低字的整数转换成 3 位 BCD 码
BTD	BCD_DI	将累加器 1 的 7 位 BCD 码转换成双整数
DTB	DI_BCD	将累加器 1 的双整数转换成 7 位 BCD 码
DTR	DI_R	将累加器 1 的双整数转换成浮点数
ITD	I_DI	将累加器 1 低字的整数转换成双整数
RND	ROUND	将浮点数转换为四舍五入的双整数
RND+	CEIL	将浮点数转换为大于等于它的最小双整数
RND-	FLOOR	将浮点数转换为小于等于它的最大双整数
TRUNC	TRUNC	将浮点数转换为截位取整的双整数
CAW	—	交换累加器 1 低字中两个字节的位置
CAD	—	交换累加器 1 中 4 个字节的顺序

（1）BCD 码的数据格式与整数的相互转换。16 位格式的 BCD 码的第 0～11 位二进制数用来表示 3 位 BCD 码（见图 3-2），每位的数值范围为 2#0000～2#1001，对应于十进制数 0～9。第 15 位二进制数用来表示 BCD 码的符号，正数为 0，负数为 1，第 12～14 位二进制数未用，一般取与符号位相同的数。

图 3-77 给出了 BCD 码与整数相互交换的例子。用变量表给 MW2 输入 16#8123（最高位

二进制数为 1）或 16#f123（最高位二进制数均为 1），转换的结果均为十进制数−123。

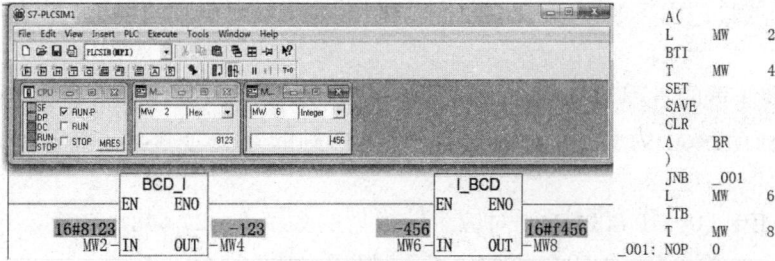

图 3-77　BCD 码的数据格式与整数的相互转换

如果输入的 BCD 码的某位为无效数据（2#1010～2#1111，对应的十进制数为 10～15），将得不到正确的转换结果，会出现"BCDF"错误。如果没有下载编程错误组织块 OB121，CPU 将进入"STOP"状态，"BCD 转换错误"信息被写入诊断缓冲区。

32 位格式的 BCD 码的第 0～27 位二进制数用来表示 7 位 BCD 码（见图 3-3）。第 31 位二进制数是 BCD 码的符号位，正数为 0，负数为 1。第 28～30 位二进制数未用，一般取与符号位相同的数。

ITB 指令将累加器 1 低字的 16 位整数转换为 3 位 BCD 码，结果仍在累加器 1 的低字，累加器 1 的高字不变。DTB 指令将累加器 1 的 32 位双整数转换为 7 位 BCD 码，结果仍在累加器 1。图 3-77 中的 I_BCD 指令将"−456"转换为 BCD 码"W#16#f456"，二进制数的最高 4 位均为 1，表示该数是负数。图 3-77 的右边是对应的语句表程序。

16 位整数的表示范围为−32 768～+32 767，而 3 位 BCD 码的表示范围为−999～+999。如果被转换的整数超出 BCD 码的允许范围，则得不到有效的转换结果，同时状态字的溢出位 OV 和溢出保持位 OS 将被置 1。在程序中，可以根据 OV 位判断转换结果是否有效，以免造成进一步的运算错误。

（2）双整数与浮点数之间的转换。DTR 指令将累加器 1 中的 32 位双整数转换为 32 位 IEEE 浮点数（实数），结果仍在累加器 1。因为 32 位双整数的精度比浮点数的高，所以指令将转换结果四舍五入。

有 4 条将浮点数转换为双整数的指令（见表 3-17），它们将累加器 1 中的浮点数转换为双整数。因为转换规则不同，所以得到的结果也不同，表 3-17 给出了不同的取整数格式的例子。4 条指令中用的最多的是 RND，RND+和 RND−很少使用。

表 3-17　　　　　　　　　　　　浮点数和双整数转换举例

指　　令	取　整　前	取　整　后	说　　　明
RND	+100.6 −100.6	+101 −101	将浮点数转换为四舍五入双整数
RND+	+100.2 −100.6	+101 −100	将浮点数转换为大于等于它的最小双整数
RND−	+100.6 −100.2	+100 −101	将浮点数转换为小于等于它的最大双整数
TRUNC	+100.6 −100.6	+100 −100	将浮点数转换为截位取整的双整数

因为浮点数的数值范围远远大于 32 位整数，有的浮点数不能成功地转换为 32 位整数。如果被转换的浮点数超出了 32 位整数的表示范围，则得不到有效的结果，状态字中的 OV 和 OS 位被置 1。

【例】压力变送器的量程为 0～10MPa，输出信号为 4～20mA，模拟量输入模块的量程为 4～20mA，转换后的数字为 0～27 648，设转换后得到的数字为 N，试求以 kPa 为单位的压力值。

答： 0～10MPa（0～10 000kPa）对应于转换后的数字 0～27 648，转换公式为：

$$P = (10\,000 \times N)/27\,648\text{kPa} = 0.361\,69 \times N$$

来自 AI 模块的 PIW320 的原始数据 N 为 16 位整数，首先用 I_DI 指令将整数转换为双整数（见图 3-78），然后用 DI_R 指令将其转换为实数（REAL），再用实数乘法指令 MUL_R 完成上述运算。最后用四舍五入的 ROUND 指令，将运算结果转换为以 kPa 为单位的整数。

Network 5：浮点数压力计算

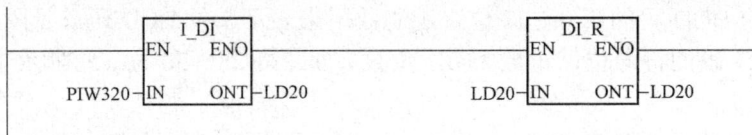

Network 6：浮点数压力计算

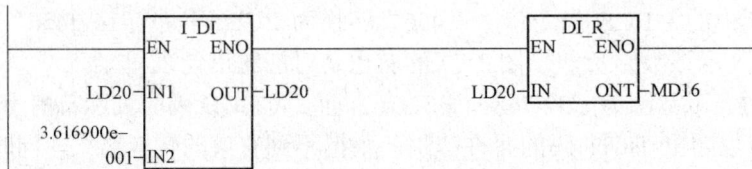

图 3-78　浮点数压力计算转换梯形图程序

用仿真软件调试程序时，可将 0 和 27 648 分别输入 PIW320，观察 MD16 中的计算结果是否是 0 和 1000kPa。将 0～27 648 之间的任意数值输入 PIW320，观察计算结果是否与计算器计算的结果相同。

【例】将 101in（英寸，浮点数）转换为以 cm（厘米）为单位的整数，保存到 MW0。

```
L   101.0          //将浮点数 101.0 装入累加器 1
L   2.54           //将浮点数 2.54 装入累加器 1，累加器 1 的内容装入累加器 2
*R                 //101.0 乘以 2.54，得 256.54cm
RND                //四舍五入转换为整数 257
T   MW   0         //将结果传送至 MW0
```

（3）交换累加器 1 中字节的位置。CAW 指令交换累加器 1 低字中两个字节的位置，累加器 1 的高字不变。如图 3-79 所示，CAD 指令交换累加器 1 中 4 个字节的顺序。

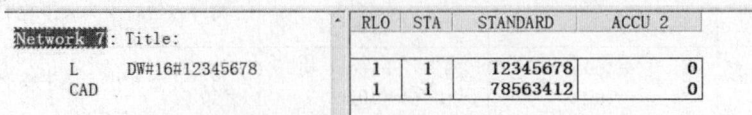

图 3-79　CAD 指令及仿真

（4）求反码与求补码指令。求反码与求补码指令如表 3-80 和图 3-18 所示。整数求反码（取反）指令 INVI 将累加器 1 低字的 16 位整数逐位取反，即各位二进制数由 0 变为 1，由 1 变为 0，运算结果在累加器 1 的低字。双整数求反码指令 INVD 将累加器 1 中的双整数逐位取反，结果在累加器 1。

表 3-18   求 反 码 与 补 码 指 令

梯　形　图	语　句　表	说　　　明
INV_I	INVI	求累加器 1 低字的 16 位整数的反码
INV_DI	INVD	求累加器 1 中双整数的反码
NEG_I	NEGI	求累加器 1 低字的 16 位整数的补码
NEG_DI	NEGD	求累加器 1 中的双整数的补码
NEG_R	NEGR	累加器 1 中的浮点数的符号位取反

整数求补码指令 NEGI 将累加器 1 低字的整数逐位取反后再加 1，运算结果仍在累加器 1 的低字。双整数求补码指令 NEGD 将累加器 1 的双整数逐位取反后再加 1，运算结果仍在累加器 1。求补码相当于求一个数的相反数，即将该数乘以 -1。

【例】对整数 32（16 进制为 20）求反码和补码。梯形图程序及监视示意图如图 3-80 所示。

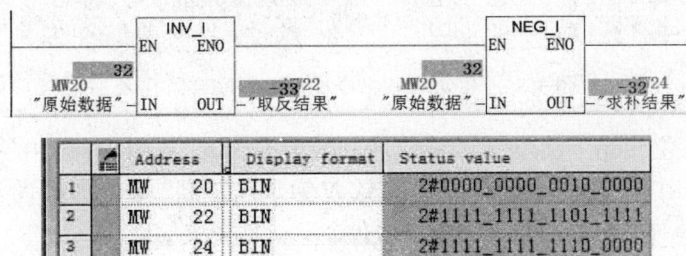

	Address	Display format	Status value
1	MW　20	BIN	2#0000_0000_0010_0000
2	MW　22	BIN	2#1111_1111_1101_1111
3	MW　24	BIN	2#1111_1111_1110_0000

图 3-80　对整数求反码和补码的梯形图程序及监视示意图

浮点数取反指令 NEGR，累加器 1 的浮点数的符号位（第 31 位）取反，运算结果仍在累加器 1。

【例】求双整数 MD30 的补码。

```
L    MD   30          //将 32 位双整数装入累加器 1
NEGD                  //求补码
T    MD               //运算结果传送到 MD30
```

3. 移位与循环移位指令

（1）由符号数右移指令。移位指令将累加器 1 的低字或累加器 1 的全部内容左移或右移若干位（见表 3-19）。

表 3-19   移位与循环移位指令

梯形图	语句表	说　　　明
SHR_I	SSI	将累加器 1 低字的有符号整数逐位右移，空出的位添上与符号位相同的二进制数
SHR_DI	SSD	将累加器 1 中有符号双整数逐位右移，空出的位添上与符号位相同的二进制数

梯形图	语句表	说　　明
SHL_W	SLW	将累加器 1 低字的 16 位字逐位左移，空出的位添 0
SHR_DW	SRW	将累加器 1 低字的 16 位字逐位右移，空出的位添 0
SHL_DW	SLD	将累加器 1 低字的双字逐位左移，空出的位添 0
SHR_DW	SRD	将累加器 1 低字的双字逐位右移，空出的位添 0

有符号数（整数或双整数）右移后高端空出来的位填以符号位对应的二进制数，正数的符号位为 0，负数的符号位为 1。移位指令将状态字的 CC0 清零，最后移出的位被装入状态位 CC1。

【例】使用整数右移指令将 MW40 中的 16 位有符号整数－8000（16 进制为 E0C0）右移 4 位。梯形图程序及监视表如图 3-81 所示。

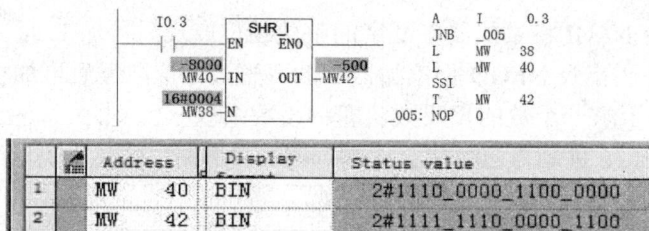

	Address	Display format	Status value
1	MW　40	BIN	2#1110_0000_1100_0000
2	MW　42	BIN	2#1111_1110_0000_1100

图 3-81　整数右移指令梯形图程序及监视表

－8000 右移 4 位相当于除以 2^4，移位后的数为－500。从图 3-81 中的变量表可以看出，右移后空出来的位用符号位 1 填充。移位位数 N 为十六进制数，N 如果大于 16，则原有的数据将被全部移出去，MW42 的各位均为符号位。

图 3-81 的对应的语句程序，被移位的数在累加器 1 中，移位位数在累加器 2 中，移位位数的允许值为 0～255，移位位数（常数）也可以在移位指令中。如果移位位数等于 0，移位指令将被当作 NOP（空操作）指令来处理。

（2）无符号数移位指令。无符号的字（WORD）和双字（DWORD）可以左移，也可以右移，移位后空出来的位添 0。

【例】将整数 50（16 进制为 32）左移 4 位。图 3-82 是无符号字左移 4 位的移位指令梯形图，50 左移 4 位相当于乘以 2^4，移位后的数为 800，左移后空出来的位添 0。从变量监视表可以看到左移 4 位的效果。

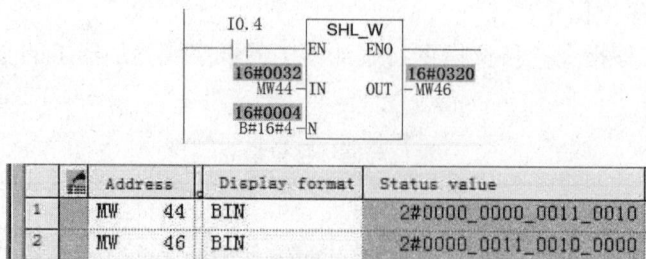

	Address	Display format	Status value
1	MW　44	BIN	2#0000_0000_0011_0010
2	MW　46	BIN	2#0000_0011_0010_0000

图 3-82　无符号数左移指令梯形图程序及监视表

如果移位前后的地址（IN、OUT）相同，应在 I0.4 的触点右边添加一个上升沿检测元件，否则在 I0.4 为 1 的每个扫描周期都要移位一次。

（3）循环移位指令。循环移位指令将累加器 1 的整个内容逐位循环左移或循环右移 0～32 位，即从累加器 1 移出来的位又被送回累加器 1 另一端空出来的位，最后移出的位装入状态字的 CC1 位。循环移位的位数可以用指令中的参数〈Number〉来指定，可以放在累加器 2 的最低字节。移位位数等于 0 时，循环移位指令被当作 NOP（空操作）来处理。循环移位指令如表 3-20 所示。

表 3-20　　　　　　　　　　　　　　　　循 环 移 位 指 令

语 句 表	梯 形 图	描　　述
RLD	ROL_DW	累加器 1 的双字循环左移
RRD	ROR_DW	累加器 1 的双字循环右移
RLDA	—	累加器 1 的双字通过 CC1 循环左移
RRDA	—	累加器 1 的双字通过 CC1 循环右移

【例】将十六进制双字 12345678 左移 8 位。梯形图程序及监视表如图 3-83 所示。

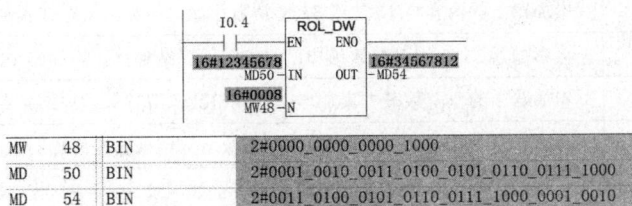

MW	48	BIN	2#0000_0000_0000_1000
MD	50	BIN	2#0001_0010_0011_0100_0101_0110_0111_1000
MD	54	BIN	2#0011_0100_0101_0110_0111_1000_0001_0010

图 3-83　双字循环左移指令梯形图程序及监视表

（4）累加器 1 的双字通过 CC1 的循环移位指令。双字通过 CC1 循环左移指令 RLDA 将累加器 1 的整个内容逐位左移 1 位，移出来的最高位装入 CC1，CC1 原有的内容装入累加器 1 的最低位。双字通过 CC1 循环右移指令 RRDA 将累加器 1 的整个内容逐位右移 1 位，移出来的最低位装入 CC1，CC1 原有的内容装入累加器 1 的最高位。

RLDA 和 RRDA 实际上是一种 33 位（累加器 1 的 32 位加状态字的 CC1 位）的循环移位指令，累加器移出来的位装入状态字的 CC1 位，状态字的 CC0 和 OV 位被复位为 0。

表 3-21 给出了循环左移 1 位的实例。移位前后累加器 1 中的二进制数的。表中的 X 为 0 或 1，是 CC1 在循环移位之前的。

表 3-21　　　　　　　　　　　　　　　使用 RLDA 指令的实例

内　　容	CC1	累加器 1 的高字	累加器 1 的低字
移位前	X	0101 1111 0110 0100	0101 1101 0011 1011
循环移位后	0	1011 1110 1100 1000	1011 1010 0111 011X

实训项目 4　数学运算指令应用

数运算指令包括整数运算指令、浮点数运算指令和逻辑运算指令。这些指令是否执行与

RLO 无关，也不会对 RLO 产生影响。

（一）整数运算指令

整数与浮点数数学运算指令对累加器 1 和累加器 2 的数据进行运算，运算结果保存在累加器 1。对于有 4 个累加器的 CPU，累加器 3 的内容被复制到累加器 2，累加器 4 的内容被传送到累加器 3，累加器 4 原有的内容保持不变。数学运算指令影响状态位 CC1、CCO、OV 和 OS，详细的情况见指令的在线帮助。

1. 整数运算指令

整数数学运算指令见表 3-22。

表 3-22　　　　　　　　　　　　整 数 数 学 运 算 指 令

语句表	梯形图	描　述
+I	ADD_I	将累加器 1、2 低字的整数相加，运算结果存在累加器 1 的低字
−I	SUB_I	累加器 2 低字的整数减去累加器 1 低字的整数，运算结果存在累加器 1 的低字
*I	MUL_I	将累加器 1、2 低字的整数相乘，双整数运算结果存在累加器 1
/I	DIV_I	累加器 2 低字的整数除以累加器 1 低字的整数，商存在累加器 1 的低字，余数存在累加器 1 的高字
+		累加器 1 的内容与 16 位或 32 位常数相加，运算结果存在累加器 1
+D	ADD_DI	将累加器 1、2 的双整数相加，双整数运算结果存在累加器 1
−D	SUB_DI	累加器 2 的双整数减去累加器 1 的双整数，双整数运算结果存在累加器 1
*D	MUL_DI	将累加器 1、2 的双整数相乘，双整数运算结果存在累加器 1
/D	DIV_DI	累加器 2 的双整数除以累加器 1 的双整数，32 位商存在累加器 1，余数被丢掉
MOD	MOD_DI	累加器 2 的双整数除以累加器 1 的双整数，32 位余数存在累加器 1

下面是整数加法运算的例子。

```
L    IW    10        //将 IW10 的内容装入累加器 1 的低字
L    MW    14        //将累加器 1 的内容装入累加器 2，MW14 的值装入累加器 1 低字
+I                   //累加器 1 与累加器 2 低字的值相加，结果在累加器 1 的低字
T    DB1.DBW25       //累加器 1 低字的运算结果被传送到数据块 DB1 的 DBW25
```

在语句表中输入程序时，不能使用中文的加号和减号。

2. 整数数学运算的注意事项

（1）语句表与梯形图中的整数乘法指令的区别。语句表中的整数乘法指令"*I"，将累加器 1、2 低字的 16 位整数相乘，32 位双整数运算结果存在累加器 1。如果整数乘法的运算结果超出了 16 位整数允许的范围，则 OV 和 OS 位均为 1。

梯形图中的整数乘法指令输出变量 OUT 的数据类型为 INT（整数），所以梯形图中的整数乘法指令的乘积为 16 位，而不是 32 位。

（2）用带常数的加法指令"＋"简化程序。加法指令"＋"将累加器 1 低字的 16 位整数与指令中的 16 位常数（−32 768～＋32 767）相加，16 位整数运算结果存在累加器 1 的低字。也可以将累加器 1 中的 32 位整数与指令中的 32 位常数相加，32 位整数运算结果存在累加器 1。

【例】双整数运算 MD20＋MD24-200，并将运算结果传送到 MD28。

```
L    MD   20          //将 MD20 的内容装入累加器 1
L    MD   24          //将累加器 1 的内容装入累加器 2 中，MD24 得值装入累加器 1
+D                    //累加器 1、2 的值相加，将结果存放在累加器 1
+    L# -200          //累加器 1 的值减去 200，结果储存在累加器 1
T    MD   28          //将累加器 1 的运算结果传送到 MD28
```

如果将上面的程序中的指令"＋L#－200"改为没有操作数的双字减法指令"－D"应该在指令前面加一条"L　L#200"指令。

（3）求 32 位除法运算的余数。双整数除法指令能得 32 位的商，余数被丢掉。可以用 MOD 指令来求双整数除法的余数。

3．梯形图中的整数数学运算指令

【例】用整数数学运算指令实现下面式子的压力 P（kPa）的计算。

$$P＝（10\,000×N）/27\,648$$

在编程时一定要先乘后除，否则会损失原始数据的精度。应根据指令的输入、输出数据可能的最大值选用整数运算指令或双整数运算指令。

假设用于测量压力的 AI 模块的通道地址为 PIW320，A/D 转换后的数字 N 的值为 0～27 648，乘以 10 000 以后乘积可能超过 16 位整数的允许范围，因此应采用双整数的乘法指令 MUL_DI。除法指数的被除数是双整数，因此应采用双整数除法指令 DIV_DI。

首先用指令 I_DI 将 PIW320 中的原始数据（16 位整数）转换为双整数，双字乘、除法指令中的常数应使用以"L#"开头的 32 位的双整数常数，如图 3-84 所示。

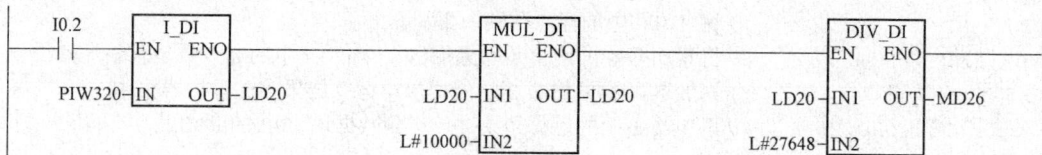

图 3-84　整数数学运算

如果某一方框指令的运算结果超出了整数运算指令的允许范围，状态位 OV 和 OS 将为"1"，使能输出 ENO 为"0"，不会执行该方框指令右边的指令。

双字除法指令 DIV_DI 的运算结果为双字，但是可知运算结果实际上不会超过 16 位正整数的最大值 32 767，所以运算结果存在 MD26 的低字 MD28 中。

（二）浮点数数学运算指令

1．概述

浮点数（实数）运算，是对累加器 1 和累加器 2 中的 32 位 IEEE 格式的浮点数进行运算，运算结果存在累加器 1 中。浮点数的数据类型为 REAL（见表 3-23）。

表 3-23　　　　　　　　　　　　　　浮点数数学运算指令

语句表	梯形图	描　　　　述
＋R	ADD_R	累加器 1、2 的浮点数相加，浮点数运算结果存在累加器 1 中
－R	SUB_R	累加器 2 的浮点数减去累加器 1 的浮点数，浮点数运算结果存在累加器 1 中

语句表	梯形图	描 述
*R	MUL_R	累加器 1、2 的浮点数相乘，浮点数乘积存在累加器 1 中
/R	DIV_R	累加器 2 的浮点数除以累加器 1 的浮点数，浮点数商存在累加器 1 中，余数被丢掉
ABS	ABS	累加器 1 的浮点数取绝对值，浮点数运算结果存在累加器 1 中
SQR	SQR	求累加器 1 的浮点数的平方，浮点数运算结果存在累加器 1 中
SQRT	SQRT	求累加器 1 的浮点数的平方根，浮点数运算结果存在累加器 1 中
EXP	EXP	求累加器 1 的浮点数的自然指数，浮点数运算结果存在累加器 1 中
LN	LN	求累加器 1 的浮点数的自然对数，浮点数运算存在累加器 1 中
SIN	SIN	求累加器 1 的浮点数的正弦函数，浮点数运算存在累加器 1 中
COS	COS	求累加器 1 的浮点数的余弦函数，浮点数运算结果存在累加器 1 中
TAN	TAN	求累加器 1 的浮点数的正切函数，浮点数运算结果存在累加器 1 中
ASIN	ASIN	求累加器 1 的浮点数的反正弦函数，浮点数运算结果存在累加器 1 中
ACOS	ACOS	求累加器 1 的浮点数的反余弦函数，浮点数运算结果存在累加器 1 中
ATAN	ATAN	求累加器 1 的浮点数的反正切函数，浮点数运算结果存在累加器 1 中

2. 浮点数基本数学运算指令

浮点数数学运算指令包括浮点数的四则运算指令和求绝对值指令 ABS。下面是浮点数加法运算的例子。

```
L    MD    10        //将 MD10 中的浮点数装入累加器 1
L    MD    14        //将累加器 1 的内容装入累加器 2，MD14 中的浮点数装入累加器 1
+R                   //累加器 1 和累加器 2 的值相加，运算结果存在累加器 1 中
T    DB2.DBD 25      //累加器 1 中的运算结果被传送到数据块 DB2 的 DBD25
```

3. 扩展的浮点数数学运算指令

扩展的浮点数数学运算指令包括各种浮点数函数运算指令。操作数和运算结果都是存在累加器 1 中的 32 位浮点数。下面的程序用来求 DB17.DBD0 的平方根，如果运算没有出错，则运算结果存放在 DB17.DBD4 中。

```
OPN    OB    17      //打开数据块 OB 17
L      DBD   0       //将 DB17.DBD0 的浮点数装入累加器 1
SQRT                 //求累加器 1 的浮点数的平方根，运算结果存在累加器 1 中
AN     OV            //如果运算时没有出错
JC     OK            //跳转到标号 OK 处
BEU                  //如果运算时出错，逻辑块无条件结束
OK:T   DBD   4       //将累加器 1 的运算结果传送到 DB17.DBD4
```

浮点数开平方指令 SQRT 的输入值应大于等于 0，运算结果为正数或 0。浮点数自然指数指令 EXP 和浮点数自然对数指令 LN 中的指数和对数的底数 e=2.718 28。

求以 10 为底的对数时，需要将自然对数值除以 2.302 585（10 的自然对数值）。例如：

$$lg100＝ln100/2.302\ 585＝4.605\ 170/2.302\ 585＝2$$

【例】用浮点数对数指令和指数指令求 5 的立方。

计算公式为：$5.0^3 = EXP(3.0 \times LN(5.0)) = 125.0$

下面是对应的程序。

```
L    5.0      //将 5.0 装入累加器 1 中
LN            //求 5.0 的自然对数
L    3.0      //将 3.0 装入累加器 1 中，5.0 移入累加器 2 中
*R            //累加器 1、2 的 3.0 和 5.0 相乘，乘积结果存在累加器 1 中
EXP           //求累加器 1 中浮点数的自然指数
T    MD 40    //将累加器 1 中的运算结果传送到 MD40
```

指数可以取任意的小数，本例中指数为 3.0 只是为了便于验证。

【例】求 $\sin 30°$ 的值。

浮点数三角函数指令的输入值是以弧度为单位的浮点数，图 3-85 是求正弦值的梯形图程序。MD30 中的角度值是以度为单位的浮点数，使用三角函数指令之前应先将角度值乘以 $\pi/180.0$（0.017 453 29），转换为弧度值，然后用 SIN 指令求角度的正弦值。

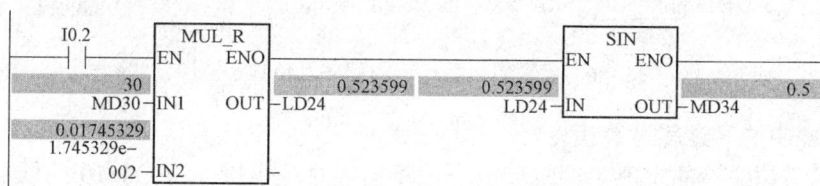

图 3-85　求正弦值的梯形图程序及仿真

在调试时给 MD30 输入浮点数的角度值 30.0，MD34 中的计算结果为 0.5。给出了用右键快捷菜单设置显示监控值的方法。显示方式如果被设置为自动，则将根据变量的数据类型按不同的数制显示。

浮点数反正弦函数指令 ASIN 和浮点数反余弦函数指令 ACOS 的输入值：$-1 \leqslant$ 数值 $\leqslant 1$；浮点数反正弦函数和反正切函数指令的运算结果满足：$-\pi/2 \leqslant$ 反正弦函数值 $\leqslant +\pi/2$，$0 \leqslant$ 反正切函数值 $\leqslant \pi$。

（三）字逻辑运算指令

1. 梯形图中的字逻辑运算指令

字逻辑运算指令对两个 16 位字或 32 位双字逐位进行逻辑运算，一个操作数存在累加器 1，另一个操作数存在累加器 2，或者在指令中用立即数（常数）的形式给出。运算结果存在累加器 1 中。如果字逻辑运算的结果为"0"，状态字的 CC1 位为"1"，反之为"0"。在任何情况下，状态字的 CC0 和 OV 位均被清零。字逻辑运算指令见表 3-24。

表 3-24　　　　　　　　　　　　字 逻 辑 运 算 指 令

语句表指令	梯形图指令	描述	语句表指令	梯形图指令	描述
AW	WAND_W	字"与"	AD	WAND_DW	双字"与"
OW	WOR_W	字"或"	OD	WOR_DW	双字"或"
XOW	WXOR_W	字"异或"	XOD	WXOR_DW	双字"异或"

"与"运算时，如果两个操作数的同一位均为"1"，运算结果的对应位为"1"，否则为"0"。
"或"运算时，如果两个操作数的同一位均为"0"，运算结果的对应位为"0"，否则为"1"。

"异或"运算时,如果两个操作数的同一位不相同,运算结果的对应位为"1",否则为"0"。

【例】字逻辑运算举例,如图 3-86 所示。

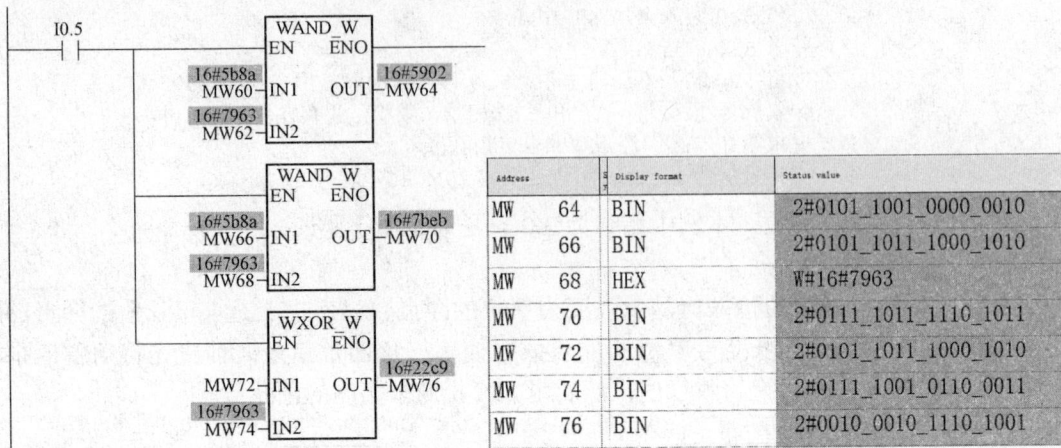

Address		Display format	Status value
MW	64	BIN	2#0101_1001_0000_0010
MW	66	BIN	2#0101_1011_1000_1010
MW	68	HEX	W#16#7963
MW	70	BIN	2#0111_1011_1110_1011
MW	72	BIN	2#0101_1011_1000_1010
MW	74	BIN	2#0111_1001_0110_0011
MW	76	BIN	2#0010_0010_1110_1001

图 3-86　字逻辑运算梯形图程序及仿真示意图

2. 语句表中的字逻辑运算指令

下面是用语句编写的实现字逻辑"或"运算的程序,该操作将 QW10 的低 4 位置为 1,其余各位保持不变。

```
L    QW    10        //将 QW10 的内容装入累加器 1 的低字
OW   W#16#000F       //累加器 1 的低字的内容与 W#16#000F 逐位相"或",将结果保存在累加
                       器 1 的低字
T    QW    10        //将累加器 1 的低字中的运算结果传送到 QW10 中
```

假设用 IW20 的低 12 位读取 3 位拨码开关的 BCD 码,下面的程序将读取的数据的高 4 位清零,低 12 位的数据保持不变。

```
L    IW    20        //将 IW20 的内容装入累加器 1 的低字
AW   W#16#0FFF       //累加器 1 的低字的内容与 W#16#0FFF 逐位相"与",将结果保存在累加
                       器 1 的低字
T    MW    10        //将运算结果保存在 MW10
```

(四) 其他指令

1. 主控继电器指令与数据块指令

(1) 主控继电器指令。主控继电器 (Master Control Relay) 简称为 MCR。主控继电器指令用来控制 MCR 区内的指令是否被正常执行,相当于一个用来接通和断开"能流"的主令开关。S7-200 没有 MCR 指令,见表 3-25。

表 3-25　　　　　　　　　　　　主 控 继 电 器 指 令

梯　形　图	说　明	梯　形　图	说　明
——（MCRA）	主控制继电器激活	——（MCR<）	主控制继电器打开
——（MCR>）	主控制继电器关闭	——（MCRD）	主控制继电器取消激活

主控继电器指令示例,如图 3-87 所示。

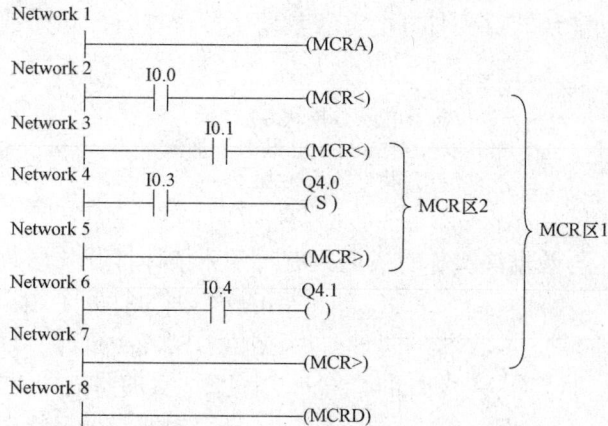

图 3-87　主控继电器指令示例

在本例中，有两个 MCR 区域。MCRA 为激活主控继电器指令，MCRD 为取消激活主控继电器指令。

程序功能分析如下所示。

I0.0＝"1"（区域 1 的 MCR 打开）：将 I0.4 的逻辑状态分配给 Q4.1。

I0.0＝"0"（区域 1 的 MCR 关闭）：无论输入 I0.4 的逻辑状态如何，Q4.1 都为 0。

I0.1＝"1"（区域 2 的 MCR 打开）：当 I0.3 为"1"时，Q4.0 被设置成"1"。

I0.1＝"0"（区域 2 的 MCR 关闭）：无论 I0.3 的逻辑状态如何，Q4.0 都保持不变。

打开主控继电器区指令"MCR<"，在 MCR 堆栈中保存该指令之前的逻辑运算结果 RLO（即 MCR 位），关闭主控继电器区指令"MCR>"，从 MCR 堆栈中取出保存在里面的"MCR<"与"MCR>"用来表示受控临时"电源线"的形成与终止。

MCR 指令可以嵌套使用，即 MCR 区可以在另一个 MCR 区之内。MCR 堆栈是一种后进先出的堆栈，允许的最大嵌套深度为 8 级。

（2）数据块指令。数据块指令见表 3-26。在访问数据块时，需要指明被访问的是哪一个数据块，以及访问该数据块中的哪一个存储单元的地址。如果指令同时给出数据块的编号和数据在数据块的地址，则可以直接访问数据块中的数据。访问时可以使用绝对地址，也可以使用符号地址。这种访问方法不容易出错，建议尽量使用这种方法。

表 3-26　　　　　　　　　　　　　　　　数 据 块 指 令

指令	说　明	指令	说　明
OPN	打开数据块	L DBNO	将共享数据块的编号装入累加器 1
CDB	交换共享数据块和背景数据块的编号	L DILG	将背景数据块的长度装入累加器 1
L DBLG	将共享数据块的长度装入累加器 1	L DINO	将背景数据块的编号装入累加器 1

OPN 指令可被用来打开数据块。访问已经打开的数据块内的存储单元时，可以忽略其地址中数据块的编号。

同时只能分别打开一个共享数据和一个背景数据块，打开的共享数据块和背景数据块的编号分别存放在 DB 寄存器和 DI 寄存器中。打开新的数据块后，原来打开的数据块将自动关闭，调用一个功能块时，它的背景数据块被自动打开。如果该功能块调用了其他逻辑块，则在调用结束后返回该功能块，原来打开的背景数据块不再有效，必须重新打开它。下面是打开数据块的示例程序。

```
OPN    DI    3        //打开背景数据块 OB3
L      DIB   40       //将 DB3.DIB40 装入累加器 1
OPN    DB    2        //打开共享数据块 DB2
T      DBB   27       //将累加器 1 的最低字节传送到 DB2.DBB27
```

在梯形图 3-88 中，与数据块操作有关的只有一条无条件打开共享数据块或背景数据块的指令。因为打开了数据块 DB10，途中的数据位 DBX1.0 相当于 DB10.DBX1.0。

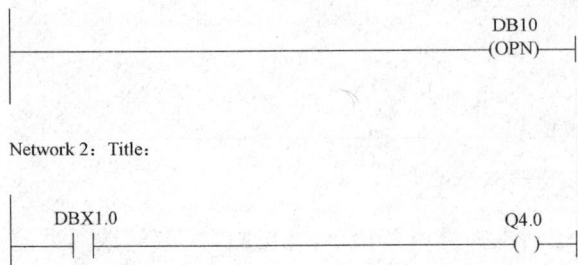

```
                                    DB10
                                  ——(OPN)——┤

Network 2：Title：

  ┤ DBX1.0 ├                         Q4.0
  ┤   ├                            ——( )——┤
```

图 3-88　打开了数据块

2. 累加器指令

累加器指令只能在语句表中使用，用于处理单个或多个累加器的内容。这些指令的执行将对 RLO 产生影响。对于有 4 个累加器的 CPU，累加器 3、4 的内容保持不变。累加器指令见表 3-27。

表 3-27　　　　　　　　　　　　　累 加 器 指 令

语句表指令	描　　述	语句表指令	描　　述
TAK	交换累加器 1、2 的内容	INC	累加器 1 最低字节加上 8 位常数
PUSH	入栈	DEC	累加器 1 最低字节减去 8 位常数
POP	出栈	BLD	程序显示指令（空指令）
ENT	进入 ACCU 堆栈	NOP 0	空操作指令
LEAVE	离开 ACCU 堆栈	NOP 1	空操作指令

（1）TAK 指令。TAK 指令交换累加器 1 和累加器 2 的内容。

【例】下面的程序用 MW10 和 MW12 中较大的数减去较小的数，并将运算结果存放在 MW14 中。

```
L      MW    10      //将 MW10 的内容装入累加器 1 的低字
L      MW    12      //将累加器 1 的内容装入累加器 2，MW12 的值装入累加器 1 的低字
>I                   //如果 MW10>MW12，RLO＝1
JC     NEX1          //跳转到标号 NEX1 处
TAK                  //交换累加器 1 和累加器 2 低字的内容
NEX1：-I             //累加器 2 低字的内容减去累加器 1 低字的内容
T      MW    14      //将运算结果传送到 MW14
```

（2）堆栈指令。S7-300 的 CPU 的两个累加器或 S7-400 的 CPU 的 4 个累加器组成一个堆栈，堆栈被用来存放需要快速存取的数据，堆栈中的数据按"先入后出"的原则存取，堆栈的指令是否执行与状态字无关，也不会影响状态字。

PUSH（入栈）指令使堆栈中各层原有的数据依次向下移动一层，栈底（累加器 4）的值被推出丢失 [见图 3-89（a）]，栈顶（累加器 1）的值保持不变。POP（出栈）指令使堆栈中各层原有的数据向上移动一层 [见图 3-89（b）]，原来第 2 层（累加器 2）中的数据成为新的栈顶值，原来在栈顶（累加器 1）中的数据从栈内消失。

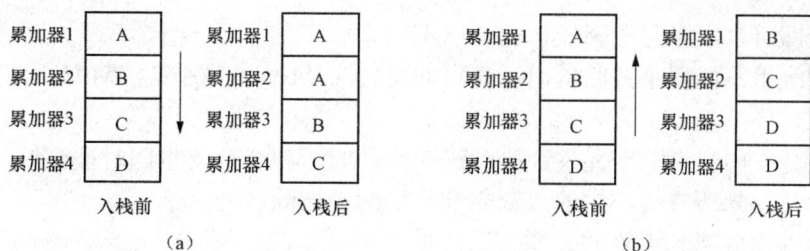

图 3-89　入栈、出栈指令执行前后

（a）入栈指令；（b）出栈指令

进入累加器堆栈指令 ENT 将累加器 3 的内容复制到累加器 4，累加器 2 的内容复制到累加器 3。使用 ENT 指令可以用累加器 3、4 来保存中间结果。

离开累加器堆栈指令 LEAVE 将累加器 3 的内容复制到累加器 2，累加器 4 的内容复制到累加器 3，累加器 1 和累加器 4 的内容保持不变。

堆栈指令主要被用来保存中间运算结果，因为可以将中间结果保存在累加器之外的存储区。

（3）加、减 8 位整数指令。字节加指令 INC 和字节减指令 DEC，将累加器 1 的最低字节的内容加上或减去指令中的 8 位常数（0～255），运算结果仍存在累加器的最低字节。累加器 1 的其他 3 个字节不变。

这些指令并不适合于 16 位或 32 位数学运算，因为累加器 1 的最低字节和它的相邻字节之间没有进位产生。16 位或 32 位数学运算可以使用整数运算指令。

【例】将 MB4 加 1。

```
L    MB  4      //将 MB4 的内容装入累加器 1 的最低字节
INC  1          //累加器 1 的最低字节的内容加 1，将结果存放在累加器 1 的最低字节
T    MB  4      //将运算结果传回到 MB4
```

（4）空操作指令。BLD "number"（程序显示指令）、NOP 0 和 NOP 1 并不执行什么功能，也不会影响状态位。BLD 指令只是用于编程设备的图形显示，用 STEP 7 将梯形图或功能块图转换为语句表时，可能会出现 BLD 指令。指令中的常数 "number" 是编程设备自动生成的。

3. 梯形图的编程规则

下面是梯形图在编程时应遵守的一些规则。

（1）每个梯形图的程序段都必须以输出绕组或指令框（Box）结束，比较指令框（相当于触点）、中线输出绕组和上升沿、下降沿绕组不能用于程序段结束。

（2）指令框的使能输出端 "ENO" 可以和右边的指令框的使能输入端 "EN" 连接（见图 3-80、图 3-84 和图 3-85）。

（3）下列绕组要求布尔逻辑，即必须用触点电路控制它们，它们不能与左侧垂直 "电源线" 直接相连：输出绕组、置位（S）绕组和复位（R）绕组；中线输出绕组和上升沿、下降沿绕组；计数器和定时器绕组；逻辑非跳转（JMPN）；主控继电器接通（MCR<）；将 RLO 存入 BR 存储器的 SAVE 绕组和返回绕组（RET）。

下列的绕组不允许使用布尔逻辑，即这些绕组必须与左侧垂直 "电源线" 直接相连：主控继电器激活（MCRA）；主控继电器关闭（MCRD）和打开数据块（OPN）。

其他绕组即可以用布尔逻辑操作也可以不用。

（4）下列绕组不能用于并联输出：逻辑非跳转（JMPN）、跳转（JMP）、调用（CALL）和返回（RET）。

（5）如果分支中只有一个元件，删除这个元件时，整个分支也同时被删掉。删除一个指令框时，除主分支外所有的布尔输入分支都将同时被删除。

（6）不允许生成引起短路的分支。

第二节　S7-300/400 用户程序结构

实训项目 1　功能与功能块应用

（一）用户程序中的块

PLC 的程序分为操作系统和用户程序。操作系统用来实现与特定的控制任务无关的功能，处理 PLC 的启动、刷新过程映像输入/输出表、调用用户程序、处理中断和错误、管理存储区和处理器通信等。用户程序包含处理用户特定的自动化任务所需要的所有功能。

STEP 7 将用户编写的程序和程序所需的数据放置在块中，使单个的程序部件标准化。通过块与块之间类似于子程序的调用，使用户程序结构化，可以简化程序组织，使程序易于修改、查错和调试。块结构显著地增加了 PLC 程序的组织透明性、可理解性和易维护性。各种块的简要说明见表 3-28，OB、FB、FC、SFB 和 SFC 都包含程序，统称为逻辑块。程序运行时所需的大量数据和变量存储在数据块中。

表 3-28　　　　　　　　　　　　用 户 程 序 中 的 块

块 的 类 型		简 要 描 述
逻辑块	组织块（OB）	操作系统与用户程序的接口，决定用户程序的结构
	功能块（FB）	用户编写的包含经常使用功能的子程序，有专用的存储区（即背景数据块）
	功能（FC）	用户编写的包含经常使用功能的子程序，没有专用的存储区
	系统功能块（SFB）	集成在 CPU 模块中，通过 SFB 调用系统功能，有专用的存储区（即背景数据块）
	系统功能（SFC）	集成在 CPU 模块中，通过 SFC 调用系统功能，无专用存储区
数据块	共享数据块（DB）	存储用户的数据区域，供所有的逻辑块共享
	背景数据块（DI）	用于保护 FB 和 SFB 的输入、输出参数和静态变量，其数据在编译时自动生成

1. 组织块（OB）

组织块是操作系统与用户程序的接口，由操作系统调用，用于控制扫描循环和中断程序的执行、PLC 的启动和错误处理等，CPU 的档次越高。能使用的同类型组织块越多。

（1）OB1。OB1 是用户程序的主程序，CPU 的操作系统完成启动过程后，将循环执行 OB1，可以在 OB1 中调用其他逻辑块。

（2）事件中断处理。如果出现中断事件，例如时间中断、硬件中断和错误处理中断等，那么当前正在执行的块在当前指令执行完后被停止执行（被中断），操作系统将会调用一个分配给该事件的组织块。该组织块执行完后，被中断的块将从断点处继续执行。

这意味着部分用户程序不必在每次循环中处理，而是在需要时才被及时地处理。处理中断事件的程序放在该事件驱动的 OB 中。

（3）中断优先级。OB 按触发事件分成几个级别，这些级别有不同的优先级，高优先级的 OB 可以中断低优先级的 OB。

2. 功能块（FB）

功能块是用户编写的，有自己专用的存储区（即背景数据块）的块，功能块的输入、输出参数和静态变量（STAT）存放在指定的背景数据块（DI）中，临时变量存储在局部数据堆栈中。功能块执行完毕后，背景数据块中的数据不会丢失，但是不会保存局部数据堆栈中的数据。

3. 功能（FC）

功能是用户编写的没有固定存储区的块，其临时变量存储在局部数据堆栈中，功能执行结束后，这些数据就丢失了。可以用共享数据区来存储那些在功能执行结束后需要保存的数据。不能为功能的局部数据分配初始值。

4. 系统功能（SFC）和数据块（SFB）

系统功能和数据块是集成在 S7 CPU 中的操作系统中，预先编好程序的逻辑块，它们不占用户程序空间。用户程序可以调用这些块，但是用户不能打开它们，也不能修改它们的内部程序。SFB 和 SFC 分别具有 FB 和 FC 的属性。

5. 共享数据块（DB）与数据类型

（1）数据块的分类。数据块（DB）用来分类存储设备或生产线中变量的值，数据块也是用来实现各逻辑块之间的数据交换、数据传递和共享数据的重要途径。数据块的丰富数据结构便于提高程序的执行和数据管理效率。与逻辑块不同，数据块只有变量声明部分，没有程序指令部分。

数据块分为共享数据块（DB）和背景数据块（DI）。在共享数据块和符号表中声明的变量都是全局变量。用户程序中所有的逻辑块（FB、FC、SFB、SFC 和 OB）都可以使用共享数据块和符号表中的数据。

（2）生成共享数据。在符号表中，共享数据块的数据类型是它本身，背景数据块的数据类型是对应的功能块。

用鼠标右键单击 SIMATIC 管理器左边窗口中的"块"，在弹出的菜单中执行"插入新对象"→"数据块"命令，生成新的数据块，默认类型为共享数据块。

（3）基本数据类型和复杂数据类型。基本数据类型包括位（BOOL）、字节（WORD）、双字（DWORD）、整数（INT）、双整数（DINT）和浮点数（FLOAT，或称为实数 REAL）等。

复杂数据类型包括日期和时间（DATE_AND_TIME）、字符串（STRING）、数组（ARRAY）、结构（STRUCT）和用户定义的数据类型（UDT）。（见本章第 3 节）

1）数组的生成与使用。

①生成数组。可以在数据块中定义数组，也可以在逻辑块的变量声明表中定义。下面介绍在数据块中定义的方法。在 SIMATLC 管理器中执行菜单命令"插入"→"S7 块"→"数据块"生成数据块 DB1。双击打开它，默认的显示方法为声明视图方式。声明视图用于定义、删除和修改共享数据块中的变量，指定它们的名称、数据类型和初始值。

如图 3-90 所示，在新生成的数据块的第一行和最后一行标有 STRUCT（结构）和 END_STRUCT（结构结束）。在这两行中间有一个自动生成的临时占位符变量。

Address	Name	Type	Initial value	Comment
0.0		STRUCT		
+0.0	DB_VAR	INT	0	Temporary placeholder variable
=2.0		END_STRUCT		

图 3-90　新建数据块

将该行的名称改为数组名称"PRESS"（见图 3-91），变量的名称只能使用字母、数字和下划线，不能使用中文。用鼠标右键单击该行的"类型"列，执行弹出的快捷菜单中的"复杂类型"→"ARRAY"（数组）命令，在出现的"ARRAY [ ]"的方括号中输入"1..2，1..3"即指定二维数组 PRESS 有 2×3 个元素。在"注释"列按回车键，在 ARRAY 下面一行的"类型"列输入"INT"，定义数组元素为 16 位整数，INT 所在行的"地址"列自动生成的"*2.0"，表示一个数组元素占用 2B。地址列的"＋12.0"表示该数组的 6 个元素一共占用 12B，地址列的内容是自动生成的。可以用中文给每个变量加上注释。

Address	Name	Type	Initial value	Comment
*0.0		STRUCT		
+0.0	PRESS	ARRAY[1..2,1..3]	22, 30, -5, 3	(2*3数组
*2.0		INT		
+12.0	STACK	STRUCT		结构
+0.0	AMOUNT	INT	0	整数
+2.0	TEMPRATURE	REAL	1.024000e+002	实数
+6.0	STOP	BOOL	FALSE	位变量
=8.0		END_STRUCT		
+20.0	FAULT	STRING[20]	' over'	字符串
=42.0		END_STRUCT		

图 3-91　定义数组、结构和字符串

数组 PRESS 的第一个元素为 PRESS［1，1］（见图 3-91 和图 3-92），第 4 个元素为 PRESS［2，1］，第 6 个元素为 PRESS ［2，3］。

Address	Name	Type	Initial valu	Actual value	Comment
0.0	PRESS[1, 1]	INT	22	22	2*3数组
2.0	PRESS[1, 2]	INT	30	30	
4.0	PRESS[1, 3]	INT	-5	-5	
6.0	PRESS[2, 1]	INT	0	0	
8.0	PRESS[2, 2]	INT	0	0	
10.0	PRESS[2, 3]	INT	0	0	
12.0	STACK. AMOUNT	INT	0	0	整数
14.0	STACK. TEMPRATURE	REAL	1.024000e+002	1.024000e+002	实数
18.0	STACK. STOP	BOOL	FALSE	FALSE	位变量
20.0	Fault	STRING [20]	' Over'	' Over'	字符串

图 3-92　数据块的数据视图显示方式

②给数组元素赋初始值。STEP 7 根据变量的数据类型给出默认的初始值，用户可以修改初始值。定义数组时可以在 ARRAY 所在的行的"初始值"列中给数组元素赋初值，各元素的初始值之间用英语逗号分隔，例如上列中 6 个元素的初始值可以写成"22，30，－5，0，0，0"，结束时不用标点符号。若相邻元素的初始值相同，可以简写，上述初始值可以简写为"22，30，－5，3（0）"（见图 3-91）。

执行菜单命令"视图"→"数据视图"，切换到数据视图方式，将显示数组和结构中各元素的初始值和实际值（见图 3-92）。

在数据视图方式，显示变量的初始值和实际值，用户只能修改变量的实际值，修改后需要下载数据块。如果用户输入的实际值的数据类型不符，则系统将用红色显示错误的数据。在数据视图方式，执行菜单命令"编辑"→"初始化数据块"，可以恢复变量初始值。

③访问数组中的数据。本例中的数组是数据块的一部分，访问数组中的数据时，需要指出数据块和数组的名称，以及数组元素的下标，例如"TANK".PRESS［2，1］。其中的 TANK 是数据块 DB4 的符号名，PRESS 是数组名称，它们之间用英语的句号分开。方括号中的是数组元素的下标，该元素是数组中的第 4 个元素（见图 3-92）。

将 DB4 下载到仿真 PLC，如图 3-93 所示，用变量表监控 DB4.DBB0～DB4.DBB11，可观察到，"PRESS"数组中的 6 个元素（22，30，－5，0，0，0）；用变量表监控 DB4.DBB20 和 DB4.DB21，它们的值分别为 20（字符串"Fault"的长度为 20）和 4（当前有 4 个字符）。还可以看到从 DB4.DBB22 开始的 4 个字节中字符串"Over"的 ASCⅡ码。

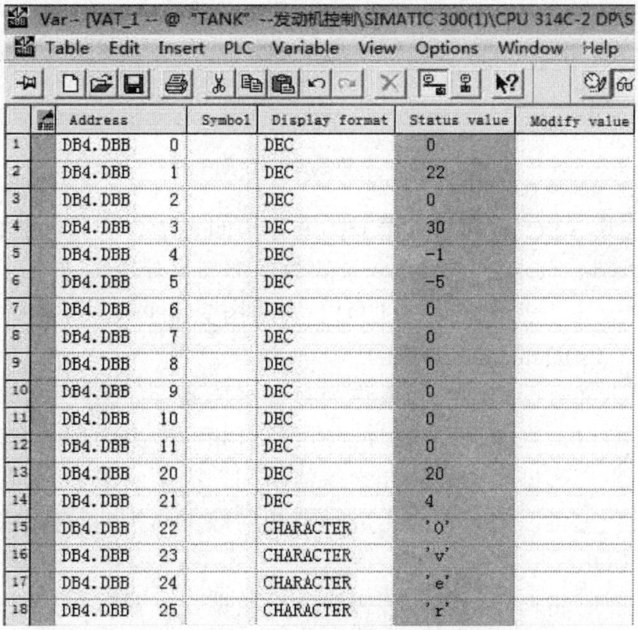

	Address		Symbol1	Display format	Status value	Modify value
1	DB4.DBB	0		DEC	0	
2	DB4.DBB	1		DEC	22	
3	DB4.DBB	2		DEC	0	
4	DB4.DBB	3		DEC	30	
5	DB4.DBB	4		DEC	−1	
6	DB4.DBB	5		DEC	−5	
7	DB4.DBB	6		DEC	0	
8	DB4.DBB	7		DEC	0	
9	DB4.DBB	8		DEC	0	
10	DB4.DBB	9		DEC	0	
11	DB4.DBB	10		DEC	0	
12	DB4.DBB	11		DEC	0	
13	DB4.DBB	20		DEC	20	
14	DB4.DBB	21		DEC	4	
15	DB4.DBB	22		CHARACTER	'O'	
16	DB4.DBB	23		CHARACTER	'v'	
17	DB4.DBB	24		CHARACTER	'e'	
18	DB4.DBB	25		CHARACTER	'r'	

图 3-93　变量表监控数据示意图

可以用语句表中的基本指令访问字符串中的字符，例如用指令，"L DB4.Fault［3］"来访问字符串"Fault"的第 3 个字符。

2）用户定义数据类型的生成和使用。选中 SIMATIC 管理器左边窗口中的"块"，执行菜单命令"插入"→"S7 块"→"数据类型"，生成新的 UDT（见图 3-94）。在生成 UDT 的元素时，可以设置它的初始值和加上注释（见图 3-95）。从表面上看，图 3-95 的 UDT1 与图 3-92 中定义的结构 STACK 完全相同，但是它们有本质的区别。

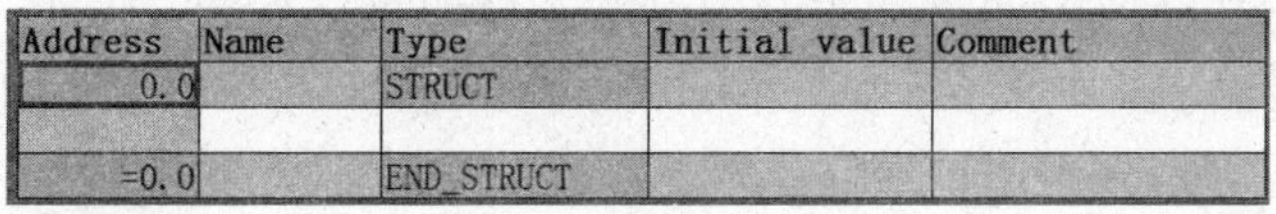

Address	Name	Type	Initial value	Comment
0.0		STRUCT		
=0.0		END_STRUCT		

图 3-94　生成新的 UDT

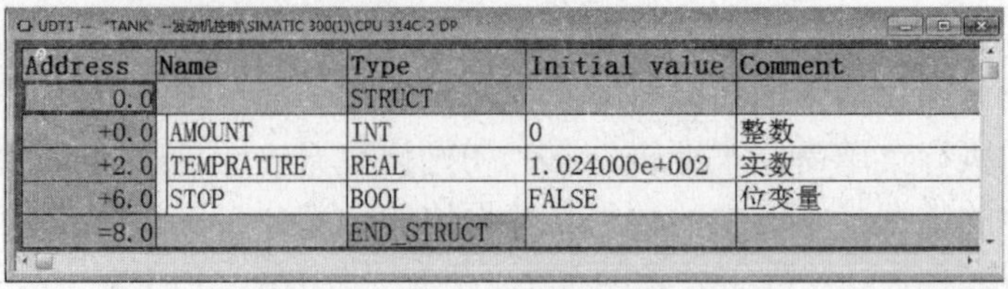

图 3-95 生成新的 UDT 元素

结构（STRUCT）是在数据块的声明视图方式或在逻辑块的变量声明表中与别的变量一起定义的，但是 UDT 必须在特殊的数据块内单独定义，并单独存放在一个数据块内。生成 UDT 后，在定义变量时，可将它作为一个数据类型多次使用。例如在变量声明表中定义一个变量，其数据类型为 UDT1，名称 ProData（见图 3-96）。由该例可以看出，UDT 在数据块中的使用方法与其他数据类型（例如 INT）是一样的。

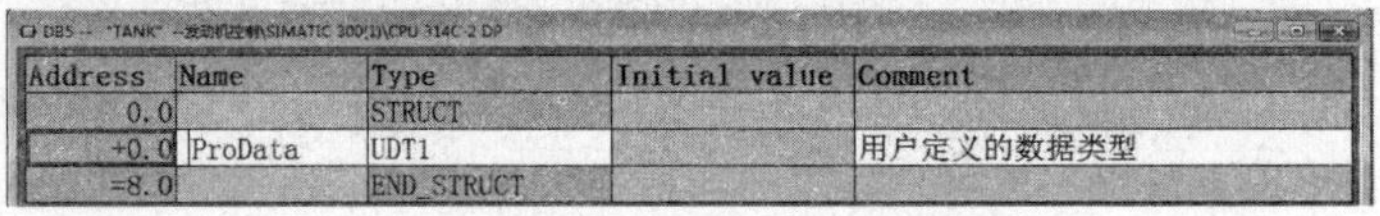

图 3-96 在数据块中使用 UDT

UDT 可以在逻辑块（FC、FB 和 OB）的变量声明表中作为基本数据类型或复杂数据类型来使用，或者在数据块（OB）中作为变量的数据类型来使用。

要访问数据块 Heater 中数据类型为 UDT1 的结构变量 ProData 中的元素 AMOUNT，其符号地址为"Heater".ProData.AMOUNT。

可以将具有用户定义数据类型的变量作为参数来传递。如果在块的变量声明表中，声明形参的数据类型为 UDT1，则在调用块时应使用具有相同数据类型的变量来传递参数。在调用块时也可以将用户定义数据类型中的元素赋值给同一类型的形参。

用户定义数据类型也可以用来作为生成具有相同数据结构的数据块的模板。

6. 背景数据块（DI）

中文版 STEP 7 有时将背景数据块翻译为实例数据块。背景数据块是专门指定给某个功能块（FB）或系统功能块（SFB）使用的数据块，它是 FB 或 SFB 运行时的工作存储区。

背景数据块用来保存 FB 和 SFB 的输入参数、输出参数、IN_OUT 参数和静态数据，背景数据块中的数据是自动生成的。它们是功能块的变量声明中的变量（不包括临时变量），临时变量（TEMP）存储在局部数据堆栈中。每次调用功能块时应指定不同的背景数据块。背景数据块相当于每次调用功能块时对应的被控对象的私人数据仓库，它保存的数据不受别的逻辑块的影响。

功能块的数据保存在它的背景数据块中，功能块执行完成后也不会丢失，以供下次执行时使用。其他逻辑块可以访问背景数据块中的变量。不能直接删除和修改背景数据块中的变量，只能在它对应的功能块的变量申明表中删除和修改这些变量。

（二）用户程序结构

可以将控制任务层划分为工厂级、车间级、生产线、设备等多级任务，分别建立与各级任务对应的逻辑块。每一层的控制程序（逻辑块）作为上一级控制程序的子程序，前者又可以调用下一级的子程序。这种调用被称为嵌套调用，即被调用的块又可以调用别的块。

可以多次重复调用同一个块，来处理同一类任务。FB 和 FC 的内部应全部使用局部变量，不使用 I、Q、M、T、C 和共享数据块中的全局地址。这样的块具有很好的可移植性，不做任何修改，就可以用于其他项目。

FB 和 FC 通过其输入、输出参数来实现与"外部"的数据交换，即与过程控制的传感器和执行器、用户程序中的其他的块交换数据。在块调用中，调用的块可以是各种逻辑块，被调用的块是 OB 之外的逻辑块。调用功能块和系统功能块时，需要为它们指定一个背景数据块，后者随这些块的调用而打开，在调用结束时自动关闭。

在图 3-97 中，OB1 调用 FB1，FB1 调用 FC1，应按下面的顺序创建模块，FC1→FB1 及其背景数据块→OB1，即在编程时，被调用的块应该是存在的。

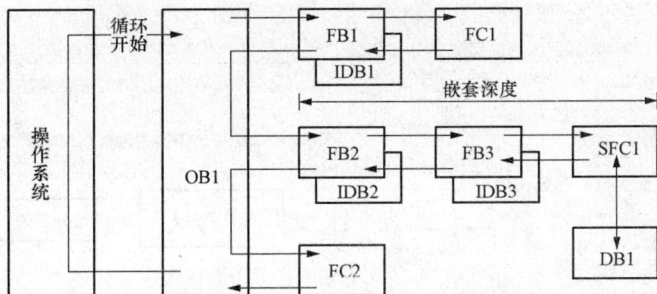

图 3-97　块调用的分层结构

如果出现中断事件，那么 CPU 将停止当前正在执行的程序，去执行中断事件所对应的组织块 OB（即中断程序）。中断程序执行完后，返回到程序中断处继续执行。

（三）功能与功能块的应用

下面以发动机控制系统的用户程序为例，介绍生成和调用功能和功能块的方法。

用 STEP 7 的新建项目向导创建一个名为"发动机控制"的项目。图 3-98 中的主程序 OB1 调用功能块 FB1 和名为"汽油机数据"的背景数据块 DB1 来控制汽油机，调用 FB1 和名为"柴油机数据"的背景数据块 DB2 来控制柴油机。此外还用不同的实参调用功能 FC1 来控制汽油机和柴油机的风扇。

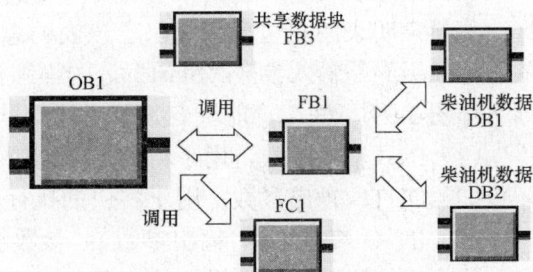

图 3-98　程序结构

图 3-99 是程序设计好后 SIMATIC 管理器中的块。DB4 和 UDT1 被用于介绍复杂数据类型和用户定义数据类型，与发动机控制无关。

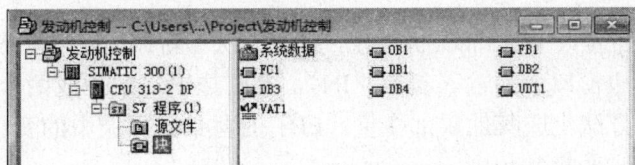

图 3-99　SIMATIC 管理器中的块

1. 功能块的生成与调用

选中 SIMATIC 管理器左边窗口中的"块"图标，用鼠标右击左边窗口，执行出现的快捷菜单中的"插入新对象"→"功能块"命令，生成一个新的功能块 FB。在出现的功能块属性对话框中，采用系统自动生成的功能块的名称 FB1，选择梯形图（LAD）为默认的编程语言。禁用"多情景标题"前面的复选框，使其中的"√"消失（没有多重功能背景）。单击"确认"按钮后返回 SIMATIC 管理器，可以看到右边窗口中新生成的功能块 FB1，如图 3-100 所示。

双击生成的 FB1，打开程序编辑器。将鼠标的光标放在右边的程序区最上面的分隔条上，按住鼠标的左键，往下拉动分隔条，分隔条上面是功能块的变量声明表，下面是程序区，左边是指令列表和库。将水平分隔条拉至程序编辑器视窗的顶部，不再显示变量声明表，但是它仍然存在。

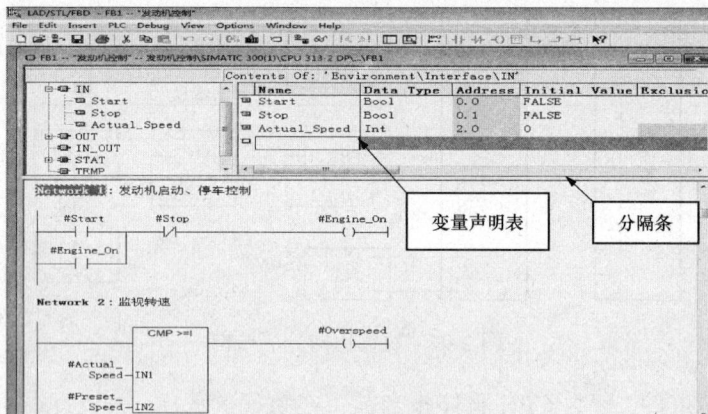

图 3-100　程序编辑器窗口

在变量声明表中声明块专用的局部变量，局部变量只能在它所在的块中使用。

变量声明表的左边窗口给出了该表的总体结构，选中某一变量类型，例如"IN"，在表的右边显示的是输入参数"Start"等的详细信息。

由图 3-99 可知，功能块有 5 种局部变量。

（1）IN：输入参数，用于将数据从调用块传送到被调用块。

（2）OUT：输出参数，用于将块的执行结果从被调用块返回给调用它的块。

（3）IN_OUT（输入_输出参数）：参数的初始值由调用它的块提供，块执行后由同一个参数将执行结果返回给调用它的块。

（4）TEMP（临时变量）：暂时保存在局部数据区中的变量。临时变量区（L 堆栈）类似于没有人管理的公告栏，谁都可以往上面贴告示，后贴的告示将原来的告示覆盖掉。只是在执行块时使用临时变量，执行完后，不再保存临时变量的数值，它可能被同一优先级中的别的块的临时数据覆盖。

（5）STAT（静态变量）：从功能块执行完，到下一次重新调用它，静态变量的值保持不变。

选中变量声明左边窗口中的输入参数"IN"，在右边窗口中生成两个 BOOL 变量和一个 INT 变量。用类似的方法生成其他局部变量，FB1 的背景数据块中的变量与变量声明表中的局部变量（不包括临时变量）相同。

块的局部变量名必须以字母开始，只能由英语字母、数字和下划线组成，不能使用汉字，但是在符号表中定义的共享数据的符号名可以使用其他字符（包括汉字）。

在变量声明表中赋值时，不需要指定存储器地址；根据各变量的数据类型，程序编辑器将自动地为所有的局部变量指定存储器地址。

块的输入参数、输出参数的数据类型可以是基本数据类型、复杂数据类型、Timer（定时器）、Counter（计数器）、块（FB、FC、DB）、Pointer（指针）和 ANY 等。

图 3-100 的左下方是功能块 FB1 的梯形图程序。用“启、保、停”电路来控制发动机的运行，功能块的输入参数 Start 和 Stop 分别用来接收启动命令和停止命令。输出参数 Engine_On 被用来控制发动机的运行。用比较指令来监视转速，检查实际转速 Actual_Speed 是否大于等于预置转速 Preset_Speed。如果满足比较条件，那么 Bool 输出参数#Overspeed（超速）为“1”。STEP 7 自动地在程序中的局部变量前面加上“#”号，符号表中定义的共享符号被自动加上双引号。

为了实现功能块（FB）或系统功能块（SFB）中数据的调用，还需要生成背景数据块。

使用不同的背景数据块调用功能块，可以控制多个同类的对象。生成功能块后，可以首先生成它的背景数据块，然后在调用该功能块时使用它。选中 SIMATIC 管理器左边窗口中的“块”图标，用右键单击右边的窗口，执行出现的快捷菜单中的“插入新对象”→“数据块”，生成一个新的数据块。在出现的数据块对话框中（见图 3-101），可采用系统自动生成的名称，选择数据块的类型为“背景 DB”，如果有多个功能块，还需要设置它是哪一个功能块的背景数据块。

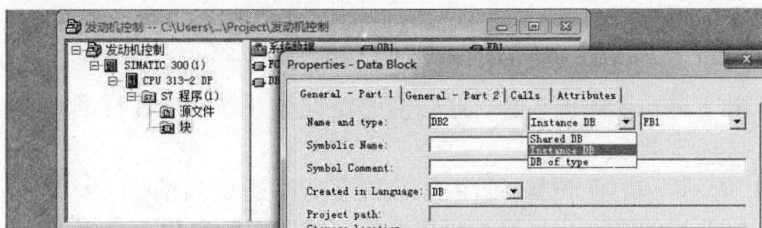

图 3-101　数据块对话框

图 3-102 是 FB1 的背景数据块 DB1 中的数据，功能块的变量声明表决定了它的背景数据块的结构和变量。

	Address	Declaration	Name	Type	Initial valu	Actual value	Comment
1	0.0	in	Start	BOOL	FALSE	FALSE	起动按钮
2	0.1	in	Stop	BOOL	FALSE	FALSE	
3	2.0	in	Actual...	INT	0	0	
4	4.0	out	Engine_On	BOOL	FALSE	FALSE	
5	4.1	out	Overspeed	BOOL	FALSE	FALSE	
6	6.0	stat	Preset...	INT	1500	1500	

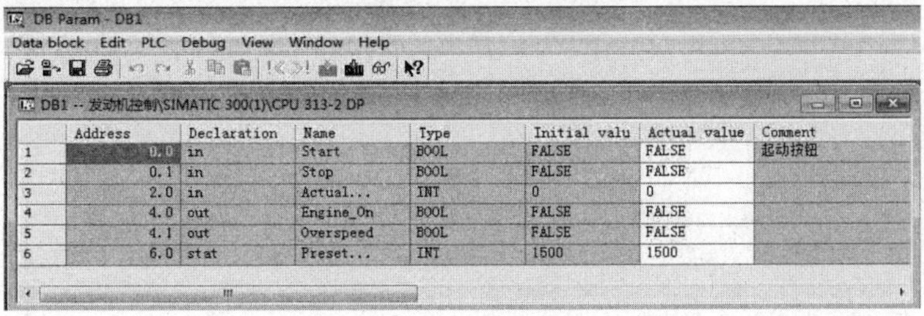

图 3-102　背景数据块

生成功能块的输入参数，输出参数和静态变量时，它们被自动指定一个初始值，可以修改这些初始值。它们被传送给 FB 的背景数据块，作为统一变量的初始值。图 3-101 中 BOOL 变量（数字量）的初始值“FALSE”为二进制数 0。静态变量 Preset-Speed（预置转速）的初始值为“1500”，是在 FB1 的变量声明表中设置的。

调用 FB 时没有指定实参的形参使用背景数据块的初始值。

2. 功能的生成和调用

如图 3-103 所示，用鼠标右键单击 SIMATIC 管理器左边窗口处的"块"，执行出现的快捷菜单中的"插入新对象"→"功能"功能，添加一个新的功能 FC。在出现的功能属性对话框中，采用系统自动生成的功能的名称 FC1，设置梯形图（LAD）为功能默认的编程语言。

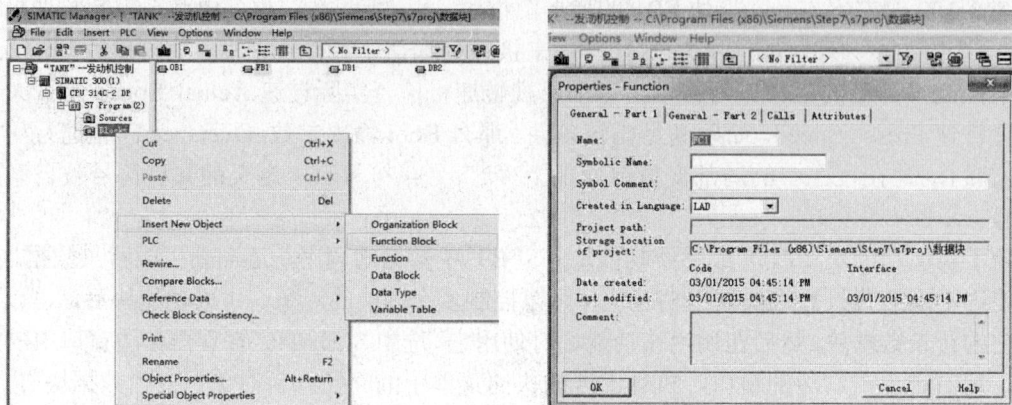

图 3-103　添加功能示意图

双击 SIMATIC 管理器中 FC1 的图标，打开程序编辑器。

功能没有静态变量（STAT），退出 FC 后不能保存它的临时局部变量。功能的返回值是 RET_VAL，它实际上是一个输出参数。返回值的设置与 IEC 6113-3 标准有关，该标准的功能没有输出参数，只有一个返回值。

如图 3-104 所示，功能 FC1 是用来控制发动机的风扇的，要求在发动机运行信号 Engine_On 变为"1"时启动风扇，发动机停车后，用输出的 BOOL 变量 Fan_On 控制的风扇继续运行 30s 后停机。

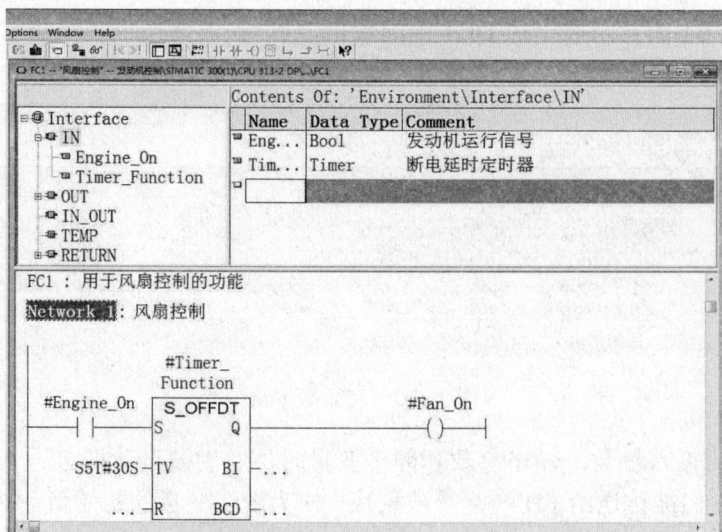

图 3-104　功能的编程与变量

在 FC1 中，用延时断开定时器 S_OFFDT 来定时。在功能的变量声明表中定义的输入参数 Timer_Function 是延时断开定时器的编号，数据类型为 Timer，在调用 FC1 时用它来为不同的发动机指定不同的定时器。

3. 功能与功能块的区别

FB 和 FC 均为用户编写的子程序，局部数据均有 IN、OUT、IN_OUT 和 TEMP，临时变量 TEMP 均储存在局部数据堆栈中。它们之间的区别包括以下几点。

（1）FC 的返回值 RET_VAL 实际上是输出参数，因此有无静态变量（STAT）是二者的局部变量的本质区别，功能块的静态变量用背景数据块保存。如果功能有执行完后需要保存的数据，那么只能存放在全局变量（I/Q、PI/PQ、M、T、C 和共享数据块）中，但是这样会影响功能的可移植性。如果功能或功能块的内部不适用全局变量，那么只使用局部变量，不需要做任何修改，就可以将块移植到其他项目。如果块的内部使用了全局变量，在移植时需要重新统一分配它们内部使用的全局变量的地址，以保证不会出现地址冲突。当程序很复杂，子程序和中断程序很多时，这种重新分配全局变量地址的工作量非常大，也很容易出错。

如果逻辑块有执行完后需要保存的数据，显然应使用功能块，而不是功能。

（2）功能块的输出参数不仅与来自外部的输入参数有关，还与用静态变量保存的内部状态数据有关。功能因为没有静态变量，所以相同的输入参数产生的执行结果是相同的。

（3）功能块有背景数据块，功能没有背景数据块。只能在功能内部访问功能的局部变量，其他逻辑块和人机界面可以访问背景数据块中的变量。

（4）不能给功能的局部变量设置初始值，可以给功能块的局部变量（不包括 TEMP）设置初始值。在调用功能块时，如果没有设置某些输入参数的实参，那么将使用背景数据块中的初始值，或上一次执行后的值。调用功能时应给所有的形参指定实参。

4. 组织块与其他逻辑块的区别

发生事件或故障时，由操作系统调用对应的组织块，其他逻辑块是用户程序调用的。

组织块有自动生成的 20B 临时局部数据，包含了与触发组织块的事件有关的信息。它们是操作系统临时提供的。组织块中的程序是用户编写的，用户可以自己定义和使用组织块 20B 之外的临时局部数据。

5. 功能与功能块的调用

OB1 通过两次调用 FB1 和 FC1，实现对汽油机和柴油机的控制。图 3-105 给出了控制汽油机的程序。FB1 和 FC1 功能控制梯形图程序如图 3-106 所示。

（1）功能的调用。块调用分为条件调用和无条件调用。用梯形图调用块时，块的 EN（Enable，使能）输入端有"能流"流入时执行块中的程序，反之则不执行。条件调用时使能输入端 EN 受到触点电路的控制。块被正确执行时 ENO（Enable Output，使能输出端）为"1"，反之为"0"。

首先在符号表中定义块的符号、两次调用 FC1、FB1 的实参的符号（见图 3-107）。

双击打开 SIMATIC 管理器中的 OB1，在梯形图显示方式中，将左边窗口中的"FC 块"文件夹中的"FC1"拖放到程序段 1 的水平"导线"上，无条件调用符号名为"风扇控制"的 FC1。

OB1：主程序

Network 1：汽油机风扇控制

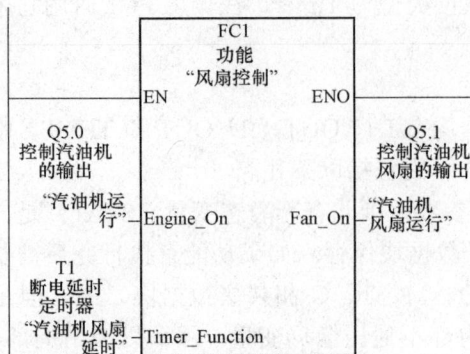

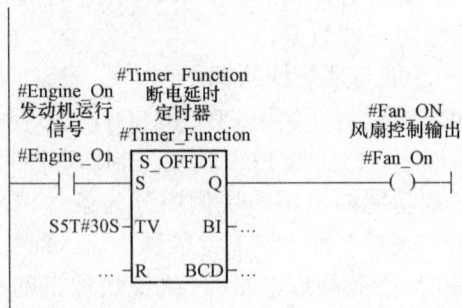

Network 3：柴油机风扇控制

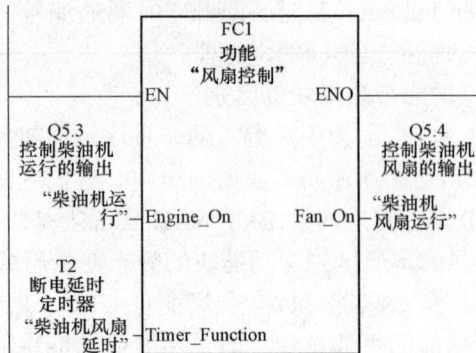

Network 2：汽油机控制

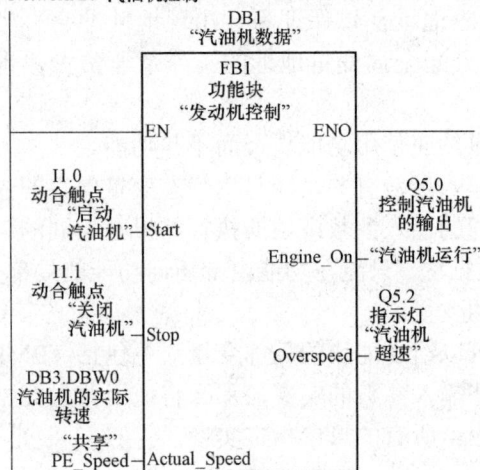

Network 2：柴油机控制

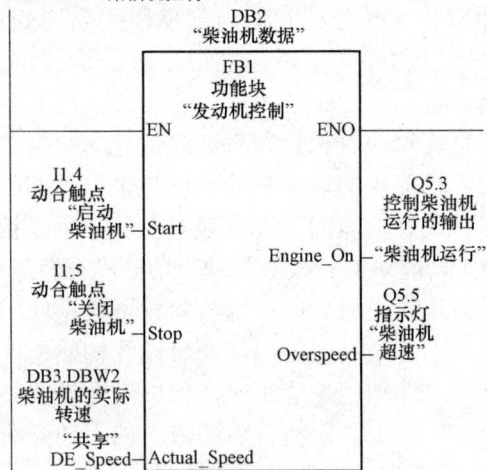

图 3-105　OB1 控制梯形图程序

FB1：控制发动机的功能块

Network 1：发动机启动、停车控制

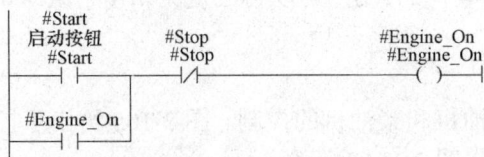

Network 2：监视转速

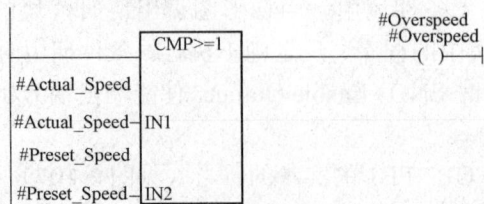

FC1：用于风扇控制的功能

Network 1：风扇控制

（a）　　　　　　　　　　　　（b）

图 3-106　FB1 和 FC1 功能控制梯形图程序

（a）FB1 功能控制梯形图；（b）FC1 功能控制梯形图

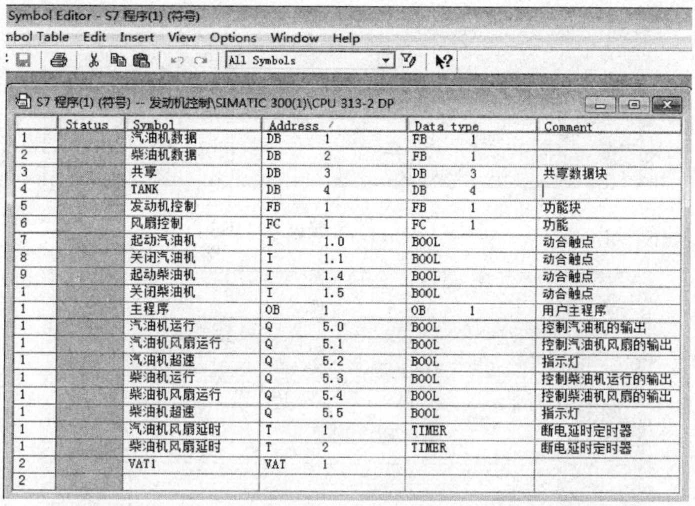

	Status	Symbol	Address		Data type		Comment
1		汽油机数据	DB	1	FB	1	
2		柴油机数据	DB	2	FB	1	
3		共享	DB	3	DB	3	共享数据块
4		TANK	DB	4	DB	4	
5		发动机控制	FB	1	FB	1	功能块
6		风扇控制	FC	1	FC	1	功能
7		起动汽油机	I	1.0	BOOL		动合触点
8		关闭汽油机	I	1.1	BOOL		动合触点
9		起动柴油机	I	1.4	BOOL		动合触点
1		关闭柴油机	I	1.5	BOOL		动合触点
1		主程序	OB	1	OB	1	用户主程序
1		汽油机运行	Q	5.0	BOOL		控制汽油机的输出
1		汽油机风扇运行	Q	5.1	BOOL		控制汽油机风扇的输出
1		汽油机超速	Q	5.2	BOOL		指示灯
1		柴油机运行	Q	5.3	BOOL		控制柴油机运行的输出
1		柴油机风扇运行	Q	5.4	BOOL		控制柴油机风扇的输出
1		柴油机超速	Q	5.5	BOOL		指示灯
1		汽油机风扇延时	T	1	TIMER		断电延时定时器
1		柴油机风扇延时	T	2	TIMER		断电延时定时器
2		VAT1	VAT	1			
2							

图 3-107　符号表

方框的左边是块的输入参数和输入/输出参数，右边是输出参数。方框内的 Engine_On 等是 FC1 的变量声明表中定义的 IN 和 OUT 参数，被称为“形式参数”（Formal Parameter），简称为“形参”。方框外的符号地址“汽油机运行”等是形参对应的“实际参数”（Actual Parameter）简称为“实参“。形参是局部变量在逻辑块中的名称，实参是调用块时指定的具体的输入、输出参数。调用功能或功能块时应将实参赋值给形参，并保证实参与形参的数据类型一致。

输入参数（IN）的实参可以是绝对地址、符号地址或常数，输出参数（OUT）或输入—输出参数（IN-OUT）的实参必须指定为绝对地址或符号地址。将不同的实参赋值给形参，就可以实现对类似的但是不完全相同的被控对象（例如汽油机和柴油机）的控制。

（2）功能块的调用。功能块在被调用时，要用到以下背景数据块：DB1、DB2、DB3、DB4 和用户定义数据 UDT1（见图 3-108～图 3-112）。

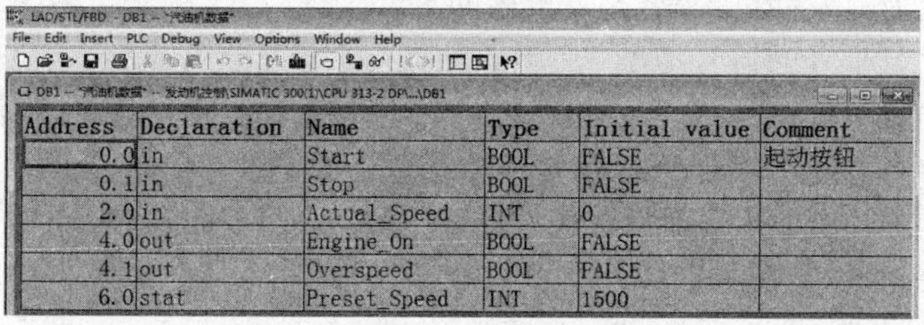

Address	Declaration	Name	Type	Initial value	Comment
0.0	in	Start	BOOL	FALSE	起动按钮
0.1	in	Stop	BOOL	FALSE	
2.0	in	Actual_Speed	INT	0	
4.0	out	Engine_On	BOOL	FALSE	
4.1	out	Overspeed	BOOL	FALSE	
6.0	stat	Preset_Speed	INT	1500	

图 3-108　背景数据块 DB1

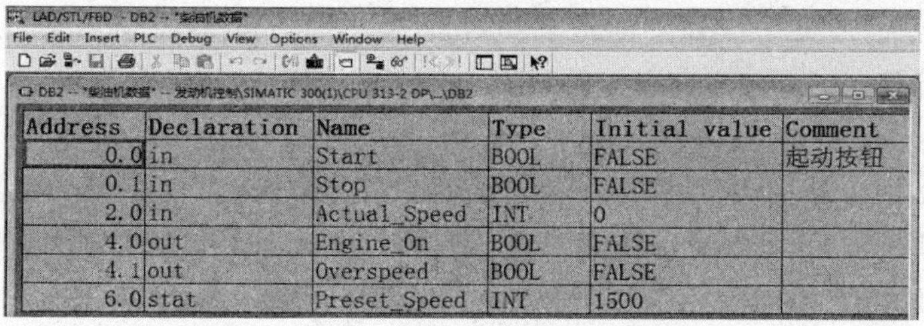

Address	Declaration	Name	Type	Initial value	Comment
0.0	in	Start	BOOL	FALSE	起动按钮
0.1	in	Stop	BOOL	FALSE	
2.0	in	Actual_Speed	INT	0	
4.0	out	Engine_On	BOOL	FALSE	
4.1	out	Overspeed	BOOL	FALSE	
6.0	stat	Preset_Speed	INT	1500	

图 3-109　背景数据块 DB2

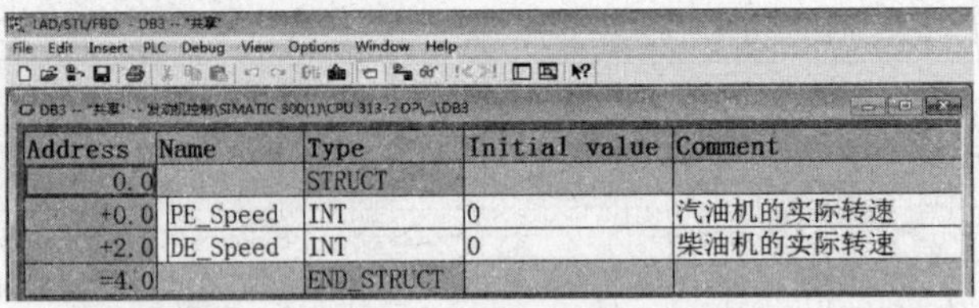

Address	Name	Type	Initial value	Comment
0.0		STRUCT		
+0.0	PE_Speed	INT	0	汽油机的实际转速
+2.0	DE_Speed	INT	0	柴油机的实际转速
=4.0		END_STRUCT		

图 3-110　背景数据块 DB3

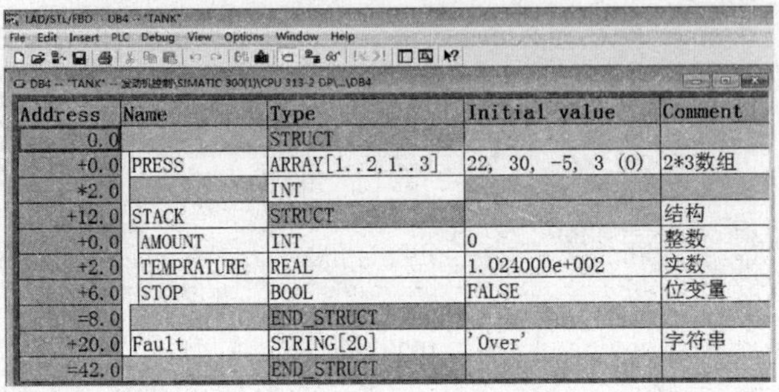

Address	Name	Type	Initial value	Comment
0.0		STRUCT		
+0.0	PRESS	ARRAY[1..2,1..3]	22, 30, -5, 3 (0)	2*3数组
*2.0		INT		
+12.0	STACK	STRUCT		结构
+0.0	AMOUNT	INT	0	整数
+2.0	TEMPRATURE	REAL	1.024000e+002	实数
+6.0	STOP	BOOL	FALSE	位变量
=8.0		END_STRUCT		
+20.0	Fault	STRING[20]	'Over'	字符串
=42.0		END_STRUCT		

图 3-111　背景数据块 DB4

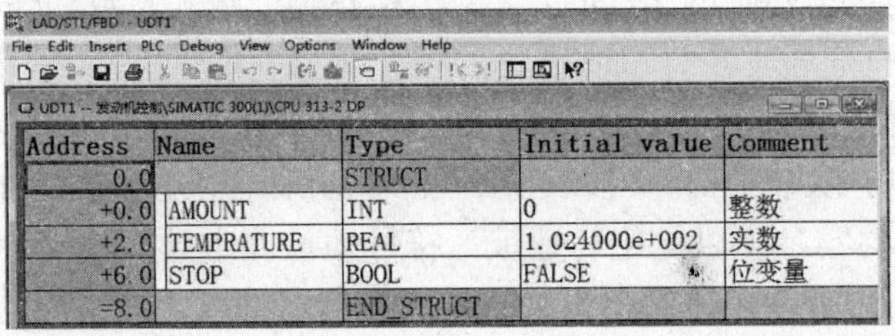

Address	Name	Type	Initial value	Comment
0.0		STRUCT		
+0.0	AMOUNT	INT	0	整数
+2.0	TEMPRATURE	REAL	1.024000e+002	实数
+6.0	STOP	BOOL	FALSE	位变量
=8.0		END_STRUCT		

图 3-112　用户定义数据 UDT1

将 OB1 左边窗口中“FB 块”文件夹内的“FB1”图标拖放的程序段 2 的水平“导线”上。FB1 的符号名为“发动机控制”。方框内的 Start 等是 FB1 的变量声明表中定义的输入、输出参数（形参）。方框外的符号地址“启动汽油机”等是方框内的形参对应的实参。实参“共享”PE_Speed 是符号名为“共享”的数据块 DB3 中的变量 PE_Speed（汽油机的实际转速）。在调用块时，CPU 将参数分配给形参的值存储在背景数据块中。如果调用时没有给形参指定实参，则功能块将使用背景数据块中形参的数值。该数值可能是在功能块的变量声明表中设置的形参（例如静态变量 Preset_Speed）的初始值，也可能是上一次调用时储存在背景数据块中的数值。

在 FB1 方框的上面，可以输入已经生成的 FB1 的背景数据块 DB1，也可以输入一个尚不存在的背景数据块，例如 DB2。输入后按回车键，出现提示信息“实例数据块 DB2 不存在，是否要生成它？”，单击“是”按钮确认。可以在 SIMATIC 管理器中看到新生成的背景数据块 DB2。

两次调用 FB1 时，使用不同的实参和不同的背景数据块，使 FB1 分别用于控制汽油机和柴油机。两个背景数据块中的变量相同，区别仅在于变量的值（即实参的值）不同。

6. 调用功能块的仿真调试

【例】使用功能，编写“启，保，停”电动机控制程序。

（1）硬件配置。打开程序"SIMATIC Manager"，选择"CPU 315F-2PN/DP"，生成一个名为"启保停-FC例程"的新项目，在硬件目录中查找电源"PS 307 10A"，并将该电源模块插入 1 号槽。在硬件目录中查找数字输入/输出模块"SM 323 DI16/DO16×DC24V/0.5A"，并将该模块插入 4 号槽。在硬件目录中查找模拟输入/输出模块"SM 334 AI4/AO2×8/8Bit"，并将它插入 5 号槽，输入输出默认地址为 I0.0～I0.7、I1.0～I1.7、Q0.0～Q0.7、Q1.0～Q1.7。

（2）程序设计。

1）生成功能。用鼠标右键单击 SIMATIC 管理器左边窗口处的"块"，执行出现的快捷菜单中的"插入新对象"→"功能"命令，生成一个新的功能 FC。在出现的功能属性对话框中，采用系统自动生成的功能名称 FC1，设置梯形图（LAD）为功能默认的编程语言。

2）生成局部数据。①双击 SIMATIC 管理器中 FC1 的图标，打开程序编辑器。往下拉动程序区最上方的分隔条，出现变量声明表；②选中变量声明表左边窗口中的"IN"，在变量声明表右边窗口输入参数：START（启动按钮），STOP（停止按钮）；③选中变量声明表左边窗口中的"OUT"，在变量声明表右边窗口输入参数：MOTOR（电动机）。

给变量声明表赋值参数时，不需要指定存储器地址，程序编辑器可根据各变量的数据类型自动指定存储器地址。

（3）编写程序。在变量声明表下方是程序编辑器窗口，可在此编写梯形图程序，如图 3-113 所示。

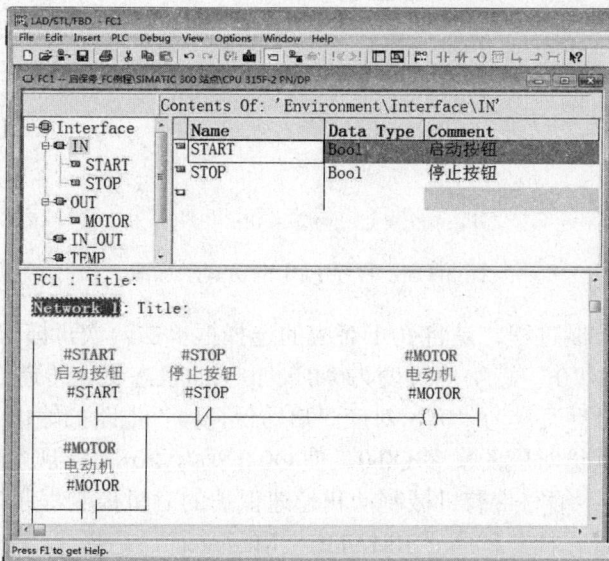

图 3-113 FC 程序编写示意图

（4）程序仿真。打开 SIMATIC 管理器的 OB1，打开程序编辑器左边窗口中的文件夹"FC 块"，将"FC1"拖放到右边程序区的"导线"上，为形参 START、STOP、MOTOR 分别指定实参 I0.0、I0.1、Q0.0。

在 SIMATIC 管理器窗口中运行 PLCSIM，将 OB1、FC1 分别下载到仿真 PLC 中，打开 OB1，单击工具栏上的 按钮，启动监视功能，将仿真 PLC 切换到"RUN-P"模式，单击 I0.0 对应的选择框两次，模拟"启动按钮"按下之后又松开的效果，I0.0 的值由"0"变"1"又变为"0"（见图 3-114 程序仿真），I0.0 的状态变化被传递给 FC1 的形参#START，形参#START 的值也由"0"变"1"又变为"0"，对应"启，保，停"电路的输出形参#MOTOR 的值变为"1"（见图 3-115 程序仿真），它的值返回给对应的实参 Q0.0，使 Q0.0 变为"1"（见图 3-114 程序仿真），实现电路的启动过程。

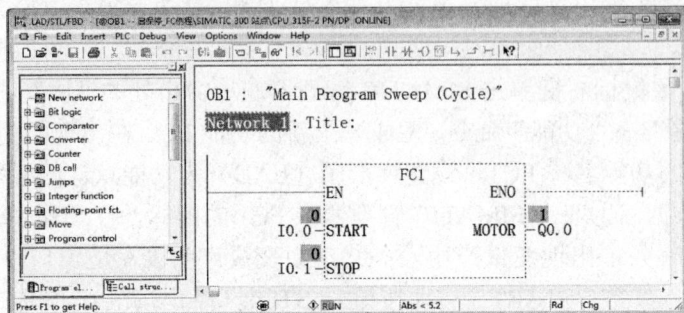

图 3-114　程序 OB1 的仿真示意图

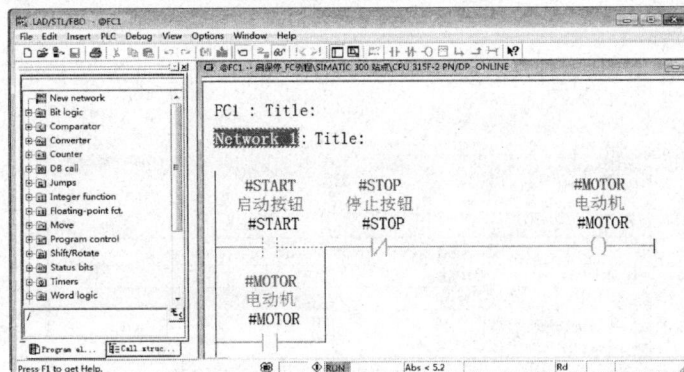

图 3-115　程序 FC1 的仿真示意图

电路停止的仿真控制过程，是将 I0.1 对应的选择框单击两次，模拟"停止按钮"按下之后又松开，I0.1 的值由"0"变"1"又变为"0"，I0.1 的状态变化传递给 FC1 的形参#STOP，使其值也由"0"变"1"又变为"0"，对应"启，保，停"电路的输出形参#MOTOR 的值变为"0"，它的值被返回给对应的实参 Q0.0，使 Q0.0 变为"0"，实现电路的停止过程。

【例】使用功能块，编写带有机械制动和超速保护的时机控制程序。

答：（1）硬件配置。打开程序"SIMATIC　Manager"，选择"CPU 315-2PN/DP"，生成一个名为"电机带制动-FB 例程"的新项目，在硬件目录中查找电源"PS 307 10A"并将电源模块插入 1 号槽。在硬件目录中查找数字输入/输出模块"SM 323 DI16/DO16×DC24V/0.5A"，并将该模块插入 4 号槽。在硬件目录中查找模拟输入/输出模块"SM 334 AI4/AO2×8/8Bit"，并将它插入 5 号槽。

（2）程序设计。

1）生成功能块。用鼠标右键单击 SIMATIC 管理器左边窗口处的"块"，执行弹出的快捷菜单中的"插入新对象"→"功能块"命令，在出现的功能属性对话框中，采用系统自动生成的功能的名称 FB1，设置梯形图（LAD）为功能默认的编程语言，禁用"多情景标题"（有些版本为多重背景）前的复选框。

2）生成局部数据。双击 SIMATIC 管理器中 FB1 的图标，打开程序编辑器。往下拉动程序区最上方的分隔条，出现变量声明表，在"IN""OUT""STAT"分别输入参数，如图 3-116～3-118 所示。

图 3-116　变量声明表中的 IN 参数

图 3-117　变量声明表中的 OUT 参数

图 3-118　变量声明表中的 STAT 参数

（3）编写程序。在变量声明表下方程序编辑器窗口，编写 FB1 梯形图程序（见图 3-119）。

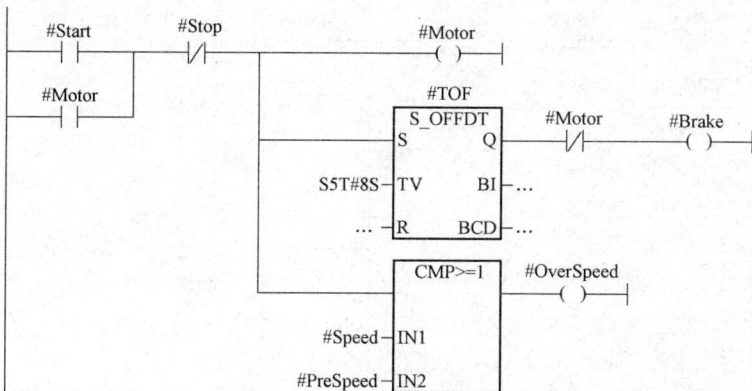

图 3-119　FB 梯形图程序

（4）OB1 程序的编写。打开 SIMATIC 管理器的 OB1，打开程序编辑器左边窗口中的文件夹"FB 块"，将 FB1 拖放到右边程序区的"导线"上（见图 3-120）。双击方框上面的红色

OB1："Main Program Sweep (Cycle)"

Network 1：Title：

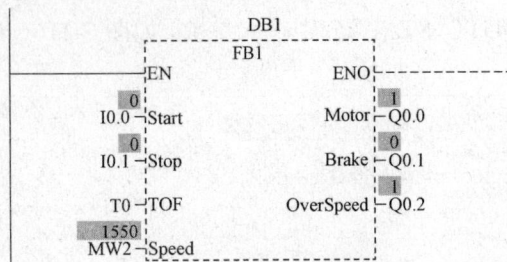

图 3-120　OB1 梯形图程序

"？？？"，输入背景数据块的名称"DB1"，按回车键后出现对话框"实例数据块 DB1 不存在，是否生成？"，单击"确认"按钮后，打开 SIMATIC 管理器，可以看到自动生成的 DB1。也可以先生成 FB1 的背景数据块，然后在调用 FB1 时使用它。如果有多个功能块，则应设定是哪个功能块的背景数据块。

为 FB1 的形参 Start、Stop、TOF、Speed、Motor、Brake、OverSpeed 分别指定实参 I0.0、I0.1、T0、MW2、Q0.0、Q0.1、Q0.2。

（5）背景数据块。背景数据块 DB1 保存了 FB1 功能块中的输入参数、输出参数、IN_OUT 参数和 STAT 静态数据，背景数据块中的数据是自动生成的，如图 3-121 所示。

	Address	Declaration	Name	Type	Initial valu	@Actual value	Actual value	Comment
1	0.0	in	Start	BOOL	FALSE	FALSE	FALSE	
2	0.1	in	Stop	BOOL	FALSE	FALSE	FALSE	
3	2.0	in	TOF	TIMER	T 0		T 0	
4	4.0	in	Speed	INT	0	1550	1300	
5	6.0	out	Motor	BOOL	FALSE	TRUE	FALSE	
6	6.1	out	Brake	BOOL	FALSE	FALSE	FALSE	
7	6.2	out	OverSpeed	BOOL	FALSE	TRUE	FALSE	
8	8.0	stat	PreSpeed	INT	1500	1500	1500	

图 3-121　背景数据块 DB1

（6）程序仿真。在 SIMATIC 管理器窗口中运行 PLCSIM，将 OB1、FB1 分别下载到仿真 PLC 中，打开 OB1，单击工具栏上的 按钮，启动监视功能，将仿真 PLC 切换到"RUN-P"模式，单击 I0.0 对应的选择框两次，模拟"启动按钮"按下之后又松开，I0.0 的值由"0"变"1"又变为"0"（见图 3-122），实现电路的启动过程。

FB1：Title：

Network 1：Title：

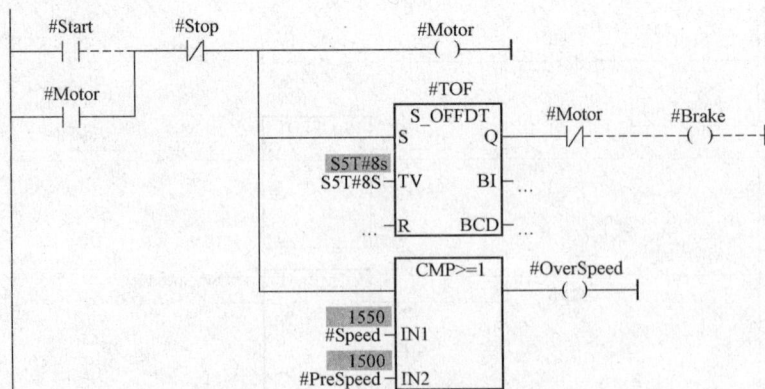

图 3-122　程序 FB1 的仿真示意图

电路停止的仿真控制过程，是将 I0.1 对应的选择框单击两次，模拟"停止按钮"按下之后又松开，I0.1 的值由"0"变"1"又变为"0"，实现电路的停止过程。

PLCSIM 中给 MW2 赋值"1550"，在比较模块中，由于实际转速大于转速预置值"1500"，输出参数 OverSpeed 和 QO.1 变为"1"。

【例】模拟一个饮料灌装线的控制系统。系统中有两条饮料灌装线和一个操作员面板。每一条灌装线上，有一个电机驱动传送带；两个瓶子传感器能够检测到瓶子经过，并产生电平信号；传送带中部上方有一个可控制的灌装漏斗，打开及开始灌装时，当传送带中部的传感器检测到瓶子经过时，传送带停止，灌装漏斗打开，开始灌装。1 号线灌装时间为 3s（小瓶），2 号线灌装时间为 5s（大瓶），灌装完毕后，传送带继续运输。位于传送带末端的传感器对灌装完毕的瓶子计数。在控制面板部分，有 4 个点动式按钮分别控制每条灌装线的启动和停止；一个总控制按钮，可以停止所有生产线；两个状态指示灯分别表示生产线的运行状态；两个数码管显示器分别显示每条线灌装的数目。

（1）硬件配置。打开程序"SIMATIC Manager"，选择相应的 CPU 并给项目命名，并组态相应的硬件。

根据任务描述，可以将上述系统功能划分为以下两个子功能。

1）启停操作控制：负责将用户操作面板的输入逻辑信号转换为灌装线的启停信号。

2）灌装线控制：负责处理灌装定时和满瓶计数，为灌装线传送带电机和灌装漏斗提供控制信号，向数码管提供 BCD 码计数值。

第一个子功能由一个功能 FC1 实现，第二个子功能由一个功能块 FB1 实现，两条灌装线的定时时间分别保存在两个背景数据块 DB1 和 DB2 中。

（2）编辑符号表。在"S7 程序"目录下，双击"符号"图标，打开符号表，符号表可以为绝对地址（如 I0.0、Q4.0 等），并提供一个符号名（如"启动"、"输出"等），以便编程及程序阅读，如图 3-123 所示。之后对其进行编辑并保存。

（3）编辑 FC1。选中"S7"程序"下的"块"，单击鼠标右键，执行弹出的快捷菜单中的"插入新对象"→"功能"命令，插入功能并将其命名为 FC1。并编辑参数和程序，如图 3-124 所示。

图 3-123　符号表

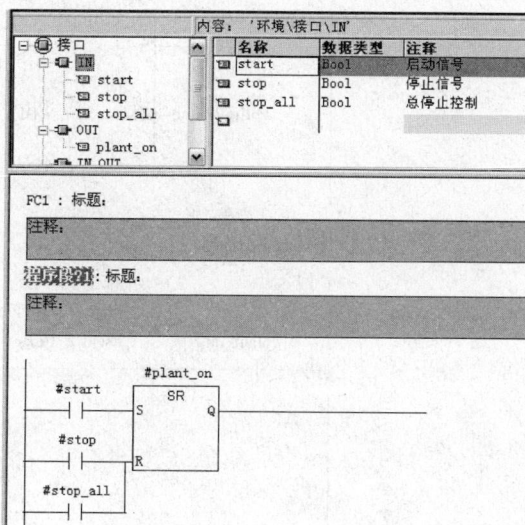

图 3-124　FC1 梯形图程序

185

（4）编辑 FB1。用同样的方法插入 FB1 并编辑其参数和程序，如图 3-125～图 3-128 所示。

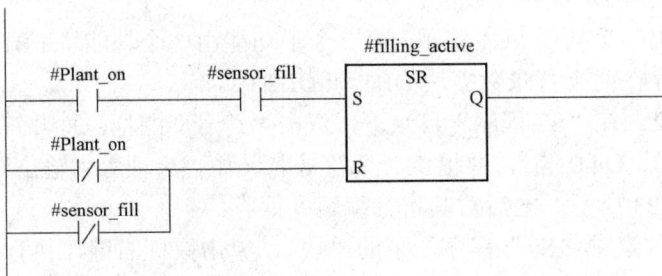

图 3-125　FB1 的 IN 参数

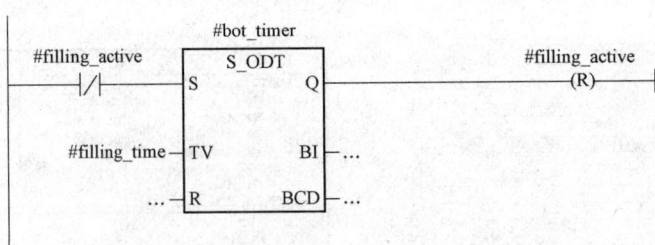

图 3-126　FB1 的 OUT 参数

图 3-127　FB1 的 STAT 参数

程序段 1：标题：

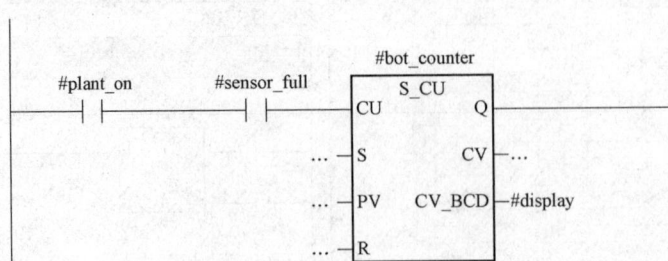

程序段 2：标题：

程序段 3：标题：

图 3-128　FB1 梯形图程序

（5）编辑 DB1、DB2。选中"S7 程序"下的"块"文件夹单击鼠标右键，在弹出的快捷菜单中执行"插入新对象"→"数据块"命令，插入 FB1 的背景数据块并将其命名为 DB1。用同样的方法插入 DB2。

双击 DB1 就可以打开并对 DB1 进行编辑，DB 编辑器分为"数据视图"和"说明视图"，在"说明视图"下，只能看到 DB 的数据定义，在"数据视图"下，可以修改数值。通过执行菜单中的"查看"命令可在两种视图间切换。DB1 和 DB2 的设置如图 3-129 所示。

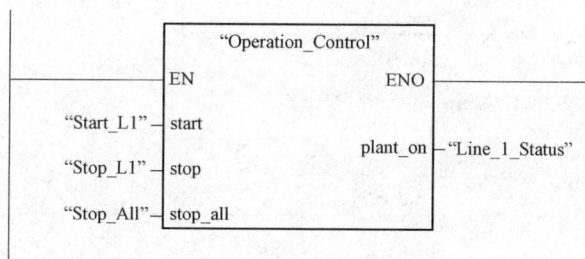

图 3-129 DB1 和 DB2 的设置

（6）编辑 OB1。双击 OB1，选择 LAD（梯形图）编程方式，打开 OB1，对 OB1 进行编辑，如图 2-130 和图 2-131 所示。

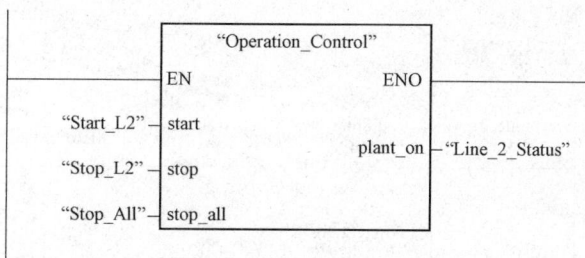

图 2-130 OB1 的梯形图程序（一）

程序段 3：标题：

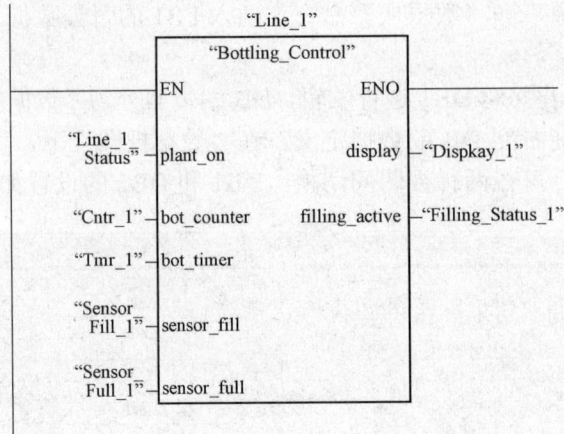

程序段 4：标题：

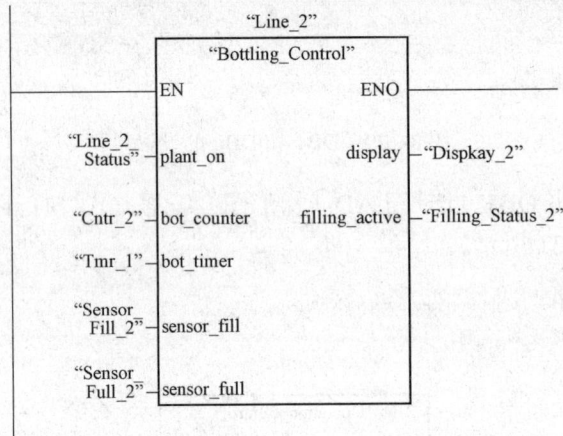

程序段 5：标题：

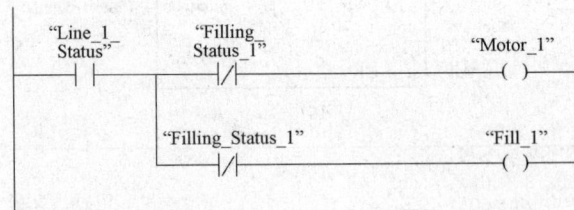

程序段 6：标题：

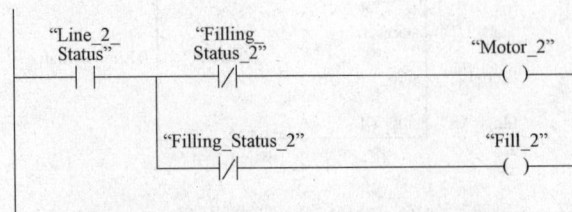

图 3-131　OB1 的梯形图程序（二）

实训项目 2 组织块的应用

组织块（OB）是操作系统与用户程序之间的接口。组织块由操作系统调用，组织块中的程序是用户编写的。S7 PLC 的组织块是用来创建在特定的时间执行的程序或响应特定事件的程序的，例如延时中断 OB、外部硬件中断错误处理 OB 等。

（一）组织块与中断

1. 中断的概念

中断被用来实现对特殊内部事件或外部事件的快速响应。如果没有中断，则 CPU 循环执行组织块 OB1。因为除背景组织块 OB90 以外，OB1 的中断优先级最低，CPU 检测到中断源的中断请求时，操作系统在执行完当前程序的当前指令（即断点处）后，会立即响应中断。CPU 暂停正在执行的程序，调用中断源所对应的中断组织块（OB）来处理。执行完中断组织块后，返回被中断的程序的断点处继续执行原来的程序。

有中断事件发生时，如果没有下载对应的组织块，那么 CPU 将会进入"STOP"模式。即使生成和下载一个空的组织块，出现对应的中断事件时，CPU 也不会进入"STOP"模式。

PLC 的中断源可能来自 I/O 模式的硬件中断，或者来自 CPU 模块内部的软件中断，例如时间中断、延时中断、循环中断和编程错误引起的中断。

一个 OB 的执行被另一个 OB 中断时，操作系统会对现场进行保护。被中断的 OB 的局部数据被压入 L 堆栈（局部数据堆栈），被中断的断点处的现场信息被保存在 I 堆栈（中断堆栈）和 B 堆栈（块堆栈）中。中断程序不是由逻辑块调用，而是在中断事件发生时由操作系统调用的。因为不能预知系统何时调用中断程序，且中断程序不能改写其他程序中可能正在使用的存储器，所以中断程序应尽可能地使用局部变量。

编写中断程序应遵循"越短越好"以减少中断程序的执行时间，减少对其他事件处理的延迟，否则可能会引起主程序控制的设备操作异常。

2. 组织块的分类

组织块只能由操作系统启动，它由变量声明表和用户编写的控制程序组成。

（1）启动组织块。启动组织块被用于系统初始化，CPU 通电或操作模式被切换到"RUN"时，S7-300 执行 OB100，S7-400 根据组态的启动方式执行 OB100～OB102 中的一个。

（2）循环执行的 OB1。需要循环执行的程序被放在 OB1 中，执行完后又开始新的循环。

（3）定期执行的组织块。定期执行的组织块包括时间中断组织块 OB19～OB17 和循环中断组织块 OB30～OB38，可以根据设置的日期时间或时间间隔执行中断程序。

（4）事件驱动的组织块。延时中断组织块 OB20～OB23 会在过程事件出现后，延时一定的时间再执行中断程序。硬件中断组织块 OB40～OB47 用于需要快速响应的过程事件，事件出现时马上中断当前正在执行的程序，执行对应的中断程序。异步错误中断组织块 OB80～OB87 和同步错误中断组织块 OB121、OB122 用来决定在出现错误时系统如何响应。

3. 中断的优先级

中断的优先级也就是组织块的优先级，如果在执行中断程序（组织块）时，又检测到一个中断请求，CPU 将比较两个中断源的中断优先级。如果优先级相同，那么将按产生中断请求的先后次序进行处理。如果后者的优先级比正在执行的 OB 的优先级高，则将中止当前正在处理的 OB，改为执行较高优先级的 OB。这种处理方式被称为中断程序的嵌套调用。

下面是优先级的顺序（后面的比前面的优先）：背景循环、主程序循环、时间中断、延时中断、循环中断、硬件中断、多处理器中断、I/O 冗余错误、异步错误（OB80～1987）、启动和 CPU 冗余。其中，背景循环的优先级最低。表 3-29 是常用组织块的优先级。

表 3-29　　　　　　　　　　　　　常用组织块的优先级

OB 类 型	优先级	说　　明
OB1 主程序循环	1	在上一循环结束时启动
OB10 时间中断	2	在程序设置的日期和时间启动
OB20 延时中断	3	受 SFC32 控制启动，在一特定延时后运行
OB35 循环中断	12	运行在一特定时间间隔内（1ms～1min）
OB40 硬件中断	16	当检测到来自外部模块的中断请求时启动
OB80 到 OB87 响应异步错误	26/启动时 28	当检测到模块诊断错误或超时错误时启动
OB100 启动	27	当 CPU 从"STOP"到"RUN"模式时启动
OB121，OB122 响应同步错误	与被中断 OB 相同	当检测到程序错误或接受错误时启动

S7-300 的组织块的优先级是固定的，S7-400 组织块的优先级可以用 STEP 7 修改。

（二）组织块的应用

【例】启动组织块与循环中断组织块。

答：（1）CPU 模块的启动方式与启动组织块。S7-400 有 3 种启动方式：暖起动、热启动和冷启动。打开 S7-400CPU 模块的属性对话框，激活"启动"选项卡，可以选择 3 种启动方式中的一种，绝大多数 S7-300CPU 只能使用暖启动。

OB100～OB102 是启动组织块，用于系统初始化。CPU 通电或运行模式由"STOP"切换到"RUN"时，CPU 只执行一次启动组织块。

用户可以通过在启动组织块中编写程序，来进行设置 CPU 的初始化操作，例如设置开始运行时某些变量的初始值和输出模块的初始值等。

1）暖启动：过程映像数据以及非保持的存储器位、定时器和计数器被复位。具有保持功能的存储器位、定时器、计数器和所有的数据块将保留原数值。执行一次 OB100 后，循环执行 OB1。将模式选择开关从"STOP"位置扳到"RUN"位置，执行一次手动暖启动。

2）热启动：如果 S7-400CPU 在"RUN"模式时电源突然断电，然后又很快从新通电，将执行 OB101，自动地完成热启动，从上次"RUN"模式结束时程序被中断之处继续执行，不对计数器等复位。

3）冷启动：所有系统存储区均被清除，复位为零，包括有保持功能的存储区。用户程序从装载存储器载入工作存储器，调用 OB102 后，循环执行 OB1。将模式选择开关扳到"MRES"位置，可以实现手动冷启动。

（2）循环中断组织块。循环中断组织块用于按精确的时间间隔循环执行中断程序，例如周期性地执行闭环控制系统的 PID 控制程序，间隔时间从"STOP"切换到"RUN"模式时开始计算。大多数 S7-300CPU 只能使用 OB35，其余 CPU 可以使用的循环模式中断 OB 的个数与 CPU 的型号有关。

时间间隔不能小于 5ms，如果时间间隔过短，则会还没有执行完循环中断程序又开始调用它了，将会产生时间错误事件，调用 OB80。如果没有创建和下载 OB80，则 CPU 将进入"STOP"模式。

（3）硬件组态。用新建项目向导生成名为"周期性中断"的项目，选择"CPU 315F-2PN/DP"。双击硬件组态工具"HW Config"中的 CPU，打开 CPU 属性对话框，由"周期性中断"选项卡可知只能使用 OB35，其循环周期的默认值为"100ms"，将它修改为"1000ms"，将组态数据下载到 CPU 后生效。如果没有下载，则循环时间为默认值 100ms。

如果两个 OB 的时间间隔成整倍数，不同的循环中断 OB 可能同时请求中断。相位偏移量（默认值为"0"）用于错开 S7-400 不同时间间隔的几个循环中断 OB，使它们不会被同时执行，以减少连续执行多个循环中断 OB 的时间。相位偏移应小于循环时间间隔。

组态结束后，单击工具栏上的"编译并保存"按钮，结束组态。

（4）程序编程。

1）生成 OB100 程序。生成后双击打开它，用 MOVE 指令将 MB0 的初始值设为"7"，即低 3 位置"1"，其余各位为"0"。此外用 ADD-I 指令将 MW6 加 1（见图 3-132）。

OB100："Complete Restart"

Network 1：Title:

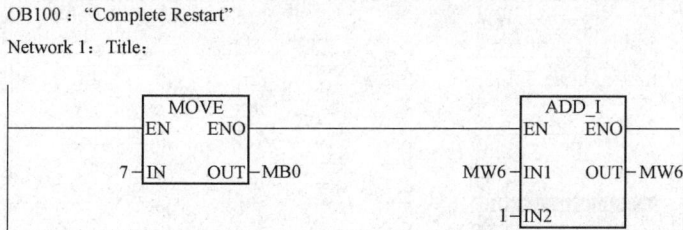

图 3-132　OB100 的梯形图程序

2）生成 OB35 的程序。下面是用 STL 编写的 OB35 中断程序，每经过 1000ms，MW2 加 1。

```
L    MW    2        //将 MW2 传送到累加器 1 的低字节
+I                  //MW2 加 1
T    MW    2        //将累加器 1 低字节中的内容传送到 MW2
```

（5）激活和禁止硬件中断。SFC40"EN_IRT"和 SFC39"DIS_IRT"分别是激活禁止中断异步错误的系统功能，它们的参数 MODE 的数据类型为 BYTE，MODE 为"2"时激活 OB_NR 指定的 OB 编号对应的中断，必须用十六进制数来设置。

在 OB1 中编写图 3-133 所示的程序，I0.2 的上升沿调用 SFC"EN_IRT"来禁止 OB35 对应的循环中断。

【例】使用循环中断实现 8 位彩灯循环点亮的控制程序。

答：（1）硬件组态。打开程序"SIMATIC Manager"，选择"CPU 315F-2 PN/DP"，生成一个名为"启保停-FC 例程"的新项目，在硬件目录中查找电源"PS 307 10A"并将该电源模块插入 1 号槽。在硬件目录中查找数字输入/输出模块"SM 323 DI16/DO16×DC24V/0.5A"，并将该模块插入 4 号槽。

双击硬件组态工具"HW Config"中的 CPU，打开 CPU 属性对话框，将"周期性中断"选项卡的循环周期默认值"100ms"，修改为"1000ms"（对于 CPU 315F-2 PN/DP 也可选择 OB32，其默认循环周期为 1000ms）。之后将组态数据编辑、保存并下载，如图 3-134 所示。

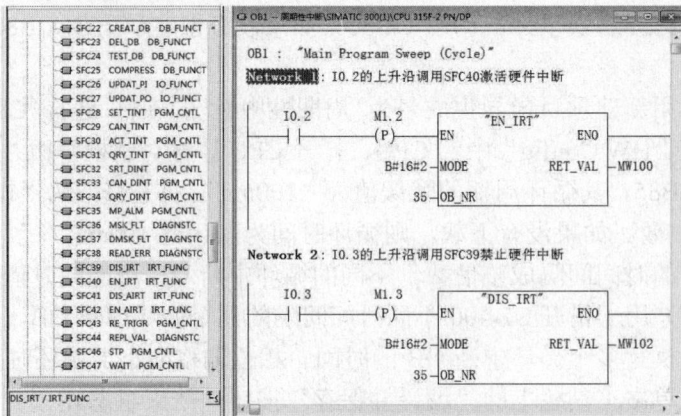

图 3-133　OB1 的梯形图程序

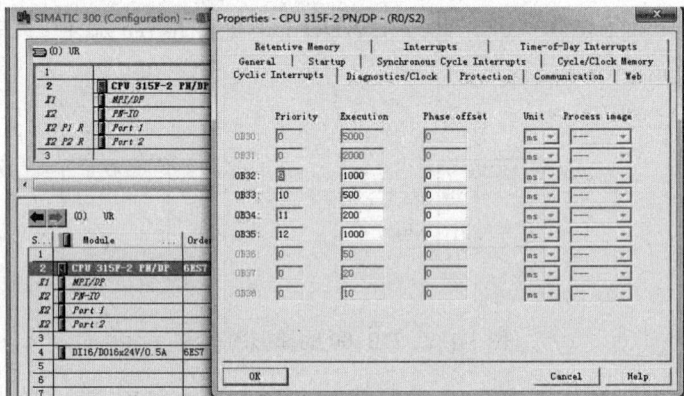

图 3-134　组态循环中断

（2）程序设计。

1）OB100 程序。用鼠标右键单击 SIMATIC 管理器左边窗口处的"块"文件夹，执行出现的快捷菜单中的"插入新对象"→"组织块"命令，在出现的"属性—组织块"对话框中，将组织块的名称修改为"OB100"，设置梯形图（LAD）为编程语言，单击"确定"按钮后，在 SIMATIC 管理器右边窗口中出现 OB100 组织块。

双击打开 OB100 组织块，用 MOVE 指令将 MB0 的初始值置为"7"，即低 3 位置"1"，其余位为"0"，此外用 ADD_I 指令将 MW6 加 1，可以观察 CPU 执行 OB100 的次数（见图 3-135）。

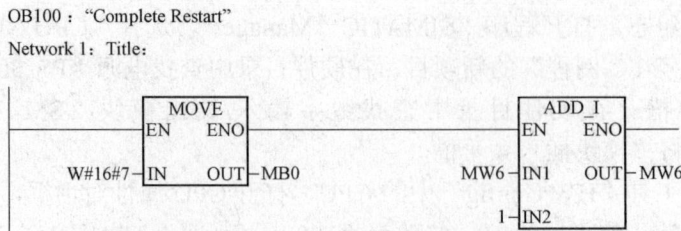

图 3-135　OB100 的梯形图程序

2）OB35 程序。图 3-136 为 OB35 的梯形图程序。

OB35：循环中断组织块

Network 1：Title：

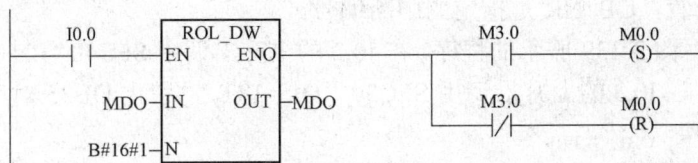

Network 2：Title：

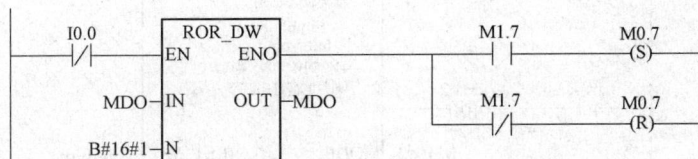

Network 3：Title：

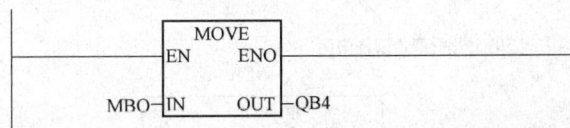

图 3-136　OB35 的梯形图程序

OB35 程序的第一条指令用 I0.0 控制左移位；第二条指令控制右移位；第三条指令用双字循环指令。

MB0 是双字 MD0 的最高字节，MB3 是双字 MD0 的最低字节。

当 I0.0 接通时，控制 MDO 的循环左移。在 MD0 每次循环左移 1 位后，最高位 M0.7 的数据被移到 MD0 的最低位 M3.0（见图 3-137）。为了实现 MB0 的循环移位，移位后如果 M3.0 为"1"状态，则将 MB0 的最低位 M0.0 置位为"1"（见程序段 1，即网络 1），反之将 M0.0 复位为"0"。相当于 MB0 的最高位 M0.7 移到了 MB0 的最低位 M0.0。

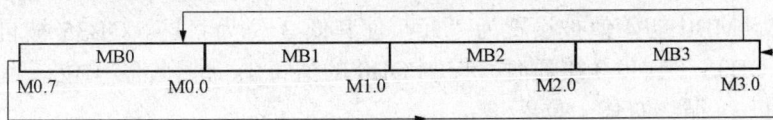

图 3-137　MB0 循环左移示意图

当 I0.0 断开时，实现 MB0 的循环右移。每次右移 1 位后，最高位 MB0 的最低位 M0.0 的数据被移到 MB1 的最高位 M1.7（见图 3-138）。移位后根据 M1.7 的状态（见程序段 2），将 MB0 的最高位 M0.7 置位或复位。相当于 MB0 的最低位 M0.0 移到了 MB0 的最高位 M0.7。

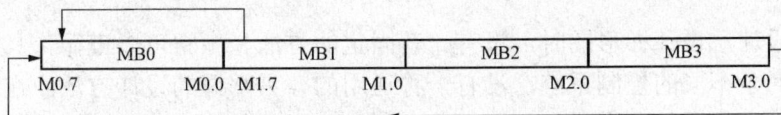

图 3-138　MB0 循环右移示意图

在程序段 3 中，用 MOVE 指令将 MB0 的值传送到 QB4，用 QB4 来控制 8 位彩灯。

（3）禁止和激活硬件中断。SFC40 "EN_IRT" 和 SFC39 "DIS_IRT" 分别是激活和禁止中断和异步错误的系统功能。它们的参数 MODE 为 "2" 时激活 OB 编号对应的中断，必须用十六进制数来设置，OB_NR 是指定的中断编号。

在 OB1 中编写图 3-139 所示的程序，在 I0.2 的上升沿调用 SFC40 "EN_IRT"，激活 OB35 对应的循环中断；在 I0.3 的上升沿调用 SFC39 "DIS_IRT"，禁止 OB35 对应的循环中断。

OB1：主程序

Network 1：在 I0.2 的上升沿激活硬件中断

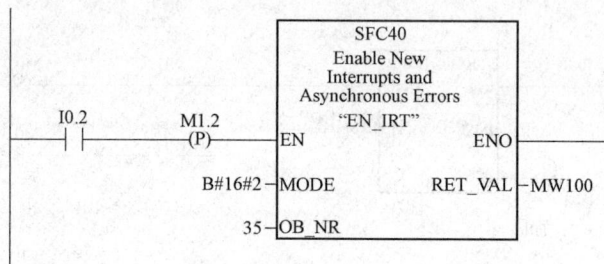

Network 2：在 I0.3 的上升沿禁止硬件中断

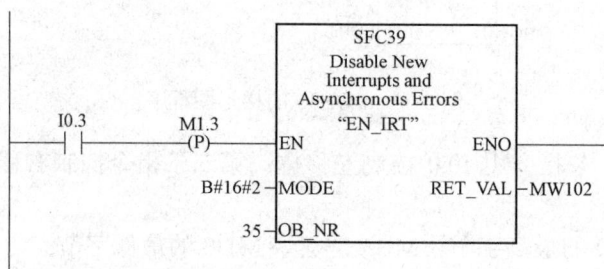

图 3-139　OB1 禁止和激活硬件中断的梯形图程序

（4）仿真实验。打开 PLCSIM 仿真软件，将硬件组态数据和程序下载，将 PLCSIM 仿真软件切换到 "RUN-P" 模式，使 CPU 调用一次 OB100，可以看到 MW6 的值被加 1，表明调用了一次 OB35。MB0 初始值被设置为 "7"，使其低 3 位为 "1"。OB35 被自动激活，CPU 每 1s 调用一次 OB35。当 I0.0 接通时，控制 QB0 的值每 1s 循环左移 1 位；当 I0.0 断开时，控制 QB0 的值每 1s 循环右移 1 位。

第三节　顺序控制系统的应用

一、顺序控制的含义

使用经验设计法设计梯形图时，没有一套固定的方法和步骤可以遵循，具有很大的试探性和随意性，对于不同的控制系统，没有一种通用的容易掌握的设计方法。在设计复杂系统的梯形图时，用大量的中间单元来完成记忆、连锁和互锁等功能，由于需要考虑的因素很多，它们往往又交织在一起，所以分析起来非常困难，一般不可能把所有的问题都考虑得很周到。程序被设计出来后，需要模拟调试或在现场调试，发现问题后再针对问题对程序进行修改。即使是非常有经验的工程师，也很难做到设计出的程序"试车"能一次成功。修改某一局部电路时，很可能会引发别的问题，对系统的其他部分产生意想不到的影响，因此梯形图的修改也很麻烦，往往花了很长的时间还得不到一个满意的结果。用经验法设计出的梯形图很难阅读，给系统的维修和改进带来了很大的困难。

顺序控制就是按照生产工艺预先规定的顺序，在各个输入信号的作用下，根据内部状态和时间的顺序，在生产过程中各个执行机构自动地、有秩序地进行操作。

顺序功能图（Sequential Function Chart，SFC）是描述控制系统的控制过程、功能和特性的一种图形，也是设计 PLC 的顺序控制程序的有力工具。

顺序功能图是 IEC 61131-3 标准中的编程语言，我国早在 1986 年就颁布了顺序功能图的国家标准 GB 6988.6—1986。有的 PLC 为用户提供了顺序功能图语言，例如 S7-300/400 的 S7-Graph 语言，在编程软件中生成顺序功能图后便完成了编程工作。

现在还有相当多的 PLC（包括 S7-200 和 S7-1200）没有配备顺序功能图语言。但是可以用顺序功能图来描述系统的功能，根据它来设计梯形图程序。

顺序功能图并不涉及所描述的控制功能的具体技术，它是一种通用的技术语言，可以供进一步设计和不同专业的人员之间进行技术交流之用。

顺序控制设计法是一种先进的设计方法，它很容易被初学者接受，对于有经验的工程师，也会提高设计的效率，程序的调试、修改和阅读也很方便。只要正确地画出描述系统工作过程的顺序功能图，顺序控制程序一般都可以做到"试车"一次成功。

二、顺序功能图的组成

顺序功能图主要由步、有向连线、转换、转换条件和动作组成。

（一）步与动作

1. 步的基本概念

顺序控制设计法最基本的思想是将系统的一个工作周期划分为若干个顺序相连的时间阶段，这些阶段被称为步（Step），然后用编程元件（例如存储器位 M）来代表各步。步是根据输出量的 ON/OFF 状态的变化来划分的，在任何一步之内，各输出量的状态不变，但是相邻两步输出量总的状态是不同的。步的这种划分方法使代表各步的编程元件的状态与各输出量的状态之间有着极为简单的逻辑关系。顺序控制设计法用转换条件控制代表各步的编程元件，让它们的状态按一定的顺序变化，然后用代表各步的编程元件去控制 PLC 的各输出位。

2. 初始步

初始状态一般是系统等待启动命令的相对静止的状态。系统在开始进行自动控制之前，首先应进用户规定的初始状态。与系统的初始状态相对应的步被称为"初始步"，"初始步"用"双线方框"来表示，每一个顺序功能图至少应该有一个初始步。

3. 活动步

当系统正处于某一步所在的阶段时，若该步处于活动状态，则称该步为"活动步"。当步处于活动状态时，执行相应的非存储型动作；当步处于不活动状态时，则停止执行非存储型动作。

（二）有向连线与转换

1. 有向连线

在顺序功能图中，随着时间的推移和转换条件的实现，将会发生步的活动状态的进展，这种进展按有向连线规定的路线和方向进行。在画顺序功能图时，将代表各步的方框按它们成为活动步的先后次序顺序排列，并且用有向连线将它们连接起来。步的活动状态的习惯进展方向是从上到下或从左到右，在这两个方向有向连线上的箭头可以省略。如果不是上述的方向，则应在有向连线上用箭头注明进展方向。在可以省略箭头的有向连线上，为了更易于理解也可以加箭头。

2. 转换

转换用有向连线上与有向连线垂直的短划线来表示，转换将相邻两步分隔开。步的活动状态的进展是由转换的实现来完成的，并与控制过程的发展相对应。

3. 转换条件

使系统由当前步进入下一步的信号被称为转换条件，转换条件可以是外部的输入信号，例如按钮、指令开关、限位开关的接通或断开等；也可以是 PLC 内部产生的信号，例如定时器、计数器触点的通断等；转换条件还可以是若干个信号的与、或、非逻辑的组合。

三、顺序功能图的基本结构

顺序功能图的结构包括单序列结构、选择序列结构、并行序列结构以及跳步、重复和循环序列结构等，如图 3-140 所示。

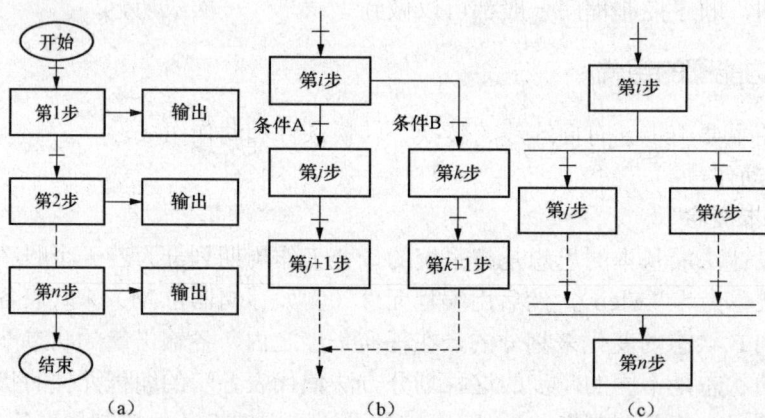

图 3-140　单序列、选择序列和并行序列
（a）单序列；（b）选择序列；（c）并行序列

1. 单序列

单序列由一系列相继激活的步组成，每个前级步的后面只有一个转换，每个转换的后面只有一步。每一步都按顺序相继激活。单序列的特点是没有分支与合并。

2. 选择序列

一个前级步的后面紧跟着若干个后续步可供选择，但一般只允许选择其中的一条分支。选择序列的开始被称为分支，选择序列的结束被称为合并。转换符号只能标在水平连线之下。如果步 i 是活动步，并且转换条件 A 为 "1"，则发生由步 $i \to$ 步 j 的进展；如果转换条件 B

为"1"，则发生由步 i→步 k 的进展。在步 i 之后选择序列的分支处，每次只允许选择一个序列。

3. 并行序列

一个前级步的后面紧跟着若干后续步，当转换实现时将后续步同时激活。用双线表示并进并出。并行序列的开始被称为分支，并行序列的结束被称为合并。当转换的实现导致几个序列被同时激活时，这些序列被称为并行序列。为了强调转换的同步实现，水平连线用双线表示。步 j，k 被同时激括后，每个序列中活动步的进展将是独立的。在表示同步的水平双线之上，只允许有一个转换符号。并行序列被用来表示系统的几个同时工作的独立部分的工作情况。

4. 跳步、重复和循环序列

（1）跳步序列：当转换条件满足时，几个后续步将被跳过不执行，如图 3-141（a）所示。

（2）重复序列：当转换条件满足时，重新返回到某个前级步执行，如图 3-141（b）所示。

（3）循环序列：当转换条件满足时，用重复的办法直接返回到初始步，如图 3-141（c）所示。

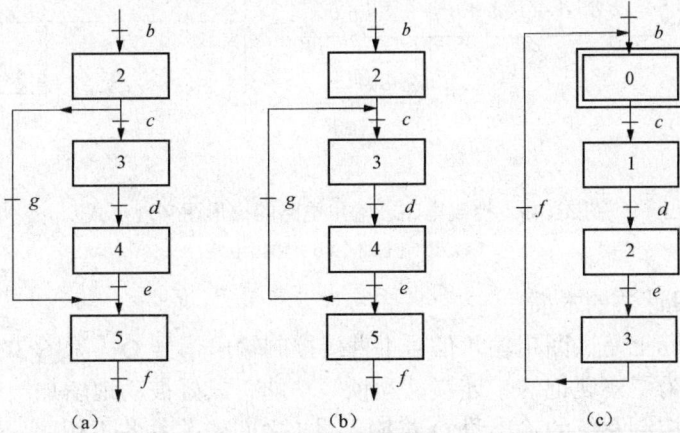

图 3-141　跳步、重复和循环序列

（a）跳步；（b）重复；（c）循环

四、顺序功能图中转换实现的基本规则

1. 转换实现的条件

在顺序功能图中，步的活动状态的进展是由转换的实现来完成的。转换实现必须同时满足以下两个条件。

（1）该转换所有的前级步都是活动步。

（2）相应的转换条件得到满足。

如果转换的前级步或后续步不止一个，则转换的实现被称为同步实现（见图 3-142）。为了强调同步实现，有向连线的水平部分用双线表示。

2. 转换实现时应完成的操作

转换实现时应完成以下两个操作。

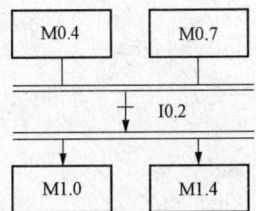

图 3-142　转换的同步实现

（1）将所有由有向连线与相应转换符号相连的后续步都变为为活动步。

（2）将所有由有向连线与相应转换符号相连的前级步都变为不活动步。

3. 转换编程方法

转换实现的基本规则是根据顺序功能图设计梯形图的基础，它适用于顺序功能图中的各种基本结构，也是下面要介绍的顺序控制梯形图编程方法的基础。顺序控制程序包括：控制电路设计和输出电路。

（1）控制电路的梯形图实现形式如图 3-143（a）所示。

（2）输出电路的梯形图实现形式如图 3-143（b）所示。

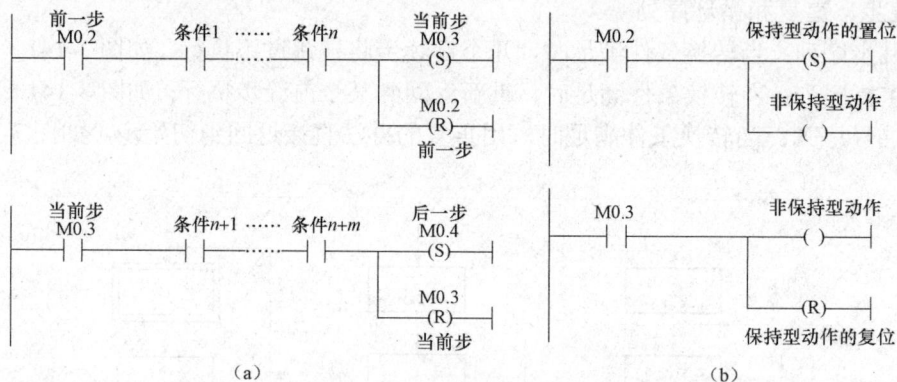

图 3-143　控制电路、输出电路的梯形图实现形式

（a）控制电路；（b）输出电路

4. 顺序控制设计法的本质

经验设计法实际上是试图用输入信号 I 直接控制输出信号 Q［见图 3-144（a）］，如果无法直接控制，或者为了实现记忆、连锁、互锁等功能。只好被动地增加一些辅助元件和辅助触点。由于不同的控制系统的输出量 Q 与输入量 I 之间的关系各不相同，以及它们对连锁、互锁的要求千变万化，不可能找出一种简单通用的设计方法。

顺序控制设计法则是用输入量 I 控制代表各步的编程元件，例如存储器位 M，再用它们控制输出量 Q［见图 3-144（b）］。步是根据输出量 Q 的状态划分的，M 与 Q 之间具有很简单的"与"的逻辑关系，输出电路的设计极为简单。任何复杂系统的代表步的存储器位 M 的控制电路，其设计方法都是相同的，并且很容易掌握，所以顺序控制设计法具有简单、规范、通用的优点。由于 M 是依次顺序变为"1"状态的，实际上已经基本上解决了经验设计法中的记忆、连锁等问题。

图 3-144　信号关系图

（a）经验设计法；（b）顺序控制设计法

5. 绘制顺序功能图的注意事项

下面是针对绘制顺序功能图时常见的错误提出的注意事项。

（1）两个步绝对不能直接相连，必须用一个转换将它们隔开。

（2）两个转换也不能直接相连，必须用一个步将它们隔开。

（3）顺序功能图中的初始步一般对应于系统等待启动的初始状态，这一步可能没有什么输出处于"1"状态，因此在画顺序功能图时很容易遗漏这一步。初始步是必不可少的，一方面该步与它的相邻步相比，从总体上说明输出变量的状态各不相同，另一方面如果没有该步，则无法表示初始状态，系统也无法返回停止状态。

（4）自动控制系统应能多次重复执行同一工艺过程，因此，在顺序功能图中，一般应有由步和有向连线组成的闭环，即在完成一次工艺过程的全部操作之后，应从最后一步返回初始步，系统停留在初始状态，在连续循环工作方式时，将从最后一步返回下一工作周期开始运行的第一步。

（5）如果选择有断电保持功能的存储器位（M）来代表顺序功能图中的各位，则在交流电源突然断电时，可以保存当时的活动步对应的存储器位的地址。系统重新通电后，可以使系统从断电瞬时的状态开始继续运行。如果用没有断电保持功能的存储器位代表各步，则在进入"RUN"模式时，它们均处于"0"状态，必须在 OB100 中将初始步预置为活动步，否则因为顺序功能图中没有活动步，系统将无法工作。如果系统有自动、手动两种工作方式，则顺序功能图是用来描述自动工作过程的。在系统由手动工作方式切换到自动工作方式时，如果满足自动运行的条件，则需要将初始步设置为活动步，并将非初始步设置为不活动步。

在硬件组态时，双击 CPU 模块所在的行，打开 CPU 模块的属性对话框，激活"保持存储器"选项卡，可以设置有断电保持功能的存储器位（M）的地址范围。

实训项目1 皮带运输控制系统

S7-300/400 的 S7-Graph 是一种顺序功能图编程语言。S7-Graph 属于可选的编程语言，需要单独的许可证密钥，学习使用 S7-Graph 也需要花一定的时间。此外现在大多数 PLC（包括 S7-200 和 S7-1200）还没有顺序功能图语言。因此有必要学习根据顺序功能图来设计顺序控制梯形图的编程方法和基本思想。这种编程方法很容易掌握，可以迅速地、得心应手地设计出任意复杂的数字量控制系统的梯形图。它们的适用范围广，可被用于所有厂家生产的各种型号的 PLC。

皮带运输控制系统的控制程序设计，如图 3-145 所示。

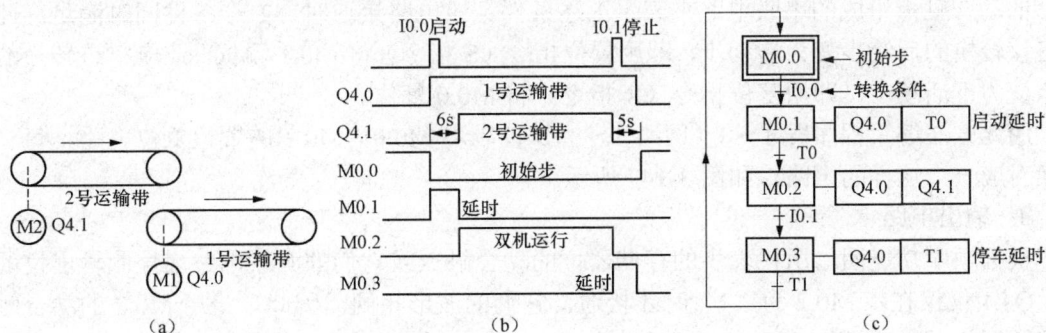

图 3-145 运输带控制图

（a）运输带控制示意图；（b）时序图；（c）顺序功能图

图 3-144（a）中的两条运输带顺序相连，为了避免运送的物料在 1 号运输带上堆积。按下启动按钮 I0.0，1 号运输带开始运行，6s 后 2 号运输带自动启动，停机的顺序与启动的顺序刚好相反，即按了停止按钮 I0.1 后，先停 2 号运输带，5s 后停 1 号运输带。PLC 通过 Q4.0 和 Q4.1 控制两台电动机 M1 和 M2。图 3-144（b）是波形时序图，图 3-144（c）是顺序功能图。

1．程序设计

新建"运输带顺序控制"的项目，打开"SIMATIC 300 Station"并双击"Hardware"，选择 CPU 为"315F-2PN/DP"，在硬件目录中查找电源"PS 307 10A"并将电源模块插入 1 号槽。在硬件目录中查找数字输入/输出模块选"SM 323 DI16/DO16×DC24V/0.5A"并将其插入 4 号槽，双击更改输出地址为 Q4.0～Q4.7、Q5.0～Q5.7。硬件组态完成后保存并关闭该窗口。

用鼠标右键单击 SIMATIC 管理器左边窗口处的"块"，执行弹出的快捷菜单中的"插入新对象"→"组织块"命令，在出现的"属性—组织块"对话框中，将组织块的名称修改为"OB100"，设置梯形图（LAD）为编程语言，单击"确定"按钮后，在 SIMATIC 管理器右边窗口出现 OB100 组织块。

OB100："Complete Restart"

Network 1：Title：

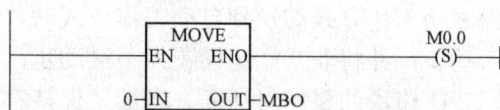

双击打开 OB100 组织块，用 MOVE 指令将 MB0 的初始值设置为"0"，即将功能图中各步清零，然后将初始步 M0.0 置位为"1"（见图 3-146）。

2．控制步的转换的程序设计

图 3-146 OB100 的梯形图程序

在顺序功能图中，如果某一转换所有的前级步都是活动步，并且满足该转换对应的转换条件，则应实现转换。即该转换所有的后续步都应变为活动步，该转换所有的前级步都应变为不活动步。用该转换使所有前级步对应的存储器位（M）的动合触点与转换条件对应的触点或电路串联，以使所有后续步对应的存储器位"置位"和所有前级步对应的储器位"复位"。在任何情况下，代表步的储器位的控制电路都可以用这一原则来设计，每一个转换对应一个这样的控制置位和复位的电路块，有多少这样的转换就有多少个这样的电路块。这种设计方法特别有规则，在设计复杂的顺序功能图的梯形图时，既容易掌握，又不容易出错。

实现初始步 M0.0 下面的 I0.0 对应的转换需要同时满足 2 个条件，即该转换的前级步是活动步（M0.0 为"1"状态）和转换条件满足（I0.0 为"1"状态）。在梯形图中，用 M0.0 和 I0.0 的动合触点组成的串联电路来表示上述条件。该电路接通时，2 个条件同时满足。此时应将该转换的后续步变为活动步，即用置位指令（S 指令）将 M0.1 置位。还应将该转换的前级步变为不活动步，即用复位指令（R 指令）将 M0.0 复位。

用此方法编写程序段 1～8（网络 1～8），控制步 M0.0～M0.3 的置位复位电路，每一个转换对应一个这样的电路，如图 3-147 所示。

3．输出电路

根据顺序功能图，用代表步的存储器位的动合触点或它们的并联电路来控制输出位的绕组。Q4.1 仅仅在步 M0.2 为"1"时才接通，它们的波形相同。因此，将用 M0.2 的动合触点直接控制 Q4.1 的绕组。

延时定时器 T0 的绕组仅在步 M0.1 接通时才接通，因此，用 M0.1 的动合触点控制 T0 的绕组。同样的道理，用 M0.3 的动合触点控制 T1 的绕组。

OB1："Main Program Sweep (Cycle)"
Network 1：Title：

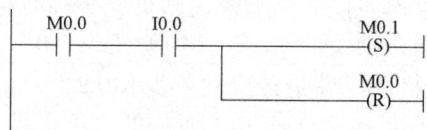

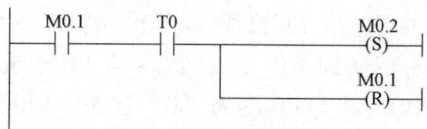

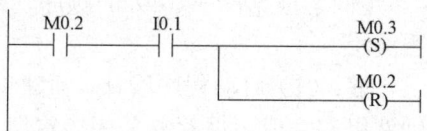

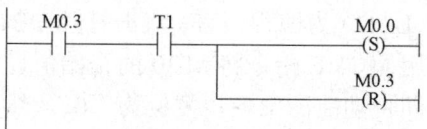

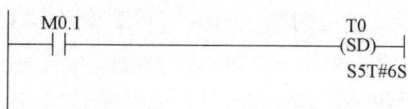

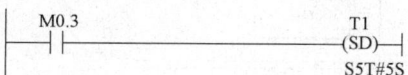

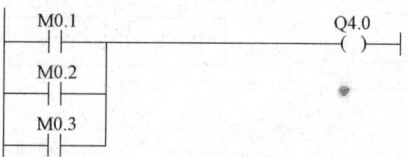

图 3-147　OB1 主程序

Q4.0 的绕组在步 M0.1、M0.2 和 M0.3 中任意一个为"1"状态时均可接通，因此，将 M0.1、M0.2 和 M0.3 的动合触点并联后，控制 Q4.0 的绕组。

4. 程序调试

顺序功能图是描述控制系统的外部性能的，因此调试应根据顺序功能图，而不是梯形图。

打开 PLCSIM，将 OB1 和 OB100 下载到仿真 PLC 中，将仿真 PLC 切换到"RUN-P"模式。由于执行了 OB100 程序，初始步所对应的 M0.0 为"1"状态，其余各步对应的存储器位为"0"状态，如图 3-148 所示。

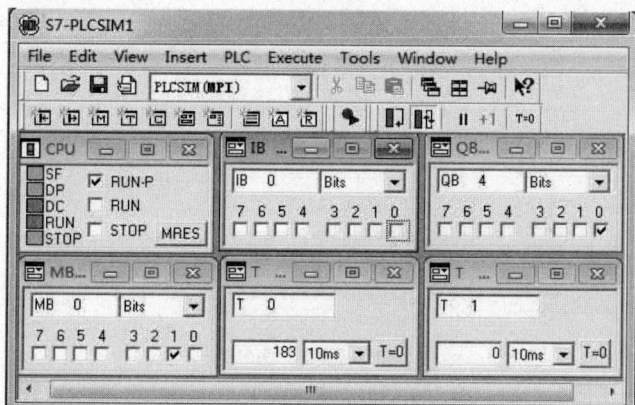

图 3-148　PLCSIM 的仿真示意图

单击两次 PLCSIM 中 I0.0 对应的选择框，模拟按下松开启动按钮，此转换条件使 M0.1 变为活动步，而初始步 M0.0 变为"0"，Q4.0 变为"1"，说明转换到了启动延时步；T0 的当前值从设定值"600ms"开始减少，当减到 0 时，6s 延时结束，M0.1 变为"0"，M0.2 变为"1"，活动步又有了 1 次变化，Q4.1 变为"1"状态，说明转换到了步 M0.2。

单击 2 次 I0.1 对应的方框，模拟按下松开停止按钮，此转换条件使 M0.3 变为活动步，而初始步 M0.2 变为"0"，Q4.1 变为"0"，说明转换到了停止延时步；当 T1 经 5s 延时到时，M0.3 和 Q4.0 变为"0"状态，M0.0 变为"1"状态，返回到 M0.0 初始步。

【例】根据图 3-149 的顺序功能进行梯形图编程。

答：（1）启动程序设计。新建项目并命名，硬件组态完成后保存并关闭该窗口。

新建启动组织块 OB100，设置梯形图（LAD）为编程语言，双击打开 OB100 组织块，用 MOVE 指令将 MB0 的初始值设置为"0"，即将功能图中各步复位为"0"，然后将初始步 M0.0 置位为"1"（程序与图 3-150 相同）。

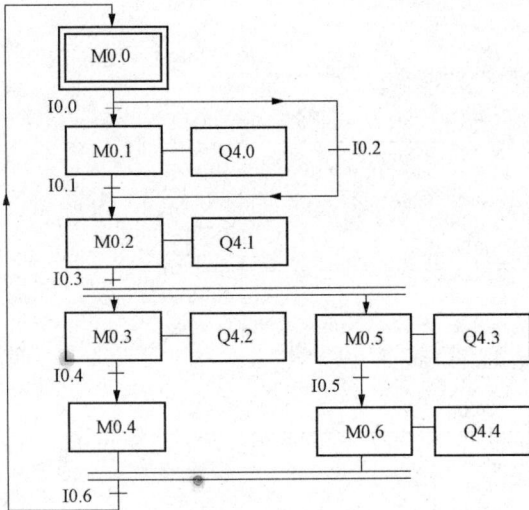

图 3-149　顺序功能图

OB1："Main Program Sweep (Cycle)"

Network 1：Title：

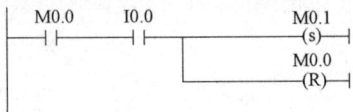

Network 2：Title：

Network 3：Title：

Network 4：Title：

Network 5：Title：

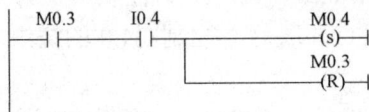

Network 6：Title：

Network 7：Title：

Network 8：Title：

Network 9：Title：

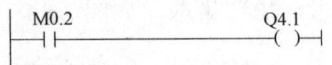

Network 10：Title：

Network 11：Title：

Network 12：Title：

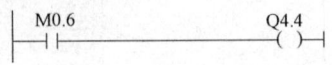

图 3-150　OB1 主程序

（2）控制步的转换的程序设计。

1）选择序列的编程方法。如果某一转换与并行序列的分支、合并无关，则站在该转换的立场上看，它只有一个前级步和一个后续步，需要复位、置位的存储器位也只有一个，因此与选择序列的分支、合并有关的转换的编程方法实际上与单序列的完全相同。

在顺序功能图中，除了 I0.3 与 I0.6 对应的转换以外，其余的转换均与并行序列的分支、合并无关，I0.0、I0.1 和 I0.2 对应的转换与选择序列的分支、合并有关，它们都只有一个前级步和一个后续步。与并行序列无关的转换对应的梯形图是非常标准的，每一个控制置位、复位的电路块都由一个前级步对应的存储器位和转换条件对应的触点组成的串联电路、对一个后续步的置位指令和对一个前级步的复位指令组成。

2）并行序列的编程方法。在顺序功能图中，步 M0.2 之后有一个并行序列的分支，当 M0.2 是活动步，并且转换条件 I0.3 满足时，步 M0.3 与步 M0.5 应同时变为活动步，这是用 M0.2 和 I0.3 的动合触点组成的串联电路使 M0.3 和 M0.5 同时置位来实现的；与此同时，步 M0.2 应变为不活动步，这是用复位指令来实现的。

I0.6 对应的转换之前有一个并行序列的合并，该转换实现的条件是所有的前级步（即步 M0.4 和 M0.6）都是活动步和转换条件 I0.6 满足。由此可知，应将 M0.4、M0.6 和 I0.6 的动合触点串联，作为使后续步 M0.0 置位和使前级步 M0.4、M0.6 复位的条件。

【例】图 3-151 所示为专用钻床加工系统示意图，它是用来加工零件的。需加工的零件为圆盘状零件，其上均匀分布了 3 个大孔和 3 个小孔。钻床自动运行的初始状态为：两个钻头在最上位，上限位开关 I0.3 和 I0.5 为"ON"。工作过程为：加紧工件，大小钻头开始向下钻孔，至规定的深度后，钻头向上提升并等待，此时工件旋转 120° 后，开始加工第 2 对孔。当 3 对孔加工完毕后，松开工件，回到初始状态。钻孔的孔数用减计数器来控制，将计数器的初始值设置为 3。试画出顺序功能图，并编写相应的梯形图程序。

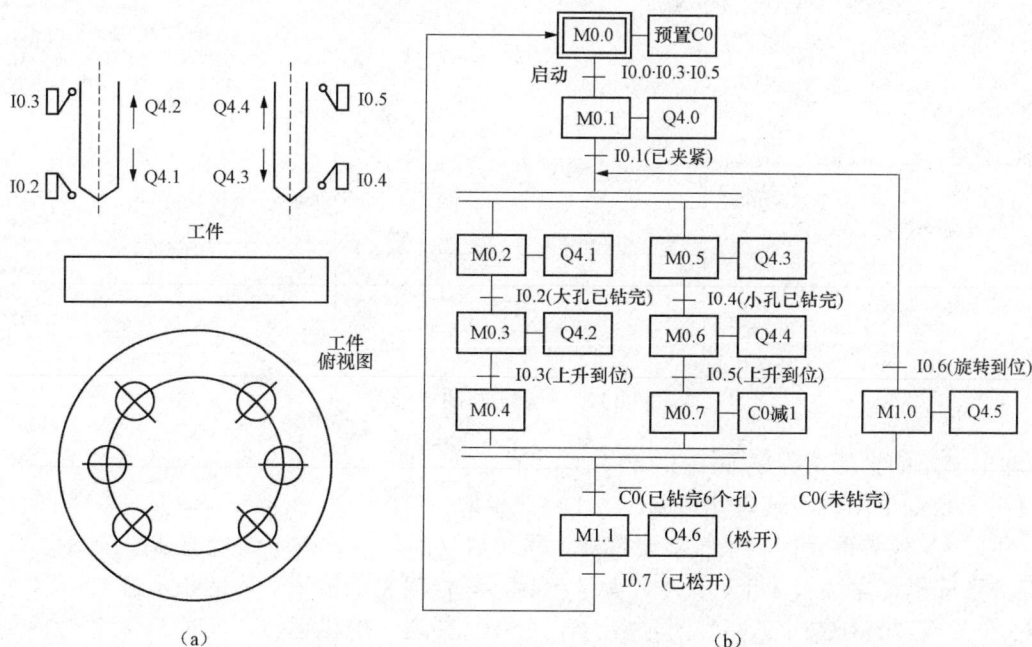

图 3-151　专用钻床加工系统示意图和顺序功能图

（a）专用钻床加工系统示意图；（b）顺序功能图

专用钻床加工系统的 I/O 变量表见表 3-30。

表 3-30 I/O 变 量 表

PLC 输入地址	变 量 名	PLC 输出地址	变 量 名
I0.0	启动信号	Q4.0	夹紧执行
I0.1	工件夹紧	Q4.1	大钻头钻孔
I0.2	大钻头下限位开关	Q4.2	大钻头上升
I0.3	大钻头上限位开关	Q4.3	小钻头钻孔
I0.4	小钻头下限位开关	Q4.4	小钻头上升
I0.5	小钻头上限位开关	Q4.5	转盘旋转
I0.6	转盘旋转到位	Q4.6	松开执行
I0.7	工件松开		

分析：两个钻头向下钻孔和钻头提升的过程可用并行序列来表示，在零件没有加工完毕之前，需要重复加工过程；在完成加工后，系统返回初始步。这个过程因为有分支，所以可以用选择序列来表示。

控制电路的梯形图程序如图 3-152 所示。

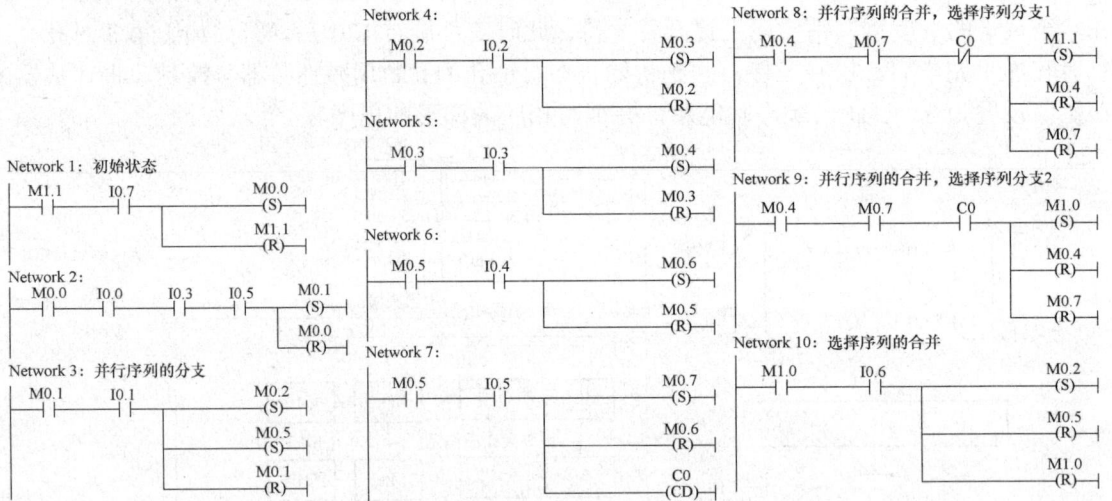

图 3-152　控制电路的梯形图

输出电路的梯形图程序如图 3-153 所示。

【例】自动生产线包装单元控制。

答：（1）包装单元控制系统实现目标。系统启动前，首先按下数量选择按钮 S1、S2 或者 S3，可选择每盒装入 3 个、5 个或者 7 个乒乓球，而且面板上对应的指示灯 H1（3 个）、H2（5 个）或者 H3（7 个）亮。闭合启动开关 SB，传送带电机运转，延时 5s 后包装筒到位，传送带停止。电磁阀 Y 打开，生产线上装有成品乒乓球的漏斗形装置中的球落下，通过光电传感器 S，对装入包装筒的乒乓球进行计数。包装筒中的乒乓球达到预定数量后，电磁阀关闭，传送带自动启动，使包装过程自动连续进行。

Network 11：预置计数器

```
M0.0                                    C0
─┤├──────────────────────────────────(SC)
                                        C#3
```

Network 15：钻小孔

```
M0.5                                    Q4.3
─┤├──────────────────────────────────( )
```

Network 12：夹紧工作

```
M0.1                                    Q4.0
─┤├──────────────────────────────────( )
```

Network 16：上升

```
M0.6                                    Q4.4
─┤├──────────────────────────────────( )
```

Network 13：钻大孔

```
M0.2                                    Q4.1
─┤├──────────────────────────────────( )
```

Network 17：旋转

```
M1.0                                    Q4.5
─┤├──────────────────────────────────( )
```

Network 14：上升

```
M0.3                                    Q4.2
─┤├──────────────────────────────────( )
```

Network 18：松开

```
M1.1                                    Q4.6
─┤├──────────────────────────────────( )
```

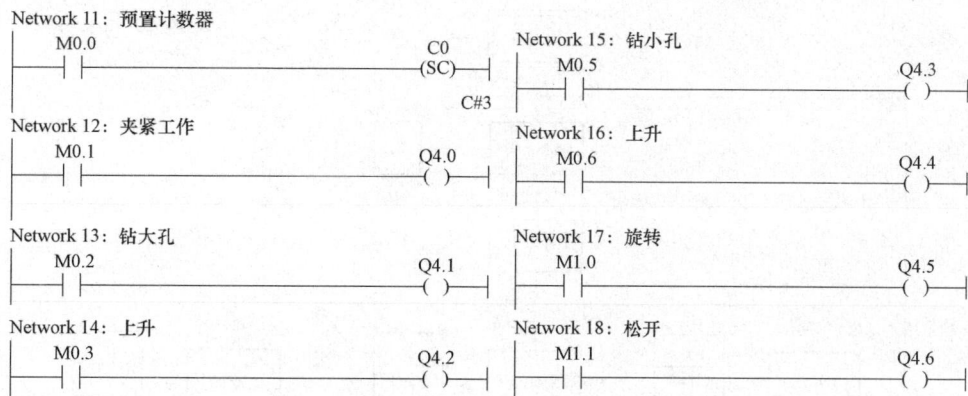

图 3-153　输出电路的梯形图

（2）控制要求。如果当前装筒过程正在进行，则需要改变装入数量（如由 3 个改为 7 个），但只能在当前包装筒装满后，从下一个包装筒开始改变装入数量。如果在包装进行过程中断开开关 SB，则系统必须完成当前包装后方可停止。乒乓球自动生产线的包装单元控制系统示意如图 3-154 所示。

（3）控制要求分析与硬件设计。根据系统的控制要求，首先确定系统所需的输入/输出设备，见表 3-31。

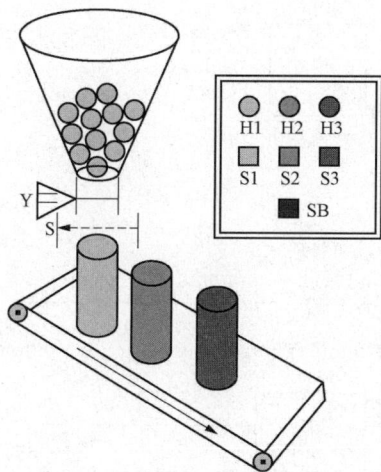

图 3-154　控制系统示意图

表 3-31　　　　　　　　I/O 变 量 表

序号	符号	I/O 地址分配	说　　明
1	SB	I0.0	系统启停开关
2	S1	I0.1	3 个/盒按钮
3	S2	I0.2	5 个/盒按钮
4	S3	I0.3	7 个/盒按钮
5	S	I0.4	光电传感器
6	M	Q0.0	传送带电机
7	Y	Q0.1	电磁阀
8	H1	Q0.2	3 个/盒指示灯
9	H2	Q0.3	5 个/盒指示灯
10	H3	Q0.4	7 个/盒指示灯

1）包装单元控制系统控制逻辑分析。包装单元开始工作的初始条件是系统启动开关 SB 断开，且装有成品乒乓球的漏斗形装置控制电磁阀 Y 关闭，传送带电动机 M 处于停止状态；而系统开始进行包装计数的前提条件是系统启动开关闭合，传送带电动机启动，包装盒就位并选择好包装数量等。也就是系统在不同的状态下其工作方式不同。因此其工作的各种状态可以采用不同的位存储器进行记忆。包装数量控制采用计数器。

根据系统的控制逻辑，画出系统的顺序功能图如图 3-155 所示。

2）系统程序设计。控制程序采用单序列结构，组织块 OB1 直接调用功能 FC1 实现各种状态下的不同控制。具体的 LAD 控制程序见图 3-156～图 3-160 所示。

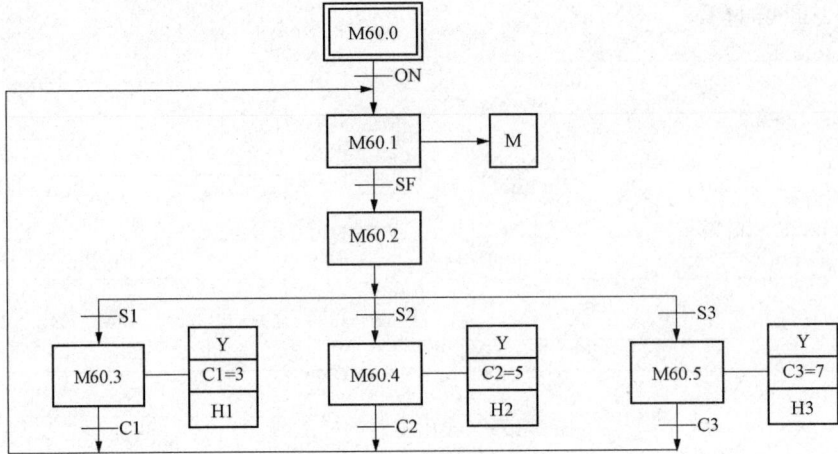

图 3-155 顺序功能图

OB1："Main Program Sweep(Cycle)"
Network 1：调用FC1

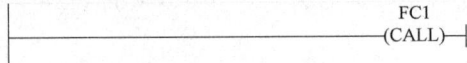

图 3-156 OB1 主程序图

FC1：Title：
Network 1：信号预处理

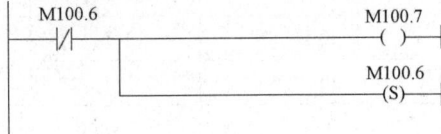

Network 2：S1选择按钮

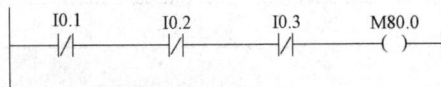

Network 5：装5个记忆

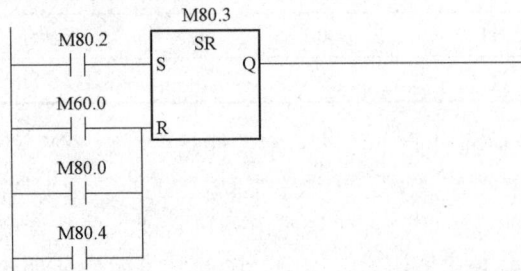

Network 6：S3选择按钮

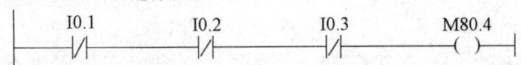

Network 3：装3个记忆

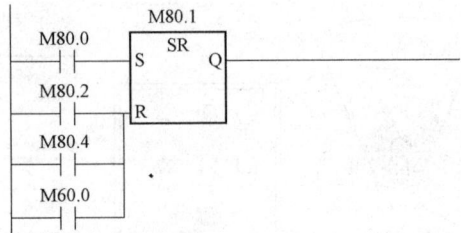

Network 4：S2选择按钮

Network 7：装7个记忆

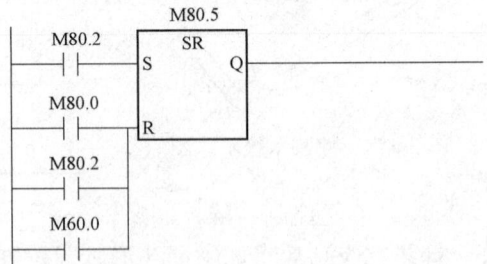

Network 8：状态0

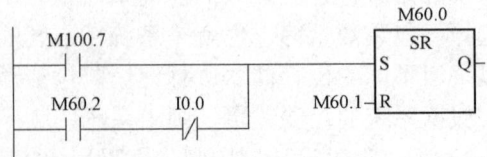

图 3-157 FC1 功能程序图（一）

Network 9：状态1

Network 10：状态2

Network 11：状态3

Network 12：状态4

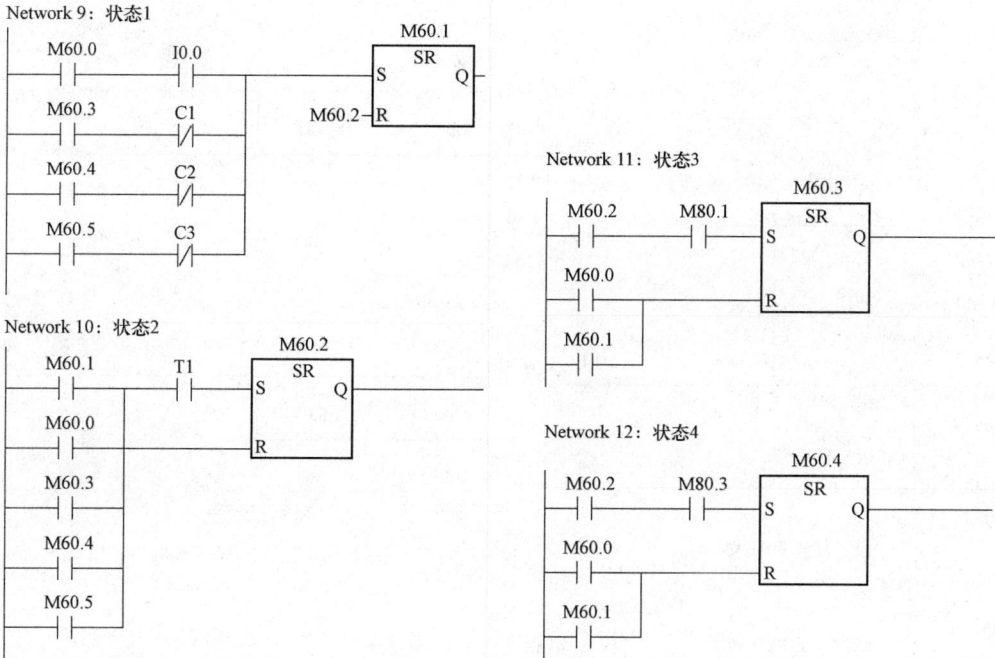

图 3-158　FC1 功能程序图（二）

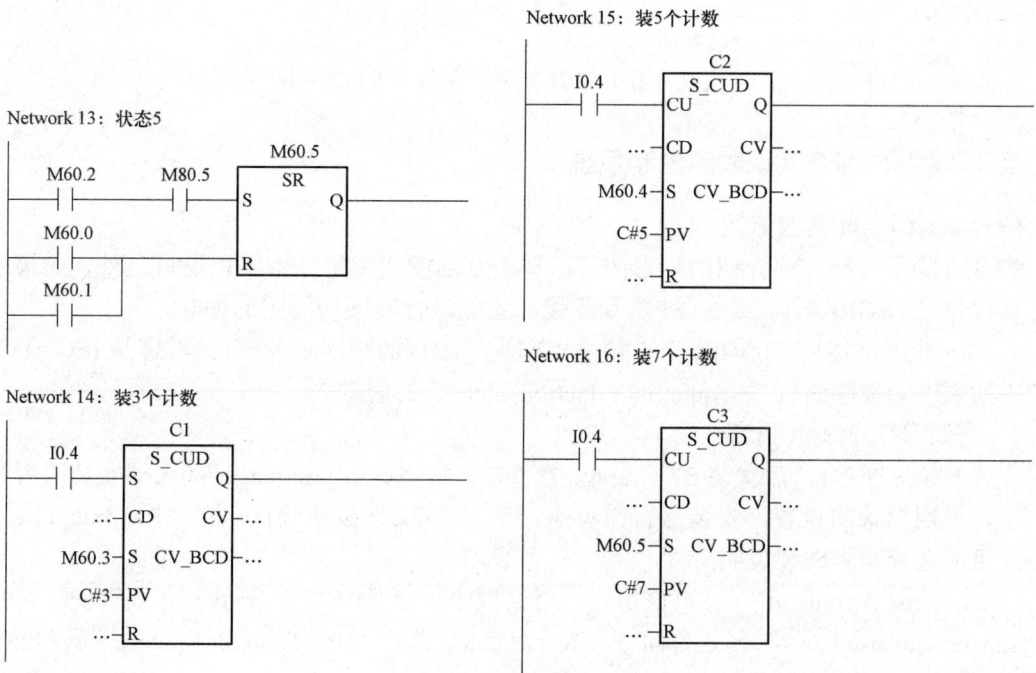

Network 13：状态5

Network 14：装3个计数

Network 15：装5个计数

Network 16：装7个计数

图 3-159　FC1 功能程序图（三）

Network 17：传送带驱动

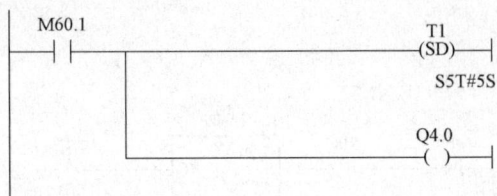

Network 19：H1显示

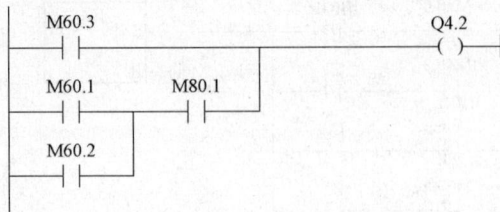

Network 18：打开Y

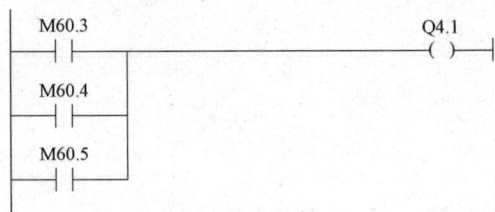

Network 20：H2显示

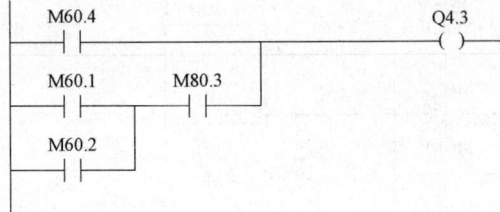

Network 21：H3显示

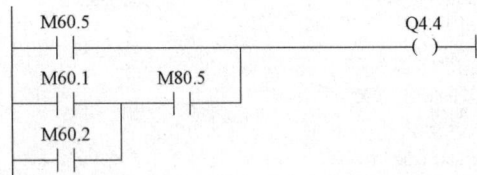

图 3-160　FC1 功能程序图（四）

实训项目 2　SFC 实现顺序控制系统

（一）S7-Graph 语言概述

S7-300 除了支持前面介绍的梯形图、语句表及功能块图等基本编程语言之外，如果使用可选软件包（S7 GRAPH）或 STEP 7 专业版，还能进行顺序功能图的编写。

S7-Graph 语言是 S7-300/400 用于顺序控制程序编程的顺序功能图语言，遵从 IEC 61131-3 标准中的顺序功能图语言"Sequential Function Chart"的规定。

1. 安装 S7-Graph 语言

应先安装 STEP 7，后安装 S7-Graph。在"Choose Setup Language"（选择安装语言）对话框中，采用默认的设置，安装语言为英语，单击"OK"按钮确认。在"Readme File"对话框，可以选择是否阅读说明文件。

在"License Agrement"（许可证协议）对话框中，应选中"I accept…"（我接受许可证）。在"Transfer License Keys"（传送许可证秘钥）对话框，选中"No, Transfer License Keys Later"，以后再传送许可证密钥。

单击"Ready to Install the Program"（准备好安装软件）对话框中的"Install"按钮，开始安装软件。单击最后出现的"S7-GRAPH Setup is Complete"（安装完成）对话框中的"Finish"（结束）按钮，结束安装过程。

2. 了解 S7-Graph 编辑器

打开 FB1 后，右边的程序工作区有自动生成的步 S1 和转换 T1（见图 3-161）。最左边的顺控器工具栏可以拖到程序工作区的任意位置水平放置。单击▣按钮，可以关闭左边的浏览窗口和下面的详细窗口。

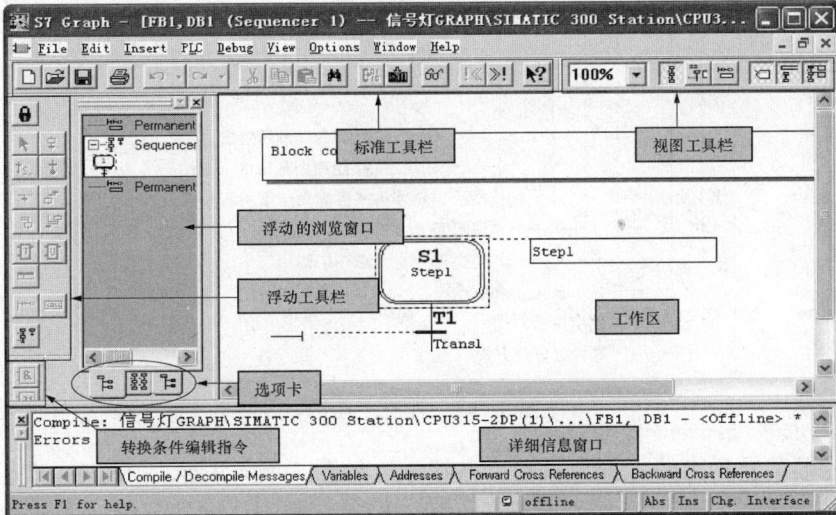

图 3-161　S7-Graph 编辑器的界面

浏览器窗口中的"Graphics"（图形）选项卡的中间是"Sequencers"（顺控器），如图 3-158 所示，它的上面和下面是"Permanent Instructions"（永久性指令）。"Sequencers"选项卡可用来浏览顺控器的总体结构，以及选择显示哪一个顺控器。"Variables"（变量）选项卡中的变量▣，是编程时可能用到的各种元素，如图 3-162 所示。可以在变量选项卡中定义、编辑和修改变量。可以删除，但是不能编辑系统变量。

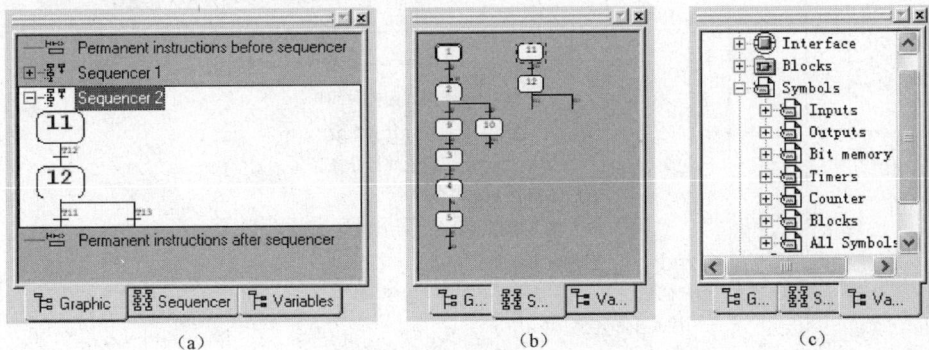

图 3-162　选项卡
（a）图形选项卡；（b）顺控器选项卡；（c）变量选项卡

在保存和编译时，屏幕下部将会出现"Details"（详细信息）窗口，可以获得程序编译时发现的错误和警告信息。该窗口中还有变量、符号地址和交叉参考表等大量的信息。

使用视图工具栏上的按钮，如图 3-163 所示，可以选择显示方式为顺序器、单步方式和

209

永久性指令，可以显示或隐藏注释、条件与动作、浏览窗口和详细窗口。按钮用于切换符号地址显示和绝对地址显示。点击局部显示按钮，将显示鼠标选中的被放大的区域。

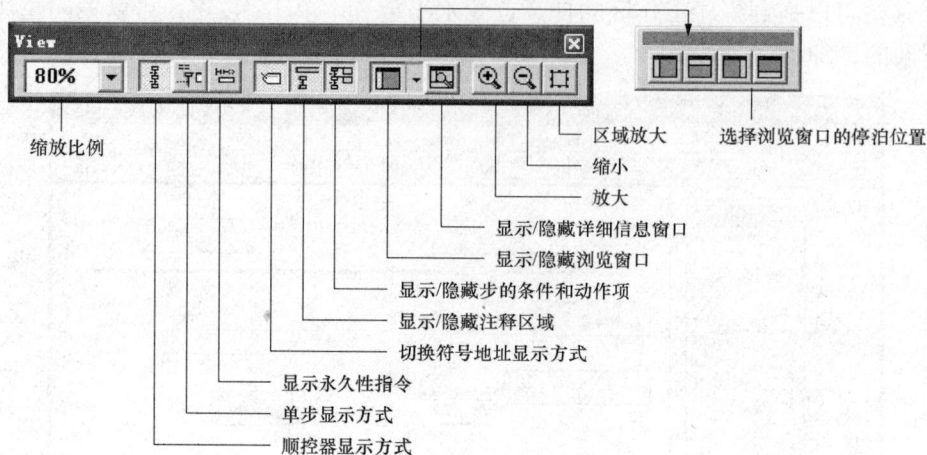

图 3-163　视窗工具栏

单击顺控器工具栏上的"拖放直接"按钮，如图 3-164 所示，可以在"拖放"模式和"直接"模式之间切换。在"直接"模式下，如果希望在某一位置的下面插入新的元件，那么应首先用鼠标选中该位置的元件，单击顺序器工具栏上希望插入的元件所对应的按钮，该元件将直接出现在指定位置。

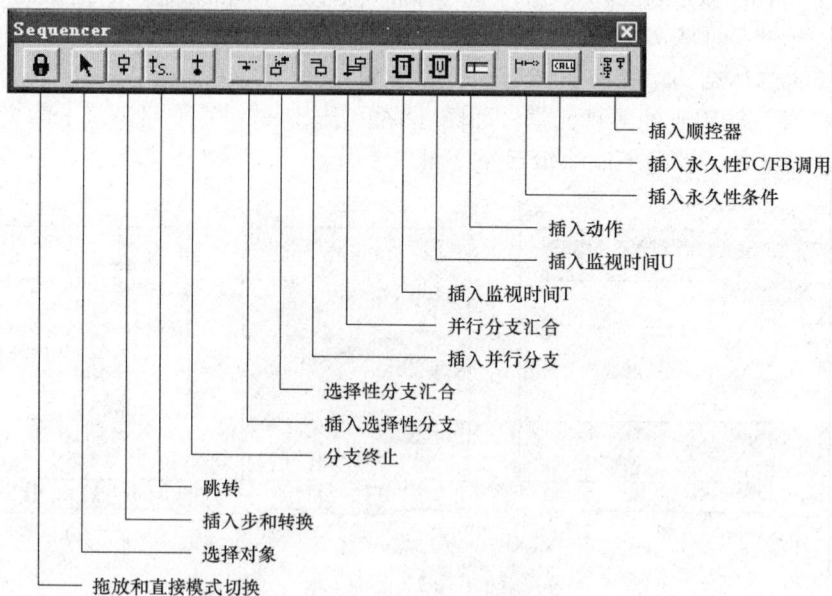

图 3-164　顺控器工具栏

在"拖放"模式下，单击顺控器工具栏上的按钮，鼠标将会带着与被单击的按钮图形相似的光标移动。如果随鼠标移动的光标图形中有 ϕ（禁止放置）符号，则表示该元件不能放置在鼠标当前的位置。在允许放置该元件的区域，"禁止放置"标志消失，单击鼠标可以放置一个拖动元件。放置完同类元件后，在禁止放置的区域单击鼠标的右键，再单击左键，跟随鼠标移动的图形将会消失。

3. 顺序控制程序的结构

用 S7-Graph 编写的顺序控制程序以功能块（FB）的形式被主程序 OB1 调用。如图 3-165 所示，一个顺序控制项目至少需要以下 3 个块。

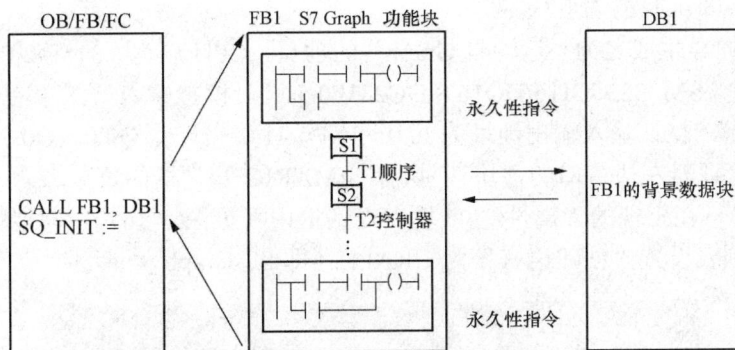

图 3-165 顺序控制系统中的块

（1）一个调用 S7-Graph FB 的块，它可以是组织块（OB）、功能（FC）或功能块（FB）。

（2）一个用来描述顺序控制系统各子任务（步）和相互关系（转换）的 S7-Graph FB，它由一个或多个顺控器（Sequencer）和可选的永久性指令组成。

（3）一个是给 S7-Graph FB 的背景数据块（DB），它包含了顺序控制系统的参数。

一个 S7-Graph FB 最多可以包含 250 步和 250 个转换。调用 S7-Graph FB 时，顺控器从第一步或从初始步开始启动。

（二）使用 S7-Graph 创建皮带控制系统

1. 控制系统的要求

图 3-166 中的两条运输带顺序相连，为了避免运送的物料在 1 号运输带上堆积，安了启动按钮 I1.0，应先启动 1 号运输带，延时 6s 后自动启动 2 号运输带。

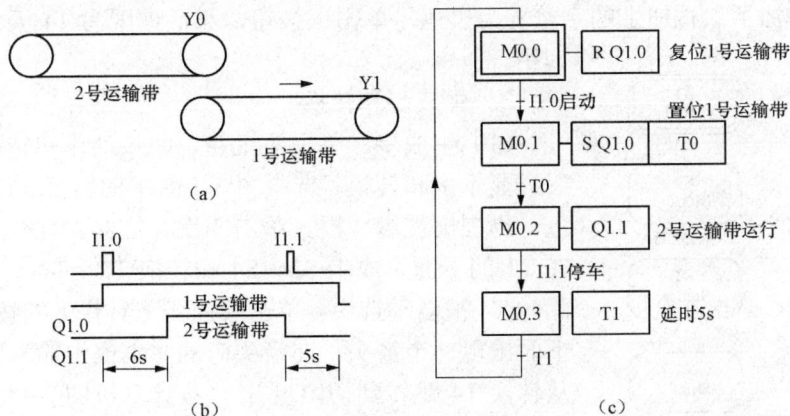

图 3-166 运输带控制图

（a）运输带控制示意图；（b）时序图；（c）顺序功能图

停机时为了避免物料的堆积，应尽量将皮带上的余料清理干净，使下一次可以轻载启动，停机的顺序与启动的顺序相反，即按了停止按钮 I1.1 后，先停 2 号运输带，5s 后再停 1 号运输带。图 3-163 给出了输入输出信号的时序图和顺序功能图。控制 1 号运输带的 Q1.0 在步 M0.1～M0.3 中都应为"1"状态。为了简化顺序功能图和梯形图，在步 M0.1 将 Q1.0 位置为"1"，在初始步将 Q1.0 复位为"0"。

2. 创建 S7-Graph 的功能块

用新建项目向导生成名为"运输带 Graph"的项目，CPU 选为"315F-2 PN/DP"，数字输入/输出模块选为"SM 323 DI16/DO16×DC24V/0.5A"，模拟输入/输出模块选为"SM 334 AI4/AO2×8/8Bit"，默认输入输出地址为 I0.0～I0.7、I1.0～I1.7、Q0.0～Q0.7、Q1.0～Q1.7。选中 SIMATIC 管理器左边窗口的"块"，执行 SIMARIC 管理器的菜单命令"插入"→"S7块"→"功能块"，在出现的"属性-功能块"对话框中（见图 3-167），功能块默认的名称为 FB1，用下拉式列表设置"创建语言"为 GRAPH（即 S7-Graph）。

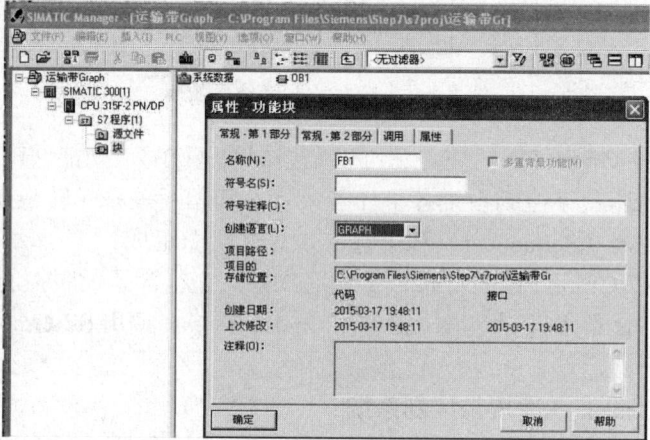

图 3-167　插入程序语言为 GRAPH 的功能块示意图

双击打开生成的 FB1，第一次打开 S7-Graph 编辑器时，选中出现的许可证对话框中的"S7-Graph"，"激活"按钮上的字符变为黑色，单击该按钮，激活期限为 14 天的试用许可证密钥。

3. 生成步和转换

（1）生成步。单击按钮，隐藏动作和转换条件，隐藏后只显示步和转换。选中图 3-158 中的转换 T1，它变为浅紫色，周围出现虚线框。单击 3 次顺控器工具栏上的按钮，在 T1 的下面生成步 S2～S4 和转换 T2～T4（见图 3-168），此时 T4 被自动选中。单击顺控器工具栏上的按钮，在 T4 的下面出现一个箭头。在箭头旁的文本框中输入"1"，表示将从转换 T4 跳转到初始步 S1。按计算机的"回车"键，在步 S1 上面的有向连线上，自动出现一个水平的箭头，它的右边标有转换 T4，相当于生成了一条起于 T4，止于步 S1 的有向连线。至此步 S1～S4 形成了一个闭环。

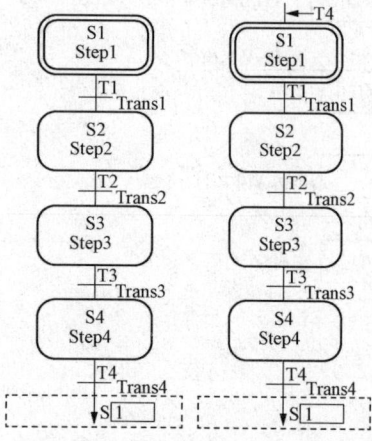

图 3-168　生成步和转换示意图

代表步的方框内有步的编号（例如 S2）和名称（例如 Step2），单击选中它们后，可以修改它们，不能用汉字作步和转换的名称。用同样的方法，可以修改转换的编号和名称。单击步的编号和名称之间的其他部分，表示步的方框整体变色，被称为选中了该步。

（2）生成动作。单击按钮，显示被隐藏的动作和转换条件（见图 3-169）。

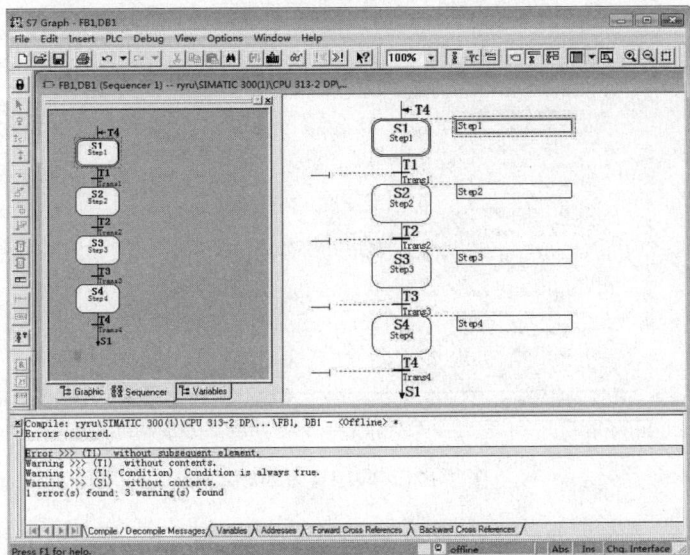

图 3-169　显示被隐藏的动作和转换条件的顺序功能图

用鼠标右键单击初始步 S1 右边的动作框，执行弹出的快捷菜单中的命令"Insert New Element"（插入新元件）→"Action"（动作），如图 3-170 所示，插入一个空的动作行。

一个动作行由指令和地址组成，单击图 3-167（b）的动作框中的"？"，输入动作的指令"R"单击动作框中的"？？？？"，输入动作的地址"Q1.0"，在初始步将 Q1.0 复位为"0"状态。用同样的方法，在步 S2 用 S 指令将 Q1.0 置位为"1"状态并保持。在步 S2 的动作框中输入指令"D"后，指令框的右边自动出现两行，在上面一行输入地址 M0.3，下面一行输入"T#5S"（延时时间为 5s）。延时时间到时，M0.3 变为"1"状态，步 S2 之后的转换条件满足。用上述的方法，生成其余的动作。

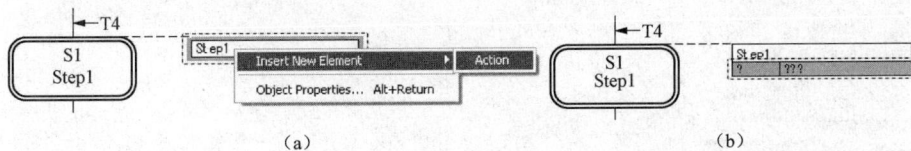

图 3-170　插入一个动作行的操作示意图

（a）插入一个空的动作行的操作示意图；（b）给动作添加指令和地址示意图

（3）生成转换条件。执行菜单命令"Options"（选项）→"Application Settings"（应用设置），启用打开的对话框中"General'选项卡内的"Comments"（注释）复选框，去掉其中的"√"，新生成的 S7-Graph 功能块将会没有注释。选中"Conditions in new block"选项区的"LAD"选项，新生成的块的转换条件默认的语言为梯形图，如图 3-171 所示。

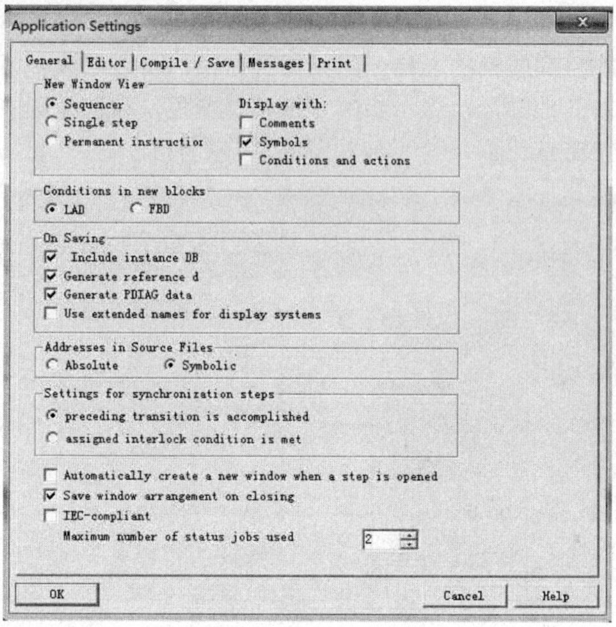

图 3-171　应用设置对话框

　　S7-Graph 默认的转换条件的字的字号太小，选择"Editor"（编辑器）选项卡中的"Font"（字体）选项区的"Object type"（对象类型）下拉式列表中的"LAD/FDB"（见图 3-172），单击"Select…"按钮，打开"字体"对话框，设置字体的大小为"14"，单击"确定"按钮和"OK"按钮确认。

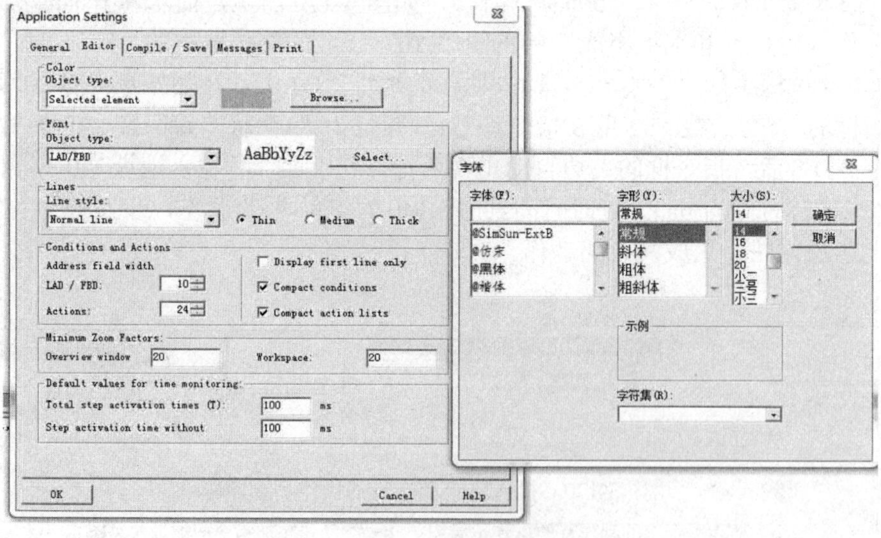

图 3-172　改变字符和大小的操作示意图

　　转换条件可以用梯形图或功能块图来表示。转换条件工具栏在编辑器的最左边，第一次打开 S7-Graph 编辑器时，转换条件默认的语言是功能块图。可以执行"View"菜单中的命令切换为梯形图（LAD）。选中转换 T1 对应的转换条件，单击左边的转换条件工具栏上的按钮，

214

T1 的转换条件处出现一个动合触点，单击触点上的面的红色"???"，输入地址 I0.0。用同样的方法生成其他转换条件，如图 3-173 所示。

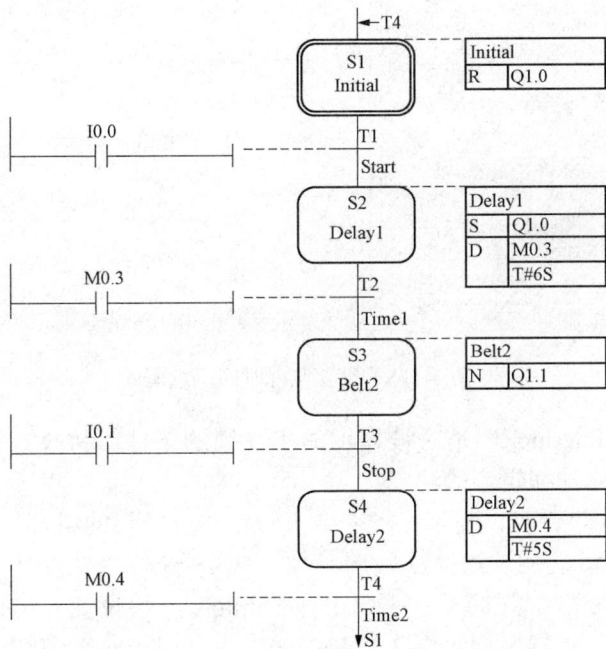

图 3-173 完成生成动作和转换条件示意图

4. 对监控功能编程

在图 3-174 中，双击步 S3，切换到单步视图，选中"Supervision"（监视）绕组，单击工具栏中的比较器按钮，在比较器左边中间的引脚输入"Step3.T"（步 S3 为活动步的时间），在左边下面的引脚输入时间预置值"T#2H"，表示设置的监视时间为 2h，如图 3-175 所示。如果该步的执行时间超过 2h，则该步被认为出错，监控时出错的步用红色显示。选中比较器中间的比较符号"＞"后，可修改它。

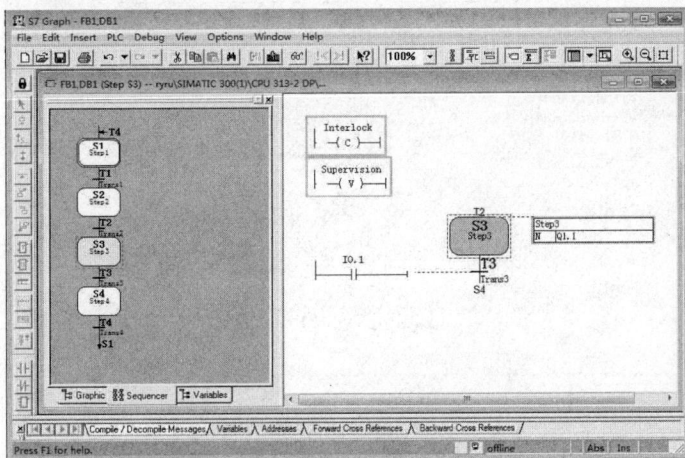

图 3-174 切换到单步视图示意图

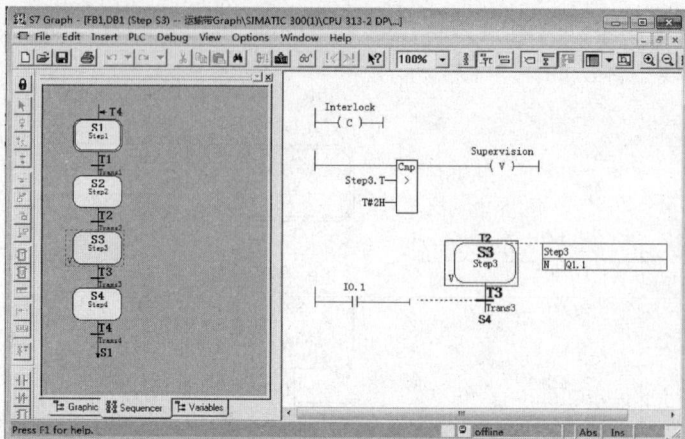

图 3-175　设置监视时间示意图

图 3-175 中的"Interlock"是对被显示的步互锁的条件。执行右键快捷菜单中的命令"Comments"，可以显示和编辑步的注释。

用"↑"键或"↓"键可以显示上一个或下一个步与转换的组合。

5. 设置 S7-Graph 功能块的参数集

执行菜单命令"Options"（选项）→"Block Settings"（块设置），在打开的对话框的"FB Parameters"（FB 参数）选项区（见图 3-176），选中"Minimum"（最小参数集）选项，单击"OK"按钮确认。单击工具栏上的保存按钮，保存和编译 FB1 中的程序。如果程序有错误，则下面的详细窗口将给出错误提示和警告，改正错误后才能保存程序。

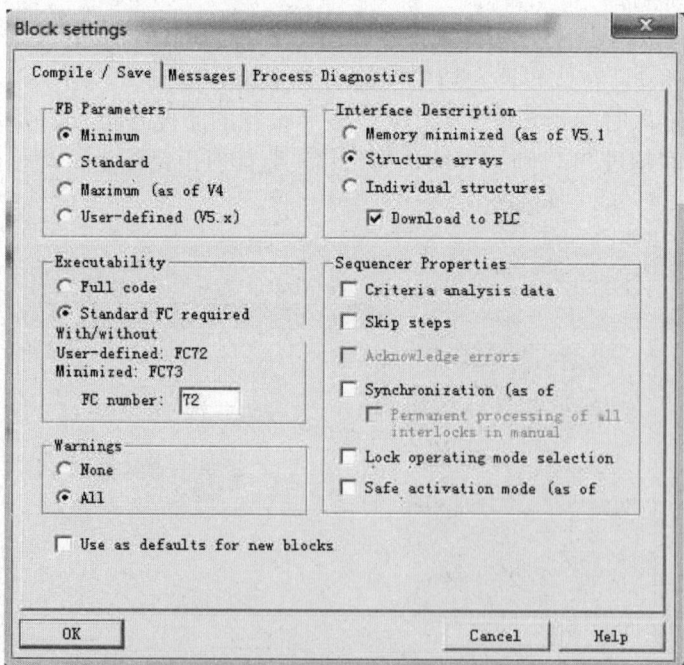

图 3-176　设置功能块的参数集示意图

6. 调用 S7-Graph 功能块

双击打开 OB1，设置编程语言为梯形图。将指令列表中的"FB 块"文件夹中的 FB1 拖放到程序段 1 的"电源线"上（见图 3-177）。在 FB1 方框的上面输入它的背景数据块 DB1，按"回车"键后出现的对话框询问"实例数据块 DB1 不存在。是否要生成它？"。单击"是"按钮确认。当 FB1 的形参 INIT_SQ 为"1"状态时，顺控器被初始化，仅初始步为活动步。

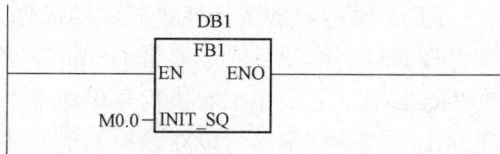

图 3-177　OB1 主程序

7. 仿真实验

打开 PLCSIM，创建 IB0 和 MB0 的视图对象。将所有的块下载到仿真 PLC，将仿真 PLC 切换到"RUN-P"模式。打开 FB1，单击工具栏上的 按钮，启动程序状态监控功能。刚开始监控时只有初始步 S1 为绿色，表示它为活动步。该步的动作框上面的两个监控定时器开始定时，它们被用来记录当前步被激活的时间。其中定时器 U 用来计没有干扰的时间。单击两次 PLCSIM 中 I0.0 对应的小方框。模拟按下和松开启动按钮。可以看到步 S1 变为白色，步 S2 变为绿色，表示由 S1 转换到 S2（见图 3-178）。

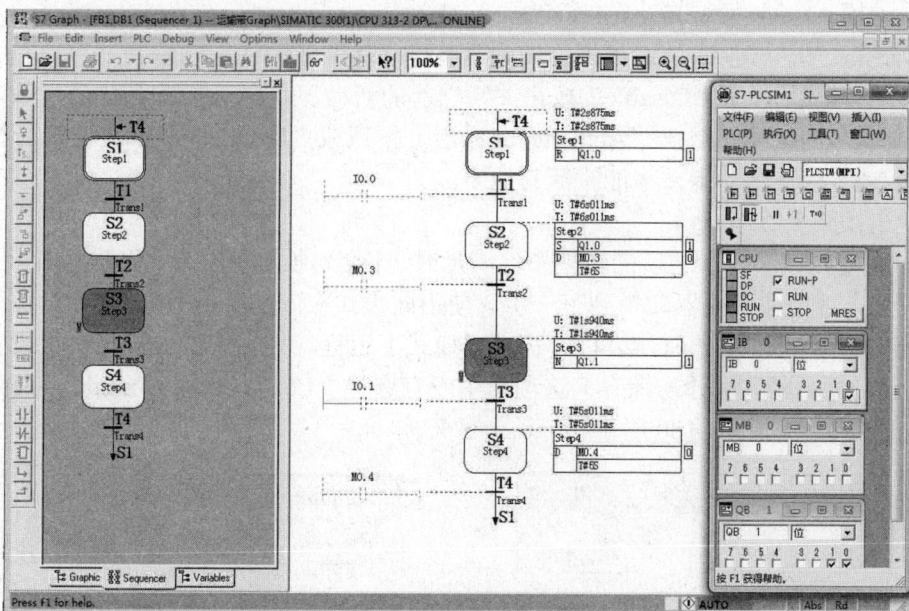

图 3-178　仿真实验示意图

步 S2 的动作方框上面的监控定时器的当前时间值达到预置值 6s 时，M0.3 变为"1"状态，当步 S2 下面的转换条件满足时，将自动转换到步 S3。单击两次 I0.1 对应的小方框，模拟对停止按钮的操作，将会观察到程序由步 S3 转换到步 S4，延时 5s 后自动返回初始步。

各个动作右边的小方框显示该动作的"0""1"状态。只显示活动步后面的转换条件的"能流"的状态。单击两次 PLCSIM 中 M0.0 对应的小方框，给 OB1 中 FB1 的输入参数"INIT_SQ"提供一个脉冲。在脉冲的上升沿，顺控器被初始化，初始步 S1 变为活动步，其余各步为非活动步。

（三）顺控器的运行模式与监控操作

打开目前的项目"运输带 Graph"，将用户程序下载到仿真 PLC，将 CPU 视图对象切换到"RUN-P"。打开 FB1，执行菜单命令"Debug"调试→"Control Sequencer"（控制顺控器），在弹出的对话框中，可以对顺控器进行各种监控操作（见图 3-179）。

顺控器有 4 种运行模式：自动、手动、单步、自动或切换到下一步。PLCSIM 在"RUN"模式时，不能切换运行模式，在"RUN-P"模式时，顺控器可以在前 3 种模式之间切换。切换到新模式后，原来的模式用加粗的字体显示。

1. 自动模式（Automatic）

在自动模式下，当转换条件满足时，程序会由当前步转换到下一步。用 PICSIM 模拟输入信号，使系统进入非初始步。单击"Disable"（禁止）按钮，使顺控器所有的步变为不活动步，单击"Initialize"（初始化）按钮，使初始步变为活动步，其他步变为不活动步。这两个按钮可用于各种运行模式。

出现监控错误时，例如某步的执行时间超过监控时间，该步变为红色。单击"Acknowledge"（确认）按钮，将确认被挂起的错误信息。如果转换条件满足，则在确认错误时将转到下一步。

2. 手动模式（Manual）

在手动模式下，转换条件满足不会转到后续步，步的活动状态的控制是手动完成的。

选择手动模式后，单"Disable"按钮关闭当前的活动步。在"Step Number"输入框中输入希望控制的步的编号，单击"Activate"（激活）按钮或"Deactivate"（去激活）按钮来使该步变为活动步或不活动步，才能激活其他步。

3. 单击模式（Inching）

在单击模式下，某一步之后的转换条件满足时，不会转换到下一步，需要单击"Continue"（继续）按钮，才能使顺控器转换到下一步。使用此模式应满足下述条件。

S7-Graph FB 应能使用 FC72/FC73 在自动模式下运行，"Block Settings"（块设置）对话框的"Compile/Save"（编译与保存）选项卡中没有选择"Lock operating mode selection"（闭锁操作模式选择），如图 3-180 所示。

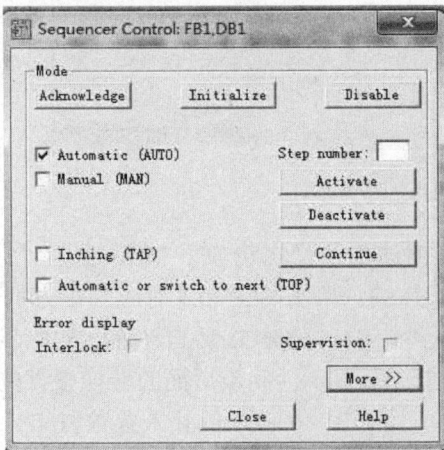

图 3-179　顺控器的运行模式的选择示意图　　　　图 3-180　单步模式

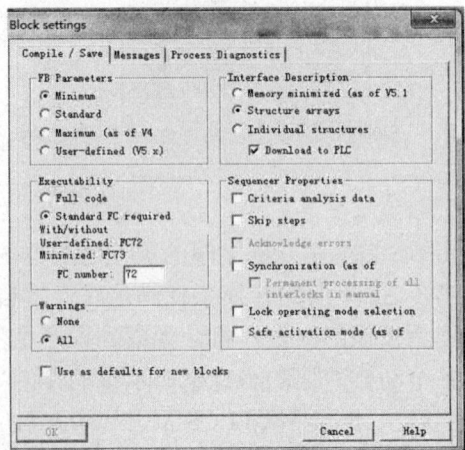

4. Automatic or switch to next 模式

在"自动或切换到下一步"模式，如果转换条件满足，则顺控器将自动转换到下一步。即使转换条件未满足，用"Continue"（继续）按钮也能从当前步转换到后续步。

5. 错误显示

没有互锁（Interlock）错误或监控（Supervision）错误时，相应的小方框为绿色，反之为红色。

单击图中的"More>>"按钮，可以显示对话框中能设置的其他附加参数，按"F1"键打开在线帮助，可以得到详细信息。

（四）顺序控制器中的动作

1. 标准动作中的指令

标准动作中的命令包括 S，R，N，L，D，CALL。标准动作可以设置互锁（在命令的后面加"C"），仅在步处于活动状态和互锁条件满足时，有互锁的动作才被执行。没有互锁的动作在步处于活动状态时就会被执行。

指令 D 使某一动作的执行延时。步变为活动步后，经过设定的时间，如果步仍是活动的，则动作中的地址被设置为"1"的状态。如果在设定的时间内，该步变为不活动步，则动作中的地址仍然为"0"状态。指令 L 可用来产生宽度受限的脉冲，当步为活动步时，动作中的地址被置为"1"状态，用指令的下面一行设置输出脉冲的宽度。

当步为活动步时，调用 CALL 指令中指定的 FC，FB，SFC 和 SFB，调用 FB 和 SFB 时应指定它们的背景数据块。如果功能或功能块有输入、输出参数（形参），则在调用时应在动作框中为形参指定实参。

2. 与事件有关的动作

顺控器中控制动作的事件如图 3-181 和表 3-32 所示。

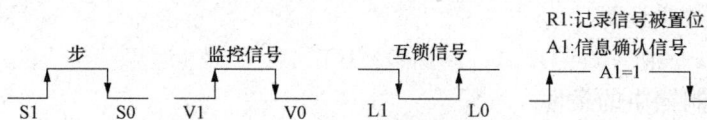

图 3-181　控制动作的事件

表 3-32　　　　　　　　　　　　　**控 制 动 作 的 事 件**

名称	事 件 意 义	名称	事 件 意 义
S1	步变为活动步	L1	互锁条件解除
S0	步变为不活动步	L0	互锁条件变为 1
V1	发生监控错误（有干扰）	A1	消息被确认
V0	监控错误消失（无干扰）	R1	注册信号被置位

ON 命令或 OFF 命令分别使命令所在的步之外的其他步变为活动步或不活动步。如果命令 OFF 的地址标识符为 S_ALL，则将除了命令"V1 OFF"所在的步之外其他的步均变为不活动步，如图 3-182 所示。

一旦 S3 变为活动步和互锁条件满足时，指令"S1 RC"

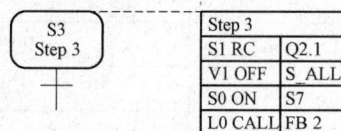

图 3-182　步与动作（一）

使输出 Q2.1 复位为"0"并保持为"0"。

一旦监控错误发生（出现 V1 事件），则除了动作中的命令"V1 OFF"所在的步 S3，其他的活动步均变为不活动步。

S3 变为不活动步时（出现事件 S0），则将步 S7 变为活动步。

只要互锁条件满足（出现 L0 事件），就调用指定的功能块 FB 2。

3. 动作中的计数器

有互锁功能的计数器只有在互锁条件满足和指定的事件出现时，动作中的计数器才会计数。

事件发生时，计数器指令 CS 将初始值装入计数器。CS 指令的下面一行是要装入的初始值。

事件发生时，CU，CD，CR 指令使计数值分别加 1、减 1 或将计数值复位为"0"。

4. 动作中的定时器

事件出现时定时器被执行。互锁功能也可以用于定时器。

TL 为扩展的脉冲定时器命令，一旦事件发生，定时器被启动。

TD 命令被用来实现定时器位有闭锁功能的延迟。一旦事件发生，定时器被启动。互锁条件 C 仅仅在定时器被启动的那一时刻起作用。

TR 是复位定时器命令，一旦事件发生，定时器位与定时值被复位为"0"。

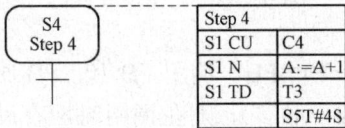

当图 3-183 中的步 S4 变为活动步时，事件 S1 使计数器 C4 的值加 1。C4 可以用来计算 S4 变为活动步的次数。只要步 S4 变为活动步，事件 S1 就使 A 的值加 1。

Step 4	
S1 CU	C4
S1 N	A:=A+1
S1 TD	T3
	S5T#4S

图 3-183　步与动作（二）

S4 变为活动步后，T3 开始定时，4s 后 T3 的定时器位变为"1"状态。

5. 动作中的数学运算

在动作中可以使用 A：＝B，A：＝函数（B），A：＝B"运算符号"C，A：＝函数（B）。

（五）顺序控制器中的条件

（1）转换条件。

（2）互锁条件。如果互锁条件的逻辑满足，则执行将受互锁的动作控制。

（3）监控条件。如果监控条件的逻辑运算满足，则表示有干扰事件 V1 发生，顺序控制器不会转换到下一步，而是保持当前步为活动步。如果监控条件的逻辑运算不满足，则表示没有干扰，如果转换条件满足，转换到下一步。只有活动步被监控。

（4）S7 Graph 地址在条件中的应用。可以在转换、监控、互锁、动作和永久性的指令中，以地址的方式使用关于步的系统信息。S7 Graph 地址见表 3-33。FB 的参数集贝表 3-34。

表 3-33　　　　　　　　　S7 Graph 地址

地　址	意　义	应 用 对 象
Si.T	步 i 当前或前一次处于活动状态的时间	比较器，设置
Si.U	步 i 处于活动状态的总时间，不包括干扰时间	比较器，设置
Si.X	指示步 i 是否是活动的	动合触点、动断触点
Transi.TT	检查转换 i 的所有条件是否满足	动合触点、动断触点

表 3-34   FB 的 参 数 集

名　　称	任　　务
Minimum	最小参数集，只用于自动模式，不需要其他控制和监视功能
Standard	标准参数集，有多种操作方式，需要反馈信息，可选择确认报文
Definable/Maximum（V5）	可定义最大参数集，需要更多的操作员控制和用于服务和调试的监视功能，它们由 V5 的块提供

第四章

S7-300/400 PLC 的综合应用

第一节　运料小车控制系统

1. 控制要求

（1）按下面板上"RESET"按钮，小车回到"原位"，且原位灯亮，此时其他按钮无效。

（2）按下"P01"按钮，运料小车在"原位"和"清洗位"之间做来回往返运动，此时其他按钮无效。

（3）小车运行至原位、卸料、料斗、清洗等位置时，相应位置指示灯亮。

（4）在小车运行过程中，一旦按下"停止"按钮，立即停下。

（5）按下"RESET"按钮，小车回到"原位"，此时按下"启动"按钮，小车开始向右运行至"料斗"位置，"料斗"灯亮，延时 2s 后，向左运行至"卸料"位置，"卸料"灯亮，延时 2s 后，向右运行至"清洗"位置，延时 2s 后，向左运行至"原位"停止，完成一个工艺周期。

（6）触摸屏参考画面如图 4-1 所示。

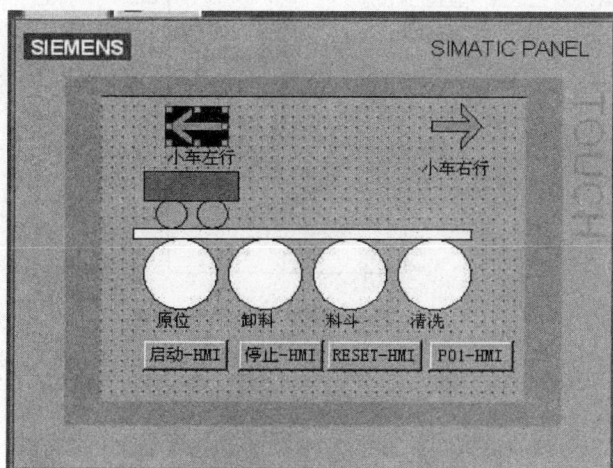

图 4-1　运料小车系统触摸屏参考画面

显示运料小车状态，并通过编程设置实现触摸屏按钮与面板按钮具有同样功能。

2. PLC 硬件配置

运料小车控制系统 PLC 采用 S7-300，硬件配置如图 4-2 所示。将 PLC 的 IP 地址设置为

192.168.0.101，触摸屏的 IP 地址设置为 192.168.0.41。

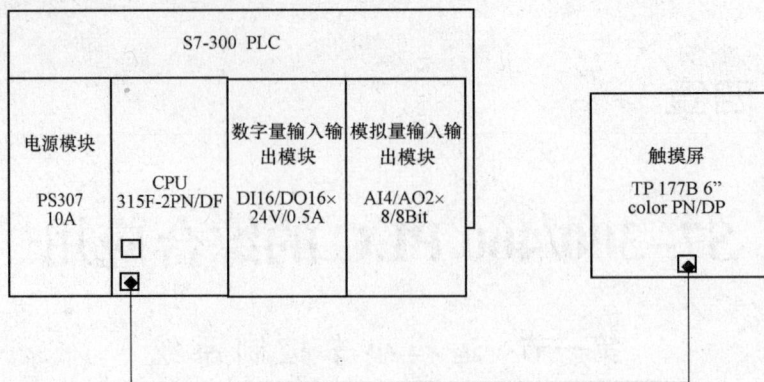

图 4-2　PLC 硬件配置

3. PLC 外部接线

运料小车控制系统 PLC 外部接线如图 4-3 所示。

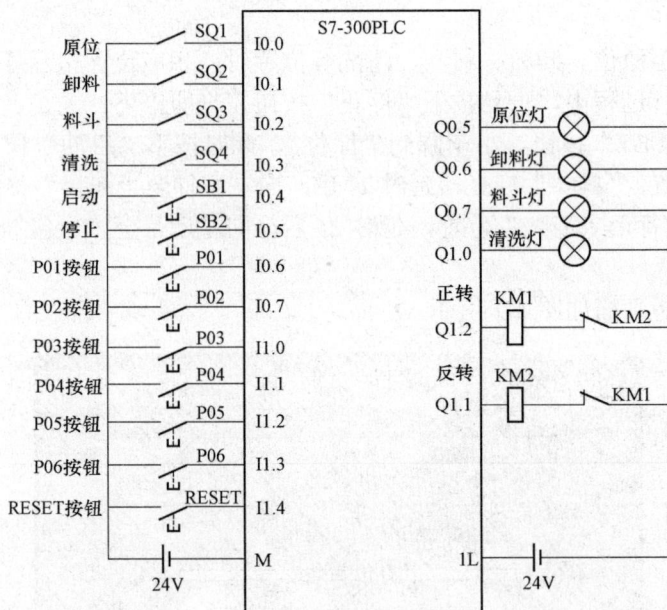

图 4-3　运料小车控制系统接线图

4. 变量分配

输入输出变量地址分配见表 4-1。

表 4-1　　　　　　　　　　　　　　　输入输出地址分配表

输　　入			输　　出		
符号名称	绝对地址	注释	符号名称	绝对地址	注释
原位 SQ1	I0.0	运料小车原位位置检测	原位灯	Q0.5	原料灯输出
卸料 SQ2	I0.1	运料小车卸料位置检测	卸料灯	Q0.6	清洗灯输出

输　　入			输　　出		
符号名称	绝对地址	注释	符号名称	绝对地址	注释
料斗 SQ3	I0.2	运料小车料斗位置检测	料斗灯	Q0.7	料斗灯输出
清洗 SQ4	I0.3	运料小车清洗位置检测	清洗灯	Q1.0	清洗灯输出
启动 SB1	I0.4	运料小车系统启动按钮	正转	Q1.2	运料小车正转输出
停止 SB2	I0.5	运料小车系统停止按钮	反转	Q1.1	运料小车反转输出
P01 按钮	I0.6	运料小车往返运动按钮			
P02 按钮	I0.7	备用			
P03 按钮	I1.0	备用			
P04 按钮	I1.1	备用			
P05 按钮	I1.2	备用			
P06 按钮	I1.3	备用			
RESET 按钮	I1.4	运料小车系统复位按钮			

中间变量地址分配见表 4-2。

表 4-2　　　　　　　　　　　　中间变量地址分配表

输　　入			输　　出		
符号名称	绝对地址	注释	符号名称	绝对地址	注释
复位	M1.0	控制小车的复位方式	周期正转 1	M1.6	周期方式下小车右行
往返	M1.1	控制小车的往返运行方式	周期反转 1	M1.7	周期方式下小车左行
周期	M1.2	控制小车的周期运行	周期正转 2	M2.0	周期方式下小车右行
复位反转	M1.3	复位方式下小车左行	周期反转 2	M2.1	周期方式下小车左行
往返正转	M1.4	往返方式下小车右行			
往返反转	M1.5	往返方式下小车左行			

5. 硬件组态

（1）打开 STEP 7，新建工程"XIAOCHE"，步骤如图 4-4～图 4-6 所示。

（2）插入 SIMATIC 300 站点，对 S7-300 进行硬件组态（Hardware）如图 4-7 所示。

插入站点后，在 2 号槽添加模块 CPU 315F-2PN/DP，用同样的方法添加 1 号槽、4 号槽和 5 号槽的模块，如图 4-8 所示。

6. 网络设置

（1）双击图 4-8 所示的 CPU 的 PN/IO 接口，修改其属性，如图 4-9 所示，修改好后单击"OK"按钮。

（2）单击按钮，如果组态不对，则编译就不成功。当编译成功后，单击，先对硬件组态下载。下载时，将出现图 4-10 所示的对话框，单击 View，搜索在线的 PLC，由于不知道其 IP 地址，所以我们可以通过图 4-10 所示的 PLC 的 MAC 地址确定其是否是你所要下载的 PLC。单击"OK"，进行下载。

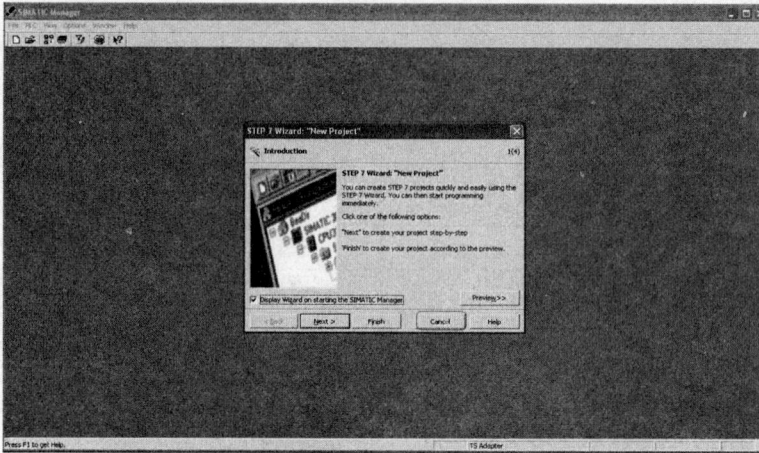

图 4-4　新建工程"XIAOCHE"步骤 1

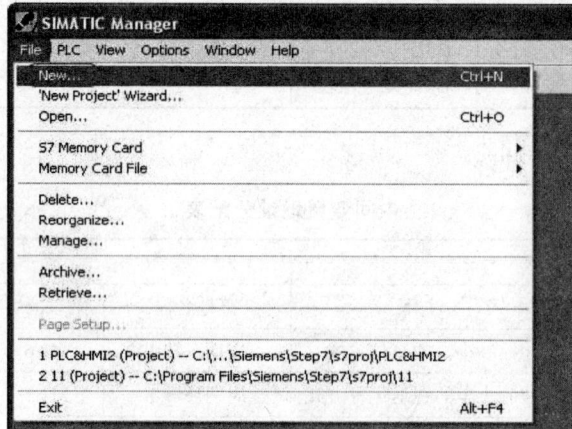

图 4-5　新建工程"XIAOCHE"步骤 2

图 4-6　新建"XIAOCHE"步骤 3

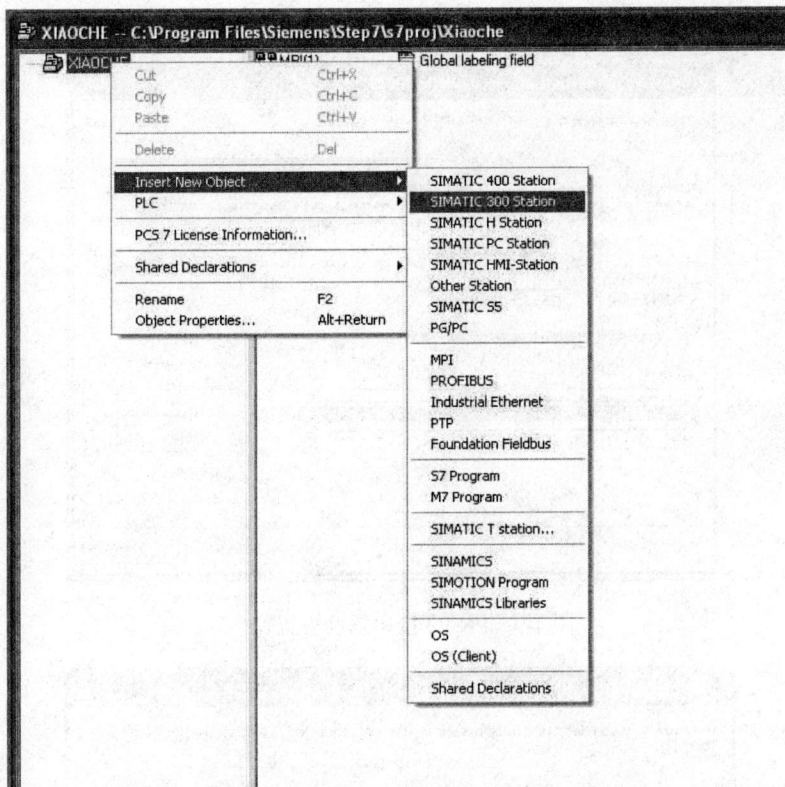

图 4-7　插入 SIMATIC 300 Station

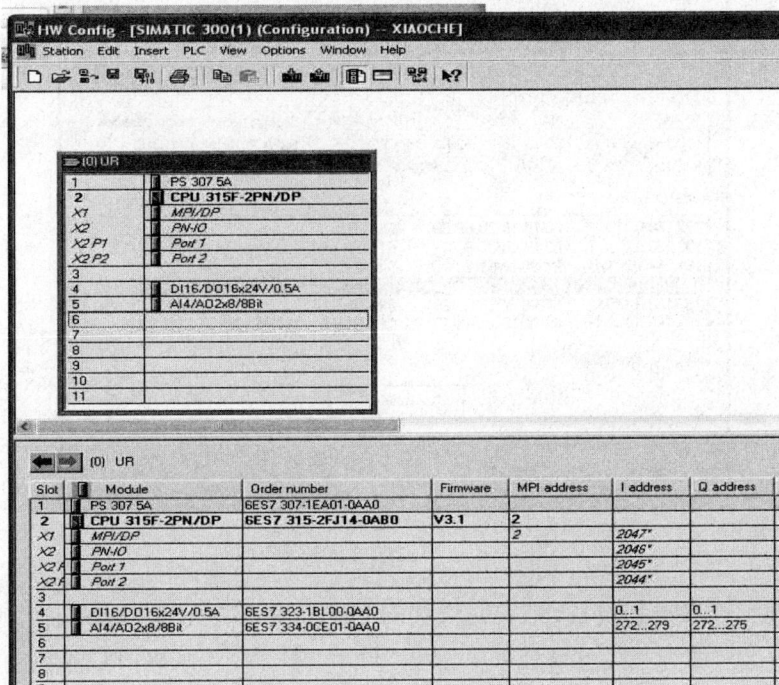

图 4-8　硬件组态界面

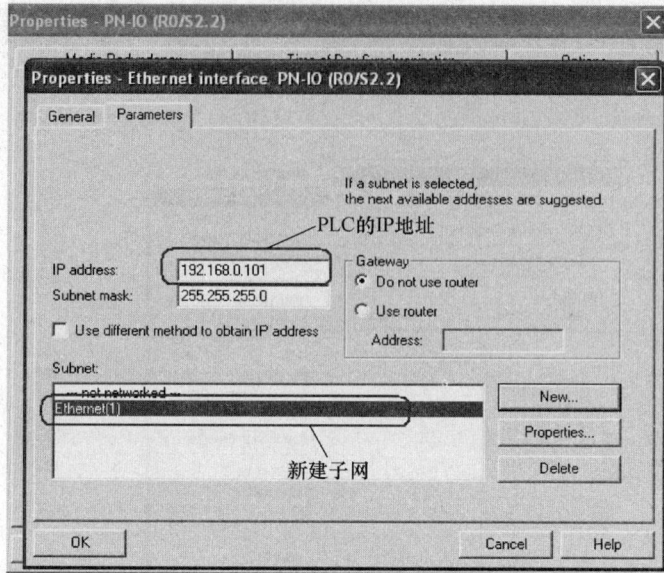

图 4-9 PN/IO 接口属性设置窗口

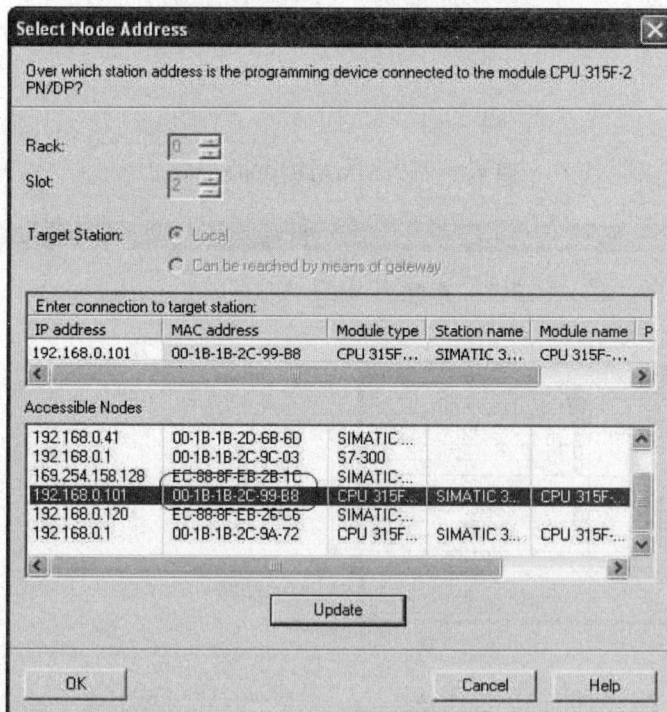

图 4-10 节点地址选择窗口

　　如果下载提示连接不到设备，则说明设置的 PG/PC 接口不对，可以先退出硬件组态画面，在图 4-8 所示的主界面中，通过执行菜单命令"Options"→"Set PG/PC Interface"进行设置，如图 4-11 所示。

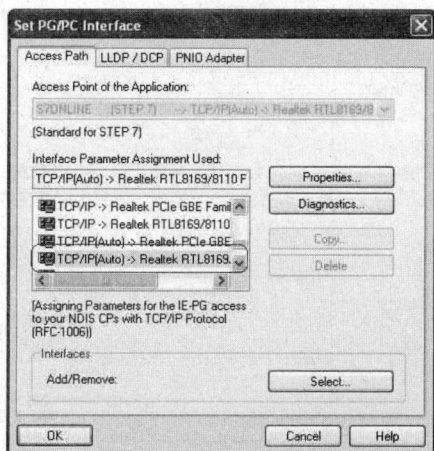

图 4-11　PG/PC Interface 设置窗口

7. 定义变量

回到 SIMATC 300 站点的主界面，如图 4-12 所示，在左侧的项目树中的"S7 Program（1）"目录下选中"Symbols"图标，双击打开符号表，参照图 4-13 填入符号名称、绝对地址和注释，完成后单击保存按钮。

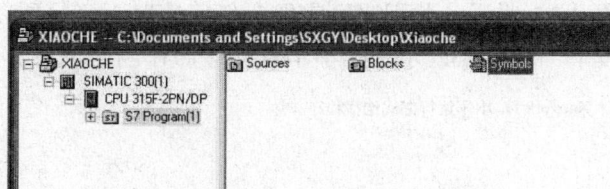

图 4-12　项目中的符号表

	Statu	Symbol	Address		Data type	Comment
1		P01按钮	I	0.6	BOOL	
2		P02按钮	I	0.7	BOOL	
3		P03按钮	I	1.0	BOOL	
4		P04按钮	I	1.1	BOOL	
5		P05按钮	I	1.2	BOOL	
6		P06按钮	I	1.3	BOOL	
7		RESET按钮	I	1.4	BOOL	
8		反转	Q	1.1	BOOL	
9		复位	M	1.0	BOOL	
10		复位反转	M	1.3	BOOL	
11		料斗SQ3	I	0.2	BOOL	
12		料斗灯	Q	0.7	BOOL	
13		启动SB1	I	0.4	BOOL	
14		清洗SQ4	I	0.3	BOOL	
15		清洗灯	Q	1.0	BOOL	
16		停止SB2	I	0.5	BOOL	
17		往返	M	1.1	BOOL	
18		往返反转	M	1.5	BOOL	
19		往返正转	M	1.4	BOOL	
20		卸料SQ2	I	0.1	BOOL	
21		卸料灯	Q	0.6	BOOL	
22		原位SQ1	I	0.0	BOOL	
23		原位灯	Q	0.5	BOOL	
24		正转	Q	1.2	BOOL	
25		周期	M	1.2	BOOL	
26		周期反转1	M	1.7	BOOL	
27		周期反转2	M	2.1	BOOL	
28		周期正转1	M	1.6	BOOL	
29		周期正转2	M	2.0	BOOL	
30						

图 4-13　编辑完的符号表

8. OB1 编程及下载

（1）整体设计。运料小车控制程序由小车运行方式选择程序、小车停止运行程序、小车复位程序、小车往返运行程序、小车按工艺周期运行程序、指示灯程序和小车电动机控制程序几部分组成。

（2）小车运行方式选择程序。小车运行方式选择程序如图 4-14 所示，此程序可实现在某一时刻只允许小车处于复位、往返、周期中的一种运行方式，即 RESET、P01、启动 SB1 3 个按钮同时只有一个有效。

（3）小车停止运行程序。小车停止运行程序如图 4-15 所示。此程序可实现在任何情况下，只要按下"停止 SB2"按钮，小车就立即停在当前位置。

Network 1：小车运行方式选择程序

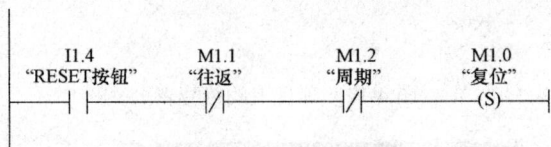

Network 2：Title：

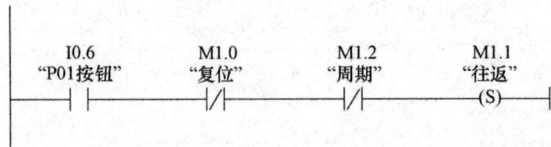

Network 3：Title：

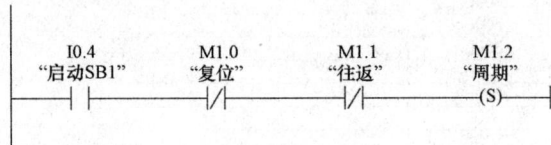

图 4-14　小车运行方式选择程序

Network 4：小车停止运行程序

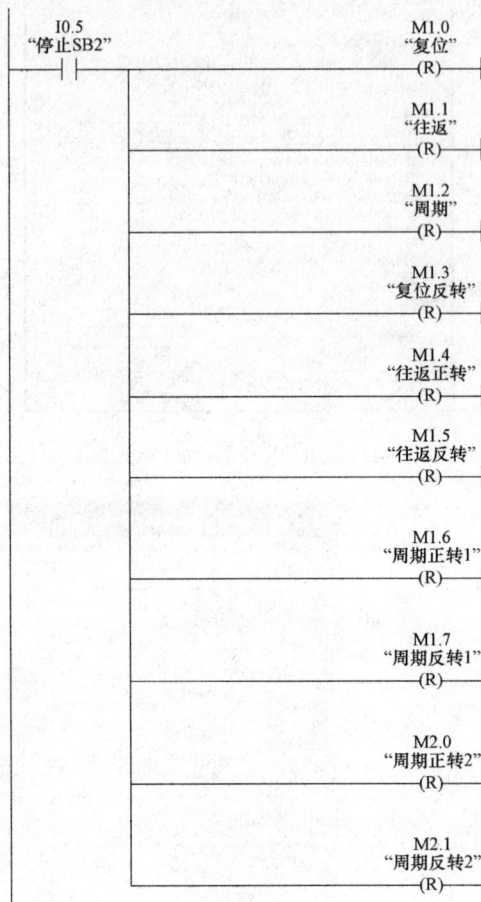

图 4-15　小车停止运行程序

（4）小车复位程序。小车复位程序如图 4-16 所示。按下面板上的 RESET 按钮，小车回到"原位"。

（5）小车往返运行程序。小车往返运行程序如图 4-17 所示。按下 P01 按钮，运料小车在"原位"和"清洗位"之间做来回往返运动。

Network 5：小车复位程序

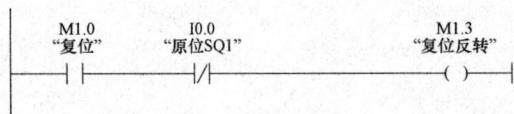

图 4-16　小车复位程序

Network 6：小车往返运动程序

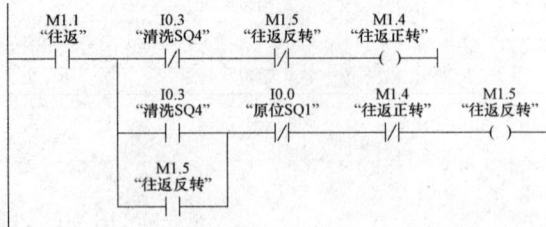

图 4-17　小车往返运行程序

（6）小车按工艺周期运行程序。小车按工艺周期运行程序如图 4-18 所示。小车在"原位"，此时按下"启动"按钮，小车开始向右运行至"料斗"位置，"料斗"灯亮，延时 3s 后，向左运行至"卸料"位置，"卸料"灯亮，延时 3s 后，向右运行至"清洗"位置，"清洗"灯亮，延时 3s 后，向左运行至"原位"停止，完成一个工艺周期。指示灯程序见图 4-19。

Network 7：小车按工艺周期运行程序

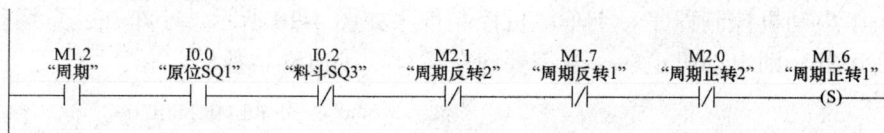

Network 8：到料斗位置后，延时3s

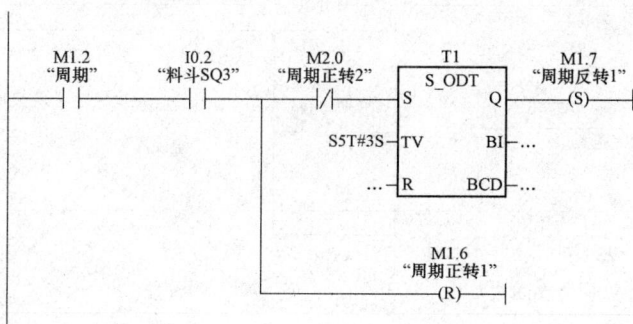

Network 9：到卸料位置后，延时3s

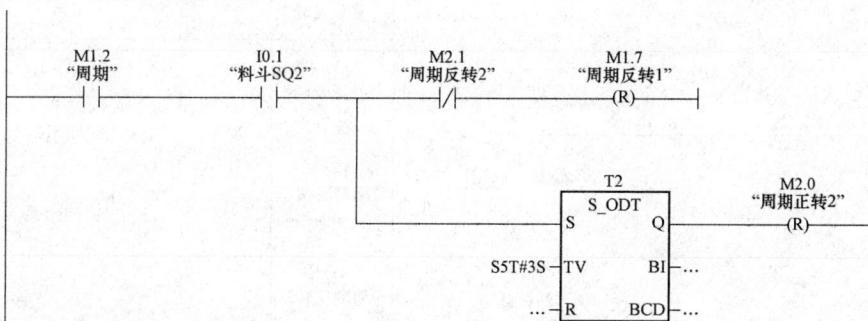

Network 10：到清洗位置后，延时3s

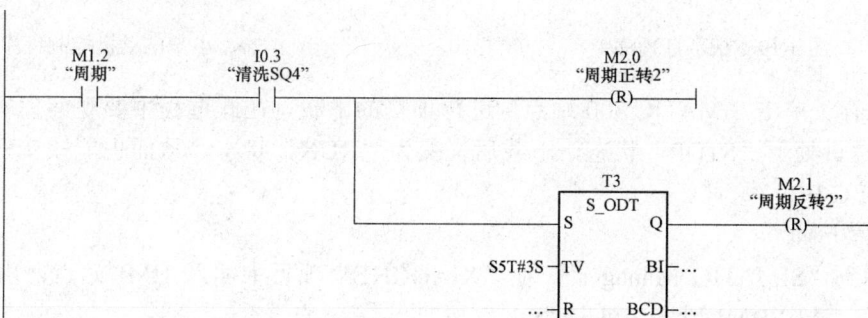

Network 11：最后返回原位，进行下一工艺周期运行

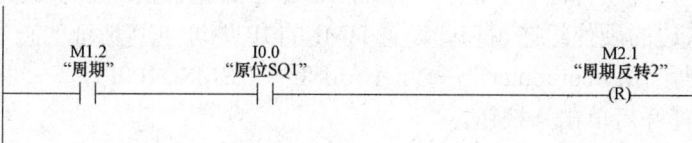

图 4-18　小车按工艺周期运行程序

（7）指示灯程序。指示灯程序如图 4-19 所示。小车在任意运行方式下，若到达"原位"，则原位指示灯亮，若到达"清洗"位置，则清洗指示灯亮，若到达"料斗"位置，则料斗指示灯亮，若到达"卸料"位置，则卸料指示灯亮。

（8）小车电动机控制程序。小车电机控制程序如图 4-20 所示。小车在任意运行方式下，若需要向右运行，则电动机正转，若需要向左运行，则电动机反转。

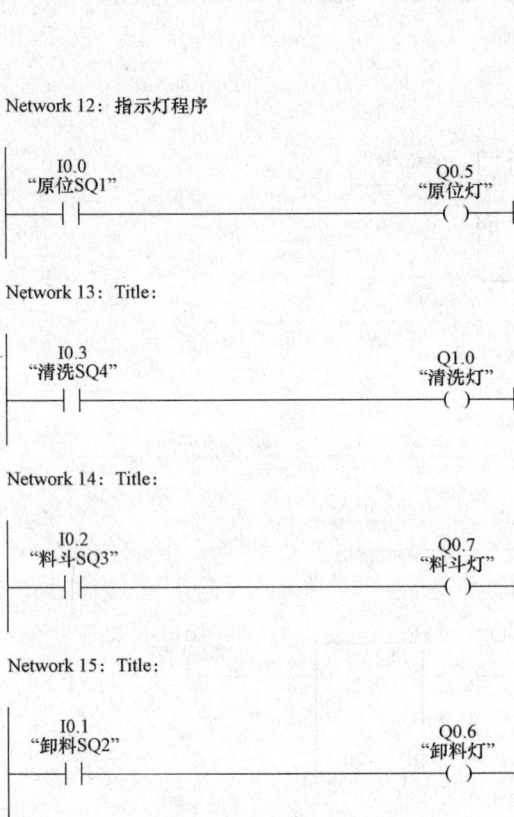

图 4-19　指示灯程序

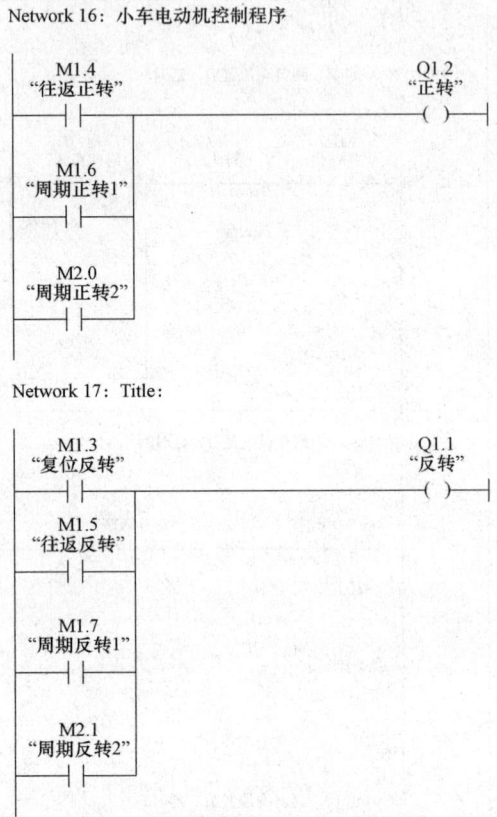

图 4-20　小车电动机控制程序

（9）保存。单击 SIMATIC 300 站点，进行项目的下载，在此过程中要观察你所要下载的目标 PLC 是否处于"STOP"状态，下载后又变为"RUN"状态，从而也能核实程序是否下载到目的 PLC 中。

9.　配置 HMI

（1）回到"SIMATIC Manager"，在"XIAOCHE"项目中插入 HMI 站点，出现图 4-21 所示的界面，选中 HMI 型号，单击"OK"按钮。

（2）如图 4-22 所示，设置项目语言，这样可保证 HMI 画面能够正确显示中文字符。

（3）双击 HMI 站点右边的硬件组态窗口，设置 HMI 的 IP 地址（IP 地址的查看方法：回到主界面，选中触摸屏执行"My computer"→"network"→"SMSC100FD"→"Properties"命令），如图 4-23 所示设置好后单击 按钮。

（4）单击左边项目树 HMI 站点下的"Communication"（通讯）→"Connections"（连接），设置 HMI 与 PLC 的连接，如图 4-24 所示，单击保存按钮。

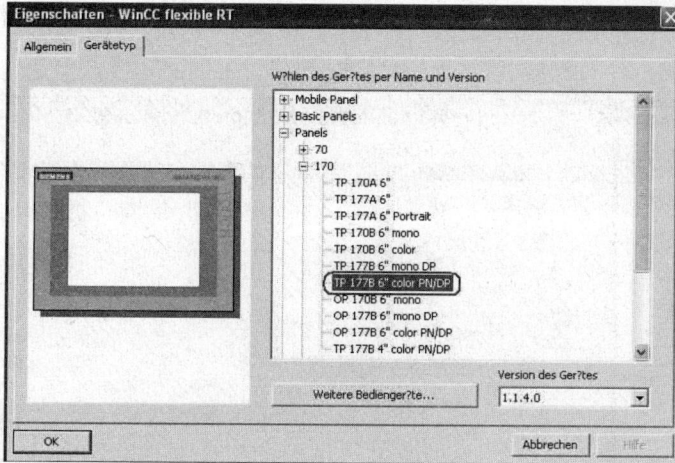

图 4-21　HMI 型号选择界面

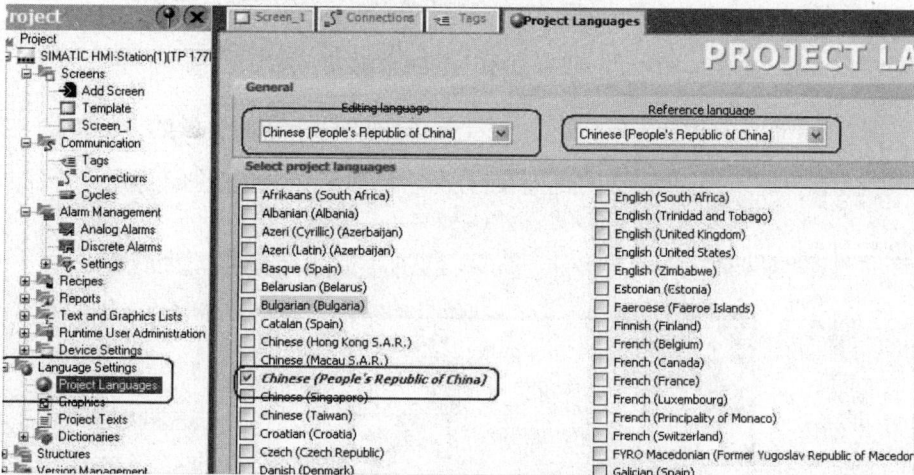

图 4-22　项目语言设置界面

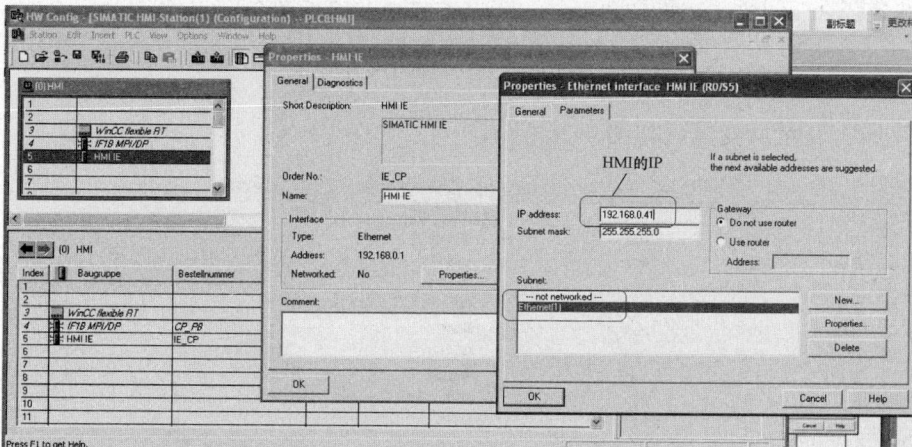

图 4-23　设置 HMI 的 IP 地址的操作示意图

图 4-24　设置 HMI 与 PLC 的连接示意图

（5）双击"Communication"（通信）→"Tags"（变量），添加变量的方法如图 4-25 所示。

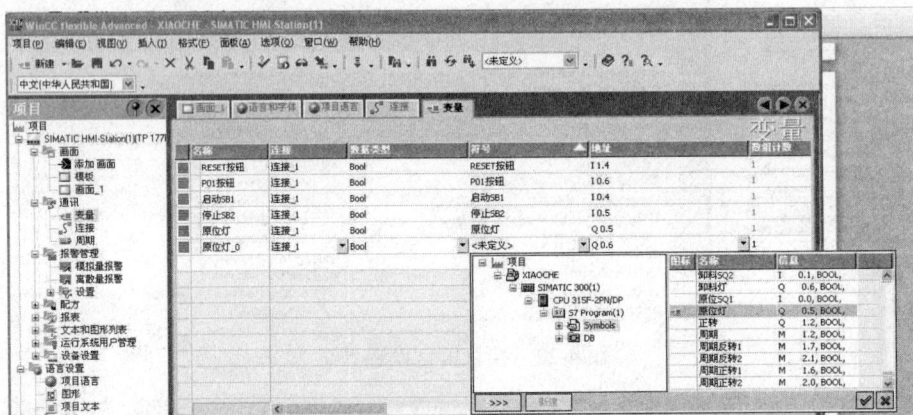

图 4-25　添加 HMI 变量

添加完所有变量后变量表如图 4-26 所示。

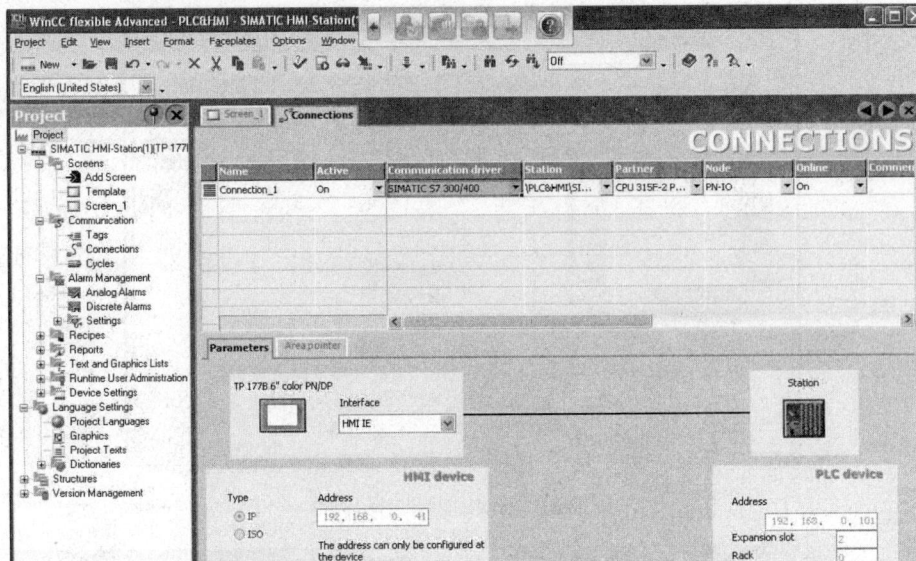

名称	连接	数据类型	符号	地址	数组计数
RESET-HMI	连接_1	Bool	RESET-HMI	M 3.0	1
P01-HMI	连接_1	Bool	P01-HMI	M 3.1	1
启动-HMI	连接_1	Bool	启动-HMI	M 3.2	1
停止-HMI	连接_1	Bool	停止-HMI	M 3.3	1
原位灯	连接_1	Bool	原位灯	Q 0.5	1
卸料灯	连接_1	Bool	卸料灯	Q 0.6	1
料斗灯	连接_1	Bool	料斗灯	Q 0.7	1
清洗灯	连接_1	Bool	清洗灯	Q 1.0	1
正转	连接_1	Bool	正转	Q 1.2	1
反转	连接_1	Bool	反转	Q 1.1	1

图 4-26　HMI 变量表

（6）双击图 4-27 中项目树的"添加画面"，添加一个画面作为小车的控制界面。
添加完后会出现如图 4-28 所示一样的项目树。

图 4-27　添加控制界面

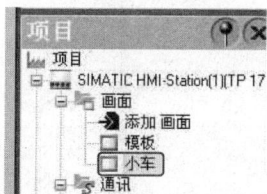

图 4-28　添加完成的项目树

（7）开始编辑画面，单击左边项目树的"画面"→"小车"，添加按钮，单击按钮，将其命名为"启动-HMI"，设置名称的操作如图 4-29 所示。

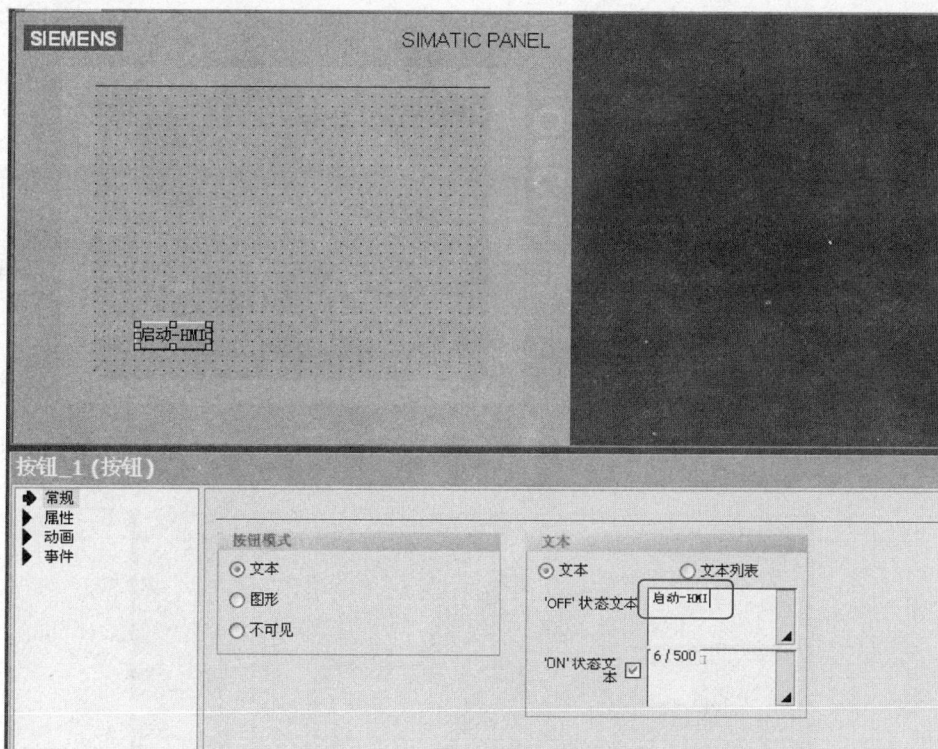

图 4-29　设置"启动-HMI"按钮

（8）单击如图 4-30 所示的"事件"选项，设置"启动-HMI"按钮按下和释放的动作变量。

（9）同理，设置"停止-HMI"、"RESET-HMI"、"P01-HMI" 3 个按钮的属性，设置完成后，界面如图 4-31 所示。

（10）添加"原位"指示灯，如图 4-32 所示，属性其设置。

（11）在"原位"指示灯下方插入 A 文本域，并输入"原位"这两个字，如图 4-33 所示。

（12）同理，添加其他几个指示灯及文字，完成后如图 4-34 所示。

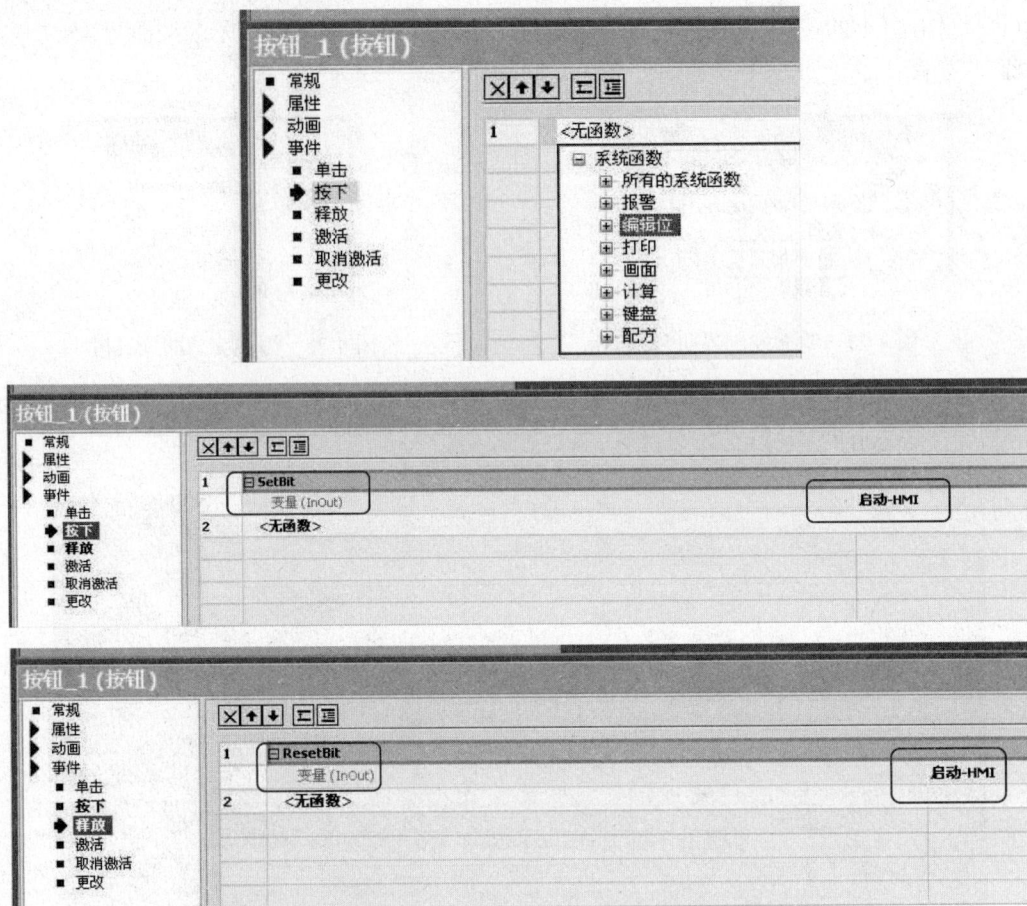

图 4-30 "启动-HMI" 按钮属性设置

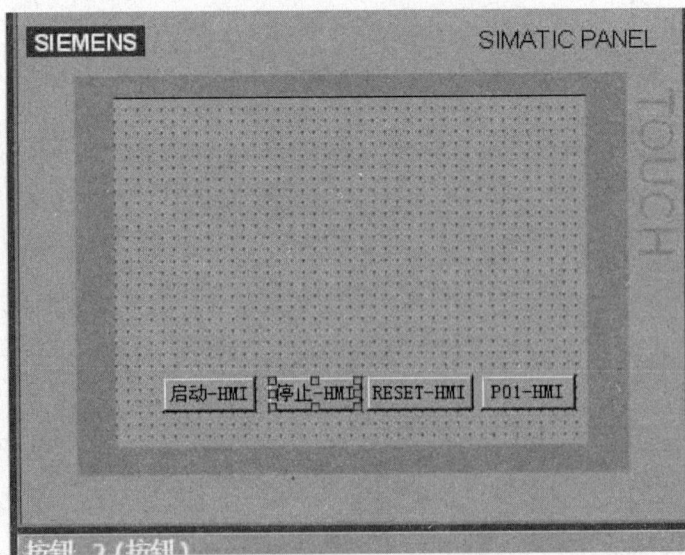

图 4-31 设置完成 4 个按钮的界面

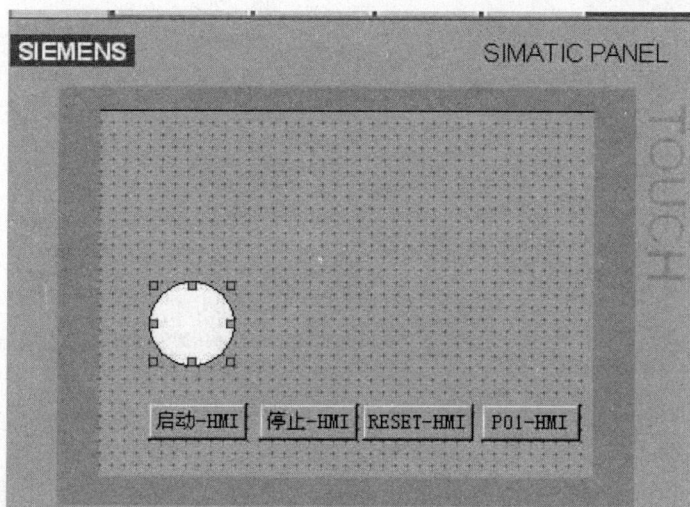

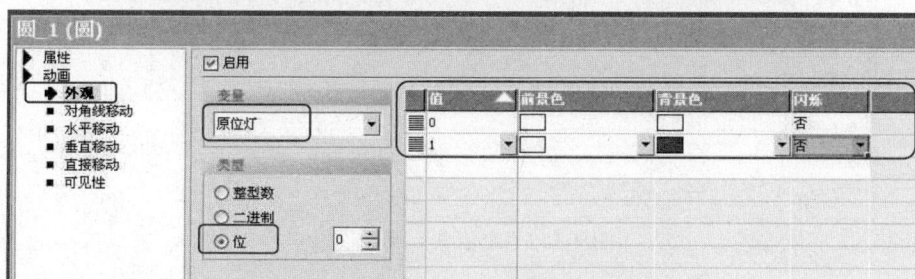

图 4-32　"原位指示灯"属性设置

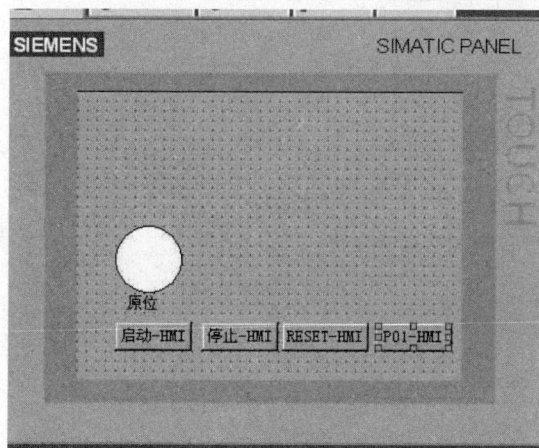

图 4-33　添加"原位"文字

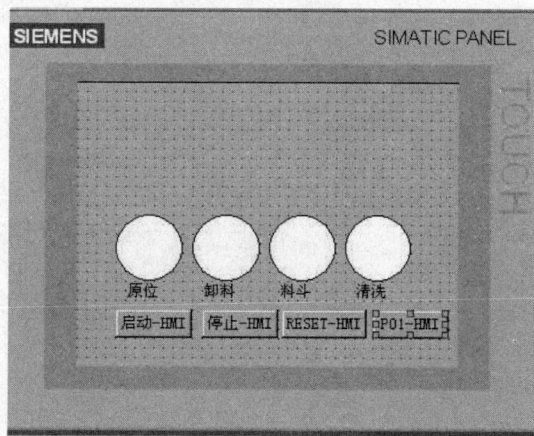

图 4-34　指示灯添加完成后的画面

（13）单击右侧"工具图形"→"Arrow"选项，在画面中添加如图 4-35 所示箭头，并进行闪烁属性设置。

（14）同理，添加"左箭头"并设置其属性，如图 4-36 所示。

（15）画完小车示意图，最终小车运行监控画面如图 4-37 所示。

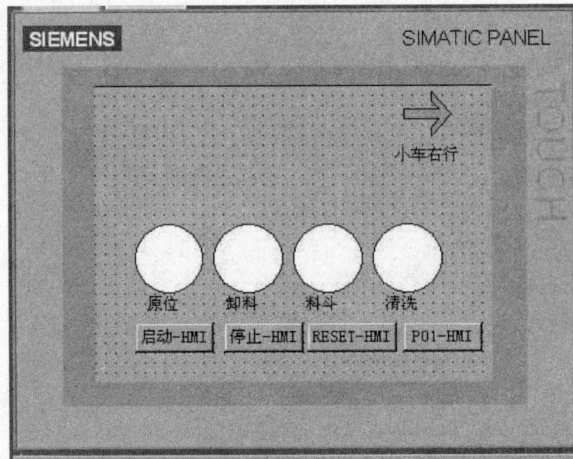

图 4-35 "右箭头"属性设置

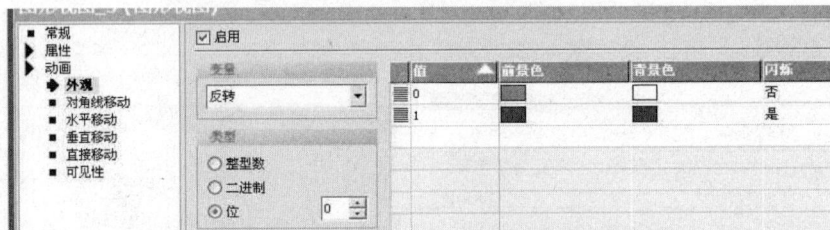

图 4-36 "左箭头"属性设置

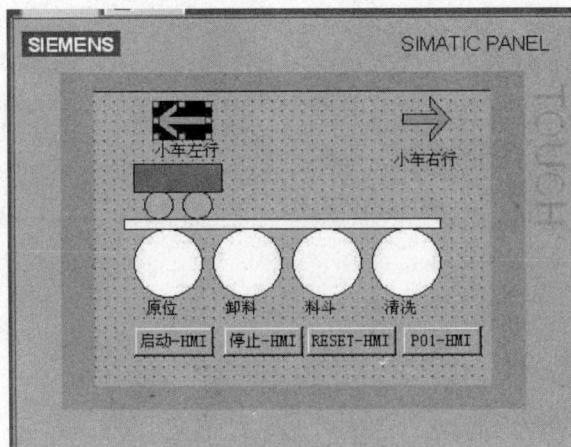

图 4-37 小车运行监控画面

10. HMI 下载

保存项目，单击下载按钮进行下载，如图 4-38 所示。（此时，HMI 必须在运行或 Transfer 状态下）

图 4-38　单击工具栏中"下载"按钮

11. 调试

（1）按下面板上的 RESET 按钮或触摸屏画面上的"RESET-HMI"按钮，小车回到"原位"，且原位灯亮，触摸屏画面上的原位指示灯亮，此时其他按钮无效。

（2）按下 P01 按钮或触摸屏画面上的"P01-HMI"按钮，运料小车在"原位"和"清洗位"之间做来回往返运动，此时其他按钮无效。

（3）小车运行至原位、卸料、料斗、清洗等位置时，相应位置指示灯亮，且触摸屏画面上相应指示灯亮。

（4）在小车运行过程中，一旦按下"停止"按钮，立即停下。

（5）小车在"原位"时，按下"启动"按钮或触摸屏画面上"启动-HMI"按钮，小车开始向右运行至"料斗"位置，"料斗"灯亮，延时 2s 后，向左运行至"卸料"位置，"卸料"灯亮，延时 2s 后，向右运行至"清洗"位置，"清洗"灯亮，延时 5s 后，向左运行至"原位"停止，完成一个工艺周期。

（6）当小车左行或右行时，触摸屏画面上的"左箭头"或"右箭头"闪烁。

第二节　刀具控制系统

1. 控制要求

（1）按下面板上的 RESET 按钮，刀具开始旋转直到 1 号刀到达换刀位置，然后停止。

（2）任意按下 P01、P02、P03、P04、P05、P06 按钮，刀具就近旋转，使各刀以最短距离旋转至换刀位置，然后停止。

（3）各刀到达换刀位置，这时"符合"灯亮，延时 2s 后，"符合"灯灭，"换刀"灯亮，延时 2s 后"换刀"灯灭。

（4）触摸屏参考画面如图 4-39 所示。

触摸屏可显示刀具状态，通过编程设置可实现触摸屏按钮与面板按钮具有同样功能，其中"1 号刀、2 号刀、3 号刀、4 号刀、5 号刀、6 号刀"

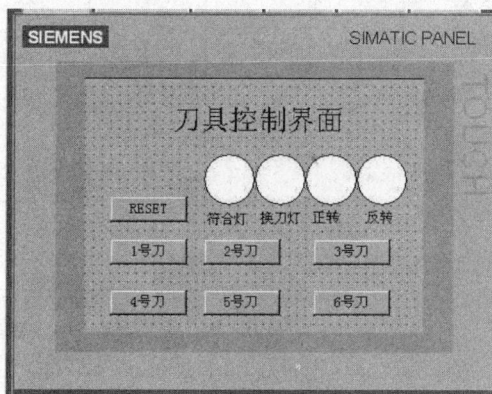

图 4-39　刀具系统触摸屏参考画面

按钮分别与面板上"P01、P02、P03、P04、P05、P06"按钮功能相同。

（5）根据以上控制要求，确定所需要变量，编写程序实现刀具控制。

2．PLC 外部接线

刀具控制系统 PLC 外部接线如图 4-40 所示。

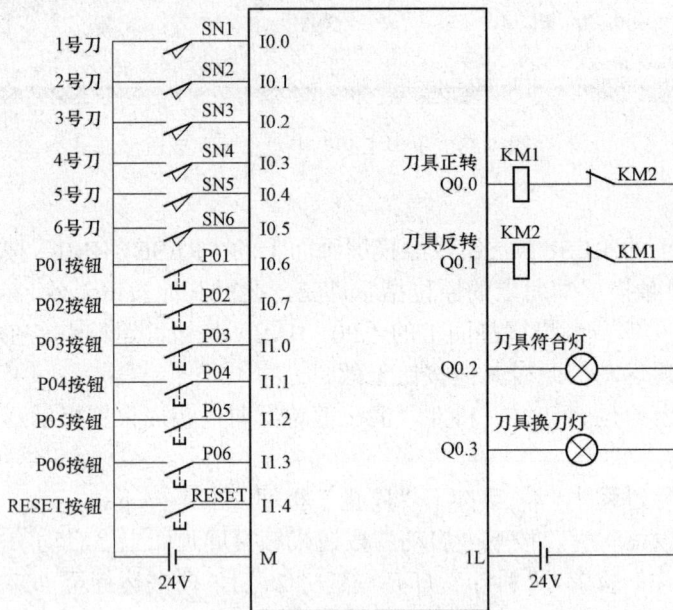

图 4-40　刀具控制系统接线图

3．PLC 硬件配置

刀具控制系统 PLC 采用 S7-300，硬件配置如图 4-41 所示。将 PLC 的 IP 地址设置为 192.168.0.101，触摸屏的 IP 地址设置为 192.168.0.41。

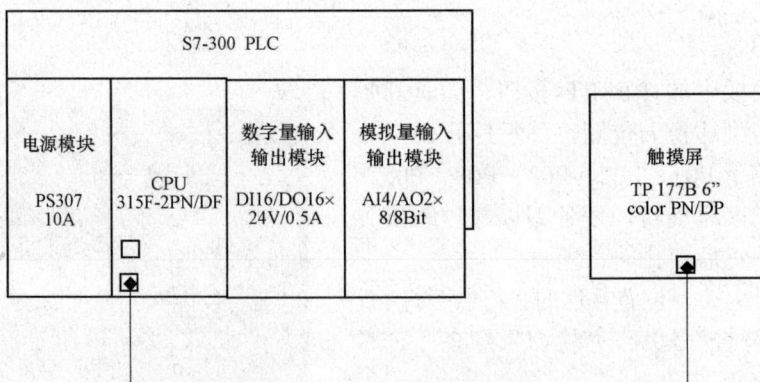

图 4-41　PLC 硬件配置

4．I/O 分配

输入输出地址分配见表 4-3。

表 4-3 输入输出地址分配表

输 入			输 出		
符号名称	地址	注释	符号名称	地址	注释
1 号刀 SN1	I0.0	1 号刀位置检测	刀具正转	Q0.0	刀具顺时针旋转
2 号刀 SN2	I0.1	2 号刀位置检测	刀具反转	Q0.1	刀具逆时针旋转
3 号刀 SN3	I0.2	31 号刀位置检测	刀具符合灯	Q0.2	刀具到达符合位置
4 号刀 SN4	I0.3	4 号刀位置检测	刀具换刀灯	Q0.3	刀具到达符合位置
5 号刀 SN5	I0.4	5 号刀位置检测			
6 号刀 SN6	I0.5	6 号刀位置检测			
P01 按钮	I0.6	P01 按钮			
P02 按钮	I0.7	P02 按钮			
P03 按钮	I1.0	P03 按钮			
P04 按钮	I1.1	P04 按钮			
P05 按钮	I1.2	P05 按钮			
P06 按钮	I1.3	P06 按钮			
RESET 按钮	I1.4	刀具系统复位按钮			

重要中间变量分配如表 4-4 所示。

表 4-4 中间变量地址分配表

输入			输出		
符号名称	绝对地址	注释	符号名称	绝对地址	注释
1 号刀反转	M0.0	控制 1 号刀逆时针旋转	1 号刀正转	M1.0	控制 1 号刀顺时针旋转
2 号刀反转	M0.1	控制 2 号刀逆时针旋转	2 号刀正转	M1.1	控制 2 号刀顺时针旋转
3 号刀反转	M0.2	控制 3 号刀逆时针旋转	3 号刀正转	M1.2	控制 3 号刀顺时针旋转
4 号刀反转	M0.3	控制 4 号刀逆时针旋转	4 号刀正转	M1.3	控制 4 号刀顺时针旋转
5 号刀反转	M0.4	控制 5 号刀逆时针旋转	5 号刀正转	M1.4	控制 5 号刀顺时针旋转
6 号刀反转	M0.5	控制 6 号刀逆时针旋转	6 号刀正转	M1.5	控制 6 号刀顺时针旋转
符合灯亮	M2.0	控制符合灯中间变量	刀具复位正转	M2.2	控制刀具复位顺时针旋转
换刀灯亮	M2.1	控制换刀灯中间变量			

5. 硬件组态

（1）打开 STEP 7 ![图标]，新建工程"刀具控制系统"，步骤如图 4-42～图 4-44 所示。

（2）插入 SIMATIC 300 station，如图 4-45 所示，对 S7-300 进行硬件组态（Hardware）如图 4-46～图 4-48 所示。

用同样的方法添加 1 号槽、4 号槽和 5 号槽的信号模块，如图 4-48 所示。

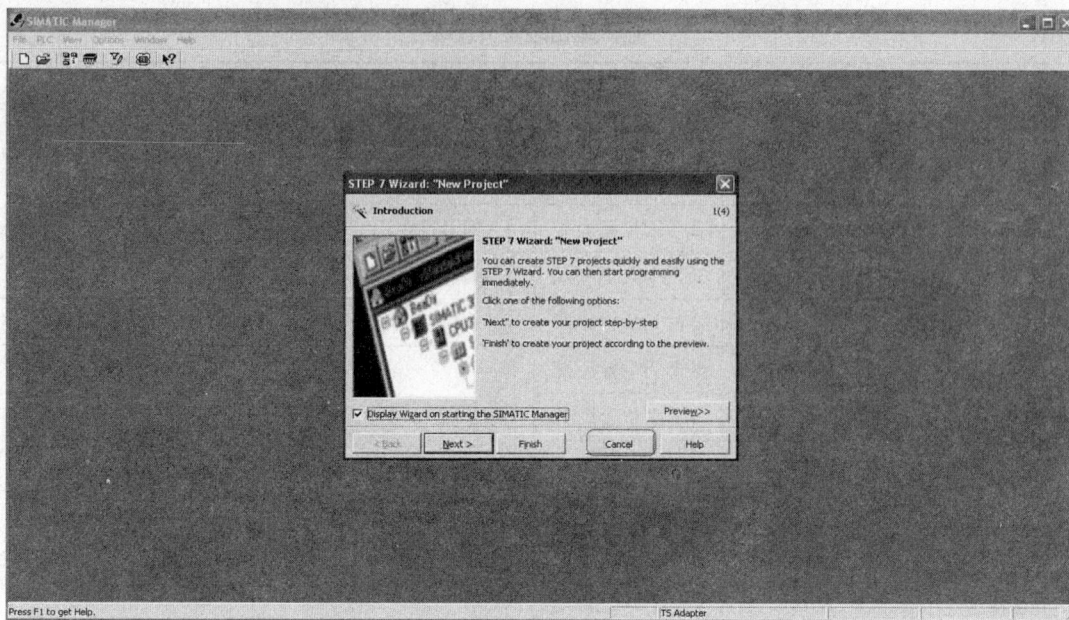

图 4-42　新建工程"刀具控制系统"步骤 1

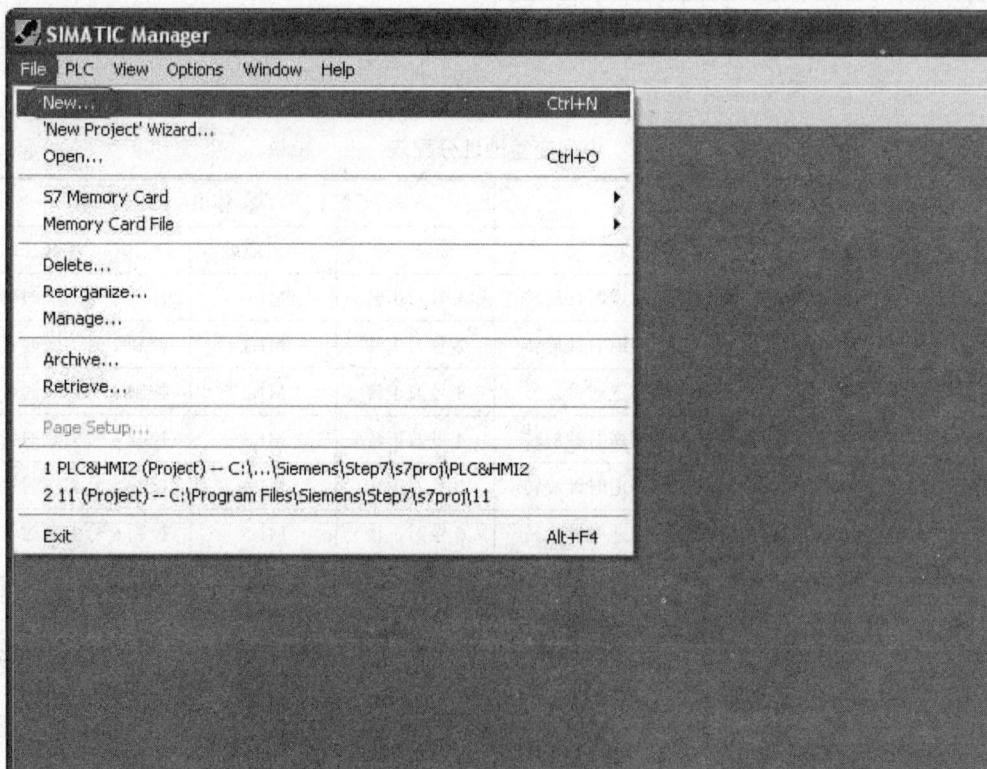

图 4-43　新建工程"刀具控制系统"步骤 2

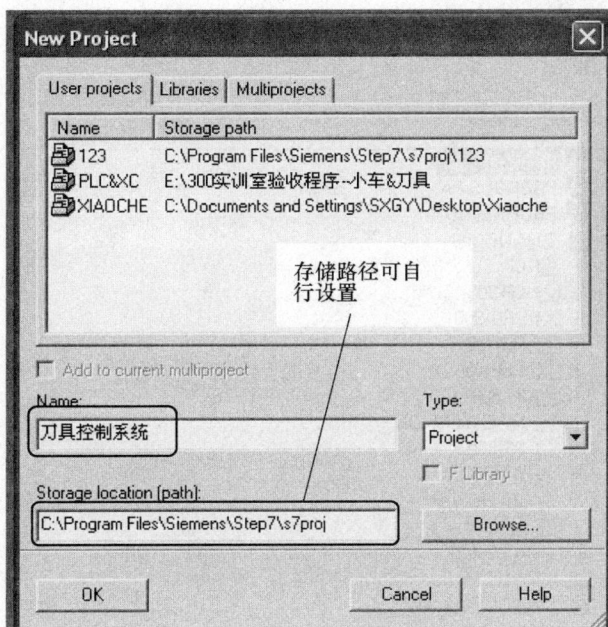

图 4-44　新建工程"刀具控制系统"步骤 3

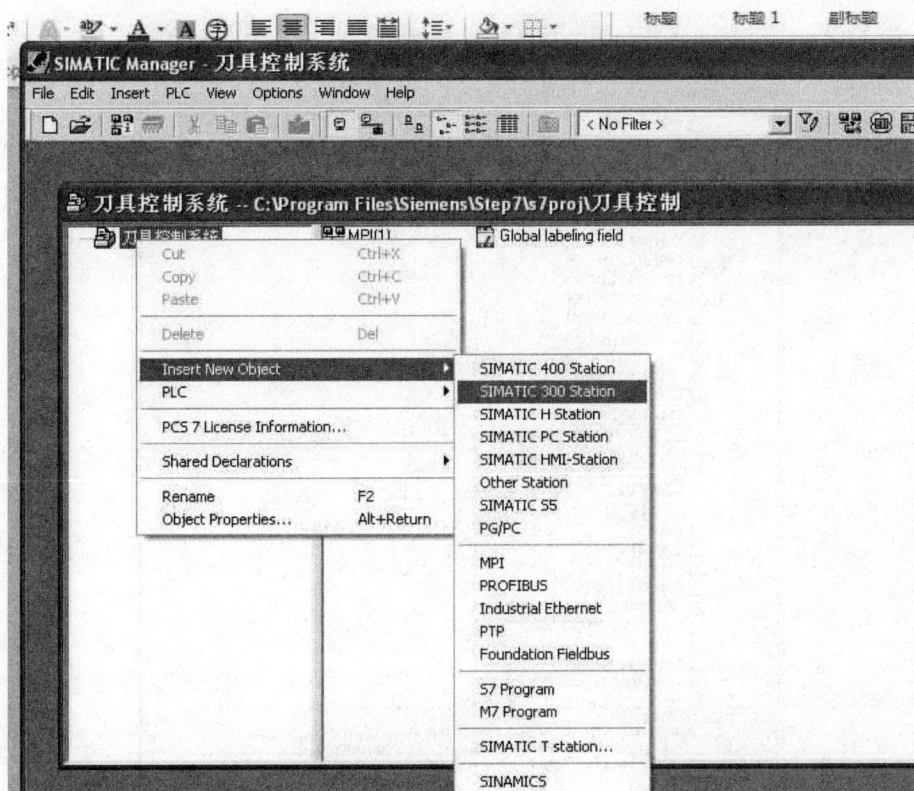

图 4-45　插入 SIMATIC 300 Station

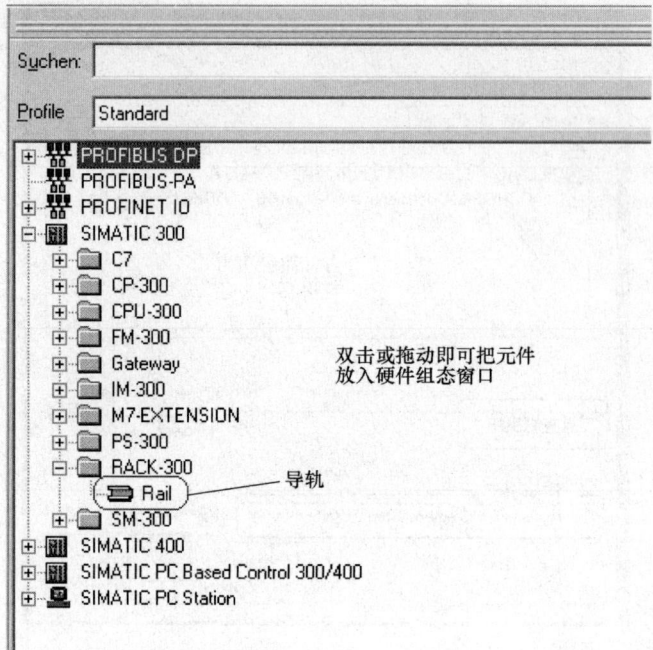

图 4-46 插入导轨

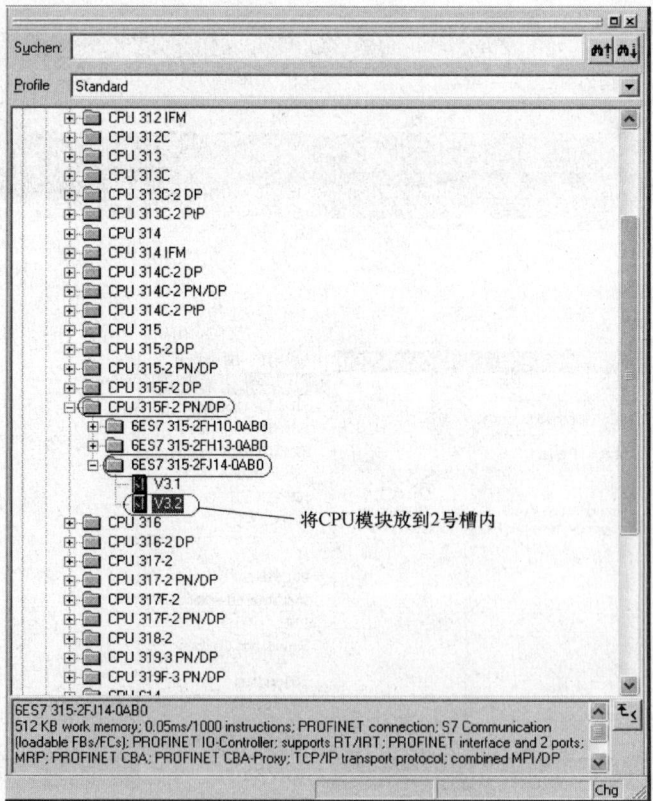

图 4-47 插入 CPU

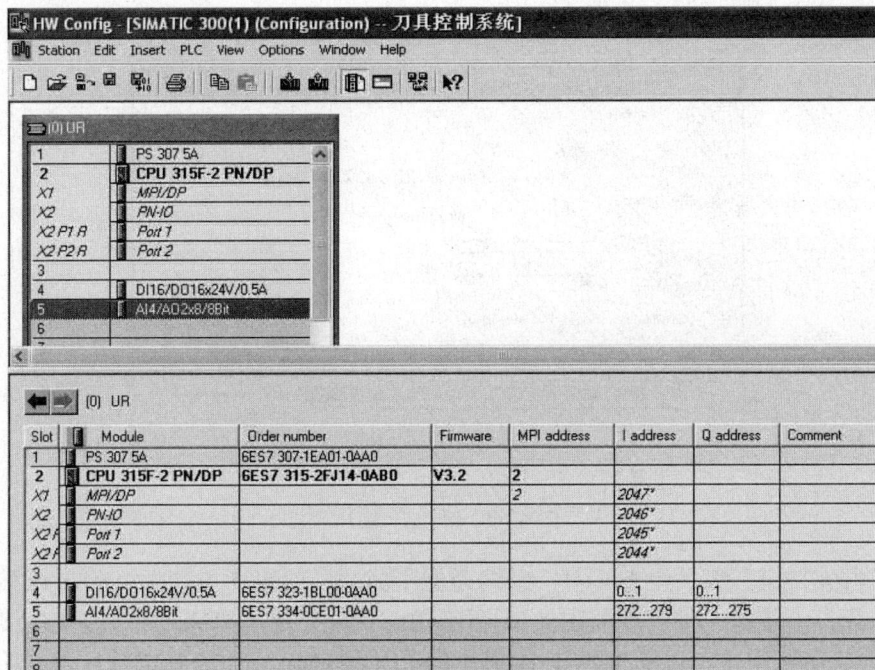

图 4-48　插入信号模块

6. 网络设置

（1）双击图 4-49 所示的 CPU 的"PN/IO"接口，如图 4-50 所示，修改其属性，修改好后单击"OK"。

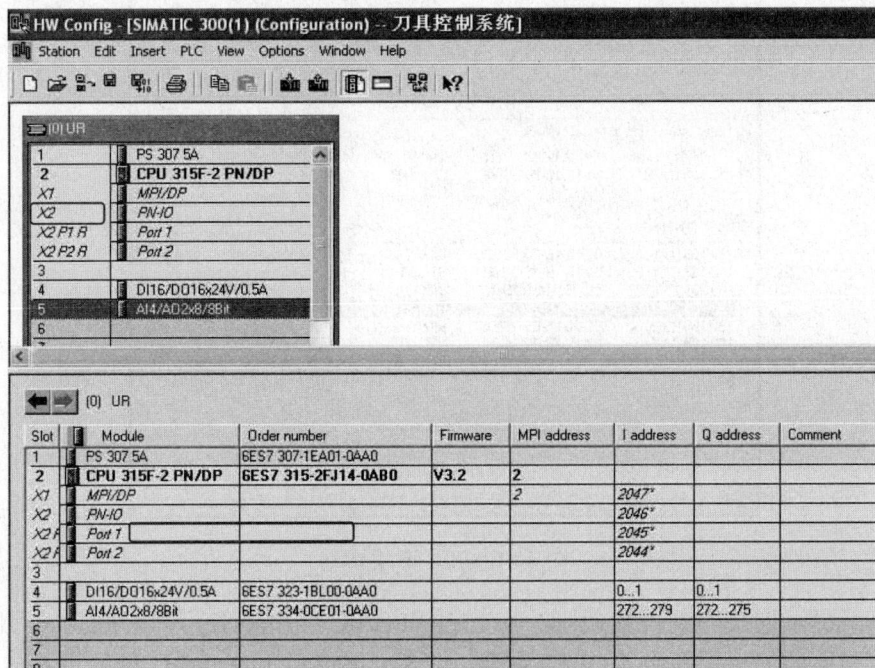

图 4-49　选中 CPU 的"PN/IO"接口

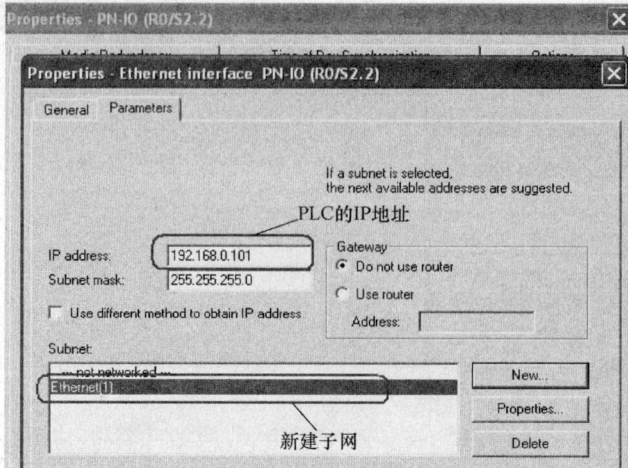

图 4-50　修改 IP 地址

（2）单击▓按钮，如果组态不对，则编译就不成功。当编译成功后，单击▓按钮，先对硬件组态下载。下载时，将出现如图 4-51 所示的对话框，单击"View"，搜索在线的 PLC，由于 IP 地址，所示用户可以通过图 4-51 所示的 PLC 的 MAC 地址确定其是否是所要下载的 PLC。单击"OK"按钮，即可进行下载。

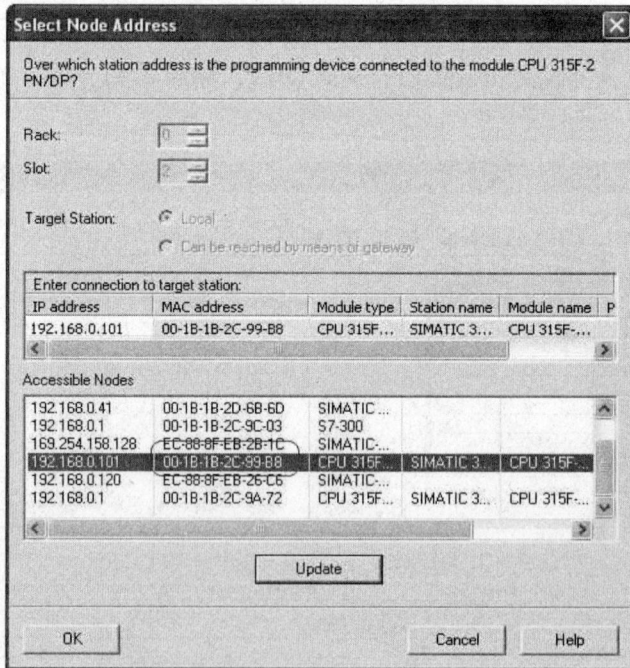

图 4-51　PLC 下载界面

如果下载提示连接不到设备，则说明设置的 PG/PC 接口不对，可以通过执行主界面（退出硬件组态画面）的菜单命令"OPTION"→"Set PG/PC Interface"进行设置，如图 4-52所示。

7. 定义 PLC 变量

回到 SIMATIC 300 站点的主界面，在左侧的项目树中选中"S7 Program（1）"，在右侧选中"Symbols"，如图 4-53 所示，进行变量编辑。

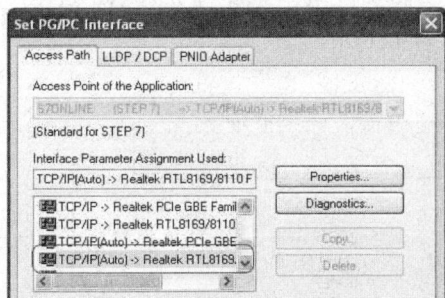

图 4-52　设置 PG/PC 接口

图 4-53　选中"Symbols"图标

编辑完后的刀具控制系统所用的变量如图 4-54 所示，点击保存按钮。

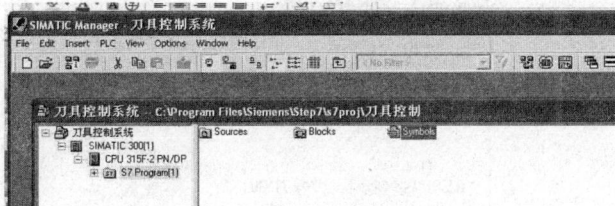

	Statu	Symbol	Address		Data typ	Comment
1		1号刀SN1	I	...	BOOL	
2		1号刀反转	M	...	BOOL	
3		1号刀正转	M	...	BOOL	
4		2号刀SN2	I	...	BOOL	
5		2号刀反转	M	...	BOOL	
6		2号刀正转	M	...	BOOL	
7		3号刀SN3	I	...	BOOL	
8		3号刀反转	M	...	BOOL	
9		3号刀正转	M	...	BOOL	
10		4号刀SN4	I	...	BOOL	
11		4号刀反转	M	...	BOOL	
12		4号刀正转	M	...	BOOL	
13		5号刀SN5	I	...	BOOL	
14		5号刀反转	M	...	BOOL	
15		5号刀正转	M	...	BOOL	
16		6号刀SN6	I	...	BOOL	
17		6号刀反转	M	...	BOOL	
18		6号刀正转	M	...	BOOL	
19		P01按钮	I	...	BOOL	
20		P02按钮	I	...	BOOL	
21		P03按钮	I	...	BOOL	
22		P04按钮	I	...	BOOL	
23		P05按钮	I	...	BOOL	
24		P06按钮	I	...	BOOL	
25		RESET按钮	I	...	BOOL	
26		刀具反转	Q	...	BOOL	
27		刀具符合灯	Q	...	BOOL	
28		刀具复位正转	M	...	BOOL	
29		刀具换刀灯	Q	...	BOOL	
30		刀具正转	Q	...	BOOL	
31		符合灯中间变量	M	...	BOOL	
32		换刀灯中间变量	M	...	BOOL	
33						

图 4-54　刀具控制系统的符号表

8. 编程及下载

（1）整体设计。刀具控制程序由刀具复位程序、判断各刀与换刀位置最短距离程序、刀具旋转电机控制程序、符合灯换刀灯亮灭程序几部分组成。

（2）刀具复位程序。刀具复位程序如图 4-55 所示，此程序可用来实现在任意时刻按下 RESET 按钮，刀具开始旋转直到 1 号刀到达换刀位置，然后停止。

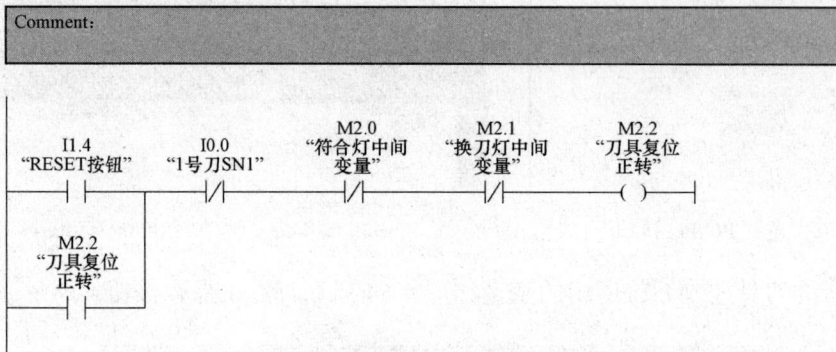

图 4-55　刀具复位程序

（3）判断各刀与换刀位置最短距离程序。判断各刀与换刀位置最短距离程序如图 4-56～图 4-60 所示。此程序可实现任意按下 P01、P02、P03、P04、P05、P06 按钮，刀具就近旋转，使各刀以最短距离旋转至换刀位置，然后停止。

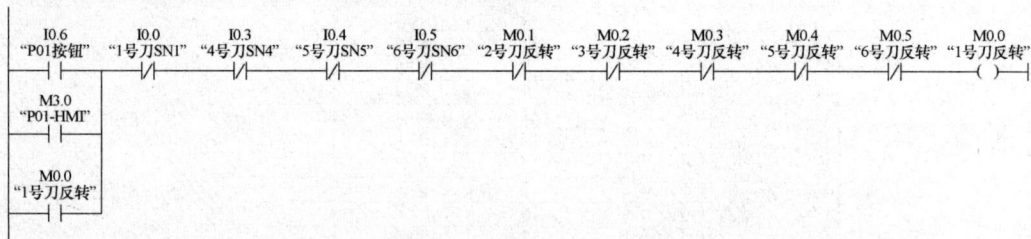

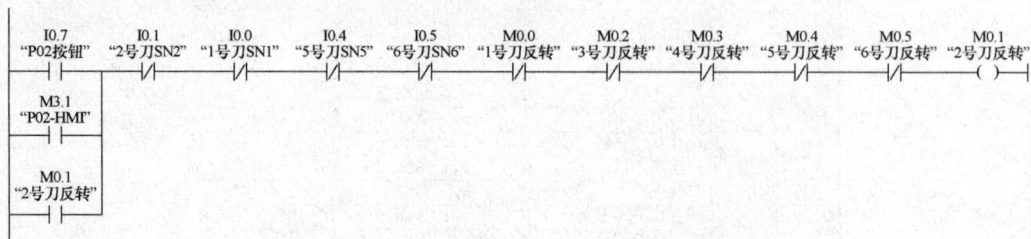

图 4-56　判断各刀与换刀位置最短距离程序（一）

按下P03按钮，判断3号刀是否在左半边

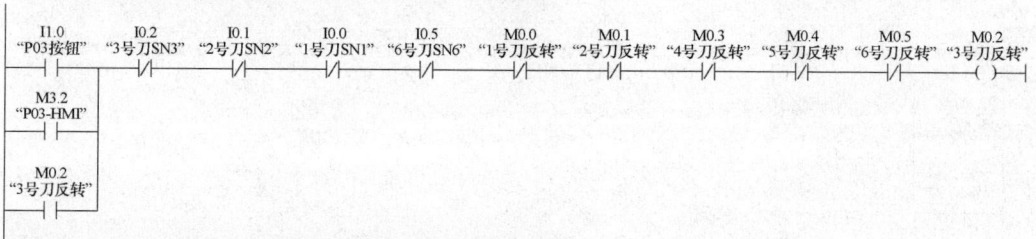

I1.0 "P03按钮" — I0.2 "3号刀SN3" — I0.1 "2号刀SN2" — I0.0 "1号刀SN1" — I0.5 "6号刀SN6" — M0.0 "1号刀反转" — M0.1 "2号刀反转" — M0.3 "4号刀反转" — M0.4 "5号刀反转" — M0.5 "6号刀反转" — M0.2 "3号刀反转" ( )

M3.2 "P03-HMI"

M0.2 "3号刀反转"

按下P04按钮，判断4号刀是否在左半边

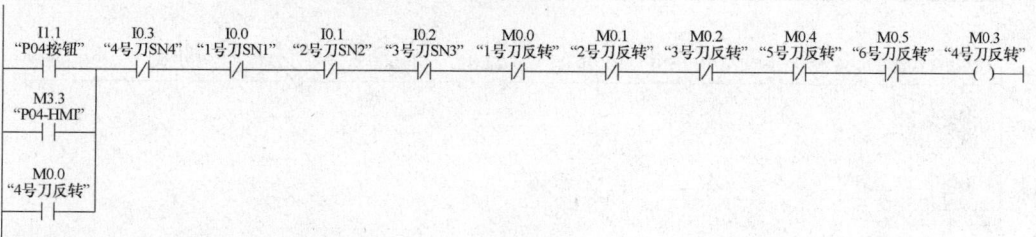

I1.1 "P04按钮" — I0.3 "4号刀SN4" — I0.0 "1号刀SN1" — I0.1 "2号刀SN2" — I0.2 "3号刀SN3" — M0.0 "1号刀反转" — M0.1 "2号刀反转" — M0.2 "3号刀反转" — M0.4 "5号刀反转" — M0.5 "6号刀反转" — M0.3 "4号刀反转" ( )

M3.3 "P04-HMI"

M0.0 "4号刀反转"

按下P05按钮，判断5号刀是否在左半边

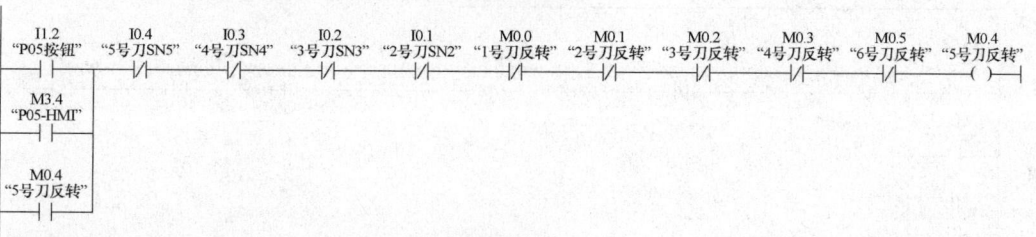

I1.2 "P05按钮" — I0.4 "5号刀SN5" — I0.3 "4号刀SN4" — I0.2 "3号刀SN3" — I0.1 "2号刀SN2" — M0.0 "1号刀反转" — M0.1 "2号刀反转" — M0.2 "3号刀反转" — M0.3 "4号刀反转" — M0.5 "6号刀反转" — M0.4 "5号刀反转" ( )

M3.4 "P05-HMI"

M0.4 "5号刀反转"

按下P06按钮，判断6号刀是否在左半边

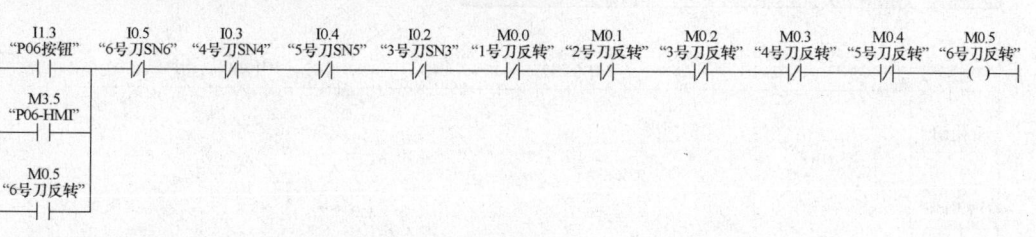

I1.3 "P06按钮" — I0.5 "6号刀SN6" — I0.3 "4号刀SN4" — I0.4 "5号刀SN5" — I0.2 "3号刀SN3" — M0.0 "1号刀反转" — M0.1 "2号刀反转" — M0.2 "3号刀反转" — M0.3 "4号刀反转" — M0.4 "5号刀反转" — M0.5 "6号刀反转" ( )

M3.5 "P06-HMI"

M0.5 "6号刀反转"

按下P01按钮，判断1号刀是否在右半边

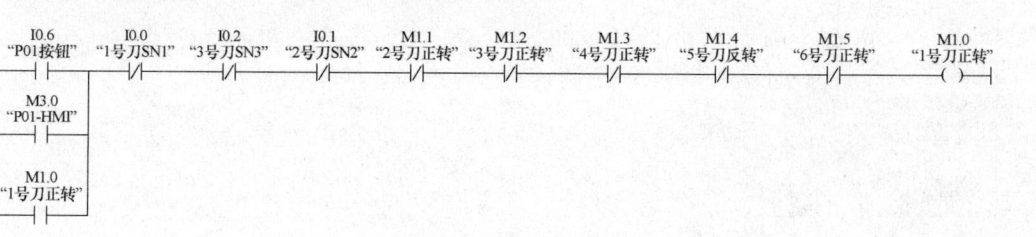

I0.6 "P01按钮" — I0.0 "1号刀SN1" — I0.2 "3号刀SN3" — I0.1 "2号刀SN2" — M1.1 "2号刀正转" — M1.2 "3号刀正转" — M1.3 "4号刀正转" — M1.4 "5号刀反转" — M1.5 "6号刀正转" — M1.0 "1号刀正转" ( )

M3.0 "P01-HMI"

M1.0 "1号刀正转"

图 4-57 判断各刀与换刀位置最短距离程序（二）

按下P02按钮，判断2号刀是否在右半边

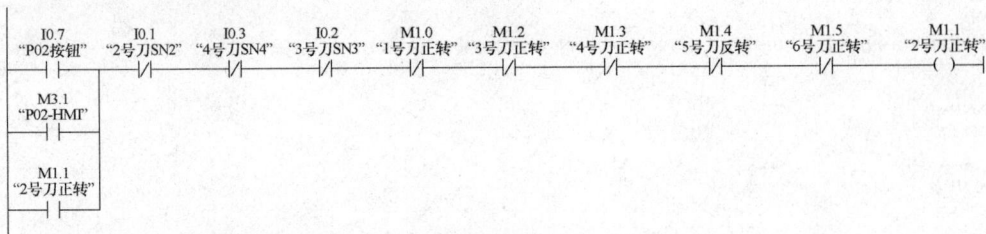

| I0.7 | I0.1 | I0.3 | I0.2 | M1.0 | M1.2 | M1.3 | M1.4 | M1.5 | M1.1 |
| "P02按钮" | "2号刀JSN2" | "4号刀SN4" | "3号刀JSN3" | "1号刀正转" | "3号刀正转" | "4号刀正转" | "5号刀反转" | "6号刀正转" | "2号刀正转" |

M3.1
"P02-HMI"

M1.1
"2号刀正转"

按下P03按钮，判断3号刀是否在右半边

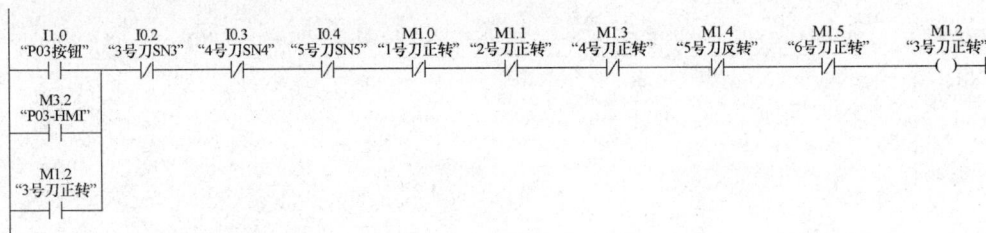

| I1.0 | I0.2 | I0.3 | I0.4 | M1.0 | M1.1 | M1.3 | M1.4 | M1.5 | M1.2 |
| "P03按钮" | "3号刀SN3" | "4号刀SN4" | "5号刀SN5" | "1号刀正转" | "2号刀正转" | "4号刀正转" | "5号刀反转" | "6号刀正转" | "3号刀正转" |

M3.2
"P03-HMI"

M1.2
"3号刀正转"

按下P04按钮，判断4号刀是否在右半边

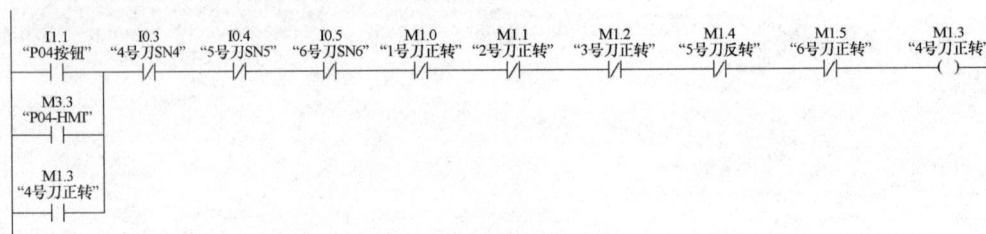

| I1.1 | I0.3 | I0.4 | I0.5 | M1.0 | M1.1 | M1.2 | M1.4 | M1.5 | M1.3 |
| "P04按钮" | "4号刀SN4" | "5号刀SN5" | "6号刀SN6" | "1号刀正转" | "2号刀正转" | "3号刀正转" | "5号刀反转" | "6号刀正转" | "4号刀正转" |

M3.3
"P04-HMI"

M1.3
"4号刀正转"

按下P05按钮，判断5号刀是否在右半边

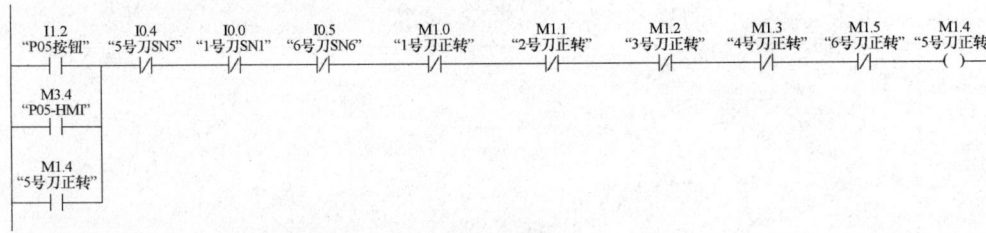

| I1.2 | I0.4 | I0.0 | I0.5 | M1.0 | M1.1 | M1.2 | M1.3 | M1.5 | M1.4 |
| "P05按钮" | "5号刀SN5" | "1号刀SN1" | "6号刀SN6" | "1号刀正转" | "2号刀正转" | "3号刀正转" | "4号刀正转" | "6号刀正转" | "5号刀正转" |

M3.4
"P05-HMI"

M1.4
"5号刀正转"

按下P06按钮，判断6号刀是否在右半边

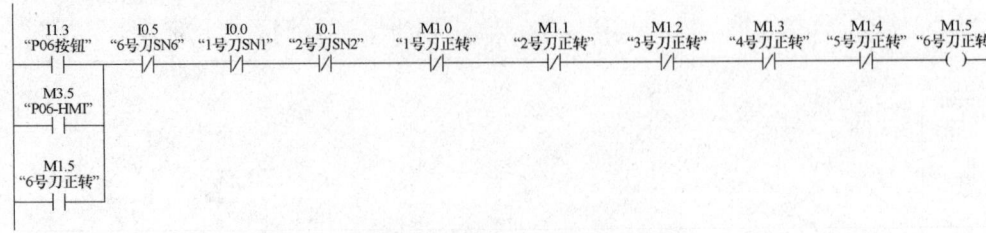

| I1.3 | I0.5 | I0.0 | I0.1 | M1.0 | M1.1 | M1.2 | M1.3 | M1.4 | M1.5 |
| "P06按钮" | "6号刀JSN6" | "1号刀SN1" | "2号刀SN2" | "1号刀正转" | "2号刀正转" | "3号刀正转" | "4号刀正转" | "5号刀正转" | "6号刀正转" |

M3.5
"P06-HMI"

M1.5
"6号刀正转"

图 4-58　判断各刀与换刀位置最短距离程序（三）

按下P05按钮，判断5号刀是否在左半边

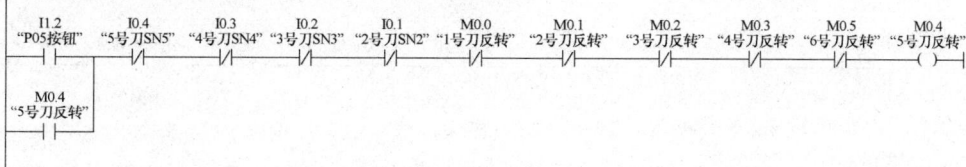

```
  I1.2      I0.4      I0.3      I0.2      I0.1      M0.0      M0.1      M0.2      M0.3      M0.5      M0.4
"P05按钮" "5号刀SN5" "4号刀SN4" "3号刀SN3" "2号刀SN2" "1号刀反转" "2号刀反转" "3号刀反转" "4号刀反转" "6号刀反转" "5号刀反转"
 ──┤├──────┤/├──────┤/├──────┤/├──────┤/├──────┤/├──────┤/├──────┤/├──────┤/├──────┤/├──────(　)──
  M0.4
"5号刀反转"
 ──┤├──
```

按下P06按钮，判断6号刀是否在左半边

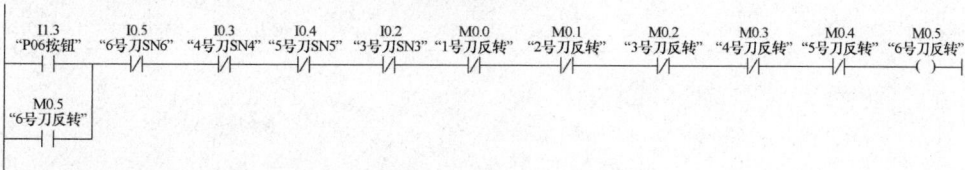

```
  I1.3      I0.5      I0.3      I0.4      I0.2      M0.0      M0.1      M0.2      M0.3      M0.4      M0.5
"P06按钮" "6号刀SN6" "4号刀SN4" "5号刀SN5" "3号刀SN3" "1号刀反转" "2号刀反转" "3号刀反转" "4号刀反转" "5号刀反转" "6号刀反转"
 ──┤├──────┤/├──────┤/├──────┤/├──────┤/├──────┤/├──────┤/├──────┤/├──────┤/├──────┤/├──────(　)──
  M0.5
"6号刀反转"
 ──┤├──
```

按下P01按钮，判断1号刀是否在右半边

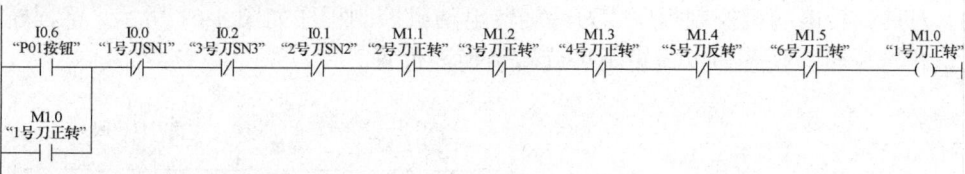

```
  I0.6      I0.0      I0.2      I0.1      M1.1      M1.2      M1.3      M1.4      M1.5      M1.0
"P01按钮" "1号刀SN1" "3号刀SN3" "2号刀SN2" "2号刀正转" "3号刀正转" "4号刀正转" "5号刀反转" "6号刀正转" "1号刀正转"
 ──┤├──────┤/├──────┤/├──────┤/├──────┤/├──────┤/├──────┤/├──────┤/├──────┤/├──────(　)──
  M1.0
"1号刀正转"
 ──┤├──
```

按下P02按钮，判断2号刀是否在右半边

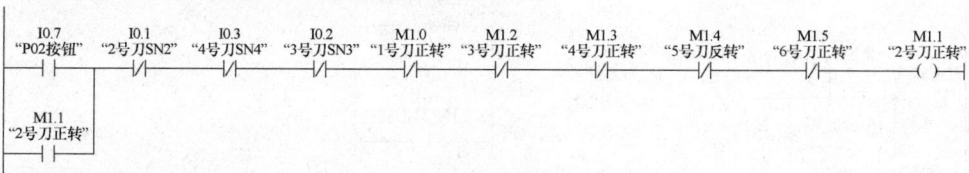

```
  I0.7      I0.1      I0.3      I0.2      M1.0      M1.2      M1.3      M1.4      M1.5      M1.1
"P02按钮" "2号刀SN2" "4号刀SN4" "3号刀SN3" "1号刀正转" "3号刀正转" "4号刀正转" "5号刀反转" "6号刀正转" "2号刀正转"
 ──┤├──────┤/├──────┤/├──────┤/├──────┤/├──────┤/├──────┤/├──────┤/├──────┤/├──────(　)──
  M1.1
"2号刀正转"
 ──┤├──
```

按下P03按钮，判断3号刀是否在右半边

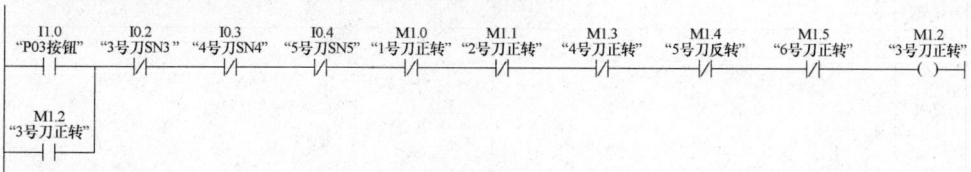

```
  I1.0      I0.2      I0.3      I0.4      M1.0      M1.1      M1.3      M1.4      M1.5      M1.2
"P03按钮" "3号刀SN3" "4号刀SN4" "5号刀SN5" "1号刀正转" "2号刀正转" "4号刀正转" "5号刀反转" "6号刀正转" "3号刀正转"
 ──┤├──────┤/├──────┤/├──────┤/├──────┤/├──────┤/├──────┤/├──────┤/├──────┤/├──────(　)──
  M1.2
"3号刀正转"
 ──┤├──
```

按下P04按钮，判断4号刀是否在右半边

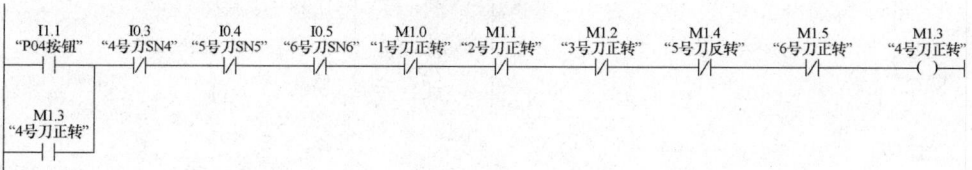

```
  I1.1      I0.3      I0.4      I0.5      M1.0      M1.1      M1.2      M1.4      M1.5      M1.3
"P04按钮" "4号刀SN4" "5号刀SN5" "6号刀SN6" "1号刀正转" "2号刀正转" "3号刀正转" "5号刀反转" "6号刀正转" "4号刀正转"
 ──┤├──────┤/├──────┤/├──────┤/├──────┤/├──────┤/├──────┤/├──────┤/├──────┤/├──────(　)──
  M1.3
"4号刀正转"
 ──┤├──
```

图 4-59　判断各刀与换刀位置最短距离程序（四）

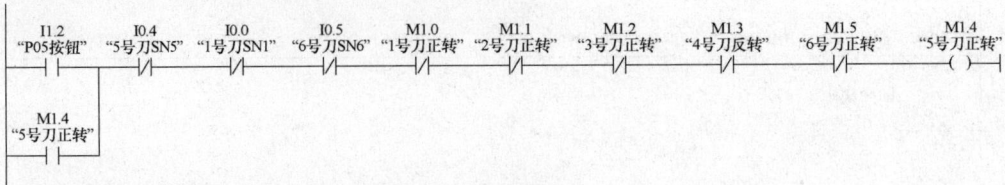

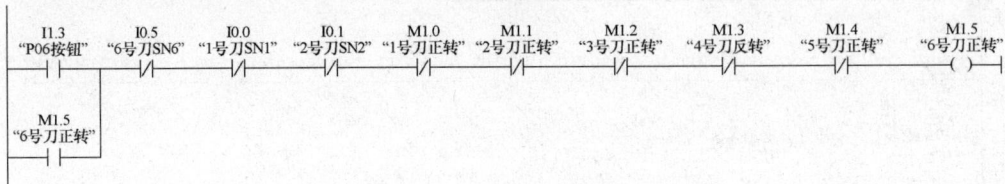

图 4-60　判断各刀与换刀位置最短距离程序（五）

（4）刀具旋转电动机控制程序。刀具旋转电动机控制程序如图 4-61 所示。该程序可控制电动机正转与反转，使各刀以最短距离旋转至换刀位置。

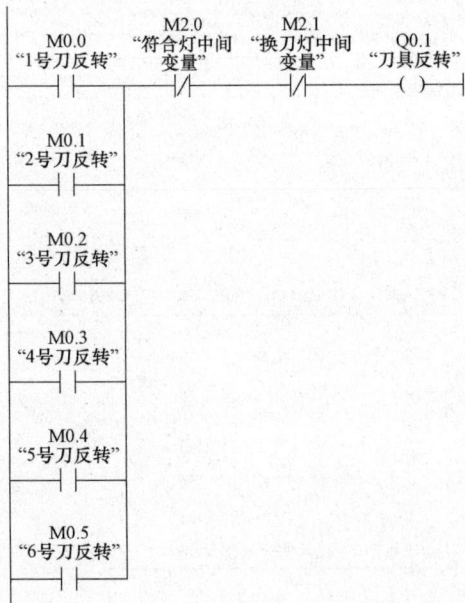

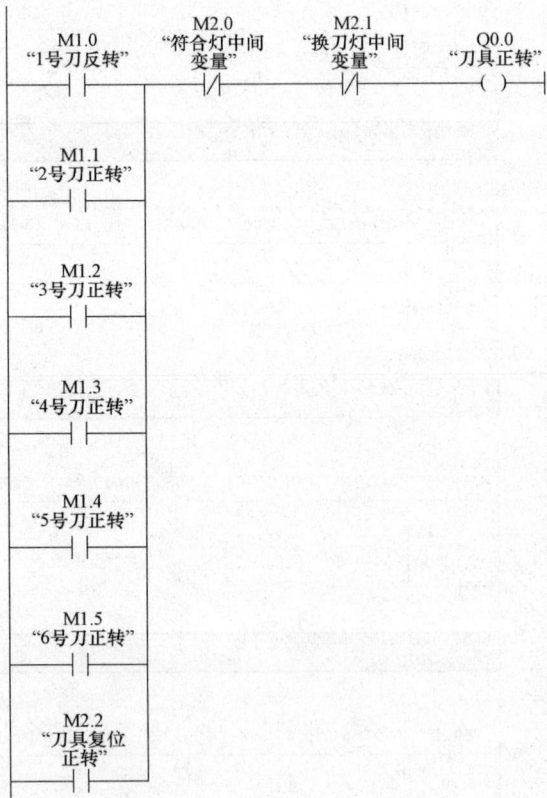

（a）　　　　　　　　　　　　　（b）

图 4-61　刀具旋转电动机控制程序

（a）程序段一；（b）程序段二

（5）"符合"灯"换刀"灯亮灭程序"符合"灯"换刀"灯亮灭程序如图 4-62 所示。当各刀到达换刀位置时，"符合"灯亮，延时 2s 后，"符合"灯灭，"换刀"灯亮，延时 2s "换刀"灯灭。

Network 16：符合灯换刀灯中间变量

刀具到达指定位置后，符合灯亮2s，然后灭，换刀灯亮2s后灭

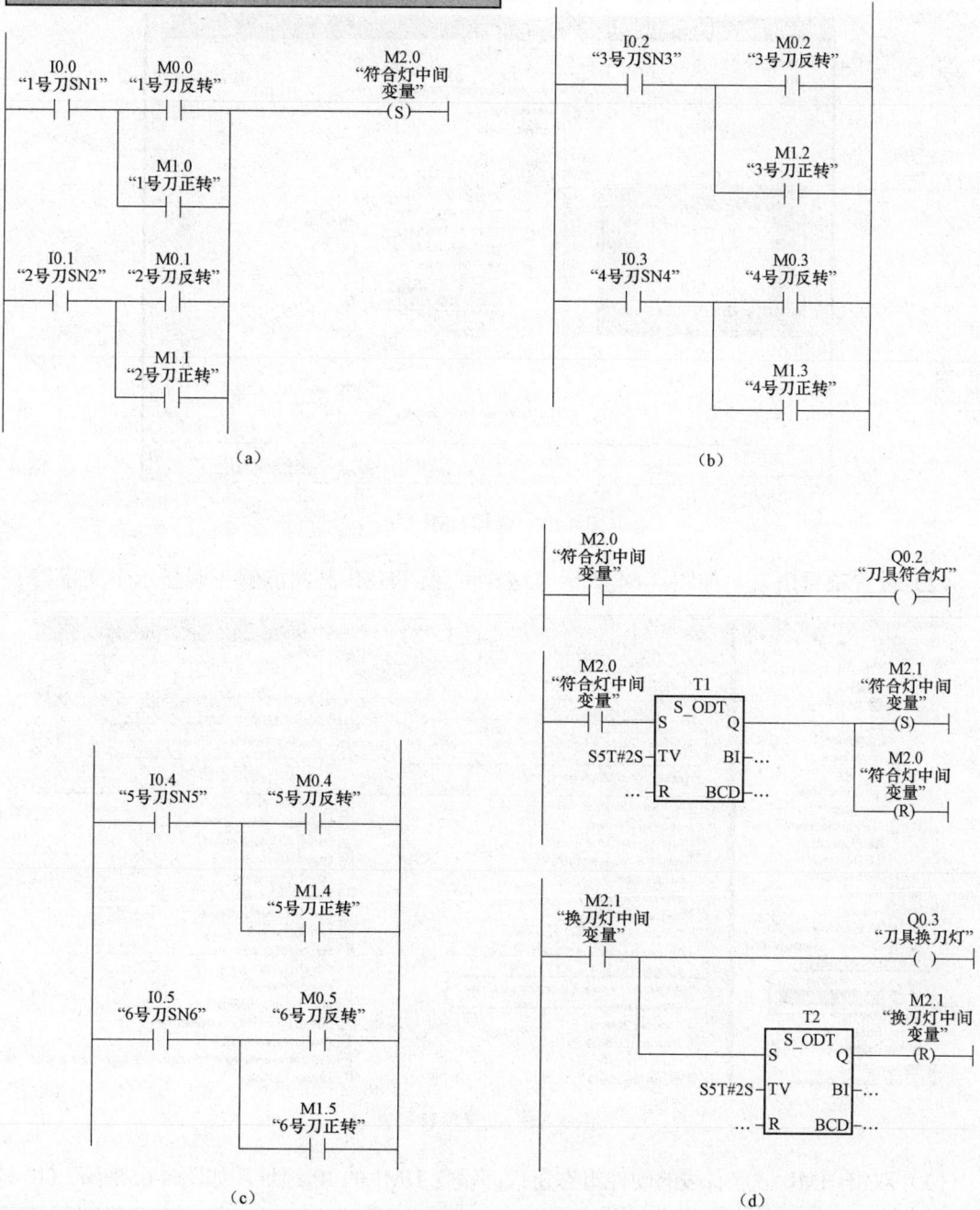

图 4-62 "符合"灯"换刀"灯亮灭程序

（a）程序段 1；（b）程序段 2；（c）程序段 3；（d）程序段 4

（6）保存，单击 SIMATIC 300 站点，进行项目的下载（在此过程中用户要观察所要下载到的目标 PLC 是否处于"STOP"状态，下载后又变为"RUN"状态，从而也能核实程序是否下载到目的 PLC 中）。

9. 配置 HMI

（1）插入 HMI 站点，出现如图 4-63 所示界面，选中 HMI 型号，单击"OK"按钮。

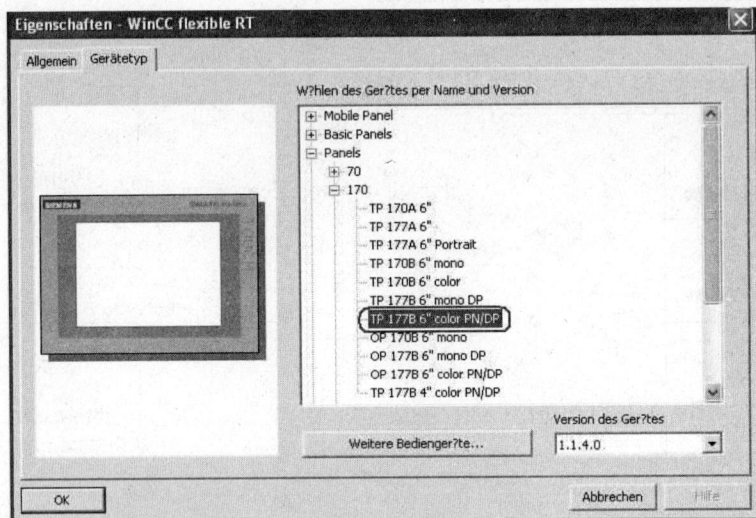

图 4-63　选择 HMI 型号

（2）设置项目语言，如图 4-64 所示（这样可保证 HMI 画面能够正确显示中文字符）。

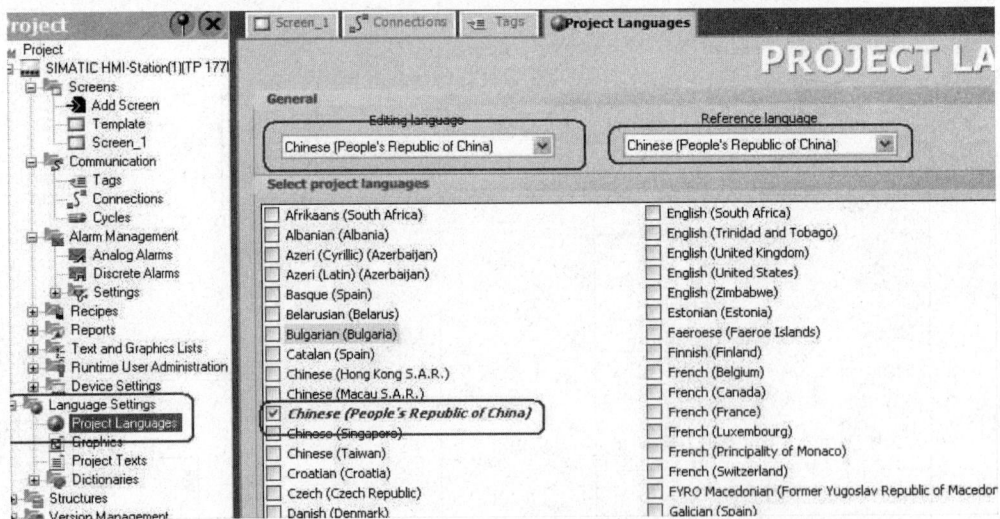

图 4-64　设置项目语言

（3）双击 HMI 站点右边的硬件组态窗口，设置 HMI 的 IP 地址，如图 4-65 所示（IP 地址的查看方法：在触摸屏上回到主界面执行"My computer"→"network"→"SMSC100FD"→"Properties"命令），设置好后单击█按钮。

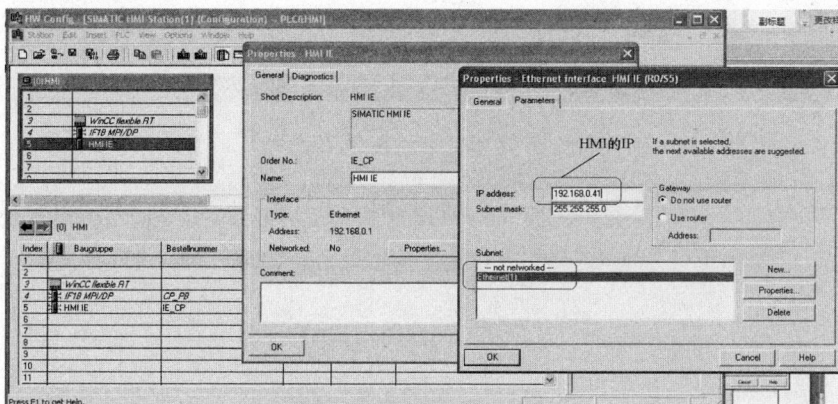

图 4-65　设置 HMI 的 IP 地址

（4）执行左边项目树 HMI 站点下的"Communication"（通信）→"connections"（连接）命令，设置 HMI 与 PLC 的连接，如图 4-66 所示，设置完后单击保存按钮。

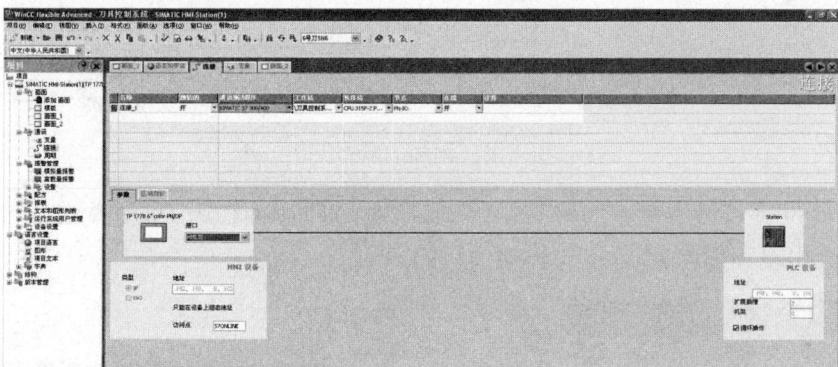

图 4-66　设置 HMI 与 PLC 的连接

（5）双击"Communication"（通信）→"Tags"（变量），添加变量的方法如图 4-67 所示。

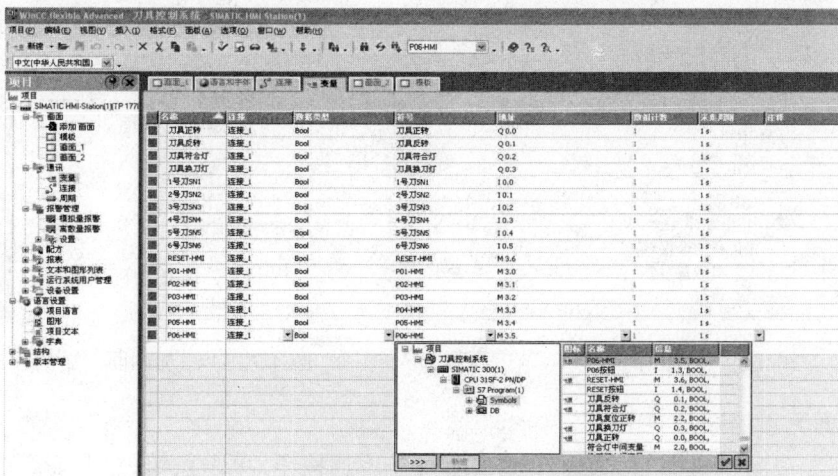

图 4-67　添加变量

最后添加的所有变量如图 4-68 所示。

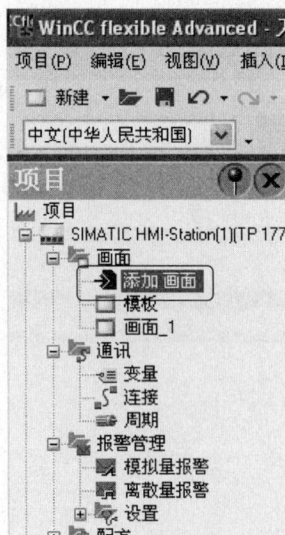

图 4-68　添加的所有变量

执行图 4-69 项目树的"添加画面"命令,添加一个画面作为刀具的控制界面。
添加完会出现和图 4-70 所示一样的项目树。

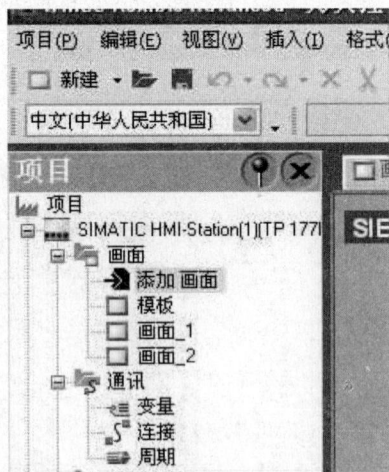

图 4-69　添加画面

图 4-70　"添加画面"后的项目树

10. 画面元素的添加

(1)单击左边项目树中的"画面"→"画面_1",添加按钮,单击按钮,将其命名为"RESET",
如图 4-71 所示。

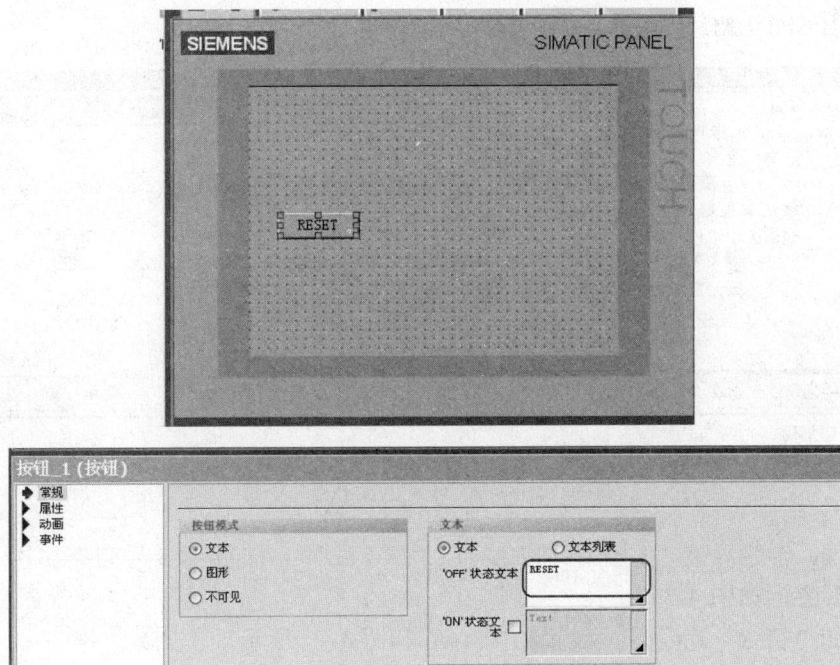

图 4-71　添加 "RESET" 按钮

（2）单击图 4-72 中的 "事件" 选项，设置 "RESET" 按钮的 "按下" 的动作变量。

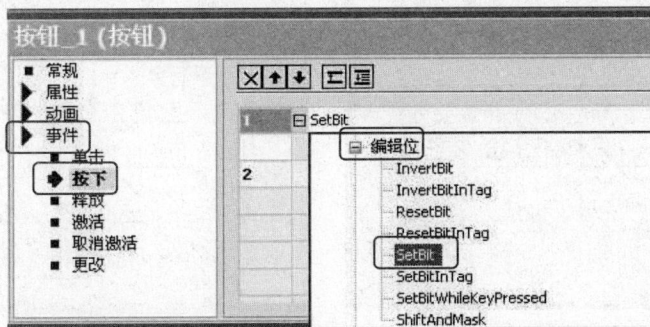

图 4-72　设置 RESET 的 "事件" → "按下" 选项

设置 "释放" 的动作变量，如图 4-73 所示。

图 4-73　设置 RESET 的 "事件" → "释放" 选项

关联 "RESET-HMI" 变量，如图 4-74 所示。

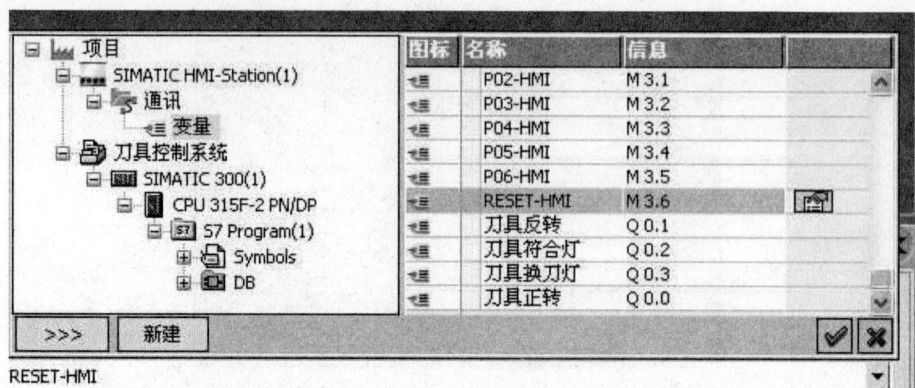

图 4-74 关联 "RESET-HMI" 变量

（3）同理，分别设置 "1 号刀" "2 号刀" "3 号刀" "4 号刀" "5 号刀" "6 号刀" 按钮的属性，完成后界面如图 4-75 所示。

（4）添加 "符合" 指示灯，设置如图 4-76 和图 4-77 所示。

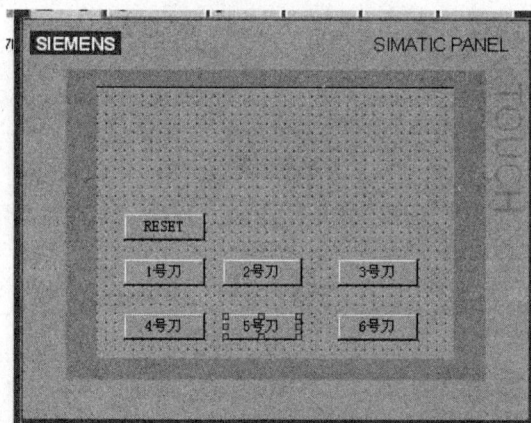

图 4-75 添加完所有按钮后的界面

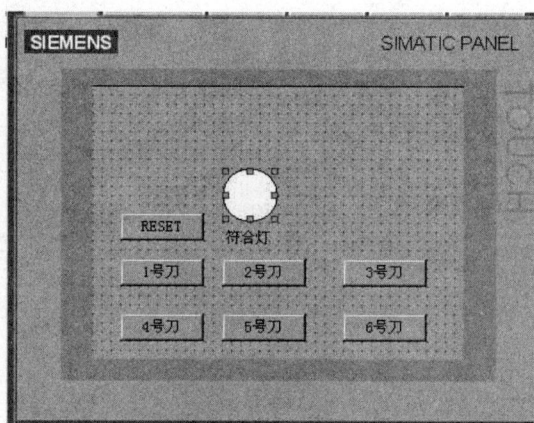

图 4-76 在画面上添加 "符合" 指示灯

图 4-77 "符合" 指示灯动画属性设置

（5）同理，分别添加"换刀""正转""反转"几个指示灯，完成后界面如图 4-78 所示。

（6）在屏幕上方插入 A 文本域，输入"刀具控制界面"6 个字，如图 4-79 和图 4-80 所示。

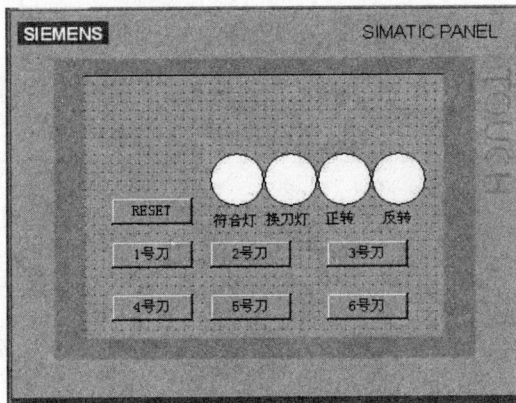

图 4-78　添加完所有指示灯的界面

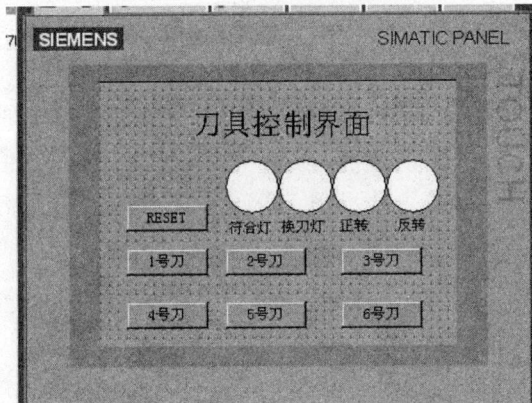

图 4-79　添加"刀具控制界面"文本标签

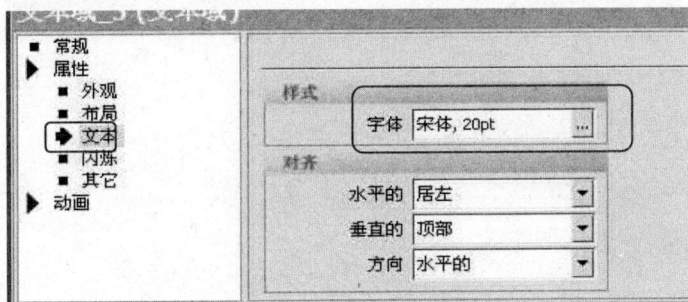

图 4-80　文本属性设置

11. HMI 下载

保存项目，单击下载按钮进行下载（此时，HMI 必须在运行或 Transfer 状态下），如图 4-81 所示。

图 7-81　HMI 下载

12. 调试

（1）按下面板上 RESET 按钮，刀具开始旋转直到 1 号刀到达换刀位置，然后停止。

（2）任意按下 P01、P02、P03、P04、P05、P06 按钮，刀具就近旋转。

（3）各刀以最短距离旋转至换刀位置，然后停止。

（4）当各刀到达换刀位置时，"符合"灯亮，延时 2s 后，"符合"灯灭，"换刀"灯亮，延时 2s 后"换刀"灯灭。

（5）按下触摸屏上各按钮具有相应的功能。

第五章

S7-300/400 的 PROFIBUS
网络通信的组态与编程

第一节 通信的基础知识

一、通信的基本概念

通信是指人与人或人与自然之间通过某种行为或媒介进行的信息交流与传递，从广义上讲，是指需要信息的双方或多方在不违背各自意愿的情况下无论采用何种方法，使用何种媒介，将信息从某方准确安全传送到另方。

1. 通信的基本组成

（1）传送设备：包括发送器和接收器。PLC 网络称其为主站和从站。

（2）通信介质：连接传送设备的数据线。有同轴电缆、双绞线、光纤等。

（3）通信协议：数据通信所必须遵守的规则。

2. 通信的功能

全集成自动化示意图如图 5-1 所示，主要完成了现场层、控制层、管理层的全集成自动化。

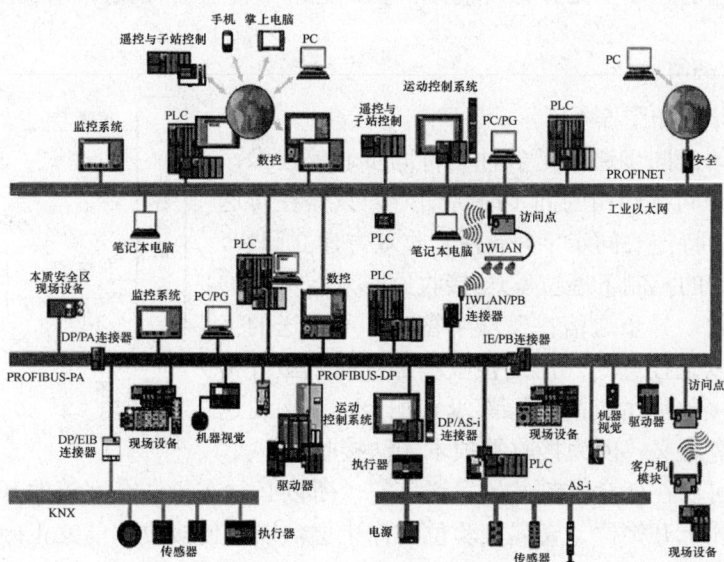

图 5-1　全集成自动化示意图

3. 通信的分类

通信可分为并行通信和串行通信。

（1）并行通信。并行通信传输中有多个数据位，可同时在两个设备之间传输。发送设备将这些数据位通过对应的数据线传送给接收设备，还可附加一位数据校验位。接收设备可同时接收到这些数据，不需要做任何变换就可直接使用。

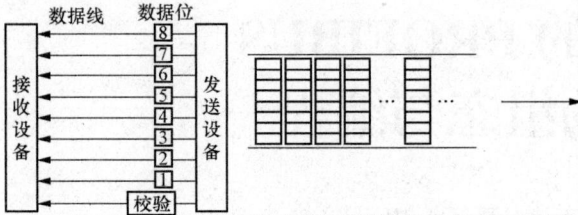

图 5-2　并行通信示意图

并行通信主要用于近距离通信。计算机内的总线结构就是并行通信的例子。这种方法的优点是传输速度快，处理简单，如图 5-2 所示。

（2）串行通信。串行数据传输时，数据是一位一位地在通信线上传输的，先由具有几位总线的计算机内的发送设备，将几位并行数据经并—串转换硬件转换成串行方式，再逐位经传输线传输到接收站的设备中，并在接收端将数据从串行通信重新转换成并行通信，以供接收方使用，如图 5-3 所示。

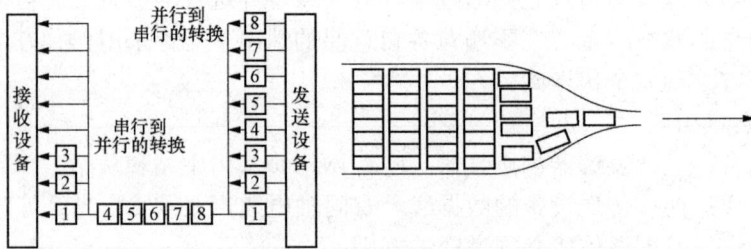

图 5-3　串行通信示意图

串行数据传输的速度要比并行传输慢得多，但对于覆盖面极其广阔的系统来说具有更大的现实意义。

4. 串行通信的分类

串行通信的分类如图 5-4 所示。

（1）同步通信。同步通信是一种比特同步通信技术，要求发收双方具有同频同相的同步时钟信号，只需在传送报文的最前面附加特定的同步字符，使发收双方建立同步，此后便在同步时钟的控制下逐位发送/接收。

（2）异步通信。异步通信在发送字符时，所发送的字符之间的时隙可以是任意的。但是接收端必须时刻做好接收的准备。如果接收端主机的电源都没有加上，那么发送端发送字符就没有意义，因为接收端根本无法接收。

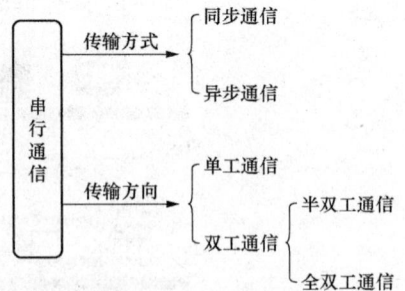

图 5-4　串行通信的分类

因为发送端可以在任意时刻开始发送字符，所以必须在每一个字符的开始和结束的地方都加上标志，即加上开始位、奇偶校验位和停止位，以便使接收端能够正确地将每一个字符接收下来。

异步通信的好处是通信设备简单、便宜，但传输效率较低（因为开始位和停止位的开销所占比例较大）。

（3）奇偶校验。为了保证异步通信的数据准确性，通常要对数据进行奇偶校验。

奇偶校验是对数据传输正确性的一种校验方法。在数据传输前附加一位奇校验位，用来表示传输的数据中"1"的个数是奇数还是偶数，为奇数时，校验位被置为"0"，否则被置为"1"，用以保持数据的奇偶性不变。

例如，需要传输"1100 1110"，数据中含 5 个"1"，所以其奇校验位为"0"，同时把"1100 11100"传输给接收方，接收方收到数据后再一次计算奇偶性，"1100 11100"中仍然含有 5 个"1"，所以接收方计算出的奇校验位还是"0"，与发送方一致，表示在此次传输过程中未发生错误。

奇偶校验就是接收方用来验证发送方所传数据在传输过程中是否由于某些原因而被破坏。

（4）单工通信。单工通信是指通信只有一个固定的传输方向，如图 5-5 所示。

图 5-5　单工通信示意图

（5）双工通信。双工通信是指双方互为发送和接收方（见图 5-6）。

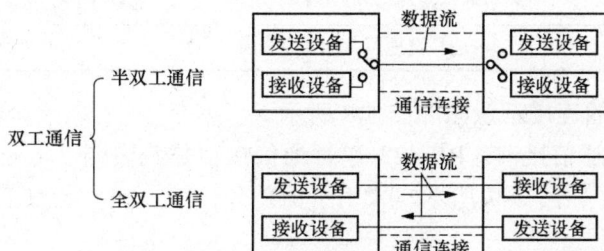

图 5-6　双工通信示意图

PLC 通信中常采用半双工和全双工通信。

5. 串行通信的传输速率

在串行通信中，用"比特率"来描述数据的传输速率。所谓比特率，即每秒钟传送的二进制位数，其单位为 bps（bits per second）。它是衡量串行数据传输速率快慢的重要指标。有时也用"位周期"来表示传输速率，位周期是比特率的倒数。

国际上规定了一个标准比特率系列：110bps、300bps、600bps、1200bps、1800bps、2400bps、4800bps、9600bps、14.4kbps、19.2kbps、28.8kbps、33.6kbps、56kbps。例如，9600bps，指每秒传送 9600 位，包含字符的数位和其他必需的数位，如奇偶校验位等。

关于比特率需要注意以下几个问题：

大多数串行接口电路的接收比特率和发送比特率可以分别设置，但接收方的接收比特率必须与发送方的发送比特率相同。

通信线上所传输的字符数据（代码）是逐位传送的，1 个字符由若干位组成，因此每秒钟所传输的字符数（字符速率）和比特率是两种概念。

在串行通信中，所说的传输速率是指比特率，而不是指字符速率，它们两者的关系是：假如在异步串行通信中，传送一个字符，包括 12 位（其中有一个起始位，8 个数据位，2 个停止位），其传输速率是 1200bps，每秒所能传送的字符数是 1200/（1＋8＋1＋2）＝100 个。

6. 串行通信的接口标准

（1）RS-232C 串行通信接口。RS-232C 串行通信接口美国电子工业协会（EIC）于 1969 年公布的一种标准化接口，如图 5-7 所示。

RS-232C 串行通信接口标准的为 25 针 D 型连接器，也有 9 针的。曾经在计算机中广泛应用，采用全双工异步通信方式，负逻辑，即 $-15 \sim -5V$ 表示逻辑"1"，$+5 \sim +15V$ 表示逻辑"0"，共地的传输方式，易受公共地线上的电位差和外部引入的干扰信号的影响。有被 USB 取代的趋势。

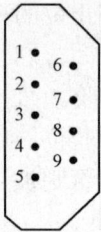

图 5-7 RS-232C 串行通信接口

针号的含义如表 5-1 所示。

表 5-1   RS-232C 串行通信接口针号说明

针号	信号缩写	信号名称	针号	信号缩写	信号名称
1	DCD	载波检测	6	DSR（DR）	数据集准备好
2	RD（RXD）	接收数据	7	RS（RTS）	请求发送
3	SD（TXD）	发送数据端准备	8	CS（CTS）	清除发送
4	DTR（ER）	数据终端准备好	9	RI（CI）	调用指示
5	SG	信号接地			

RS-232C 与 PLC 的连接示意图如图 5-8 所示。

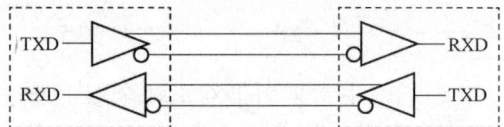

（2）RS-422 串行通信接口。RS-422 串行通信接口是美国电子工业协会（EIC）于 1977 年推出的新接口标准，如图 5-9 所示。采用平衡差分传输方式，全双工通信方式，具有足够好的抗干扰能力。

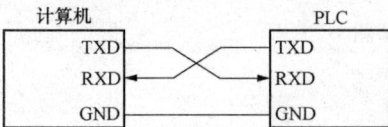

图 5-8 RS-232C 与 PLC 的连接示意图   图 5-9 RS-422 串行通信接口示意图

（3）RS-485 串行通信接口。在 RS-422 的输出端设置一个输出"使能端"，则形成 RS-485 接口，如图 5-10 所示。

RS-485 接口采用半双工通信方式。一般 RS-485 协议的接头没有固定的标准，因此不同厂家的引脚顺序和引脚功能可能不尽相同，但是官方一般都会提供产品说明书，用户可以查阅相关 RS-485 管脚图定义或者引脚图。

现场总线 PROFIBUS 通信接口采用 RS-485 标准。S7-400 与 S7-300 的 DP 通信连接示意图如图 5-11 所示。

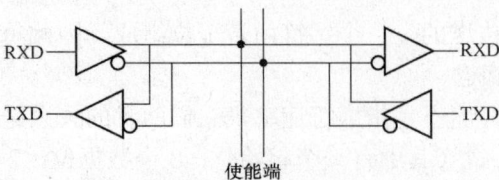

图 5-10 RS-485 串行通信接口   图 5-11 S7-400 与 S7-300 的 DP 通信连接示意图

当发生接口标准不一致时，需要进行接口标准的转换，比如计算机通常自带接口为 RS-232 标准的，在与 PLC 进行连接时，则需要转换元件先把通信接口标准转换为 RS-485 标准，然后再与 PLC 进行连接，如图 5-12 所示。

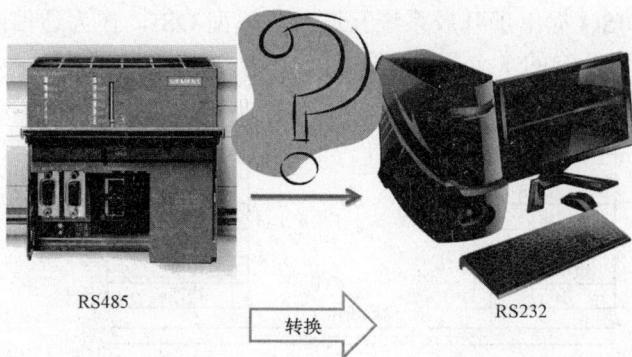

RS485　　　转换　　　RS232

图 5-12　串口标准转换示意图

西门子公司采用编程电缆完成了计算机与 PLC 的连接。图 5-13 所示的编程电缆，其与 PLC 连接的一侧采用 9 针的 RS-485 接口，连接计算机的一侧采用 USB 接口。不同的编程电缆在连接计算机的一侧会有不同，有的采用 RS-232 的 9 针型接口，如图 5-14 所示。

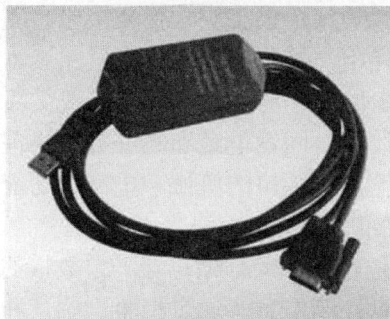

图 5-13　计算机连接侧为 USB 接口型的编程电缆

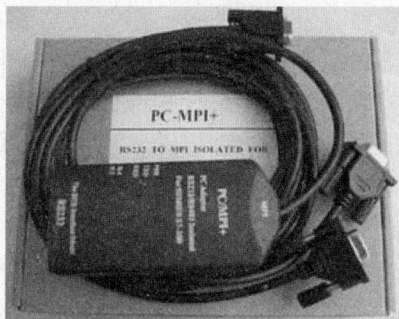

图 5-14　计算机连接侧为针型的编程电缆

实例应用图见图 5-15 所示。图中的方框部分是连接 PLC 的电缆，PLC 通过电缆线连接到了计算机后面机箱上的 RS-232 的 9 针型接口。

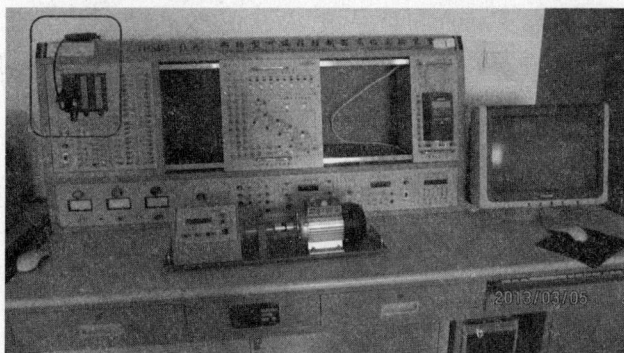

图 5-15　用编程电缆连接 PLC 和计算机

二、通信协议

1. 开放系统互连参考模型

国际标准化组织 ISO 提出了开放系统互连参考模型 OSI，作为通信网络标准化的参考模型，它详细描述了通信功能的 7 个层次，如图 5-16 所示。

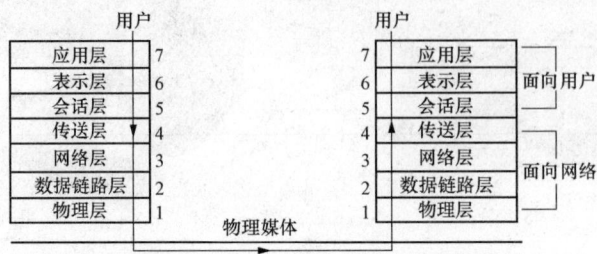

图 5-16　开放系统互连参考模型

上述 7 层模型分为两类，一类是面向用户的 5～7 层，另一类是面向网络的 1～4 层。前者给用户提供适当的方式去访问网络的系统，后者描述数据怎样从一个地方传输到另一个地方。

发送方传送给接收方的数据，实际上是经过发送方各层从上到下传递到物理层，通过物理媒体（媒体又称为介质）传输到接收方后，再经过从下到上各层的传递。最后到达接收方的应用程序。发送方的每一层协议都要在数据报文前增加一个报文头，报文头包含完成数据传输所需的控制信息，只能被接收方的同一层识别和使用。接收方的每一层只阅读本层的报文头的控制信息，并进行响应的协议操作，然后删除本层得到的发送方发送的报文头数据。

（1）物理层。物理层的下面是物理媒体，例如双绞线、同轴电缆和光纤等。物理层为用户提供建立、保持和断开物理连接的功能，定义了传输媒体接口的机械、电气、功能和规程的特性。RS-232C、RS-422 和 RS-485 等就是物理层标准的例子。

（2）数据链路层。数据链路层以帧（Frame）为单位传送，每一帧包含一定数量的数据和必要的控制信息，例如同步信息，地址信息和流量信息控制信息。通过校验，确认和要求重发等方法实现差错控制。数据链路层负责在两个相邻节点间的链路上，实现差错控制，数据成帧和同步控制等。

（3）网络层。网络层的主要功能是报文包的分段，报文包阻塞的处理和通信字网中路径的选择。

（4）传输层。传输层的信息传送单位是报文（Message），它的主要功能是流量控制、差错控制、连接支持，传输层向上一层提供一个可靠的端到端（end-to-end）的数据传送服务。

（5）会话层。会话层的功能是支持通信管理和实现最终用户应用进程之间的同步，按正确的顺序收发数据，进行各种对话。

（6）表示层。表示层用于应用层信息内容的形式转换，例如数据加密/解密，信息压缩/解压和数据兼容，把应用层提供的信息变成能够共同理解的形式。

（7）应用层。应用层作为 OSI 的最高层，为用户的应用服务提供交换，为应用接口提供操作标准。

不是所有的通信协议都需要 OSI 参考模型中的全部 7 层，例如有的现场总线通信协议只采用了 7 层协议中的第 1、2 层和第 7 层。

2. IEEE 802 通信标准

IEEE（国际电工与电子过程学会）的 802 委员会于 1982 年颁布了一系列计算机局域网分层通信协议标准草案，总称为 IEEE 802 标准。它把 OSI 参考模型的底部两层分解为逻辑链路控制层（LLC），媒体访问控制层（MAC）和物理传输层。前两层对应于 OSI 参考模型中的数据链路层，数据链路层是一条链路（Link）两端的两台设备进行通信时必须共同遵守的规矩和约定，如图 5-17 所示。

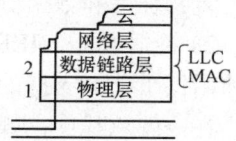

图 5-17　OSI 参考模型的分解

（1）媒体访问控制层（MAC）。媒体访问控制层（MAC）的主要功能是控制对传输媒体的访问，实现帧的寻址和识别，并检测传输媒体的异常情况。逻辑链路控制层（LLC）用于在节点间对帧的发送，接收信号进行控制，同时检验传输中的错误。MAC 层对应于 3 种已经建立的标准，即带冲突检测的载波侦听多路访问（CSMA/CD）通信协议，令牌总线（Token Bus）和令牌环（Token Ring）。

1）CSMA/CD。CSMA/CD 通信协议的基础是 Xerox 等公司研制的以太网（Ethernet），早期的 IEEE 802.3 标准规定的比特率为 10Mbit/s 后来发布了 100Mbit/s 的快速以太网 IEEE 802.3u、1000Mbit/s 的千兆以太网 IEEE 802.3z，以及 10000Mbit/s 的 IEEE 802e。

CSMA/CD 各站共享一条广播式的传输总线，每个站都是平等的，采用竞争的方式发送信息到传输线上，也就是说，任何一个站都可以随时发送广播报文，并被其他各站接收。当某个站识别到报文上的接收站名与本站的站名相同时，便将报文接收下来。由于没有专门的控制站，两个或多个站可能因为同时发送信息而发生冲突，造成报文作废。

为了防止冲突，发送站在发送报文之前，先监听一下总线是否空闲，如果空闲，则发送报文到总线上，这种方法被称为"先听后讲"。但是这样做仍然有发生冲突的可能，因为从组织报文到报文在总线上传输需要一段时间，在这段时间内，另一个站通过监听也可能会认为总线空闲，并发送报文到总线上，这样就会因为两个站同时发送而发生冲突。

为了解决这一问题，在发送报文开始的一段时间，仍然监听总线，采用边发送边接收的办法，把接收到的信息和自己发送的信息想比较，若相同则继续发送，这种方法被称为"边听边讲"；若不相同则说明发生了冲突，发送站会立即停止发送报文，并发送一段简短的冲突标志（阻塞码序列），来通知总线上的其他站点。为了避免产生冲突的站同时重发它们的帧，需要采用专门的算法来计算重发的延迟时间。通常把这种"先听后讲"和"边听边讲"相结合的方法称为 CSMA/CD（带冲突检测的载波侦听多路访问技术），其控制策略是竞争发送，广播式传送，载波监听，冲突检测，冲突后退和再试发送，如图 5-18 所示。

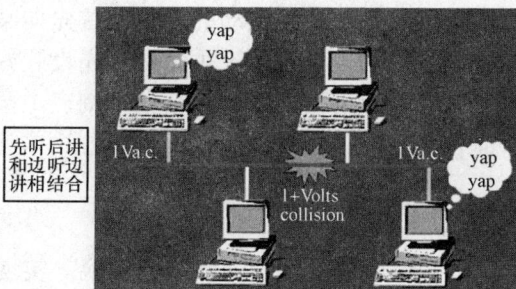

以太网首先在个人计算机网络系统，例如办公自动化系统和管理信息系统（MIS）中得到了极为广泛的应用。以太网的硬件（例如网卡，集线器和交换机）非常便宜。

在太网发展的初期，通信速率较低，如果网络中的设备较多，信息交换比较频繁，则可能会经常出现竞争和冲突，影响信息传输的实时性。随着以太网传输速率的提高（100～1000Mbit/s）和采用了相应的措施，这一问题已

图 5-18　CSMA/CD 通信方式

经解决，现在以太网在工业控制中得到了广泛的应用，大型工业控制系统最上层的网络几乎全部采用以太网。使用以太网可很容易实现管理网络和控制网络的一体化。

以太网仅仅是一个通信平台，它包括 ISO 开放系统互连参考模型的 7 层模型中的底部两层，既物理层和数据链路层。

2）令牌总线。IEEE 802 标准的工厂媒体访问技术是令牌总线，其编号为 802.4。它吸收了通用汽车公司支持的制造自动化协议的内容。

在令牌总线中，媒体访问控制是通过传递一种被称为令牌的控制帧来实现的。按逻辑顺序，令牌从一个装置被传递到另一个装置，传递到最后一个装置后，再传递到第一个装置，如此周而复始，形成一个逻辑环。令牌有"空"和"忙"两个状态，令牌网开始运行时，由指定的站产生一个空令牌沿逻辑环传送。如何一个要发送信息的站都要等到令牌传给自己，并判断其为空令牌时才能发送信息。发送站首先把令牌置成"忙"，并写入要传送信息的发送站名和接收站名，然后将载有信息的令牌送入环网传送。令牌沿环网循环一周后返回发送站时，如果信息以被接收站复制，发送的令牌将被置为"空"，送上环网继续传送，以供其他站使用。如果在传输过程中令牌丢失，则由控制站向网内注入一个新的令牌，如图 5-19 所示。

令牌传递式总线能在很重的负荷下提供同步操作，传输效率高，适于频繁、少量的数据传输，因此它最适合于需要进行实时通信的工业控制网络系统。

3）令牌环。令牌环媒体访问方案是由 IBM 公司提出的，它在 IEEE 802 标准中的编号为 802.5，有些类似于令牌总线。在令牌环上，最多只能有一个令牌绕环运动，不允许两个站同时发送数，如图 5-20 所示。

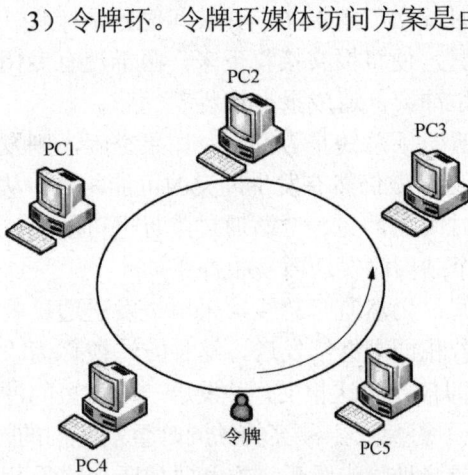

图 5-19　令牌总线传输方式示意图

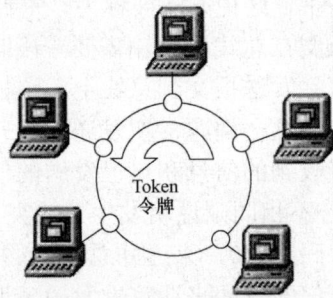

图 5-20　令牌环传输方式示意图

4）主从通信方式。主从方式是 PLC 常用的一种通信方式，它并不属于什么标准。主从通信网络只有一个主站，其他的站都是从站。在主从通信中，主站是主动的，主站首先向某个从站发送请求帧（轮询报文），该从站接收到后才能向主站传回响应帧。主站按事先设置好的轮询表的排列顺序对从站进行周期的查询，并分配总线的使用权，每个从站在轮询表中至少要出现一次，对实时性要求较高的从站可以在轮询表中出现几次，还可以用中断方式来处理紧急事件。

PROFIBUS-DP 的主站之间的通信为令牌方式，主站与从站之间为主从方式。

（2）逻辑链路控制层（LLC）。LLC 的主要功能是：处理两个站点之间帧的交换，实现端到端（源到目的）的无差错的帧传输和应答功能以及流量控制功能。由于 LAN 的介质共享特点，也可以实现广播式通信。

LLC 可为网络用户提供两种服务：无确认无连接服务和面向连接的服务。

1）无确认无连接服务：它提供无须建立数据链路级连接而网络层实体能交换链路服务数据单元的服务。数据传送方式可以是点到点、点到多点式，也可以是广播式。这是一种数据报服务。

2）面向连接的服务：在这种服务方式下，必须先建立链路连接，才能进行帧的传送。它提供了建立、维持、复位和终止数据链路层连接的手段。还提供了数据链路层的定序、流控和错误恢复，这是一种虚电路服务。

3. PLC 通信方式

（1）PLC 主站和从站之间选用主从通信方式。在主从通信方式中，主站是主动的，主站首先向某个从站发送请求帧（轮询报文），该从站接收到后才能向主站返回响应帧。主站按事先设置好的轮询表的排列顺序对从站进行周期性的查询，并分配总线的使用权。

（2）PLC 主站之间选用令牌通信方式。

三、现场总线通信系统

1. 现场总线的基本概念

IEC 对现场总线的定义是安装在制造和过程区域的现场装置与控制室内的自动控制之间的数字式、串行、多点通信的数据总线，它是当前工业自动化的热点之一。

现场总线以开放式、独立的、全数字化的双向、双节点通信取代了 4～20mA 现场模拟量信号。

现场总线 I/O 集检测、数据处理、通信为一体，可代替变送器的现场总线 I/O 的接线极为简单，只需一根电缆，从主机开始，沿数据链从一个现场总线 I/O 连接到下一个现场总线 I/O。使用现场总线后，可以节约配线、安装、调试和维护等方面的费用，现场总线 I/O 与 PLC 可以组成高性价比的 FCS，与半分散的 DCS 不同，FCS 无论是结构上还是控制上均做到了全分散，如图 5-21 所示。

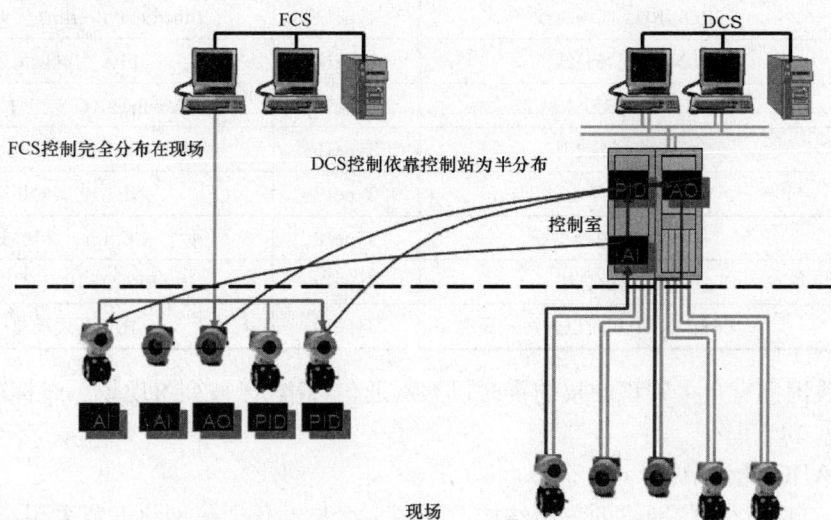

图 5-21　运用了 DP 通信的 FCS 与 DCS 的区别

使用现场总线后，操作员可以在中央控制室远程监控，对现场设备进行参数调整，还可以通过现场设备的自动诊断故障来寻找故障点。

2. IEC 61158 中的现场总线类型

由于历史的原因，现在有多种现场总线标准并存，IEC 的现场总线国际总线国际标准在 1999 年底获得通过，经过多方的争执和妥协，最后容纳了 8 种不兼容的协议，这 8 种协议分别针对 IEC 61158 中的 8 种现场总线类型。

类型 1：TS61158，原 IEC 技术报告。

类型 2：ControlNet。

类型 3：PROFIBUS。

类型 4：P-Net。

类型 5：FF HSE。

类型 6：SwiftNet。

类型 7：WorldFIP。

类型 8：INTERBUS。

由于以太网应用非常普及，产品价格低廉，硬件软件资源丰富，传输速率高，网络灵活结构灵活，可以用软件和硬件措施来解决响应时间不确定的问题，各大公司和标准化组织纷纷提出了提升工业以太网实时性的解决方案，从而产生了实时以太网。

2007 年出版的 IEC 61158 第 4 版采纳了经过市场考验的 20 种总线（见表 5-2）。其中的类型 1 是原 IEC 61158 第 1 版技术规范的内容，类型 2 通过工业协议包括 Rockwell 公司的 DeviceNet、ContolNet 和实时以太网 Ethernet/IP，类型 6 因为不理想，已被撤销。

表 5-2　　　　　　　　　　　　　　IEC 61158 Ed.4 现场总线类型

类 型	技 术 名 称	类 型	技 术 名 称
Type1	TS61158 现场总线	Type11	Tcnet 实时以太网
Type2	CIP 现场总线	Type12	EtherCAT 实时以太网
Type3	PROFIBUS 现场总线	Type13	Ethernet Powerlink 实时以太网
Type4	P-NET 现场总线	Type14	EPA 实时以太网
Type5	FF HSE 高速以太网	Type15	Modbus-RTPS 实时以太网
Type6	SwiftNet 被撤销	Type16	SERCOS Ⅰ、Ⅱ现场总线
Type7	WorldFIP 现场总线	Type17	VNET/IP 实时以太网
Type8	INTERBUS 现场总线	Type18	CC_Link 现场总线
Type9	FF H1 现场总线	Type19	SERCOS Ⅲ实时以太网
Type10	PROFINET 实时以太网	Type20	HART 现场总线

EPA 是我国拥有自主知识产权的实时以太网通信标准，已被列入现场总线标准 IEC 61158 第 4 版的类型 14。

3. SIMATIC 通信架构

（1）工厂自动化通信网络的三级结构。大型工厂自动化通信网络一般采用三级结构，如图 5-22 所示。

　　1）现场设备层。现场设备层的主要功能是连接现场设备，例如分布式 I/O、传送器、驱动器、执行机构和开关设备等，完成现场设备控制及设备间的连锁控制。一般来说，现场设备层的传输数据量较小，要求的响应时间为 10～100ms。主站负责总线通信管理及与从站的通信，总线上所有的设备生产工业控制程序均存储在主站，并由主站执行。

图 5-22　SIMATIC NET

　　网络系统的现场设备层主要使用 AS-i 网络。AS-i 的主站与连接到其子网的执行器和传感器进行通信，其特点就是对少数数据的毫秒级快速响应。

　　2）车间控制层。车间控制层又称单元层，用来完成车间各生产设备之间的连接，实现时间及设备的监控，车间调度等车间级生产管理功能。车间控制层用 PROFIBUS 或工业以太网将 PLC、PL 和 HNI 连接到一起。这一级对数据传送速率要求不高，要求的响应时间为 100ms～1s，但是应能传送大量的信息。

　　3）工厂管理层。车间管理网作为工厂主网的一个子网，通过交换机、网桥或路由器等连接到厂区主干网，将车间数据集成到工厂管理层。管理层处理的是对整个系统的运行有重要作用的高级别任务。

　　（2）西门子的自动化通信网络。

　　S-300/400 有很强的通信能力，CPU 模块全都集成有 MPI，有的 CPU 模块还集成有 PEOFIBUS-DP、PROFINET 或点对通信接口，此外还可以使用 PROFIBUS-DP、工业以太网、AS-i 和点对通信处理器模块。通过 PROFIBUS-DP 或 AS-i 现场总线，CPU 分布式 I/O 模块之间可以周期性地自动交换数据。数据通信可以周期性地自动运行，或者给予事件驱动。

　　（3）PG/OP 通信服务。PG/OP 通信服务是集成的通信功能，用户与 SIMATIC PLC、SIMOTION、编程软件、HMI 是被时间的通信，工业以太网、PROFIBUS 均支持 PG/OP 通信服务。

四、基于 PROFIBUS 现场总线的通信

　　PROFIBUS 是目前国际上通用的现场总线标准之一，它以其独特的技术特点、严格的认证规范、开放的标准、众多厂商的支持，已被纳入现场总线国际标准 IEC 61158。

　　全球安装的 PROFIBUS 节点总数已达数千万个。PROFIBUS 技术是唯一可以满足两类通信应用（制造业和过程工业应用的现场总线）的现场总线标准。

　　PROFIBUS 是一种用于工厂自动化车间级监控和现场设备层数据通信与控制的现场总线技术。可实现现场设备层到车间控制层的分散式数字控制和现场通信网络，从而为实现工厂综合自动化和现场设备智能化提供了可行的解决方案。

　　1. PROFIBUS 的通信系统

　　（1）PROFIBUS-DP。PROFIBUS-DP（简称为 DP）主要用于制造业自动化系统中单元级和现场级通信，特别适合于 PLC 与现场级分布式计算机设备之间的通信。DP 是 PROFIBUS 中应用最广的通信方式。

　　图 5-23 所示为 PROFIBUS-DP 在实际工业中的应用实例。

　　PROFIBUS-DP 可用于连接下列设备：PLC、PC 和 HMI 设备；分布式现场设备，例如 SIMATIC ET200 和变频器等设备。PROFIBUS-DP 响应速度快，因此很适合在制造业中使用。

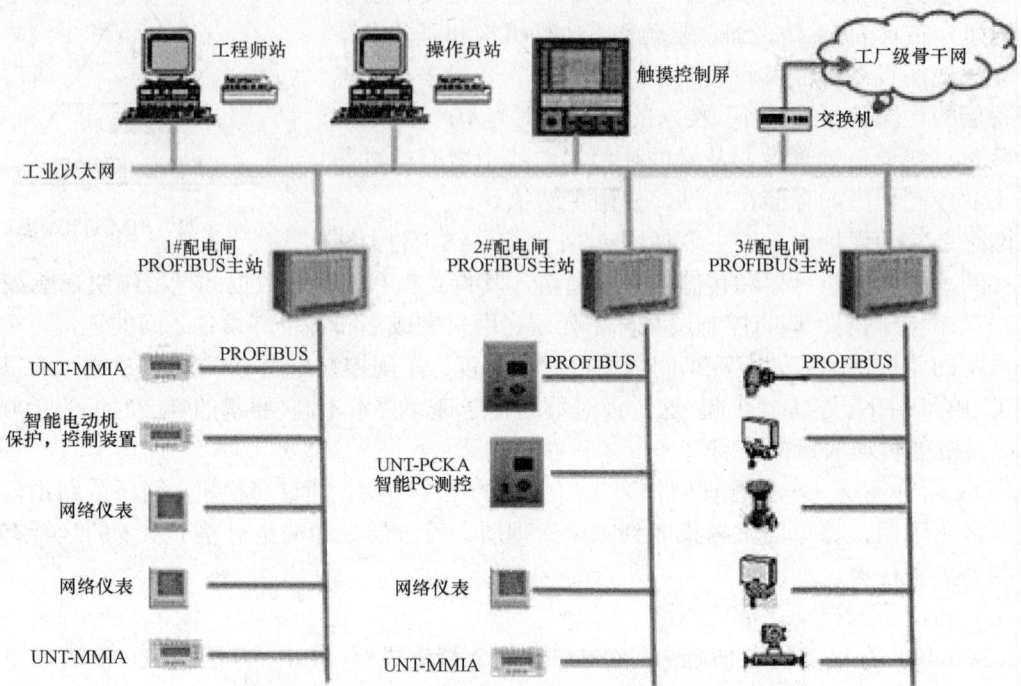

图 5-23 PROFIBUS 在工业控制中的应用

PROFIBUS-DP 的接口标准为 RS-485 标准。PROFIBUS-DP 和 PROFIBUS-FMS 使用相同的传输技术和统一的总线存取协议，可以在同一根电缆上同时运行。DP/FMS 符合 EIA RS-485

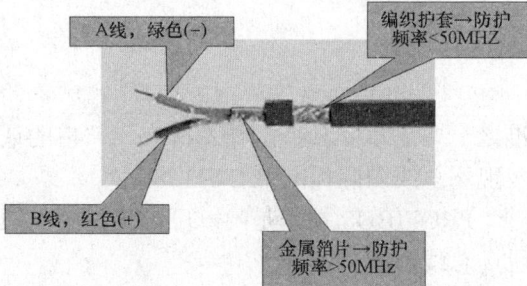

图 5-24 PROFIBUS-DP 电缆

标准，采用价格便宜的屏蔽双绞线电缆，电磁兼容性（EMC）条件较好时也可以使用不带屏蔽的双绞线电缆。标准 PROFIBUS 电缆一般都是 A 类电缆，其 A 线为绿色，B 线为红色。PROFIBUS-DP 电缆如图 5-24 所示。需要注意的是，电缆外壳的紫色部分为安全区，蓝色部分为防爆区。

PROFIBUS 总线连接器的每个上面都集成了终端电阻，连接器上的开关处在"ON"位置时，表示终端电阻被接到网络上，如图 5-25 所示。

PROFIBUS 的站地址空间为 0～127，其中的 127 为广播用的地址，所以最多能连接 127 个站点，一个总线段最多有 32 个站，超过了必须分段，段与段之需用中继器连接。中继器没有站地址，但是被计算在每段的最大站数中。中继器如图 5-26 所示。

图 5-27 所示为由中继器连接的 PROFIBUS-DP 网络，其中标"终端"两字的地方就需要把 PROFIBUS-DP 接头的终端电阻打到"ON"状态。

每个网段的电缆最大长度与传输速率的关系见表 5-3。分支电缆的最大长度见表 5-4。使用中继器隔离的分支网段的长度不受表 5-4 的限制。

图 5-25　PROFIBUS 总线连接器

图 5-26　中继器

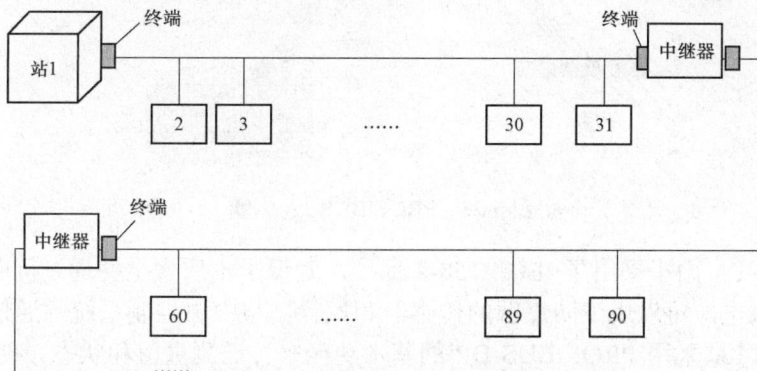

图 5-27　有中继器连接的 PROFIBUS-DP 站点

表 5-3　　　　　　　　　　　　传输速率与总线长度的关系

传输速率/（Kbit/s）	9.6～93.75	187.5	500	1500	3000～12000
A 型电缆长度/m	1200	1000	400	200	100
B 型电缆长度/m	1200	600	200	70	

表 5-4　　　　　　　　　　　　网络中分支电缆的长度

传输速率/（Kbit/s）	9.6	93.75	187.5	500	1500
分支电缆长度/m	500	100	33	20	6.6

　　PROFIBUS 也可以通过光纤中光的传输来传送数据。单芯玻璃光纤的最大连接距离为 15km，价格低廉的塑料光纤为 80m。光纤电缆对电磁干扰不敏感，并能确保站之间的电气隔离。近年来，由于光纤的连接技术已大大简化，这种传输技术已经广泛地被用于现场设备的数据通信。许多厂商提供专用总线插头来转换 RS-485 信号和光纤导体信号。

　　光链路模块（OLM）可用来实现单光纤环和冗余的双光纤环。在单光纤环中，OLM 通过单工光纤电缆相互连接，如果光纤电缆断线或 OLM 出现故障，则整个环路将崩溃。在冗余的双光纤环中，OLM 通过两个双工光纤电缆相互连接，如果两根光纤线中的一根出了故障，则总线系统将自动地切换为线性结构。光纤导线中的故障排除后，总线系统将返回到正常的冗余环状态。

　　（2）PROFIBUS-PA。PA 是 Process Automation（过程自动化）的缩写。PROFIBUS-PA 被

用于 PLC 与过程自动化的现场传感器和执行器的低速数据传输，特别适用于过程工业。

PROFIBUS-PA 功能被集成在启动执行器、电磁阀和测量变送器等现场设备中，传输速率为 31.25Kbit/s，可以采用总线型和树型结构。

PROFIBUS-PA 电缆如图 5-28 所示，电缆中的 A 线为绿色，B 线为红色。需要注意的是电缆外壳黑色的部分为安全区，蓝色的部分为防爆区。

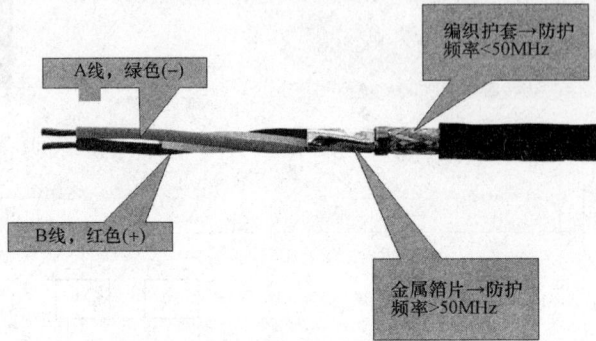

图 5-28　PROFIBUS-PA 电缆

PORFIBUS-PA 由于采用了 IEC 1158-2 标准，确保了本质安全并通过屏蔽双绞线电缆进行数据传输和供电，可以用于防爆区的传感器和执行器与中央控制系统的通信。

PROFIBUS-PA 采用 PROFIBUS-DP 的基本功能来传送测量值和状态。使用 DP/PA 连接器可以将 PROFIBUS-PA 设备很方便地集成到 PROFIBUS-DP 网络中。

DP/PA 耦合器是 PROFIBUS-DP 和 PROFIBUS-PA 之间的物理连接器。它使在单机运行中通过 PROFIBUS-DP 对 PA 现场设备进行寻址成为可能。而无须其他任何组件。DP/PA 耦合器还可用于 DP/PA 连接器中更高级的耦合任务，如图 5-29 所示。需要注意的是，PROFIBUS 段有设备数量、段的长度，终端等限制。PROFIBUS 总线包括主站控制的所有 PA 和 DP 段，可寻址 125 个站。

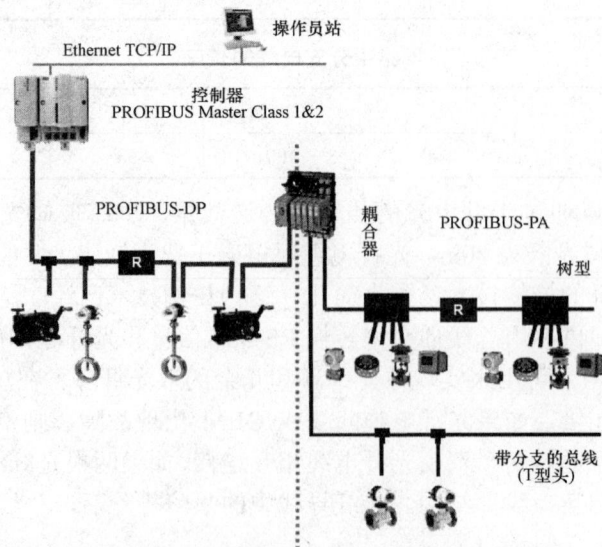

图 5-29　PROFIBUS-DP 和 PROFIBUS-PA 的应用

（3）PROFIBUS-FMS。FMS 是 Field Message Specification（现场总线报文规范）的缩写，可用于系统级和车间级的不同供应商的自动化系统之间的传输数据，处理单元级 PLC 和 PC 的多主站数据通信。

现在 PROFIBUS-FMS 已经基本上被以太网取代，实际上很少使用。

（4）PROFIdrive。PROFIdrive 可用于将驱动设备（从简单的变频器到高级的动态伺服控制器）集成到自动控制系统中。

为了完成现代驱动器的各种任务，PROFIdrive 定义了以下 6 个应用类别。

1）类别 1 定义了用速度设定值控制的标准驱动器。

2）类别 2 定义了具有技术功能的标准驱动器。过程被划分为一些子过程，主站将驱动任务发送给驱动设备，请求在各个驱动器之间直接进行数据交换。

3）类别 3 定义了包括位置控制器的定位驱动器。

4）类别 4 和类别 5 定义了在多个驱动器之间实现协调运行的中央运动控制。

5）类别 6 包括时钟处理和使用电子轴的分布式自动化，例如通过直接数字交换和同步通信实现电子齿轮传动或电子凸轮功能。

（5）PROFIsafe。PROFIsafe 可用于 PROFIBUS 和 PROFINET 面向安全设备的故障安全通信。可以用 PROFIsafe 很简单地实现安全的分布式解决方案。不需要对故障安全型 I/O 进行额外的布线，可在同一条物理总线上传输标准数据和故障安全数据。

PROFIsafe 是一款软件解决方案。在 CPU 的操作系统中以附加 PROFIsafe 层的形式实现故障安全通信。

（6）PROFIBUS FDL。FDL 是 Fieldbus Data Link（现场总线数据链路）的缩写，通信伙伴可以是 S7、S5 系列 PLC 或 PC。FDL 服务由 PROFIBUS 协议的第 2 层提供，允许发送和接受最多 240B 的数据块。只有 CP（通信处理器）才能提供 FDL 服务。

2. PROFIBUS 通信协议

PROFIBUS 协议结构是根据 ISO 7498 国际标准，以开放式系统互联网络（Open System Interconnection，OSI）作为参考模型的。OSI 模型是现场总线技术的基础。对于工业控制的底层网络来说，单个节点面向控制的信息量不大，信息传输的任务相对比较简单，但实时性、快速性的要求较高。现场总线采用的通信模型大都在 OSI 模型（见图 5-16）的基础上进行了不同程度的简化。

（1）PROFIBUS-DP：定义了第 1、2 层和用户接口。第 3～7 层未加描述。用户接口规定了用户及系统以及不同设备可调用的应用功能，并详细说明了各种不同 PROFIBUS-DP 设备的设备行为。

（2）PROFIBUS-FMS：定义了第 1、2、7 层，应用层包括现场总线信息规范（Fieldbus Message Specification，FMS）和低层接口（Lower Layer Interface，LLI）。FMS 包括了应用协议并向用户提供了可广泛选用的强有力的通信服务。LLI 协调不同的通信关系并提供不依赖设备的第二层访问接口。

（3）PROFIBUS-PA：PA 的数据传输采用扩展的 PROFIBUS-DP 协议。另外，PA 还描述了现场设备行为的 PA 行规。根据 IEC 1158-2 标准，PA 的传输技术可确保其本征安全性，而且可通过总线给现场设备供电。使用连接器可在 DP 上扩展 PA 网络。

PROFIBUS 通信协议结构如图 5-30 所示。

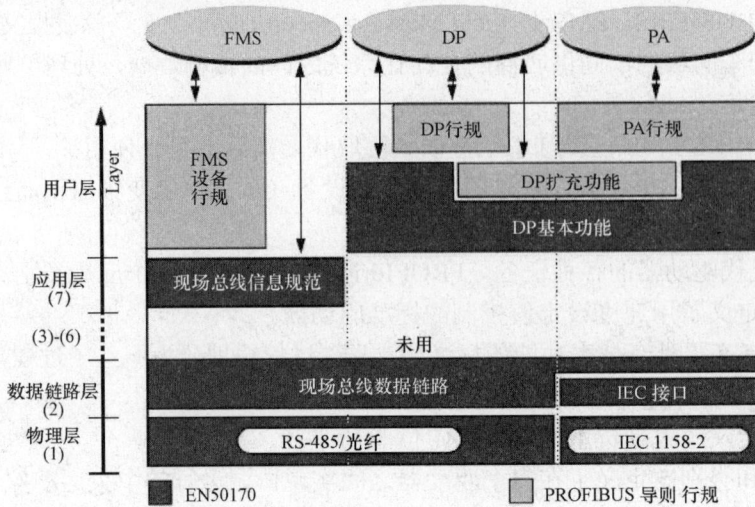

图 5-30　PROFIBUS 通信协议结构

3. PROFIBUS 的通信介质访问控制方式

PROFIBUS 的通信介质访问控制方式为分布式令牌方式，这是一种时间触发的网络协议。主节点之间为令牌环传递方式，主节点和从节点之间为主从轮询方式。当主节点得到令牌后，允许它在一定的时间内与从节点和（或）其他主节点通信。令牌在所有主节点中循环一周期的最长时间（设定周期 TTR）是事先设置的，决定了各主节点的令牌具体保持时间的长短。主节点之间传输数据必须保证在事先设置的时间间隔内主节点有充足的时间完成通信任务，主节点与从节点之间的数据交换要尽可能快且简单地完成数据传输，如图 5-31 所示。

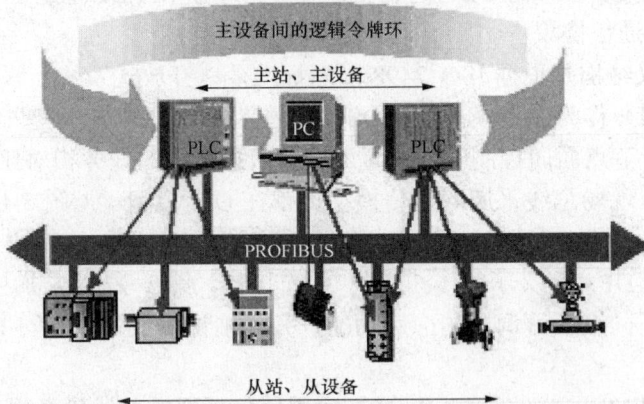

图 5-31　PROFIBUS 的通信介质访问控制方式

为此，PROFIBUS 的介质访问控制 MAC 协议设置了两类时钟计时器：一类是令牌运行周期计时器，用于令牌的实际运行周期 TRR 的计时；另一类是持牌计时器，用于主节点令牌保持时间 TTH 的计时，当令牌到达某个主节点时，此节点的周期计时器开始计时。

当令牌又一次到达主节点时，MAC 将周期计时器的 TRR 值与设定周期值 TTR 的差值赋给持牌计时器，即 TTH＝TTR－TRR，持牌器根据该值控制信息的传送。

在持牌计时器控制信息发送时，如果令牌到达超时，即 TTH<0，则此节点只可以发送一个高优先级信息；如果令牌及时到达，则此节点可以连续发送多个等待发送的高优先级信息，直到高优先级信息全部发送完毕，或者超过持牌时间。如果发完所有待发送的高优先级信息，仍有持牌时间，则可以用同样的方式发送低优先级信息。无论发送高优先级还是低优先级信息，都只在发送前检测持牌时间是否超时，而不是预先检测发送完此信息是否超时，此种检测方法意味着信息发送不可避免地造成持牌时间超时，影响了周期性实时通信的实现。

4．PROFIBUS 在冗余控制系统中的应用

可以将 PROFIBUS 用在冗余结构中。图 5-32 所示为 PROFIBUS 在冗余结构中的应用。

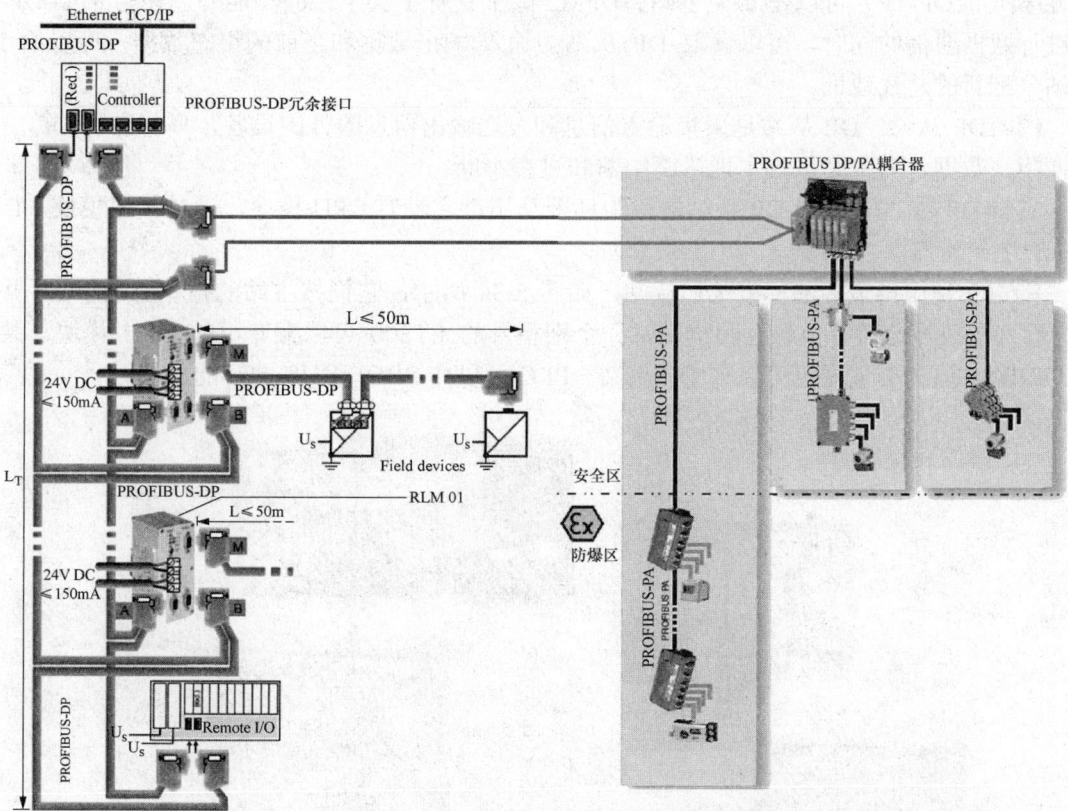

图 5-32　PROFIBUS 在冗余结构中的应用

五、基于 PROFIBUS-DP 的通信

PROFIBUS-DP 设备可以分为以下 3 种不同类型的站。

（1）1 类 DP 主站。1 类 DP 主站是系统的中央控制器，DPM1 在预定的周期内与 DP 从站循环地交换信息，并对总线通信进行控制和管理。DPM1 可以发送参数给 DP 从站，读取从站的诊断信息，用全局控制命令将它的运行状态告知给各从站。此外，还可以将控制命令发送给个别从站或从站组，以实现输出数据和输入数据的同步，如图 5-33 所示。

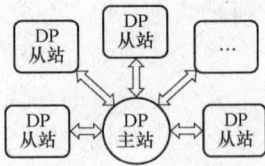

图 5-33 DP 从站通信组

下列设备可以作 1 类 DP 主站。

集成了 DP 接口的 PLC，例如 CPU315-2DP，CPU313C-2DP 等。

CPU 和支持 DP 主站功能的通信处理器。

插有 PROFIBUS 网卡的 PC，例如 WinAC 控制器。可以用软件功能选择 PC 作 1 类主站或是作编程监控的 2 类主站。可以使用 CP5511，CP5611，CP5613 等网卡。

连接工业以太网和 PROFIBUS-DP 的 IE/PB 连接器模块。

ET200S/ET200X 的主站模块。

（2）2 类 DP 主站。2 类 DP 主站是 DP 网络中的编程、诊断和管理设备。PC 和操作员面板/触摸屏（OP/TP）可以作 2 类主站。DPM2 除了具有 1 类主站的功能外，在与 1 类 DP 主站进行数据通信的同时，可以读取 DP 从站的输入/输出数据和当前的组态数据，可以给 DP 从站分配新的总线地址。

（3）DP 从站。DP 从站是采集输入信息和发送输出信息的外围设备，只与它和 DP 主站交换用户数据，向主站报告本地诊断中断和过程中断。

支持 DPV1 的非智能 DP 从站被称为标准从站，它没有 CPU 模块，通过接口模块（IM）与 DP 主站通信。

ET200 是用得最多的标准 DP 从站，如图 5-34 所示，它们按主站的指令驱动 I/O，并将 I/O 输入及故障诊断等信息返回给主站。个别型号的 ET200 可以配专用的 CPU 模块。某些 PROFIBUS 通信处理器也可以作 DP 从站。PLC 可以作 PROFIBUS 的智能从站。

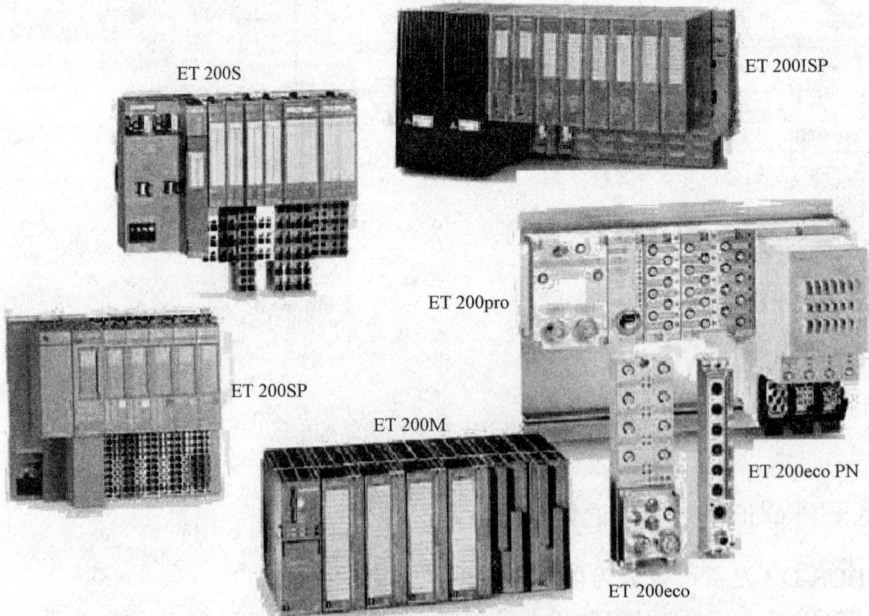

图 5-34 非智能 DP 从站设备图

（4）具有 PROFIBUS-DP 接口的其他现场设备。西门子的 SINUMERIK 数控系统，SITRANS 现场仪表，变频器，SIMOREG DC-MAS-TER 直流传动装置都有 PROFIBUS-DP 接

口或可选的 DP 接口卡，可以作 DP 从站。其他公司带 DP 接口的输入/输出，传感器，执行器或其他智能设备，也可以接入 PROFIBUS-DP 网络。

可以将 1 类，2 类 DP 主站或 DP 从站组合在一个设备中，形成一个 DP 组合设备。

六、PROFIBUS-DP 的接线

1. PROFIBUS-DP 的总线连接器

PROFIBUS-DP 的总线连接器如图 5-35 所示，不同批次的总线连接器产品外观等会略微有所不同。

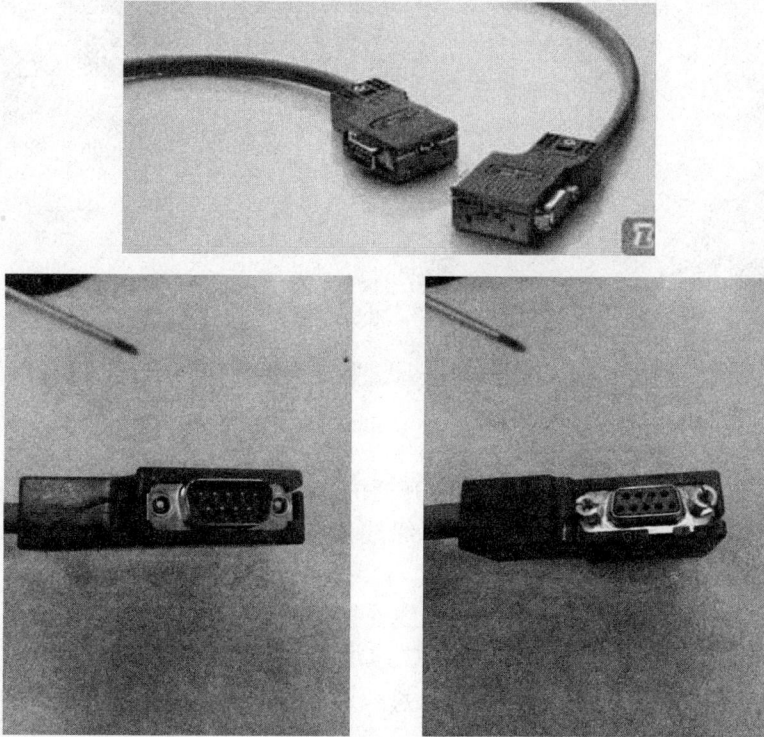

图 5-35　PROFIBUS-DP 的总线连接器

PROFIBUS-DP 的总线连接器接口采用 RS-485 接口，该接口为针型接口，管脚分配如表 5-5 和图 5-36 所示。

表 5-5　　　　　　　　　　　　　　　RS-485 9 针型子连接器的管脚分配

插针编号	信　号	含　　义	插针编号	信　号	含　　义
1	屏蔽	屏蔽	6	VP	终端电阻供电电压（5V）
2	M24	24V 输出电压的参考点	7	P24	24V 输出电压
3	RxD/TxD-P	接受/发送数据-P	8	RxD/TxD-N	接受/发送数据-N
4	CNTR-P	中继器控制信号-P	9	CNTR-N	中继器控制信号-N
5	DGND	数据参考点			

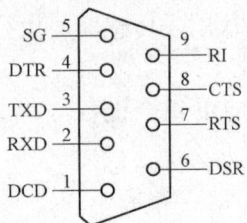

图 5-36　RS-485 9 针型
连接管脚标示示意图

2. PROFIBUS-DP 通信线的接法

在总线连接器的正面，如图 5-37 所示方框标示的部分，有向上和向下的箭头。向上的箭头标示 PROFIBUS 的进线，向下的箭头表示 PROFIBUS 的出线。

总线连接器打开后如图 5-38 所示。开盖后，总线连接器内有两个线槽，分别可以装入进线和出线。每个线槽有绿色条状和红色条状的标记，分别显示的是接入电缆线的颜色。

图 5-37　PROFIBUS-DP 总线连接器

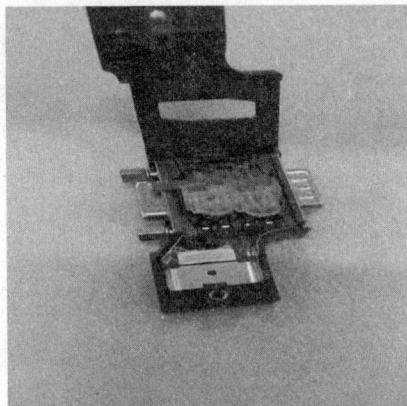

图 5-38　PROFIBUS 总线连接器开盖后的图示

图 5-39 所示为 PROFIBUS-DP 电缆拨开后的示意图，里面有红色的线和绿色的线。在接入 PROFIBUS 总线时，一定要注意红、绿线要与总线连接器线槽的红、绿条状标识相对应。

下面介绍连接 PROFIBUS-DP 电缆与总线连接器的连接方法。

（1）打开总线连接器，同时将 PROFIBUS-DP 电缆拨线至适当长度。

（2）将 PROFIBUS-DP 电缆中的线接入总线连接器的输入端，红线插入红色槽，绿线插入绿色槽，如图 5-40 所示。

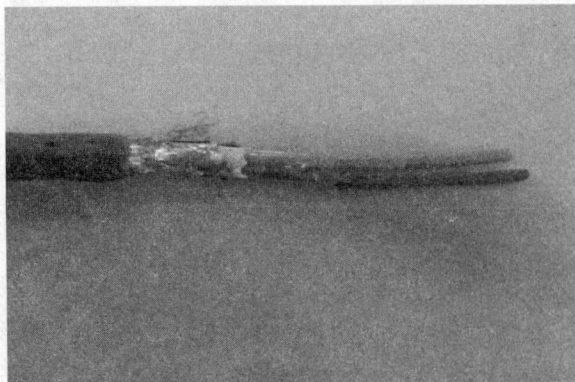

图 5-39　PROFIBUS-DP 电缆拨开后的示意图

图 5-40　红、绿线放入槽中

（3）将扬起的白色槽盖按下，将线压紧，如图 5-41 所示。

图 5-41　压线示意图

（4）整理总线连接器中的 PROFIBUS 线，之后将总线连接器前盖盖上，并用螺丝拧好，如图 5-42 所示。

（5）检测是否连接好。将终端电阻打到"ON"状态，同时将万用表的挡位打到 2K，用红、黑表笔同时接触总线连接器的 3 号针和 5 号针，若示数为"110Ω"，则证明接线正确，如图 5-43 所示。

图 5-42　总线连接器整体示意图

图 5-43　PROFIBUS 的接线检测

如果有 PROFIBUS-DP 的子站点需要接入出线，则可以在有向下箭头的一侧接入 PROFIBUS-DP 电缆。

第二节　S7-300/400 与 ET200 的 PROFIBUS-DP 通信的组态与编程

一、主站与 ET200 通信的组态与编程

支持 DPV1 的 DP 从站常被称为标准从站，或非智能从站。ET200 和变频器是典型的标准从站。某些型号的 S7CPU 也可以作 DP 从站，被称为智能从站，简称 I 从站。

如图 5-44 所示，为 S7-300/400 与 ET200M 的 DP 通信示意图。

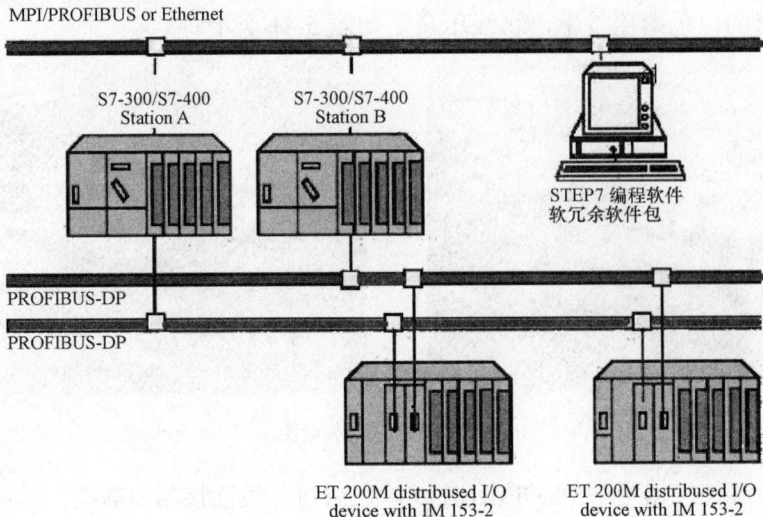

图 5-44　S7-300/S7-400 与 ET200M 的 DP 通信示意图

1. DP 网络中的 I/O 地址分配

在 PROFIBUS 网络系统中，主站和非智能从站的 I/O 自动统一编址。下面是模块地址分配的原则。

（1）I/O 分为 4 类，即数字量输入，数字量输出，模拟输入量和模拟量输出。按组态的先后次序，同类 I/O 模块的字节的地址依次排列。模块地址与模块所在机架号和插槽号无关。

（2）数字量 I/O 模块的起始地址从 0 号字节开始分配。S7-300 和 S7-400 的模拟量 I/O 模块的起始地址分别从 256 号和 512 号字节开始分配，每个模拟量 I/O 点占两个字节的地址。

（3）HW Config 自动统一分配 DP 主站和它的标准从站的 I/O 的起始字节地址，用户可以在模块的属性对话框的地址选项卡中修改它。不过一般都使用自动分配的地址。

（4）主站和智能从站之间通过组态时设置的输入/输出区来交换数据。智能 DP 从站内部的 I/O 地址独立于主站和其他从站。

2. 组态 DP 从站 ET200M

控制任务如下所示。

（1）打开 STEP 7，对 CPU314C-2DP 进行硬件组态，修改 I/O 地址，分别以 0 开头，如图 5-45 所示。

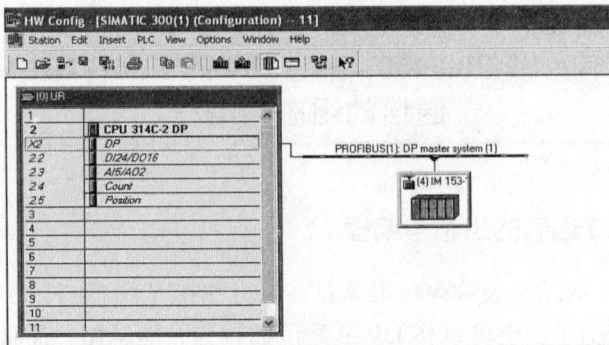

图 5-45　硬件组态图

（2）建立 PROFIBUS 网络，加载 ET200M 模块中的 IM153-1，将 PROFIBUS 地址设置为"4"，如图 5-45 所示。

（3）在 IM153-1 组成的从站中添加模块，并为其分配地址，如图 5-46 所示。

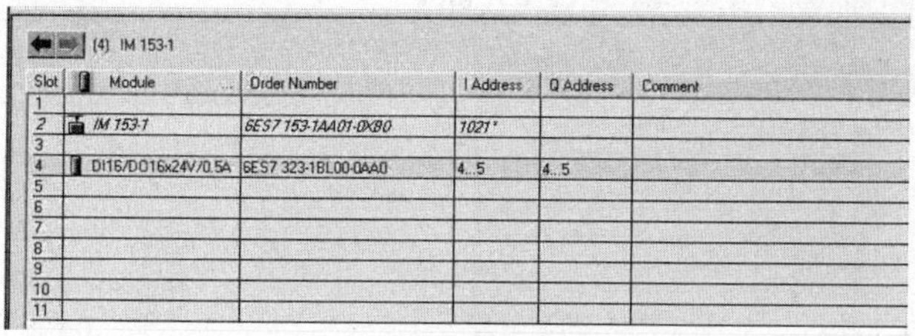

图 5-46　EM200M 模块添加明细表

（4）实现 CPU314C-2DP 与 ET200M 的通信，实现控制要求如图 5-47 所示。

1）用 PLC 的变量 I0.0 控制 PLC 的输出变量 Q0.0 和 ET200 的输出 Q4.0。

2）用 ET200 的变量 I4.0 控制 PLC 的输出字节变量 QB1，并将 QB1 变量存储值改为"256"。

（5）用仿真软件 PLCSIM 仿真，查看变量是否发生变化。

图 5-47　仿真框图

3. 组态 DP 从站 ET200M 的步骤

（1）启动 STEP 7，创建一个新的项目组，添加一个 S7-300 的站点，如图 5-48 所示。

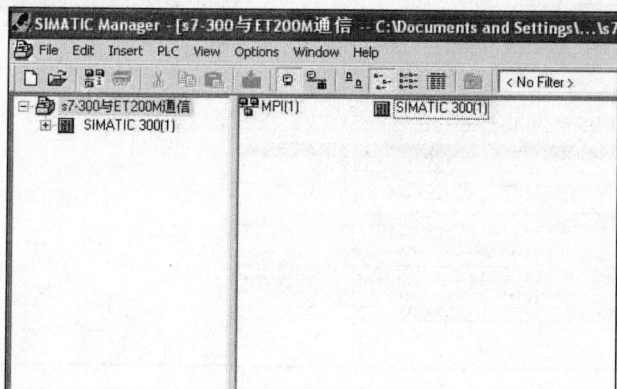

图 5-48　项目创建

（2）打开 SIMATIC 300（1）站点的 Hardware，对其完成硬件组态，如图 5-49 所示。

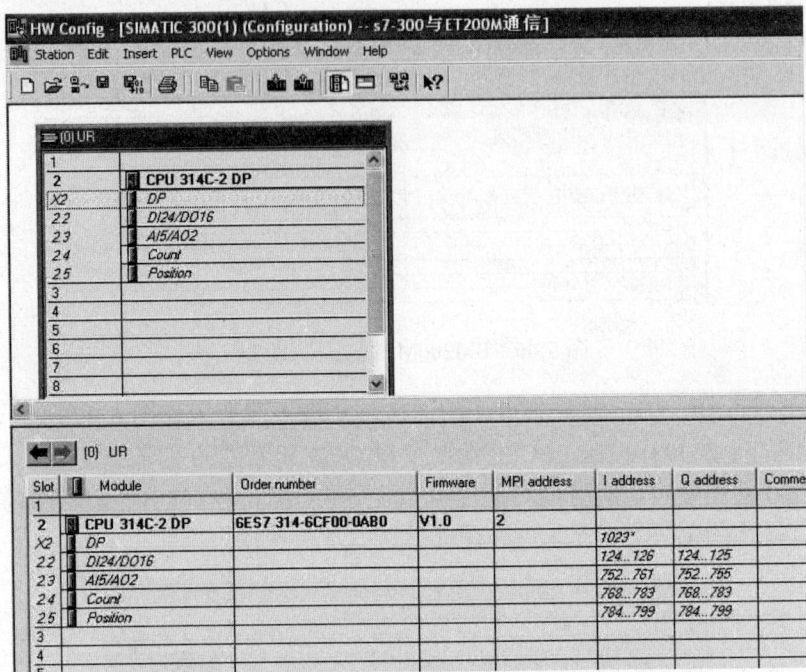

图 5-49　硬件组态图

（3）在图 5-50 中的"DI24/DO16"行中，分别将 I/O 地址修改为以 0 开头的字节，如图 5-50 所示。

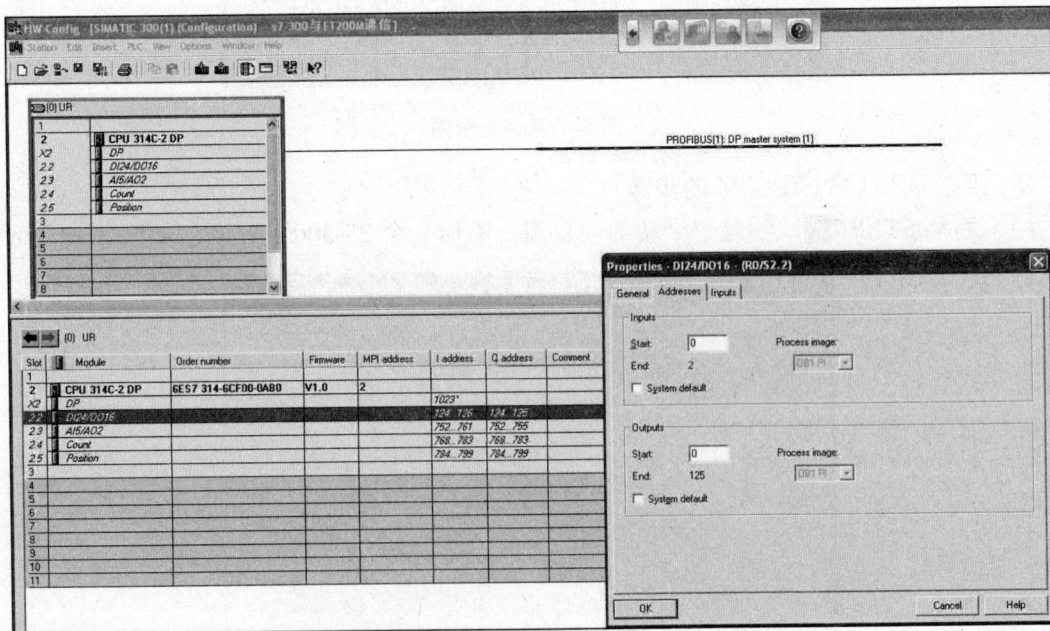

图 5-50　修改字节地址

（4）双击 DP 行，在出现的选项卡中，单击 [Properties...] 按钮，如图 5-51 所示。

（5）在出现的选项卡中，新建一个 PROFIBUS（1），然后单击 [OK] 按钮退出当前选项卡，再单击"Properties-DP"选项卡中的 [OK] 按钮，如图 5-52 所示。

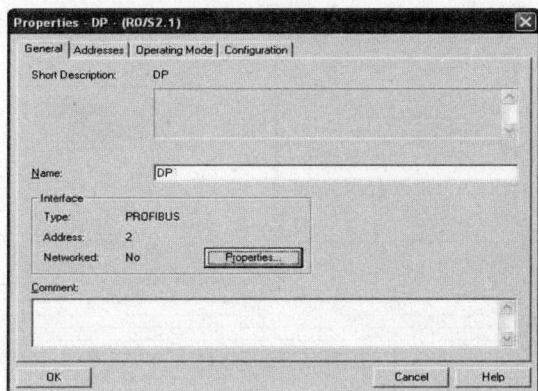

图 5-51　PROFIBU-DP 属性对话框　　　　　图 5-52　PROFIBU-DP 属性设置对话框

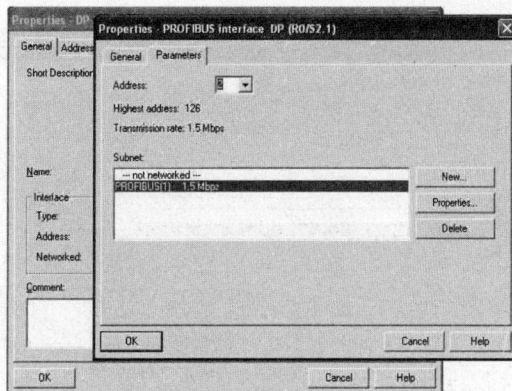

（6）打开右边硬件目录窗口中的"PROFIBUS DP"→"ET 200M"（已组态的站）文件夹，如图 5-53 所示。

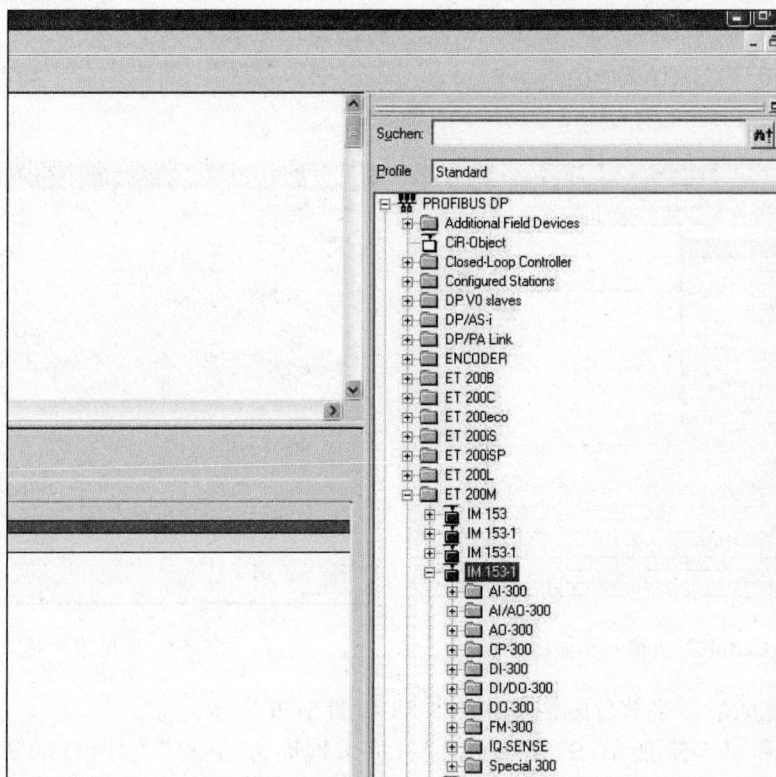

图 5-53　ET 200M 添加示意图

将其中的"IM 153-1"拖到屏幕中的 PROFIBUS-DP 网络线上,在出现的选项卡中将其 DP 地址修改为"3",如图 5-54 所示,单击 OK 按钮,如图 5-55 所示。

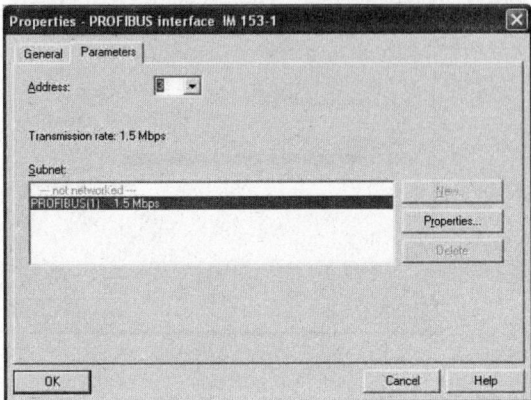

图 5-54 DP 地址修改对话框

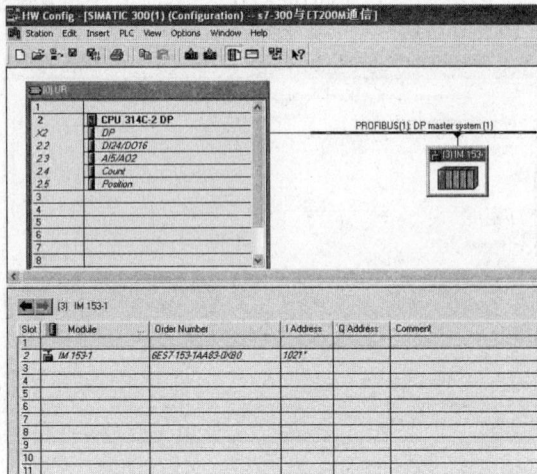

图 5-55 硬件组态后的截图

(7)接下来添加远程 I/O 点(即 ET200M 中配置的 I/O 模块)。在图 5-56 右边硬件目录窗口的"PROFIBUS DP"→"ET200M"→"IM153-1"→"DI"→"DO-300"文件夹中,双击 SM 323 DI16/DO16×24V/0.5A 模块,将其添加到 IM 153-1 中。

双击图 5-56 中"DI16/DO16×24V/0.5A"所在的行,在弹出的选项卡中切换到"Address"(地址)选项卡,将地址改为图 5-57 所示的地址。

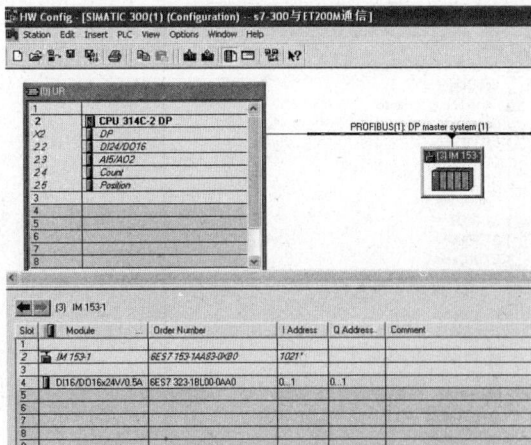

图 5-56 添加数字量输入和输出模块

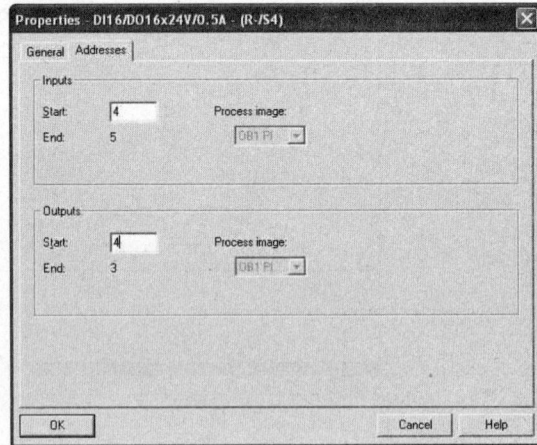

图 5-57 地址修改对话框

硬件组态完成后,字节分配情况如图 5-58 和图 5-59 所示。

如图 5-58 和图 5-59 所示,S7-300 的输入 I 字节地址为"0…2",输出 O 的字节地址为"0…1",ET200M 中的输入 I 字节地址和输出 O 的字节地址均为"4…5"。由此可以看出,如果要实现 S7-300 和 ET200M 之间的通信,那么就是要实现字节地址之间相互控制。

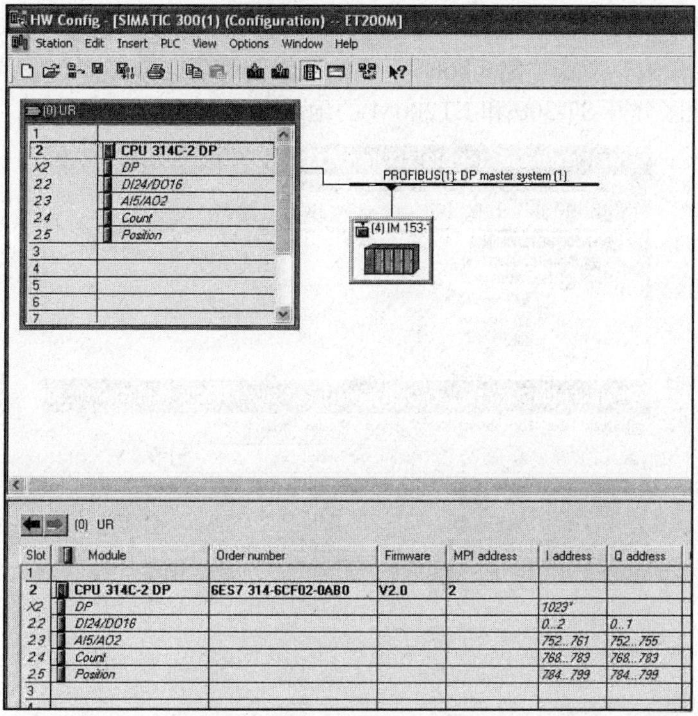

图 5-58　S7-300 的 I/O 字节地址

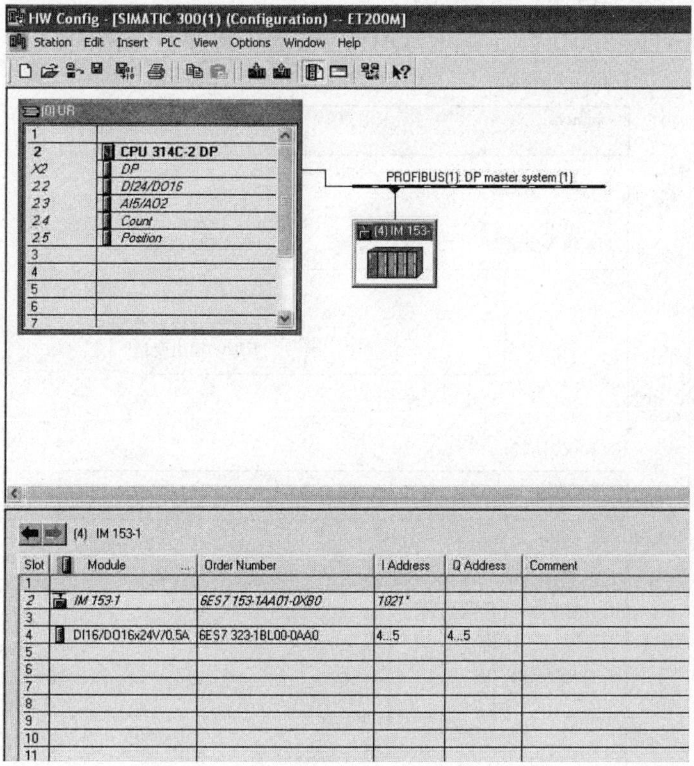

图 5-59　ET200M 中的 I/O 字节地址

（8）单击"保存并编译"按钮 ⬛，对 SIMATIC 300（1）站点完成编译并保存，编辑 SIMATIC
300（1）站点的变量表，双击"Symbols"，开始编辑符号表，如图 5-60 所示（注意，编辑符
号表是为了更好地区分开 S7-300 和 ET200M 的地址）。

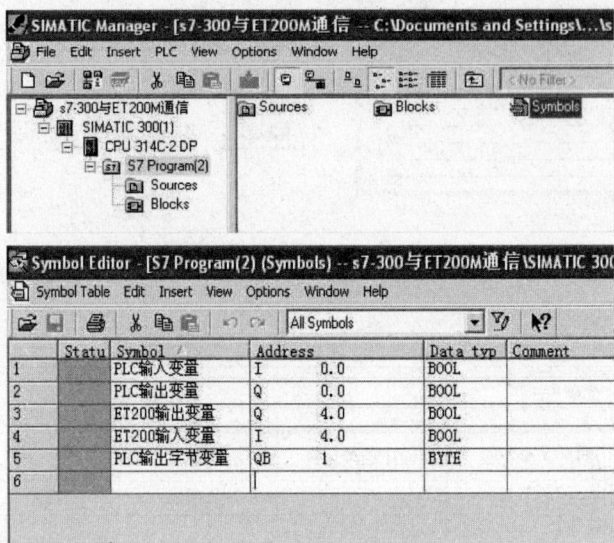

图 5-60　符号表编辑图

编辑完后，单击保存按钮，然后关闭。

（9）打开 SIMATIC 300（1）站点的 OB1 块，编辑程序，如图 5-61 所示。

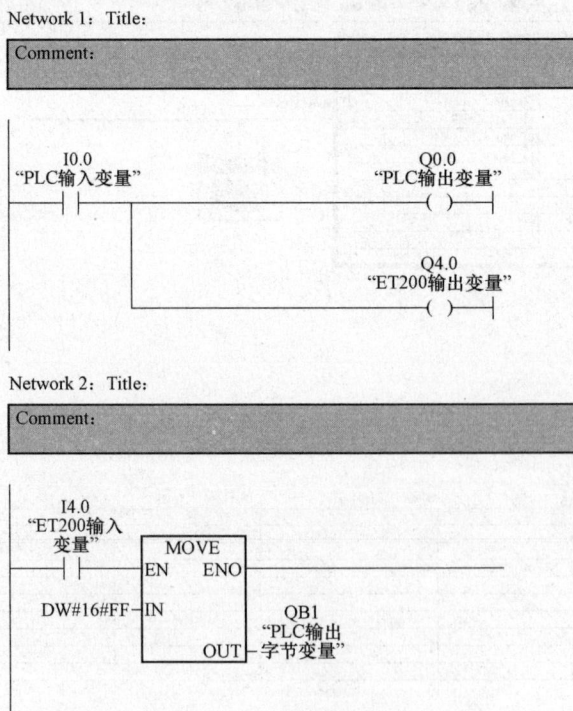

图 5-61　OB1 程序

单击保存按钮，然后关闭。

二、主站与 ET200 通信的 PLCSIM 仿真

（1）在 SIMATIC 管理器中，执行"Options"（选项）→"Set PG/PC Interface"（设置 PG/PC 接口）命令，在弹出的选项卡中设置程序下载方式为 PLCSIM(MPI)，如图 5-62 所示。

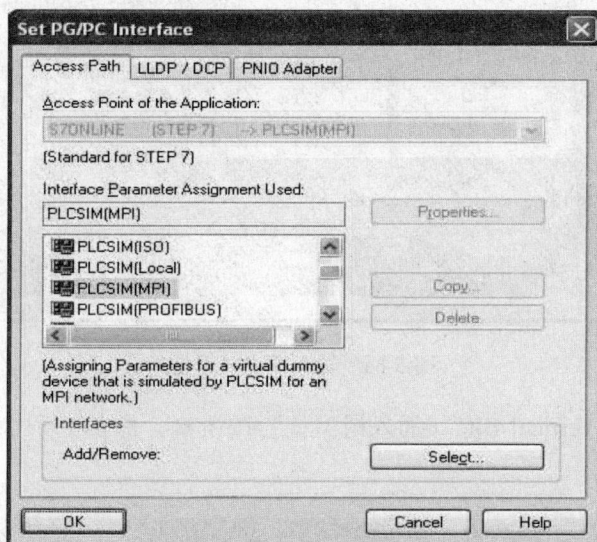

图 5-62　PG/PC 接口设置对话框

（2）单击"OK"按钮后，单击 SIMATIC 管理器中工具栏上的 按钮，打开仿真软件如图 5-63 所示。

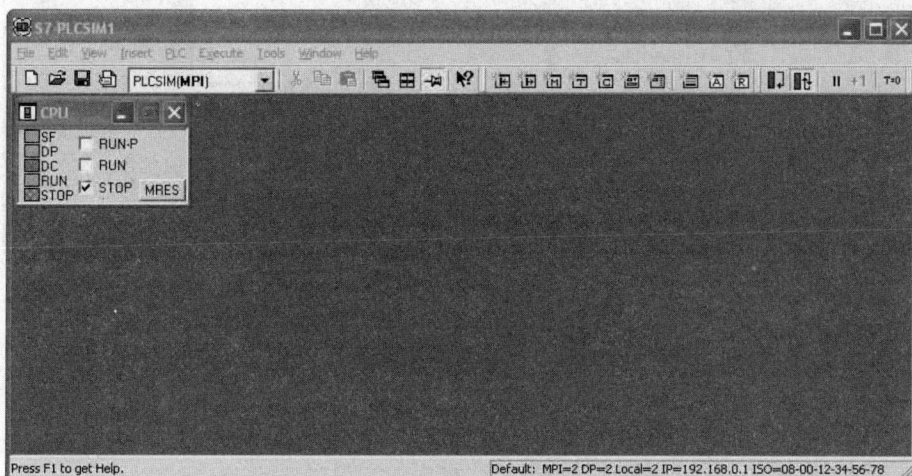

图 5-63　PLCSIM 仿真界面

单击仿真软件工具栏中的"Insert Input Variable"（插入输入变量）和"Insert Output Variable"（插入输出变量）按钮 ，分别添加"IB0""IB4"两个输入和"QB0""QB4"两

个输出信号，按图 5-64 进行修改。

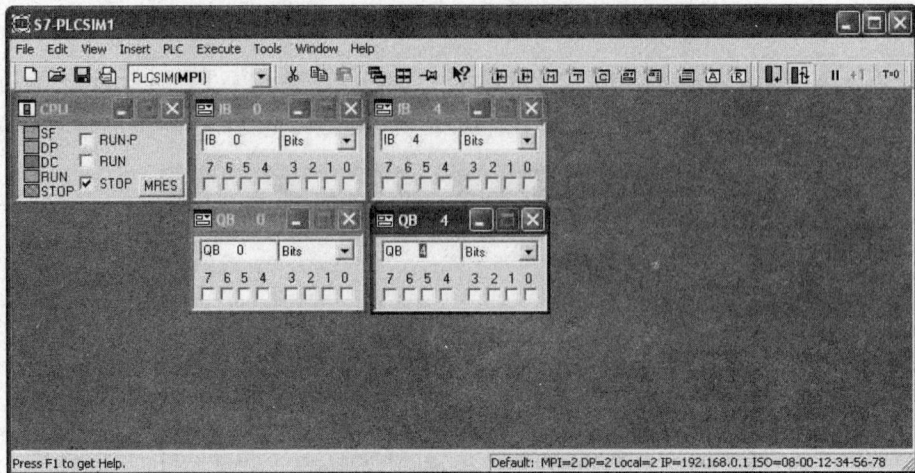

图 5-64　输入输出对话框

然后单击"Insert Vertical Bit"（插入树型位）按钮 █，添加一个输出块 QB1，如图 5-65 所示。

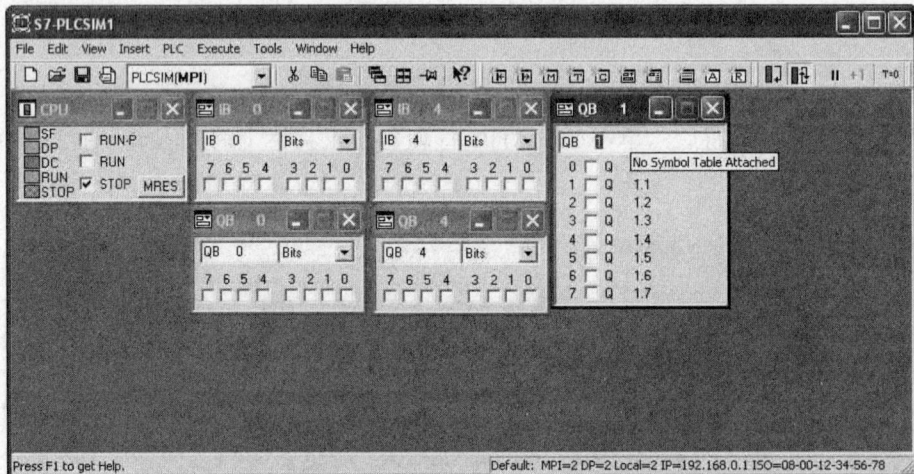

图 5-65　PLCSIM 仿真界面变量添加示意图

将 CPU 的运行状态打到 ☑ RUN-P，即"运行-可编程"线修改状态（见图 5-66）。

此时再返回到 SIMATIC 管理器（不关闭仿真软件），单击"SIMATIC 300（1）"站点，然后单击 ▟ 按钮，出现图 5-67 所示的对话框，单击 [Yes] 按钮将 SIMATIC 300（1）站点的程序块下载到仿真软件当中。

等待下载完成后，调出仿真软件。当勾选 S7-300 的输入点 I0.0 时，S7-300 的输出点 Q0.0 和 ET200M 的输出点 Q4.0 均为"1"状态，如图 5-68 所示。

当勾选 ET200M 的输入点 I4.0 时，QB1 为 0xFF，如图 5-69 所示。

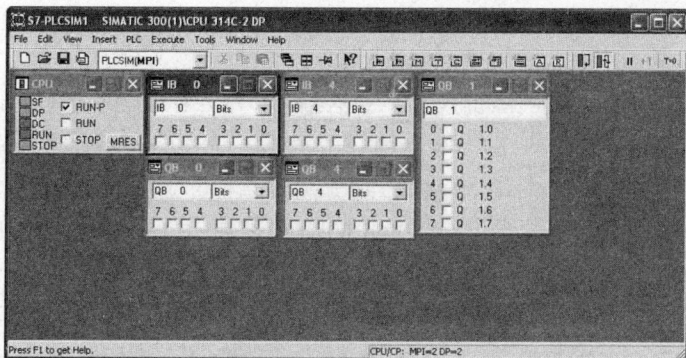

图 5-66　RUN-P 状态

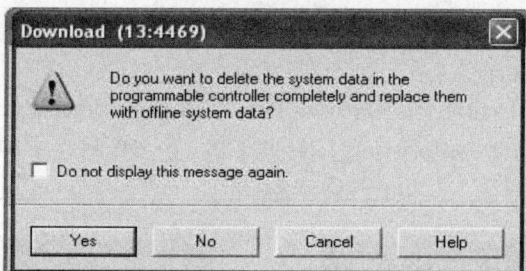

图 5-67　下载对话框

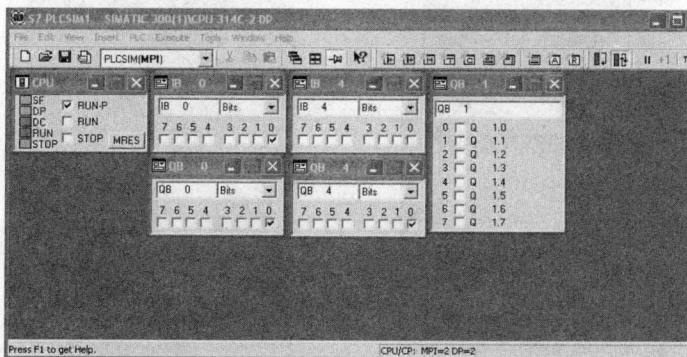

图 5-68　I0.0 为 "1" 时的输出

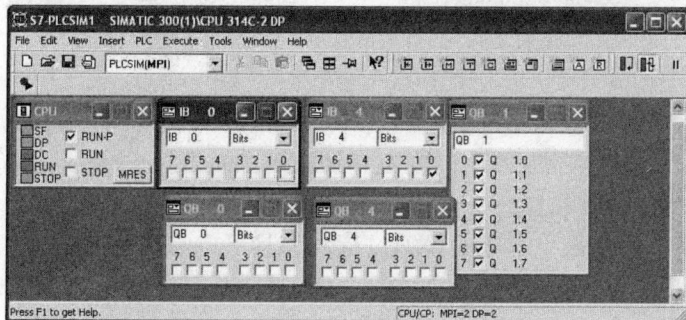

图 5-69　I4.0 为 "1" 时的输出

由图 5-68 和图 5-69 可知，S7-300 的输入点可以控制 ET200M 的输出点，反之亦是如此。这说明了 S7-300 与 ET200M 通信成功。

在实际应用中，比如炼铁、炼钢行业，往往采集点较多，而控制中心离现场又特别远，因此，工程师往往是要在现场建立一个远程站，站中主要由 ET200 工作采集数据，再通过 PROFIBUS-DP 电缆送回工程师站。这种控制方法在易燃、易爆的场合应用也比较普遍。因为 ET200M 站点的价格比较便宜，在 S7-400 的控制系统中，往往为了节省成本，用 S7-400 的 CPU 连接远程的 ET200 模块，共同组成 S7-400 控制系统。

第三节　S7-300/400 DP 主站与智能从站的组态与编程

一、通信框架的搭建

在实际生产中可以将自动化任务划分为用多台 PLC 控制的若干个子任务，这些子任务分别用几台 CPU 独立地和有效地进行处理，这些 CPU 在 DP 网络中作 DP 主站和智能从站。

图 5-70 所示为 S7-300 与 S7-300 连接示意图。

图 5-70　S7-300 与 S7-300 连接示意图

如图 5-70 所示，S7-300 与 S7-300 通过 PROFIBUS-DP 总线连接起来进行通信，从而实现主站对从站数控车床刀具控制系统的控制和从站对主站数控车床刀具控制系统的控制。

首先看图 5-71 中的被控对象——数控车床的换刀模拟系统。

图 5-71 所示模拟的是数控车床的换刀过程，刀具下方的红色的 RESET 按钮代表的复位按钮，P01～P06 为 6 个按钮，可以分别控制具体刀号的切换，也可以单独进行程序设计。

上述模拟系统与 PLC 的连接示意图如图 5-72 所示。

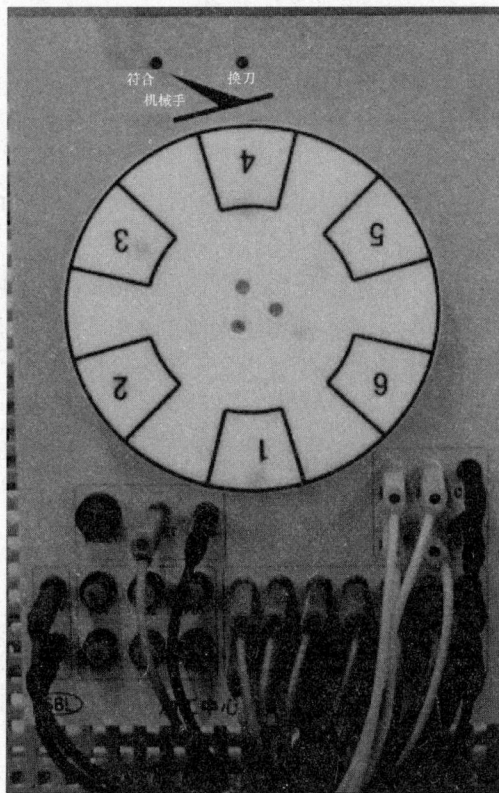

图 5-71　数控车床换刀模拟系统　　　　图 5-72　S7-300 与数控车床换刀模拟系统连接示意图

如图 5-72 所示，刀具上的检测点以及驱动刀具的电动机的输入、输出点通过数据线连接到 PLC 中，I/O 分配表如表 5-6 所示。

表 5-6　　　　　　　　　　　　　I/O　分　配　表

DI			DO	
IO	刀具	备注		
I0.0	SN1	1 号刀检测点	Q0.1	刀具库正转
I0.1	SN2	2 号刀检测点	Q0.2	刀具库反转
I0.2	SN3	3 号刀检测点	Q0.3	刀具库符合
I0.3	SN4	4 号刀检测点	Q0.4	刀具库换刀
I1.2	P05	5 号刀检测点		
I1.3	P06	6 号刀检测点		
I1.4	RESET			

控制要求如下所述。

（1）按下主站的 P01 按钮，从站的刀具正转。按下主站的 P02 按钮，从站的刀具反转。按下主站的 P03 按钮，从站的刀具停止运行。

（2）按下从站的 P01 按钮，主站的刀具正转。按下从站的 P02 按钮，主站的刀具反转。按下从站的 P03 按钮，主站的刀具停止运行。

这样，主从之间的数据进行了交换，完成了 PROFIBUS-DP 的通信。

主站与从站之间的数据交换是由 PLC 的操作系统周期性自动完成的，不需要用户编程，但是用户必须对主站和智能从站之间的通信连接和用于数据交换的地址区组态。这种通信方式被称为主/从（Master/Slave）通信方式，简称为 MS 方式。

DP 主站不是直接访问智能从站的物理 I/O 区，而是通过从站组态时指定的通信双方的 I/O 区来交换数据的。该 I/O 区不能占用分配给 I/O 模块的物理 I/O 地址区。

在进行通信的过程中，需要注意数据的一致性问题。数据的一致性（Consistency）又被称为连续性。通信块被执行、通信数据被传送的过程如果被一个更高优先级的 OB 块中断，将会使传送的数据不一致（不连续）。即被传输的数据一部分来自中断之前，另一部分来自中断之后，因此这些数据是不连续的。这就需要传输数据的绝对一致性。

因此，实现 S7-300 和 S7-300 通信数据的传输，可依据情况而定选择数据单元一致性传输方法和数据绝对一致性传输方法。下面对这两种通信的组态和编程进行了分别介绍。

二、数据单元一致性传输的组态、编程和调试

1. SIMATIC 300 站点 1 的硬件组态

（1）启动 STEP 7 📋，创建一个新的项目组，添加一个 S7-300 的站点，打开 SIMTIC 300 站点中的 Hardware，对其完成硬件组态，如图 5-73 所示。

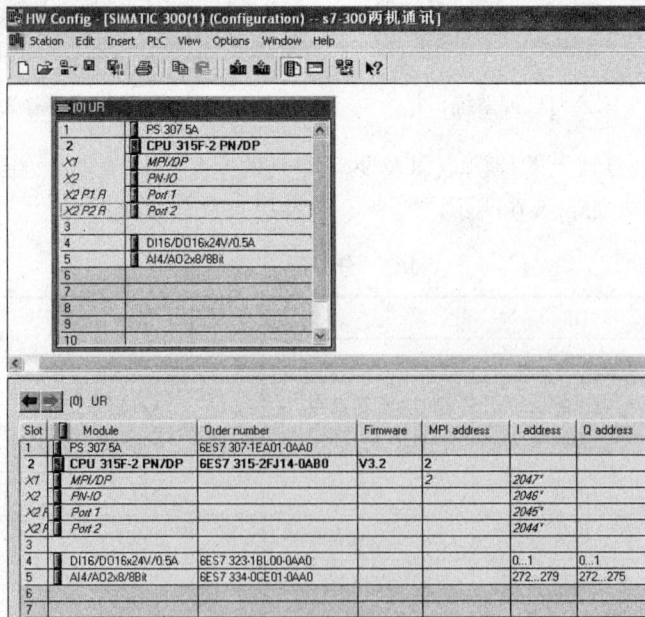

图 5-73　硬件组态窗口

（2）生成 DP 网络。用鼠标双击机架中"CPU315F-2PN/DP"下面"DP"所在的行，弹出的对话框中的"General"（常规）选项卡中单击"Properties"（属性）按钮，在弹出的对话框中的"参数"选项卡中单击"New"（新建）按钮，生成一个 PROFIBUS-DP 网络，DP 地址为"2"，如图 5-74 所示。

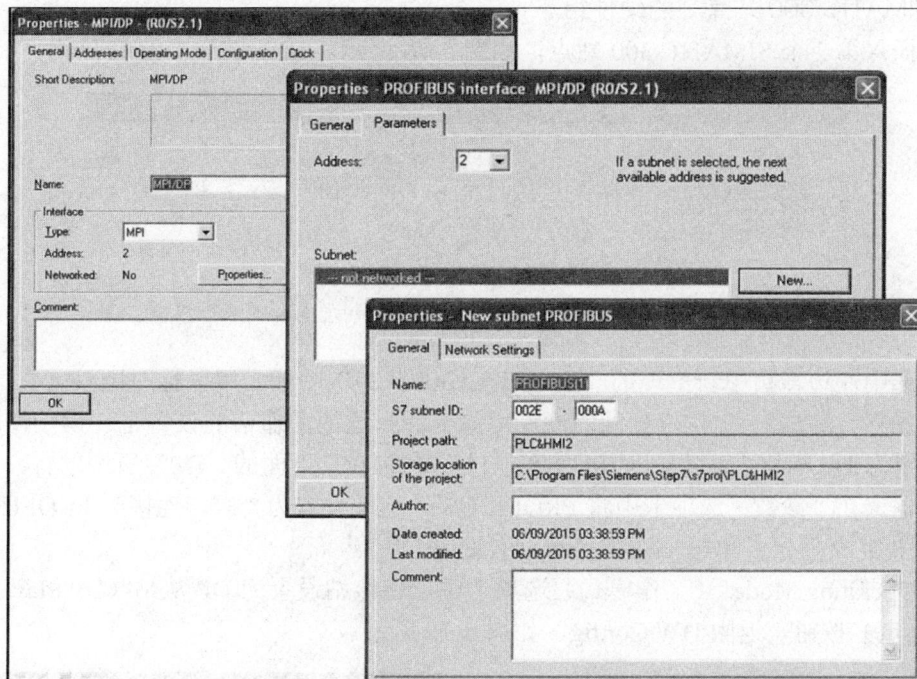

图 5-74　新建 DP 网络示意图

DP 网络采用默认的参数，在"Networking Settings"（网络设置）选项卡中，将网络的传输速率设置为 1.5Mbit/s，配置文件为"DP"，如图 5-75 所示。

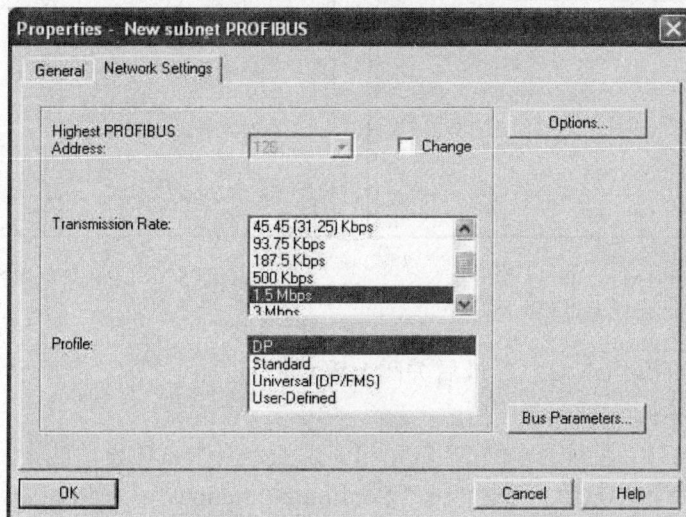

图 5-75　配置 DP 属性对话框

单击"OK"后，在图 5-74 的属性对话框中的"工作模式（Operating Mode）"选项卡中，将该站设置为 DP 主站（DP Master），单击"OK"（确定）按钮，返回 HW Config。

单击工具栏上的 █ 按钮，编译与保存组态信息，最后关闭 HW Config，返回 SIMATIC 管理器。

2．SIMATIC 300 站点 2 的硬件组态

（1）插入第 2 个 SIMATIC 300 站点，如图 5-76 所示。

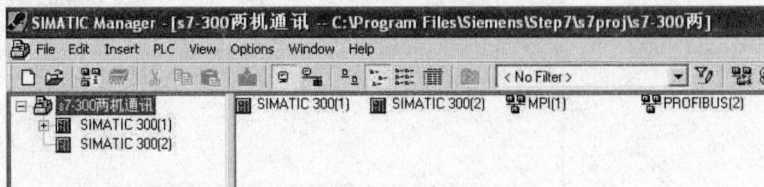

图 5-76　第 2 个 SIMATIC 300 站点插入图

（2）选中左边窗口中新出现的"SIMATIC 300（2）"图标，用鼠标左键双击右边窗口中的 ▥ Hardware 图标，完成与图 5-73 相同的硬件组态（注：这两个通信的设备是一模一样的）。

（3）组态 DP 网络。双击机架中"CPU315F-2PN/DP"下面的"DP"所在的行，打开 DP 属性对话框。在"参数"选项卡中将 PROFIBUS 站地址设置为"3"，连接到 PROFIBUS（2）网络，如图 5-77 所示。单击"OK"（确定）按钮。

在"Operating Mode"（工作模式）选项卡中，将该站设置为 DP 从站（DP Slave），单击"OK"（确定）按钮，返回 HW Config，如图 5-78 所示。

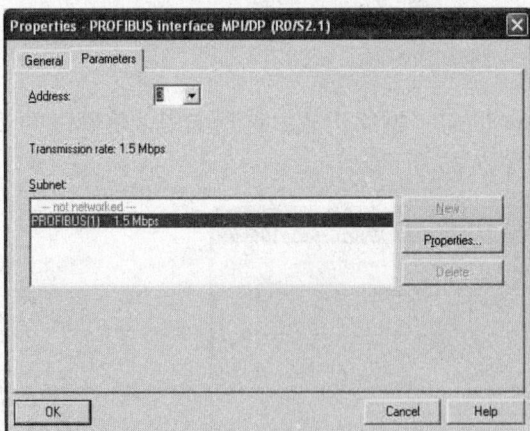

图 5-77　将 SIMATIC 300 站点 2 的
DP 地址设置为"3"

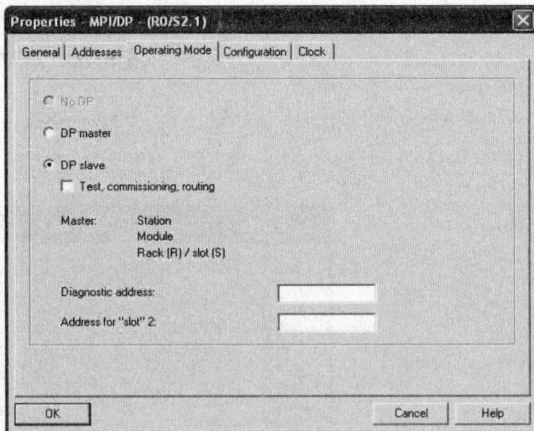

图 5-78　DP 从站属性的设置

单击 █ 按钮，保存组态信息，最后关闭 HW Config。

3．组态 DP 从站

（1）选中 SIMATIC 管理器中的 S7-300（1）站点，双击右边窗口的 ▥ Hardware 图标，打开右边硬件目录窗口的"PROFIBUS DP"→"Configured Stations"（已组态的站）文件夹，将其中的"CPU 31x"拖放到屏幕左上方的 PROFIBUS 网络线上，如图 5-79 所示。

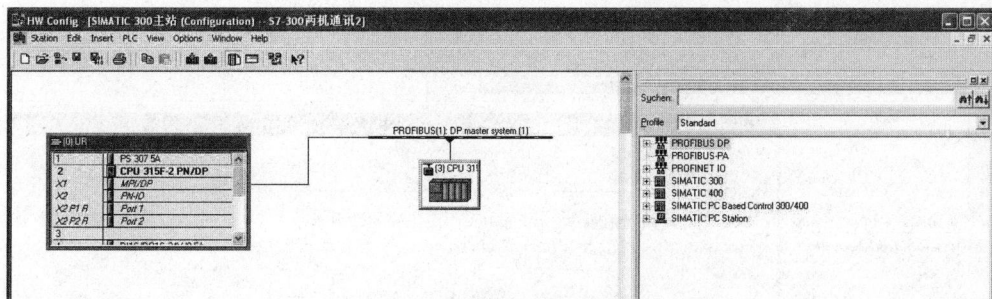

图 5-79　主站的硬件组态图

（2）双击 DP 从站图标，在弹出的"DP slave properties"（DP 从站属性）对话框的"Coupling"（连接）选项卡中选中从站列表中的"CPU 315F-2 PN\DP"，单击"Couple"（连接）按钮，该从站被连接到 DP 网络上，单击"OK"（确定）按钮，关闭对话框，如图 5-80 所示。

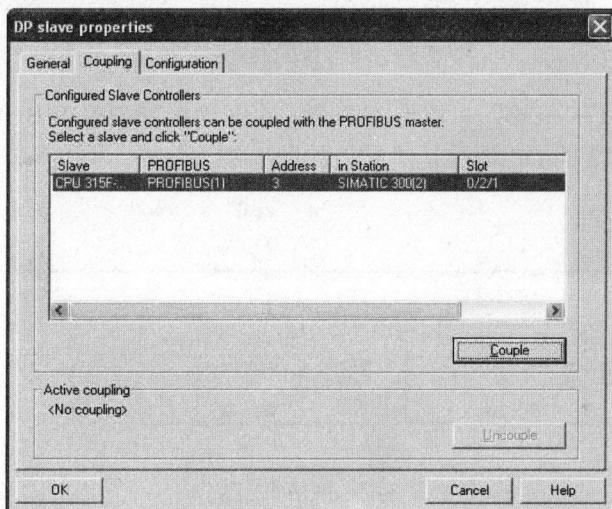

图 5-80　连接 DP 从站选项卡

（3）用鼠标双击已连接到 PROFIBUS 网络上的 DP 从站，打开"DP slave properties"（DP 从站属性）对话框中的"Configuration"（组态）选项卡，为主-从通信设置双方用于通信的输入/输出地址区。

图 5-81 中，"Configuration"（组态）选项卡的第 1 行表示从站的通信伙伴（即主站）用 QB100～QB119 发送数据给从站（本地）的 IB100～IB119。第 2 行表示主站用 IB100～IB119 接收从站的 QB100～QB119 发送给它的数据。每一行最多能组态 32B，如果超出允许的字节数，则在单击"OK"（确定）按钮时将会出现提示信息。

设置完参数以后，返回 HW Config，单击工具栏上的 按钮，编译与保存 SIMATIC 300（1）站点的组态信息。

返回 SIMATIC 管理器后，选中 SIMATIC 300（2）站点，双击 Hardware 图标，然后，单击工具栏上的 按钮，编译并保存组态信息（如果组态和编译不正确的话则只能进行保存而不能进行保存并编译的）。

图 5-81　通信数据设置对话框

打开网络组态工具 NetPro，可以看到两个站点都连接到 PROFIBUS 网络上，站点 1 的 DP 地址是"2"，站点 2 的 DP 地址是"3"，如图 5-82 所示。

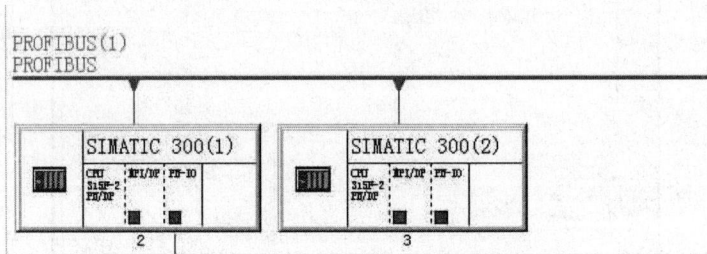

图 5-82　网络组态视图

4．编程

编辑 SIMATIC 300（1）站点的变量表，打开"Symbols"，编辑符号表。编辑完成的变量表如图 5-83 所示。

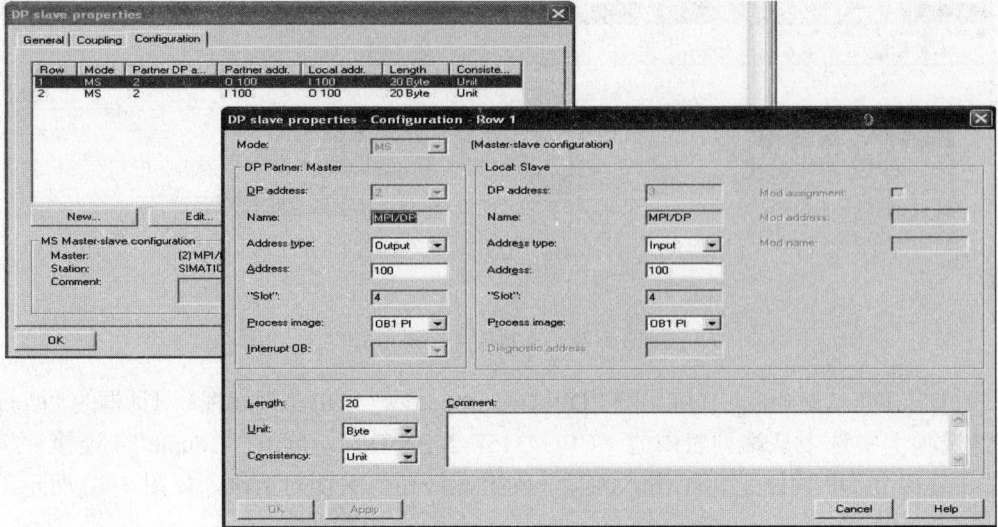

图 5-83　变量表

单击 🔲 按钮保存后关闭变量表编辑对话框。然后打开 SIMATIC 300（1）站点的 OB1 块，编辑程序，如图 5-84 所示。

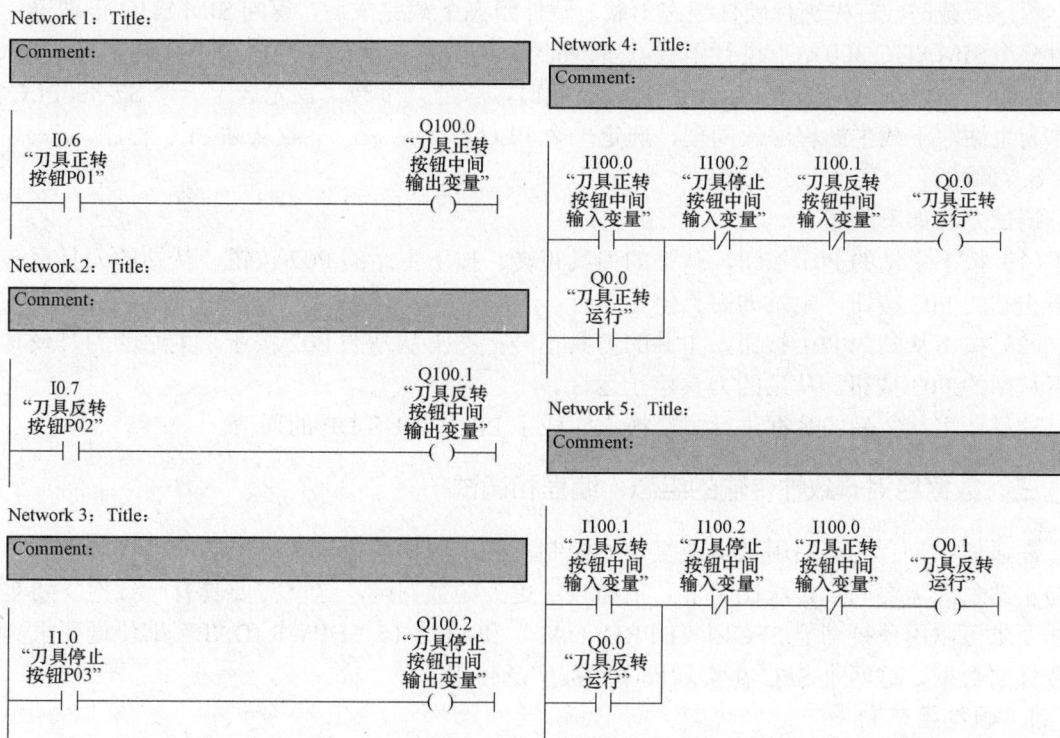

Network 1：Title:

Comment:

```
    I0.6                                    Q100.0
  "刀具正转                                 "刀具正转
  按钮P01"                                  按钮中间
    ┤├                                     输出变量"
                                             ( )
```

Network 2：Title:

Comment:

```
    I0.7                                    Q100.1
  "刀具反转                                 "刀具反转
  按钮P02"                                  按钮中间
    ┤├                                     输出变量"
                                             ( )
```

Network 3：Title:

Comment:

```
    I1.0                                    Q100.2
  "刀具停止                                 "刀具停止
  按钮P03"                                  按钮中间
    ┤├                                     输出变量"
                                             ( )
```

Network 4：Title:

Comment:

```
    I100.0        I100.2        I100.1          Q0.0
  "刀具正转      "刀具停止      "刀具反转      "刀具正转
  按钮中间      按钮中间      按钮中间       运行"
  输入变量"     输入变量"     输入变量"       ( )
    ┤├           ┤/├           ┤/├
    Q0.0
  "刀具正转
   运行"
    ┤├
```

Network 5：Title:

Comment:

```
    I100.1        I100.2        I100.0          Q0.1
  "刀具反转      "刀具停止      "刀具正转      "刀具反转
  按钮中间      按钮中间      按钮中间       运行"
  输入变量"     输入变量"     输入变量"       ( )
    ┤├           ┤/├           ┤/├
    Q0.0
  "刀具反转
   运行"
    ┤├
```

图 5-84　主站程序

单击保存按钮，然后关闭，打开 SIMATIC 300（2）站点，重复上述步骤，程序如图 5-84 所示。

5．下载和调试

图 5-85 所示为 S7-300 和 S7-300 PROFIBUS-DP 通信实物连接图。

图 5-85　S7-300 和 S7-300 PROFIBUS-DP 通信实物连接图

如图 5-85 所示，紫色的线为 PROFIBUS-DP 总线，两个 S7-300 的设备通过 PROFIBUS-DP 总线连接起来实现 PROFIBUS-DP 通信。

程序下载时，首先进行硬件组态下载。硬件组态下载完成后，返回 SIMATIC 管理器，即可对整个 SIMATIC 300 站点进行下载。这样新插入的数据块和程序同时被下载到了目的 PLC。

因为主站，从站是两个 PLC，所以，下载时，应分开下载。首先选定一个 S7-300PLC 主站作为主站，下载主站程序。同理，选定一个 PLC 作为从站，下载从站 PLC 程序。

6. 调试

调试方法如下所述。

（1）按下主站的 P01 按钮，从站的刀具正转。按下主站的 P02 按钮，从站的刀具反转。按下主站的 P03 按钮，主站的刀具停止运行。

（2）按下从站的 P01 按钮，主站的刀具正转。按下从站的 P02 按钮，主站的刀具反转。按下从站的 P03 按钮，从站的刀具停止运行。

这样，主从之间的数据进行了交换，完成了 PROFIBUS-DP 的通信。

三、数据绝对一致性传输的组态、编程和调试

在通信中，有的从站用来实现复杂的控制功能，例如模拟量闭环控制或电气传动等。从站与主站之间需要同步传送比字节、字和双字更大的数据区，这就需要具有一致性。要实现上述要求可以用系统功能 SFC14 "DPRD_DAT" 和 SFC 15 "DPWR_DAT" 来传送要求具有一致性的数据，这两个 SFC 在实际程序中被广泛使用。

1. 硬件组态

数据单元一致性传输的硬件组态与本章第三节二中所讲的大致相同，其区别在于 "DP slave properties"（DP 从站属性）参数的设置上，"Consistency"（一致性）一项被组态为 "All"（全部），如图 5-86 所示。

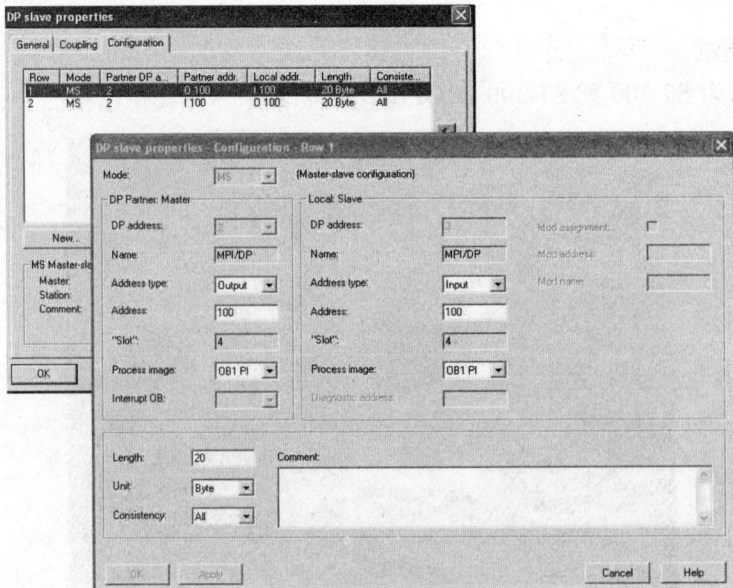

图 5-86　DP 从站属性对话框

2. 编程

因为数据需要同时传输，所以需要一个可以保存数据的数组。可以在 SIMATIC 300（1）站点的"块"文件夹中单击右键执行"Insert New Object"（插入新对象）→"Data Block"（数据块）命令，插入数据块 DB1。打开数据块，生成一个有 10 个字元素的数组，如图 5-87 所示。

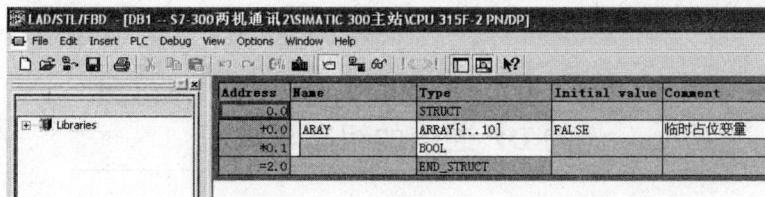

图 5-87　数据块定义窗口

用同样的方法生成数据块 DB2。然后按本章第三节二中所述方法编辑变量表。之后双击打开 OB1 块，编辑程序，如图 5-88 所示。

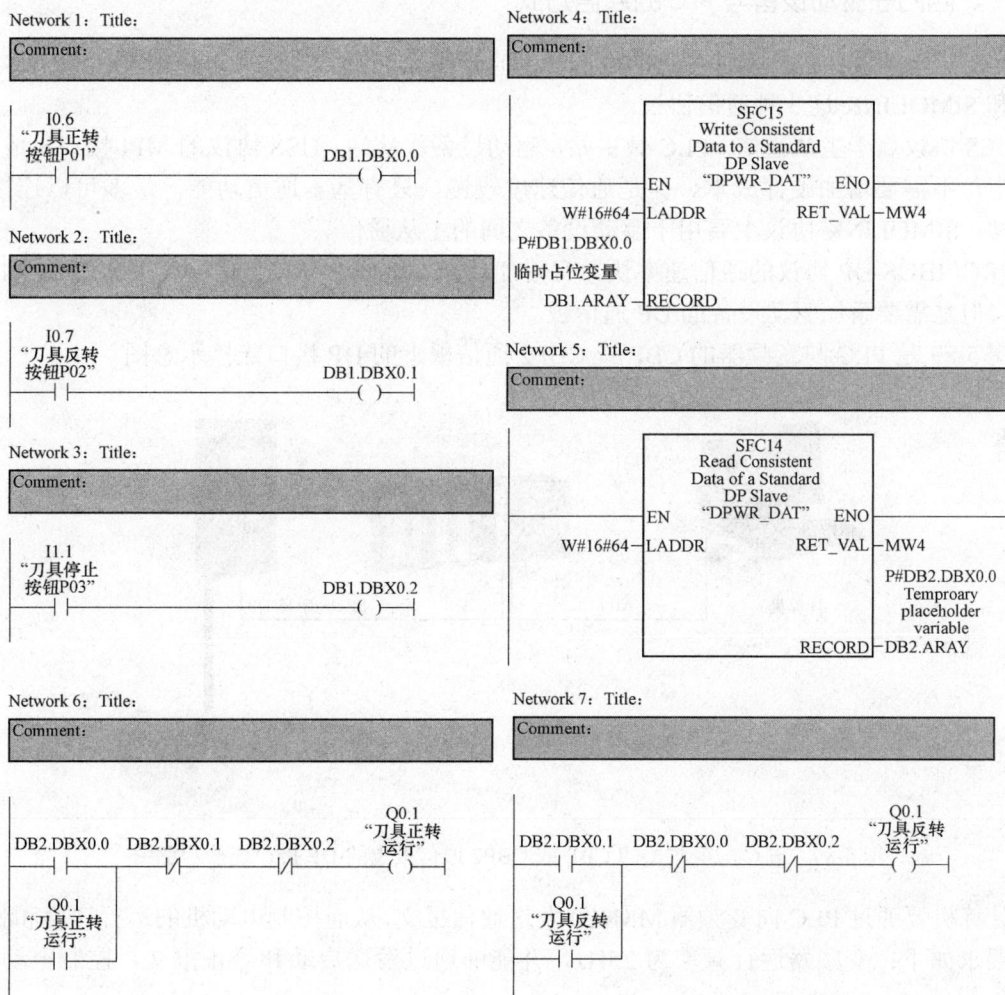

图 5-88　主站程序

301

单击保存按钮，然后关闭，双击打开 SIMATIC 300（2）站点，重复上述步骤，即完成编程。

3. 调试

程序试验所依托的设备同本章第三节二中所述，程序下载方法和调试结果也同本章第三节二中所述，请读者自行验证。

第四节　S7-300/400 与变频器 MM420 的 DP 通信的组态与编程

SIMOVERT MasterDrives 是应用较广的变频器，它采用 IGBT 逆变器、全数字技术的矢量控制，是全系列通用的和模块化的产品，功率范围为 0.55～2300kW。

可以用软件 Drivemonitor 或 Drive ES 来组态和监控西门子的驱动设备。

一、西门子驱动设备与 PLC 的通信方式

西门子驱动设备包括多种系列的变频器和直流调速装置。他们可以使用 PROFIBUS-DP、USS 和 SIMOLINK 这 3 种通信协议。

USS 协议属于主从通信，PLC 做主站，驱动设备作从站。USS 协议的 MPI 接口集成在变频器中，不需要增加硬件成本。但是通信速度较慢，只有基本通信功能，最多可以连接 31 个从站。SIMOLINK 协议主要用于驱动设备之间的主从通信。

PROFIBUS-DP 协议的通信速率快，有附加功能（例如非循环通信和交叉通信），站点数更多，但是需要添加驱动设备的 DP 通信板。

图 5-89 是 PLC 与变频器的 CBP 或 CBP2 通信板上的 DP 接口连接示意图。

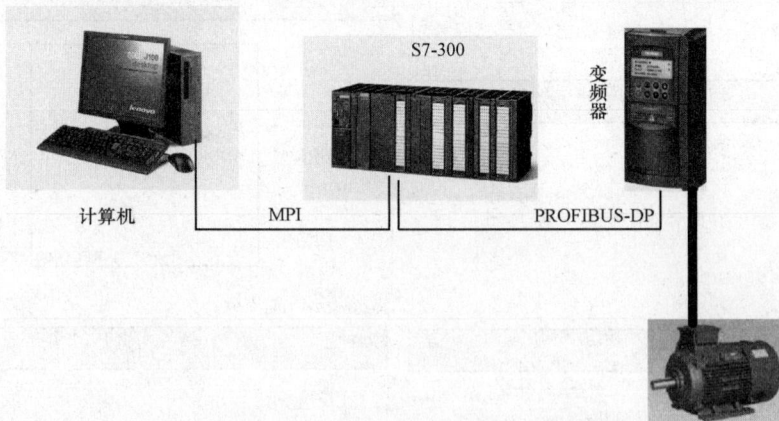

图 5-89　PLC 与变频器的 CBP 或 CBP2 通信板上的 DP 接口连接示意图

计算机要通过 PLC 向变频器 MM420 发送通信报文，从而控制电动机的运行速度和状态。控制要求如下：变频器运行频率为 25Hz，并能够通过发送启动和停止报文，控制电动机的启停。

二、S7-300 与变频器 MM420 PROFIBUS-DP 的组态、编程与调试

1. 变频器 DP 通信的数据区结构

通信数据区由 PZD 和 PKW 组成。过程数据 PZD 用于 PLC 控制和监视变频器，参数数据 PKW 用于读写变频器的参数。PKW 和 PZD 被总称为参数过程数据对象（PPO）。组态时一般选择 PPO1 和 PPO3。PPO1 有 4 个字的参数数据，1 个 PKW 和 2 个字的过程数据 PZD。系统调试好后在交付给用户使用时，一般选择 PPO3，它只有 2 个字的过程数据 PZD，可以监控变频器和电动机的运行，但是不能修改组态的参数。双击打开硬件目录中的子文件夹"PROFIBUS DP"→"SIMVORT"→"MICROMASTER 4"，文件夹内是 CBP 板的通信区选项。

以 PPO3 为例，"OPKW/2PZD"表示有 0 个 PKW 字、2 个 PZD 字和主设定值，以及变频器返回给主站的状态字和主实际值。表 5-7 给出了 PZD1 和 PZD2 的意义。

表 5-7　　　　　　　　　　　　　　　PZD 区 的 数 据

通信方向	PZD1	PZD2
主站—变频器	控制字 1	主设定值
变频器—主站	状态字 1	主实际值

控制字 1 各位的意义见表 5-8，状态字 1 各位的意义见表 5-9。除了控制字 1 和状态字 1 外，还有用得较少的控制字 2 和状态字 2。它们各位的意义详见驱动设备的使用手册。

表 5-8　　　　　　　　　　　　　　过程数据中的控制字

位	意　义	位	意　义
0	上升沿启动/为"0"时，为 OFF1（斜坡下降停车）	8	正向点动，第 0 位应为"0"
1	OFF2，为"0"时惯性自由停车	9	反向点动，第 0 位应为"0"
2	OFF3，为"0"时快速停车	10	由 PLC 进行控制
3	逆变器脉冲使能，运行的必要条件	11	顺时针旋转磁场使能
4	斜坡函数发生器使能	12	反时针旋转磁场使能
5	为"0"时斜坡函数发生器保持	13	用电动电位计升速
6	设定值使能	14	用电动电位计降速
7	上升沿时确认故障	15	为"0"时为外部故障命令

控制字的 15 位为"0"时，如果有故障信号，则将封锁逆变器脉冲，断开主接触器/旁路接触器。

从表 5-8 可以看出，如果要实现 PLC 与变频器 MM420 的通信，控制字的 10 位（即第 11 位）必须为"1"，根据上述方法，即可推断出使电动机正转的控制字为 16#047F，反转的控制字为 16#0C7F，使电动机停止的控制字为 16#047E 或 16#0C7E。

表 5-9   过程数据中的状态字

位	意 义	位	意 义
0	开机准备好	8	为"0"时频率设定值与实际值偏差过大
1	运行准备就绪	9	PZD 控制请求
2	正在运行	10	实际频率大于等于设定值
3	故障信号	11	中间回路低电压故障
4	为"0"时已发出 OFF2 关机命令	12	主接触器合闸
5	为"0"时已发出 OFF3 关机命令	13	斜坡函数发生器被激活
6	开机封锁信号	14	为"1"时为顺时针旋转磁场
7	有报警信息	15	动能缓冲（KIP）或柔性跳闸（FLN）被激活

【例】用 P107 设置的额定频率 50.00Hz 对应于 16#4000。如果设定频率为 40.00Hz，则试确定 PZD2（主设定值）的值。

主设定值为：

$$PZD2 = （40.00/50.00）\times 16\#4000 = 16\#3333$$

如果设定变频器的频率为 25Hz，那么 PZD2 的设定值为：

$$PZD2 = （25.00/50.00）\times 16\#4000 = 16\#2000$$

2. S7-300 与变频器的 DP 通信接线和参数设置

下面的通信实例由西门子公司提供。

（1）接线。首先将实验台上的 MM420 的电源连接孔与电源模块的连接孔用带保护套的连接线连接起来；再将 PS307 的电源连接孔与电源模块的连接孔用带保护套的连接线连接起来。

再检查 S7-300 是否处于"STOP"状态，若不处于"STOP"状态，则将 CPU 开关拨码拨至"STOP"状态；查看 PROFIBUS-DP 总线的终端电阻开关是否正确（终端电阻开关被打到"ON"状态）。

然后仔细检查每根接线，确保无误，上电。

（2）设置变频器参数。首先将变频器的 P0010 设置为"30"，接着将 P0970 设置为"1"，若显示"BUSY"，则表示正在进行参数初始化。

接着设置 P0003 为"3"（专家的参数访问）、P0700 为"6"、P1000 为"6"、P0918 为"3"（MM420 DP 通信设置，"3"为 MM420 的 DP 通信地址），以上参数设置完后，将 MM420 调到 R0000 的状态。

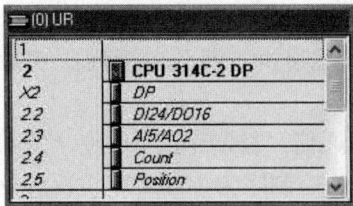

3. 使用 STEP 7 进行组态

本例中，以 CPU314C-2DP 为例，进行 PLC 与 MM420 的 PROFIBUS-DP 的通信的组态。

（1）创建项目并进行硬件组态，如图 5-90 所示。

（2）新建 PROFIBUS 网络。在硬件组态对话框，双击 DP 行，出现图 5-91 所示的窗口，单击"New"（新建），新建一个 PROFIBUS 网络，1.5Mbps，配置文件为"标准文件"。

图 5-90 硬件组态窗口

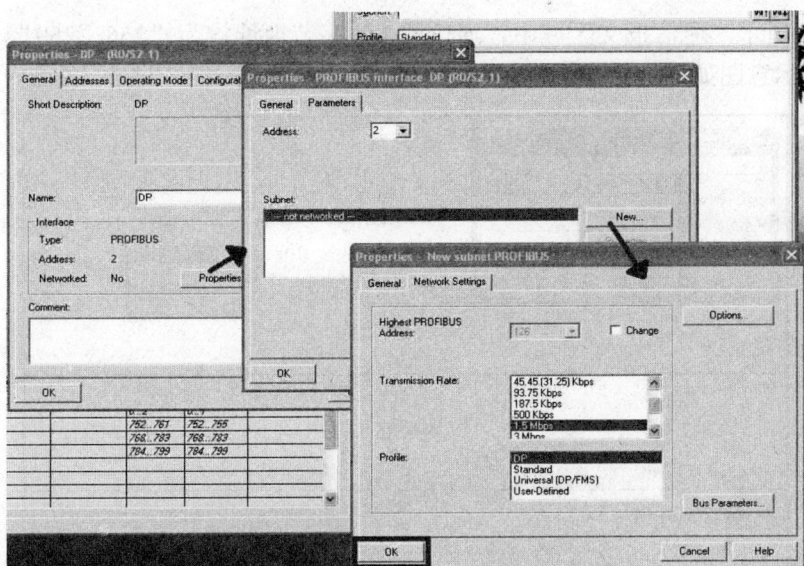

图 5-91　新建 PROFIBUS 网络示意图

（3）配置 MM420。单击 DP 总线"DP master system（1）"，在硬件目录下选择"PROFIBUS-DP"→"SIMOVERT"→"MICROMMASTER 4"，双击添加一个 MM420 站点。设置 MM420 站点的 PROFIBUS-DP 地址，本例地址为"3"，如图 5-92 所示。

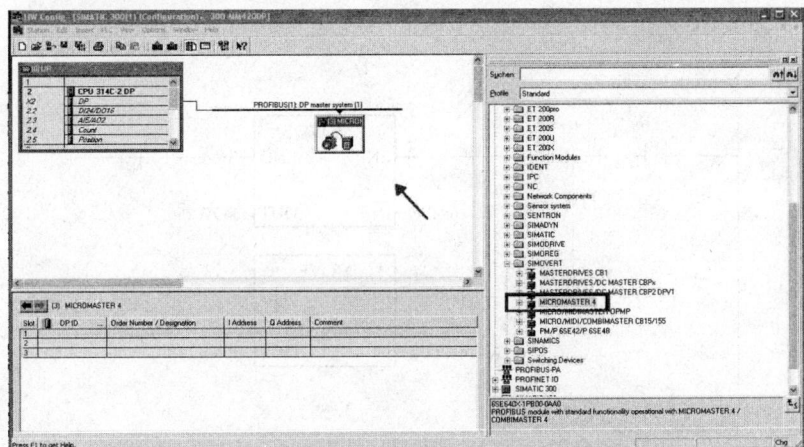

图 5-92　变频器硬件组态示意图

（4）开始配置通信报文。本次 DP 通信，所用的通信报文为 PP03，即只有两个字的 PZD，单击组态窗口中的变频器图标，在右侧的项目树"PROFIBUS"→"SIMOVERT"→"MICROMASTER 4"中选择 0 PKW，2 PZD（PPO 3），放到硬件组态窗口中的 I/O 地址区，如图 5-93 所示。

图 5-93　通信报文格式组态示意图

如图 5-93 所示，通信报文区域中，通信的 I/O 字节地址均为"256…259"。

硬件组态示意图如图 5-94 所示。

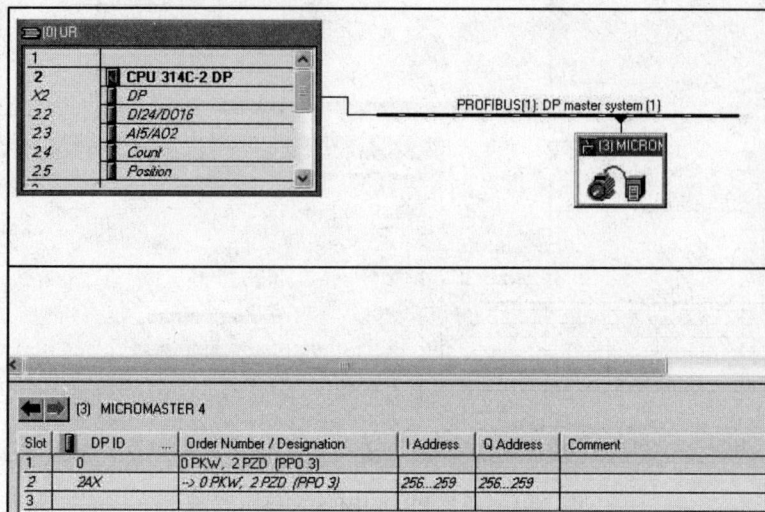

图 5-94 硬件组态示意图

保存并编译硬件组态，完成硬件组态。

4. 编程

所编程序如图 5-95 所示。

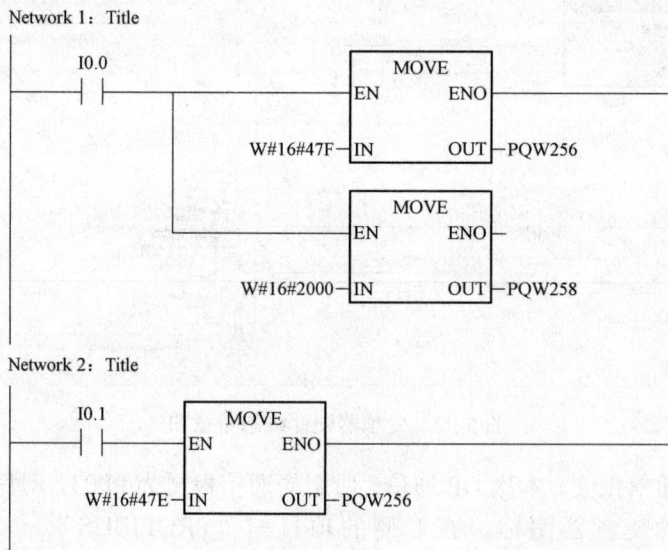

图 5-95 程序

5. 调试

（1）按下 I0.0，电动机以 25Hz 的频率进行启动运行。

（2）按下 I0.1，电动机停止运行。

第六章

S7–300/400 的 PROFINET 网络
通信的组态与编程

第一节　S7-300 与 S7-300 智能从站的组态与编程

一、PROFINET 网络通信概述

随着信息技术的不断发展，信息交换技术覆盖了各行各业。在自动化领域，越来越多的企业需要建立包含从工厂现场设备层到控制层、管理层等各个层次的综合自动化网络管控平台，建立以工业控制网络技术为基础的企业信息化系统。

工业以太网提供了针对制造业控制网络的数据传输的以太网标准。该技术基于工业标准，利用了交换以太网结构，有很高的网络安全性、可操作性和实效性，最大限度地满足了用户和生产厂商的需求。工业以太网以其特有的低成本、高实效、高扩展性及高智能的魅力，吸引着越来越多的制造业厂商。

（一）以太网技术

以太网技术的思想渊源最早可以追溯到 1968 年。以太网的核心思想是使用共享的公共传输信道，这个思想源于夏威夷大学。

在局域网家族中，以太网是指遵循 IEEE 802.3 标准，可以在光缆和双绞线上传输的网络。以太网也是当前主要应用的一种局域网（LAN——Local Area Network）类型。目前的以太网按照传输速率大致可分为以下 4 种。

（1）10BASE-T 以太网——传输介质是铜轴电缆，传输速率为 10Mbit/s。

（2）快速以太网——传输速率为 100Mbit/s，采用光缆或双绞线作为传输介质，兼容 10BASE-T 以太网。

（3）Gigabit 以太网——扩展的以太网协议，传输速率为 1Gbit/s，采用光缆或双绞线作为传输介质，基于当前的以太网标准，兼容 10Mbit/s 以太网和 100Mbit/s 以太网的交换机和路由器设备。

（4）Gigabit 以太网——2002 年 6 月发布，是一种速度更快的以太网技术。支持智能以太网服务，是未来广域网（WAN——Wide Area Network）和城域网（MAN——Metropolitan Area Network）的宽带解决方案。

工业以太网技术是普通以太网技术在控制网络延伸的产物，前者源于后者但不同于前者。以太网技术经过多年的发展，特别是它在 Internet 中广泛应用，使得它的技术更为成熟，并得

到了广大开发商与用户的认同。因此无论从技术上还是产品价格上，以太网较之其他类型网络技术都具有明显的优势。随着技术的发展，控制网络与普通计算机网络、Internet 的联系更为密切。控制网络技术需要考虑与计算机网络连接的一致性，需要提高对现场设备通信能力的要求，这些都是控制网络设备的开发者与制造商把目光转向以太网技术的重要原因。

工业网络与传统办公室网络相比，有一些不同之处，如表 6-1 所示。

表 6-1 **办公室网络和工业网络的区别**

区 别 点	办 公 室 网 络	工 业 网 络
应用场合	普通办公场合	工业场合、工况恶劣，抗干扰性要求较高
拓扑结构	支持线形、环形、星形等结构	支持线形、环形、星形等结构，以便于各种结构的组合和转换，简单的安装，最大的灵活性和模块性，高扩展能力
可用性	一般的实用性需求，允许网络故障时间以秒或分钟计	极高的实用性需求，允许网络故障时间＜300ms，以避免生产停顿
网络监控和维护	网络监控必须有专门人员使用专用工具完成	网络监控成为工厂监控的一部分，网络模块可以被 HMI 软件如 Win CC 监控，故障模块容易更换

工业以太网产品的设计制造必须充分考虑并满足工业网络应用的需要。工业现场对工业以太网产品的要求包括以下几点。

（1）工业生产现场环境的高温、潮湿、空气污浊以及腐蚀性气体的存在，要求工业级的产品具有气候环境适应性，并要求耐腐蚀、防尘和防水。

（2）工业生产现场的粉尘、易燃易爆和有毒性气体的存在，需要采取防爆措施以保证安全生产。

（3）工业生产现场的振动、电磁干扰大，工业控制网络必须具有机械环境适应性（如耐振动、耐冲击）、电磁环境适应性或电磁兼容性（EMC——Electro Magnetic Compatibility）等。

（4）工业网络器件的供电，通常是采用柜内低压直流电源标准，大多数的工业环境中控制柜内所需电源为低压 24V 直流。

（5）采用标准导轨安装，安装方便，适用于工业环境安装的要求。工业网络器件要能方便地安装在工业现场控制柜内，并容易更换。

（二）工业以太网应用于工业自动化中的关键问题

1．通信实时性问题

以太网采用的 CSMA/CD 的介质访问控制方式，其本质上是非实时性的。平等竞争的介质访问控制方式不能满足工业自动化领域对通信的实时性要求。因此以太网一直被认为不适合在底层工业网络中使用。需要有针对这一问题的切实的解决方案。

2．对环境的适应性与可靠性的问题

以太网是按办公环境设计的，将它应用于工业控制环境，其环境适应能力、抗干扰能力等是许多从事自动化的专业人士所特别关心的问题。在设计产品时要特别注重材质、元器件的选择。使产品在强度、温度、湿度、振动、干扰、辐射等环境参数方面满足工业现场的要求。还要考虑到在工业环境下的安装要求，例如采用 DIN 导轨式安装等。像 RJ45 一类的连接器，若在工业上应用则太易损坏，应该采用带锁紧机构的连接件，使设备具有更好的抗振动、抗疲劳能力。

3. 总线供电

在控制网络中，现场控制设备的位置分散性使得它们对总线有提供工作电源的要求。现有的许多控制网络技术都可以利用网线对现场设备供电。工业以太网目前没有对网络节点供电做出规定。一种可能的方案是利用现有的 5 类双绞线中的另一对空闲线对供电。一般在工业应用环境下，要求采用直流 10～36V 低压供电。

4. 本质安全

工业以太网如果要用在一些易燃易爆的危险工业场所，就必须考虑本安防爆问题。这是在总线供电解决之后要进一步解决的问题。

在工业数据通信与控制网络中，直接采用以太网作为控制网络的通信技术只是工业以太网发展的一个方面，现有的许多现场总线控制网络都提出了与以太网结合，用以太网作为现场总线网络的高速网段，使控制网络与 Internet 融为一体的解决方案。

在控制网络中采用以太网技术无疑有助于控制网络与互联网的融合，使控制网络无须经过网关转换即可直接连至互联网，使测控节点有条件成为互联网上的一员。在控制器、PLC、测量变送器、执行器、I/O 卡等设备中嵌入以太网通信接口，TCP/IP 协议以及 Web Server 便可形成支持以太网、TCP/IP 协议和 Web 服务器的 Internet 现场节点。在应用层协议尚未统一的环境下，借助 IE 等通用的网络浏览器实现对生产现场的监视与控制，进而实现远程监控，也是人们提出且正在实现的一个有效的解决方案。

（三）西门子工业以太网

西门子公司在工业以太网领域有着非常丰富的经验和领先的解决方案。其中 SIMATIC NET 工业以太网基于经过现场验证的技术，符合 IEEE 802.3 标准并提供 10Mbit/s 以及 100Mbit/s 快速以太网技术。经过多年的实践，SIMATIC NET 工业以太网的应用已多于 400 000 个节点，遍布世界各地，用于严酷的工业环境，并包括有高强度电磁干扰的地区。

1. 基本类型

（1）10Mbit/s 工业以太网。它是应用基带传输技术，基于 IEEE 802.3，利用 CSMA/CD 介质访问方法的单元级、控制级传输网络。传输速率为 10Mbit/s，传输介质为同轴电缆、屏蔽双绞线或光纤。

（2）100Mbit/s 快速以太网。它基于以太网技术，传输速率为 100Mbit/s，传输介质为屏蔽双绞线或光纤。

2. 网络硬件

（1）传输介质。网络的物理传输介质主要根据网络连接距离、数据安全以及传输速率来选择。通常在西门子网络中使用的传输介质包括：2 芯电缆，无双绞、无屏蔽（例如，AS-interface bus），2 芯双绞线，无屏蔽、2 芯屏蔽双绞线（例如，PROFIBUS），同轴电缆（例如，Industrial Ethernet），光纤（例如，PROFIBUS/Industrial Ethernet），无线通信（例如，红外线和无线电通信）。

在西门子工业以太网络中，通常使用的物理传输介质时屏蔽双绞线（TP——Twisted Pair）、工业屏蔽双绞线（ITP——Industrial Twisted Pair）以及光纤。

（2）网络部件。工业以太网链路模块包括 OLM、ELM。依照 IEEE 802.3 标准，利用电缆和光纤技术，SIMATIC NET 连接模块使得工业以太网的连接变得更为方便和灵活。

OLM（光链路模块）有 3 个 ITP 接口和 2 个 BFOC 接口。ITP 接口可以连接 3 个终端设备或网段，BFOC 接口可以连接 2 个光路设备（如 OLM 等），速率为 10Mbit/s，如图 6-1 所示。

ELM（电气链路模块）有 3 个 ITP 接口和 1 个 AUI 接口。通过 AUI 接口，可以将网络设备连接至 LAN，速率为 10Mbit/s。

工业以太网交换机包括 OSM、ESM。

OSM 的产品包括：OSM TP62、OSM TP22、OSM ITP62、OSM ITP62-LD 和 OSM BC08。从型号就可以确定 OSM 的连接端口类型及数量，如 OSM ITP62-LD，其中 ITP 表示 OSM 上有 ITP 电缆接口，"6" 代表电气接口数量，"2" 代表光纤接口数量，LD 代表长距离，如图 6-2（a）所示。

ESM 的产品包括：ESM TP40、ESM TP80 和 ESM ITP80，命名规则和 OSM 相同。图 6-2（b）所示为 ESM TP80。

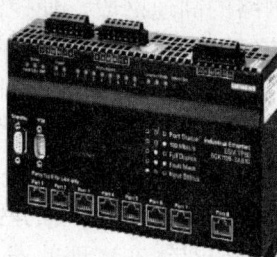

（a）　　　　　　　　　　　　（b）

图 6-1　工业以太网 OLM
链路模块

图 6-2　OSM ITP62-LD 和 ESM TP80 外形图
(a) OSM ITP62-LD；(b) ESM TP80

（3）通信处理器。常用的工业以太网通信处理器 CP（Communication Processer，通信处理单元），包括用在 S7 PLC 站上的处理器 CP243-1 系列、CP343-1 系列、CP443-1 系列等。

CP243-1 是为 S7-200 系列 PLC 设计的工业以太网通信处理器。通过 CP243-1 模块，用户可以很方便地将 S7-200 系列 PLC 通过工业以太网进行连接，并且支持使用 STEP 7-Micro/WIN 32 软件，通过以太网对 S7-200 进行远程组态、编程和诊断。同时，S7-200 也可以同 S7-300、S7-400 系列 PLC 通过以太网进行连接，如图 6-3 所示。

S7-300 系列 PLC 的以太网通信处理器是 CP343-1 系列，按照所支持协议的不同，可以分为 CP343-1、CP343-1 ISO、CP343-1 TCP、CP343-1 IT 和 CP343-1 PN，如图 6-3 所示。

S7-400 PLC 的以太网通信处理器是 CP443-1 系列，按照所支持协议的不同，可以分为 CP443-1、CP443-1 ISO、CP443-1 TCP 和 CP443-1 IT，如图 6-4 所示。

（a）　　　　　　　　　　　（b）

图 6-3　CP243-1 和 CP343-1 外形图
(a) CP243-1；(b) CP343-1

图 6-4　CP443-1 外形图

3. S7–300PLC 的工业以太网通信方法

网络通信需要遵循一定的协议，表 6-2 列出了西门子公司不同的网络可以运行的服务。

表 6-2　　　　　　　　　　　　　　西门子公司的网络服务

子网（Subnets）	Industrial Ethernet	PROFIBUS	MPI
服务（Services）	PG/OP 通信		
	S7 通信		
	S5 兼容通信		S7 基本（S7 Basic）通信
	标准通信	DP	GD

（1）标准通信（Standard Communication）。标准通信协议运行于 OSI 参考模型第 7 层的协议，包括表 6-3 所示的协议。

表 6-3　　　　　　　　　　　　　　标 准 通 信 协 议

子网（Subnets）	Industrial Ethernet	PROFIBUS
服务（Services）	标准通信	
协议	MMS-MAP3.0	FMS

MAP（Manufacturing Automation Protocol，制造业自动化协议）提供 MMS 服务，主要用于传输结构化的数据。MMS 是一个符合 ISO/IES 9506-4 的工业以太网通信标准，MAP3.0 的版本提供了开放统一的通信标准，可以连接各个厂商的产品，现在很少应用。

（2）S5 兼容通信（S5-compatible Communication）。SEND/RECEIVE 是 SIMATIC S5 通信的接口，S7 系统将该协议进一步发展为 S5 兼容通信"S5-compatible Communication"。该服务包括表 6-4 所示的协议。

表 6-4　　　　　　　　　　　　　　S5 兼 容 通 信

子网（Subnets）	Industrial Ethernet	PROFIBUS
服务（Services）	S5 兼容通信	
协议	ISO Transport ISO-on-TCP UDP TCP/IP	FDL

（3）S7 通信（S7 Communication）。S7 通信集成在每一个 SIMATIC S7/M7 和 C7 的系统中，属于 OSI 参考模型第 7 层应用层的协议，它独立于各个网络，可以应用于多种网络（MPI、PROFIBUS、工业以太网）。S7 通信通过不断地重复接收数据来保证网络报文的正确。在 SIMATIC S7 中，通过组态建立 S7 连接来实现 S7 通信，在 PC 上，S7 通信需要通过 SAPI-S7 接口函数或 OPC（过程控制用对象链接与嵌入）来实现。

在 STEP 7 中，S7 通信需要调用功能块 SFB（S7-400）或 FB（S7-300），最大的通信数据可以达 64KB。对于 S7-400，可以使用系统功能块 SFB 来实现 S7 通信，对于 S7-300，可以调用相应的 FB 功能块进行 S7 通信，如表 6-5 所示。

表 6-5   **S7 通 信 功 能 块**

功 能 块		功 能 描 述
SFB8/9 FB8/9	USEND URCV	无确认的高速数据传输,不考虑通信接收方的通信处理时间,因而有可能会覆盖接收方的数据
SFB12/13 FB12/13	BSEND BRCV	保证数据安全性的数据传输,当接收方确认收到数据后,传输才完成
SFB14/15 FB14/15	GET PUT	读、写通信对方的数据而无须对方编程

（4）PG/OP 通信。PG/OP 通信分别是 PG 和 OP 与 PLC 通信来进行组态、编程、监控以及人机交互等操作的服务,如图 6-5 所示。

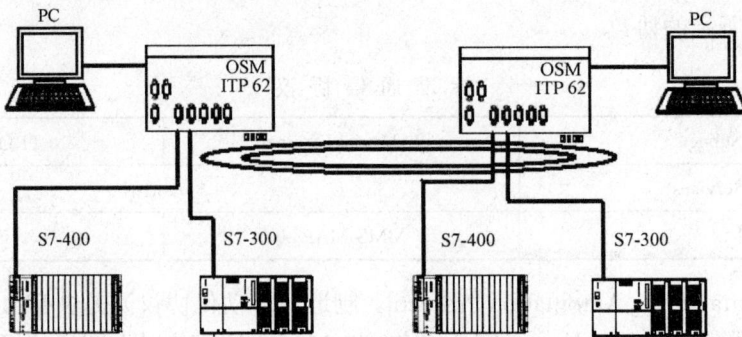

图 6-5   S7-300/400 PLC 的以太网通信

（5）PROFINET 工业以太网通信。PROFINET（实时以太网）基于工业以太网,具有很好的实时性,可以直接连接现场设备（使用 PROFINET IO）,使用组件化的设计。PROFINET 支持分布的自动化控制方式（PROFINET CBA,相当于主站间的通信）。

以太网被应用到工业控制场合后,经过改进适用于工业现场的以太网,就成为工业以太网。

PROFINET 同样是西门子 SIMATIC NET 中的一个协议,具体说是众多协议的集合,其中包括 PROFINET IO RT,CBA RT,IO IRT 等实时协议。所以说 PROFINET 和工业以太网不能比,只能说 PROFINET 是工业以太网上运行的实时协议而以。不过现在常常称有些网络是 PROFINET 网络,那是因为这个网络上应用了 PROFINET 协议而已。

PROFINET 是一种新的以太网通信系统,是由西门子公司和 PROFIBUS 用户协会开发的。PROFINET 具有在多种制造商产品之间的通信能力,自动化和工程模式,并针对分布式智能自动化系统进行了优化。其应用结果能够大大节省配置和调试费用。PROFINET 系统集成了基于 PROFIBUS 的系统,提供了对现有系统投资的保护。它也可以集成其他现场总线系统。

PROFINET 技术定义了以下 3 种类型。

1）PROFINET 1.0：基于组件的系统,主要用于控制器与控制器通信。

2）PROFINET-SRT：软实时系统,可用于控制器与 I/O 设备通信。

3）PROFINET-IRT：硬实时系统,可用于运动控制。

4. PROFINET 以太网的物理连接

PROFINET 以太网的物理连接采用 4 芯带屏蔽线。插座的外形如图 6-6 所示。屏蔽双绞线拔线后的外观如图 6-7 所示。

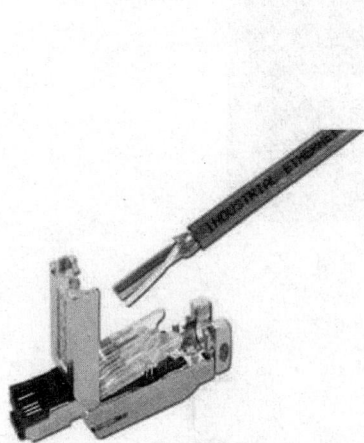

图 6-6　西门子工业以太网插头　　　　图 6-7　四芯带屏蔽线拔线后的外观图

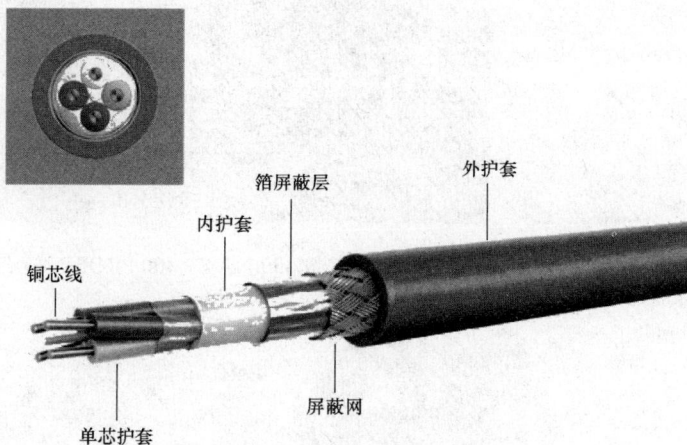

（1）特性。

1）整体铝箔加镀锡铜丝编织屏蔽，具有极好的抗电磁干扰性能。

2）PVC 护套具有阻燃和防油特性。

3）LSOH 低烟无卤护套适合用于要求安全环保的环境中，低烟无毒。

（2）结构。

1）导体：实心裸铜丝。

2）绝缘：特殊发泡 PE。

3）芯线结构：对绞线。

4）芯线颜色：橙色/黄色，蓝色/白色。

5）屏蔽：铝箔＋镀锡铜丝编织屏蔽。

6）外护套：阻燃 PVC 或者 LSOH。

7）特性阻抗（100MHz）：$100 \pm 15\Omega$。

8）回路电阻：最大 $58\Omega/km$。

9）工作温度：$-30 \sim +70$℃。

10）最小弯曲半径：5XD（线缆直径）。

二、通信框架的搭建

图 6-8 所示为 S7-300 与 S7-300 PROFINET 连接示意图。

如图 6-8 所示，S7-300 与 S7-300 通过 PROFINET 电缆连接起来实现通信，从而实现双方 CPU 的 I/O 能够控制对方的设备。

实物连接图如图 6-9 所示。

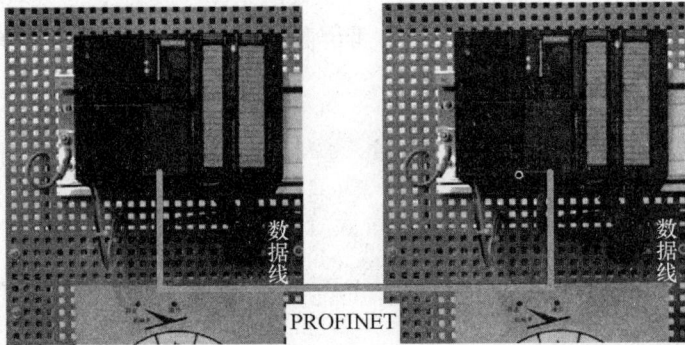

图 6-8　S7-300 与 S7-300 PROFINET 连接示意图

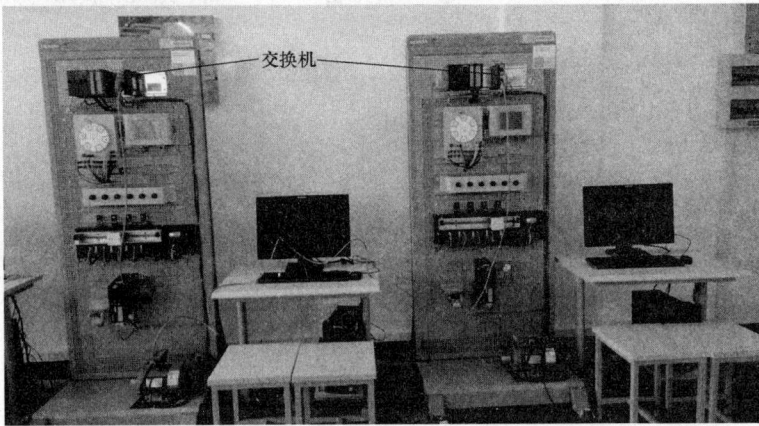

图 6-9　S7-300 与 S7-300 PROFINET 通信连接实物图

控制任务：自行设计程序，完成两个 PLC 之间的通信的组态、编程和调试。运用站点 1 的 I0.6、I0.7、I1.0 去控制站点 2 的 Q1.1、Q1.2，达到运料小车正反转的控制。

I/O 分配如表 6-6 所示。

表 6-6　　　　　　　　　　　　　　I/O　分　配　表

DI		DO	
I0.6	P01	Q1.1	运料小车正转
I0.7	P02	Q1.2	运料小车反转
I1.0	P03		
I1.1	P04		
I1.2	P05		
I1.3	P06		

在此次通信任务中，用到了 FB14 "GET" 收数据和 FB15 "PUT" 发数据。

FB14 和 FB15 参数的详细介绍如表 6-7 所示。

表 6-7　　　　　　　　　　　　　　FB14 和 FB15 参数的详细介绍

形　参	实　参	可用存储区	参数功能注释
REQ	BOOL	I, Q, M, DB, L	使能控制参数请求，上升沿有效
ID	WORD	M, DB, 常数	连接编号标识
ADDR_1	ANY	M, DB	指向通信伙伴的数据写接收区域的指针
SD_1	ANY	M, DB	指向本地被发送数据区域的指针
DONE	BOOL	I, Q, M, DB, L	0：作业尚未启动或正在执行 1：作业执行完毕且没有错误
ERROR	BOOL	I, Q, M, DB, L	1＝错误，更多详细信息请看在线帮助
STATUS	WORD	I, Q, M, DB, L	出错指示： ERROR＝0 STATUS＝0000H：没有警告或错误 STATUS 值<>0000H：警告，STATUS 提供详细信息 ERROR＝1：出错，STATUS 提供有关错误类型的详细信息

三、S7-300 与 S7-300 RPOFINET 通信的组态

S7-300 与 S7-300 RPOFINET 通信的组态方法如下所述。

（1）新建两个 SIMATIC 300 站点，命名为 SIMATIC 站点 1 和站点 2，硬件组态如图 6-10 所示。

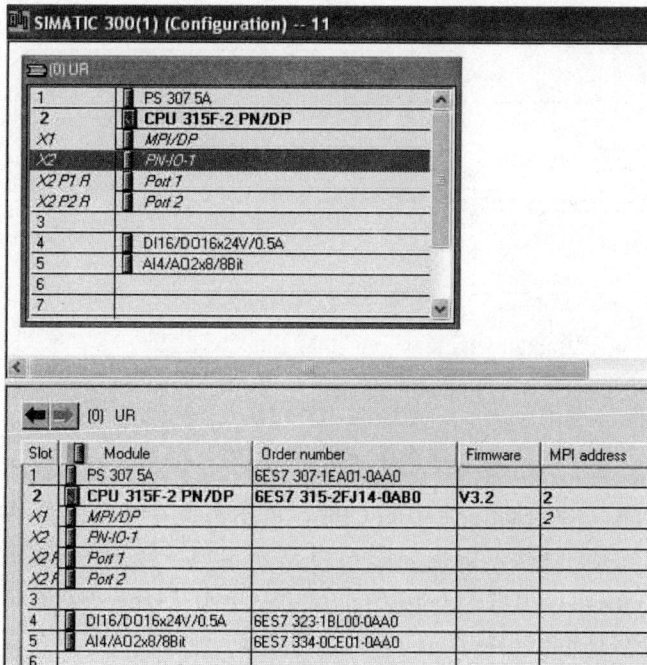

图 6-10　硬件组态窗口

（2）双击 CPU 中的"PN-IO-1"，新建"Ethernet"，对话窗口如图 6-11 所示。

（3）单击菜单栏上的"🖳"网络组态按钮，进入网络组态界面，如图 6-12 所示。

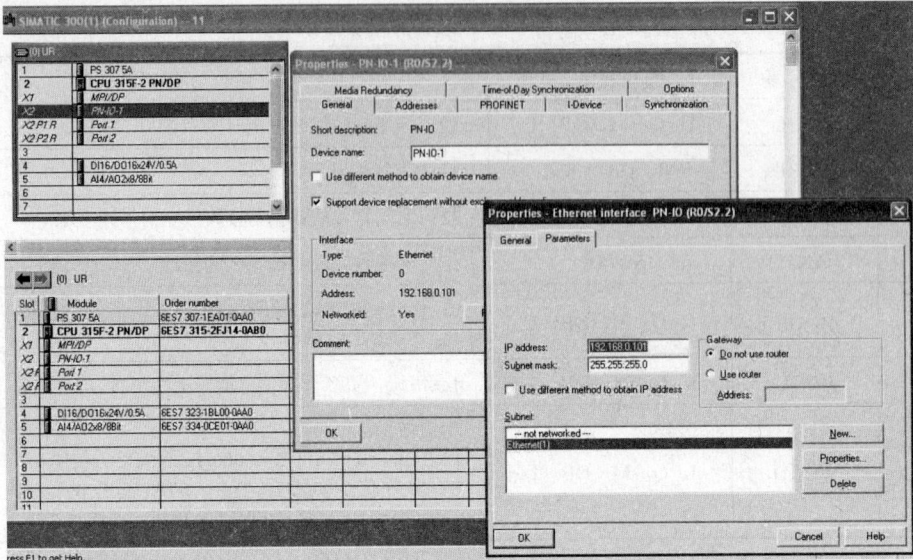

图 6-13　Ethernet 新建窗口

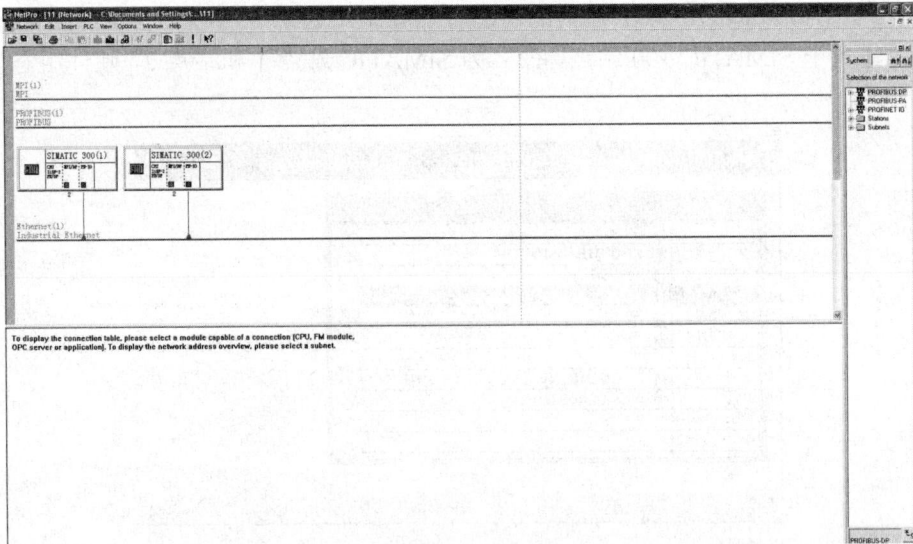

图 6-12　网络拓扑结构

（4）单击 SIMATIC 300 Station1 中的 CPU，单击右键在弹出的菜单中执行"Insert New Connection"命令插入新的连接，弹出如图 6-13 所示窗口，按图中红色圈部分进行选择。

（5）单击"OK"按钮，出现图 6-14 所示窗口，单击"OK"按钮。

（6）在网络组态对话框中出现图 6-15 所示的连接。

选中 PLC，进行保存和下载。

（7）再次进入 NetPro 网络组态界面，选中连接 ID，执行菜单命令"PLC"→"Active Connection Status"，如图 6-16 所示。

激活连接后的状态如图 6-17 所示。

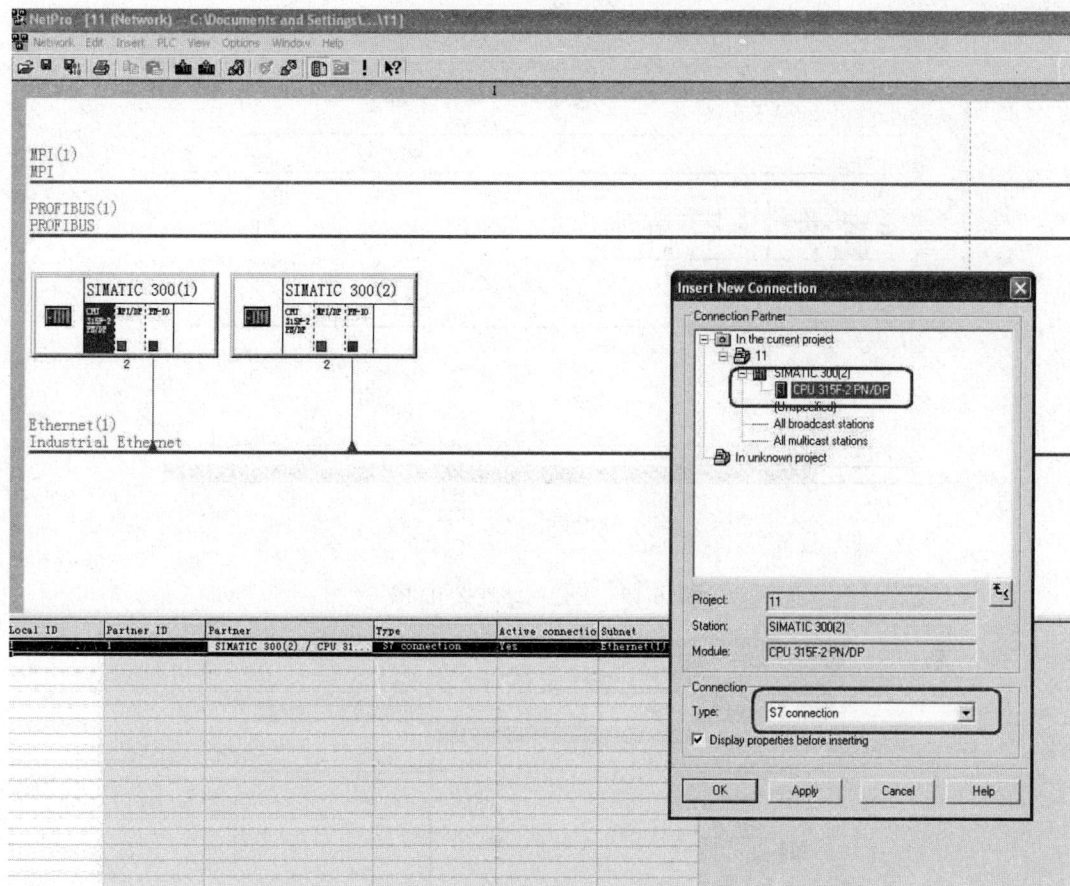

图 6-13 新建连接网络配置窗口

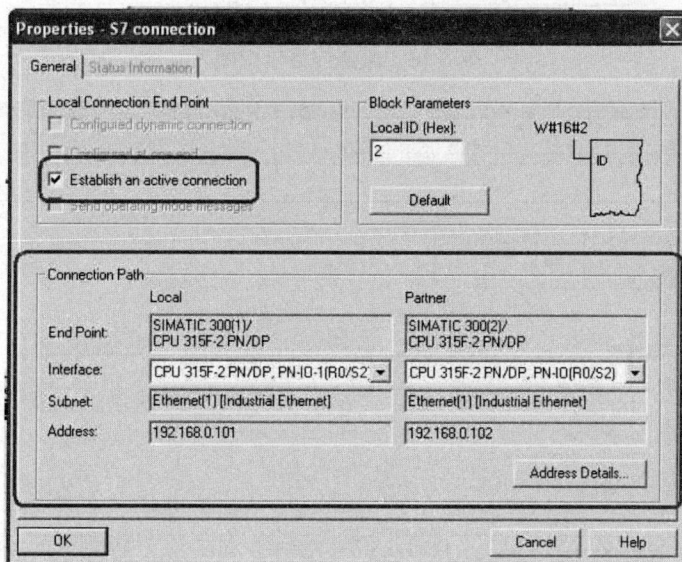

图 6-14 新建网络连接选项说明窗口

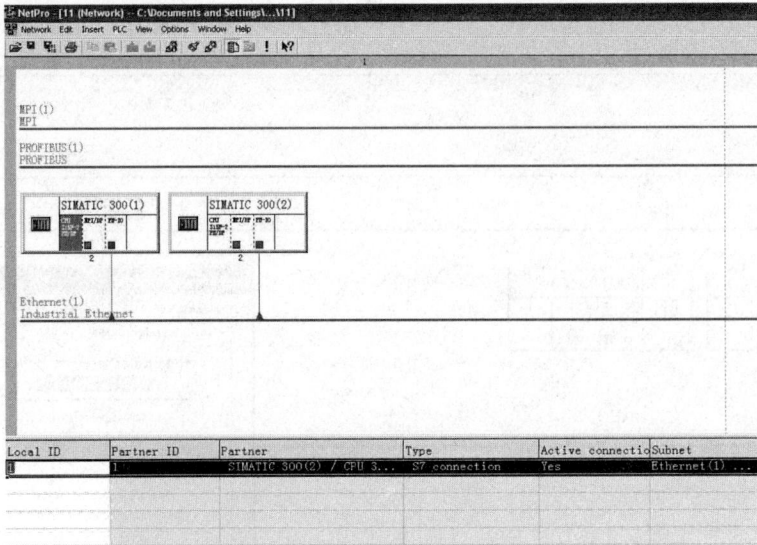

图 6-15　新建网络连接 ID 图

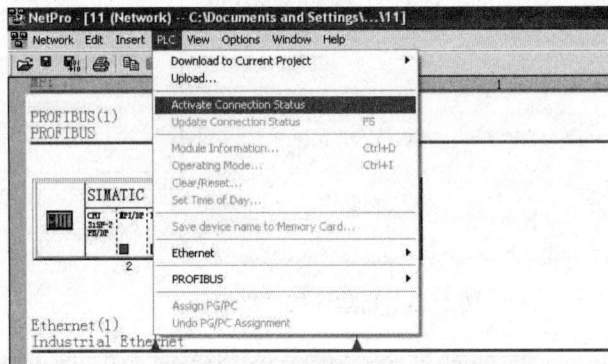

图 6-16　激活连接示意图

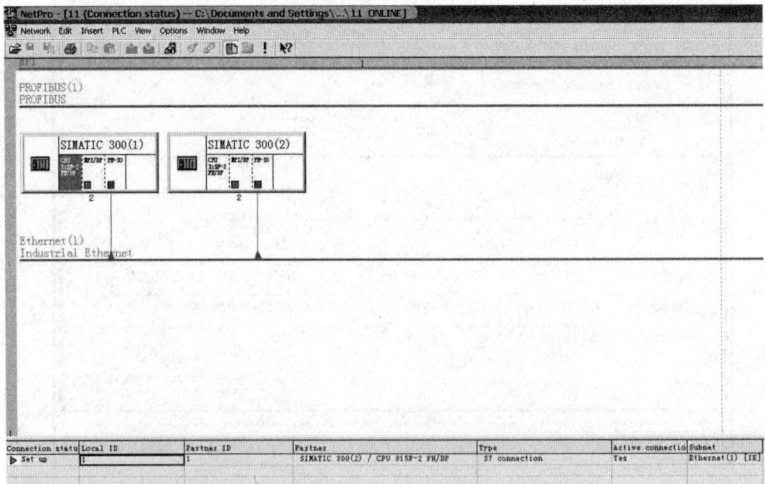

图 6-17　激活连接后的状态示意图

（8）执行"Network"→"Exit"，退出 NetPro 界面。

四、S7-300 与 S7-300 RPOFINET 通信的编程与调试

（1）在 Times New Roman 站点 1 中，创建自己的数据块，并将其命名为 DB10，在 SIMATIC 站点 1 中，创建自己的数据块，并将其命名为 DB11，数据块定义了一个字节的数据，内容如图 6-20 所示。

Address	Name	Type	Initial value
0.0		STRUCT	
+0.0	DB_VAR	BYTE	B#16#0
=2.0		END_STRUCT	

图 6-18　数据块内容

（2）SIMATIC 300 站点 1 的控制程序，如图 6-19 和图 6-20 所示。

OB1："Main program Sweep(cycle)"
Network 1：Title:

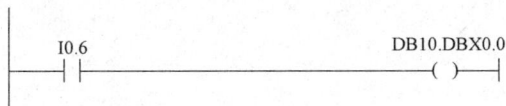

```
I0.6                              DB10.DBX0.0
─┤├─                                  ─( )─
```

Network 2：Title:

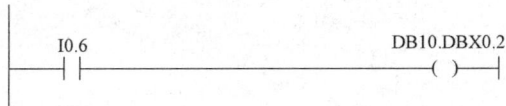

```
I0.6                              DB10.DBX0.2
─┤├─                                  ─( )─
```

Network 3：Title:

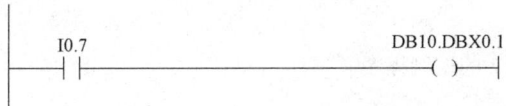

```
I0.7                              DB10.DBX0.1
─┤├─                                  ─( )─
```

Network 4：Title:

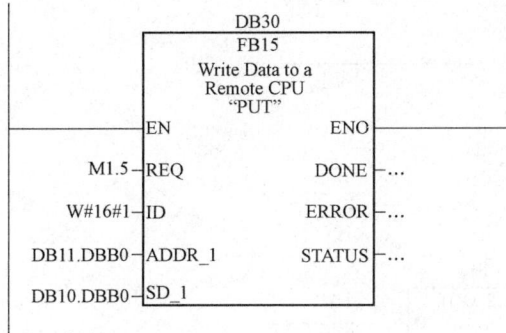

```
              DB30
              FB15
         Write Data to a
         Remote CPU
            "PUT"
       ┌─────────────────┐
   ────┤EN           ENO├──
       │                 │
M1.5───┤REQ         DONE├─...
       │                 │
W#16#1─┤ID         ERROR├─...
       │                 │
DB11.DBB0─┤ADDR_1  STATUS├─...
       │                 │
DB10.DBB0─┤SD_1          │
       └─────────────────┘
```

Network 5：Title:

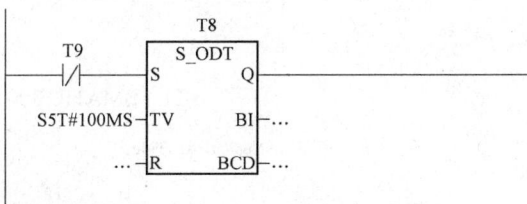

```
                    T8
                  S_ODT
   T9          ┌─────────┐
  ─┤/├─────────┤S       Q├──
               │         │
   S5T#100MS───┤TV     BI├─...
               │         │
        ...────┤R     BCD├─...
               └─────────┘
```

Network 6：Title:

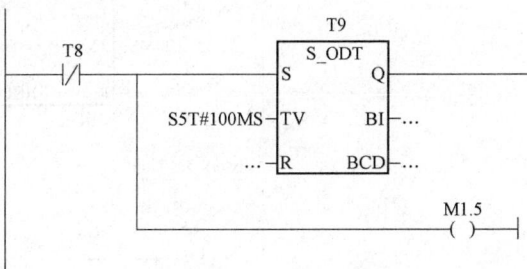

```
                    T9
                  S_ODT
   T8          ┌─────────┐
  ─┤/├─────────┤S       Q├──
               │         │
   S5T#100MS───┤TV     BI├─...
               │         │
        ...────┤R     BCD├─...
               └─────────┘
                                M1.5
                                ─( )─
```

图 6-19　SIMATIC 300 站点 1 的控制程序（一）　　图 6-20　SIMATIC 300 站点 1 的控制程序（二）

（3）SIMATIC 300 站点 2 的控制程序，如图 6-21 和图 6-22 所示。

把程序分别下载到对应的 PLC 中。

（4）调试。运用站点 1 的 I0.6、I0.7、I1.0 去控制站点 2 的 Q1.1、Q1.2，达到运料小车正反转控制。

Network 1：Title：

```
                              DB31
                    ┌─────────────────────┐
                    │         FB14         │
                    │  Read Data From a    │
                    │   Remote CPU         │
                    │      "GET"           │
                ────┤ EN              ENO  ├────
                    │                      │
           M1.5 ────┤ REQ             NDR  ├─ ...
                    │                      │
         W#16#1 ────┤ ID            ERROR  ├─ ...
                    │                      │
     DB10.DBB0 ────┤ ADDR_1       STATUS  ├─ ...
                    │                      │
     DB11.DBB0 ────┤ RD_1                 │
                    └─────────────────────┘
```

Network 2：Title：

```
   DB11.DBX0.0   DB11.DBX0.2                    Q1.1
 ────┤ ├──────────┤/├──────────────────────────( )────
       │
   Q1.1│
 ────┤ ├──┘
```

Network 3：Title：

```
   DB11.DBX0.1   DB11.DBX0.2                    Q1.2
 ────┤ ├──────────┤/├──────────────────────────( )────
       │
   Q1.2│
 ────┤ ├──┘
```

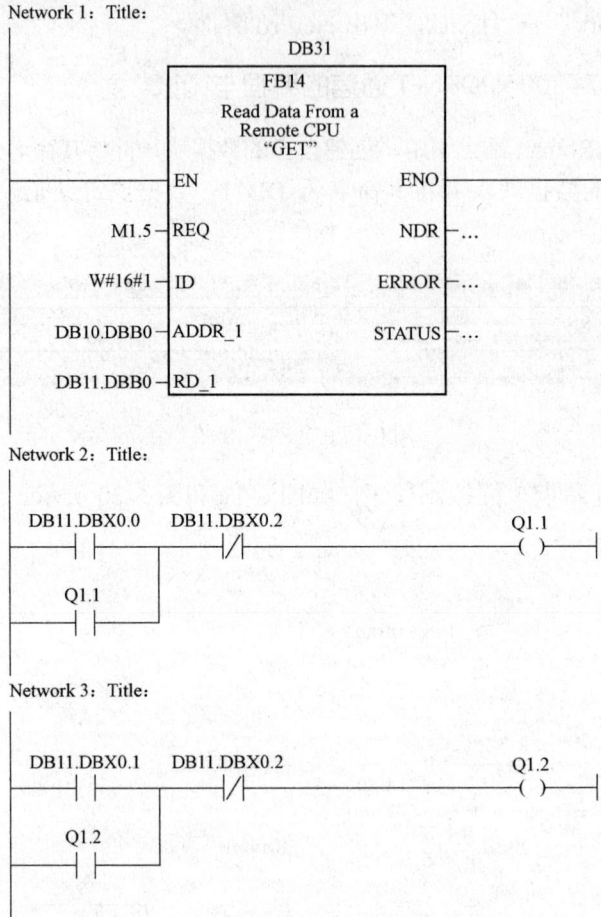

图 6-21　SMATIC 300 站点 2 的控制程序（一）

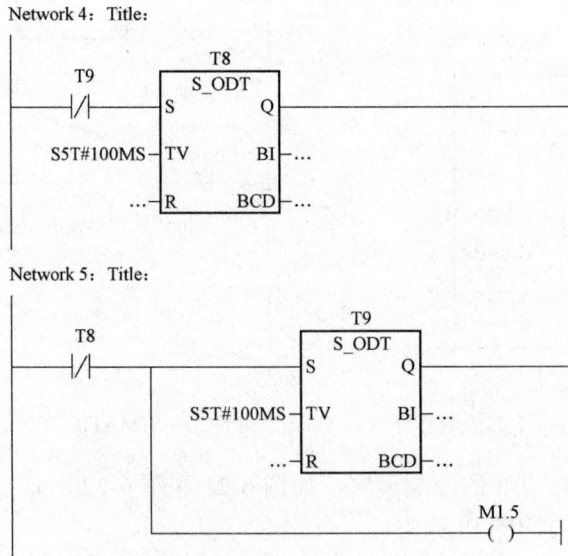

Network 4：Title：

```
                      T8
      T9            S_ODT
 ────┤/├──────────┤ S      Q ├──────────────────────
                   │          │
   S5T#100MS ──────┤ TV    BI ├─ ...
                   │          │
         ... ──────┤ R   BCD  ├─ ...
                   └──────────┘
```

Network 5：Title：

```
                              T9
      T8                    S_ODT
 ────┤/├──────────┬───────┤ S      Q ├────────────────
                  │        │          │
   S5T#100MS ─────┼────────┤ TV    BI ├─ ...
                  │        │          │
         ... ─────┼────────┤ R   BCD  ├─ ...
                  │        └──────────┘
                  │                          M1.5
                  └──────────────────────────( )────
```

图 6-22　SMATIC 300 站点 2 的控制程序（二）

第二节 S7-300 和变频器 G120 的组态与编程

一、通信框架的搭建

S7-300 和变频器 G120 PROFINET 通信框架设备包括：PLC（S7-300 CPU315F-2PN/DP），变频器 G120 CU240E，编程器（电脑），TP 177B 6" color PN/DP HMI（人机界面）。

它们三者都是通过 PROFINET 进行连接。框架搭建如图 6-23 所示。

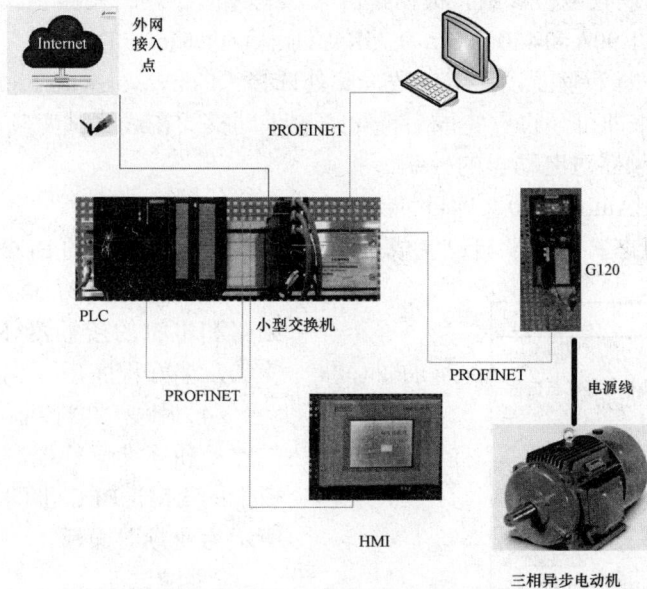

图 6-23 基于 PROFINET 通信的框架图

如图 6-23 所示，外网从外网接入点接入以太网的交换机（安装在 S7-300 机架上的专用交换机），通过交换机分成四路网线，分别送到 PLC、变频器 G120、HMI、计算机。三相异步电动机通过电源线接入变频器的三相电源接线端子上。

实物搭建如图 6-24 所示。

该应用实现了计算机、变频器、PLC 和 HMI 之间的 PROFINET 即工业以太网通信。

变频器和电动机之间运用了接触器 KM 进行连接，连接示意图如图 6-25 所示。

图 6-24 电动机调速控制系统实物图

图 6-25 变频器连接示意图

321

二、用变频器手动控制电动机的启停

1. IOP 面板的设置

首先将 IOP 面板上电，待其上电完成后，先通过旋转开关将光标指到"Wizards"选项，并单击"OK"按钮进入，选第一项"Basic Commissioning"进入，将弹出是否进行"Factory Reset"（工厂设置）对话框，选择"YES"单击"OK"按钮进入，接下来会弹出让您选择"Control Mode"（控制方式）对话框，此处选择"U/F With linear Characteristic"（U/F 控制方式）并单击"OK"按钮，接下来选择"Europe 50HZ KW"，并单击"OK"，接下来选择"Induction motor"（感应电机），之后为设置电机参数，根据铭牌来填写（请参看三相鼠笼式异步电动机）。铭牌数据为 50Hz，380V，1.90A，1440r/Min，0.75KW，此后在"Motor Data ID"一栏选择"Disable"，然后在"Macro Sources"里面设置宏参数，此处选择"Conveyor with Fieldbus"，之后则一路单击"OK"按钮下来即可，设置完成后，可通过手动模式在线测试变频器状态。

2. 手动实现变频器对电动机的控制

（1）建立"HandAuto-G120"项目。

（2）进行硬件组态（由同学自己完成），下载硬件组态到相应的 PLC 上。

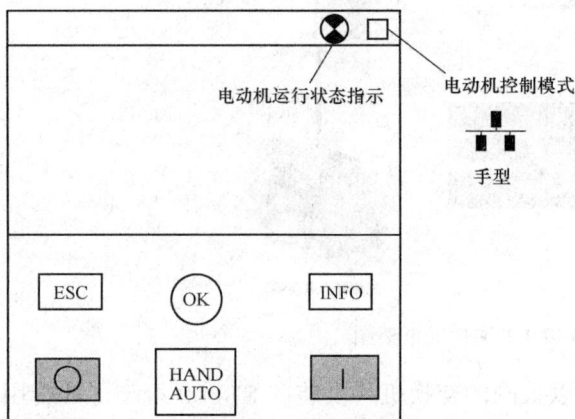

图 6-26　变频器面板

（3）打开 OB1 模块，添加启动连接变频器和电机的接触器 KM，KM 的地址是 Q0.0，编好程序后下载到 PLC 中。

（4）用变频器控制电动机，实现电动机的点动和连续运行控制。单击 I0.6，启动背板上的 KM，PLC 上的 Q0.0 灯亮。图 6-26 所示为变频器面板。

3. 调试

（1）按下"OK"按钮，会出现设置"Setpoint **%"用来设置电机的速率比。"Reverse"为电动机反转设置项，"ON"时为反转，"JOG"为点动设置，"ON"时电动机的控制模式为点动。

（2）按下"OK"按钮，只设置 Setpoint 设定到某个值（由同学自己设定），其他的为"OFF"。那么电动机的设置为正转连续运行控制。按下"HAND AUTO"按钮，电动机控制模式处变为手型。开始进行手动控制电动机，按下上方的绿色按钮，电动机开始正转。按下红色按钮，电机停止运行。

（3）按下"OK"按钮，只设置 Setpoint 设定到某个值（由同学自己设定），其他的为"ON"。那么电动机的设置为反转点动运行控制。按下"HAND AUTO"按钮，电动机控制模式处变为手型。开始进行手动控制电动机，按下上方的绿色按钮，电动机开始正转。按下红色按钮，电动机停止运行。

三、PLC 与变频器通信控制电动机

PLC 与变频器通信控制电动机启停的步骤如下所述。

1．参数设置

在主界面选择"Menu"选项卡，进入"Parameter"→"Search By Number"后输入 P0700，单击"OK"按钮设置 P0700＝6 表明在通信时要有控制字和状态字的输入和输出。再重复上述步骤设置 P1000 为"6"表示为现场总线通信。然后输入"922"进入后选择"999: Free config BICO"（指变频器的通信报文的格式），完成后，再进入"Menu"→"Parameter"→"Search By Number"选择"2051"（定义通信报文的格式）一共 2 个 WORD，设置 P2051.0 为"r56"（控制字），P2051.1 为"21"（转速），P2002 为"1.30A"（额定电流）。表示第一个 WORD 为控制字，第 2 个 WORD 为转速值设定。

2．组态及编程步骤

（1）新建项目，由自己命名，如 G120&PLC，进行硬件组态。

（2）双击 CPU 的"PN/IO"项，设置 PLC 的 IP，新建 Ethernet 网络，如图 6-29 所示。

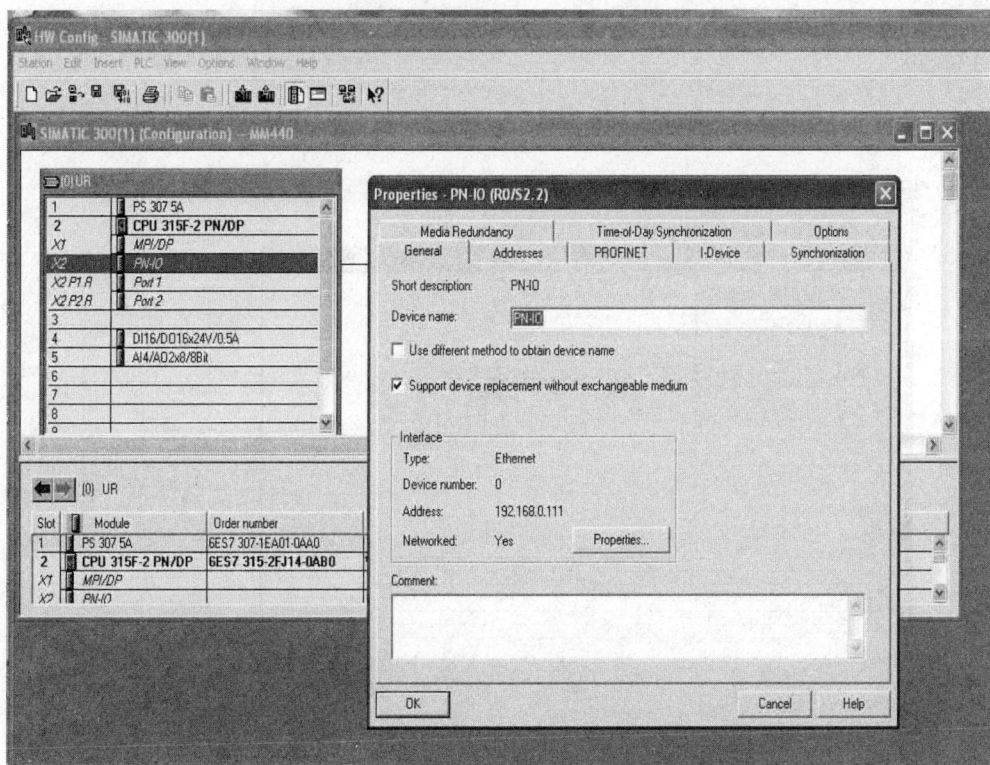

图 6-27　新建 Ethernet 网络

（3）双击 CPU 的"PN/IO"项，单击鼠标右键执行"Insert PROFINET IO System"命令，组态网络中会出现一条 PROFINET 总线，如图 6-28 和图 6-29 所示。

（4）组态变频器。单击 PROFINET 总线，选择右侧的元件窗口的"PROFINET IO"→"Drives"→"SINAMICS"→"G120 CU240E-2 PN F"（6SL3 244-0BB13-1FAx），双击添加变频器，同时设置变频器的 IP 为"120＋"机器号，如图 6-30 所示。

（5）双击"Standard message frame"打开属性对话框，定义传送报文的属性，如图 6-31 所示。

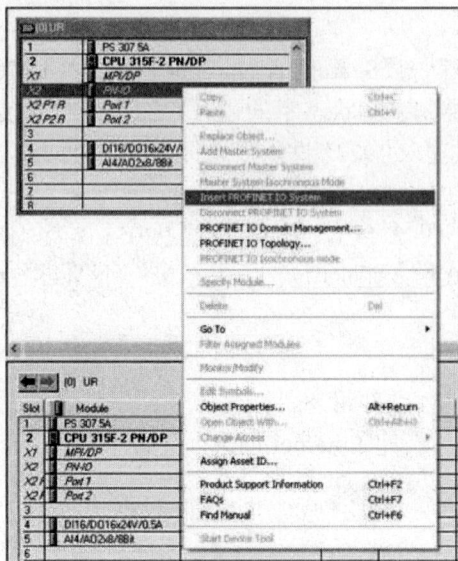

图 6-28　插入 PROFINET IO 拓扑线菜单

图 6-29　PROFINET IO 拓扑线

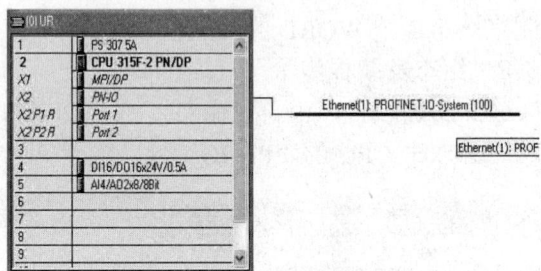

图 6-30　组态变频器

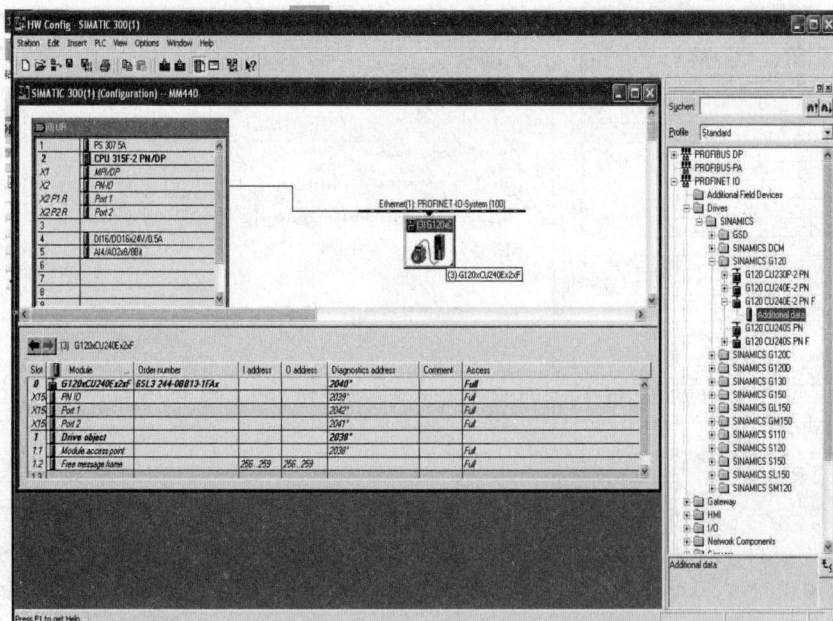

图 6-31　变频器的报文地址

（6）激活"Message Frame"选项卡，在"Default"下拉列表框中选择"Free message frame"，这与前面变频器设置中的"999：Free config BICO"是一致的，如图 6-32 所示。

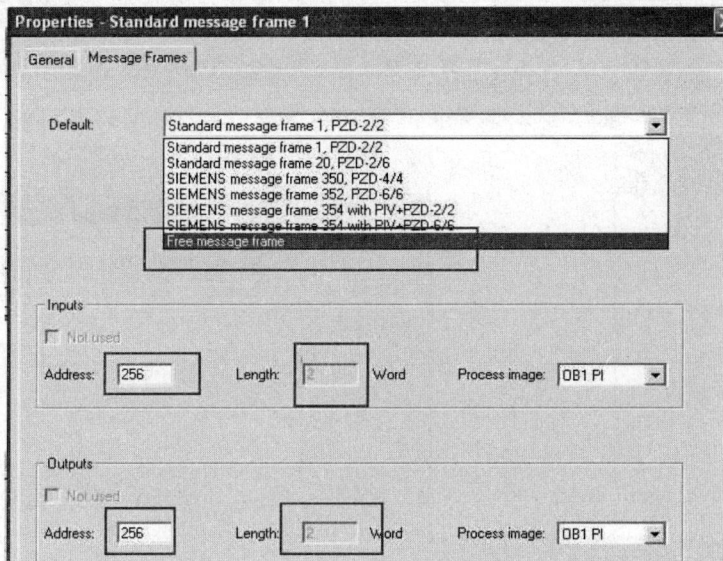

图 6-32　通信报文设置对话框

注意：设置时应先输入字长度，再输入字节地址。

设置完后，单击 按钮进行保存并编译。

（7）双击 G120 图标，如图 6-33 所示，复制它的名称"Device Name"。

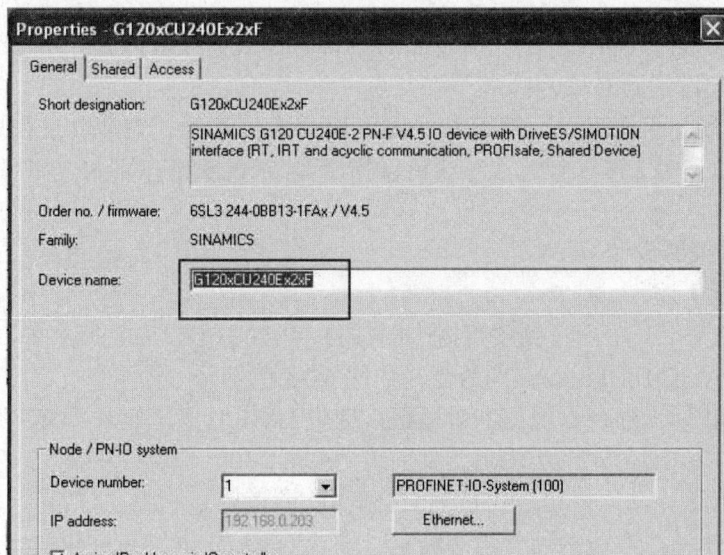

图 6-35　变频器属性对话框

（8）回到项目的初始界面，执行菜单命令"PLC"→"Edit Ethernet node"→"Browse"，弹出如图 6-34 所示的对话框，选择网络中的 G120 设备，单击"OK"按钮。

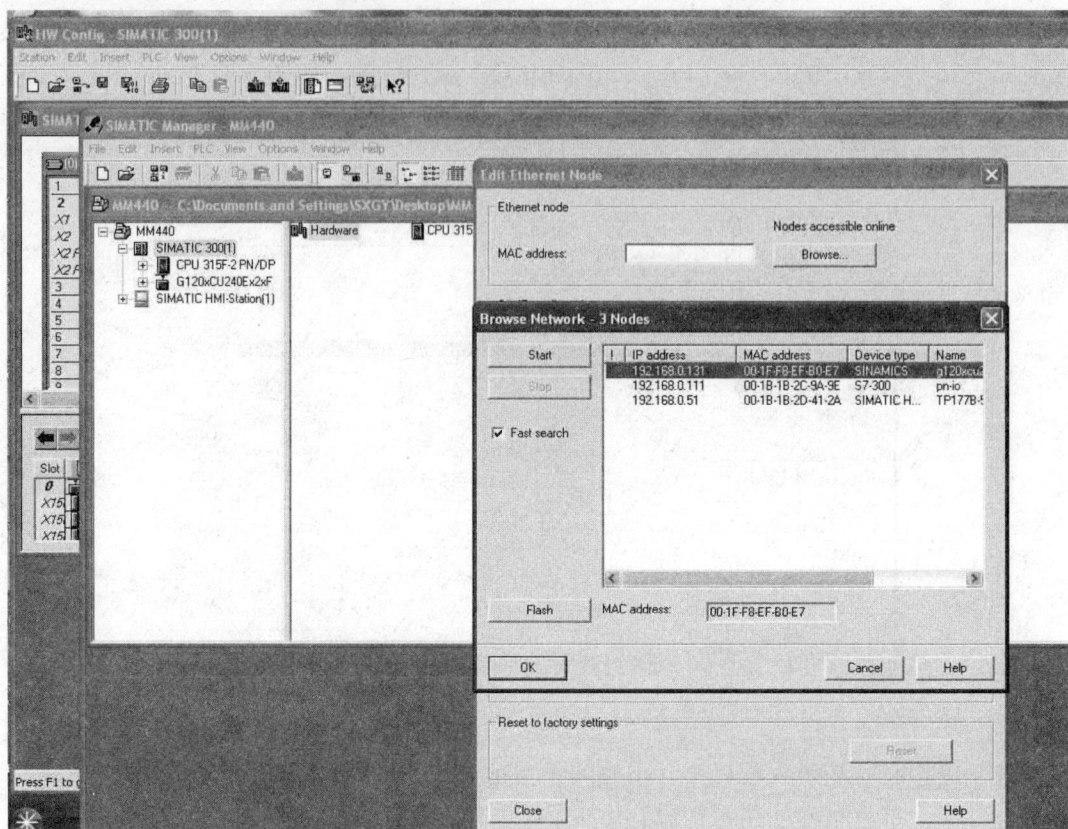

图 6-34　变频器搜寻对话框

（9）然后设置 G120 的 IP，把之前复制的设备名称放到相应位置。单击"Assign**"，将设备的名称、IP 都设置到 G120 中。

（10）返回到硬件组态界面，把组态下载到 PLC 中。注意，完成此过程后，如果 PLC 上的运行指示灯 BF1，BF2 出现红色（总线错误指示），则说明组态不对，如果没有，则说明组态 OK。

3. PLC 与触摸屏设计

设计步骤如下所述。

（1）插入 HMI 站点，单击左侧项目树中的项目，然后右击弹出快捷菜单，执行"Insert New Object"→"SIMATIC HMI Station"命令，如图 6-35 所示。

（2）插入 HMI 站点后，出现如下对话框，选中 HMI 型号，单击"OK"按钮，如图 6-36 所示。

（3）设置项目语言（这样可以保证 HMI 画面能够正确显示中文字符），如图 6-37 所示。

（4）双击 HMI 站点右边的硬件组态窗口，设置 HMI 的 IP 地址（IP 地址的查看方法：单击触摸屏，使其回到主界面，执行"My computer"→"Network"→"SMSC100FD"→"Properties"命令），如图 6-38 所示。

（5）单击右边项目树中 HMI 站点下的"Communication"（通信）→"Connection"（连接），设置 HMI 与 PLC 的链接，如图 6-39 所示，设置好后单击 按钮。

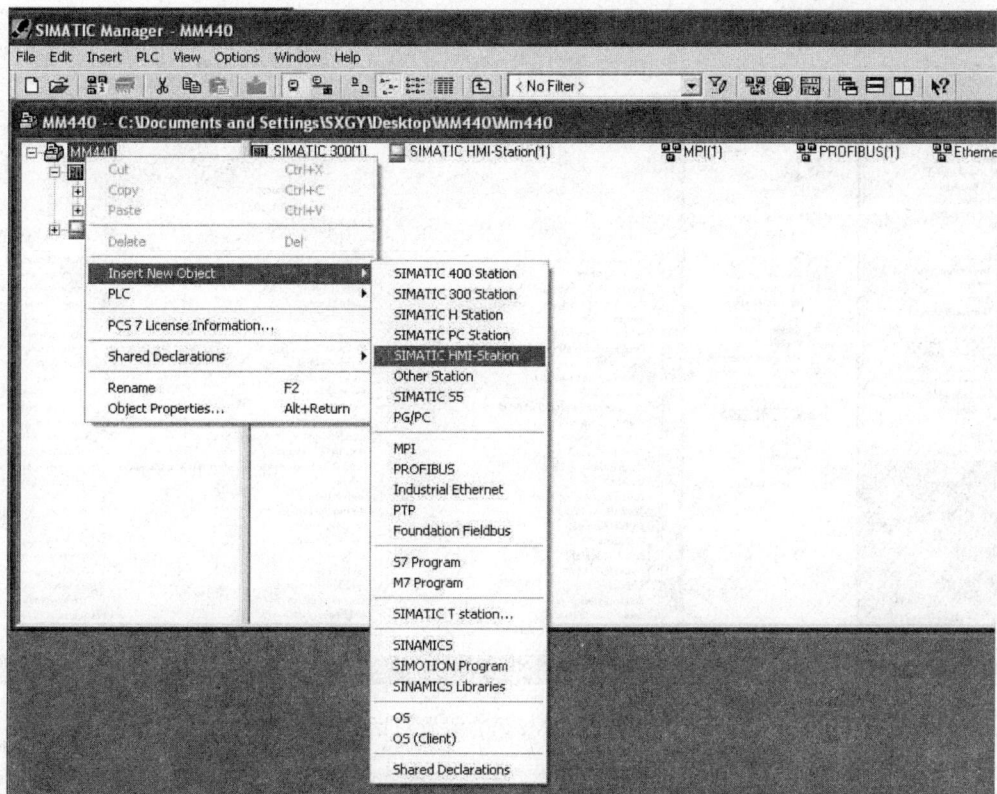

图 6-35　插入 HMI 站点示意图

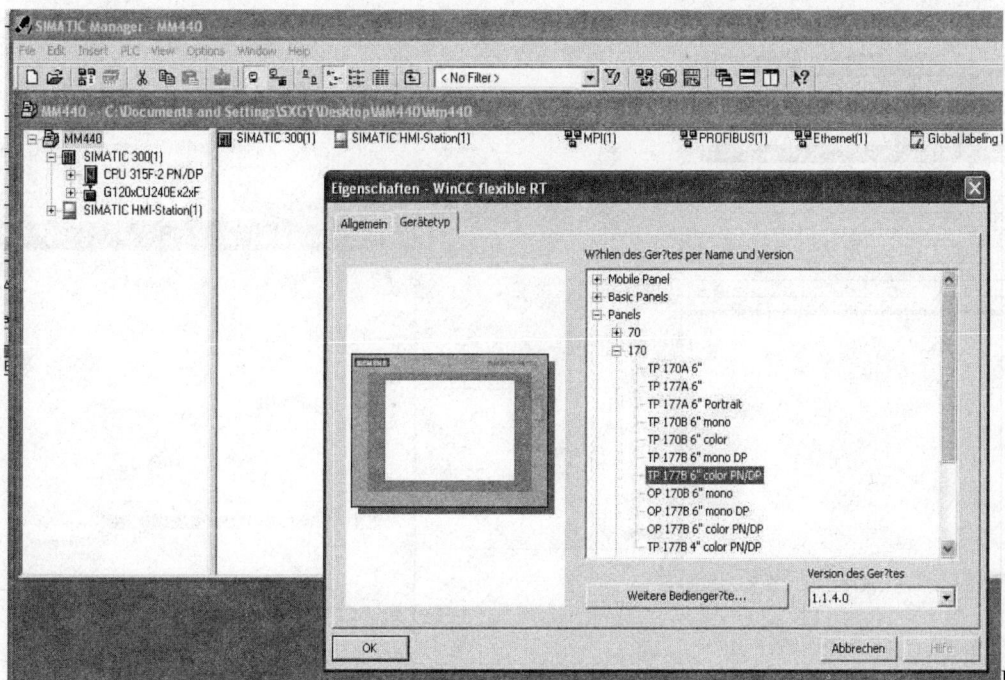

图 6-36　HMI 类型选择对话框

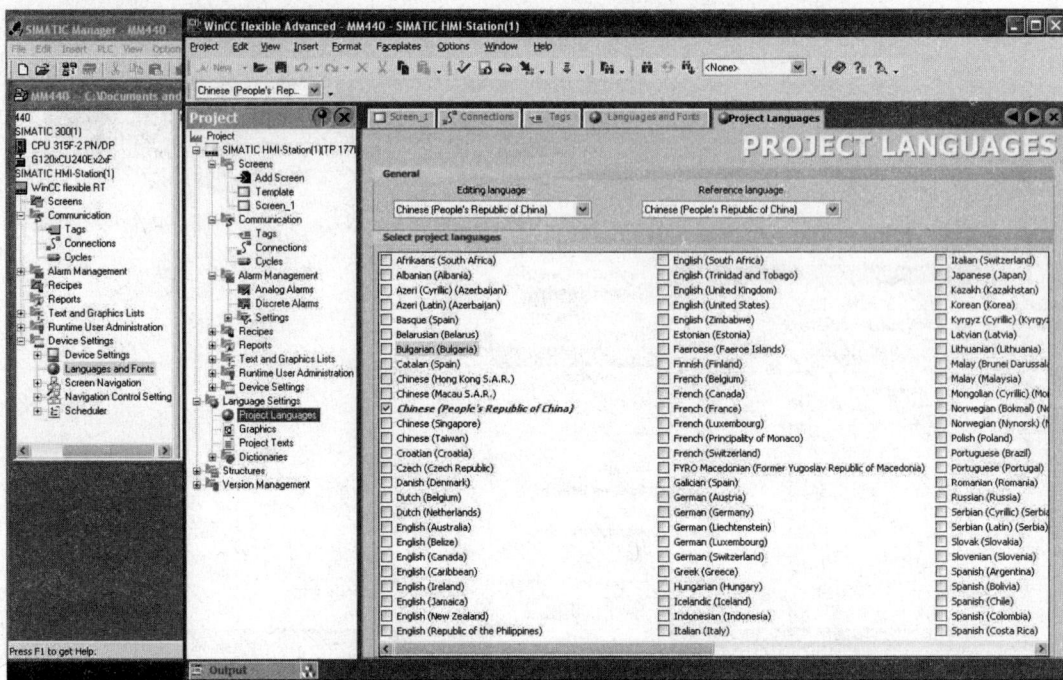

图 6-37　HMI 语言设置对话框

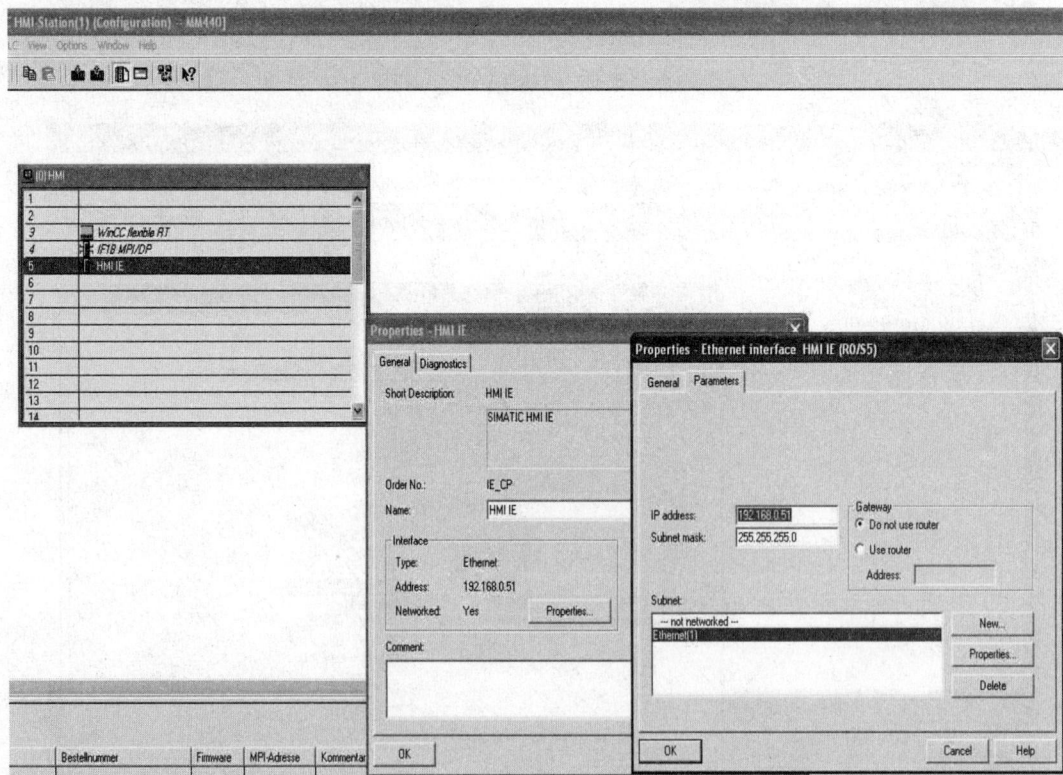

图 6-38　HMI IP 地址设置对话框

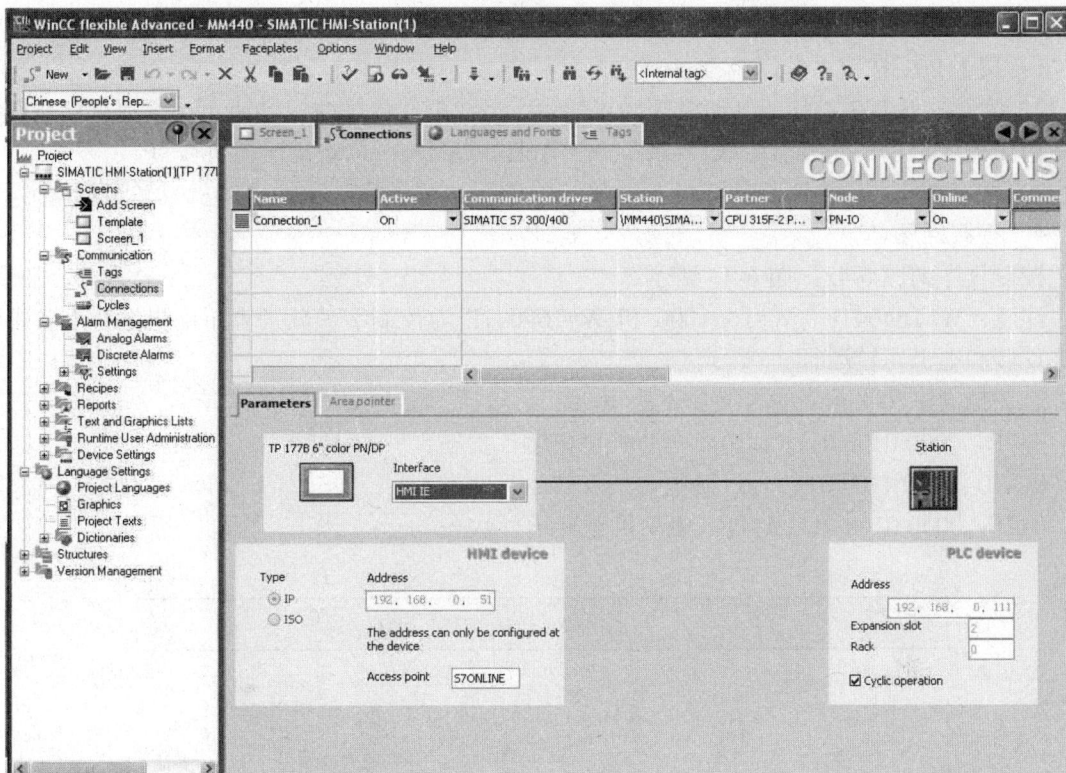

图 6-39 建立 HMI 与 PLC 的连接示意图

（6）双击"Communication"（通信）→"Tags"（变量），添加 HMI 的变量。添加触摸屏按钮，并在其下部 TEXT 添加按钮说明，设计后的触摸屏如图 6-40 所示。

（7）接下来对按钮的属性进行设置，设置"Press"（按下）的动作变量"Setbit"，以及"Release"（释放）的动作变量为"Resetbit"。同理对其他按钮进行设置。

退出按钮的设置如图 6-41 所示。

所有的步骤都进行完后，单击保存按钮，接下来进行对触摸屏的下载。

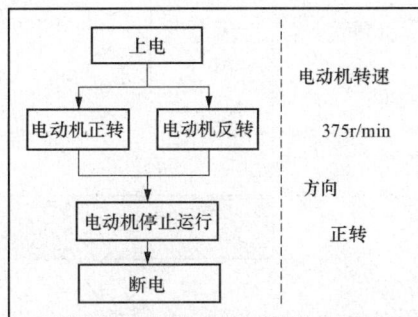

图 6-40 HMI 界面模板

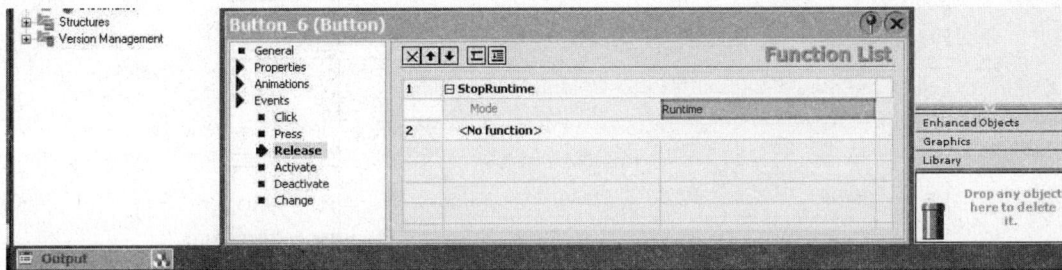

图 6-41 退出按钮的动作属性设置

（8）下载及变频器调试。

1）按下 P01 按钮系统运行准备，P02 为系统总停按钮。

2）接着按下 P03 按钮，电动机开始正转运行。如果在单击时电动机不动，则有可能变频器有错误提示，单击变频器面板"OK"→"Acknowledge"忽略错误就可恢复。

3）按下 P04 按钮电动机停止运行，等待稳定后。按下 P05 按钮电动机反转运行。

4．控制程序

控制程序如图 6-42，图 6-43 所示。

注意，W#16#047E、W#16#1000 和 W#16#047F 为控制字，分别表示电机运行准备中、电机反转和电机正转运行。

有关控制字和状态字的含义如下所示。

047E，0000 0100 0111 1110，电动机停止运行状态。

0C7F，0000 1100 0111 1111，电动机反转运行状态。

047F，0000 0100 0111 1111，电动机正转运行状态。

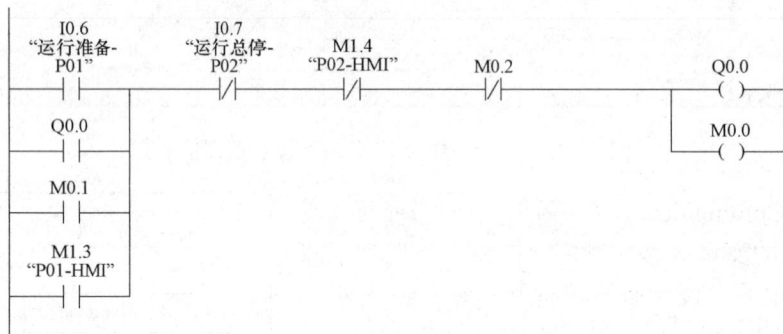

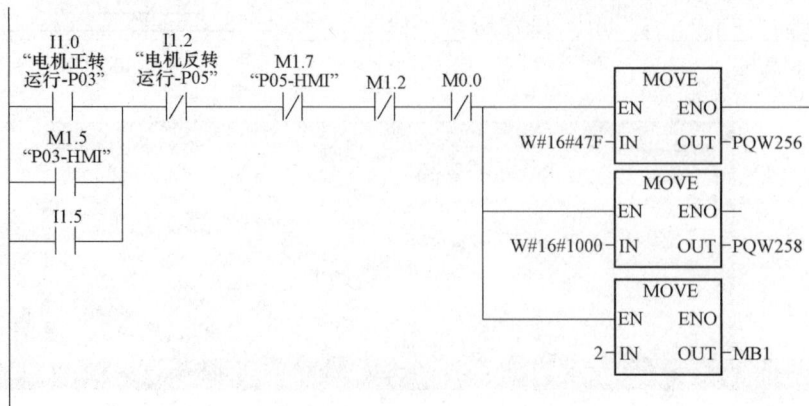

图 6-42　控制程序（一）

Network 3：Title：

Comment：

I1.2
"电机反转
运行-P05"
I1.0
"电机正转
运行-P03"
M1.5
"P03-HMI"　M1.1　M0.0

M1.7
"P05-HMI"

I1.7

```
MOVE
EN      ENO
W#16#C7F—IN    OUT—PQW256
```

```
MOVE
EN      ENO
W#16#1000—IN    OUT—PQW258
```

```
MOVE
EN      ENO
4—IN    OUT—MB1
```

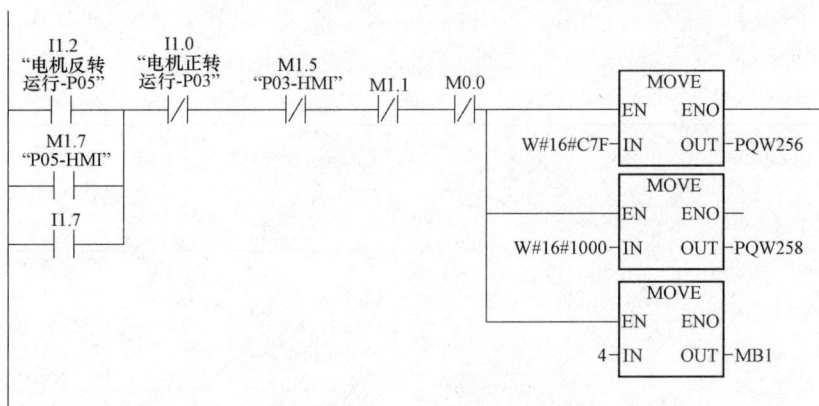

Network 4：Title：

Comment：

I1.1
"电机停止-
P01"

M0.4

M1.6
"P04-HMI"

```
MOVE
EN      ENO
W#16#47E—IN    OUT—PQW256
```

```
MOVE
EN      ENO
0—IN    OUT—MB1
```

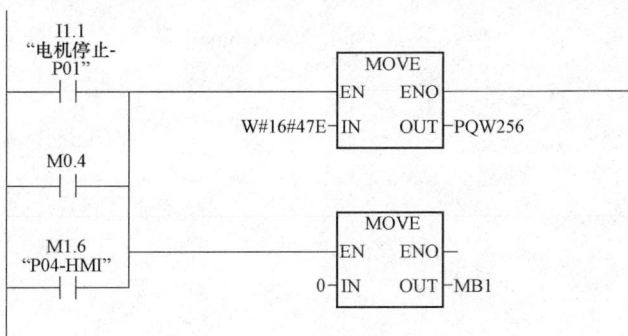

图 6-43　控制程序（二）

5. 运行调试

（1）按下 P03 按钮，电动机开始正转运行。

（2）按下 P04 按钮，电动机停止运行。

（3）按下 P05 按钮，电动机反转运行。

（4）按下 P02 按钮，系统总停按钮。

（5）按下 P01 按钮，系统重新开始运行准备。

第七章

TIA PORTAL V11 在 S7-300/400 和 HMI 中的应用

第一节　TIA PORTAL 简介

STEP 7 V11 是西门子 TIA 博途中的最新工程组态系统，其中 STEP 7 Professional 支持对 S7-1200、S7-300、S7-400 以及基于 PC 的 WinAC 控制器进行组态和编程。本章将对 STEP 7 V11 软件进行详解。

STEP 7 V11 作为西门子 TIA 博途中最新工程组态系统，它同时适合初学者和行业专家编程使用，STEP 7 Basic V10.5 只能用于对 SIMATIC 控制器 S7-1200 进行组态和编程，而 STEP 7 Professional V11 则支持对 SIMATIC 控制器 S7-1200、S7-300、S7-400 以及基于 WinAC 的控制器进行组态和编程，本书对 STEP 7 V11 操作的描述都是基于 STEP 7 Professional V11 SP2 的。

STEP 7 Professional V11 SP2 支持的计算机操作系统为 Windows XP Professional SP3、Windows 7 Professional/Enterprise/Ultimate（32Bit）、Windows 7 Professional/Enterprise/Ultimate SP 1（32Bit）、Windows 7 Professional/Enterprise（64Bit）、Windows 7 Professional/Enterprise/Ultimate SP 1（64Bit）、Windows Server 2003 Release 2 Standard Edition SP2、Windows Server 2008 Standard Edition SP2（32Bit）、Windows Server 2008 Standard Edition R2（64Bit）、Windows Server 2008 Standard Edition R2 SP1（64Bit）。

安装 STEP 7 Professional V11 SP2 的计算机硬件最低配置：处理器：Pentium 4 1.7 GHz，RAM：1GB，屏幕分辨率：1024×768px，

安装 STEP 7 Professional V11 SP2 的计算机硬件的建议配置：处理器：Core2 Duo 2.2 GHz，RAM：2GB，屏幕分辨率：1400×1050px。

与以往的 STEP 7 软件相比，STEP 7 Professional V11 有较大改进，利用该软件使用者可以高效、快速地创建各自领域内的自动化解决方案。

1. 软件的启动

双击桌面图标，或者执行"开始"→"所有程序"→"Siemens Automation"→"TIA Portal V11"命令，就可以启动 STEP 7 Professional V11 软件。

2. 软件的退出

单击软件右上角的图标或者执行"项目"→"退出"，就可以退出软件。如果使用者对项目作了改变又没有进行保存，那么系统会弹出图 7-1 所示的对话框。

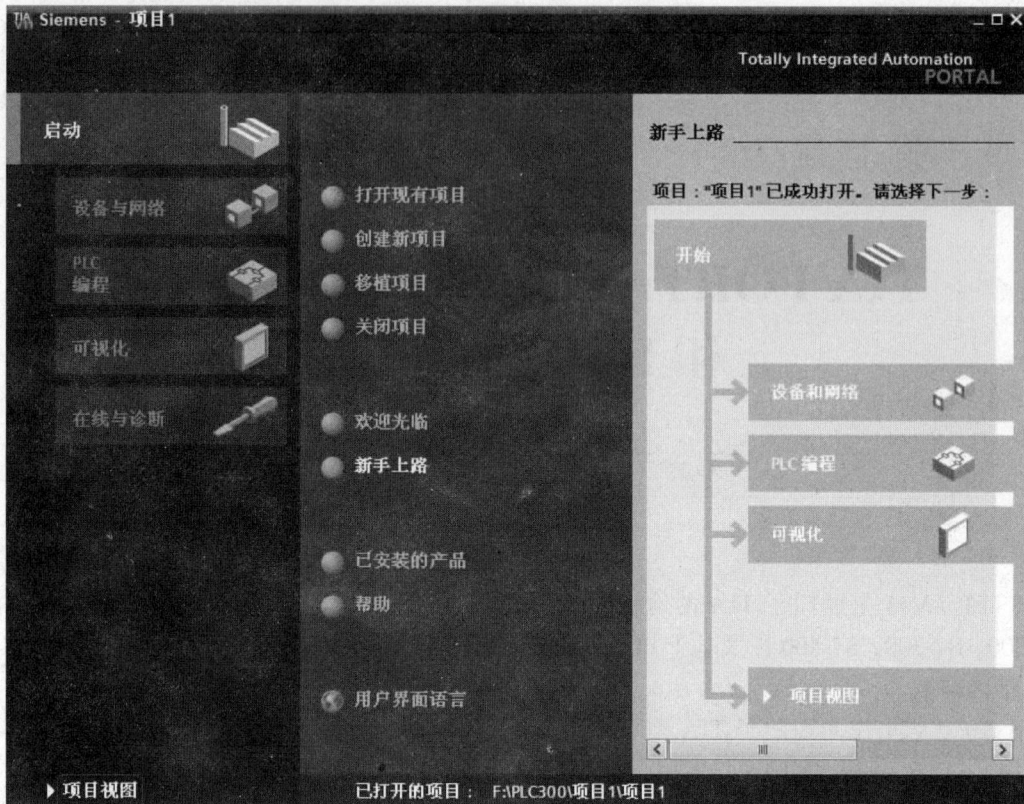

图 7-1　PORTAL V11 界面初始对话框

若单击"是"按钮，则保存当前项目后关闭系统；若单击"否"按钮，则直接关闭系统；若单击"取消"按钮，则取消退出软件的操作。

单击图 7-1 左下角的"项目视图"，可以实现"Portal 视图"到"项目视图"的切换；单击左下角的"Portal 视图"，可以实现"项目视图"到"Portal 视图"的切换。

3. 视图

STEP 7 Professional V11 具有两种不同的视图，即 Portal 视图和项目视图。其中"Portal 视图"又被称为"任务入口视图"。在"Portal 视图"里，使用者可以看到自动化项目中重要任务的入口，并根据需要选择相应的任务入口，适合初学者快速上手，如图 7-3 所示。

在图 7-2 中，"设备和网络"可以显示所以设备、添加设备以及组态网络；"PLC 编程"可以创建 PLC 程序；"可视化"可以组态 HMI 画面；"在线和诊断"可以显示组态的设备以及状态。

与 Portal 视图相比，在项目视图中使用者可以看到项目相关的所有组件，可以访问所有的编辑器和数据，可以进行高效的组态和编程。

编辑程序后的界面如图 7-3 所示。

（1）工具栏上的按钮。工具栏上的按钮介绍如图 7-4 所示。

（2）程序编辑器参数的设置。设置程序编辑器参数，执行菜单命令"选项"→"设置"，出现图 7-5 所示的对话框。程序布局对话框如图 7-6 所示。

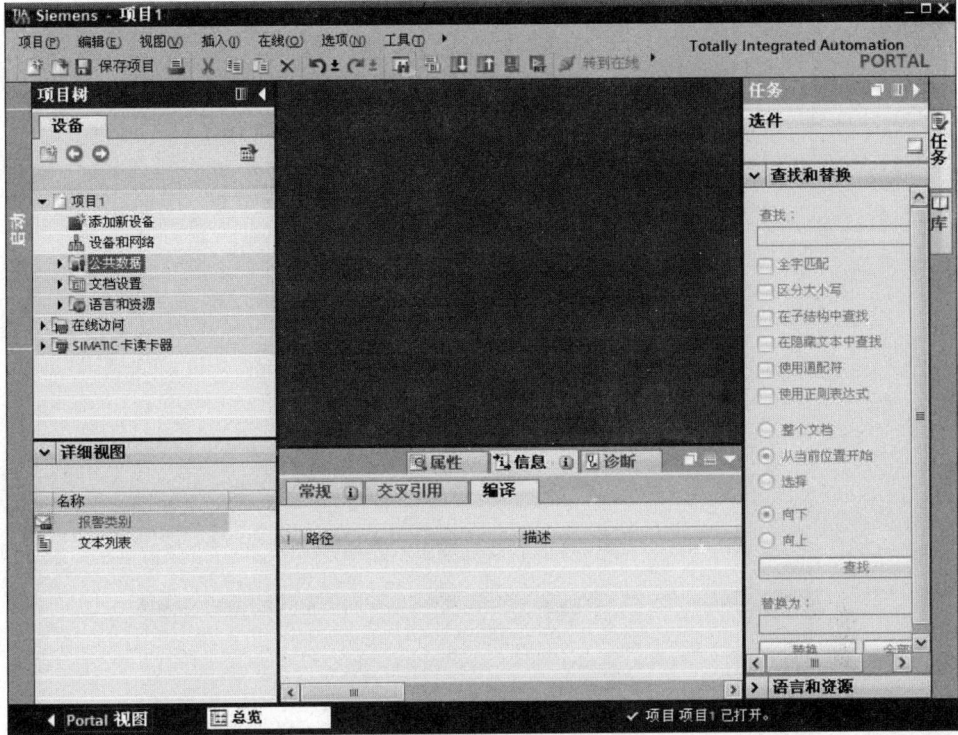

图 7-2　PORTAL V11 界面

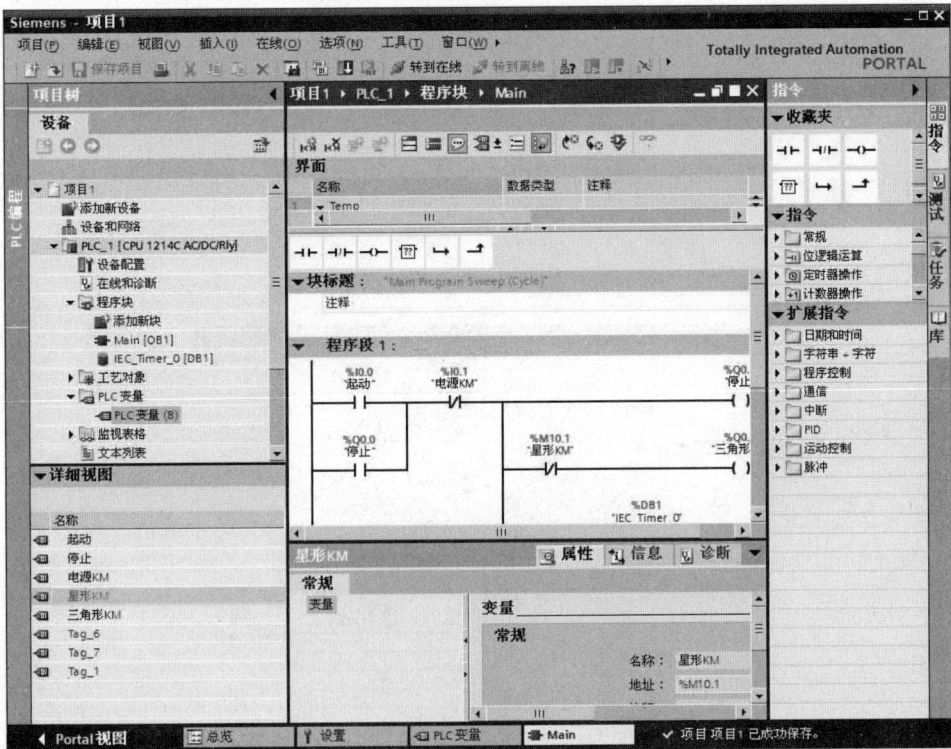

图 7-3　TIA PORTAL V11 编程界面

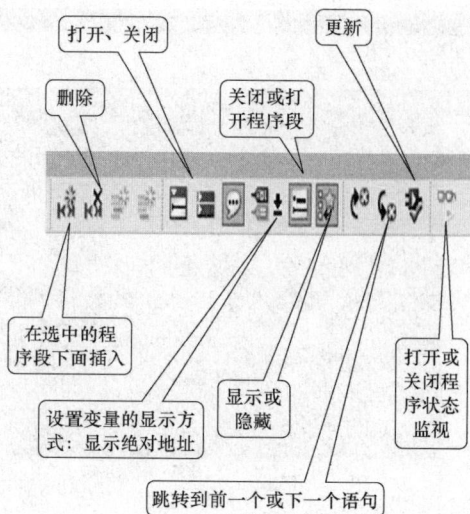

图 7-4　工具栏按钮示意图

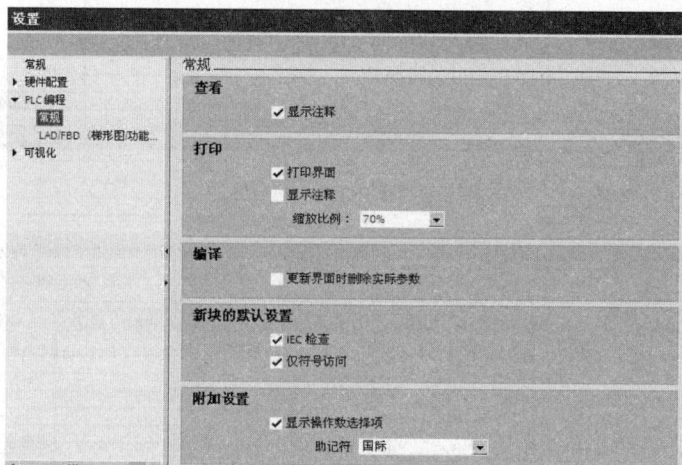

图 7-5　程序编辑器参数设置对话框

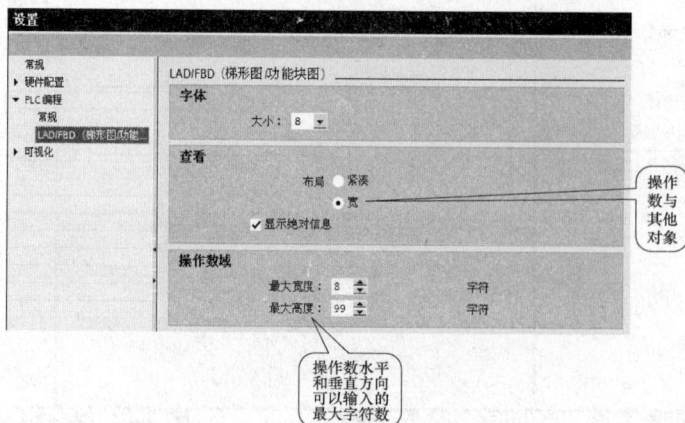

图 7-6　程序布局对话框

（3）生成和修改变量。方法如图 7-7 所示。

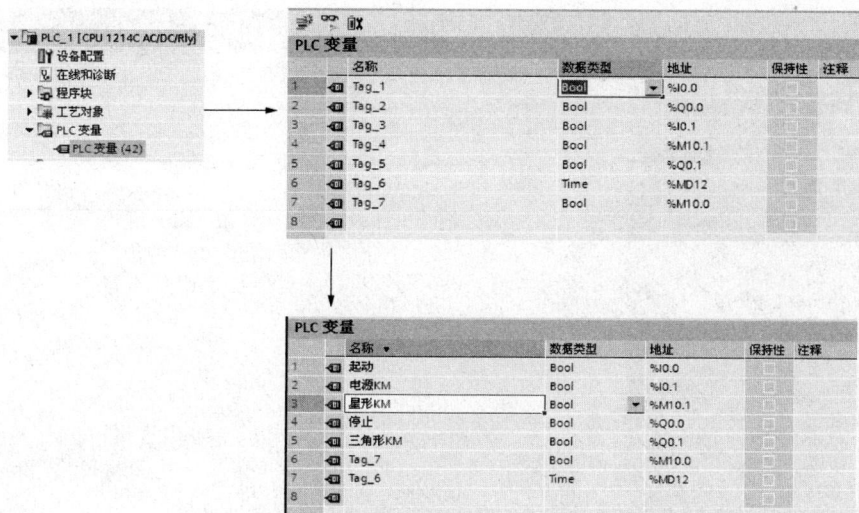

图 7-7　变量表对话框

第二节　霓虹灯控制系统的实现

一、控制任务解析

运用 TIA PORTAL 实现霓虹灯控制，其控制界面如图 7-8 所示。

控制要求如下所示。

1. 硬件控制要求

（1）按下 P01，"原位""卸料""料斗""清洗"指示灯会依次以 2s 的时间间隔进行闪烁。

（2）按下 P02，无论哪个位置的灯闪烁，都将全部熄灭。

2. HMI 控制

HMI 上的界面，界面上有"启动""停止"两个按钮。

（1）按下"启动"按钮，"原位""卸料""料斗""清洗"指示灯会依次以 2s 的时间间隔进行闪烁。

（2）按下"停止"按钮，无论哪个位置的灯闪烁，都全部熄灭。

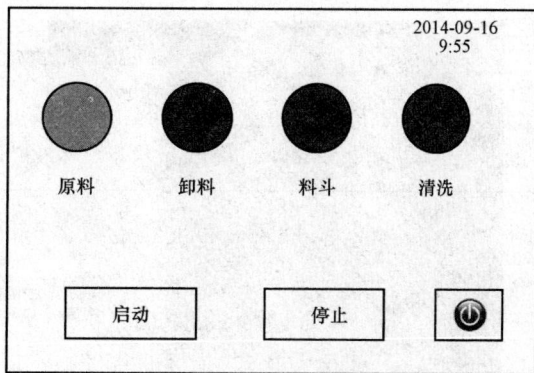

图 7-8　霓虹灯控制界面

二、霓虹灯控制程序的组态、编程与调试

1. 硬件组态

（1）打开 PORTA1 编程软件███，如图 7-9 所示，创建新项目，并将其命名为"PLC&

NIHONGDENG"，选择保存路径（由读者自行设置），单击"Creat"进行创建。

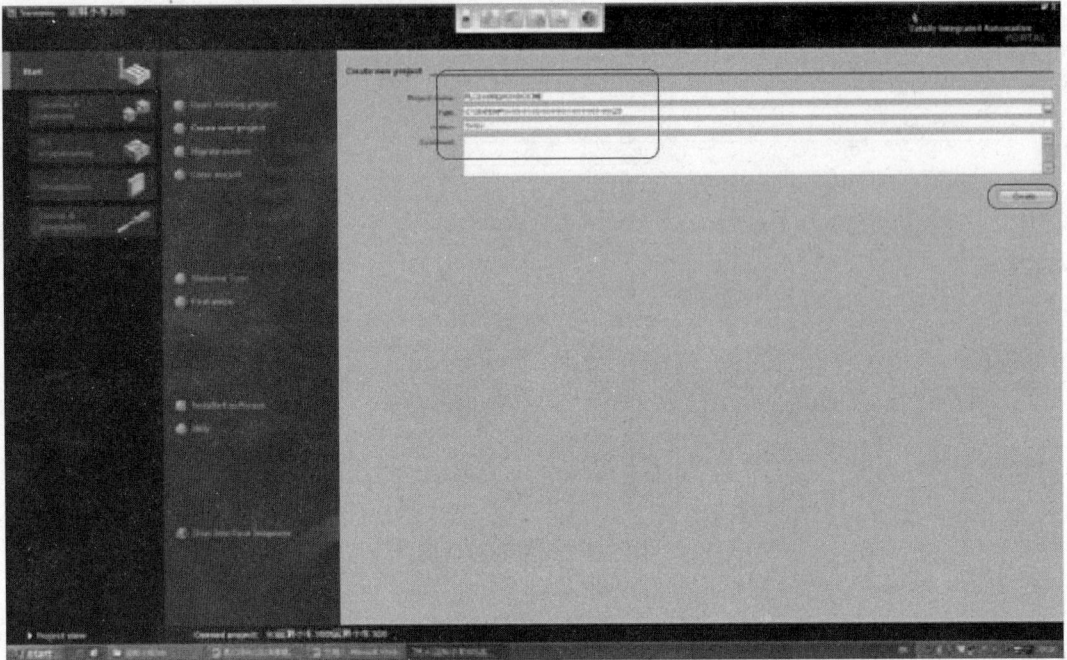

图 7-9　新建工程对话框

（2）进入图 7-10 所示界面，执行"Open the project view"命令，进入主界面。

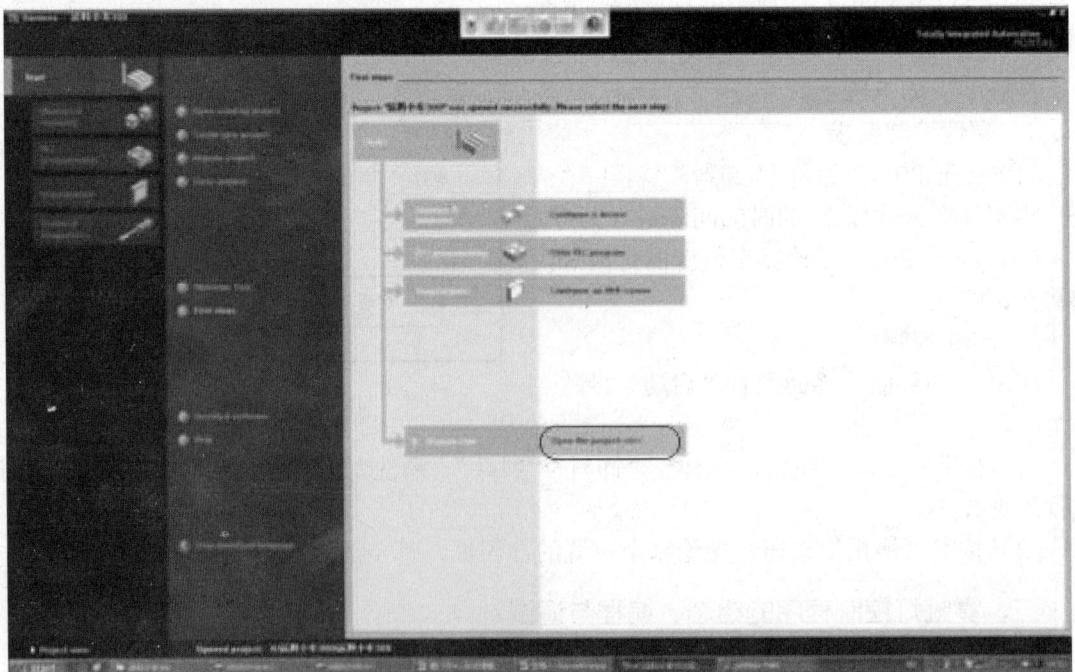

图 7-10　进入项目主界面示意图

（3）在左侧的项目树 Project tree 一栏中，执行"Add new device"命令，进行硬件组态，如图 7-11 所示。

图 7-11　CPU 选型对话框

（4）单击 PLC 图标，选择 CPU 型号，如图 7-12 所示，单击"OK"按钮。

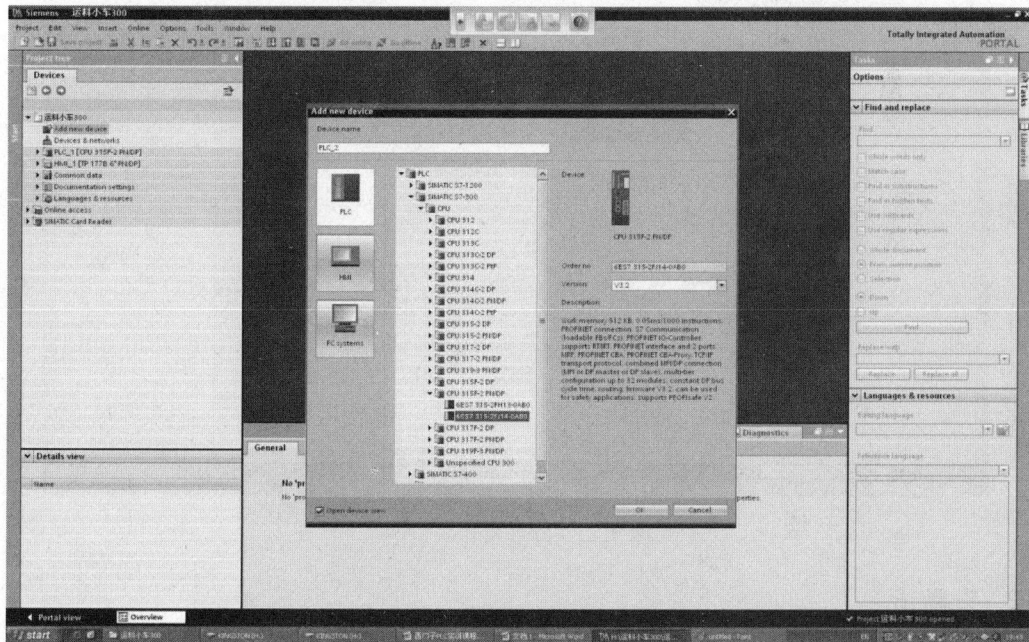

图 7-12　CPU 型号示意图

（5）主界面如图 7-13 所示。

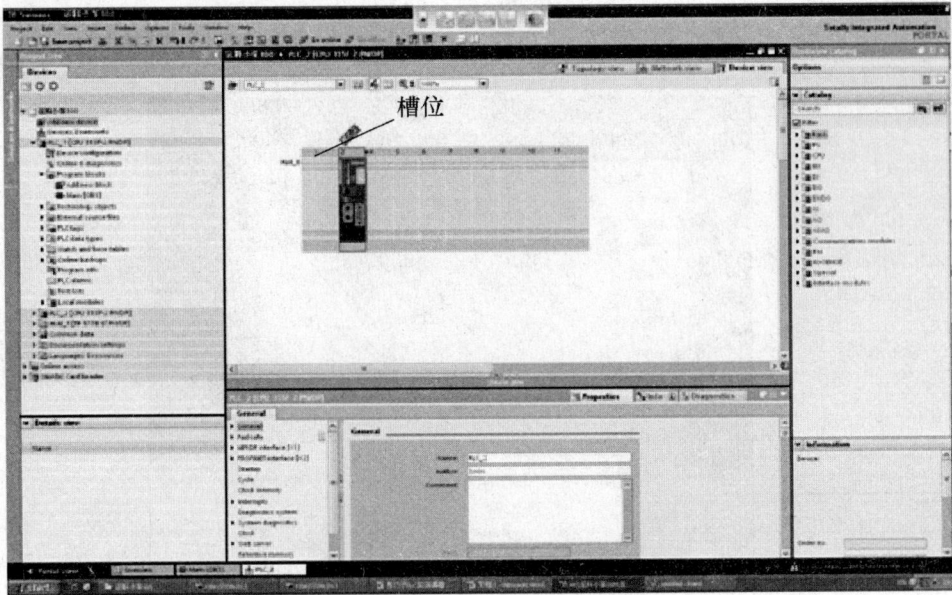

图 7-13　TIA PORTAL V11 主界面硬件组态窗口

（6）添加相应的模块，如图 7-14 所示。

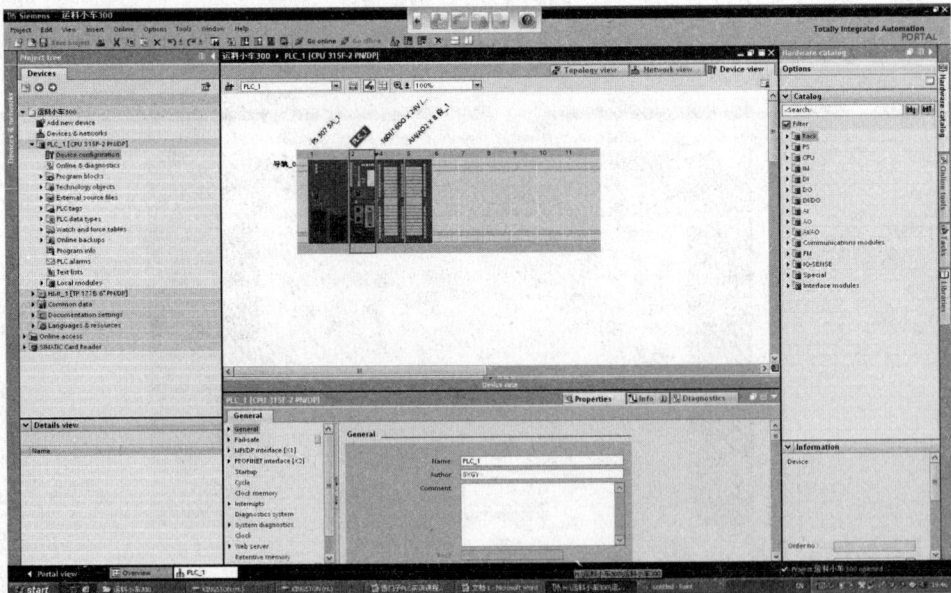

图 7-14　硬件组态示意图

2. 设置 IP

双击刚刚添加的 CPU 模块，在下方的"PROPERTIES"中找到"PROFINET 接口"选项，在"PROFINET 接口"下方执行添加新子网"Add new subnet"命令，选择"PN/IE_1"并设置 IP 地址，本例中设为"192.168.0.102"，如图 7-15 所示（在实训室中约定 S7-300 设备的 IP

地址是 192.168.0.101～192.168.0.112，HMI 设备的 IP 地址是 192.168.0.41～192.168.0.52），单击保存按钮。

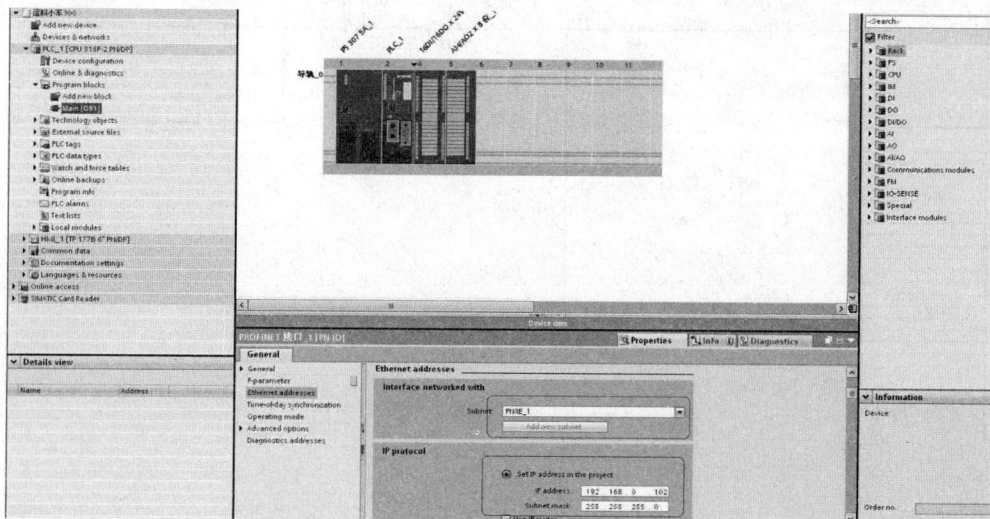

图 7-15　IP 设置对话框

3. 定义变量

在"Project tree"（项目树）中单击打开"PLC tags"（PLC 变量），双击"Default tag table"（默认变量表）在其右侧输入 PLC 编程所需的变量及地址号。在本例题中需要添加如图 7-16 所示的变量。

图 7-16　变量明细

4. 编程及下载

（1）单击左侧项目树中"PLC_1"下的程序块"Program block"，双击"Main［OB1］"，进行编程。

编辑的程序如图 7-17 所示。

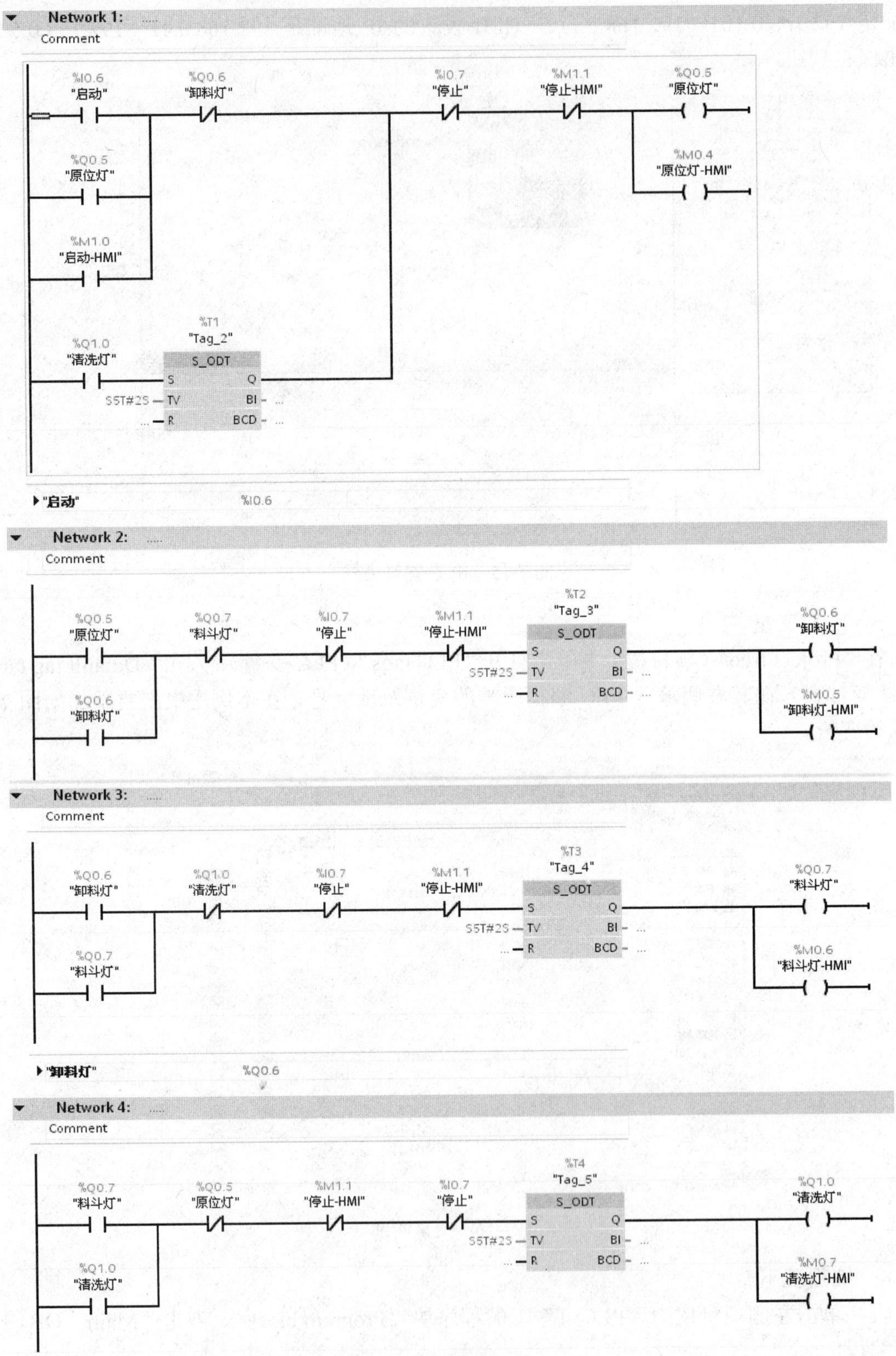
Network 1: .....
Comment
%I0.6
"启动"
%Q0.6
"卸料灯"
%I0.7
"停止"
%M1.1
"停止-HMI"
%Q0.5
"原位灯"
%M0.4
"原位灯-HMI"
%Q0.5
"原位灯"
%M1.0
"启动-HMI"
%T1
"Tag_2"
%Q1.0
"清洗灯"
S_ODT
S
Q
S5T#2S
TV
BI
R
BCD
"启动"
%I0.6
Network 2: .....
Comment
%T2
"Tag_3"
%Q0.5
"原位灯"
%Q0.7
"料斗灯"
%I0.7
"停止"
%M1.1
"停止-HMI"
S_ODT
%Q0.6
"卸料灯"
%M0.5
"卸料灯-HMI"
%Q0.6
"卸料灯"
Network 3: .....
Comment
%T3
"Tag_4"
%Q0.6
"卸料灯"
%Q1.0
"清洗灯"
%I0.7
"停止"
%M1.1
"停止-HMI"
S_ODT
%Q0.7
"料斗灯"
%M0.6
"料斗灯-HMI"
%Q0.7
"料斗灯"
"卸料灯"
%Q0.6
Network 4: .....
Comment
%T4
"Tag_5"
%Q0.7
"料斗灯"
%Q0.5
"原位灯"
%M1.1
"停止-HMI"
%I0.7
"停止"
S_ODT
%Q1.0
"清洗灯"
%M0.7
"清洗灯-HMI"
%Q1.0
"清洗灯"

图 7-17　OB1 程序

（2）单击![编译]"编译"按钮对 PLC 程序进行编译，如图 7-18 所示，显示"（errors：0，warnings：0)"（错误：0，警告：0），说明编译成功。最后进行下载。

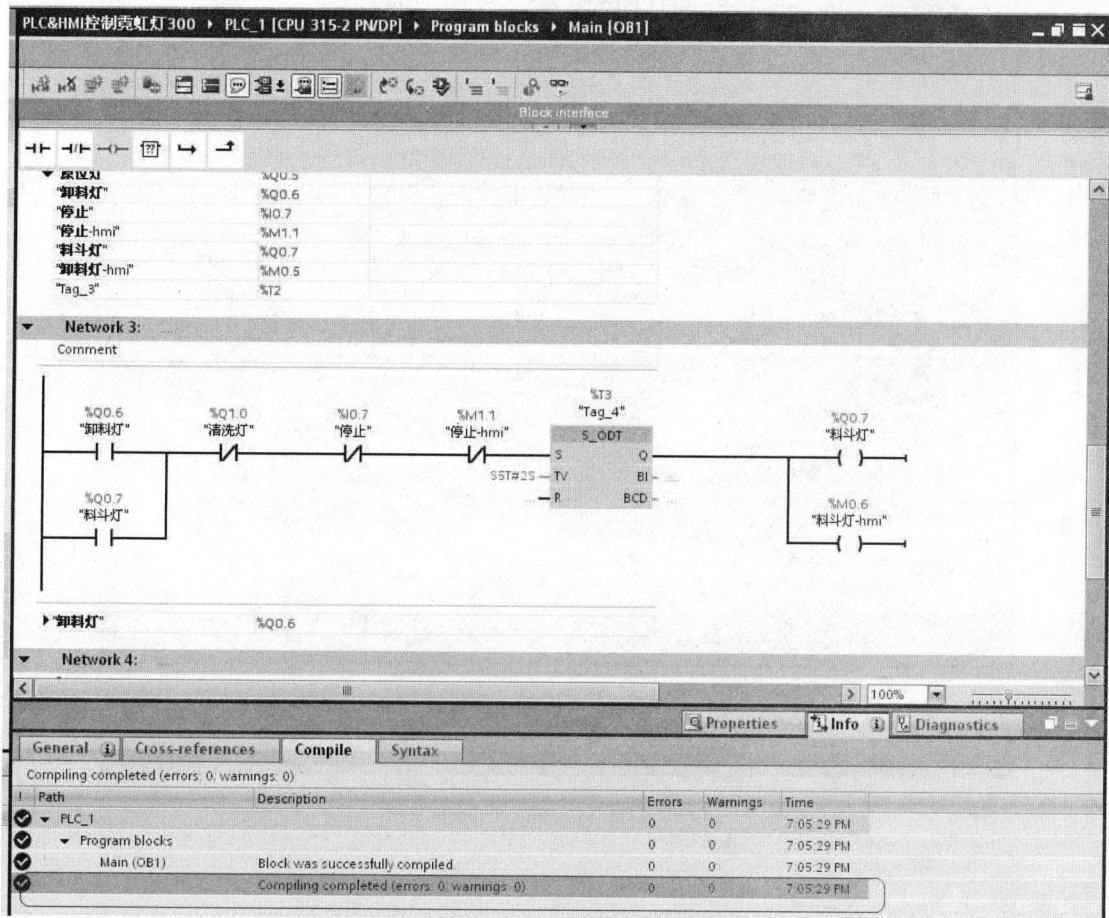

图 7-18　编译结果示意图

（3）在项目树中选中 PLC 设备，单击![下载]按钮，下载组态和程序至 PLC 中。

在下载界面中做以下设置，将"Type of PG/PC interface"（PG/PC 接口的类型）设为"PN/IE"；"PG/PC interface"（PG/PC 接口）选择本机的以太网卡；"Connection to subnet"（子网的连接）选择之前在硬件组态中添加的"PN/IE_1"；勾选"Show all accessible devices"（显示所有可访问设备），软件即会搜索在线的所有以太网节点，然后在线选择与实际 PLC 相对应的以太网节点或 MAC 地址。单击"Load"（下载）按钮进行下载，如图 7-19 所示（说明，在本实例中设置的 IP 为"192.168.0.102"，如果所选择的要下载的 PLC 的 IP 地址与设置的不同，则系统将会把 PLC 的 IP 修改为设置的"192.168.0.102"）。

（4）选中想要下载的 CPU，单击左侧 PLC 图标下的"Flash LED"，相对应的 PLC 会有黄灯闪烁。单击下方的 Load 图标进行下载。如图 7-20 所示选中下载界面中的"overwrite"选项，之后单击"Load"按钮即可进行下载。

之后单击"Finish"按钮完成下载。

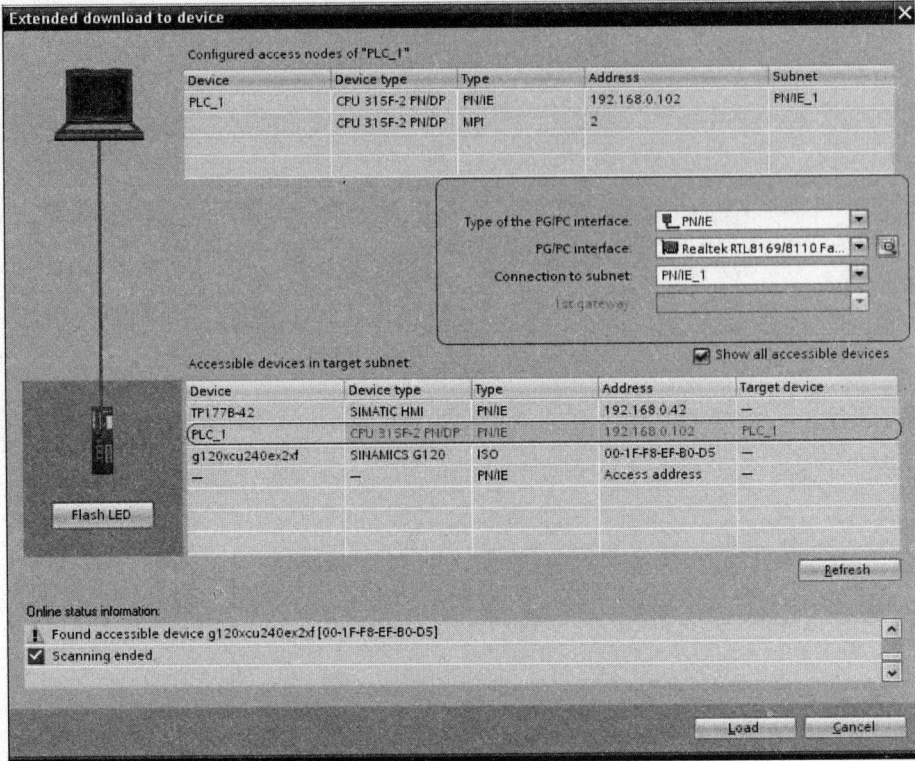

图 7-19　下载对话框

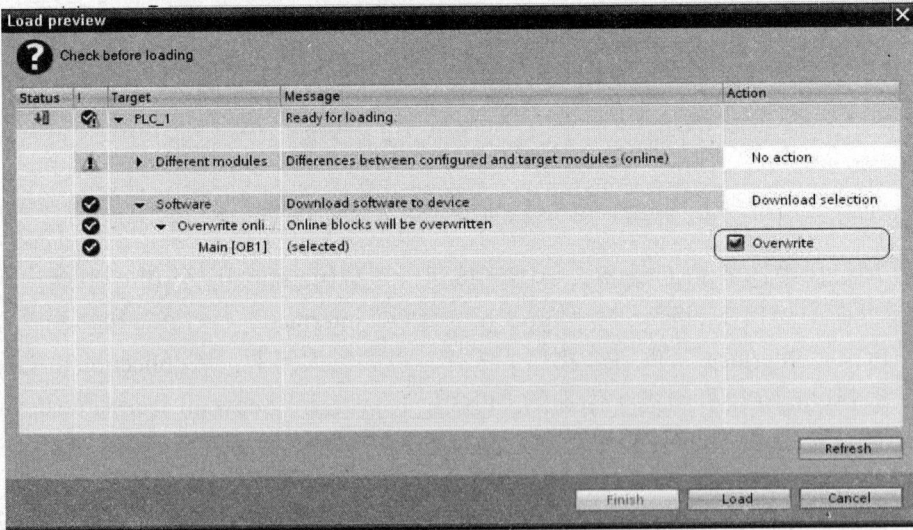

图 7-20　下载程序询问对话框

5. 调试

按下 P01，指示灯开始闪烁，按下 P02，指示灯关闭。

6. HMI 组态

HMI 组态如下所述。

（1）在左侧项目树 Project tree 一栏中，选中"Add new device"，进行硬件组态。单击 HMI 图标，选中 HMI 型号并双击，进入图 7-21 所示的主界面。

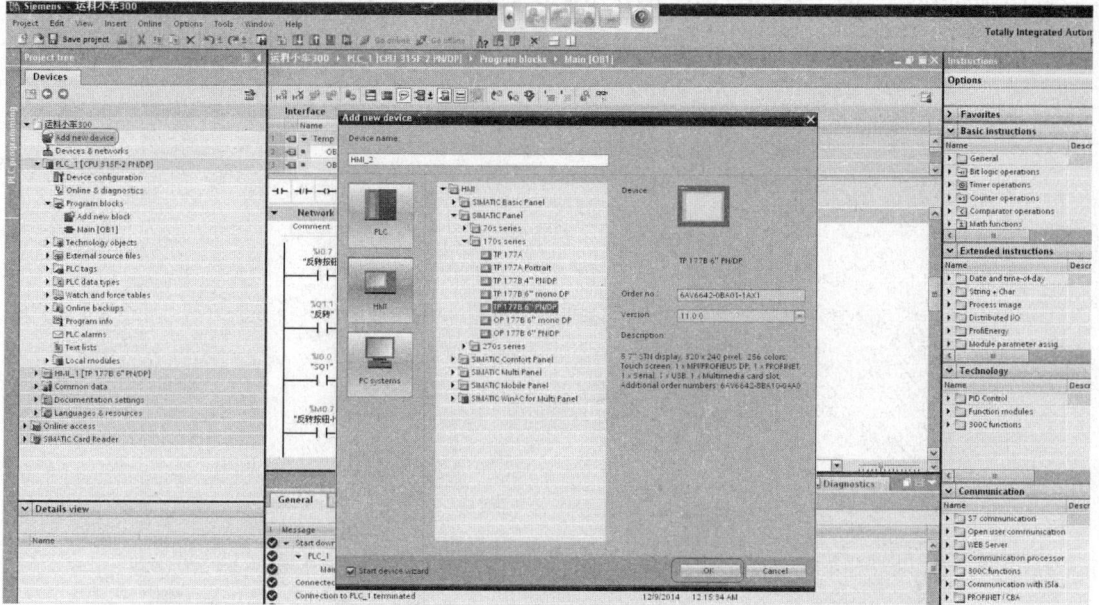

图 7-21　HMI 选择对话框

（2）单击"OK"按钮，进入如下主界面，选中图 7-22 所示部分，单击"Browse"按钮，弹出如下对话框，单击"√"，最后单击"Next"按钮。

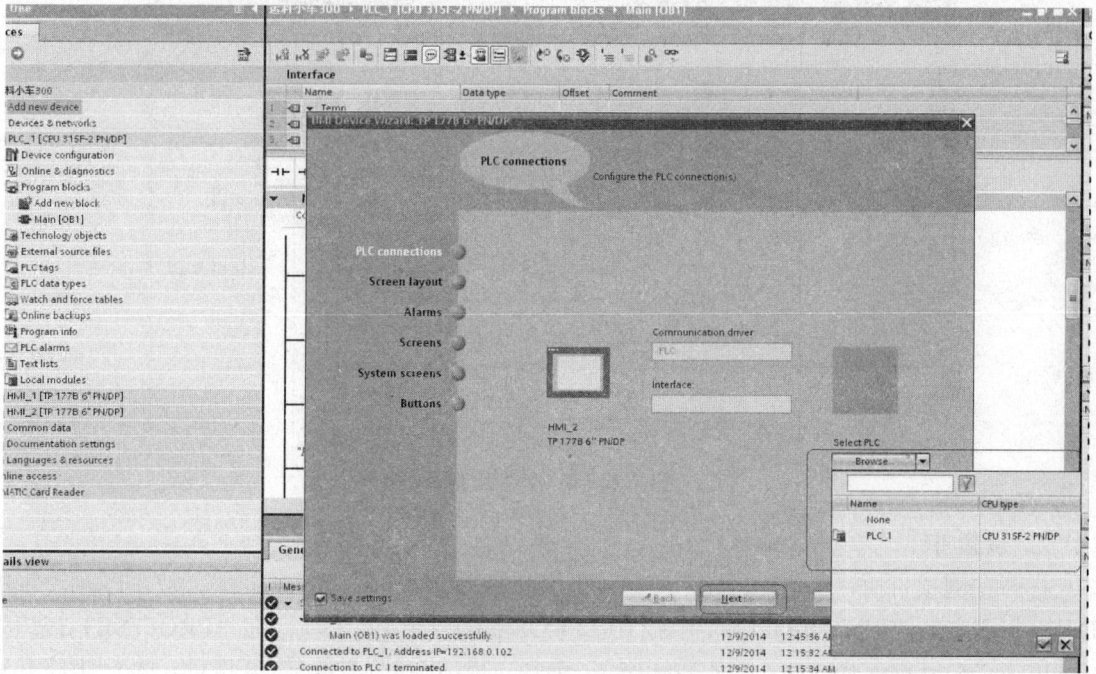

图 7-22　HMI 连接示意图

（3）进入图 7-23 所示界面，单击"Next"下一步，就可以进入触摸屏设置初始的界面，例如"Header"→"Date/time"和"Logo"等，这些都可以勾选。这一步的设置会作为模板保存在"画面管理"的"模板"中。可以单击"Finish"（完成）退出触摸屏组态。

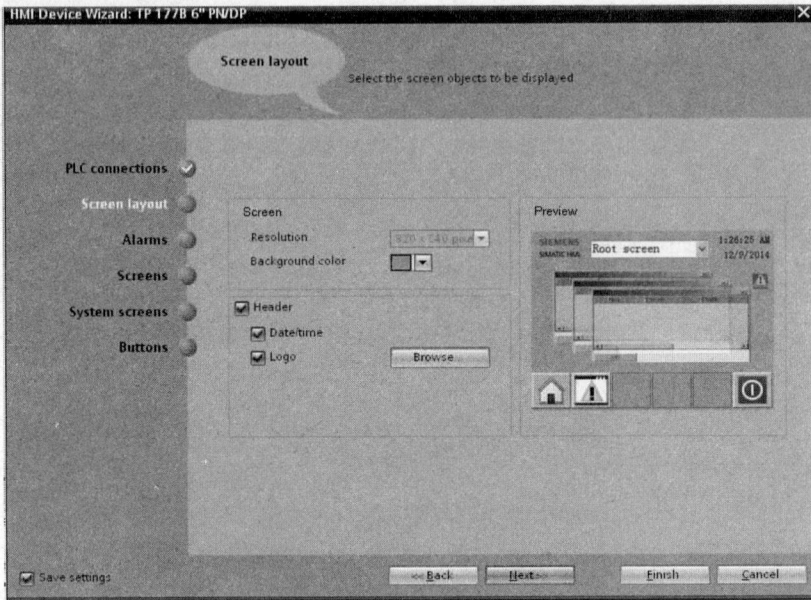

图 7-23　HMI 界面属性设置对话框

（4）进入图 7-24 所示的 HMI 编辑界面。

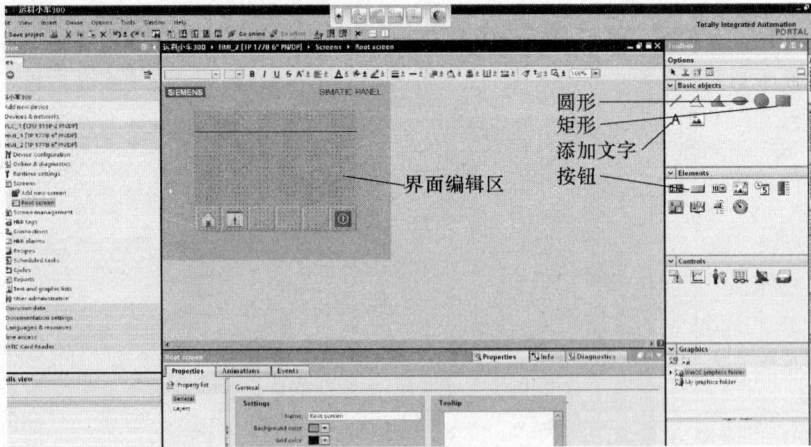

图 7-24　HMI 编辑界面

7．设置 IP

打开左侧项目树，单击"HMI"，选中设备组态"Device configuration"，双击刚刚添加的 HMI，在下方的"PROPERTIES"中找到（PROFINET 接口）选项，在"PROFINET 接口"下方单击"Add new subnet（添加新子网）"选择"PN/IE_1"并设置 IP 地址，本例中将其设为"192.168.0.42"，单击保存按钮，如图 7-25 所示。

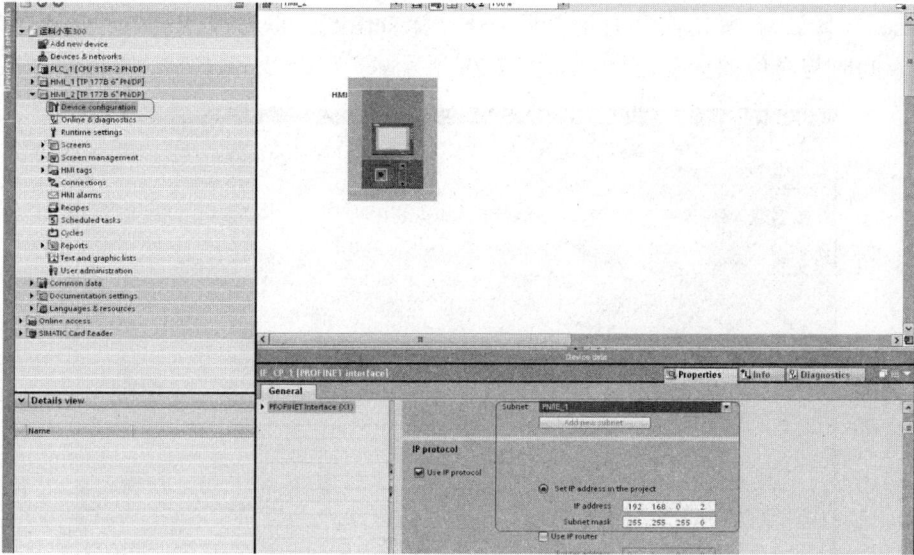

图 7-25　HMI IP 地址设置对话框

8. 定义 HMI 变量

打开左侧项目树，单击"HMI"，打开"HMI tags"（HMI 变量）下的"Default tag table"（默认变量表），添加变量，如图 7-26 所示。

图 7-26　HMI 变量明细

9. 界面编辑

打开主界面，找到右侧工具箱"Options"下的"Basic objects"（基本对象），单击相应的形状，光标变成十字后在主界面上画出来，单击"A"后编辑文字，按钮则在下面的"Elements"（元素）中找到按钮图形画出来，编辑完后的界面如图 7-27 所示。

10. 编辑属性

（1）单击"启动"按钮，在界面下方弹出"Properties"（属性）对话框，单击"Events"（事件）选项卡下的"Press"（按下），弹出右侧对话框后单击置位"Setbit"，即按下 Press 时置"1"，同样，单

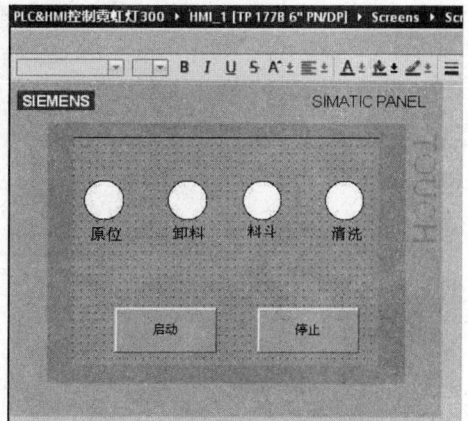

图 7-27　HMI 界面编辑示意图

击"Release"（释放），弹出右侧对话框后单击"ResetBit"，即释放 Release 时置"0"，其他按钮同理，同时与对应的变量连接，如图 7-28 所示。

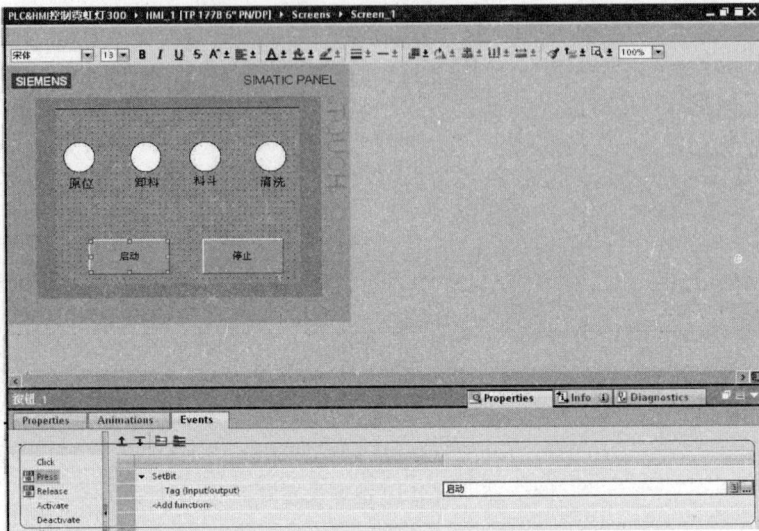

图 7-28　按钮属性设置界面

（2）圆圈属性的编辑，单击主界面原位圆圈，在界面下方弹出"Properties"（属性）对话框，执行"Animations"（动画）→"Display"（显示）→"Add new animations"（添加新动画）命令，弹出对话框后，单击"Appearance"（外观），单击"OK"，如图 7-29 所示。

（3）单击新添加的外观"Apperance"，在"Name"（名字）一栏选择变量"原位灯"，同时在下方"Range"（范围）对话框中添加"0"和"1"，并选择颜色，代表开和关时的两种状态，其他圆圈同理。

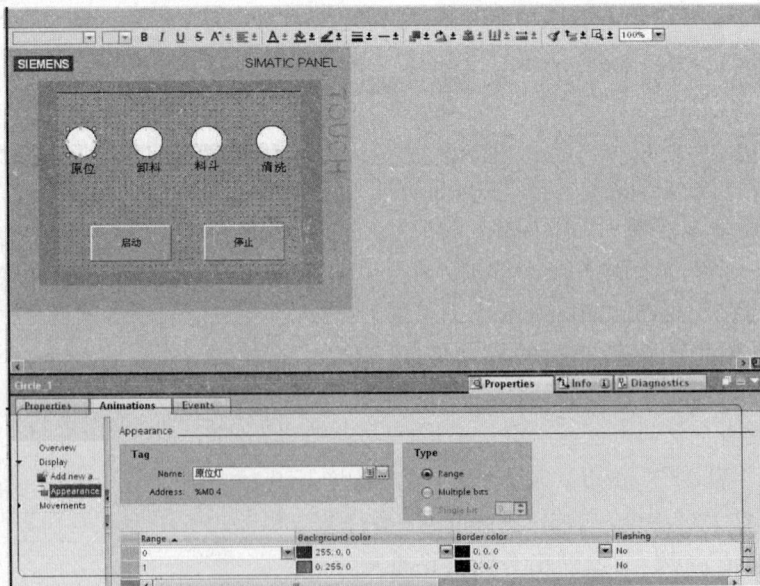

图 7-29　圆圈属性对话框

11. HMI 下载

（1）保存项目，编译，与 PLC 编译一样，如果编译成功，则进行下载。

（2）下载时进入如下界面，单击"Load"（下载），如图 7-30 所示。

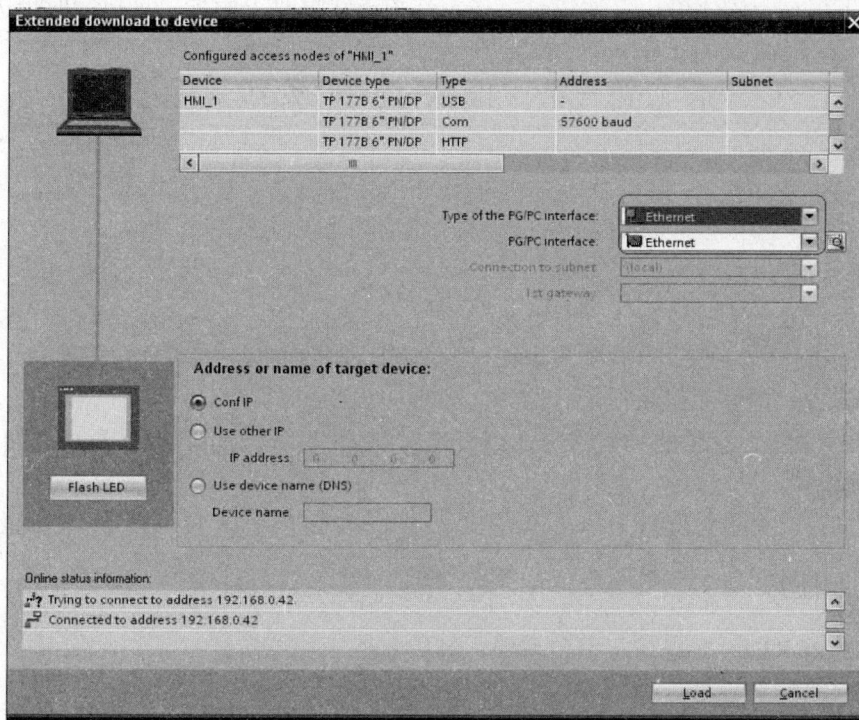

图 7-30　下载界面配置对话框

进入如下界面时勾选"Overwrite all"（全部覆盖），然后单击"Load"（下载），如图 7-31 所示。

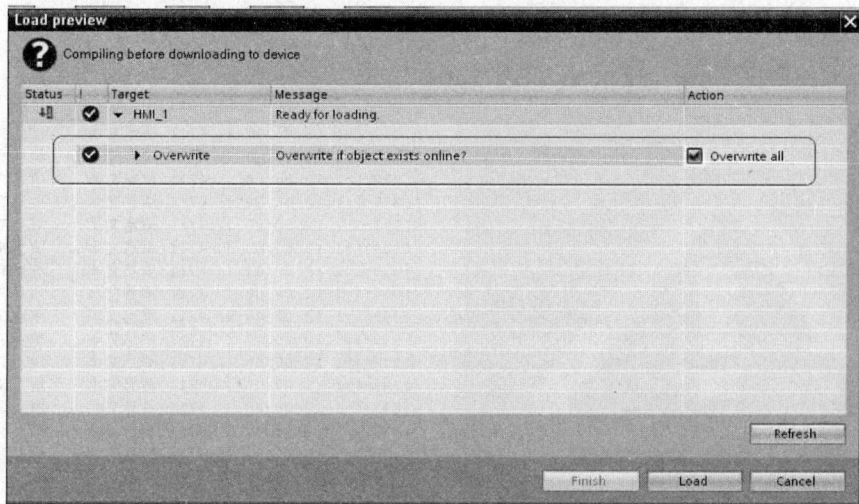

图 7-31　"Overwrite if object exits online"对话框

12. 调试

（1）按下屏幕上的"启动"按钮时，指示灯开始依次闪烁，同时屏幕上的指示灯也依次变绿。

（2）按下屏幕上的"停止"按钮时，指示灯熄灭，屏幕上的指示灯也同时熄灭。

第三节 报警控制系统

一、报警设置的相关参数

1. 几个术语

未决事件：发生了故障，还没有解决的事件。

未确认的事件：有些故障需要人为去干预、确认，比如说一些 Error 事件。

Error：错误，能够引起系统运行故障，需要去人为干预。

Warning：系统运行中的异常情况，可以延时消失或者只需引起操作员注意的警告。

2. 报警变量

报警变量：一个报警变量为一个 WORD 变量，占了 16 位，可以设置 16 种报警值。

二、控制任务

运用 TIA PORTAL 实现运行报警系统，其控制要求如下所示。

1. 硬件控制

（1）按下 P01 按钮，制造"电压过低"故障，故障等级为"Warning"。

（2）按下 P02 按钮，制造"电压过高"故障，故障等级为"Error"，需确认才能消除。

（3）按下 P03 按钮，清除故障。

（4）按下 P04 按钮，制造"电流过低"故障，故障等级为"Warning"。

（5）按下 P05 按钮，制造"电流过高"故障，故障等级为"Error"，需确认才能消除。

2. HMI 控制

在 HMI 上的界面如图 7-32 和图 7-33 所示。

图 7-32　启动界面 　　　　　　　　　图 7-33　报警界面

（1）启动界面。控制要求如下所述。

1）"欢迎进入报警系统"呈闪烁状态。

2）单击触摸屏的任何地方都可以进入"报警界面"。

（2）报警界面。控制要求如下所述。

1）报警信息能输出 15 条。

2）单击"清除报警记录"，可以把报警记录清除。

3）下方显示实时时间。

4）按下退出按钮可回到启动界面。

三、报警的组态与编程

1. 硬件组态

硬件组态的步骤如下所述。

（1）打开 PORTA1 编程软件 ，如图 7-34 所示，创建新项目"PLC & BAOJING"，选择保存路径（由读者自行设置），单击"Creat"进行创建。

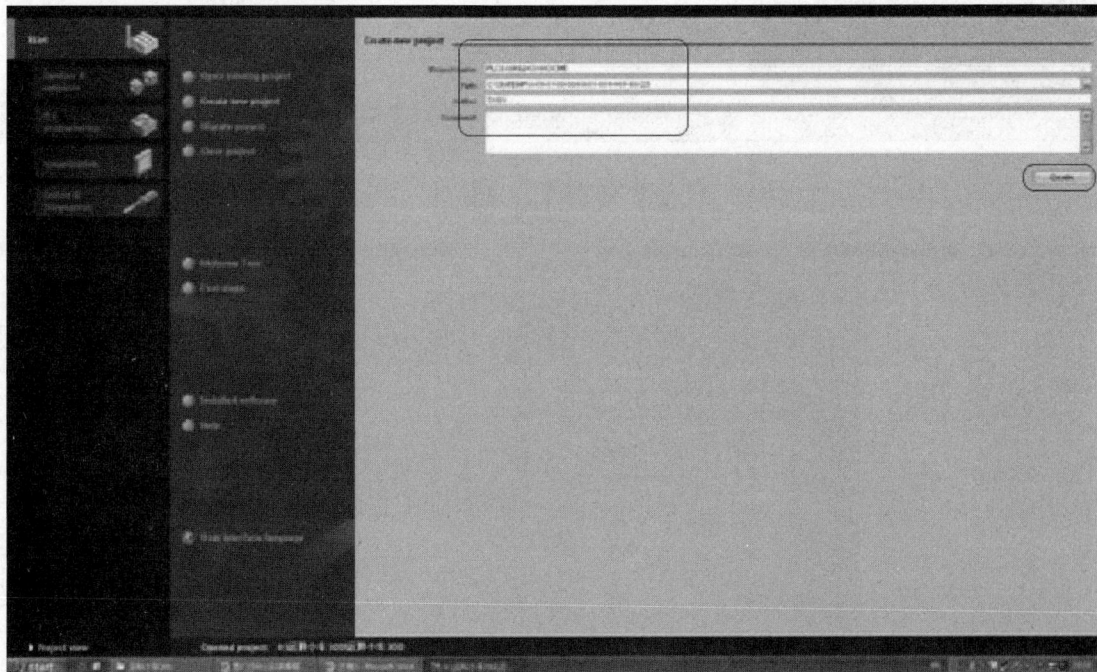

图 7-34　新建项目示意图

（2）进入图 7-35 所示界面，单击"Open the project view"，进入主界面。

（3）在左侧的项目树 Project tree 一栏中，选中"Add new device"，进行硬件组态，如图 7-36 所示。

（4）单击 PLC 图标，选中所需 CPU 型号并双击，进入图 7-37 所示界面。

（5）单击"OK"按钮，进入主界面，如图 7-38 所示。

（6）添加相应的模块，如图 7-39 所示。

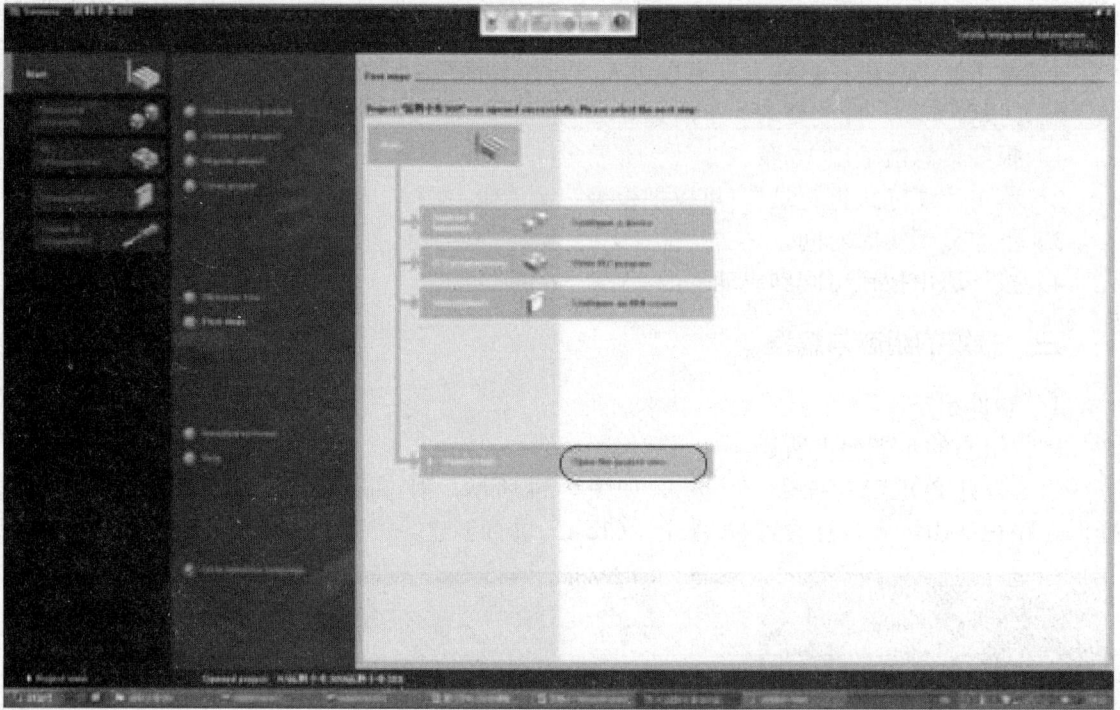

图 7-35　启动界面

图 7-36　硬件组态 CPU 选型对话框

图 7-37　CPU 型号明细

图 7-38　主界面窗口

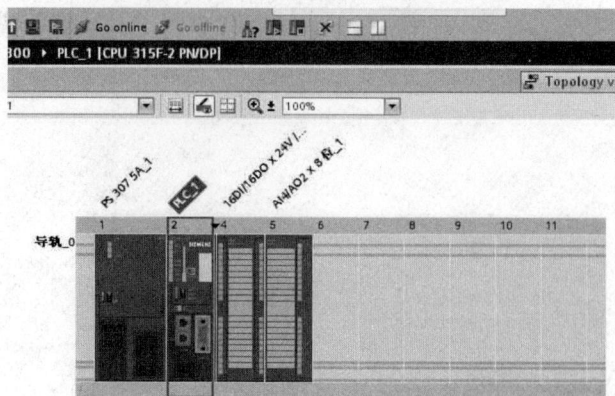

图 7-39　硬件组态窗口

2. 设置 IP

双击刚刚添加的 CPU 模块，在下方的"PROPERTIES"中找到"PROFINET 接口"选项，在"PROFINET 接口"下方单击"Add new subnet"（添加新子网）选择"PN/IE_1"并设置其 IP 地址，本例中将其设为"192.168.0.102"，如图 7-40 所示（在实训室中约定 S7-300 设备的 IP 是 192.168.0.101～192.168.0.112，HMI 设备的 IP 地址是 192.168.0.41～192.168.0.52），单击保存按钮。

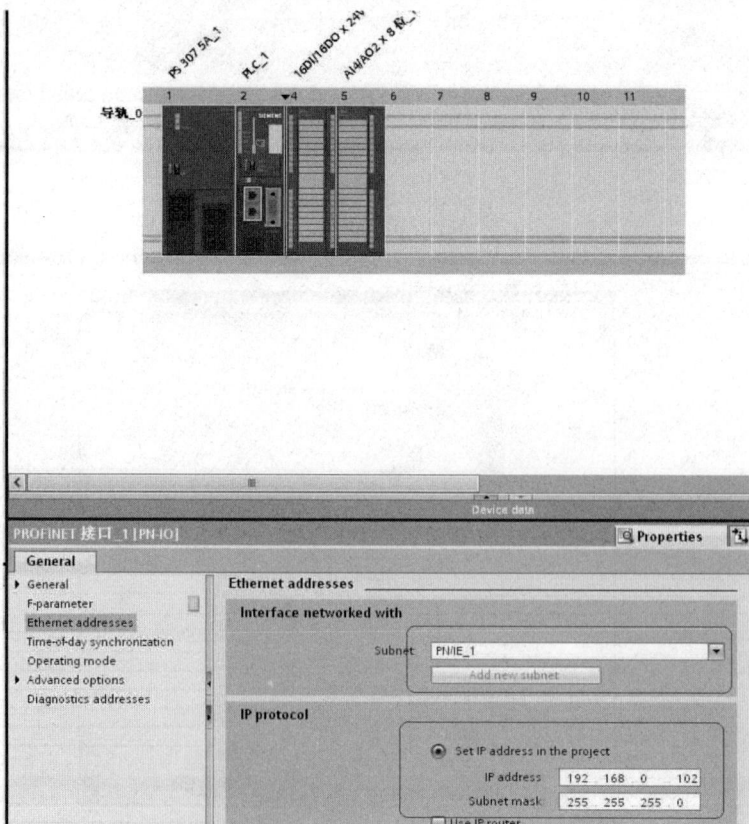

图 7-40　IP 设置对话框

3. 定义变量

在左侧项目树中可根据需要为项目添加 PLC 变量，在"Project tree"（项目树）中双击打开"PLC tags"（PLC 变量），双击"Default tag table"（默认变量表）在其右侧输入 PLC 编程所需的变量及地址号。

本例题中需要添加的变量如图 7-41 所示。

图 7-41　PLC 变量明细

4. 编程及下载

（1）单击左侧项目树"PLC_1"下的程序块 Program block，双击"Main［OB1］"，进行编程。

编辑的程序如图 7-42 和图 7-43 所示。

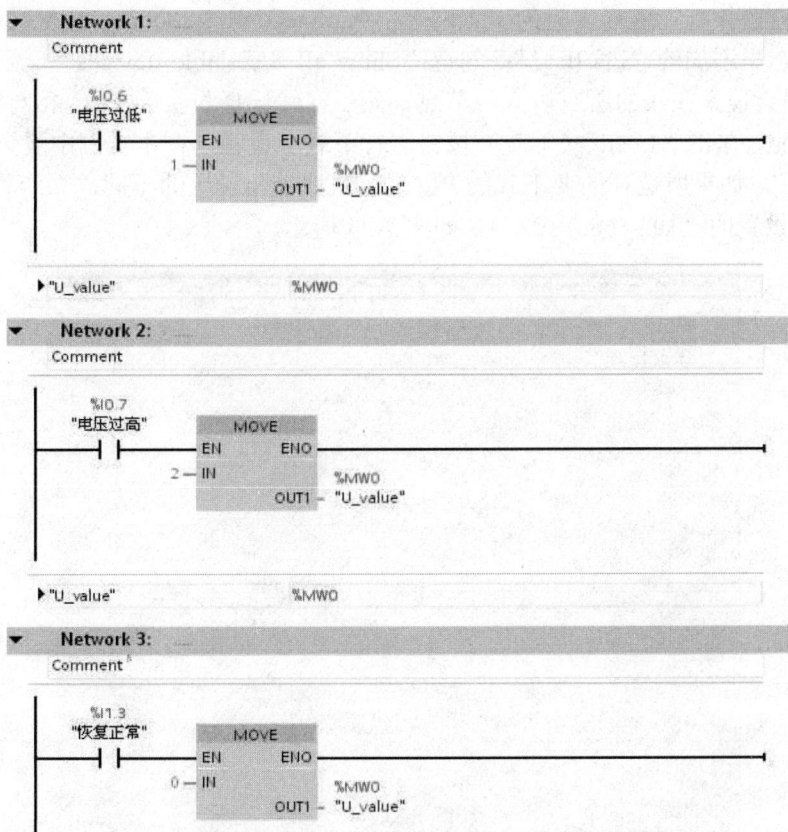

图 7-42　OB1 程序（一）

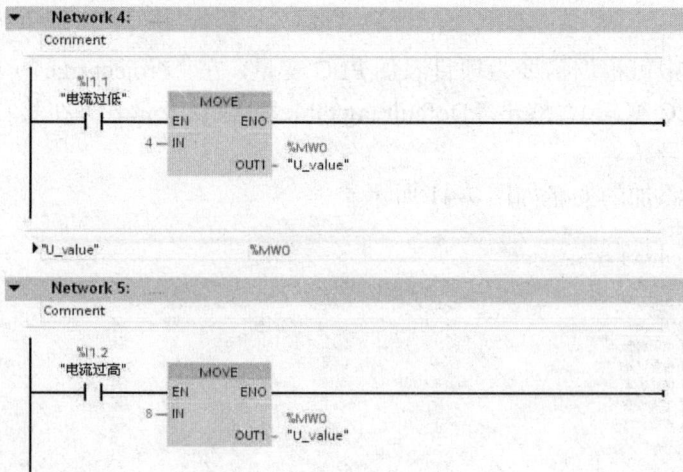

图 7-43　OB1 程序（二）

（2）单击 ![编译] "编译" 按钮对 PLC 程序编译，显示 "（errors：0，warnings：0）"（错误：0，警告：0），说明编译成功，最后进行下载。

（3）在项目树中的 PLC 设备中，单击 ![按钮] 按钮，下载组态和程序至 PLC 中。

在下载界面中做以下设置，将 "Type of PG/PC interface"（PG/PC 接口的类型）设为 "PN/IE"；"PG/PC 接口" 选择本机的以太网卡；"Connection to subnet"（子网的连接）选择之前在硬件组态中添加的 "PN/IE_1"；勾选 "Show all accessible devices"（显示所有可访问设备），软件即会搜索在线的所有以太网节点，然后在线选择与实际 PLC 相对应的以太网节点或 MAC 地址。单击 "Load"（下载）按钮进行下载（说明，在本实例中设置的 IP 地址为 "192.168.0.102"，如果所选择的要下载的 PLC 的 IP 地址与设置的不同，系统将会把 PLC 的 IP 地址修改为设置的 "192.168.0.102"），如图 7-44 所示。

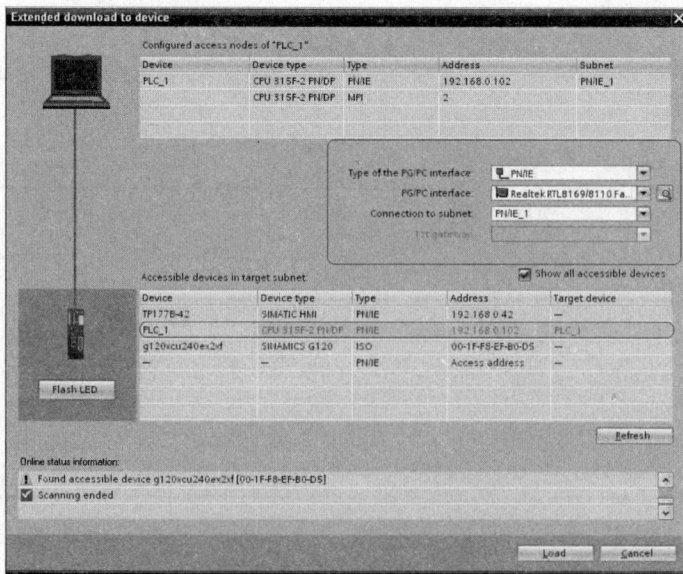

图 7-44　下载界面

（4）选中想要下载的 CPU，单击左侧 PLC 图标下的"Flash LED"，相对应的 PLC 会有黄灯闪烁。单击下方的"Load"按钮进行下载。

如图 7-45 所示，勾选下载界面中的"Overwrite"选项，单击"Load"按钮。

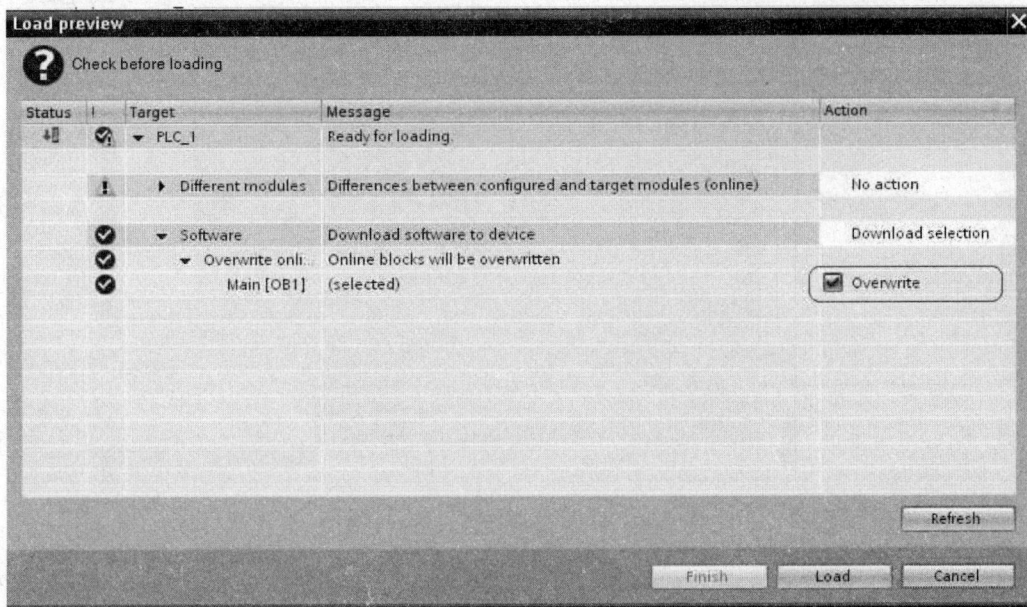

图 7-45　是否覆盖原代码对话框

单击"Finish"按钮完成下载。程序已经完成。

5. HMI 组态

（1）在左侧项目树 Project tree 一栏中，选中"Add new device"，进行硬件组态。

单击 HMI 图标，选中 HMI 型号并双击，进入图 7-46 所示界面。

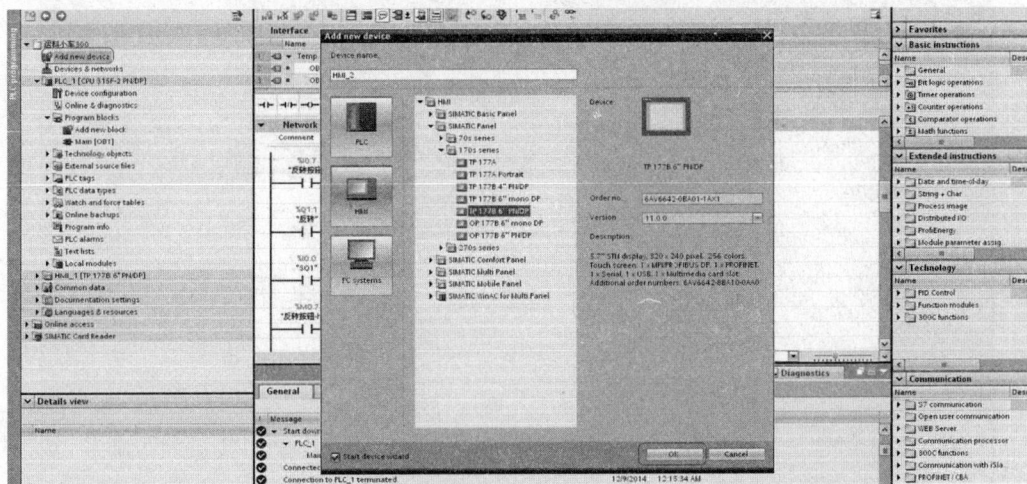

图 7-46　HMI 选型界面

（2）单击"OK"按钮，进入如下主界面，选中图 7-47 所示部分，单击按钮"Browse"。弹出如下对话框，单击"√"，最后单击按钮"Next"。

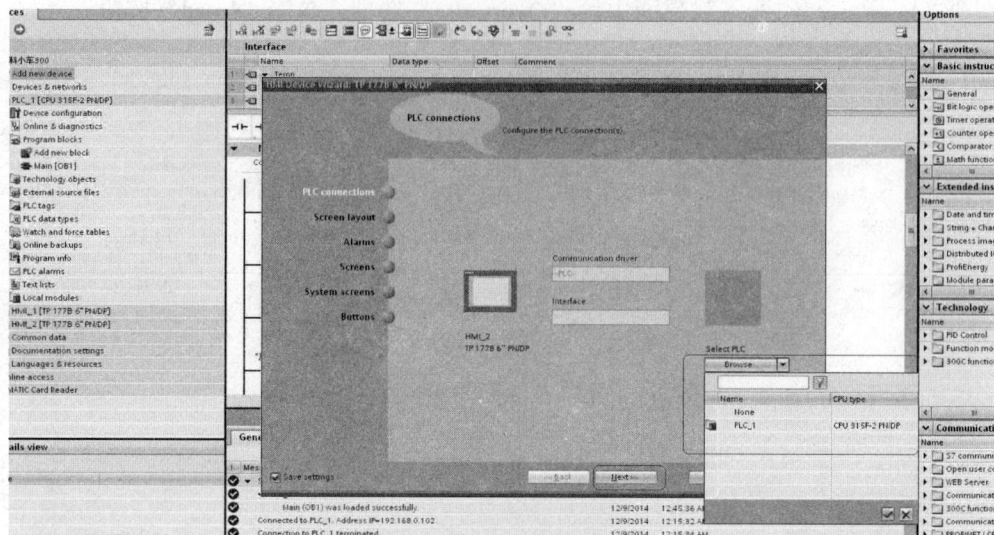

图 7-47　HMI 连接属性设置对话框

（3）进入如下界面，单击下一步就可以进入触摸屏设置初始的界面，例如"Header"→"Date/time"和"Logo"等，这些都可以勾选。这一步的设置会作为模板保存在"画面管理"的"模板"中。可以单击"Finish"（完成）按钮退出触摸屏组态，如图 7-48 所示。

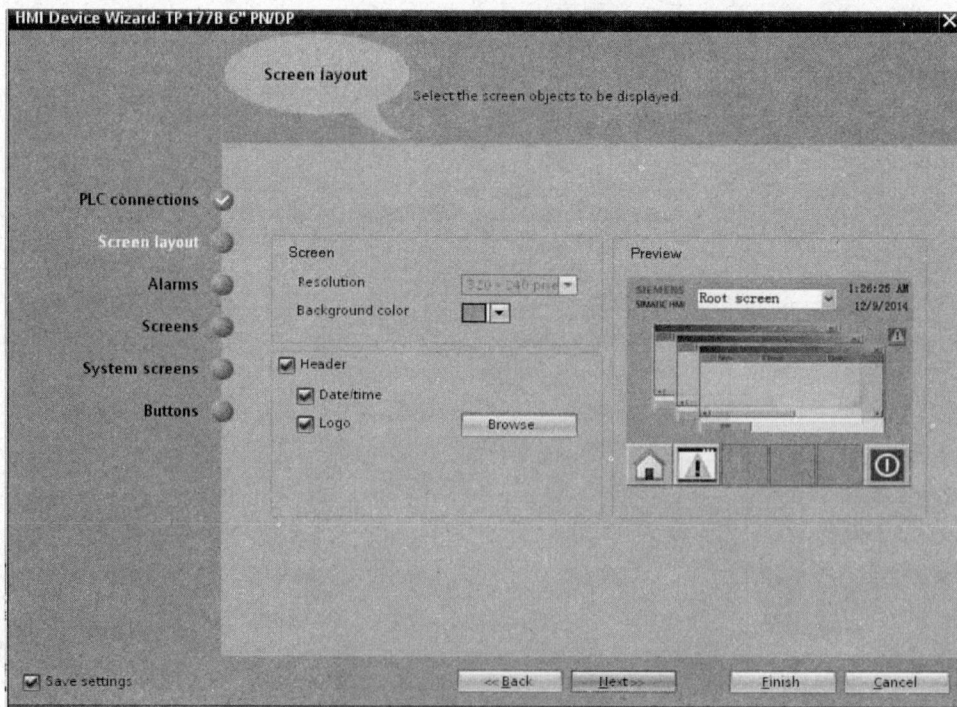

图 7-48　HMI 界面属性设置对话框

（4）进入如下主界面，右侧为界面编辑组件的介绍，如图 7-49 所示。

图 7-49　界面组件窗口

（5）设置 IP。打开左侧项目树，单击 HMI，选中设备组态"Device configuration"，双击刚刚添加的 HMI，在下方的"PROPERTIES"中找到"PROFINET 接口"选项，在"PROFINET 接口"下方执行添加新子网"Add new subnet"命令，选择"PN/IE_1"并设置其 IP 地址，本例中将其设为"192.168.0.42"，单击保存按钮，如图 7-50 所示。

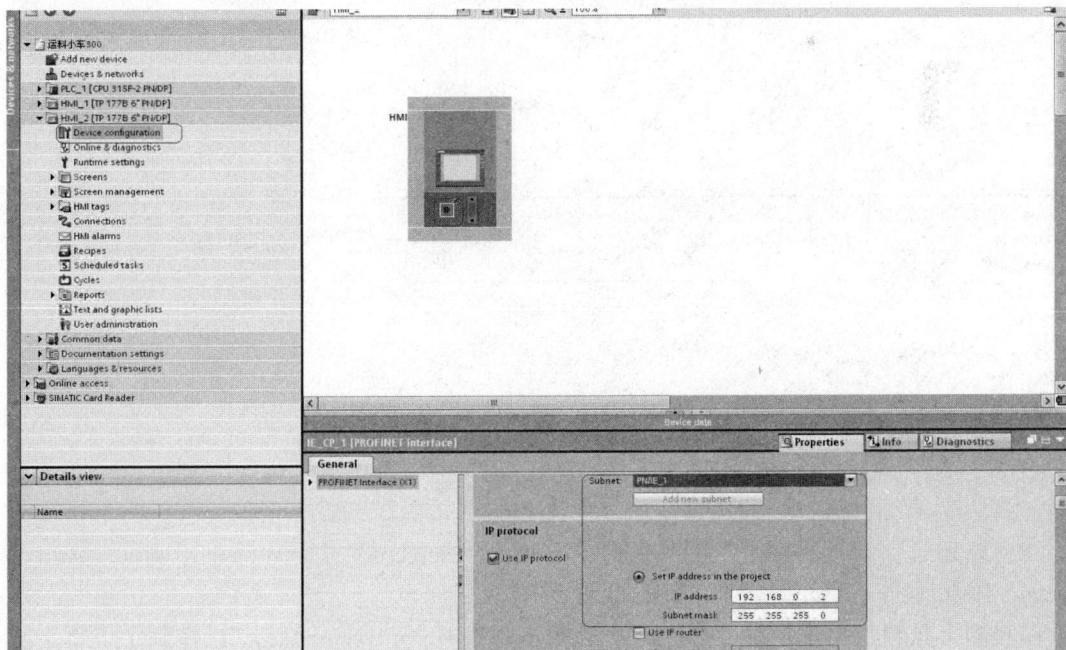

图 7-50　IP 设置对话框

（6）定义 HMI 变量。打开左侧项目树，单击 HMI，打开"HMI tags"（HMI 变量）下的默认变量表"Default tag table"，添加变量，如图 7-51 所示。

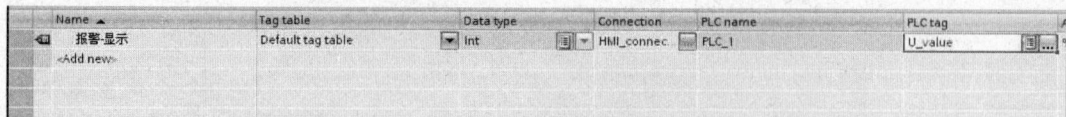

Name ▲	Tag table	Data type	Connection	PLC name	PLC tag	A
报警-显示	Default tag table	Int	HMI_connec	PLC_1	U_value	
<Add new>						

图 7-51　HMI 变量明细

（7）画面编辑。打开主界面，找到右侧工具箱 Options 下的图形"Graphics"，找到相应的形状后，拖到主界面中。文字单击"A"编辑，最后在界面中画一个大的按钮，切记，一定要将按钮属性"Properties"设置为不可见"Invisible"，将按钮变量设置为激活屏幕"ActivateScreen"，如图 7-52 所示。

图 7-52　启动界面属性设置对话框

（8）添加第二个界面。在左侧项目树中的画面"Screens"中选中添加新画面"Add new screens"添加画面 1 "screen_1"，如图 7-53 所示。

在右侧工具箱下单击控件"Controls"，单击报警视图"Alam view"，拖到主屏幕上画出来，并在其下面画一个按钮，并在其上添加文本"清除报警记录"，如图 7-54 所示。

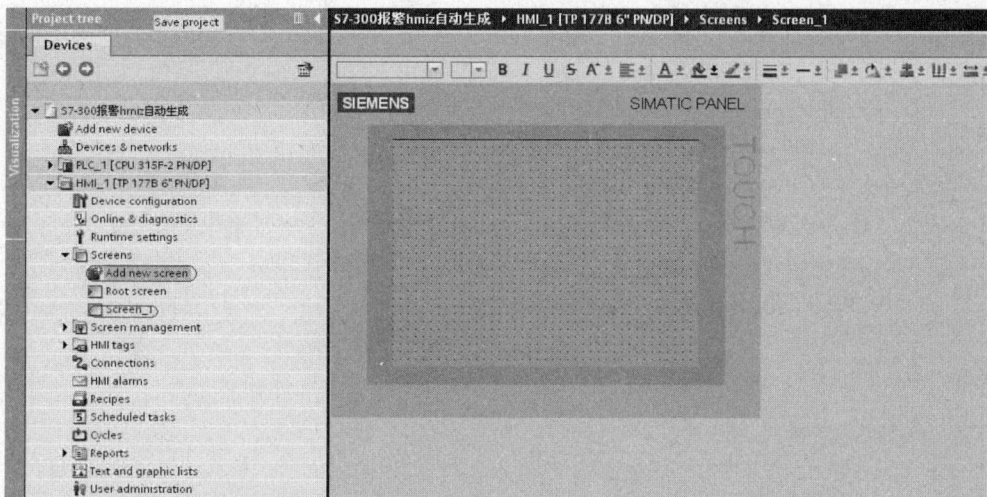

图 7-53　添加新画面示意图

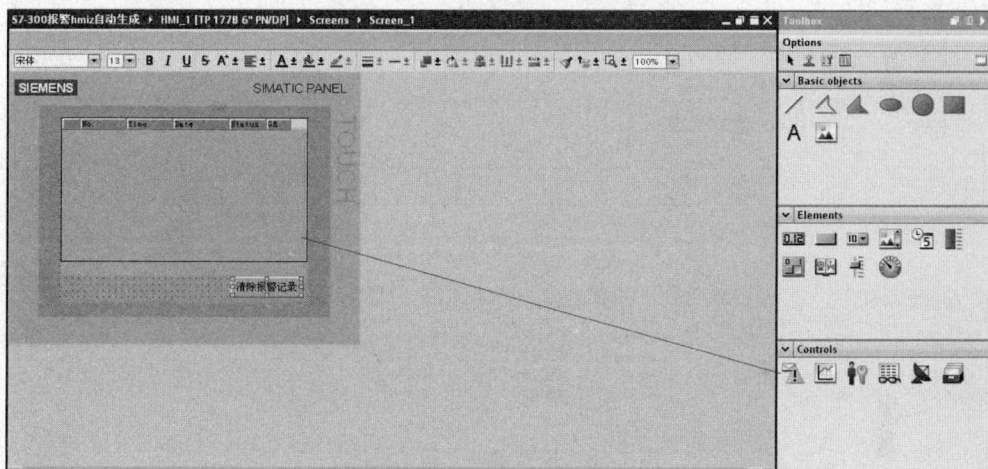

图 7-54　报警界面添加示意图

（9）编辑按钮属性，在界面下方弹出的对话框中选择属性"Properties"→事件"Events"→单击"Click"，弹出右侧对话框后单击清除报警缓冲区"ClearAlarmBuffer"完成按钮的变量链接，如图 7-55 所示。

（10）报警视图变量的设置，打开左侧项目树，单击 HMI 报警"HMI alarms"，按图 7-56 所示设置。

（11）打开左侧项目树，单击界面管理"Screen management"，打开全局界面"Global screen"，画出下面图形，如图 7-57 所示。

（12）单击对话框，选择属性"Properties"→常规"General"→未决事件"Pending alarms"，之后勾选"Errors"另一个点击"System"同时单击模式"Mode"，在标题"Title"一栏后面输入"Pending alarm"，另一个对话框则按如下设置，选择属性"Properties"→常规"General"，勾选未确认事件"Unacknowledged alarms"之后勾选"Warnings"同时单击模式"Mode"，在标题"Title"一栏后面输入"Pending alarm"，设置如图 7-58 所示。

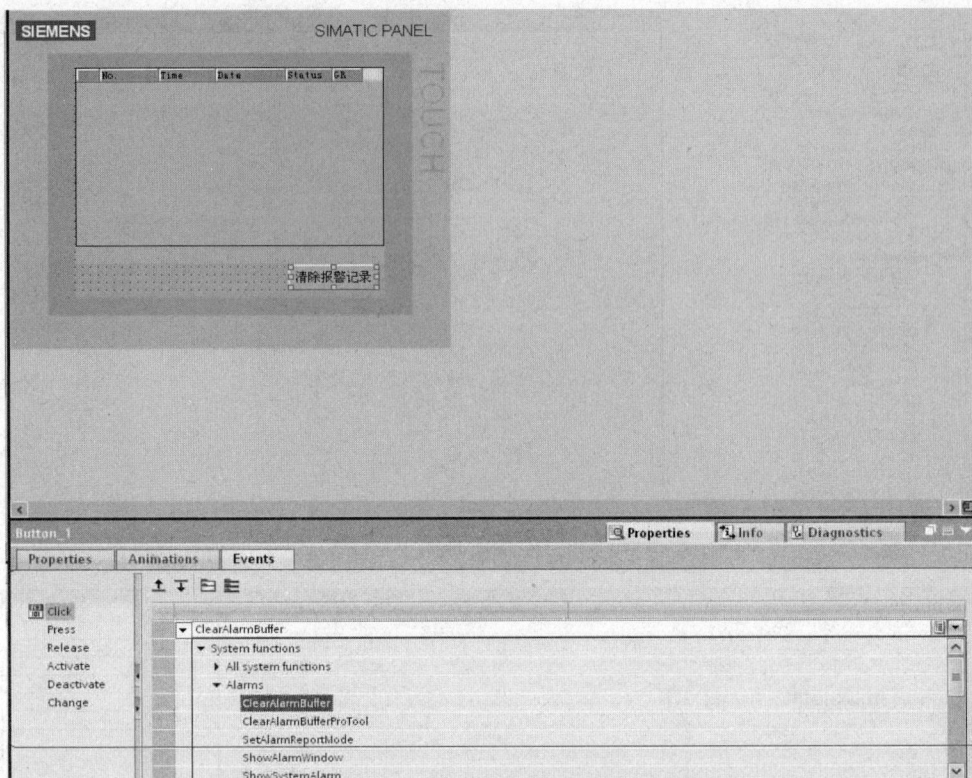

图 7-55　清除缓冲区设置界面

图 7-56　报警事件变量的设置

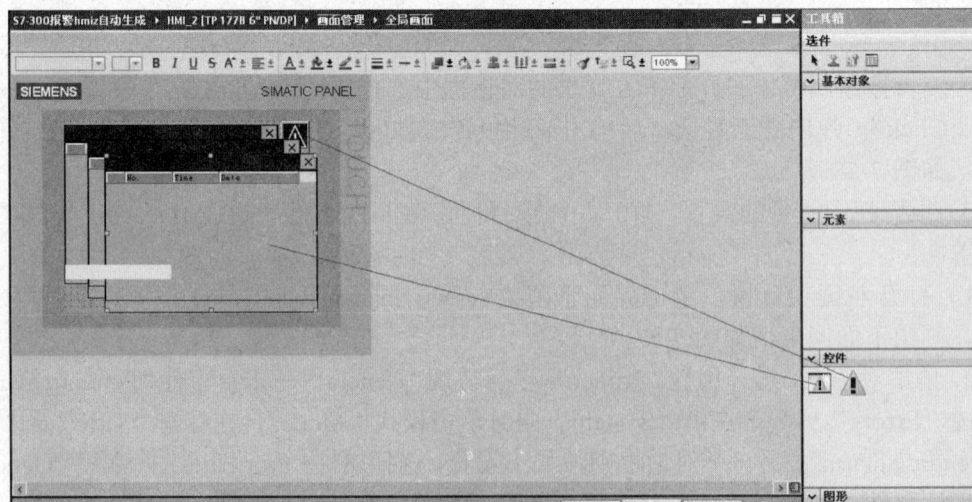

图 7-57　报警对话框设置界面

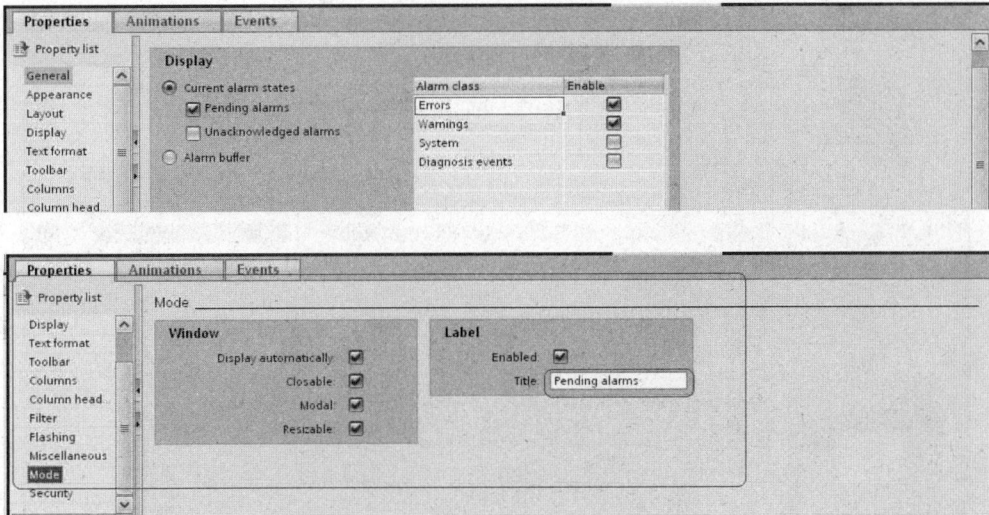

图 7-58 报警属性设置对话框

（13）警示灯的设置如下所示，执行属性"Properties"→常规"General"命令勾选"Errors"和"Warnings"，如图 7-59 所示。

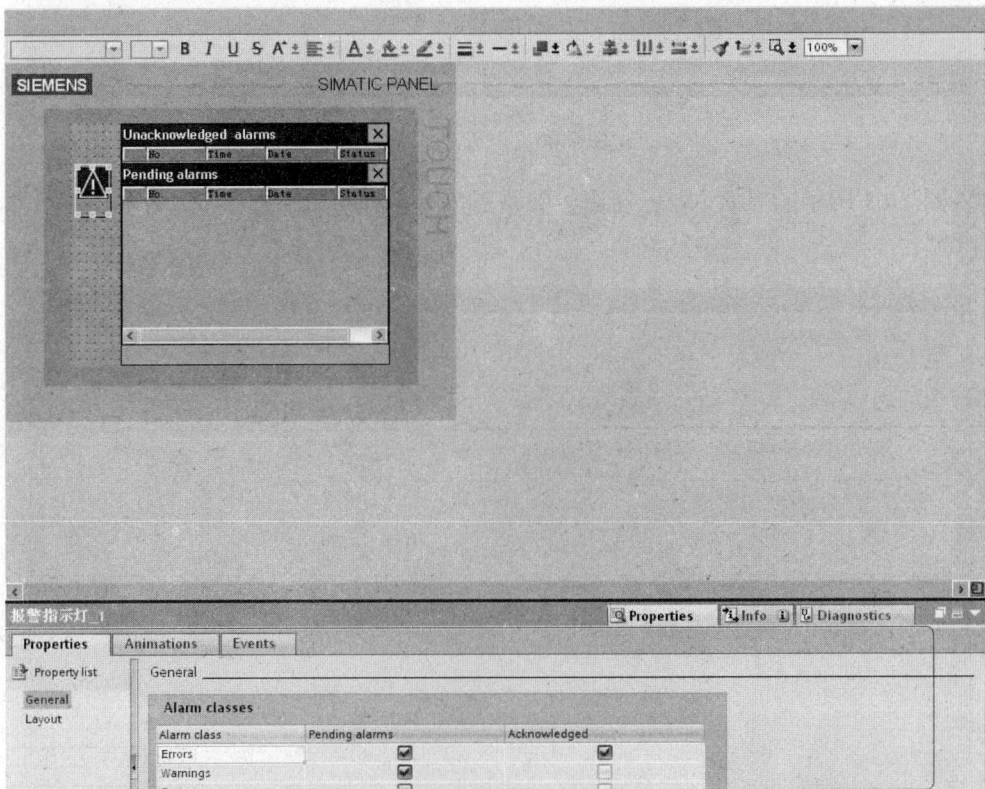

图 7-59 警示灯属性设置对话框

（14）单击下载按钮，进入下载界面，如图 7-60 所示。

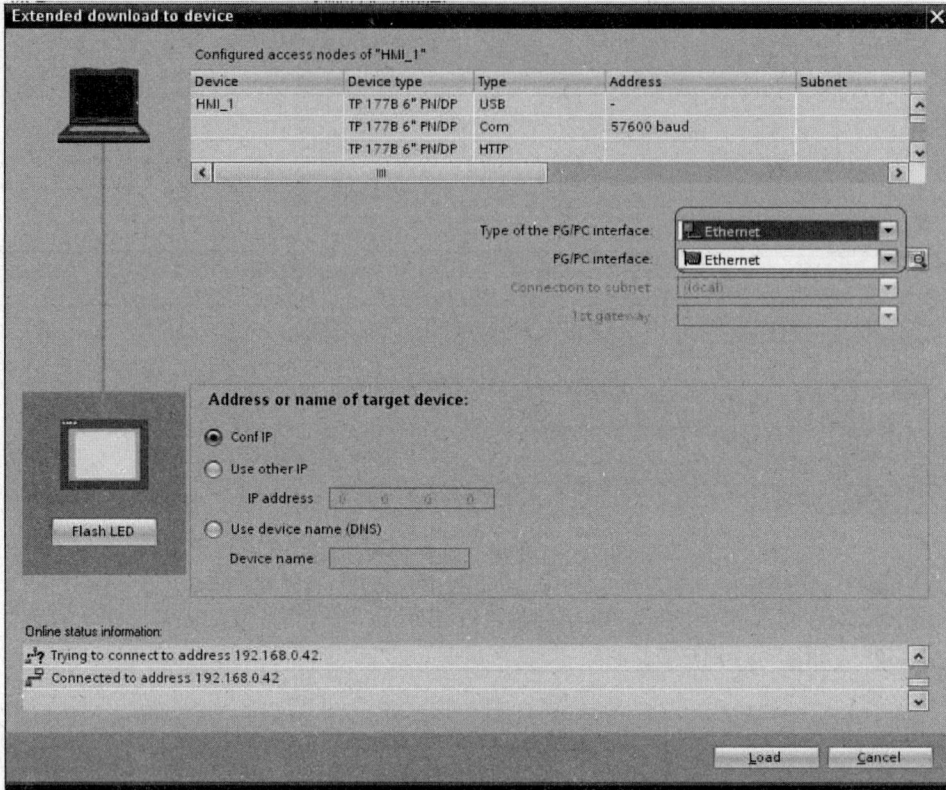

图 7-60　下载对话框

　　进入图 7-61 所示的界面，之后勾选全部覆盖"Overwrite all"选项，然后单击下载"Load"按钮。

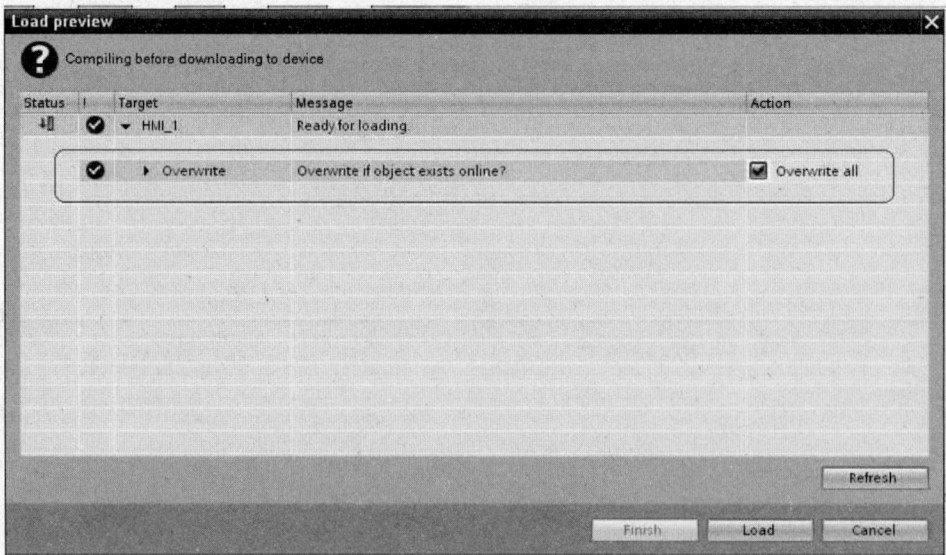

图 7-61　"Overwrite if object exits online"对话框

6. 调试

按控制要求进行调试。

第四节　运料小车自动往返控制系统

一、控制任务

该控制任务模拟的是工厂中运料小车从原位装料到卸料的自动往返运行控制。本任务将运用 TIA PORTAL 实现运料小车自动往返控制。

1. 硬件控制

按下 P04 按钮，运料小车开始正转（向左运行），行驶到 SQ1 的位置，然后自动反转（向右运行），行驶到 SQ4 的位置，然后自动正转（向左运行），接下来自动往返运行。按下 P05 按钮，运料小车反转运行（向右运行），并在接下来自动往返运行。按下 P06 按钮，运料小车停止运行。

2. HMI 操作

HMI 界面示意图如图 7-62 所示。

按下 HMI 上的"左行"按钮图标，运料小车开始正转，接下来自动往返运行。按下 HMI 上的"右行"按钮图标，运料小车开始反转，在接下来自动往返运行。按下 HMI 上的"停止"按钮，运料小车停止运行。按下 HMI 上的"返回"按钮，返回到主界面。

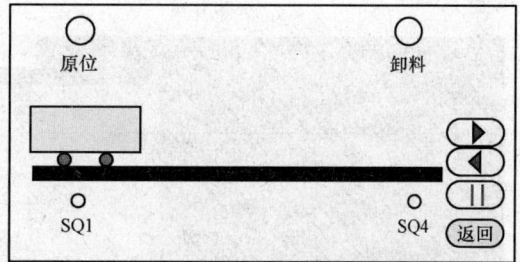

图 7-62　运料小车自动往返控制图

3. 电气原理图分析

运料小车自动往返电气控制原理图如图 7-63 所示。

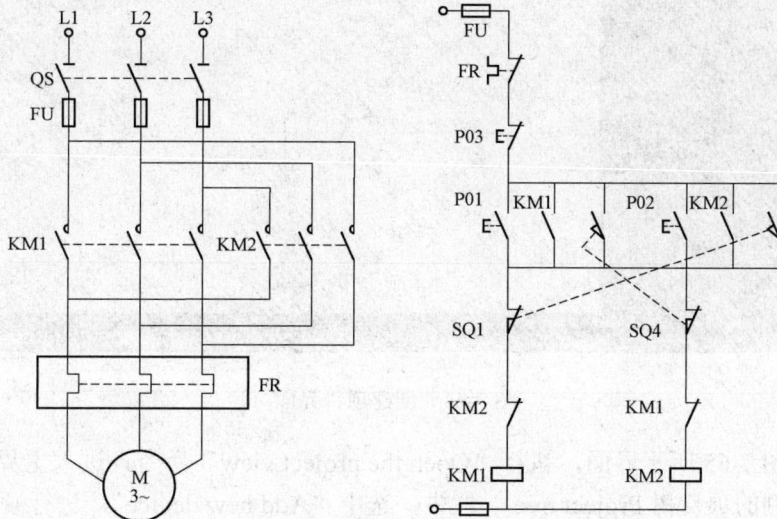

图 7-63　运料小车自动往返电气控制原理图

在程序设计中用到的 I/O 分配表如表 7-1 所示。

表 7-1 I/O 分 配 表

DI		DO	
SQ1	I0.0	运料小车正转	Q1.1
SQ4	I0.3	运料小车反转	Q1.2
P04	I1.1		
P05	I1.2		
P06	I1.3		

二、组态、编程和调试

1. 硬件组态

（1）打开 PORTA1 编程软件 ，如图 7-64 所示，创建新项目，并将其命名为 "PLC&XIAOCHEZIDONGWANGFAN"，选择保存路径（由读者自行设置），单击 "Creat" 进行创建。

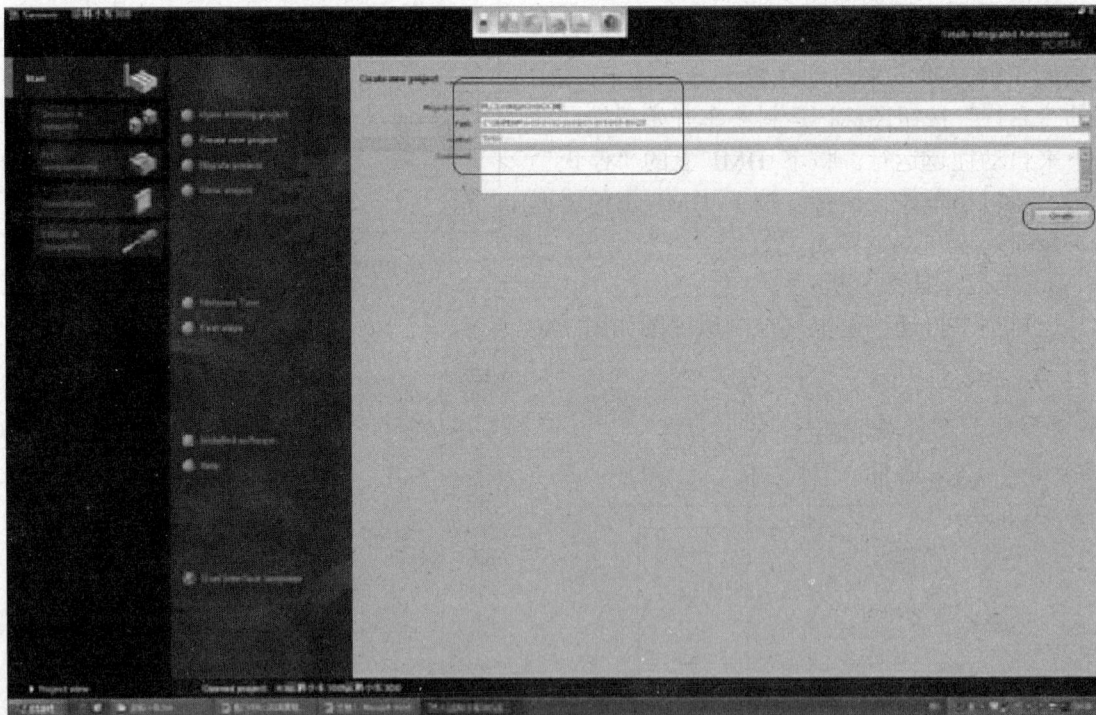

图 7-64 创建项目界面

（2）进入图 7-65 所示界面，执行 "Open the project view" 命令，进入主界面。

（3）在左侧的项目树 Project tree 一栏中，选中 "Add new device"，进行硬件组态，单击 PLC 图标，选中所需 CPU 型号，如图 7-66 所示，双击，进入如下界面。

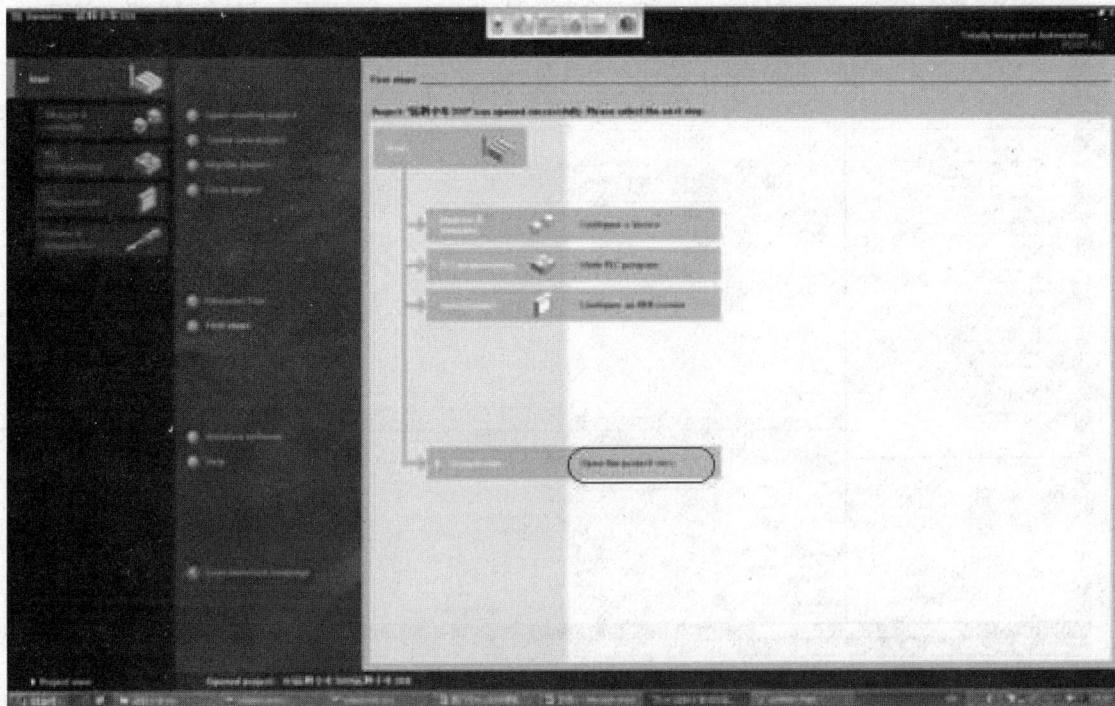

图 7-65　启动界面

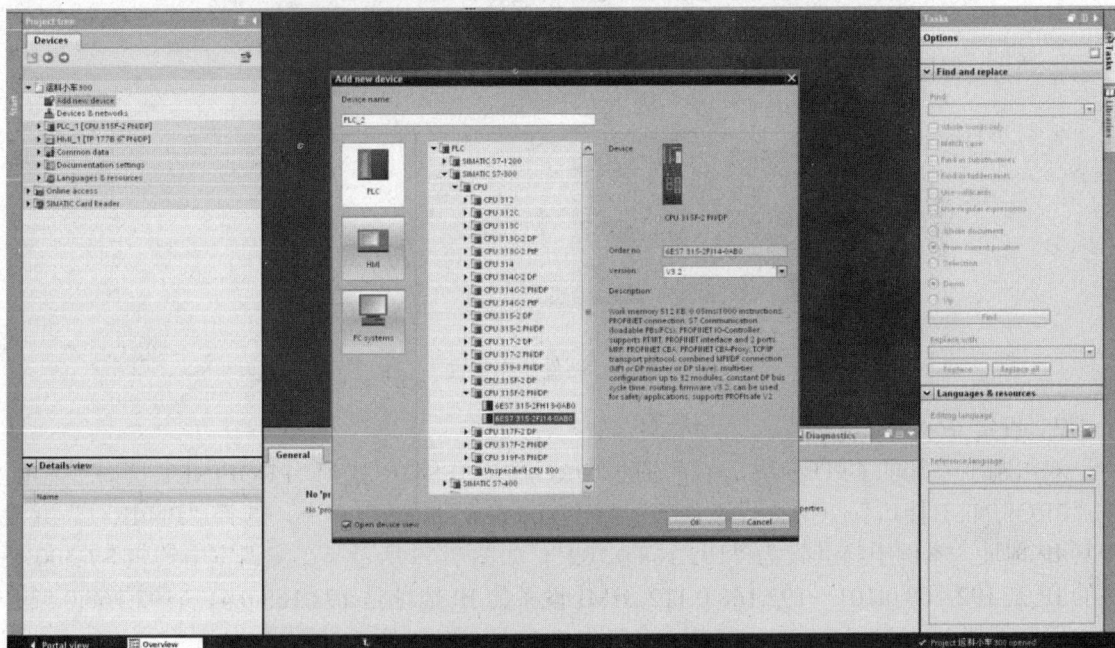

图 7-66　CPU 选型对话框

（4）单击"OK"进入主界面，如图 7-67 所示。

（5）添加相应的模块，如图 7-68 所示。

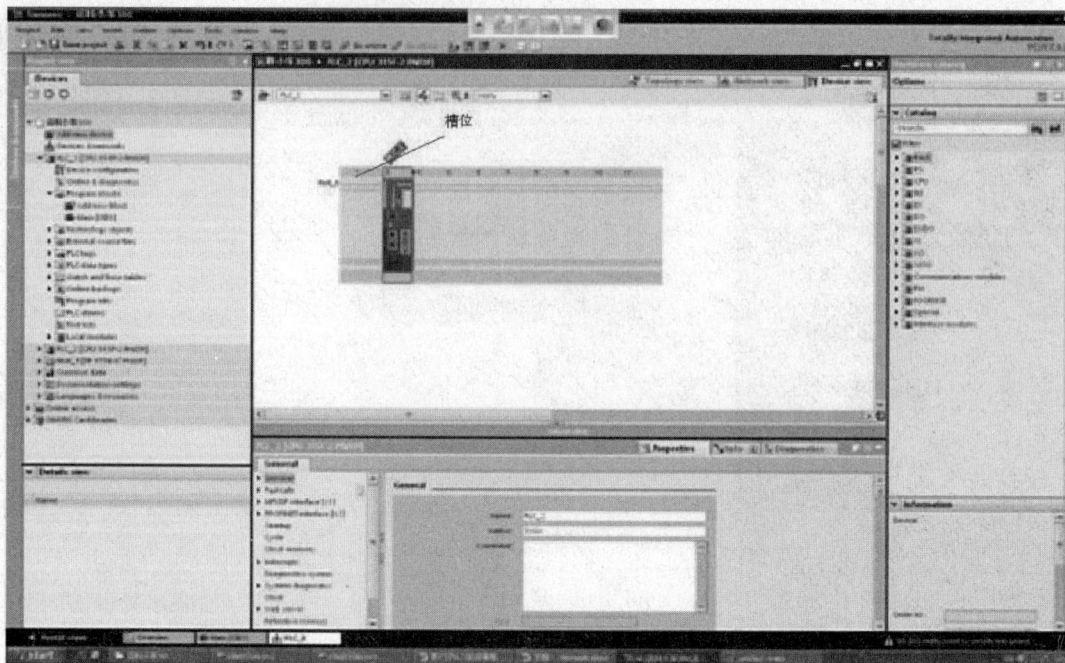

图 7-67　主界面

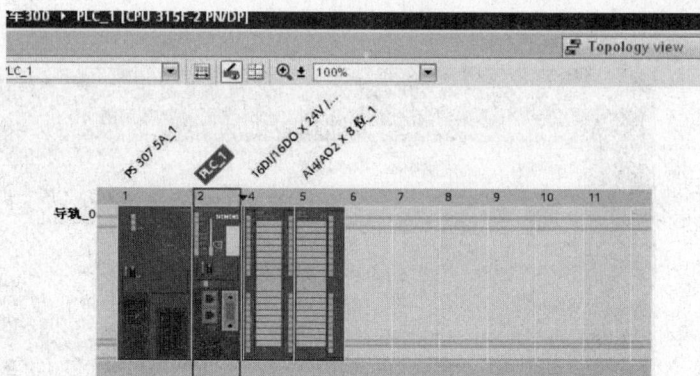

图 7-68　硬件组态界面

2. 设置 IP

双击刚刚添加的 CPU 模块，在下方的"PROPERTIES"中找到"PROFINET 接口"选项，在"PROFINET 接口"下方执行添加新子网"Add new subnet"命令，选择"PN/IE_1"并设置其 IP 地址，本例中将其设为"192.168.0.102"，如图 7-69 所示（在实训室中约定 S7-300 设备的 IP 是 192.168.0.101～192.168.0.112，HMI 设备的 IP 地址是 192.168.0.41～192.168.0.52），单击保存按钮。

3. 定义变量

在左侧项目树中可根据需要为项目添加 PLC 变量，在项目树"Project tree"中单击 PLC 变量"PLC tags"，双击默认变量表"Default tag table"，在其右侧输入 PLC 编程所需的变量及地址号，如表 7-1 所示。

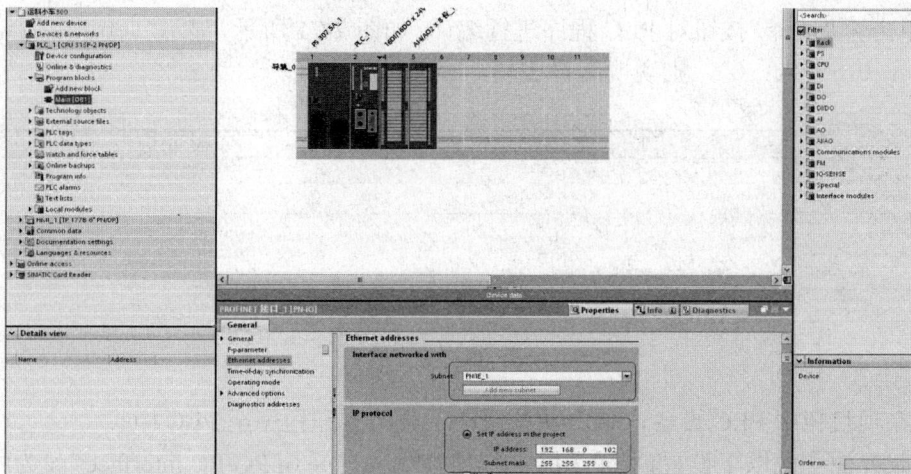

图 7-69 IP 设置对话框

4. 编程及下载

（1）单击左侧项目树中 PLC_1 下的程序块 Program block，双击"Main［OB1］"，进行编程。

编辑的程序如图 7-70 所示。

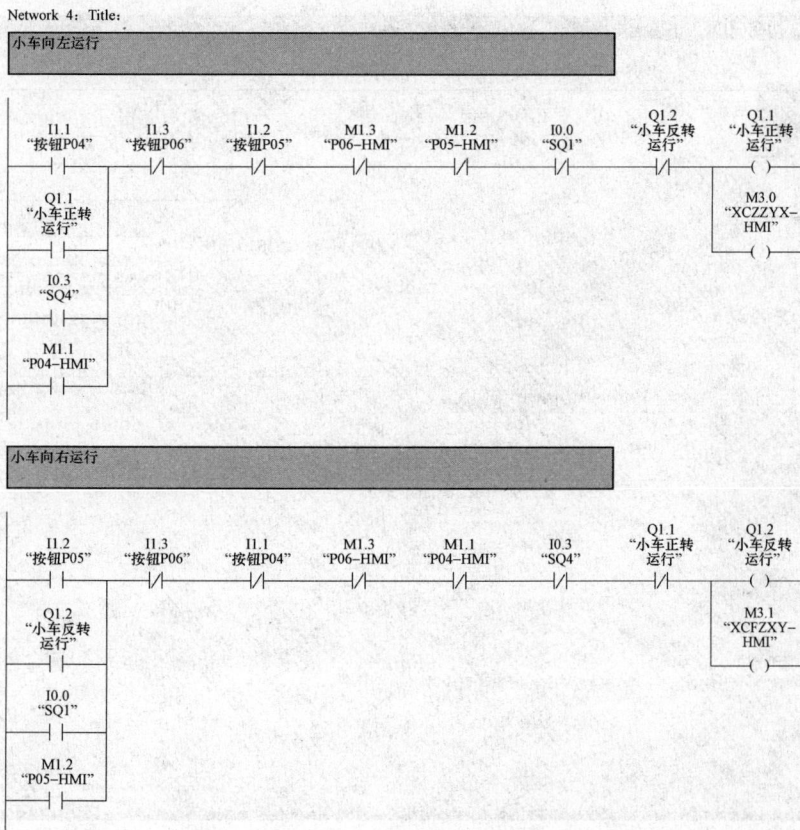

图 7-70 OB1 程序

（2）单击 <img>"编译"按钮对 PLC 程序进行编译，如图 7-71 所示，显示"（errors: 0, warnings: 0）"（错误: 0，警告: 0），则说明编译成功，最后进行下载。

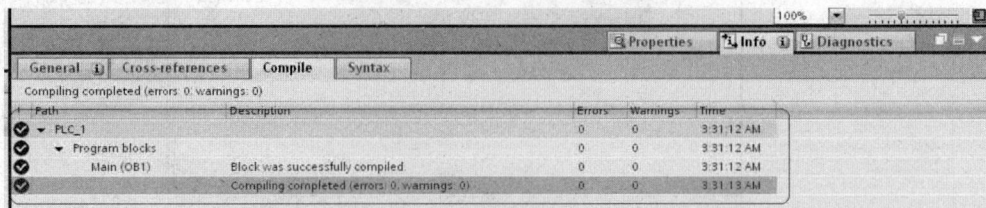

图 7-71　编译结果窗口

（3）在项目树中 PLC 设备，单击 <img>按钮，下载组态和程序至 PLC 中。

在下载界面中做以下设置，将 PG/PC 接口的类型"Type of PG/PC interface"设为"PN/IE"；"PG/PC 接口"选择本机的以太网卡；子网的连接"Connection to subnet"选择之前在硬件组态中添加的"PN/IE_1"；勾选显示所有可访问设备"Show all accessible devices"，软件即会搜索在线的所有以太网节点，然后在线选择与实际 PLC 相对应的以太网节点或 MAC 地址。单击"Load"（下载）按钮进行下载。（说明：在本实例中设置的 IP 地址为"192.168.0.106"，如果所选择的要下载的 PLC 的 IP 地址与设置的不同，则系统将会把 PLC 的 IP 地址修改为设置的 192.168.0.106），如图 7-72 所示。

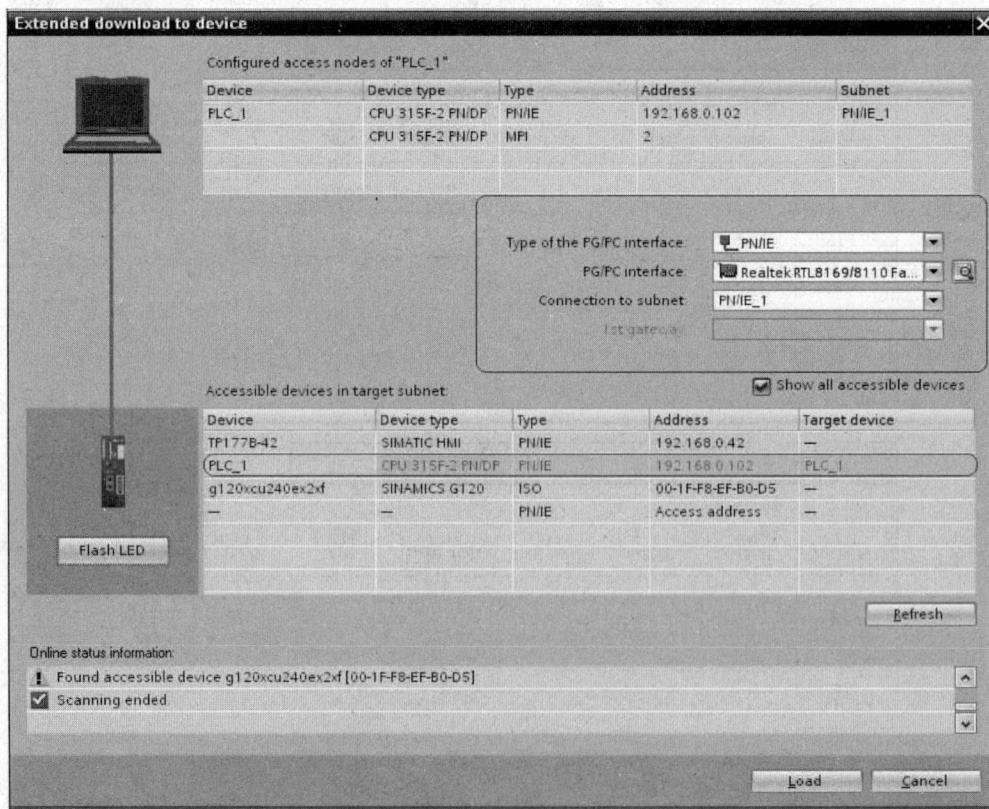

图 7-72　下载窗口

（4）选中想要下载的 CPU，单击左侧 PLC 图标下的"Flash LED"，相对应的 PLC 会有黄灯闪烁。单击下方的"Load"按钮进行下载，勾选下载界面中的"Overwrite"选项，单击"Load"按钮。

单击"Finish"按钮完成下载，如图 7-73 所示。

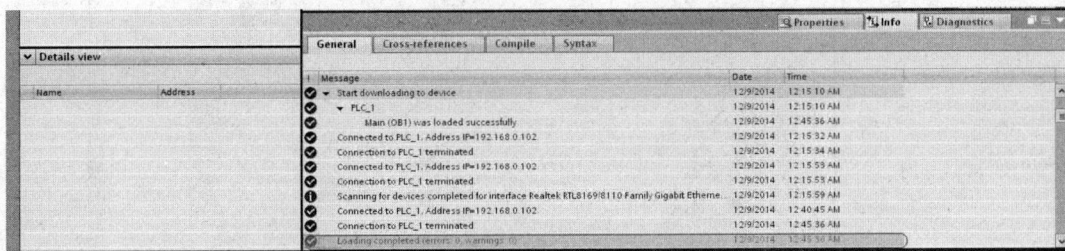

图 7-73　下载信息

5. 硬件调试

按下 P04 按钮，小车开始正转。按下 P05 按钮，小车开始反转，按下 P06 按钮，小车停止运行。

6. HMI 组态

（1）在左侧项目树 Project tree 一栏中，执行"Add new device"命令，进行硬件组态。单击 HMI 图标，选中所需 HMI 型号，如图 7-74 所示，双击，进入如下界面。

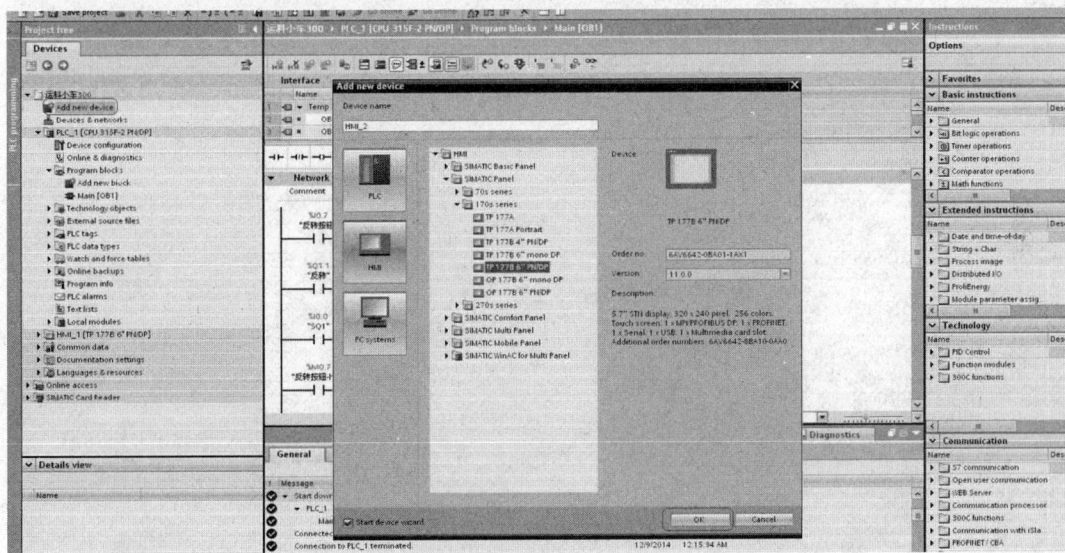

图 7-74　触摸屏选型

（2）单击"OK"按钮，进入如图 7-75 所示主界面，选中图中所示部分，单击按钮"Browse"，弹出如下对话框，单击"√"，最后单击按钮"Next"。

（3）进入图 7-76 所示界面，单击"Next"就可以进入触摸屏设置初始的界面，例如"Header"→"Date/time"和"Logo"等，这些都可以勾选。这一步的设置会作为模板保存在"界面管理"的"模板"中。可以单击"Finish"按钮退出触摸屏组态。

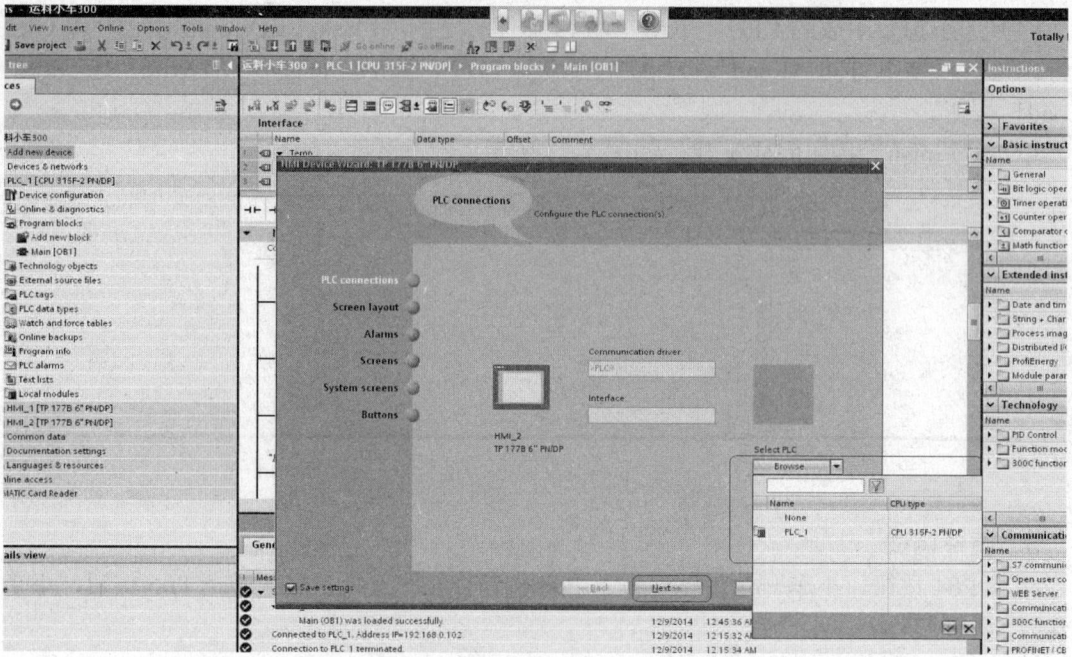

图 7-75　HMI 与 PLC 的连接设置示意图

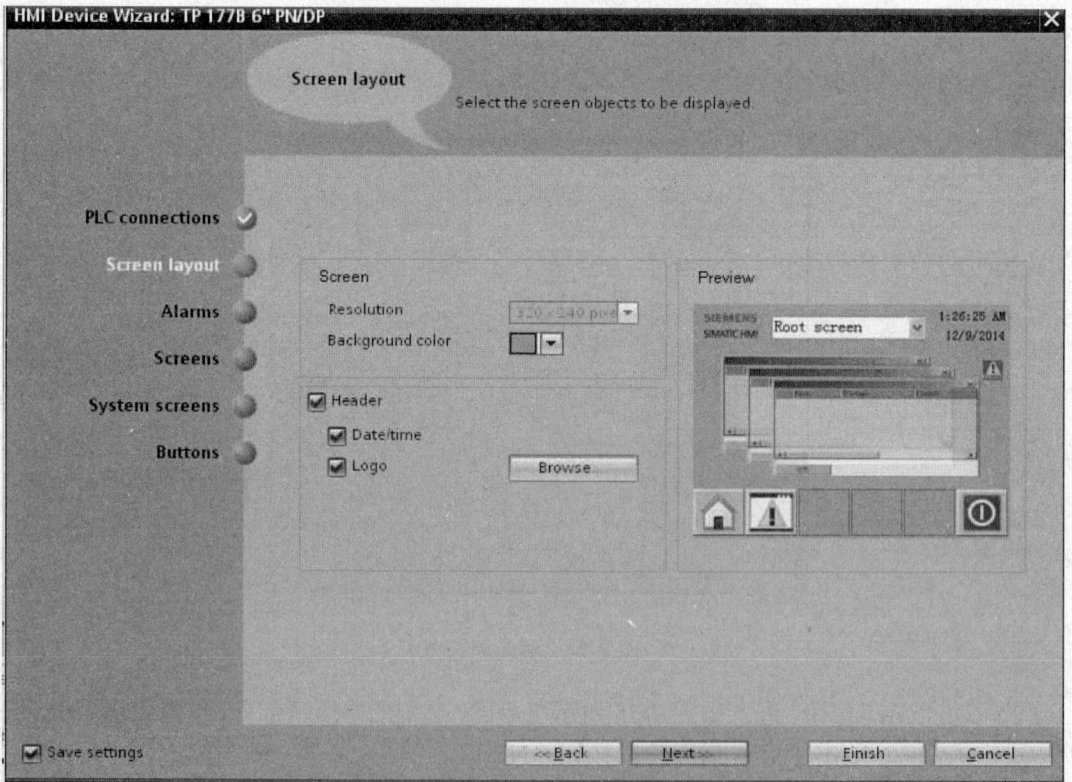

图 7-76　界面属性设置界面

（4）进入图 7-77 所示的主界面。

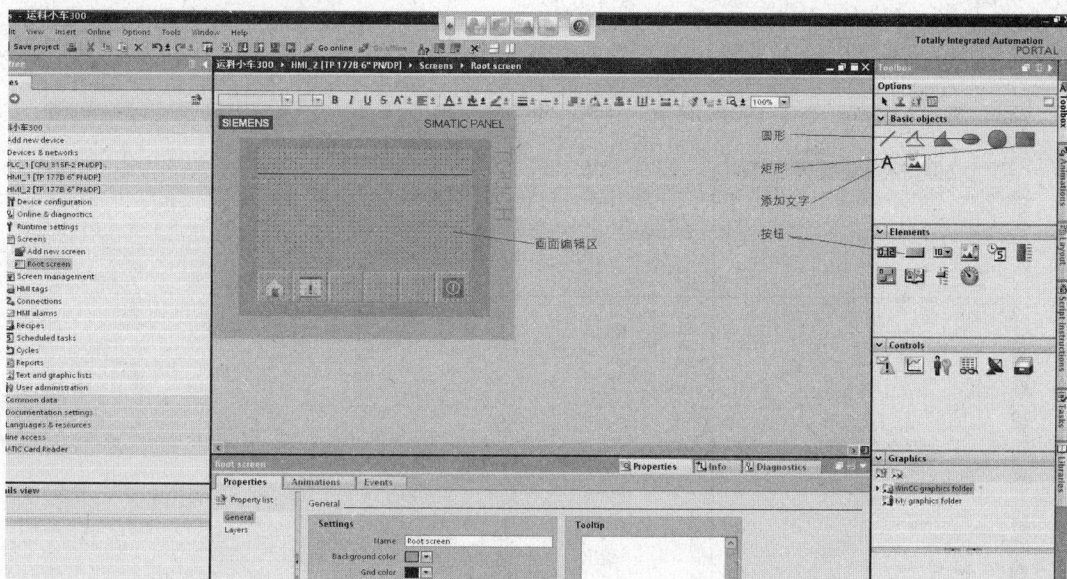

图 7-77　主界面

7. 设置 IP

打开左侧项目树，单击 HMI，执行设备组态"Device configuration"命令，双击刚刚添加的 HMI，在下方的"PROPERTIES"中找到"PROFINET 接口"选项，在"PROFINET 接口"下方执行添加新子网"Add new subnet"命令，选择"PN/IE_1"并设置其 IP 地址，本例中将其设为"192.168.0.42"，单击保存按钮，如图 7-78 所示。

图 7-78　IP 地址设置对话框

8. 定义 HMI 变量

打开左侧项目树，单击 HMI，双击打开"HMI tags"（HMI 变量）下的默认变量表，添加变量，如图 7-79 所示。

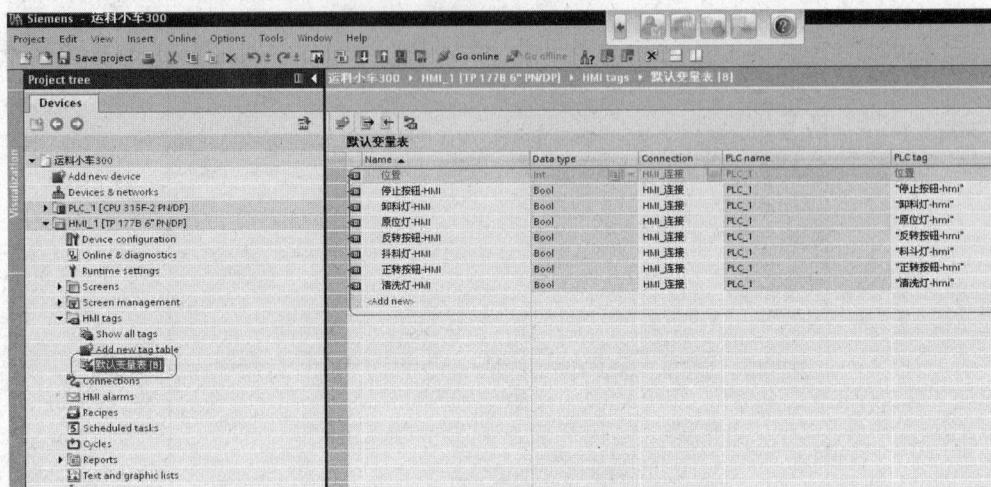

图 7-79　HMI 变量设置界面

9. 画面编辑

打开主界面，单击右侧工具箱 Options 下的基本对象"Basic objects"，单击相应的形状，当光标变成十字后可在主界面上画出来，文字在拉出的方框中编辑，按钮则在下面的元素"Elements"中找到按钮图形画出来，编辑后的界面如图 7-80 所示。

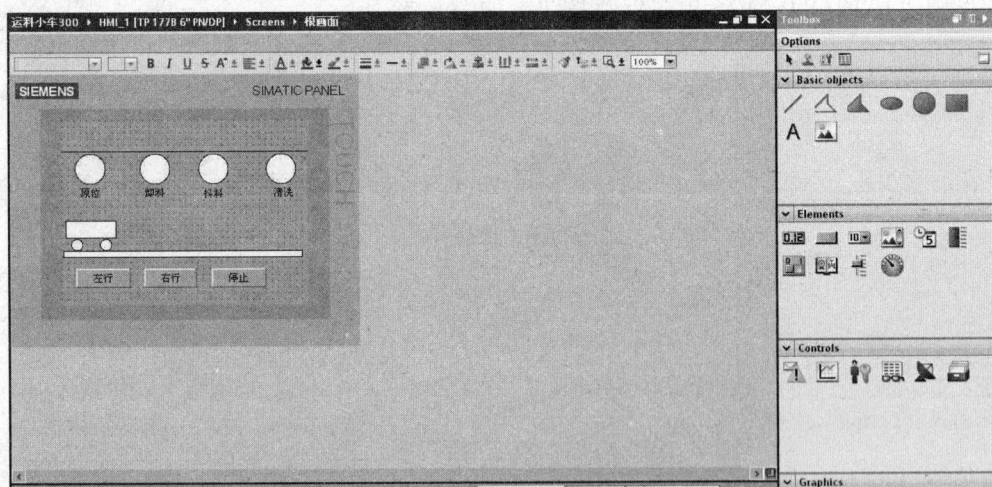

图 7-80　HMI 主界面

10. 编辑元件属性

（1）单击左行按钮，在画面下方弹出属性"Properties"对话框，单击"Events"→"Press"，弹出右侧对话框后单击置位"Setbit"，即按下时置"1"，同时，单击松开"Release"，弹出右侧对话框后单击"ResetBit"，即松开时置"0"，其他按钮同理，如图 7-81～图 7-83 所示。

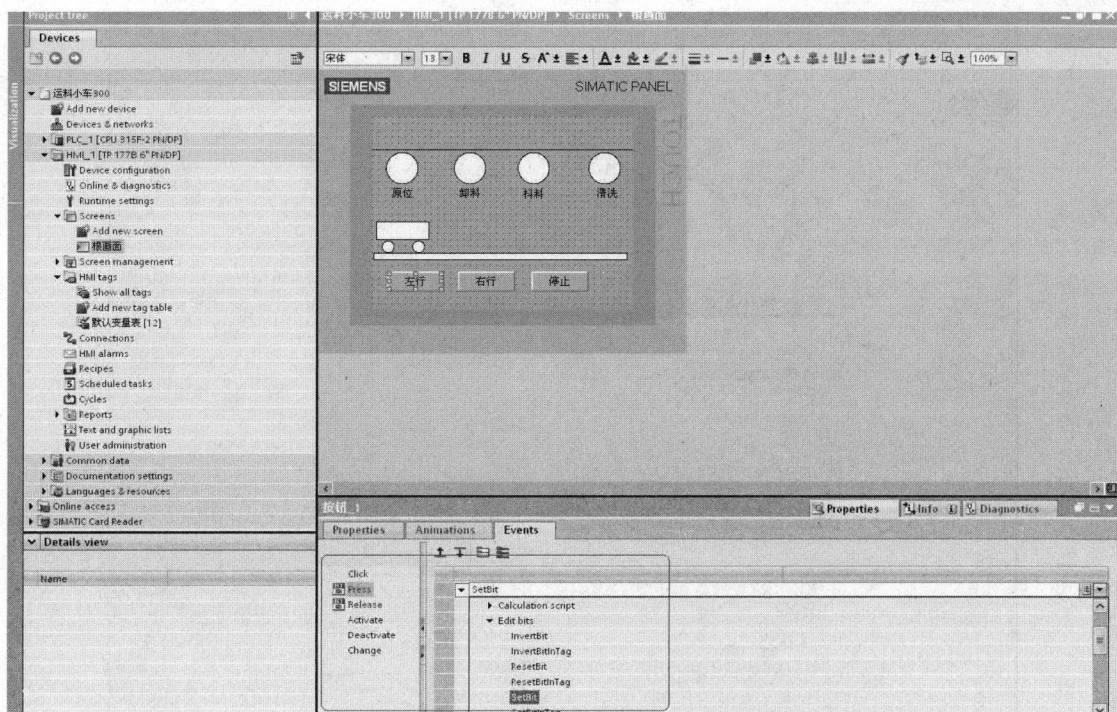

图 7-81　按钮属性设置对话框

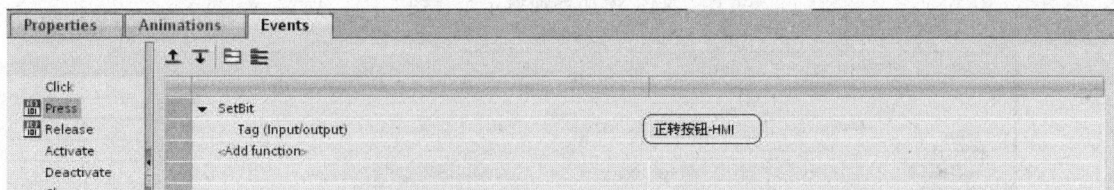

图 7-82　按钮 "Press" 属性的设置

图 7-83　按钮 "Release" 属性的设置

（2）圆圈属性的编辑，单击主界面原位圆圈，在画面下方弹出属性 "Properties" 对话框，单击动画 "Animations" →显示 "Display" →添加新动画 "Add new animations" 命令，弹出对话框后，单击外观 "Apperance"，单击 "OK" 按钮，如图 7-84 所示。

（3）单击新添加的外观 "Apperance"，在名字 "Name" 一栏选择变量 "原位灯"，同时在下方范围 "Range" 对话框中添加 "0" 和 "1"，并选择颜色，代表 "开" 和 "关" 时的两种状态。其他圆圈同理，如图 7-85 所示。

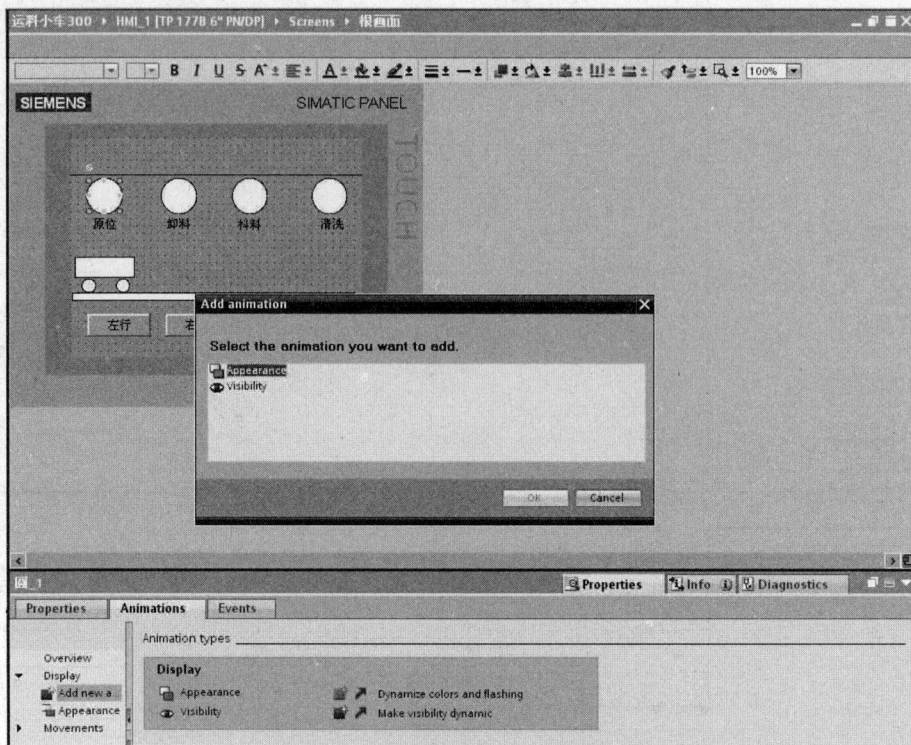

图 7-84　添加外观显示示意图

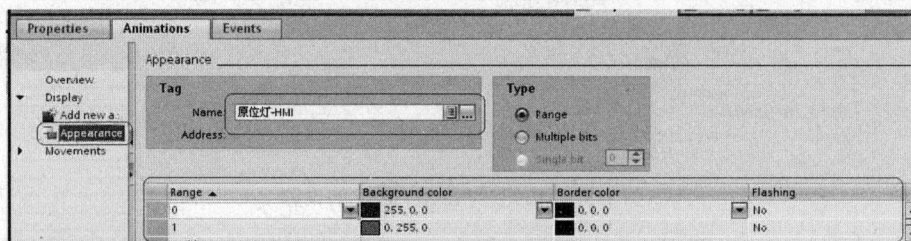

图 7-85　圆圈属性设置对话框

11．HMI 下载

保存项目，编译，与 PLC 编译一样，如果编译成功，则进行下载。

12．调试

按控制任务进行调试。

第五节　PLC、HMI 和 G120 实现变频调速

一、G120 设备组件的安装

变频器与 S7-300 的通信框架的搭建同第六章第二节二中所述。不同之处在于本节是用 TIA PORTAL V11 对 S7-300 和 G120 进行 PROFINET 通信组态。

由于 TIA PORTAL V11 没有 G120 的组件，要完成 G120 的组态，需要安装相应的 GSD 文件。

G120 的 GSD 文件可到西门子官网进行下载，http：//www.ad.siemens.com.cn/download/，本节所用到的 GSD 的名称为"GSDML-V23-Siemens-Sinamics_G120-20111221"。

安装的方法如下所示。

（1）打开 TIA PROTAL V11，如图 7-86 所示，执行菜单命令"选项"→安装设备描述文件（GSD），弹出"设备描述文件"对话框。

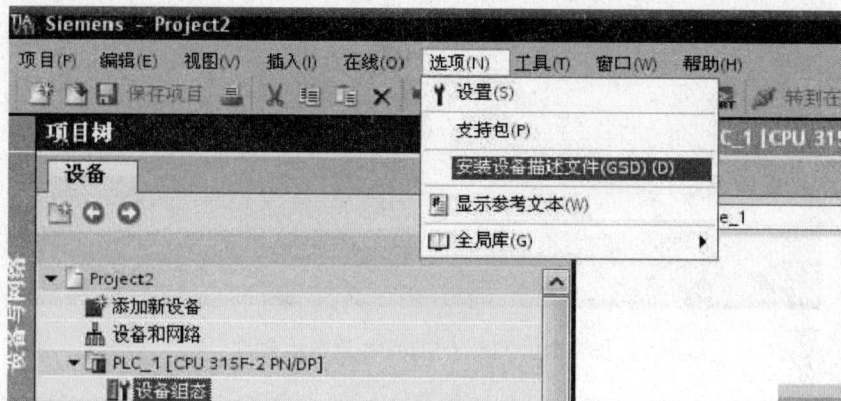

图 7-86　"安装 GSD"菜单示意图

（2）在"设备描述文件"对话框中，单击"▢"浏览按钮，开始导入目标 GSD 文件，如图 7-87 所示。

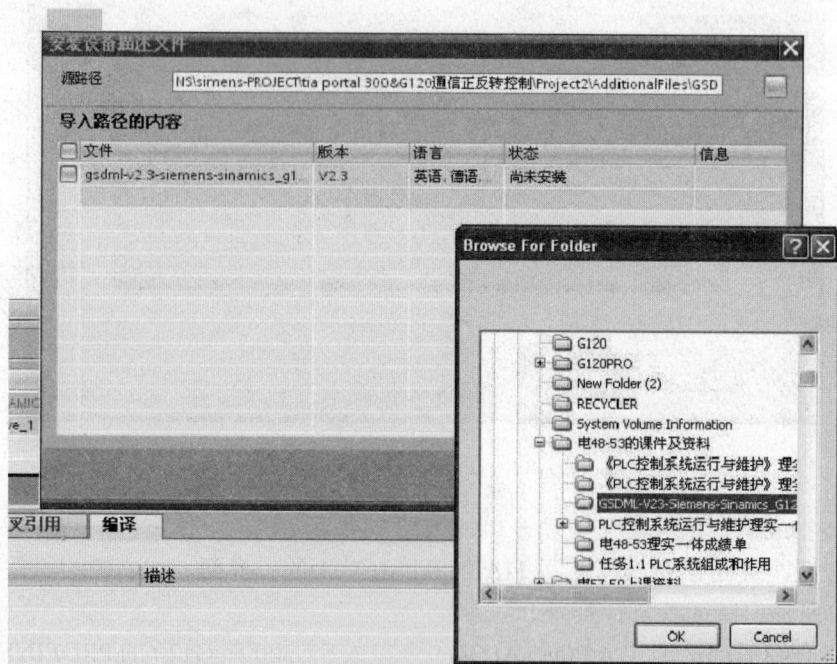

图 7-87　目标 GSD 文件的导入

（3）在导入目标 GSD 文件后，在其名称前面的方框内打上对勾表示选中该文件，如图 7-88 所示。

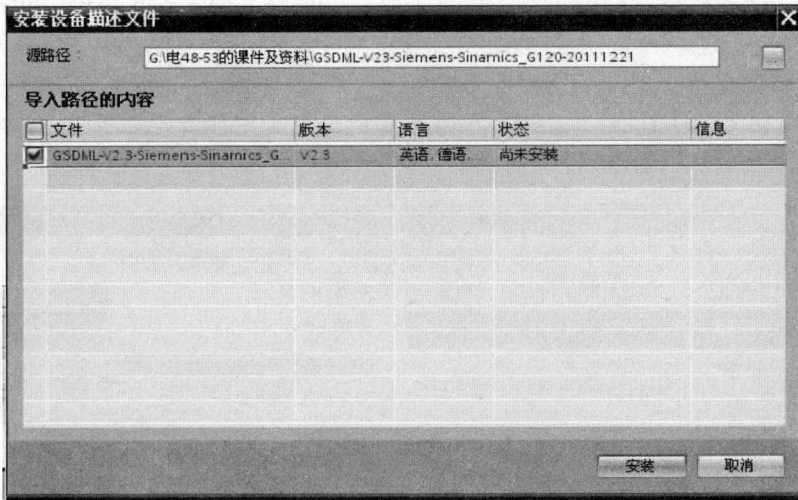

图 7-88　目标 GSD 文件选中示意图

单击"安装"按钮，在剩下的对话框中都单击"是"按钮后，进入到安装界面，如图 7-89 所示。

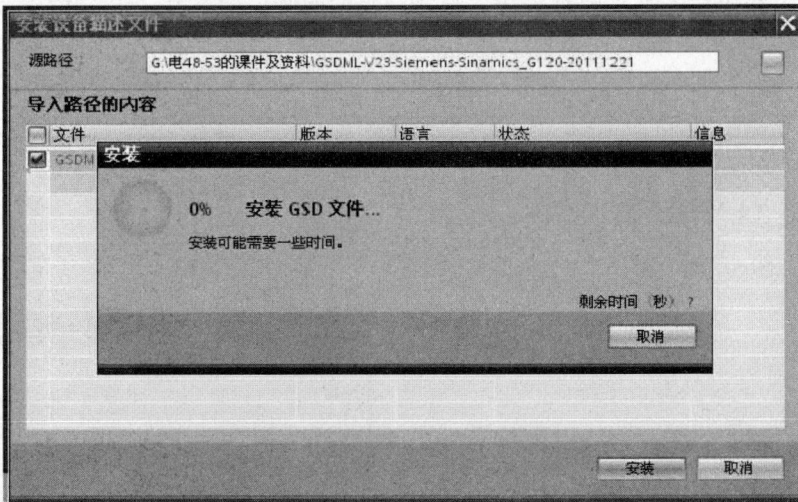

图 7-89　安装 GSD 文件对话框

（4）安装完成后，出现安装成功窗口，如图 7-90 所示。

单击✕按钮，关闭该窗口。返回 TIA PORTAL V11 的主界面。在右侧的组件列表中将会出现 G120 的列表。请读者自行查看。

接下来将介绍如何运用 TIA PORTAL V11 去完成 S7-300 和 G120 的 PROFINET 的组态与编程。

图 7-90　GSD 安装成功窗口

二、G120 变频器参数的设置

首先将 IOP 面板上电，待其上电完成后，先通过旋转开关将光标指到"Wizards"选项，并单击"OK"按钮进入，单击第一项"Basic Commissioning"进入，将弹出是否进行"Factory Reset"界面，选择"YES"单击"OK"按钮进入，接下来会弹出让您选择"Control Mode"一栏，此处选择"U/F With linear Characteristic"并单击"OK"按钮，接下来选择"Europe 50Hz kW"，并单击"OK"按钮，接下来选择"Induction motor"，接下来为设置电动机参数，请根据铭牌来填写，本项目为"50Hz，400V，1.30A，1425r/Min，0.55kW"，此后在"Motor Data Id"一栏选择"Disable"，然后在"Macro Sources"里面设置宏参数，此处选择"Conveyor with Fieldbus"。此处后面一路单击"OK"下来即可，设置完成后，可通过手动模式测试变频器状态。

此后在主界面激活"Menu"选项卡，执行"Parameter"→"Search By Number"命令后输入"922"，进入后选择"999：Free config BICO"，完成后，再执行"Menu"→"Parameter"→"Search By Number"命令选择"2051"，设置 P2051.1 为"21"（转速），P2051.2 为"27"（读取实际电流），P2051.3 为"25"（读取电压值），P2051.4 为"26"（读 DC-LINK 电压值），P2051.5 为"35"（读电机温度），然后同样方法设置，P2000 为"1425r/min"（额定转速），P2001 为"400V"（额定电压），P2002 为"1.30A"（额定电流）。

三、S7-300 和 G120 的 PROFINET 的组态、编程与调试

控制任务：运用 S7-300 和 G120 的通信实现变频调速控制。通信框架的搭建与图 6-10 相同。HMI 的界面如图 7-91 所示。

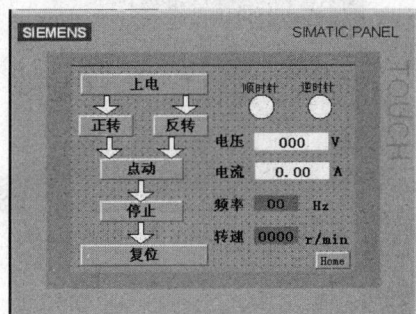

图 7-91　HMI 的界面

1. 硬件组态

（1）打开 PORTA1 编程软件 ，如图 7-92 所示，创建新项目，并将其命名为"PLC&BAOJING"，选择保存路径（由读者自行设置），单击"Creat"进行创建。

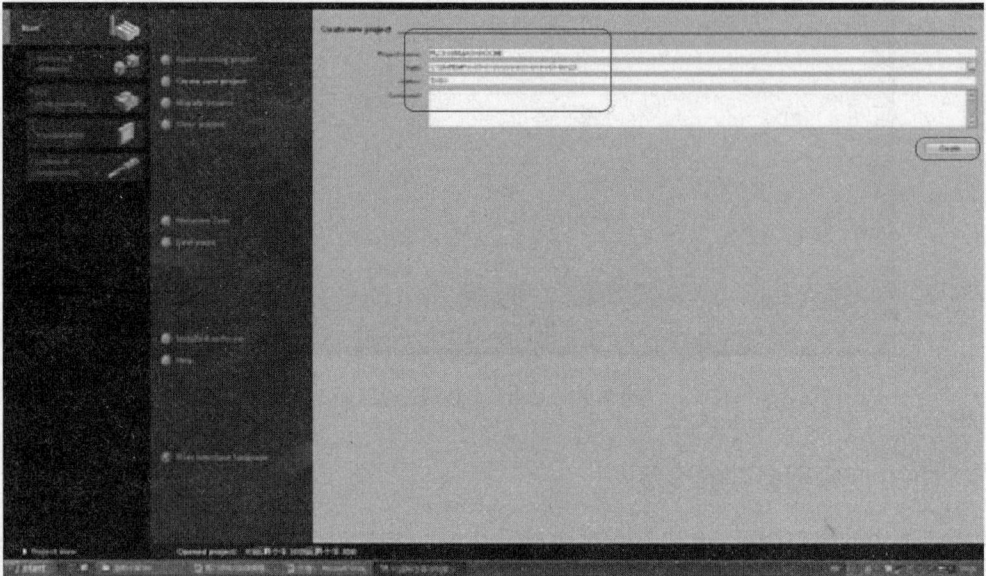

图 7-92　新建项目界面

（2）进入图 7-93 所示界面，执行"Open the project view"命令，进入主界面。

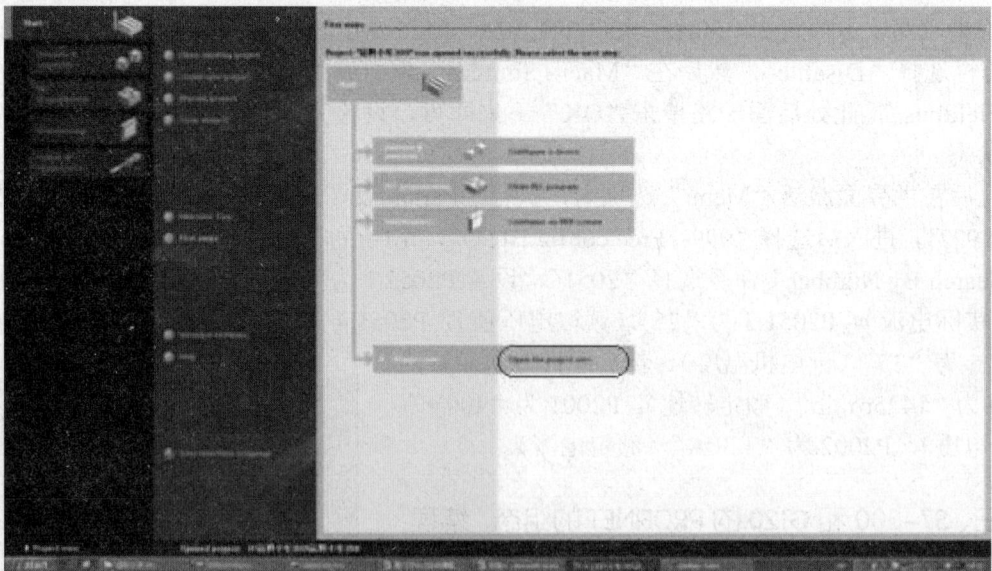

图 7-93　启动界面

（3）执行菜单命令"Options"→"Settings"，选中"General"（常规）项切换语言到中文，如图 7-94 所示。

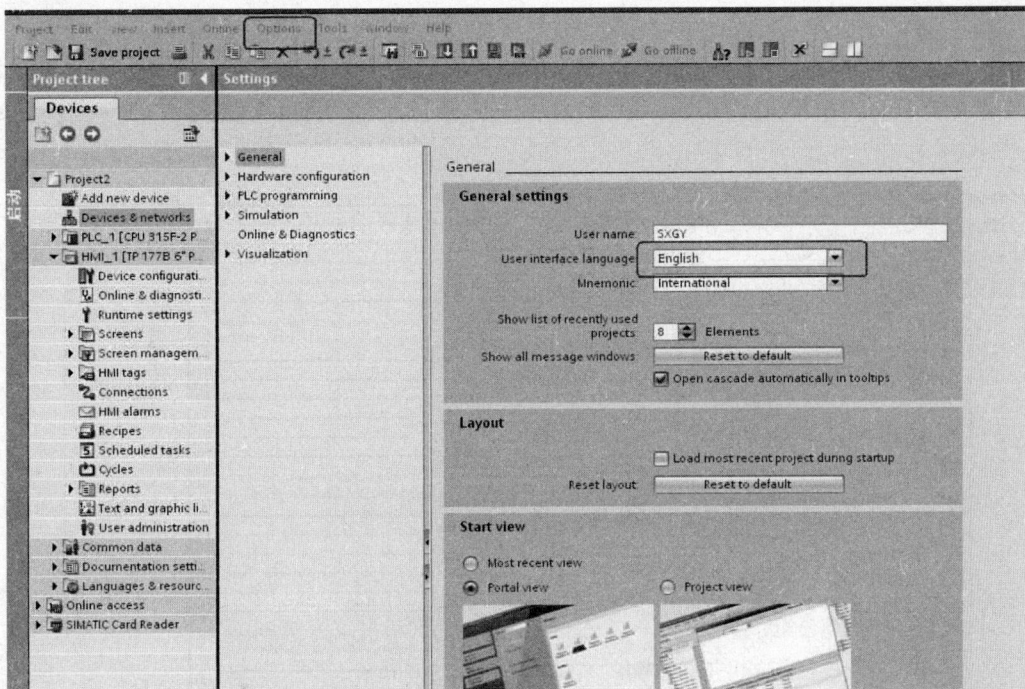

图 7-94　语言切换对话框

（4）进行硬件组态。单击 PLC 图标，选中"CPU"→"CPU 315F-2PN/DP"，如图 7-95 所示。

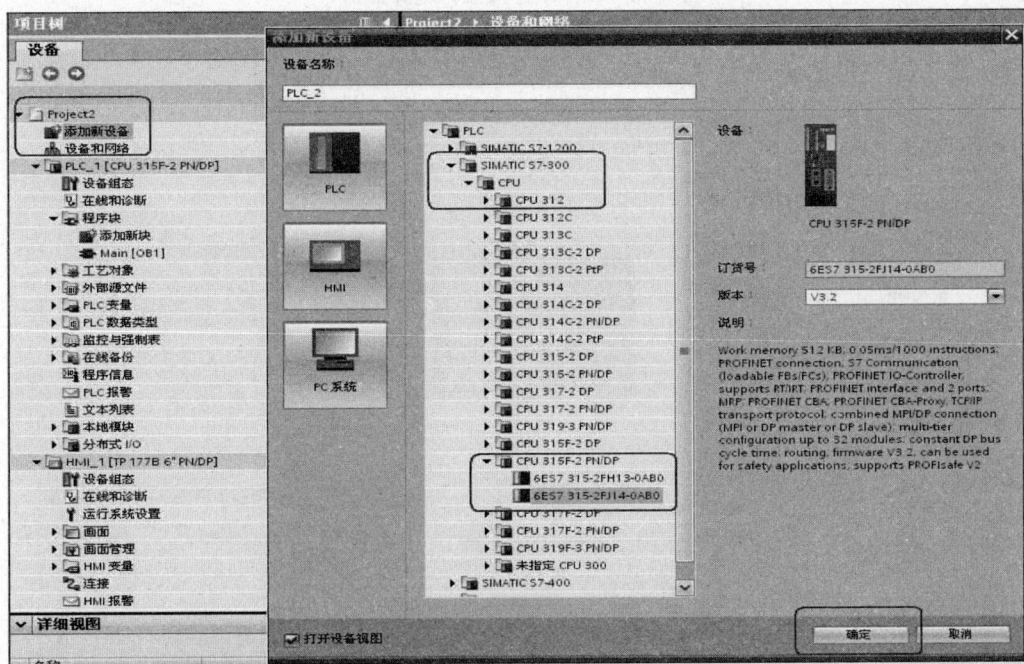

图 7-95　CPU 型号选择对话框

单击"确定"按钮，进入 TIA PORTAL V11 主界面。

（5）单击右侧的目录，开始添加相应的模块：1 号槽位添加电源模块［PS 307 5A_1］；4号槽位添加"16DI/16DOx24V/0.5A_1"模块；五号槽位添加"AI4/AO2x8 位_1"模块。如图7-96 所示。

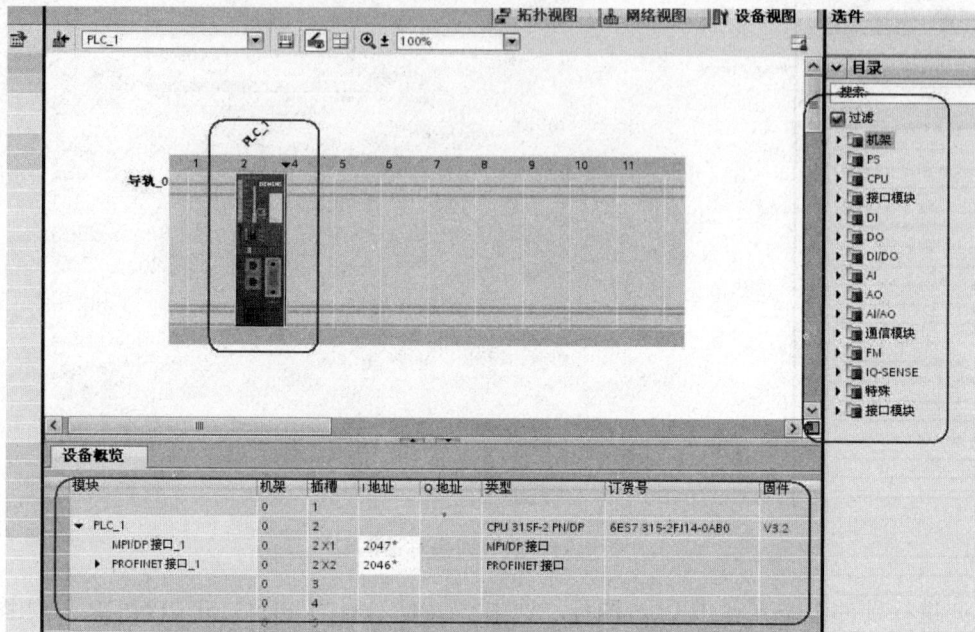

图 7-96　硬件组态及元件选择窗口

硬件组态后的窗口如图 7-97 所示，方框部分为 I/O 地址分配及订货号等详细信息。

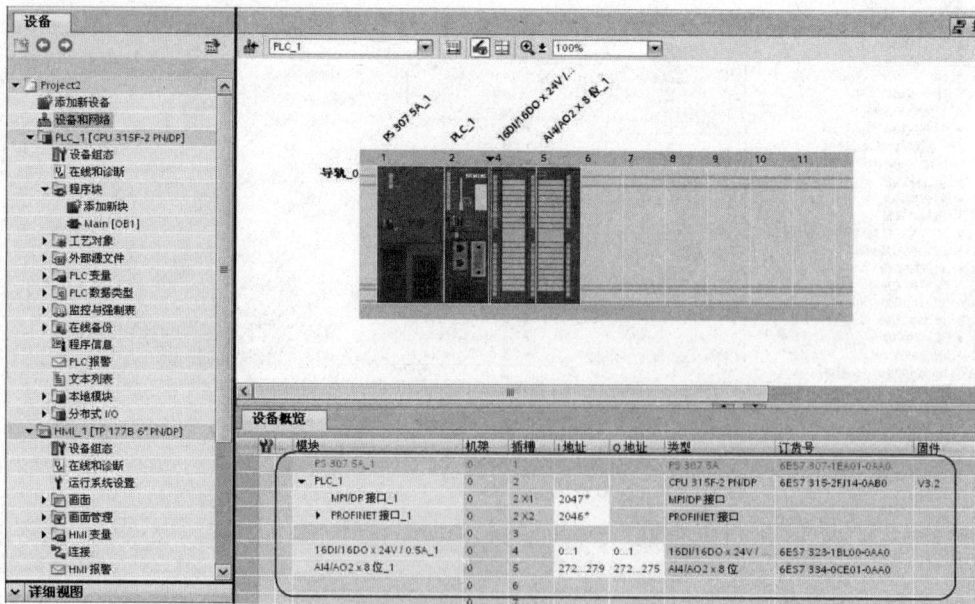

图 7-97　硬件组态窗口

2. 添加触摸屏

（1）在左侧"项目树"（Project tree）一栏中，执行"添加新设备"命令，进行硬件组态。单击 HMI 图标，选中 HMI 型号如图 7-98 所示，双击，进入 TIA PORTAL V11 的主界面。

（2）单击"设备和网络"，在目录下执行"其他现场设备"→"PROFINET IO"添加相关 G120 变频器命令，如图 7-99 所示。

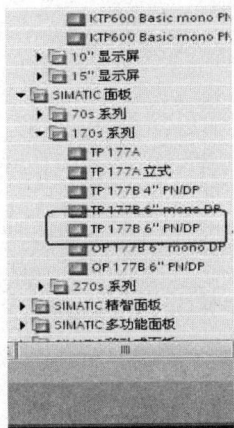

图 7-98　HMI 选型对话框

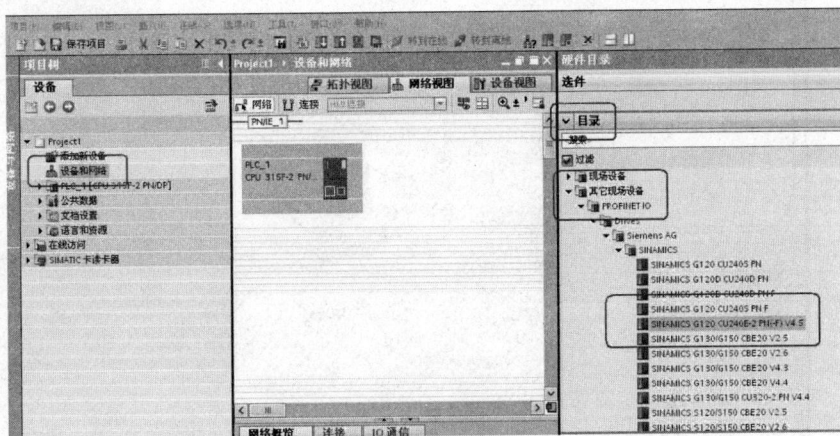

图 7-99　G120 组态窗口

组态好的窗口如图 7-100 所示。单击"未分配"选择 IO 控制器"PLC_1"，之后选择连接后的设备图，如图 7-101 所示。

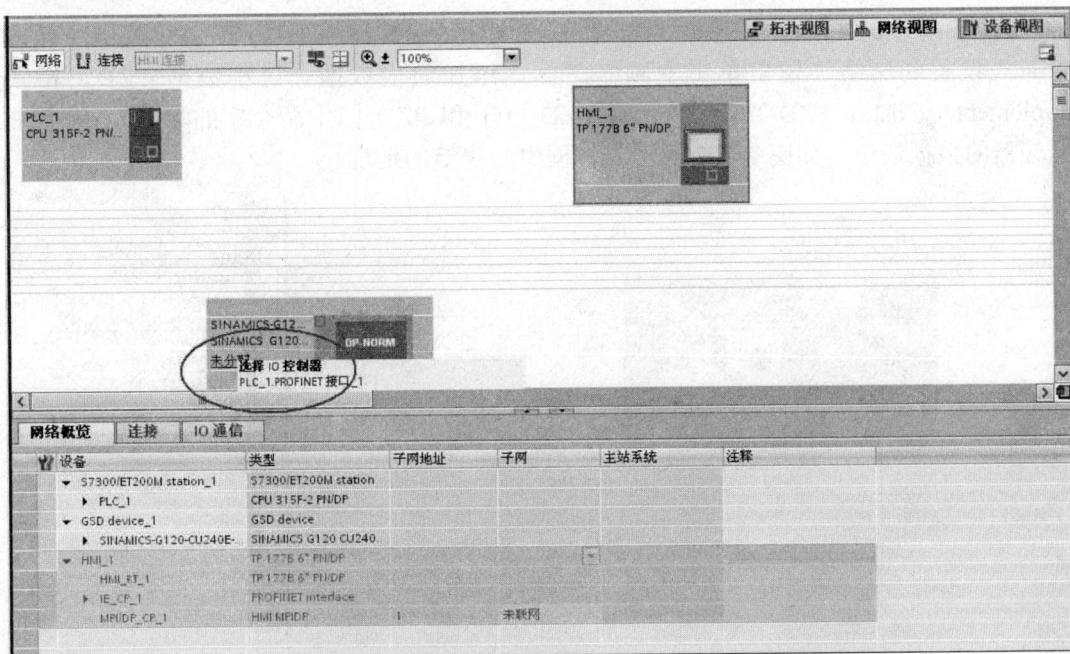

图 7-100　G120 控制器选择示意图

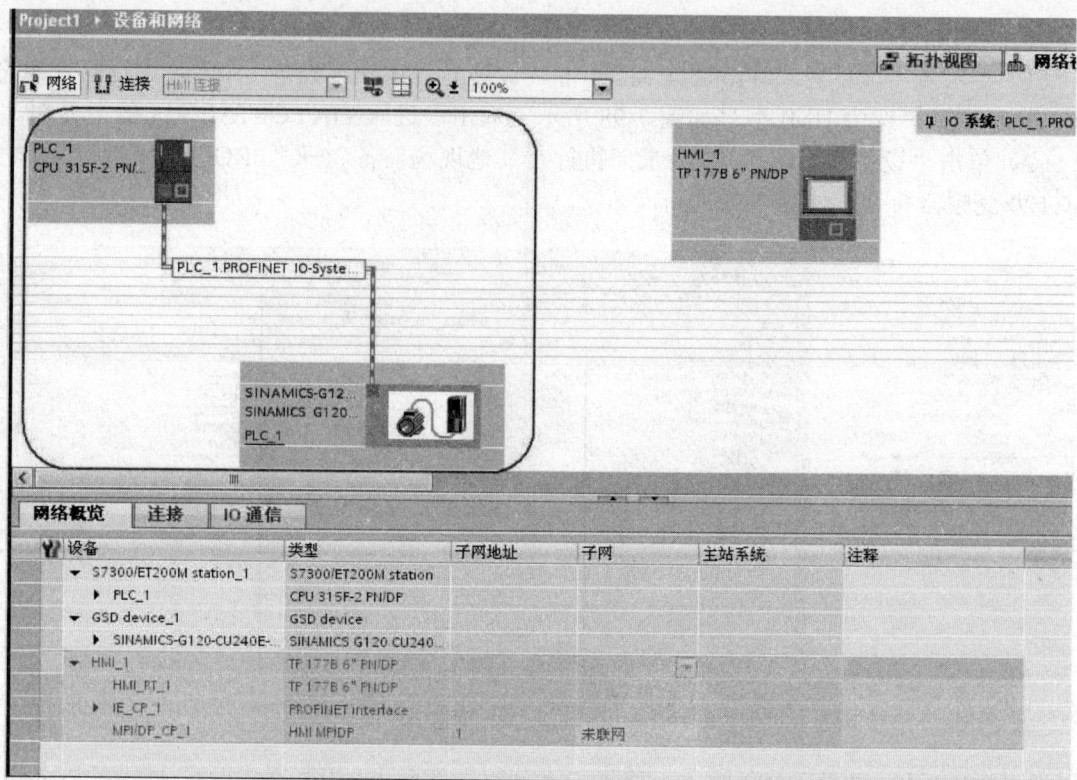

图 7-101　S7-300 与 PLC 连接示意图

3. 变频器参数设置

在"设备和网络"窗口单击变频器图标，添加通信数据→过程数据 PZD，格式为"Supplementary data，PZD-2/6"（表示有 PZD［0］和 PZD［1］两个字的数据），用于 PLC 和变频器的数据通信，如图 7-102 所示。方框中为字节的地址。

图 7-102　通信报文格式的设置

4. 设备 IP 的设置

双击刚刚添加的 CPU 模块，在下方的"PROPERTIES"中找到"PROFINET 接口"选项，在"PROFINET 接口"下方执行"添加新子网"命令选择"PN/IE_1"并设置其 IP 地址，本例中将其设为"192.168.0.102"，如图 7-103 所示（在实训室中约定 S7-300 设备的 IP 地址是192.168.0.101～192.168.0.112，HMI 设备的 IP 地址是 192.168.0.41～192.168.0.52，变频器的IP 地址 192.168.0.121～192.168.0.132），单击保存按钮。

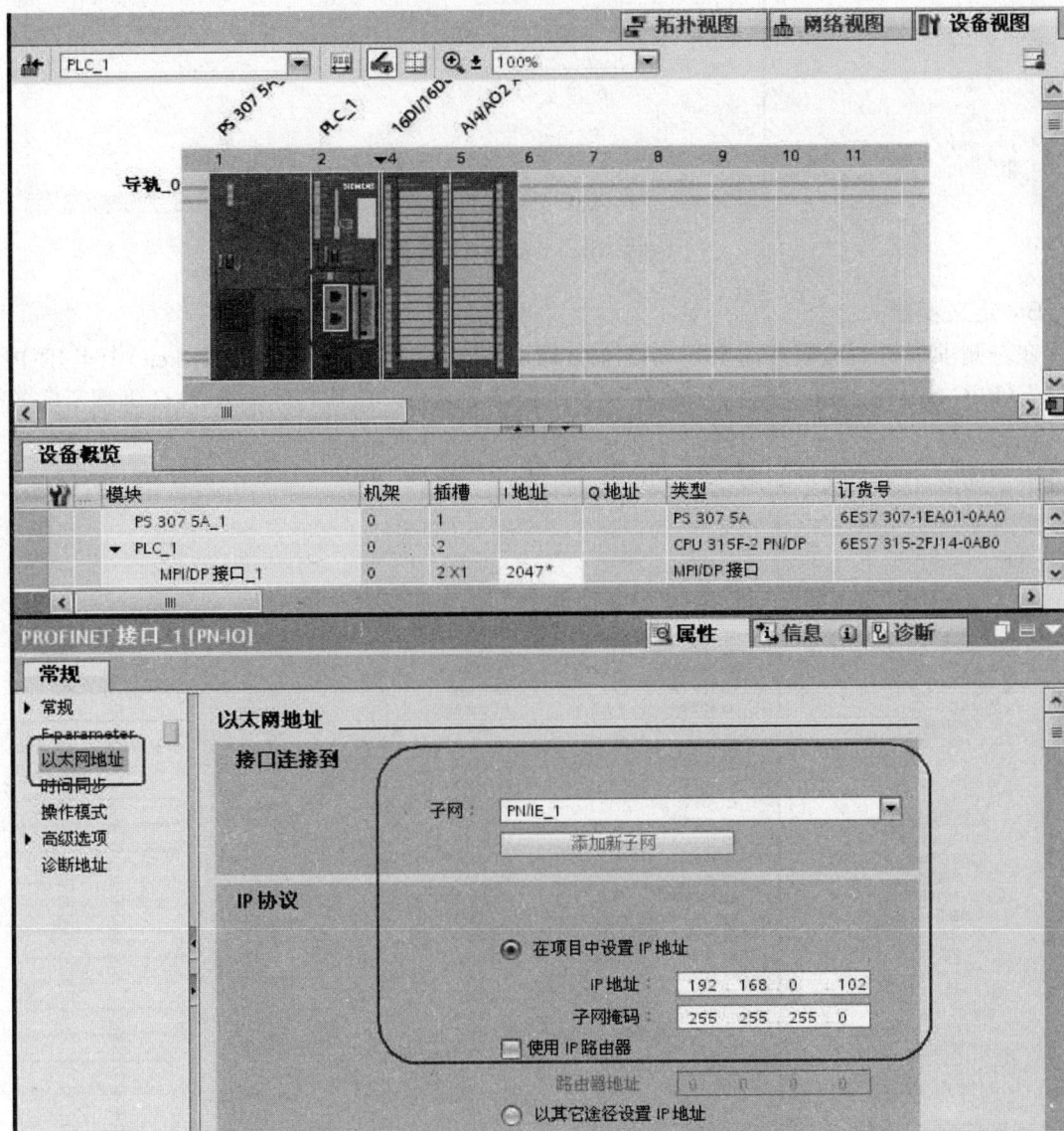

图 7-103　S7-300 IP 地址的设置

双击变频器和 HMI 的图标中的网络图标，将变频器的 IP 地址设置为"192.168.0.122"，将 HMI 的 IP 地址设置为"192.168.0.42"，将子网选择为"PN/IE_1"。

网络设置完毕后，单击左侧的"设备和网络"，出现如图 7-104 所示的网络连接框图。

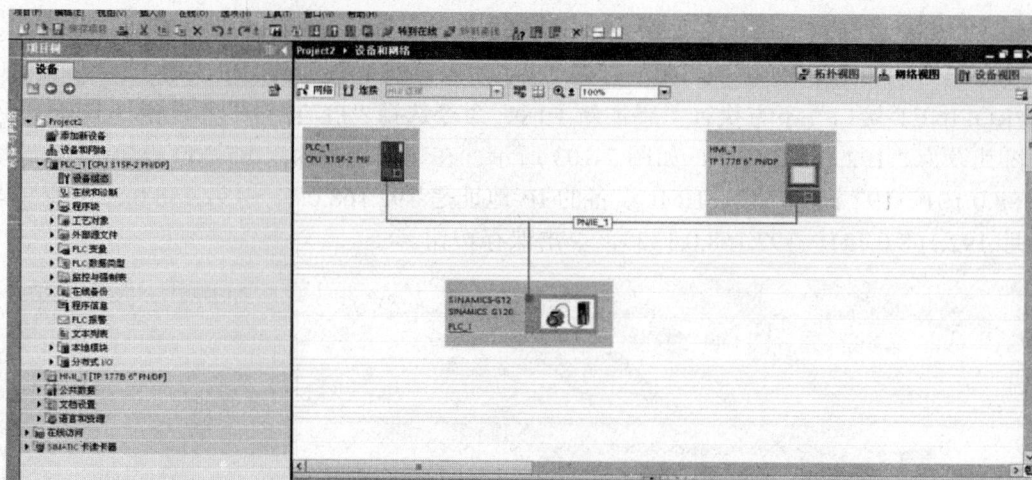

图 7-104　网络连接框图

5. 定义变量

在左侧项目树中可根据需要为项目添加 PLC 变量，在"项目树"（Project tree）中点开"PLC 变量"（PLC tags），双击"默认变量表"（Default tag table）在其右侧输入 PLC 编程所需的变量及地址号。

本例需要添加的变量如图 7-105 所示。

	名称	变量表	数据类型	地址	保持	在 HM.	可从..
31	转速输入开	默认变量表	Bool	%M8.0		☑	☑
32	转速显示int	默认变量表	Int	%MW82		☑	☑
33	读取电流	默认变量表	DInt	%ID260		☑	☑
34	转速输入实型	默认变量表	Real	%MD350		☑	☑
35	转速输入real	默认变量表	Real	%MD360		☑	☑
36	转速输入整型	默认变量表	DInt	%MD410		☑	☑
37	转速读取开	默认变量表	Bool	%M8.1		☑	☑
38	转速int	默认变量表	Int	%MW412		☑	☑
39	频率绝对值	默认变量表	Real	%MD70		☑	☑
40	频率输入开	默认变量表	Bool	%M8.2		☑	☑
41	频率输入实型	默认变量表	Real	%MD450		☑	☑
42	频率输入real	默认变量表	Real	%MD460		☑	☑
43	频率输入整型	默认变量表	DInt	%MD470		☑	☑
44	频率输入int	默认变量表	Int	%MW472		☑	☑
45	频率输入绕组	默认变量表	Bool	%M8.3		☑	☑
46	转速输入绕组	默认变量表	Bool	%M2.4		☑	☑
47	电流	默认变量表	Word	%MW600		☑	☑
48	读取电压	默认变量表	Int	%MW262		☑	☑
49	jueduizhi	默认变量表	Real	%MD520		☑	☑
50	diandongnazhuan	默认变量表	Bool	%M7.7		☑	☑
51	diandongzhengzhuan	默认变量表	Bool	%M6.6		☑	☑
52	电压整型	默认变量表	DInt	%MD610		☑	☑
53	电压int	默认变量表	Int	%MW612		☑	☑
54	电压实型	默认变量表	Real	%MD620		☑	☑
55	电压real	默认变量表	Real	%MD630		☑	☑
56	电压绝对值	默认变量表	Real	%MD640		☑	☑
57	电压显示	默认变量表	DInt	%MD650		☑	☑
58	电压显示int	默认变量表	Int	%MW652		☑	☑
59	电流整型	默认变量表	DInt	%MD600		☑	☑
60	电流实型	默认变量表	Real	%MD710		☑	☑
61	电流显示	默认变量表	Real	%MD720		☑	☑
62	Tag_1	默认变量表	Word	%MW260		☑	☑
63	Tag_2	默认变量表	DInt	%MD598		☑	☑

图 7-105　PLC 变量

6. 编程及下载

单击左侧项目树 PLC_1 下的"程序块"（Program block），双击"Main［OB1］"，进行编程。程序如图 7-106～7-109 所示。

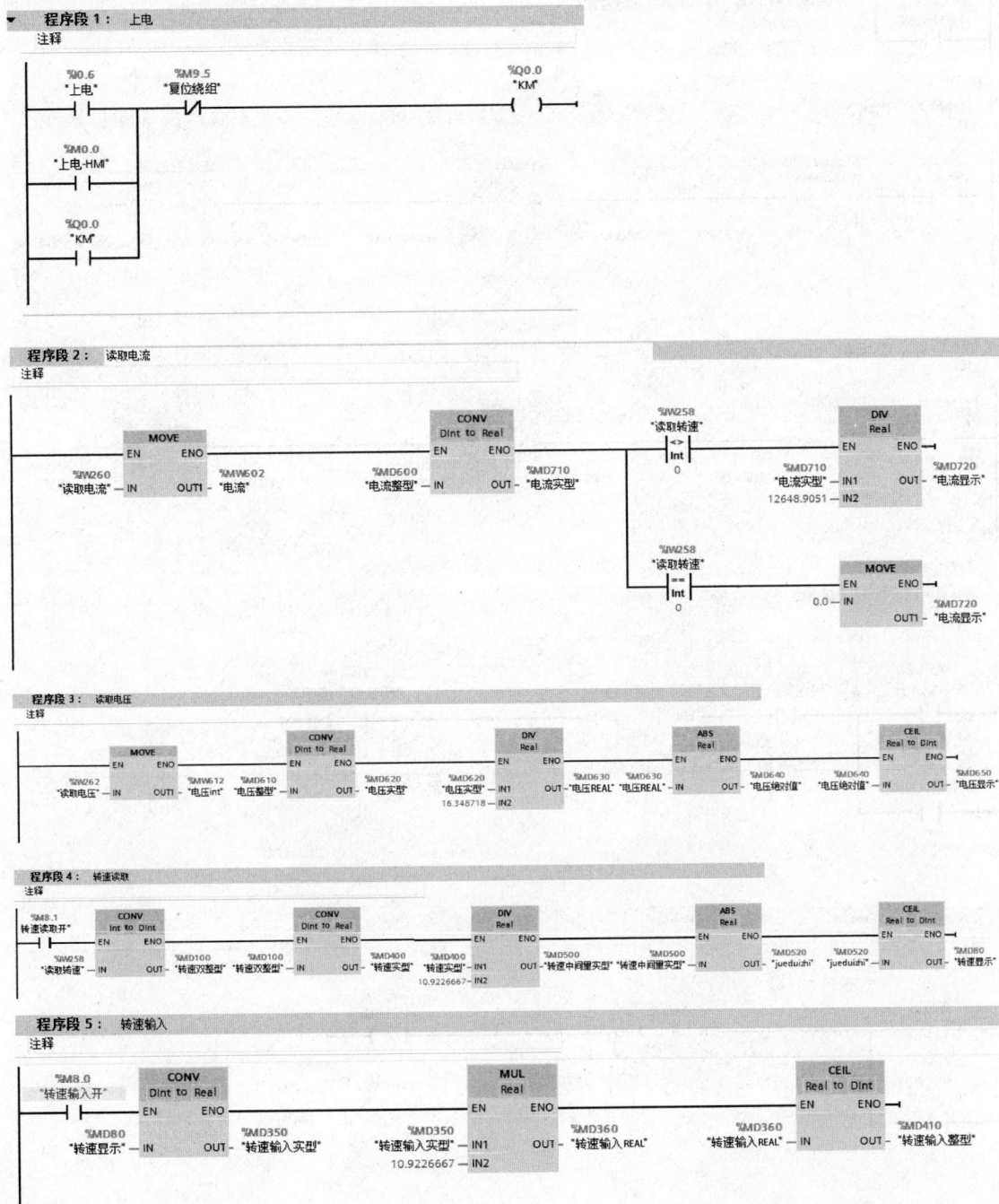

图 7-106 OB1 程序（一）

程序段 6： 转速输入字
注释

```
 %M8.0          %M8.2                                                    %M2.4
"转速输入开"    "频率输入开"          MOVE                             "转速输入绕组"
 ──┤ ├──┬──────┤/├──────────────   EN      ENO  ──────────────────────( )──
        │                                                  %QW258
      %M2.4                        %MW412                "转速控制字"
   "转速输入绕组"                "转速输入int" ─ IN   OUT1 ─
   ──┤ ├──┘
```

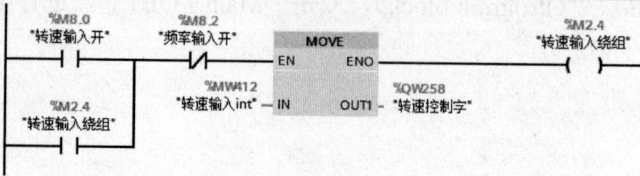

程序段 7： 频率输入
注释

```
 %M8.2              CONV                              MUL                            CEIL
"频率输入开"     DInt to Real                        Real                        Real to Dint
 ──┤ ├──────    EN      ENO ────────────────────   EN      ENO ──────────      EN      ENO ──────
            %MD40              %MD450      %MD450              %MD460      %MD460              %MD470
          "频率整型" ─ IN  OUT ─ "频率输入实型"  "频率实型" ─ IN1  OUT ─ "频率输入real"  "频率输入real" ─ IN  OUT ─ "频率输入整型"
                                            327.68 ─ IN2
```

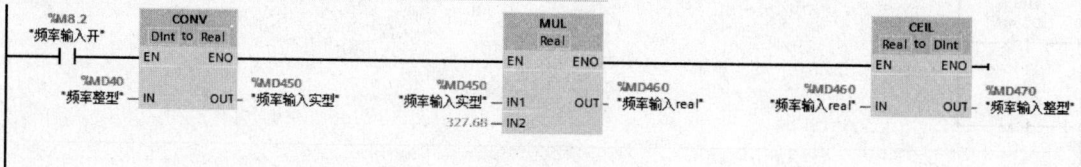

程序段 8： 读取频率显示
注释

```
 %M8.1              DIV                               ABS                            CEIL
"转速读取开"        Real                              Real                        Real to Dint
 ──┤ ├──────    EN      ENO ────────────────────   EN      ENO ──────────      EN      ENO ──────
            %MD400             %MD60       %MD60               %MD70       %MD70               %MD40
          "转速实型" ─ IN1 OUT ─ "频率实型"  "频率实型" ─ IN  OUT ─ "频率绝对值"  "频率绝对值" ─ IN  OUT ─ "频率整型"
            327.68 ─ IN2
```

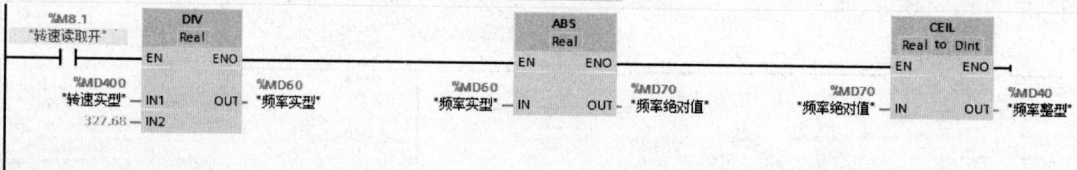

程序段 9： 频率输入字
注释

```
 %M8.2          %M8.0                                                    %M8.3
"频率输入开"    "转速输入开"          MOVE                             "频率输入绕组"
 ──┤ ├──┬──────┤/├──────────────   EN      ENO  ──────────────────────( )──
        │                                                  %QW258
      %M8.3                        %MW472                "转速控制字"
   "频率输入绕组"                "频率输入int" ─ IN   OUT1 ─
   ──┤ ├──┘
```

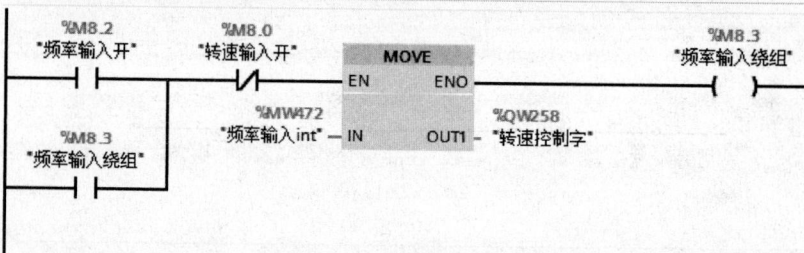

程序段 10： main
注释

```
 %0.7                                                                   %M9.5
"复位"                              MOVE                             "复位绕组"
 ──┤ ├──┬───────────────────────   EN      ENO  ──────────────────────( )──
        │                 B#16#00 ─ IN
      %0.1                                              %MB57
   "复位-HMI"                                OUT1 ─ "点动方向"
   ──┤ ├──┘
```

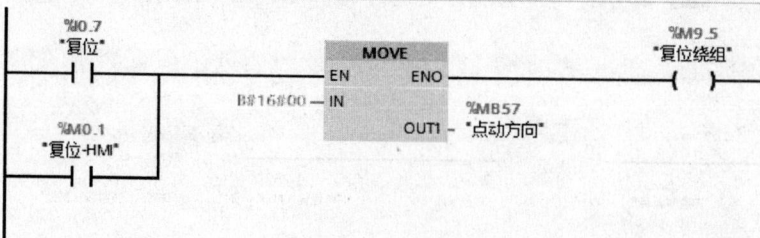

图 7-107　OB1 程序（二）

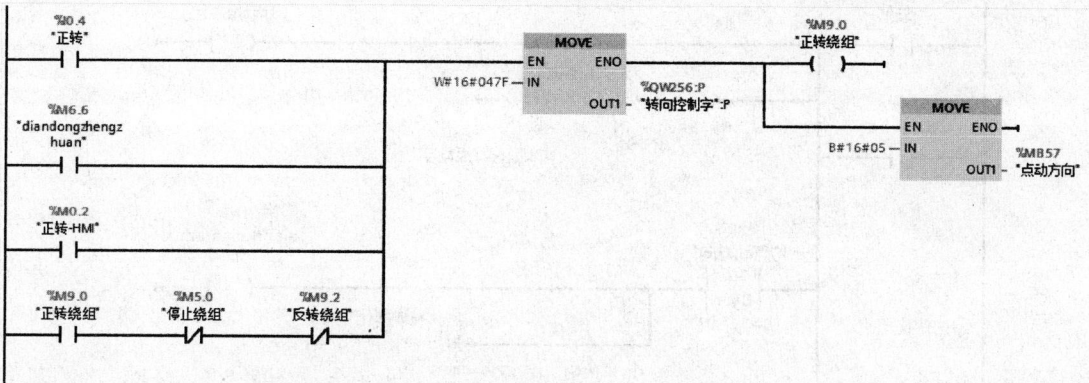

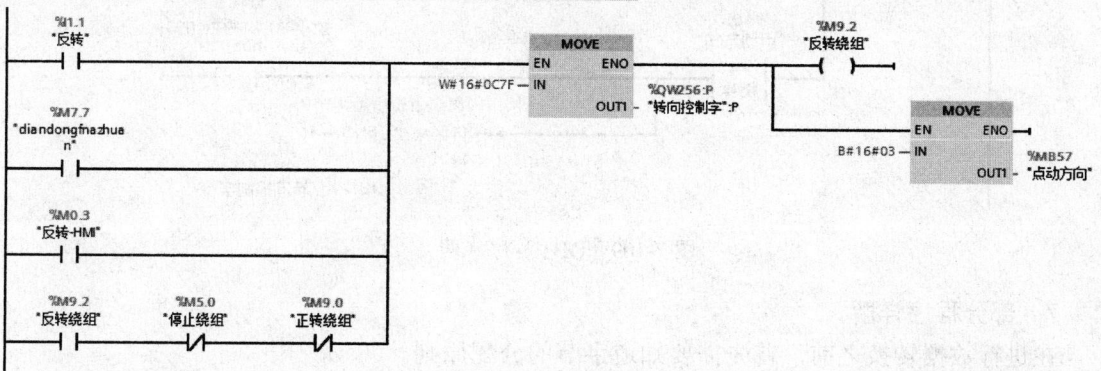

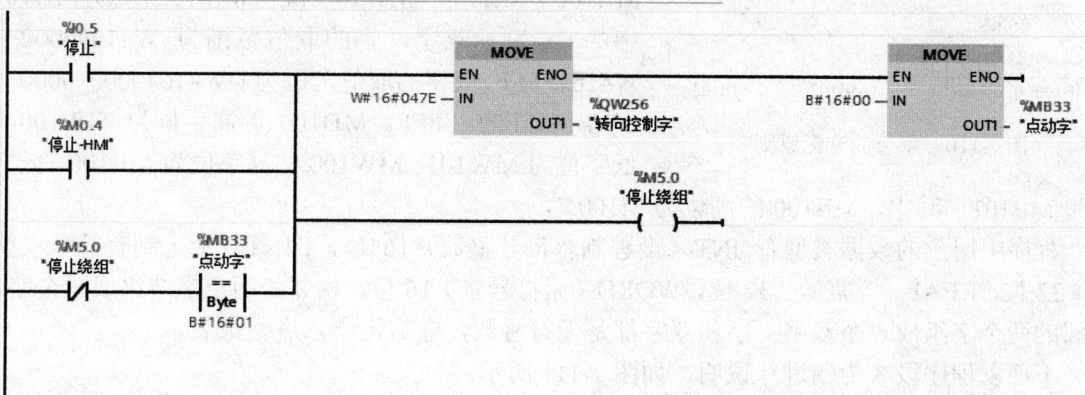

图 7-108　OB1 程序（三）

程序段 14： 电动机正反转控制

注释

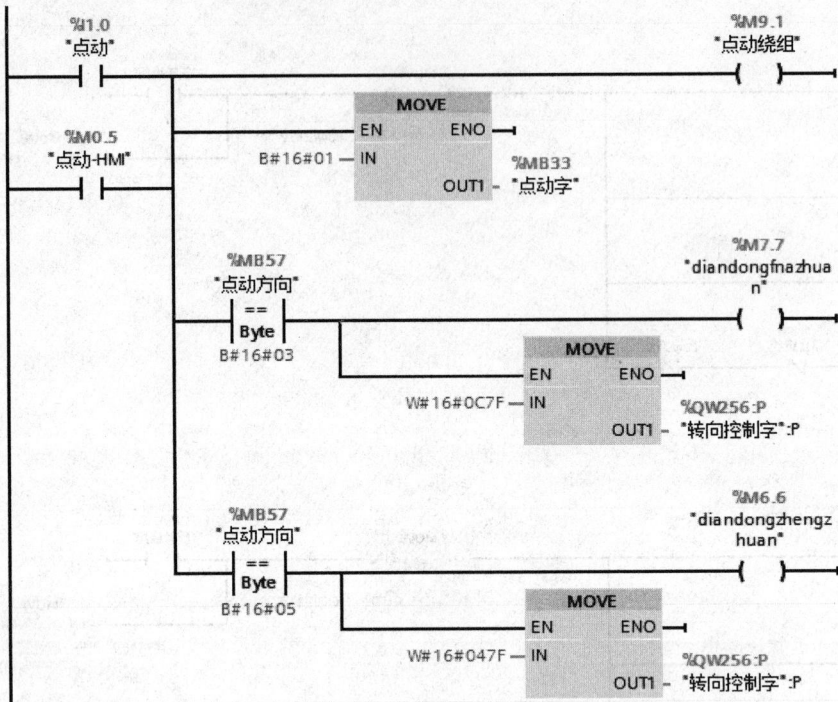

图 7-109　OB1 程序（四）

7. 部分程序详解

在进行数据转换之前，首先需要知道字节的分配原则。

字节的分配原则如图 7-110 所示。MW100 是由 MB100 和 MB101 组成的一个字，MW100 中的 M 为区域标示符，W 表示字。双字 MD100 由 MB100～MB103（MW100 和 MW101）组成，MD100 中的 D 表示双字。字的取值范围为 W#16#0000～W#16#FFFF，双字的取值范围为 DW#16#0000_0000～DW#16#FFFF_FFFF。MD100 的高字位为 MW100，低字位为 MW101。MW100 的高字位为 MB100，低字

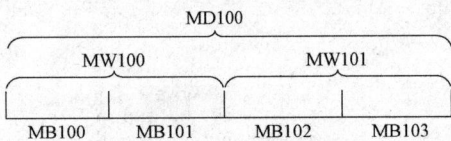

图 7-110　字节的分配原则

位为 MB101，其中，MB100 的高位为 M100.7。

程序中用到的数据类型有 INT（十进制有符号整数）16 位，DINT（十进制有符号双整数）32 位，REAL（浮点数）32 位，WORD（无符号字）16 位，相邻的两个字节组成一个字，相邻的两个字组成一个双字。字和双字都是无符号数，它们用十六进数来表示。

下面以程序段 3 为例进行说明，如图 7-111 所示。

MW262 是读取变频器电压的地址，数据类型被设置为 INT 型，把数送入 MW612（INT型）等同送入 MD610（DINT 型）的低字中，以方便数据类型的转换，把整型数据转换为实型计算，以减少数据误差。

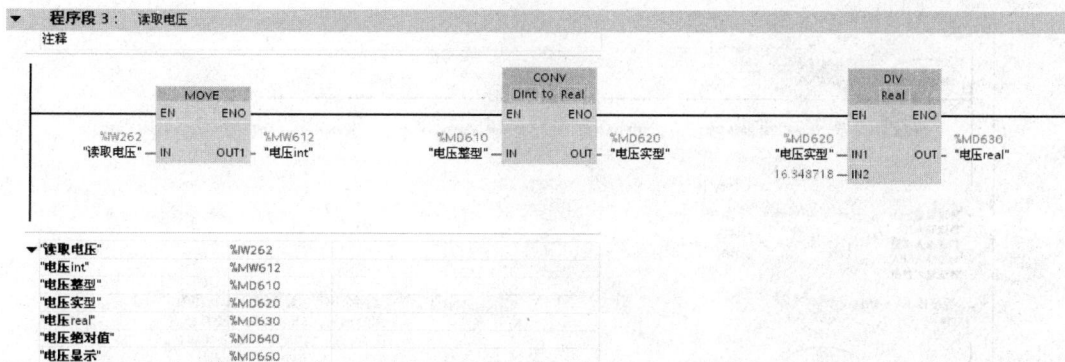

图 7-111 程序段 3

如果想把 REAL 浮点型转换为双整型，可以先用绝对值块求出绝对值，再用 CEIL 块向上取整，如图 7-112 所示。

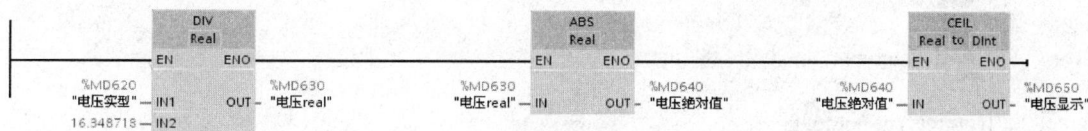

图 7-112 将浮点型转换为双整型的程序

下面是送入控制字部分程序的解释，如图 7-113 所示。

8. 编译、下载

（1）单击 ██ "编译"按钮对 PLC 程序编译，显示 "errors：0，warnings：0"（错误：0，警告：0），说明编译成功。最后进行下载。

（2）在项目树中 PLC 设备，单击 ██ 按钮，下载组态和程序至 PLC 中。

在下载界面中做以下设置，将 "PG/PC 接口的类型"（Type of PG/PC interface）设为 "PN/IE"；"PG/PC 接口"选择本机的以太网卡；"子网的连接"（Connection to subnet）选择之前硬件组态中添加的 "PN/IE_1"；勾选"显示所有可访问设备"（Show all accessible devices），软件即会搜索在线的所有以太网节点，然后在线选择与实际PLC相对应的以太网节点或MAC地址。单击"下载"按钮进行下载（说明，在本实例中设置的 IP 地址为 "192.168.0.102"，如果所选择的要下载的 PLC 的 IP 地址与设置的不同，则系统将会把 PLC 的 IP 地址修改为设置的 "192.168.0.102"）。

（3）选中想要下载的 CPU，单击左侧 PLC 图标下的 "Flash LED"，相对应的 PLC 会有黄灯闪烁。单击下方的 "Load" 按钮进行下载。选中下载界面中的 "Overwrite" 选项，单击 "Load" 按钮开始下载。单击 "Finish" 完成下载。

9. HMI 界面的编辑

如图 7-114 所示为触摸屏界面。变频器上电后（即 KM 接通，PLC 和变频器建立连接），可以通过 PLC 与变频器的通信，实现对电动机的正反转和电动的控制，并且能够进行停止操作。HMI 界面中的频率与转速，电流和电压都能通过变频器读回，同时也能输入频率，从而实现对电动机速率的控制。

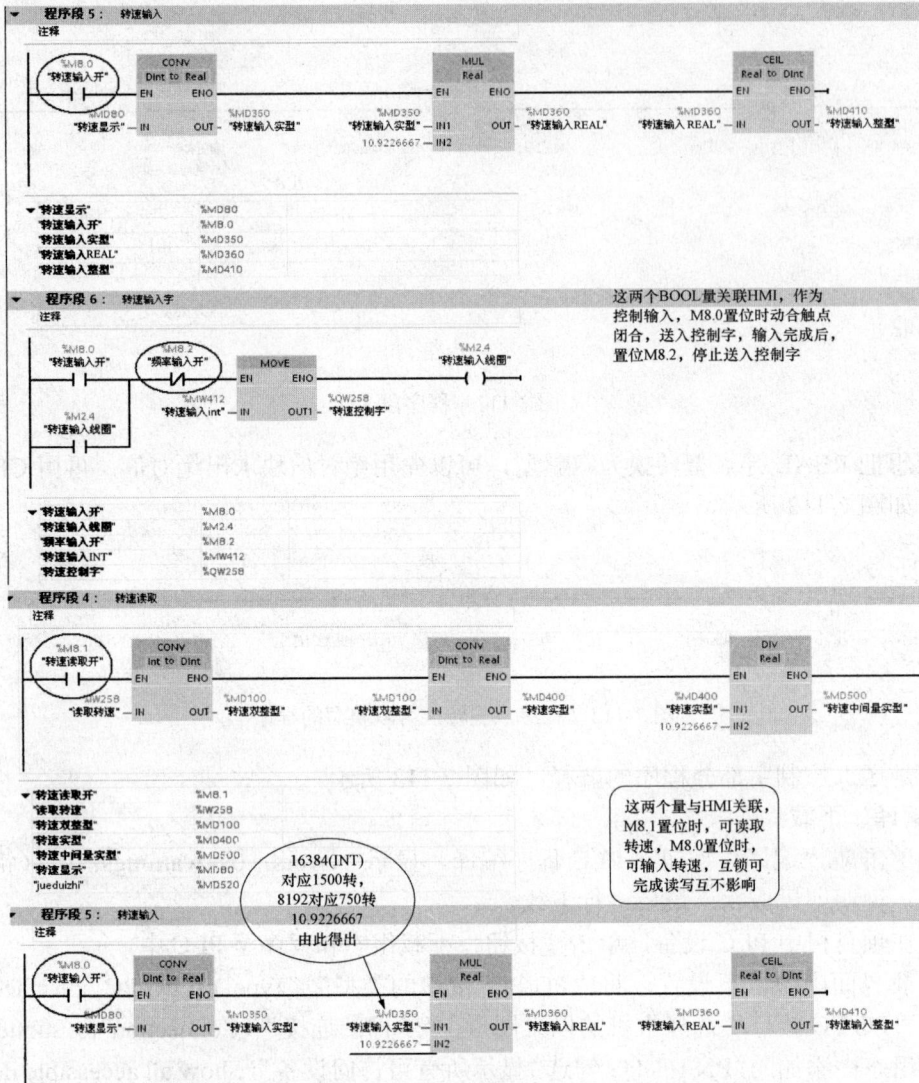

程序段 5： 转速输入
注释

%M8.0
"转速输入开"

CONV
Dint to Real
EN   ENO
%MD80
"转速显示" — IN   OUT — "转速输入实型" %MD350

MUL
Real
EN   ENO
%MD350
"转速输入实型" — IN1   OUT — "转速输入REAL" %MD360
10.9226667 — IN2

CEIL
Real to Dint
EN   ENO
%MD360
"转速输入 REAL" — IN   OUT — "转速输入整型" %MD410

▼ "转速显示" %MD80
"转速输入开" %M8.0
"转速输入实型" %MD350
"转速输入REAL" %MD360
"转速输入整型" %MD410

程序段 6： 转速输入字
注释

这两个BOOL量关联HMI，作为控制输入，M8.0置位时动合触点闭合，送入控制字，输入完成后，置位M8.2，停止送入控制字

%M8.0
"转速输入开"

%M8.2
"频率输入开"

MOVE
EN   ENO
%MW412
"转速输入int" — IN   OUT1 — "转速控制字" %QW258

%M2.4
"转速输入线圈"

%M2.4
"转速输入线圈"

▼ "转速输入开" %M8.0
"转速输入线圈" %M2.4
"频率输入开" %M8.2
"转速输入INT" %MW412
"转速控制字" %QW258

程序段 4： 转速读取
注释

%M8.1
"转速读取开"

CONV
Int to Dint
EN   ENO
%IW258
"读取转速" — IN   OUT — "转速双整型" %MD100

CONV
Dint to Real
EN   ENO
%MD100
"转速双整型" — IN   OUT — "转速实型" %MD400

DIV
Real
EN   ENO
%MD400
"转速实型" — IN1   OUT — "转速中间量实型" %MD500
10.9226667 — IN2

▼ "转速读取开" %M8.1
"读取转速" %IW258
"转速双整型" %MD100
"转速实型" %MD400
"转速中间量实型" %MD500
"转速显示" %MD80
"jueduizhi" %MD520

16384(INT)
对应1500转，
8192对应750转
10.9226667
由此得出

这两个量与HMI关联，M8.1置位时，可读取转速，M8.0置位时，可输入转速，互锁可完成读写互不影响

程序段 5： 转速输入
注释

%M8.0
"转速输入开"

CONV
Dint to Real
EN   ENO
%MD80
"转速显示" — IN   OUT — "转速输入实型" %MD350

MUL
Real
EN   ENO
%MD350
"转速输入实型" — IN1   OUT — "转速输入REAL" %MD360
10.9226667 — IN2

CEIL
Real to Dint
EN   ENO
%MD360
"转速输入 REAL" — IN   OUT — "转速输入整型" %MD410

图 7-113　送入控制字部分程序

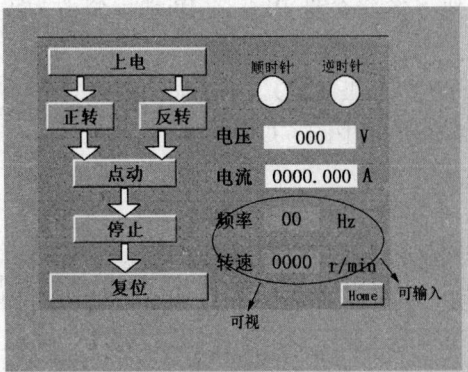

图 7-114　HMI 界面

在 HMI 中，左侧都是按钮部分，按钮的设置在前几章已经进行了介绍，在此不再赘述。白色框体部分显示电流值和电压值，为输出型的 I/O 域变量，而频率为输入型的 I/O 域变量，转速为输出型的 I/O 域变量。

下面以转速为例进行说明。

（1）速度值的设置。单击转速框体，出现属性设置对话框，如图 7-115 所示。转速速率值的显示是依靠内部的转速变量来执行的。因此，需要在 HMI 中建立一个转速变量去连接 PLC 对应的转速变量，把 HMI 中建立好的转速变量连接到这个 I/O 域中，椭圆部分就是对变量的连接。

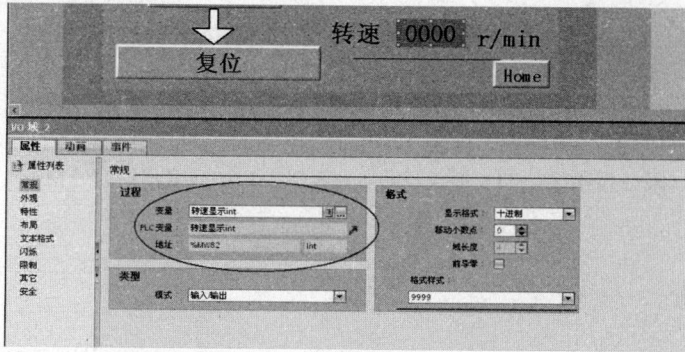

图 7-115　转速属性对话框

（2）激活事件。在属性对话框的"事件"一栏中，可以设置该 I/O 域的激活属性，如图 7-116 所示。

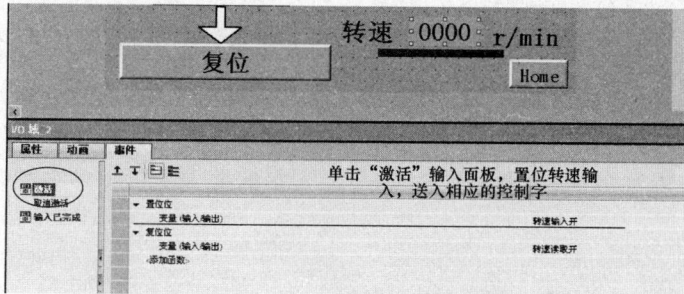

图 7-116　激活属性的设置

（3）输入完成事件。输入完成事件的属性对话框如图 7-117 所示。

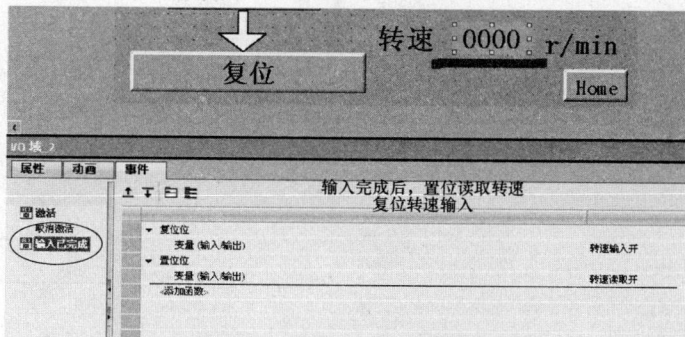

图 7-117　输入已完成属性设置对话框

在事件中的"激活"与"输入已完成"中加入"置位位"与"复位位"，注意其顺序，顺序不对，无法完成输入控制。

10. 编译、下载、调试

编译、下载同上节所述。

参 考 文 献

[1] 廖常初. S7-300/400PLC 应用技术 [M]. 3 版. 北京：机械工业出版社，2011.

[2] 西门子（中国）有限公司组编. TIA 博途软件——STEP 7 V11 编程指南 [M]. 北京：机械工业出版社，2012.